“十二五”全国高校动漫游戏专业骨干课程权威教材

1 DVD 全彩印刷

127个教学视频快速讲解软件技巧

156个上机实战介绍核心工具与功能应用

15个完整项目制作全面提升设计技能

# 中文版 Photoshop CS6 完全自学手册

张丕军　杨顺花　唐帮亮　杜成柄
编著

**超值1DVD**

127个视频教学文件、范例素材文件和效果文件

Ps

海洋出版社
2013年·北京

## 内容简介

这是一部全面、系统、准确、详细地讲解世界最标准的图像处理软件 Adobe Photoshop CS6 的使用方法与技巧及其应用的工具书。

全书由 3 部分组成，共分成 18 章。第 1 部分为 Photoshop CS6 必备知识，包括第 1~5 章，主要介绍了计算机的基本操作；Photoshop CS6 的安装、启动、卸载以及操作环境；图像处理的基本理论知识；文件的基本操作；颜色设置和辅助功能。第 2 部分为 Photoshop CS6 工具与功能的应用部分，包括第 6~17 章，主要介绍了 Photoshop 中的选择功能；绘画；裁剪、调整与变形图像；绘图与路径；文字处理；图层；通道、专色和蒙版；任务自动化；调整图像颜色与色调；内置滤镜的使用方法及其应用，还结合典型的实例讲解了动画制作与视频编辑。 第 3 部分为实战篇，通过第 18 章中 15 个丰富而精彩的典型实例制作与配套光盘中相应的教学视频，帮助读者迅速提高影像制作、平面设计、图形图像处理、特效字制作、动画制作、网店模板设计等方面的综合应用能力。本书范例精彩、内容全面、图文并茂、结构清晰、通俗易懂、活学实用、学习轻松，是每一位有志于平面设计工作的读者不可多得的经典实用手册！

**读者对象：**电脑初学者、高等院校电脑美术专业师生和社会平面设计培训班，平面设计、三维动画设计、影视广告设计、电脑美术设计、电脑绘画、网页制作、室内外设计与装修等广大从业人员。

**光盘内容：**18 个大型综合实例全过程动画演示文件、范例素材文件和效果文件。

**图书在版编目(CIP)数据**

中文版 Photoshop CS6 完全自学手册/ 张丕军等编著. -- 北京 ：海洋出版社, 2013.5
ISBN 978-7-5027-8537-6

Ⅰ. ①中… Ⅱ. ①张… Ⅲ. ①图象处理软件 Ⅳ.①TP391.41

中国版本图书馆 CIP 数据核字(2013)第 075962 号

总 策 划：刘斌
责任编辑：刘斌
责任校对：肖新民
责任印制：赵麟苏
排　　版：海洋计算机图书输出中心　申彪
出版发行：海洋出版社
地　　址：北京市海淀区大慧寺路 8 号（707 房间）100081
经　　销：新华书店
技术支持：010-62100059

发 行 部：（010）62174379（传真）（010）62132549
（010）62100075（邮购）（010）62173651
网　　址：http://www.oceanpress.com.cn/
承　　印：北京旺都印务有限公司
版　　次：2013 年 5 月第 1 版
2013 年 5 月第 1 次印刷
开　　本：787mm×1092mm　1/16
印　　张：36.5　全彩印刷
字　　数：876 千字
印　　数：1~3000 册
定　　价：98.00 元（1DVD）

本书如有印、装质量问题可与发行部调换

使用修复画笔工具绘制图像（P176）

使用图案图章工具绘制图像（P174）

使用修复工具修复图像（P183）

使黑白图像转换为彩色图像（P185）

使用裁剪工具裁剪图像（P198）

使用Photomerge合成图像（P209）

使用自由钢笔工具描图（P227）

创建文字选区（P284）

在路径上创建文字（P286）

显示全部（P286）

创建并编辑Alpha通道（P358）

将彩色相片改为单色调相片（413）

对灰度图像着色（P413）

消失点滤镜的使用（P446）

金色立体特效字（P427）

特效立体字（P483）

特效燃烧字（P488）

玻璃闪光按钮（P491）

完美消除人物脸部的斑点（P500）

将图像调整为暖黄色调（P507）

使用钢笔工具与通道替换图像的背景（P512）

将图像处理为工笔画效果（P516）

将多个图像合成梦幻的海景图（P527）

将美女图像处理为唯美仙子图（P533）

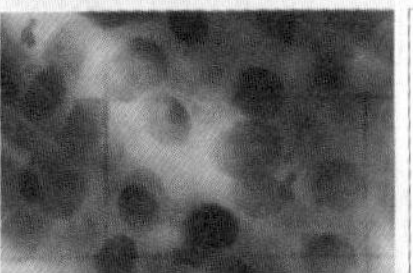

将多图融合成一幅完美图像（P537）

制作漂亮的个人签名图（P543）

店铺招牌广告（P550）

洗发水宣传海报（P558）

Photoshop是由Adobe公司开发的图形图像软件，它是一款功能强大、使用范围广泛的图像处理和编辑软件，是世界标准的图像编辑解决方案。Photoshop因其具有友好的工作界面、强大的功能、灵活的可扩充性，已成为专业美工人员、电子出版商、摄影师、平面广告设计师、广告策划者、平面设计者、装饰设计者、网页及动画制作者等必备的工具，也被广大计算机爱好者所钟爱。

Adobe公司成立于1982年，在图像处理和电脑绘图软件领域里一直处于领先位置。Adobe Photoshop是在Macintosh(MAC苹果机)和基于Windows(PC)的计算机上运行的最为流行的图像编辑应用程序，在图像处理、绘画及平面设计领域里，Adobe一直都是独占鳌头的佼佼者。

Adobe Photoshop软件已经成为应用于台式电脑的最强大的视觉传播工具之一。通过这个软件，新一代的信息设计师能够预先锤炼发布在Web或其他交互式数字发布系统上的屏幕形象。Photoshop还扩展了传统的印刷品设计者、插图画家以及美术艺术家的视觉词汇，使用户对作品的尺寸修改、裁切以及基本的颜色改动等工作变得更容易。除此之外，它还提供了一个实验室来合成纹理、图案和各种视觉图像，以把它们应用于照片、图片、电视和电影上。它甚至能够自动完成其中的很多任务——从例行的作品加工到广泛的图片特效处理。

Photoshop CS6可称作为Photoshop 13，因为从Photoshop 8开始，Adobe就已经把Photoshop整合到Adobe Creative Suite内，并称其为Photoshop CS。

本书通过丰富而精彩的实例详细介绍了当前最为流行的图像处理软件Photoshop CS6的使用方法与技巧。全书共分为3个部分，各部分内容如下：

第1部分为Photoshop CS6必备知识，包括第1～5章，介绍了计算机的基本操作，Photoshop CS6的安装、启动、卸载以及它的操作环境；图像处理的基本理论知识、文件的基本操作、颜色设置和辅助功能。

第2部分为基础篇，包括第6～17章，主要介绍了Photoshop CS6工具与功能的应用部分，详细讲解了Photoshop中的选择、绘画、修饰与修复图像、裁剪、调整与变形图像、绘图与路径、文字处理、图层、通道、专色、蒙版、任务自动化、调整图像颜色与色调、内置滤镜的使用方法及其应用，还结合典型的实例讲解了动画制作与视频编辑。

第3部分为实战篇，包括第18章，通过丰富而精彩的典型实例制作与配套光盘中相应的教学视频，帮助读者迅速提高影像制作、平面设计、图形图像处理、特效字制作、动画制作、店铺招牌广告设计等方面的综合应用能力。

本书内容全面、语言流畅、结构清晰、实例精彩、突出软件功能与实际操作紧密结合的特点；采用由浅入深的方式介绍Photoshop CS6的功能、使用方法及其应用，并通过典型实例对一些重点、难点进行详尽解说。尤其是配套光盘中的超媒体视频教学课件和丰富、精美、实用的素材图库使学习更加轻松有趣、激发创作的灵感，手把手、从零开始帮助您步入平面设计、影像制作、动画制作与视频编辑的大门，愿广大读者能在数字图像的海洋中畅流!

对于初学者来说，本书图文并茂、通俗易懂、上手容易；而对于电脑图形图像处理、设计和创作的专业人士来说，本书则是一本最佳的随时备查的案头工具；同时也可作为高等院校及社会各类电脑培训班的配套教材。

在编写这本书的过程中得到杨喜程、王靖城、莫振安、杨昌武、龙幸梅、张声纪、唐小红、饶芳、杨顺乙、韦桂生等亲朋好友的大力支持，还有许多热心支持和帮助我们的单位和个人，在此表示衷心的感谢!

编　者

# 第1部分 Photoshop CS6 必备知识

## 第7章 绘画

## 第8章 修饰和修复图像



## 第9章 裁剪、调整与变形图像



## 第10章 绘图与路径

## 第11章 文字处理



## 第12章 图层

## 第13章 蒙版、通道与专色



## 第14章 执行任务自动化

## 第15章 调整图像颜色和色调



## 第16章 使用内置滤镜处理图像

## 第17章　动画制作与视频编辑



# 第3部分　Photoshop CS6实战篇

## 第18章　综合应用

# 第1部分

# Photoshop CS6 必备知识

# 第1章　准备工作

本章主要介绍计算机的基本操作，Photoshop CS6的安装与卸载以及Photoshop CS6的新增功能。

## 1.1 计算机的基本操作

### 1.1.1 启动计算机

**上机实战　启动计算机（电脑）**

01 检查主机与外部设备的连接是否正确，严禁在开机的过程中或启动计算机后再连接外部设备的信号线。

02 打开外部电源开关，然后按下主机箱上的Power按钮，接通主机的电源。如果显示器的电源直接与外部电源相连接，则应先打开显示器的电源，再按下主机的电源开关（Power）。接通主机的电源后，计算机首先要进行检测。这时显示器的屏幕上会显示计算机启动与自检的情况。

03 启动与自检完成后显示的桌面，如图1-1所示。

图1-1　桌面

## 1.1.2 关闭计算机

**上机实战 关闭计算机**

01 退出正在运行的程序。如果是Windows平台，应单击桌面左下角(即任务栏左边)的 开始 （开始）按钮，弹出如图1-2所示的“开始”菜单，并在其中单击“关闭计算机”命令，接着弹出“关闭计算机”对话框，其中有“待机”、“关闭”与“重新启动”三个按钮，如图1-3所示。

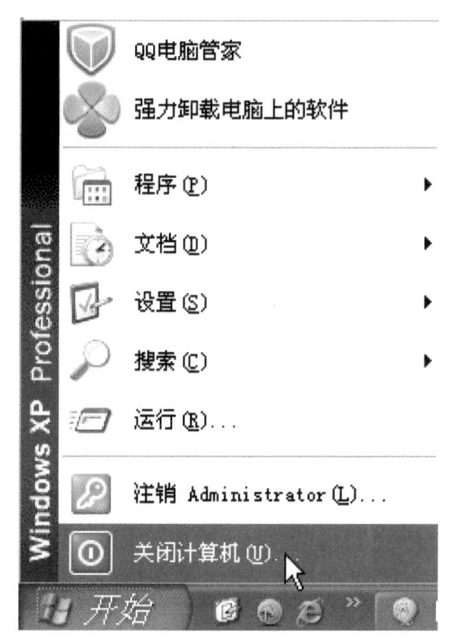

图1-2 开始菜单

图1-3 “关闭计算机”对话框

02 在“关闭计算机”对话框中单击“关机”按钮，即可进入关机状态，如果主机电源自动关闭了，而显示器灯还亮着，请按下显示器电源按钮即可。如果主机电源灯还亮着，需按下主机电源开关。

**提 示**

如果只想休息一下，手头上的工作又还没做完，可以单击“待机”按钮，让计算机进入睡眠状态，再次使用时直接按键盘上的任一键即可；如果需要重新启动计算机，请单击“重新启动”按钮，先自动保存设置并关闭计算机，再自动启动计算机。

## 1.1.3 使用鼠标及其术语

Photoshop CS6的操作命令以菜单或按钮的形式给出，用鼠标对Photoshop CS6进行操作非常简单方便直观。

在学习Photoshop CS6之前，先介绍鼠标的使用方法。下面是使用鼠标时的专门术语：

- 单击：快速按动一下鼠标的左键然后松开。
- 右击：快速按动一个鼠标的右键然后松开。
- 双击：连续快速地按两下鼠标的左键。
- 拖动：将光标指向某个对象，按住鼠标左键不放，移动光标到需要的位置然后才松开。
- 指向：移动光标使鼠标指针指向屏幕的某个对象，如菜单、按钮等。
- 选择：是指单击某工具并选择它。

## 1.2 关于Photoshop

Adobe Photoshop是在Macintosh(MAC苹果机)和基于Windows(PC)的计算机上运行的最为流行的图像编辑应用程序，在图像处理、绘画及平面设计领域里，Adobe一直都是独占鳌头的佼佼者。Adobe公司成立于1982年，在图像处理和电脑绘图软件领域里一直处于领先位置。

Adobe Photoshop软件已经成为应用于台式电脑的最强大的视觉传播工具之一。通过这个软件，新一代的信息设计师能够预先锤炼发布在Web或其他交互式数字发布系统上的屏幕形象。Photoshop还扩展了传统的印刷品设计者、插图画家以及美术艺术家的视觉词汇。并且Photoshop使用户对作品的尺寸修改、裁切以及基本的颜色改动等工作变得更容易，且无论该作品是采用书面还是Web形式。除此以外，它还提供了一个实验室来合成纹理、图案和各种视觉图像，以把它们应用于照片、图片、电视和电影上。它甚至能够自动完成其中的很多任务——从例行的作品加工到广泛的图片特效处理。

Photoshop CS6可称作为Photoshop 13，因为从Photoshop 8开始，Adobe就已经把Photoshop整合到Adobe Creative Suite内，并称其为Photoshop CS。



## 1.3 Photoshop CS6新增功能

Photoshop CS6在工具箱，动态图像、视频、音频的处理，Camera RAW 7.0，色彩校正等方面都有非常大的改变，是在CS5版本基础上的飞跃式的功能升级。界面更加人性化，交互性增强，用户体验得到大大提升，是图形图像行业从业者提升工作效率，突破想象极限不可缺的专业利器。

### 1. 全新的界面设计

Photoshop CS6采用的是经过完全重新设计的深色界面，如果用户喜欢使用原来的浅灰色界面，也可以在“编辑”菜单中执行“首选项”→“界面”命令，并在弹出的如图1-4所示对话框中设置所需的界面颜色就可以了。

图1-4 “首选项”对话框

为了用户的各种爱好，Photoshop CS6新增了用户可以对工作场景的背景色进行调整，将鼠标移动到场景中单击鼠标右键，然后在弹出的快捷菜单中选择所需的颜色即可，如图1-5所示。

图1-5 设置工作场景的背景色

### 2. 内容感知移动工具

使用内容感知移动工具可以将画面中指定的内容移动到所需的位置，同时原位置系统会用周围像素对其进行填充，并使其与周围像素融合，如图1-6所示。

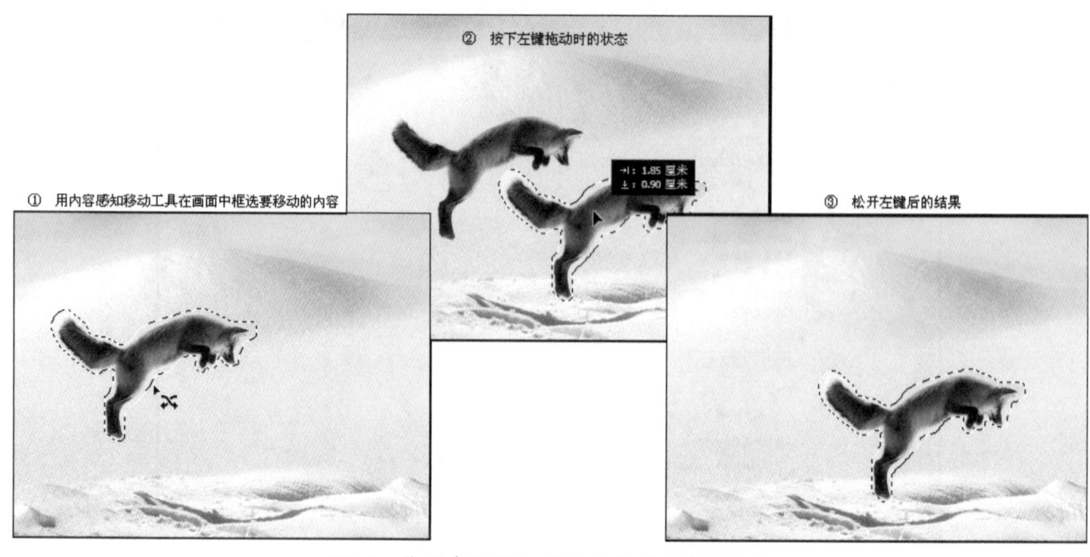


图1-6　使用内容感知移动工具移动选区内容

### 3. 非破坏性的全新裁切工具

裁切工具省略了旧版中框选图像步骤。现在，只要你选中该工具，被处理的图像将自动被框选，并显示九宫格构图线。拖动框选线时就会显示选中图像的长宽尺寸。在裁剪时，可以随意旋转、拖拽图像，如图1-7所示。

图1-7　选择裁切工具后的画面

### 4. 强大的滤镜功能

滤镜是Photoshop重要而效果变化无穷的工具，这次CS6版本虽没有加入令人期待的去模糊功能，不过新增了几个模糊功能，如场景模糊、光圈模糊与倾斜偏移三个滤镜，其模糊效果如图1-8、图1-9所示。

原图像　　　　场景模糊后的效果

图1-8　原图像与使用场景模糊后的效果

光圈模糊的效果　　　　倾斜偏移模糊后的效果

图1-9　使用光圈模糊与倾斜偏移模糊后的效果

### 5. 迁移预设功能

Photoshop CS6增加了迁移预设的功能，如果用户的Photoshop CS5中设置了一些预设选项，又还需要它，就可以在“编辑”菜单中执行“预设”→“迁移预设”命令，将选项Photoshop CS5中的预设数据导入新版本中。

### 6. 自动保存功能

在作图过程中突然死机或者断电的情况时而有之，所以有时由于工作太投入而忘记存档，一旦断电，刚才工作的成果就没有了，因此我们要记得时常保存。现在Photoshop CS6新增了自动保存功能，通过自动复原选项实现后台自动存档；对于没有保存的文件，下次启动Photoshop CS6将自动打开，这对于设计师来说是个很好的消息。

### 7. 图层面板搜索功能使用

伴随着Photoshop可以处理图像的复杂程度提升，制作过程中产生的图层的数量也在不断攀升，甚至达到了成百上千个。在以往，尤其是图层组多的情况下。精准定位某一图层非常困难，这在CS6里就变得简单多了，利用“图层”面板中的筛选功能，它可以按照类型、名称、效果、模式、属性、颜色筛选不同种类的图层，使得搜索和定位更加简便，如图1-10所示。

图1-10 “图层”面板的筛选功能

# 1.4 Photoshop CS6的安装

## 上机实战 安装Photoshop CS6

01 将Photoshop CS6的安装光盘放入CD-ROM驱动器中，然后在桌面上双击“我的电脑”图标，打开“我的电脑”窗口。

02 双击驱动器图标，打开光盘内容，并在其中找到Photoshop CS6的安装程序文件双击，此时就会出现开始界面，然后按照提示的步骤单击相关按钮，直至出现安装完成对话框，单击“完成”按钮，即可将Photoshop CS6程序安装到计算机上了。

03 在任务栏上单击“开始”按钮，弹出下拉菜单，然后指向“程序”，弹出“程序”的子菜单，并在其中即可看到刚安装的Adobe Photoshop CS6程序。

# 1.5 Photoshop CS6的卸载

## 上机实战 卸载Photoshop CS6

**提 示**

如果还要使用Photoshop CS6程序，则不需要进行这一步操作。

01 在桌面上双击“我的电脑”图标，进入“我的电脑”窗口，并在其左侧栏中单击“添加/删除程序”链接文字，如图1-11所示。

02 弹出如图1-12所示的“添加/删除程序”对话框，在其中选择Adobe Photoshop CS6，然后单击“删除”按钮。

03 弹出一个卸载选项对话框，在其中单击“卸载”按钮，删除程序会自动搜索Photoshop CS6的各个文件并将其删除；如果单击“取消”按钮，则不会卸载Photoshop CS6，如图1-13所示。

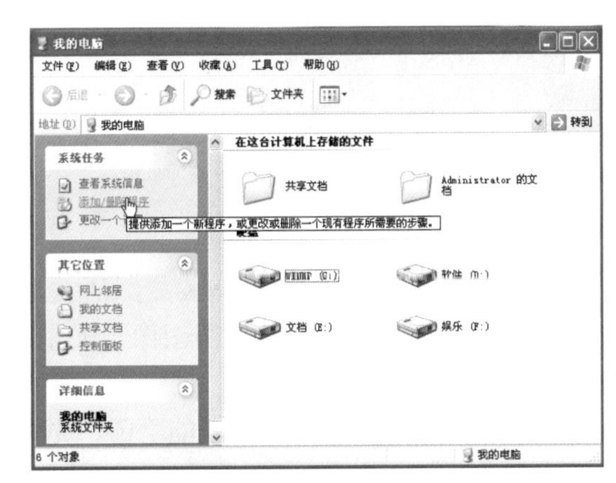

图1-11 “我的电脑”窗口

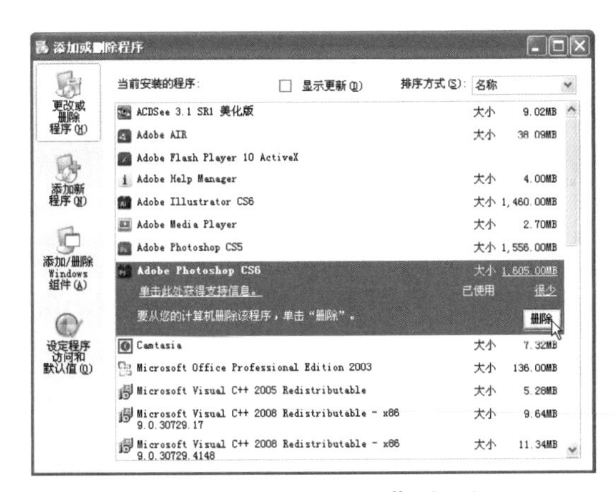

图1-12 “添加/删除程序”对话框

图1-13 卸载选项对话框

## 1.6 本章小结

本章简要介绍了计算机的基本操作，Photoshop CS6的安装与卸载和Photoshop CS6的新增功能等。

## 1.7 练习题

1. 熟悉鼠标的使用。
2. 学会开机与关机。
3. 了解Photoshop CS6的新增功能。

# 第2章 图像处理基础

本章主要介绍像素、位图图像与矢量图形、图像大小与分辨率、图像的色彩模式和常用文件等基础知识。

在介绍Photoshop CS6的功能之前，先来了解一些关于图形图像方面的专业术语以及印前基本知识。本章所介绍的基本知识都是作为一名平面设计师、网页设计师、图像处理专家或印刷专业人员所必须掌握的最基本知识点。只有掌握这些知识，才能够更好的地发挥Photoshop软件所带来的优越功能进行创意、设计，制作出高水准的作品。

## 2.1 位图图像与矢量图形



计算机图形主要分为两类：位图图像和矢量图形。用户可以在Photoshop中使用这两种类型的图形；此外，Photoshop 文件既可以包含位图，又可以包含矢量数据。了解两类图形间的差异，对创建、编辑和导入图片很有帮助。

### 2.1.1 位图图像

位图图像（也称为点阵图像）是由许多点组成的，其中每一个点称为像素，而每个像素都有一个明确的颜色，如图2-1所示。在处理位图图像时，编辑的是像素，而不是对象或形状。

位图图像是连续色调图像（如照片或数字绘画）最常用的电子媒介，因为它们可以表现阴影和颜色的细微层次。位图图像与分辨率有关，也就是说，它们包含固定数量的像素。因此，如果在屏幕上对它们进行缩放或以低于创建时的分辨率来打印它们，将丢失其中的细节，并会呈现锯齿状。

图像放大到400%显示时的效果　　图像100%显示时的效果

图2-1　不同显示比例的位图图像

### 2.1.2 矢量图形

矢量图形(也称为向量图形)，它是由被称为矢量的数学对象定义的线条和曲线组成。矢量根据图像的几何特性描绘图像。

矢量图形与分辨率无关，可以将它们缩放到任意尺寸，也可以按任意分辨率打印，而不会丢失细节或降低清晰度。因此，矢量图形在标志设计、插图设计及工程绘图上占有很大的优势。如图2-2所示。

图形100%显示时的效果

图形300%显示时的效果

图形800%显示时的效果

图2-2 不同显示比例的矢量图形

由于计算机显示器呈现图像的方式是在网格上显示图像，因此，矢量数据和位图数据在屏幕上都会显示为像素。

## 2.2 像素

在Photoshop中像素是图像的基本单位。像素是一个个有颜色的小方块，如图2-3左所示。图像是由许多像素以行和列的方式排列组成的。电脑上的图像就是由这些小方块像素组成的，像素是整个图像中不可分割的单元或者是元素，它们都有一个明确的位置和色彩数值，即这些小方块的颜色和位置决定了该图像所呈现出来的样子。当文件中包含的像素越多，所包含的信息就越多，所以文件越大，图像品质也就越好。

图2-3 查看像素

# 2.3 图像大小与分辨率



要制作高质量的图像，就要对图像大小和分辨率加以掌握。

图像以多大尺寸在屏幕上显示取决于多种因素——图像的像素大小、显示器大小和显示器分辨率设置。

## 2.3.1 像素大小

像素大小为位图图像的高度和宽度的像素数量。图像在屏幕上的显示尺寸由图像的像素尺寸和显示器的大小与设置决定。如典型的15英寸显示器水平显示800×600个像素。尺寸为800×600像素的图像将充满屏幕。在像素设置为800×600的更大的显示器上，同样大小的图像仍将充满屏幕，但每个像素会更大。

当用户制作用于联机显示的图像时（如在不同显示器上查看的Web页），像素大小就尤其重要。由于可能在15英寸的显示器上查看图像，因此，用户可将图像大小限制为800×600像素，以便为Web浏览器窗口控制留出空间。

## 2.3.2 分辨率

分辨率是指在单位长度内所含有的点（像素）的多少，其单位为像素/英寸或是像素/厘米，例如分辨率为200dpi的图像表示该图像每英寸含有200个点或像素。了解分辨率对于处理数字图像是非常重要的。分辨率可分为以下几种类型：

### 1. 图像分辨率

图像分辨率即图像中每单位长度所含有的点（也就是像素）的多小。通常用像素/英寸

（ppi）表示。在Photoshop中，用户可以更改图像的分辨率，高分辨率的图像比相同打印尺寸的低分辨率图像包含较多的像素，像素点小而密，更能细致表现出图像的色调变化。如：1英寸×1英寸的72ppi分辨率的图像包含5184像素（即72×72=5184像素），同样1英寸×1英寸的200ppi分辨率的图像则包含有40000像素。

图像的尺寸、图像的分辨率和图像文件的大小三者之间有着密切的关系。图像的尺寸越大，图像的分辨率越高，图像文件的大小也就越大。调整图像尺寸大小和分辨率可以改变图像文件的大小。

#### 2. 显示器分辨率

显示器分辨率为显示器上每单位长度显示的像素或点的数量，通常以点/英寸(dpi)来表示。显示器分辨率取决于显示器的大小及其像素设置。大多数新型显示器的分辨率大约为96dpi，而较早的Mac OS显示器的分辨率为72 dpi。

了解显示器分辨率有助于解释图像在屏幕上的显示尺寸不同于其打印尺寸的原因。图像像素直接转换为显示器像素，这意味着当图像分辨率比显示器分辨率高时，在屏幕上显示的图像比其指定的打印尺寸大。例如，当在72 dpi的显示器上显示1英寸×1英寸的144ppi的图像时，它在屏幕上显示的区域为2英寸×2英寸。因为显示器每英寸只能显示72个像素，因此需要2英寸来显示组成图像的一条边的144个像素。

#### 3. 打印输出质量

打印机分辨率即所有激光打印机（包括照排机）产生的每英寸的油墨点数(dpi)。大多数桌面激光打印机的分辨率为600dpi，而照排机的分辨率为1200dpi或更高。

喷墨打印机产生的是喷射状油墨点，而不是真正的点；但是，大多数喷墨打印机的分辨率在300dpi和600dpi之间，在打印高达150ppi的图像时，打印效果很好。

打印时，分辨率高的图像比分辨率低的图像包含更多的像素，因此像素点更小。例如，分辨率为72ppi的1英寸×1英寸的图像总共包含5184个像素（72像素宽×72像素高=5184）。同样是1英寸×1英寸，但分辨率为300ppi的图像总共包含90000个像素。高分辨率的图像通常比低分辨率的图像重现更详细和更精细的颜色变化。但是，增加低分辨率图像的分辨率只是将原始像素的信息扩展为更大数量的像素，而几乎不提高图像的品质。

使用太低的分辨率打印图像会导致像素化——输出尺寸较大、显示粗糙的像素。使用太高的分辨率（像素比输出设备能够产生的还多）会增加文件大小并降低图像的打印速度；而且，设备将无法重现高分辨率图像所提供的更多细节。

### 2.3.3 文件大小

文件大小为图像的数字大小，度量单位是千字节（K）、兆字节（MB）或千兆字节（GB）。文件大小与图像的像素尺寸成正比。在给定的打印尺寸下，像素多的图像产生更多的细节，但它们所需的磁盘存储空间也更多，而且编辑和打印速度较慢。例如，1英寸×1英寸200ppi的图像所包含的像素是1英寸×1英寸100ppi的图像所包含的像素的四倍，所以文件大小也是它的四倍。图像分辨率也因此成为图像品质（捕捉用户所需要的所有数据）和文件大小之间的代名词。

影响文件大小的另一因素是文件格式——由于GIF、JPEG和PNG文件格式所使用的压缩方法不同，因此，即使像素尺寸相同，文件大小也明显不同。同样，图像中的颜色位深度和图层及通道的数目也影响文件大小。

Photoshop 支持宽度或高度最大为300000像素的文档，并提供三种文件格式用于存储其图像的宽度或高度超过30000像素的文档。请记住，大多数其他应用程序（包括Photoshop的较旧版本）都无法处理大于2GB的文件或者宽度或高度超过30000像素的图像。

## 2.4 颜色基础

颜色能激发人的感情，并产生对比效果，使得图像看起来更加生动美丽。它能使一幅黯淡的图像变得明亮绚丽，使一幅本来毫无生气的图像充满活力。对于图像设计者、画家、艺术家或者录像制作者来说，创建完美的颜色是至关重要的。如果颜色运用得不恰当，那么表达的概念就不完整。

在Photoshop中要创建合适的颜色必须先有一些有关颜色理论的知识。一旦用户懂得了颜色理论的基本知识，就会认识遍及Photoshop中的对话框、菜单及调色板等所用到的颜色术语。为了在Photoshop中成功地选择正确的颜色，用户必须首先懂得颜色模式。



### 2.4.1 关于颜色

颜色模型、色彩空间和颜色模式的概念如下：

（1）颜色模型用于描述在数字图像中看到和使用的颜色。每种颜色模型（如 RGB、CMYK 或 HSB）分别表示用于描述颜色的不同方法（通常是数字）。

（2）色彩空间是另一种形式的颜色模型，它有特定的色域（范围）。例如，RGB 颜色模型中包含很多色彩空间：Adobe RGB、sRGB、ProPhoto RGB 等等。每台设备（如显示器或打印机）都有自己的色彩空间并只能重新生成其色域内的颜色。将图像从某台设备移至另一台设备时，因为每台设备按照自己的色彩空间解释 RGB 或 CMYK 值，所以图像颜色可能会发生变化。也可以在移动图像时使用色彩管理以确保大多数颜色相同或很相似，从而使这些图像的外观保持一致。

（3）在 Photoshop 中，文档的颜色模式决定了用于显示和打印所处理的图像的颜色模型。Photoshop 的颜色模式基于颜色模型，而颜色模型对于印刷中使用的图像非常有用。可以从以下模式中选取：RGB（红色、绿色、蓝色）；CMYK（青色、洋红、黄色、黑色）；Lab 颜色和灰度。Photoshop也包括用于特别色彩输出的颜色模式，如索引颜色和双色调。颜色模式除了用于确定图像中显示的颜色数量外，还影响通道数和图像的文件大小。选取颜色模式操作还决定了可以使用哪些工具和文件格式。

处理图像中的颜色时，将会调整文件中的数值。可以简单地将一个数字视为一种颜色，但这些数值本身并不是绝对的颜色，而只是在生成颜色的设备的色彩空间内具备一定的颜色含义。

## 2.4.2 颜色模式

可以在“图像”菜单中执行“模式”下的子菜单命令来转换所需的模式，如图2-4所示。

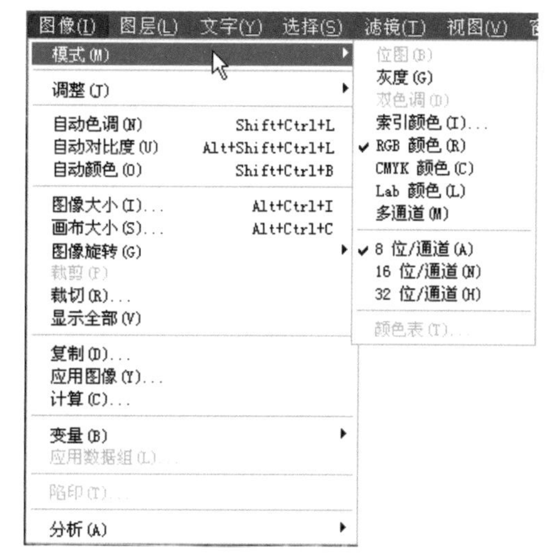

图2-4 “模式”的子菜单

### 1. 位图模式

位图模式使用两种颜色值（黑色或白色）表示图像中的像素。位图模式的图像也称为黑白图像，它的每一个像素都是用1bits的位分辨率来记录的。所要求的磁盘空间最少。图像必须先转换为灰度模式后，才能转换为位图模式。

### 2. 灰度模式

灰度模式使用多达256 级灰度。灰度图像中的每个像素都有一个0（黑色）到255（白色）之间的亮度值。灰度值也可以用黑色油墨覆盖的百分比来度量（0等于白色，100%等于黑色）。使用黑白或灰度扫描仪生成的图像通常以“灰度”模式显示。

尽管灰度是标准颜色模型，但是所表示的实际灰色范围仍因打印条件而异。

当从灰度模式向RGB转换时，像素的颜色值取决于其原来的灰色值。灰度图像也可转换为CMYK图像（用于创建印刷色四色调，而不必转换为双色调模式）或Lab彩色图像。

### 3. 双色调模式

双色调模式通过二至四种自定油墨创建双色调（两种颜色）、三色调（三种颜色）和四色调（四种颜色）的灰度图像。要转换成双色调模式，先必须转换成灰度模式。

### 4. 索引颜色模式

索引颜色模式使用最多256种颜色。当转换为索引颜色时，Photoshop将构建一个颜色查找表(CLUT)，用以存放并索引图像中的颜色。如果原图像中的某种颜色没有出现在该表中，则程序将选取现有颜色中最接近的一种，或使用现有颜色模拟该颜色。

通过限制调色板，索引颜色可以减小文件大小，同时保持视觉品质不变。例如，用于多媒体动画应用或Web页。在这种模式下只能进行有限的编辑。若要进一步编辑，应临时转换为RGB模式。

### 5. RGB颜色模式

Photoshop的RGB模式使用RGB模型为彩色图像中每个像素的RGB分量指定一个介于0（黑色）到255（白色）之间的强度值，绝大多数可视光谱可用红色、绿色和蓝色 (RGB) 三色光的不同比例和强度的混合来表示。在这三种颜色的重叠处产生青色、洋红、黄色和白色。例如，亮红色可能R值为246，G值为20，而B值为50。当所有这3个分量的值相等时，结果是中性灰色。当所有分量的值均为255时，结果是纯白色；当该值为0时，结果是纯黑色。

RGB图像通过三种颜色或通道，可以在屏幕上重新生成多达1670万种颜色；这三个通道转换为每像素24（8×3）位的颜色信息。（在16位/通道的图像中，这些通道转换为每像素48位的颜色信息，具有再现更多颜色的能力。）新建的Photoshop图像的默认模式为RGB，计算机显示器使用RGB模型显示颜色。这意味着当在非RGB颜色模式（如CMYK）下工作时，Photoshop将临时使用RGB模式进行屏幕显示。

#### 6. CMYK颜色模式

在Photoshop的CMYK模式中，为每个像素的每种印刷油墨指定一个百分比值。为最亮（高光）颜色指定的印刷油墨颜色百分比较低，而为较暗（暗调）颜色指定的百分比较高。在CMYK图像中，当四种分量的值均为0时，就会产生纯白色。

在准备要用印刷色打印的图像时，应使用CMYK模式。将RGB图像转换为CMYK即产生分色。如果由RGB图像开始，最好先编辑，然后再转换为CMYK。在RGB模式下，可以使用“校样设置”命令模拟CMYK转换后的效果，而无须更改图像数据。用户也可以使用CMYK模式直接处理从高档系统扫描或导入的CMYK图像。

#### 7. Lab颜色模式

在Photoshop的Lab模式中，亮度分量（L）范围可从0到100。a分量（绿-红轴）和b分量（蓝-黄轴）范围可从＋120到－120。Lab颜色是Photoshop在不同颜色模式之间转换时使用的中间颜色模式。

要将Lab 图像打印到其他彩色PostScript设备，应首先将其转换为CMYK。

#### 8. 多通道模式

多通道模式的每个通道使用256级灰度。多通道图像对于特殊打印非常有用。

## 2.5 常用文件格式

在Photoshop CS6中，能够支持20多种格式的图像文件，可以打开不同格式的图像进行编辑并存储，也可以根据需要将图像另存为其他的格式。

下面介绍几种常用的文件格式：

- PSD;PDD：是Adobe Photoshop的文件格式，Photoshop格式 (PSD) 是新建图像的默认文件格式；而且是唯一支持所有可用图像模式、参考线、alpha通道、专色通道和图层的格式。
  PSD格式在保存时会将文件压缩，以减少占用磁盘空间，但PSD格式所包含的图像数据信息较多（如图层、通道、剪贴路径、参考线等），因此比其他格式的文件要大得多。由于PSD格式的文件保留所有原图像数据信息，因而修改起来较为方便，这也就是它的最大优点。在编辑的过程中最好使用PSD格式存储文件，但是大多数排版软件不支持PSD格式的文件，所以到图像处理完以后，就必须将其转换为其他占用空间小而且存储质量好的文件格式。
- BMP：图形文件的一种记录格式。BMP是DOS和Windows兼容计算机上的标准

Windows图像格式。BMP格式支持RGB索引颜色、灰度和位图颜色模式，但不支持alpha通道。可以为图像指定Microsoft Windows或OS/2 格式以及位深度。对于使用Windows格式的4位和8位图像，还可以指定RLE压缩，这种压缩不会损失数据，是一种非常稳定的格式。BMP格式不支持CMYK模式的图像。

- GIF：图形交换格式(GIF)是在 World Wide Web 及其他联机服务上常用的一种文件格式，用于显示超文本标记语言(HTML)文档中的索引颜色图形和图像。GIF是一种用LZW压缩的格式，目的在于最小化文件大小和电子传输时间。GIF格式保留索引颜色图像中的透明度，但不支持Alpha通道。
- JPEG：联合图片专家组 (JPEG) 格式是在 World Wide Web 及其他联机服务上常用的一种格式，用于显示超文本标记语言(HTML)文档中的照片和其他连续色调图像。JPEG格式支持CMYK、RGB和灰度颜色模式，但不支持Alpha通道。与GIF格式不同，JPEG保留RGB图像中的所有颜色信息，但通过有选择地扔掉数据来压缩文件大小。

  JPEG 图像在打开时自动解压缩。压缩级别越高，得到的图像品质越低；压缩级别越低，得到的图像品质越高。在大多数情况下，“最佳”品质选项产生的结果与原图像几乎无分别。
- TIFF：TIFF是英文Tag Image File Format（标记图像文件格式）缩写，用于在应用程序和计算机平台之间交换文件。TIFF是一种灵活的位图图像格式，受几乎所有的绘画、图像编辑和页面排版应用程序的支持。而且，几乎所有的桌面扫描仪都可以产生TIFF图像。

  TIFF格式支持具有Alpha通道的CMYK、RGB、Lab、索引颜色和灰度图像以及无Alpha通道的位图模式图像。Photoshop可以在TIFF文件中存储图层；但是，如果在其他应用程序中打开此文件，则只有拼合图像是可见的。Photoshop也可以用TIFF格式存储注释、透明度和多分辨率金字塔数据。

  在Photoshop中保存为TIF下格式会让用户选择是PC机还是苹果机格式，并可选择是否使用压缩处理，它采用的是LZW Compression压缩方式，这是一种几乎无损的压缩形式。
- Photoshop EPS：压缩 PostScript（EPS）语言文件格式可以同时包含矢量图形和位图图形，并且几乎所有的图形、图表和页面排版程序都支持该格式。EPS格式用于在应用程序之间传递PostScript语言图片。当打开包含矢量图形的EPS文件时，Photoshop栅格化图像，将矢量图形转换为像素。

  EPS格式支持Lab、CMYK、RGB、索引颜色、双色调、灰度和位图颜色模式，但不支持Alpha通道。EPS确实支持剪贴路径。桌面分色（DCS）格式是标准EPS格式的一个版本，可以存储CMYK图像的分色。使用DCS 2.0格式可以导出包含专色通道的图像。若要打印EPS文件，必须使用PostScript打印机。
- TGA：TGA(Targa)格式专门用于使用Truevision视频卡的系统，并且通常受MS-DOS色彩应用程序的支持。Targa格式支持16位RGB图像（5位×3种颜色通道，加上一个未使用的位）、24位RGB图像（8位×3种颜色通道）和32位RGB图像（8位×3种颜色通道，加上一个8位Alpha通道）。Targa格式也支持无Alpha通道的索引颜色和灰度图像。当以这种格式存储RGB图像时，可以选取像素深度，并选择使用RLE编码来压缩图像。

- PCX：PCX格式通常用于IBM PC兼容计算机。PCX格式支持RGB、索引颜色、灰度和位图颜色模式，但不支持Alpha通道。PCX支持RLE压缩方法。图像的位深度可以是1、4、8 或 24。
- PICT文件：是英文Macintosh Picture简称。PICT 格式作为在应用程序之间传递图像的中间文件格式，广泛应用于Mac OS图形和页面排版应用程序中。PICT格式支持具有单个Alpha通道的RGB图像和不带Alpha 通道的索引颜色、灰度和位图模式的图像。PICT格式在压缩包含大面积纯色区域的图像时特别有效。对于包含大面积黑色和白色区域的Alpha通道，这种压缩的效果惊人。

  以PICT格式存储RGB图像时，可以选取16位或32位像素的分辨率。对于灰度图像，可以选取每像素2位、4位或8位。在安装了QuickTime的Mac OS中，有4个可用的JPEG压缩选项。

## 2.6 本章小结

像素、位图图像与矢量图形、图像大小与分辨率、图像的色彩模式和常用文件格式等基础知识是学习Photoshop的理论基础，理解与掌握了这些知识，就能对图像的分类、图像的大小、色彩模式和各种模式之间的转换加以灵活应用。

## 2.7 练习题

### 一、填空题

1. 文件大小为图像的数字大小，度量单位是__________、兆字节(MB)或__________。文件大小与__________成正比。

2. 计算机图形主要分为两类：位图图像和__________。

### 二、选择题

1. 以下哪项是Adobe Photoshop的文件格式，并且是新建图像的默认文件格式；而且还是唯一支持所有可用图像模式、参考线、alpha通道、专色通道和图层的格式？（　　）

A. JPEG　　B. PSD;PDD

C. TIFF　　D. BMP

2. 分辨率是指在单位长度内所含有的点（像素）的多少，其单位为以下哪两项？（　　）

A. 像素/英寸　　B. 像素

C. 厘米　　D. 像素/厘米

# 第3章　与Photoshop CS6 初次见面

本章主要介绍Photoshop CS6的操作环境，了解操作环境中的各种组件的作用，以及学习新建文件与使用控制面板。

## 3.1 Photoshop CS6的启动与窗口环境

Photoshop CS6安装完成后，在Windows系统“开始”菜单的“程序”子菜单中会自动出现Adobe Photoshop CS6程序图标，单击“Adobe Photoshop CS6”，即可启动Photoshop CS6程序，首先出现的是Photoshop CS6的引导画面，如图3-1所示；等检测完后即可进入Photoshop CS6程序窗口，如图3-2所示。

图3-1　Photoshop CS6的引导画面

图3-2 Photoshop CS6程序窗口

Photoshop CS6的窗口环境是编辑、处理图形、图像的操作平台，它由应用程序栏、菜单栏、选项栏、工具箱、控制面板、最小化按钮、最大化按钮、关闭按钮等组成。

窗口控制按钮由 组成。

- （最小化）按钮：在文档窗口中单击该按钮，窗口缩小为一个小图标；在程序窗口中，单击该按钮，窗口缩小为一个小图标并存放到任务栏中。
- （最大化）按钮：单击 按钮，则窗口放大并且覆盖整个屏幕。该按钮变成 时称为恢复按钮，单击该按钮，窗口缩小为一部分显示在屏幕中间，
- （关闭）按钮：单击该按钮，关闭窗口。

## 3.1.1 菜单栏

菜单栏是Photoshop CS6的重要组成部分，和其他应用程序一样，Photoshop CS6将绝大多数功能命令分类后，分别放在10个菜单中。菜单栏提供了包含“文件”、“编辑”、“图像”、“图层”、“文字”、“选择”、“滤镜”、“视图”、“窗口”、“帮助” 10个菜单，只要单击其中某一菜单，即会弹出一个下拉菜单，如图3-3所示，如果命令为浅灰色的话，则表示该命令在目前的状态下不能执行。命令右边的字母组合键表示该命令的键盘快捷键，按下该快捷键即可执行该命令，使用键盘快捷键有助于提高操作的效率。有的命令后面带省略号，则表示有对话框出现。

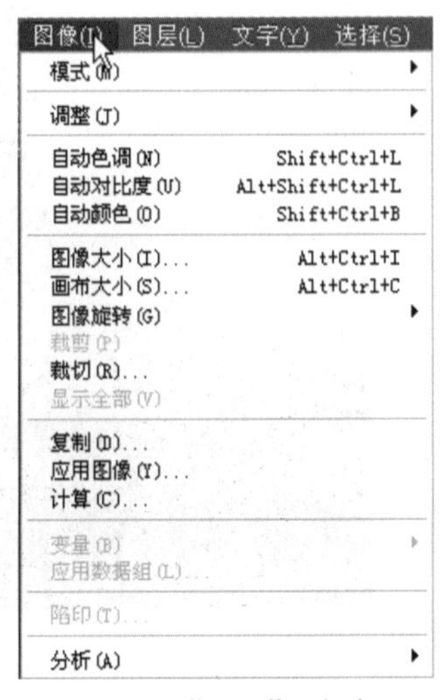


图3-3 “图像”菜单

菜单栏中包括Photoshop的绝大部分命令操作，绝大部分的功能都可以在菜单中执行。一般情况下，一个菜单中

的命令是固定不变的，但有些菜单可以根据当前环境的变化而添加或减少一些命令。关于菜单栏中的命令将在后面的章节详细讲解。

### 3.1.2 选项栏

选项栏具有非常关键的作用，默认状态下它位于菜单栏的下方，如图3-4所示。当用户在工具箱中选择某工具时，选项栏中就会显示它相应的属性和控制参数（以后统称为选项），并且外观也随着工具的改变而变化，有了选项栏就能使用户很方便地利用和设置工具的选项。

目前处理选择状态的工具

对应于该工具的属性和控制参数

新建的工具预设将陈列到该面板中

图3-4 选项栏

如果要显示或隐藏选项栏，可以在菜单中执行“窗口”→“选项”命令。也可双击工具箱内的工具来显示选项栏。

如果要移动选项栏，可以将指针指向选项栏左侧的标题栏，然后按下左键拖动，即可把选项栏拖动到所需的位置。

如果要使一个工具或所有工具恢复默认设置，可以右击选项栏上的工具图标弹出一下拉菜单如图3-5所示，然后从中选取“复位工具”或者“复位所有工具”命令。

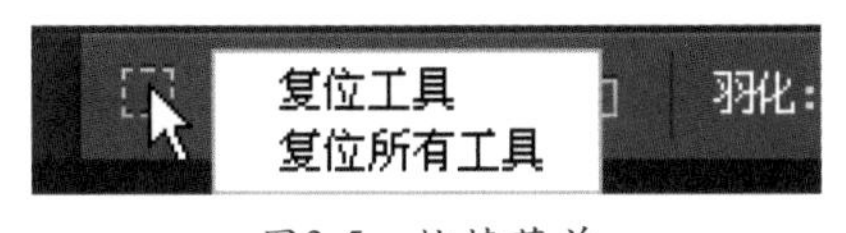


图3-5 快捷菜单

### 3.1.3 工具箱

如图3-6所示为工具箱，在第一次启动应用程序时，工具箱出现在屏幕的左侧。当指针指向它时呈高亮度显示，单击该工具呈凹下状态时即已经选中此工具，即可用它进行工作。如图3-6选中并使用的工具为矩形选框工具，而指向画笔工具时则呈凸出按钮显示。

如果在工具下方有小三角形图标，则表示其中还有其他工具，只要用户按下它不放或右击该工具即可弹出一工具组，在其中列有几个工具，如图3-7所示，用户可从中选择所需的工具。如果在工具上稍停留片刻，则会出现工具提示，如图3-8所示。

**提 示**

括号中的字母则表示该工具的快捷键（在键盘上按下G键，即可选择渐变工具）。

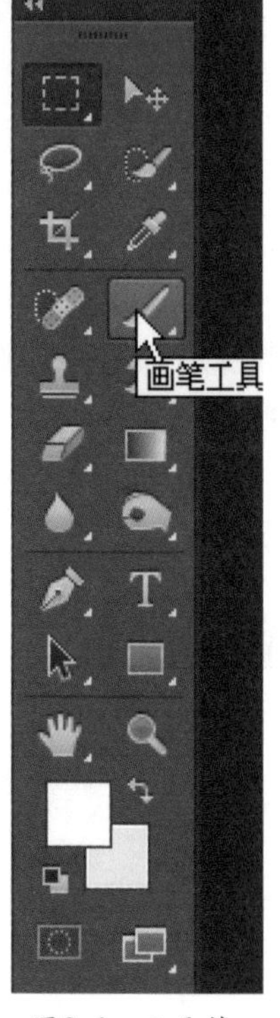

图3-6　工具箱

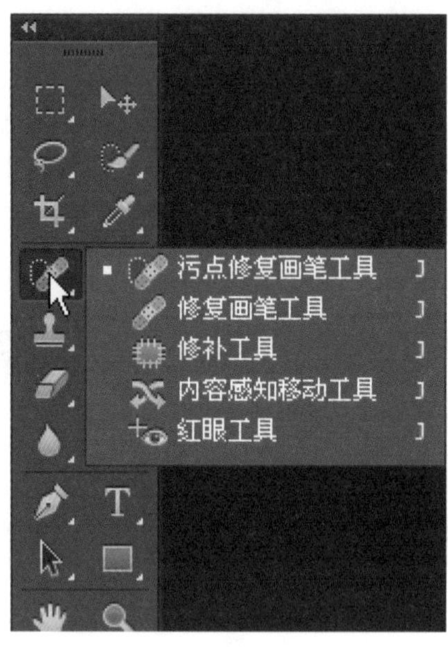


图3-7　工具组

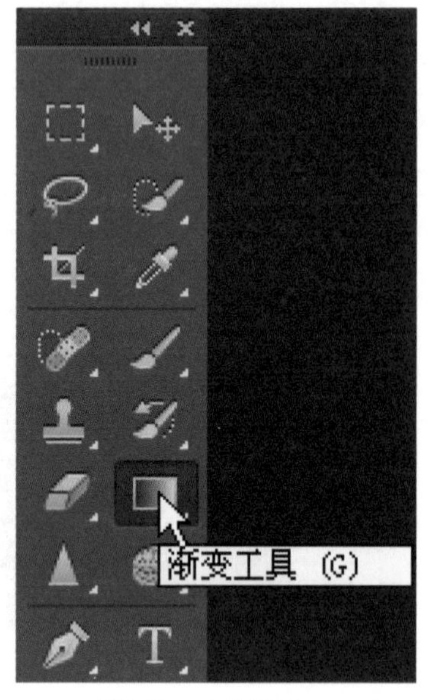


图3-8　工具提示

**提 示**

按住“Shift”键的同时按工具的快捷键，可以在这组工具中进行选择，也可在按“Alt”键的同时用鼠标单击工具来切换该组中所需的工具。

工具箱中一些工具的选项显示在上下文相关的选项栏内。这些工具使用户可以使用文字、选择、绘画、绘图、取样、编辑、移动和查看图像等。工具箱内的其他工具还可以更改前景色和背景色、使用不同的模式。

## 3.1.4 控制面板

Photoshop CS6提供了24个控制面板，常用控制面板如图3-9所示。控制面板从Photoshop CS3版本开始就以缩览图的方式停放在右侧，可以直接在右侧单击缩览图，即可显示/隐藏面板，也可以拖动面板到窗口的任一位置成浮动状态。控制面板显示时总是浮停在图像的上面，而不会被图像所覆盖。

**提 示**

按“Shift”+“Tab”键可显示或隐藏所有控制面板。如果要打开不在程序窗口中显示的控制面板，请在“窗口”下拉菜单中直接选择所需的命令即可。关于控制面板详细内容说明请查看后面的章节。

图3-9 控制面板

如果不想使用某控制面板，可以将其关闭，只需单击控制面板窗口右上角的▣（关闭）按钮即可。

## 3.2 新建文档与文档窗口

在Photoshop CS6刚刚启动完成时，并没有显示文档窗口，需要新建或打开一个文档来显示文档窗口。

如果要建立一个新的图像文档，可以在菜单中执行“文件”→“新建”命令，或按快捷键“Ctrl”+“N”，弹出如图3-10所示的对话框，在此对话框中可以设置新建文档的名称、大小、分辨率、模式、背景内容和颜色配置文档等。

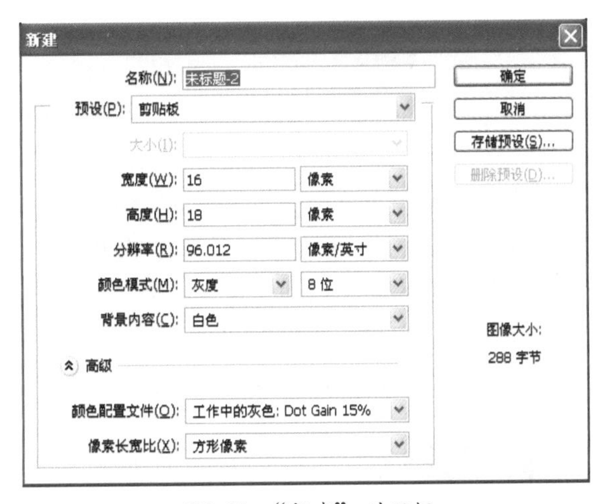


图3-10 “新建”对话框

- 名称：在“名称”文本框中可以输入新建的文档名称，中英文均可；如果不输入自定的名称，程序将使用默认文档名；如果建立多个文档，文档按未标题-1、未标题-2、未标题-3……依次给文档命名。
- 预设：可以在“预设”下拉列表中选择所需的画布大小。

> 宽度/高度：可以自定图像大小（也就是画布大小），即在“宽度”和“高度”文本框中输入图像的宽度和高度（用户还可以根据需要在其后的下拉列表中选择所需的单位，如英寸、厘米、派卡和点等）。
> 分辨率：在此可设置文档的分辨率，分辨率单位通常使用的为像素/英寸和像素/厘米。
> 颜色模式：在其下拉列表中，可以选择图像的颜色模式，通常提供的图像颜色模式有：位图、灰度、RGB颜色、CMYK颜色及Lab颜色五种。
> 背景内容也称背景，也就是画布颜色，通常选择白色。

- 高级：单击“高级”前的按钮，可显示或隐藏高级选项栏。
  > 颜色配置文件：在其下拉列表中可选择所需的颜色配置文档。
  > 像素长宽比：在其下拉列表中可选择所需的像素纵横比。

确认所输入的内容无误后，单击“确定”按钮（或按键盘上的“Tab”键选中“确定”按钮，然后按“Enter”键），这样就建立了一个空白的新图像文档，如图3-11所示，用户可以在其中绘制所需的图像。

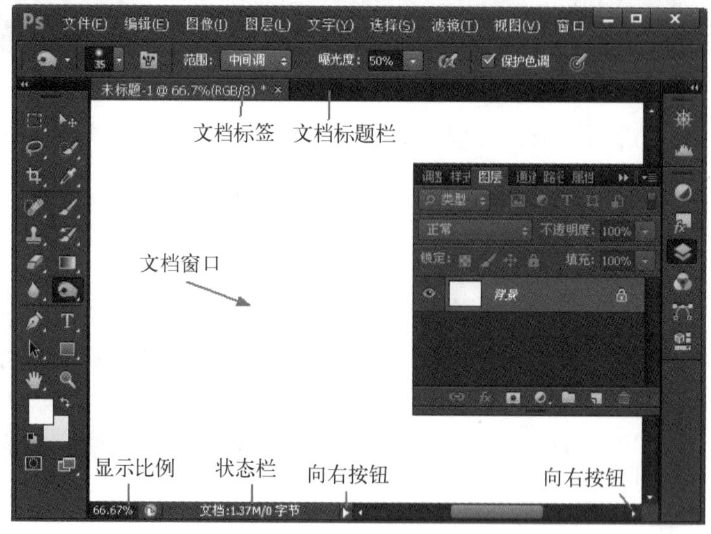


图3-11 新建的图像文档

文档窗口是图像文档的显示区域，也是编辑或处理图像的区域。在文档标签上显示文档的名称、格式、显示比例、色彩模式和图层状态。如果该文档是新建的文档并未保存过，则文档名称为未标题加上连续的数字来当作文档的名称。

在文档窗口中用户可以实现所有的编辑功能，也可以对文档窗口进行多种操作，如改变窗口大小和位置、对窗口进行缩放、最大化与最小化窗口等。

**提 示**

将指针指向文档标签，并在文档标签上按下左键拖动，即可拖动文档窗口到所需的位置，从而成浮停状态，这里将指针指向文档窗口的四个角或四边上成双向箭头状时按下左键拖动可缩放文档窗口。

如果要关闭文档窗口，可以在文档标签的右侧单击 ×（关闭）按钮，将文档窗口关闭。

# 3.3 Photoshop CS6的退出

当不需要使用该程序或休息时，需要将Photoshop CS6程序退出。在菜单中执行“文件”→“退出”命令或单击应用程序栏上的 ✕ （关闭）按钮或按“Alt”+“F4”键或按“Ctrl”+“Q”键，即可退出程序，并且程序中的所有文档将随着一起退出程序。如果有文档没有存储，就会弹出如图3-12所示的警告对话框，提示是否要存储该文档。

图3-12 警告对话框

# 3.4 本章小结

本章对Photoshop CS6的启动、退出与窗口环境进行了简要介绍，其中重点并详细地介绍了文档的新建、控制面板和文档窗口等功能的操作与相关选项说明。

# 3.5 练习题

## 一、填空题

1. 菜单栏提供了包含文件、__________、图像、__________、__________、选择、__________、视图、窗口和帮助10个菜单。

2. 在文档标签上显示文档的__________、格式 、__________、__________和图层状态。

## 二、选择题

1. 按以下哪个快捷键可以执行“新建”命令？（　　）

A. 按“Alt”+“F4”键　　B. 按“Ctrl”+“F4”键

C. 按“Ctrl”+“Q”键　　D. 按“Ctrl”+“N”键

2. 按以下哪个快捷键可显示或隐藏所有控制面板？（　　）

A. 按“Alt”+“F4”键　　B. 按“Alt”+“Q”键

C. 按“Ctrl”+“Q”键　　D. 按“Shift”+“Tab”键

3. 按以下哪两个组合键可以将Photoshop CS6程序退出？（　　）

A. 按“Ctrl”+“F4”键　　B. 按“Ctrl”+“Q”键

C. 按“Alt”+“F4”键　　D. 按“Alt”+“Q”键

# 第4章 文件基本操作

本章主要介绍打开文件、存储文件、关闭文件、导入与导出文件、打印文件、浏览文件、恢复文件、置入文件等基本操作，并了解相应对话框中各选项的作用。

## 4.1 打开文件

在启动Photoshop CS6后，程序窗口中并没有任何图像文件，必须新建或打开一个图像文件才能使用Photoshop中的各种功能对其进行编辑与处理。

### 4.1.1 使用打开命令打开文件

如果需要对已经编辑过或编辑好的文件（它们不在程序窗口）继续或重新编辑，或者需要打开一些以前的绘图资料、图片进行处理等，可以使用“打开”命令来打开文件。

**上机实战 使用打开命令打开文件**

01 在菜单中执行“文件”→“打开”命令（或按“Ctrl”+“O”键或在Photoshop的灰色区双击），弹出图4-1所示的对话框。

图4-1 “打开”对话框

对话框中小图标说明：单击图标可向上一级；单击图标后图标呈活动可用状态，再单击图标可转到已访问的上一个文件夹；单击（创建新文件夹）按钮可新增一个新文件夹新建文件夹 (2)，可以直接输入所需的名称对该新建文件夹进行命名，也可采用默认名称；单击列表图标出现如图4-2所示的下拉菜单，可以选择其中的任何一项，如果选择“详细信息”，则在下面的文件窗口中就会以详细资料显示，如图4-3所示；单击（收藏夹）按钮，弹出如图4-4所示的下拉菜单，可以把所选的文件夹或文件添加到收藏夹或移去收藏夹，也可直接选择，以在窗口中显示Photoshop CS6程序中示例文件夹中的范例文件。

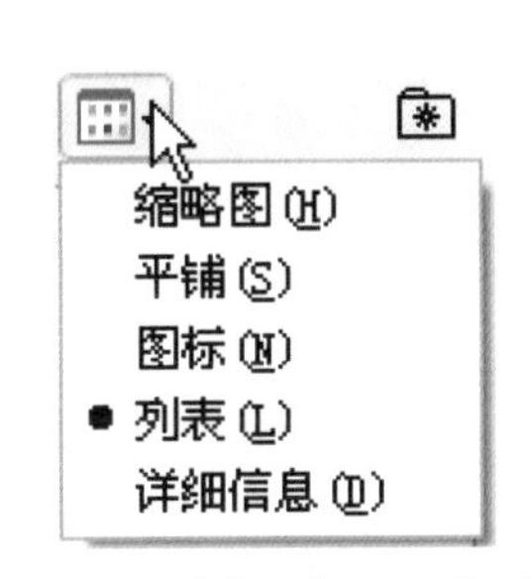

图4-2 列表图标下拉菜单

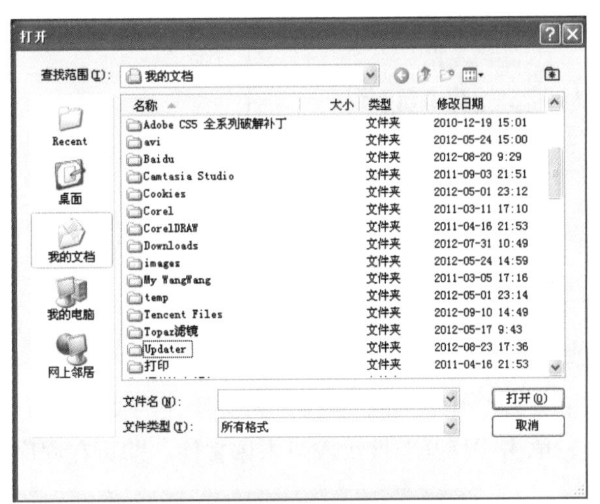

图4-3 “打开”对话框

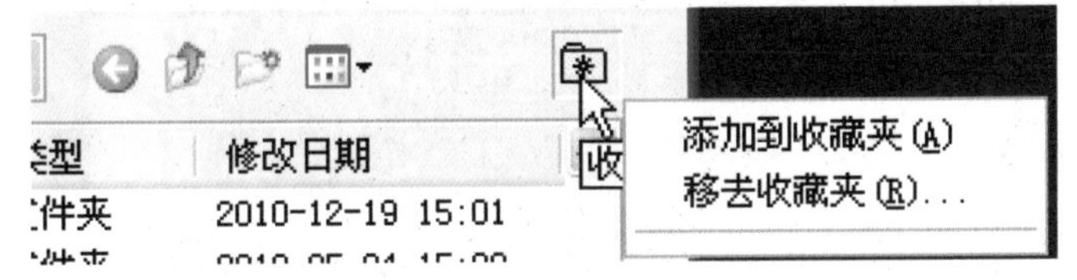

图4-4 收藏夹下拉菜单

02 在“查找范围”下拉列表中可以选择文件所在的磁盘或文件夹名称，如图4-5所示，也可单击左边栏中的相关图标，直接进入所需的文件夹或窗口或网上邻居。

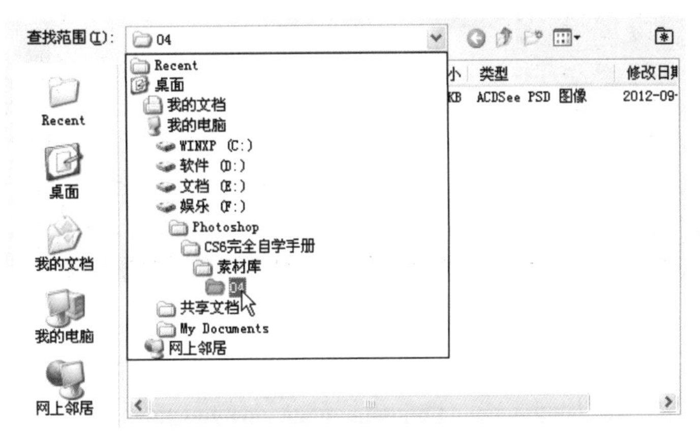

图4-5 “查找范围”下拉列表

03 在“文件类型”下拉列表中选择所要打开文件的格式，如图4-6所示。如果选择“所有格式”，则会显示该文件夹中的所有文件，如果只选择任意一种格式，则只会显示以此格式存储的文件，本例选择Photoshop（*.PSD;*.PDD），则只会显示以Photoshop 格式存储的文件，如图4-7所示。

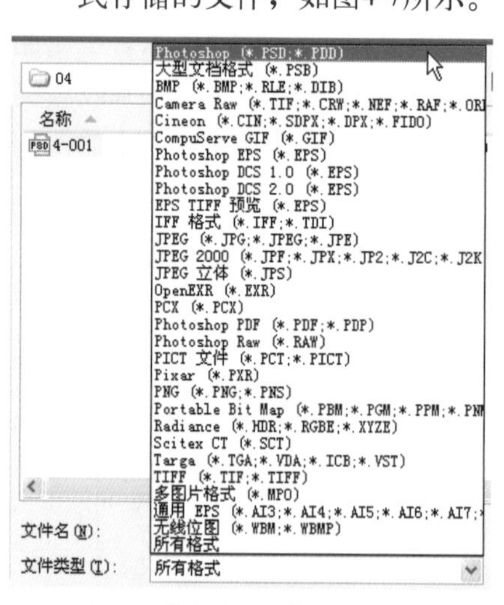


图4-6 “文件类型”下拉列表

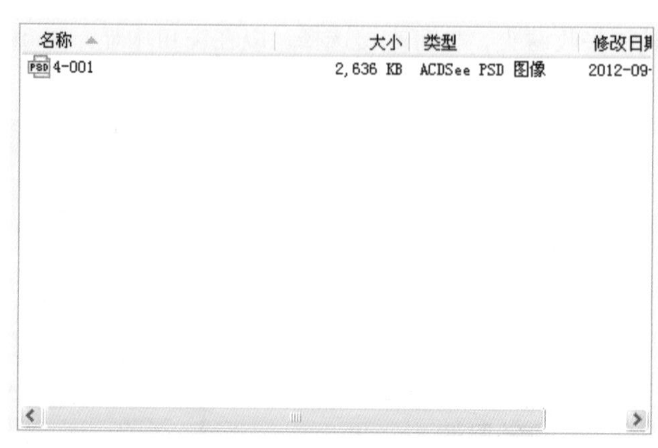


图4-7 文件窗口

04 在文件窗口中选择需要打开的文件，该文件的文件名会自动显示在“文件名”文本框中，单击“打开”按钮或双击该文件，即可在程序窗口中打开所选文件，如图4-8所示。

图4-8 打开的图像文件

如果要同时打开多个文件，可以在“打开”对话框中按住“Shift”或“Ctrl”键不放，然后使用鼠标选择所需打开的文件，再单击“打开”按钮；如果不需要打开任何文件，单击“取消”按钮即可。

## 4.1.2 利用打开为命令打开文件

在Photoshop CS6中，可以以某种格式打开文件。

在菜单中执行“文件”→“打开为”命令（或用快捷键“Alt”+“Shift”+“Ctrl”+“O”），在弹出的对话框中选择好所需的文件后单击“打开”按钮（或双击），即可将该文件打开到程序窗口中。

它与“打开”命令不同的是，所要打开的文件类型要与“打开为”下拉列表中的文件类型一致，否则就不能打开此文件。而“打开”命令则可以打开所有Photoshop支持的文件。

## 4.1.3 打开最近文件

利用“最近打开文件”命令，可以打开最近处理或编辑过的文件，在菜单中执行“文件”→“最近打开文件”命令，如图4-9所示，在“最近打开文件”子菜单中选择所需的文件即可。

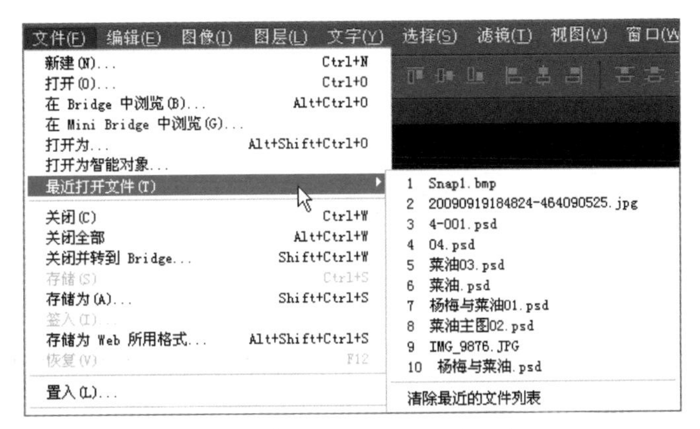


图4-9 “最近打开文件”子菜单

**提 示**

最近处理的文件数目可以自定。在菜单中执行“编辑”→“首选项”→“文件处理”命令，弹出如图4-10所示的“首选项”对话框，在其中的“近期文件列表包含_个文件”的文本框中输入所需记录的文件数目，单击“确定”按钮即可。

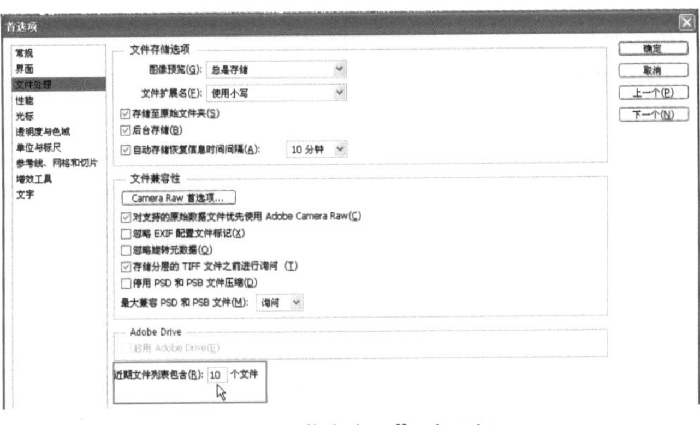


图4-10 “首选项”对话框

# 4.2 存储文件

在编辑和处理完成图像后，需要将其存储起来，以备后用。

## 4.2.1 利用存储为命令存储文件

如果在操作时不想对原图像进行编辑与修改，则可以将其另存为一个副本来进行编辑与修改。

在菜单中执行“文件”→“存储为”命令或快捷键“Ctrl”+“Alt”+“S”，弹出如图4-11所示的对话框，它的作用在于对保存过的文件另存为其他文件或其他格式的文件，在这里是将前面打开的文件另存为其他的格式，如：JPEG，选择好后单击“保存”按钮，将弹出“JPEG选项”对话框，在其中设置所需的图像品质，如图4-12所示，设置好后单击“确定”按钮，即可将其另存为JPEG格式的文件。

如果在存储时该文件名与前面保存过的文件重名，则会弹出一个警告对话框，如果确实要进行替换，单击“确定”按钮，如果不替换原文件，则单击“取消”按钮，然后对其进行另外命名或选择另一个保存位置。

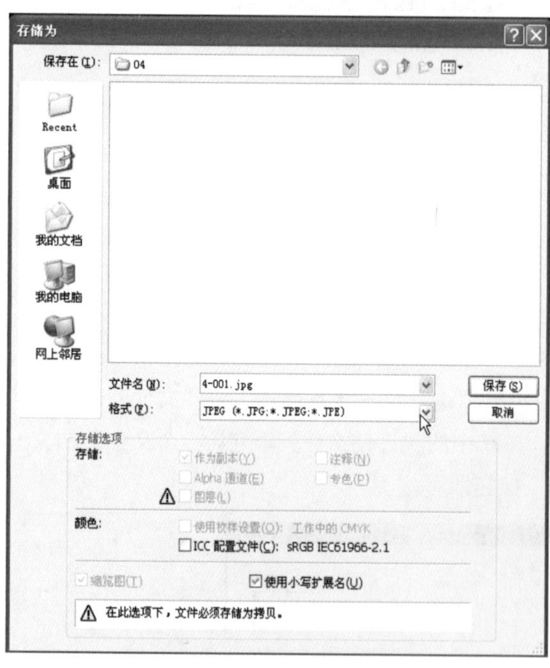


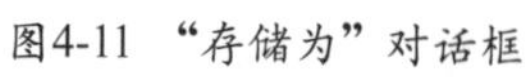
图4-11 “存储为”对话框

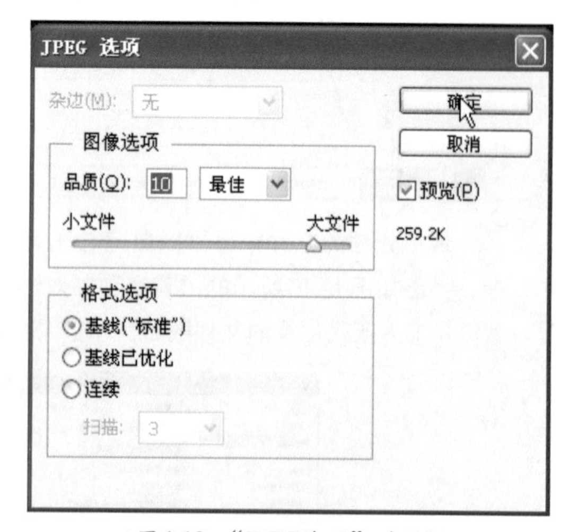


图4-12 “JPEG选项”对话框

存储为对话框选项说明如下：

- 存储：在此栏中可选择要存储的选项。
  - 作为副本：存储文件副本，同时使当前文件保持打开，也就是对原文件进行备份但不影响原文件。
  - Alpha 通道：当图像文件中有Alpha通道时，则“Alpha 通道”成为活动可用状态，勾选它，则将Alpha通道信息与图像一起存储。如果不勾选它，则将Alpha通道从存储的图像中删除。

- ➢ 图层：当图像文件中存在多个图层，则该项可用，如果勾选它，则保留图像中的所有图层。如果不勾选或者不可用，则所有的可视图层将拼合或合并（取决于所选格式）。
- ➢ 注释：如果文件中存在注释，则可以将注释与图像一起存储。
- ➢ 专色：如果文件中有专色通道，则可以将专色通道信息与图像一起存储。

- 颜色：为存储文件配置颜色信息。
  - ➢ 使用校样设置：工作中的CMYK：检测CMYK图像溢色功能。
  - ➢ ICC 配置文件(C)：设置图像在不同显示器中所显示的颜色一致。
- 缩览图：存储文件缩览图数据。
- 使用小写扩展名：使文件扩展名为小写。

## 4.2.2 利用存储命令存储文件

“存储”命令经常用于存储对当前文件所做的更改，每一次存储都将会替换前面的内容。如果是打开的或者是编辑好已经存储过的文件，并且不想替换原文件或原来的内容，则需使用“存储为”命令。在 Photoshop中，以当前格式存储文件。

### 上机实战 使用“存储”命令保存图像文件

01 在工具箱中选择直线工具，接着在选项栏中选择像素，设置“粗细”为2像素，前景色为#f0f0e8，然后在画面中绘制出一条直线，如图4-13所示。

02 在菜单中执行“文件”→“存储”命令或用快捷键“Ctrl”+“S”，即可将刚编辑的内容保存起来。

图4-13 绘制直线

## 4.2.3 利用存储为Web所用格式命令存储文件

利用“存储为Web所用格式”命令，可以将图像保存为适合于网页使用的格式。

## 上机实战　利用存储为Web命令存储文件

01 在菜单中执行“文件”→“存储为Web所用格式”命令或用快捷键“Alt”+“Shift”+“Ctrl”+“S”，弹出“存储为Web所用格式”对话框，如图4-14所示。

图4-14　“存储为Web所用格式”对话框

02 在“存储为Web所用格式”对话框中，可以选择原稿、优化、双联、四联，也可在“预设”下拉列表中选择所需保存的类型，下面的设置也将随之而改变。

03 可以在“存储为Web所用格式”对话框的“图像大小”栏中对该图像大小进行设置，如图4-15所示，设置完成后单击“完成”按钮，即可完成对Web所用格式的设定。

图4-15　“存储为Web所用格式”对话框

04 如果在“存储为Web所用格式”对话框中单击“存储”按钮，将弹出如图4-16所示的“将优化结果存储为”对话框，在“文件名”文本框中输入所需的文件名称（最好不用中文），在“格式”下拉列表中选择所需的文件格式，设置好后单击“保存”按钮即可。

图4-16 “将优化结果存储为”对话框

# 4.3 关闭文件

在编辑和绘制好一幅作品后，需要存储并关闭该图像窗口。

## 上机实战 关闭文件

01 在图像窗口标题栏上单击 ☒（关闭）按钮，或在菜单中执行“文件”→“关闭”命令或按快捷键“Ctrl”+“W”，即可将存储过的图像文件直接关闭。

02 如果该文件还没有存储过或是存储后又更改过，那么它会弹出如图4-17所示的对话框，询问是否要在关闭之前对该文档进行存储，如果要存储就单击“是”按钮，如果不存储则单击“否”按钮，如果不关闭该文档就单击“取消”按钮。

图4-17 警告对话框

# 4.4 浏览文件

可以使用Adobe Bridge来组织、浏览和寻找所需资源，用于创建供印刷、网站和移动设备使用的内容。使用Adobe Bridge 可以方便地访问本地PSD、AI、INDD和Adobe PDF文件以及其他Adobe和非Adobe应用程序文件。可以将资源按照需要拖移到版面中进行预览，甚至向其中添加元数据。Bridge既可以独立使用，也可以从Adobe Photoshop、Adobe Illustrator、Adobe InDesign和Adobe GoLive中使用。

可以从Bridge中查看、搜索、排序、管理和处理图像文件，也可以使用Bridge来创建新文件夹、对文件进行重命名、移动和删除操作、编辑元数据、旋转图像以及运行批处理命令，还可以查看从数码相机导入的文件和数据的信息。

## 4.4.1 在Bridge 中浏览文件

在菜单中执行“文件”→“在Bridge 中浏览”命令，即可启开Adobe Bridge窗口，如图4-18所示。

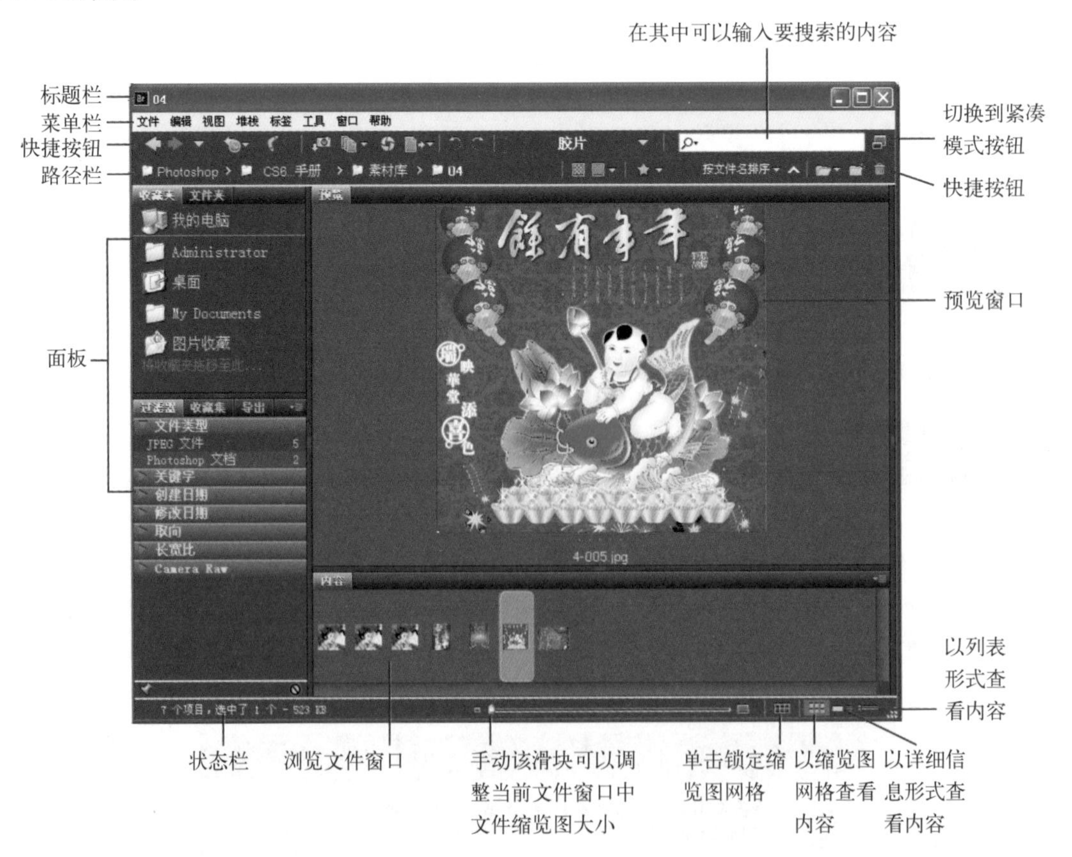


图4-18　Adobe Bridge窗口

Adobe Bridge 窗口的主要组件如下：

- 菜单栏：包含特定于Bridge的命令。在Windows中，菜单栏位于Bridge窗口的顶部。
- 快捷按钮：帮助用户有效而快速地使用文件。
- 收藏夹面板：在此可以快速访问文件夹以及Version Cue、Adobe Stock Photos、收藏集和Bridge Center（只适用于Adobe Creative Suite）。
- 文件夹面板：显示文件夹层次结构。使用它可以浏览到正确的文件夹。
- 预览窗口：在此显示所选文件的预览，与浏览文件窗口中显示的缩览图分离，并通常要比缩览图大。用户可以缩小或放大预览。
- 元数据面板：在此列表中包含所选文件的元数据信息。如果选择了多个文件，则会列出共享数据（如关键字、创建日期和曝光度设置）。
- 关键字面板：帮助用户通过附加关键字来组织图像。
- 浏览文件窗口：在此显示当前文件夹中项目的缩览图预览，以及关于这些项目的信息。
- 状态栏：窗口的底部显示状态信息，并包含用于设置缩览图大小的滑块和用于指定浏览文件窗口中显示类型的按钮。

## 上机实战 在Bridge中浏览文件

01 在Adobe Bridge窗口执行“窗口”→“收藏夹面板”命令，在窗口中显示收藏夹面板，如果已经显示，则不需要再执行此命令，在收藏夹面板中选择“我的电脑”，即可在浏览文件窗口中显示“我的电脑”中的磁盘及文件夹等，然后在浏览文件窗口中选择存放所要查看文件的文件夹所在的磁盘，如图4-19所示。

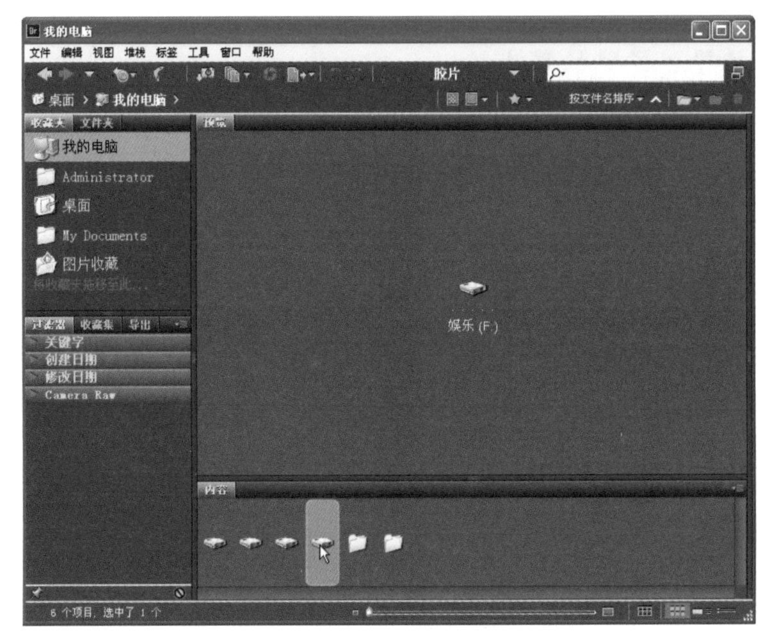


图4-19 Adobe Bridge窗口

02 在浏览文件窗口中双击存放文件夹的磁盘，以打开该磁盘，并在其中双击所要打开的文件夹，再在打开的文件夹中选择所需查看的文件，在快捷按钮栏中选择必要项，将内容与预览窗口进行并排摆放，如果预览窗口小了，可以调整其大小，拖动中间的栏线向左至适当位置，可以加宽预览窗口，再拖动下方的栏线向下至适当位置，可以加高预览窗口，如图4-20所示。

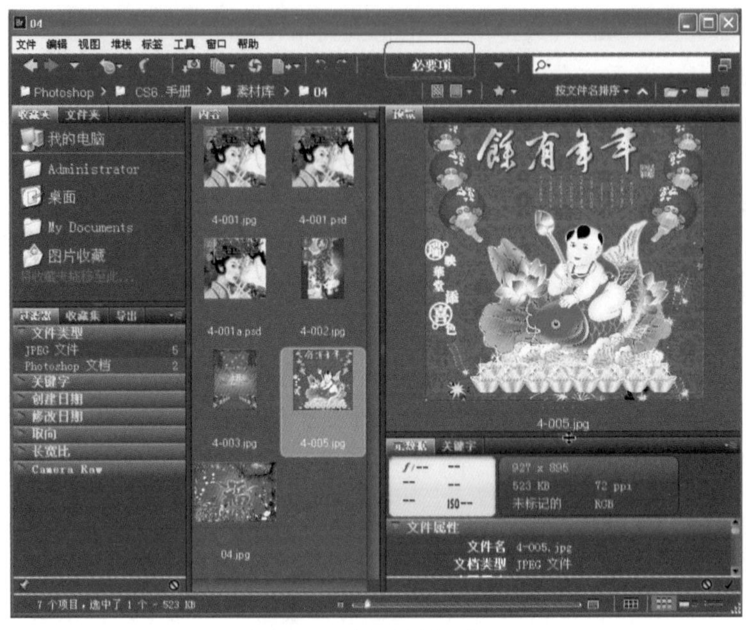


图4-20　Adobe Bridge窗口

03 在Adobe Bridge 窗口的底部单击 （以列表形式查看内容）按钮，可以更改浏览文件窗口的显示方式，如图4-21所示。

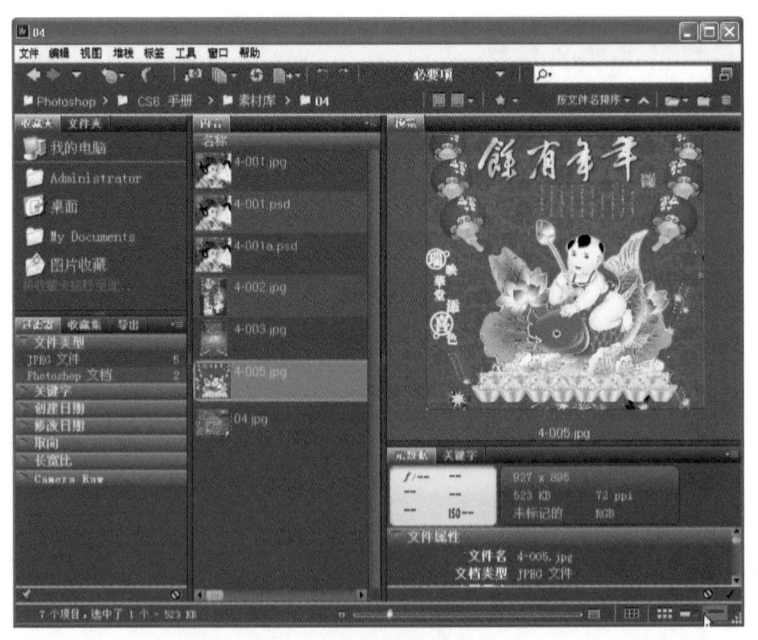


图4-21　Adobe Bridge窗口

04 在浏览文件窗口中双击要打开到Photoshop CS6程序窗口的文件，即可将所双击的文件打开到Photoshop CS6窗口中，如图4-22所示。

图4-22 Photoshop CS6窗口

## 4.4.2 在Mini Bridge中浏览文件

在菜单中执行“文件”→“在Mini Bridge中浏览”命令，如果Adobe Bridge 窗口已经关闭，那么会显示如图4-23所示的面板，点击“启动Bridge ”按钮，便会显示“Mini Bridge”面板，如图4-24所示。这样就可以直接在其中选择所要打开与编辑的文件。其操作方法与Adobe Bridge窗口基本相同，这里就不再重复。

图4-23 “Mini Bridge”面板

图4-24 “Mini Bridge”面板

# 4.5 恢复文件

在编辑文件的过程中，有时需要回到上一次存储时的状态或打开时的状态。可以在菜单中执行“文件”→“恢复”命令或在键盘上按“F12”键。

# 4.6 置入文件

可以使用“文件”→“置入”命令将图片放入图像中的一个新图层内。在Photoshop中，可以置入PSD、JPEG、BMP、PDF、Adobe Illustrator（简称AI）和EPS文件。

PDF、Adobe Illustrator 或 EPS 文件在置入之后都会被栅格化，因而用户无法编辑所置入图片中的文本或矢量数据。

## 上机实战 置入AI文件

01 按“Ctrl”+“O”键从配套光盘的素材库中打开一个文件，如图4-25所示，并在“图层”面板中选择图层1，如图4-26所示；再在菜单中执行“文件”→“置入”命令，弹出如图4-27所示的对话框，并在“查找范围”下拉列表中选择要置入的文件，如图4-28所示，选择好后单击“置入”按钮，即可将选择的文件置入到图像窗口中，如图4-29所示。

02 在画面中双击确认置入，此时“图层”面板中的图层自动成为智能对象图层，如图4-29所示。

图4-25 打开的文件

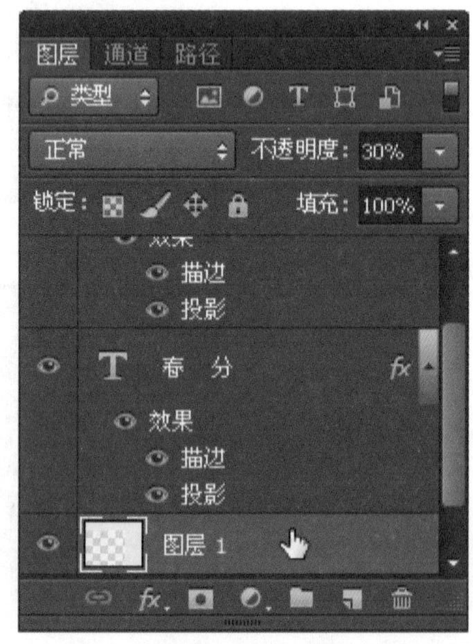

图4-26 选择图层1

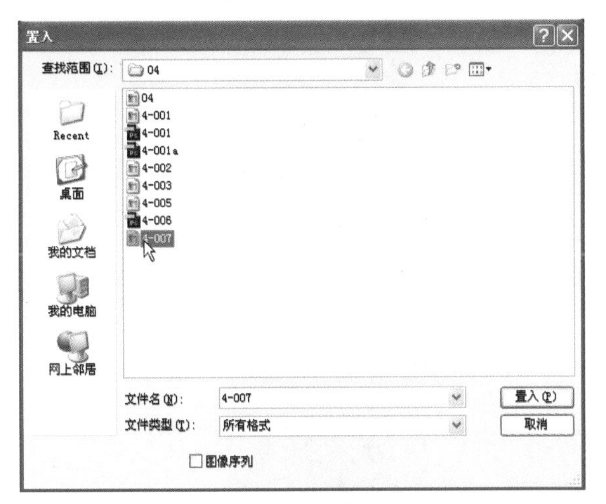

图4-27 “置入”对话框

图4-28 置入的图片

图4-29 智能对象图层

03 如果要置入AI文件，同样在菜单中执行“文件”→“置入”命令，弹出如图4-30所示的对话框，并在“查找范围”下拉列表中选择存放AI文件的文件夹，然后在窗口中选择所需置入的AI文件双击或单击“打开”按钮，弹出如图4-31所示的对话框，在其中单击“确定”按钮，即可将它置入画面中。

图4-30 “置入”对话框

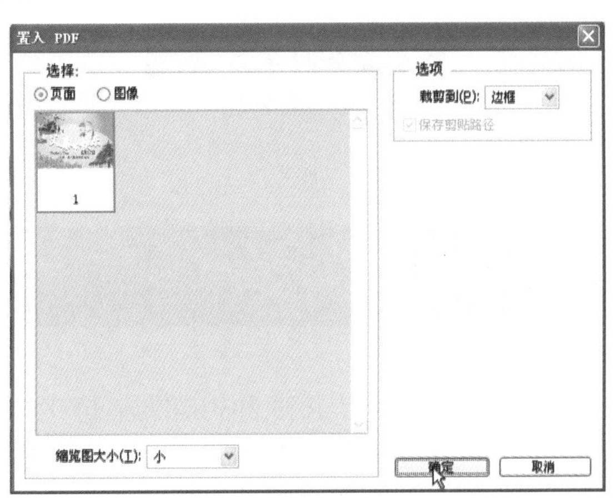

图4-31 “置入PDF”对话框

图4-32 置入的图片

04 在画面中双击确认置入，再在“图层”面板中将置入的智能对象图层拖动到顶层，如图4-33所示，其画面效果如图4-34所示。

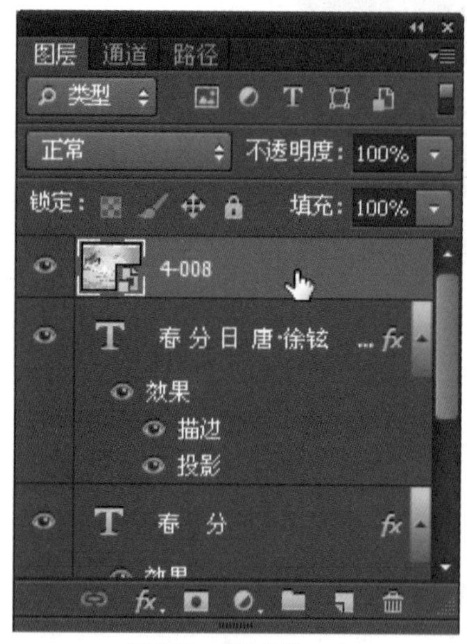


图4-33 “图层”面板

图4-34 置入的图片

## 4.7 导入文件

可以使用某些数码相机和扫描仪通过WIA支持来导入图像。如果使用WIA支持，Photoshop将与Windows和数码相机或扫描仪软件配合工作，从而将图像直接导入Photoshop中。

在菜单中选择“文件”→“导入”命令，弹出如图4-35所示的子菜单。

导入(M)
导出(E)
自动(U)
脚本(R)
变量数据组(V)...
视频帧到图层(F)...
注释(N)...
WIA 支持...

图4-35 “导入”子菜单

可以将PDF文件中的注释导入到Photoshop文件中来。便携文档格式(PDF)是一种通用文件格式，这种格式既可以表现矢量数据，也可以表现位图数据，而且还可以包含电子文档搜索和导航功能。PDF 是Adobe Illustrator 9.0和Adobe Acrobat的主要格式。

在“文件”菜单中执行“导入”→“注释”命令，弹出如图4-36所示的对话框，在其中选择包含注释的PDF或FDF文件(如4-0010.PDF)双击或单击“载入”按钮，即可将注释导入当前图像中，在注释图标上双击，即可查看到注释内容，如图4-37所示。

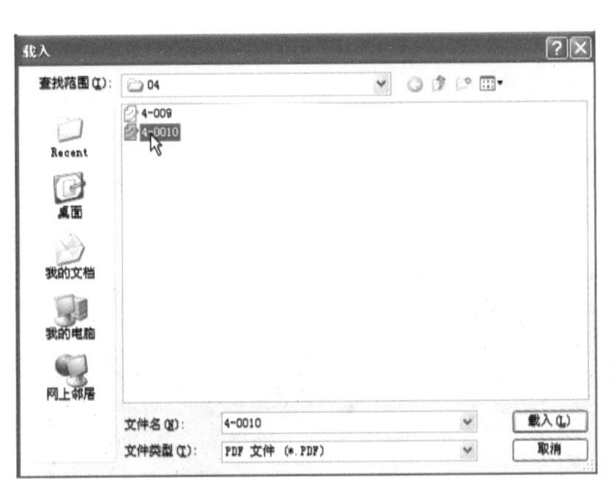


图4-36 “载入”对话框

图4-37 导入的注释



# 4.8 导出文件

可以将Photoshop中做好的视频文件导出，对视频进行预览，也可以将Photoshop中的路径导出到Illustrator中进行编辑与应用，或者将Photoshop中的文件导出为Zoomify格式等。

利用“路径到 Illustrator”命令可以将 Photoshop 路径导出为 Adobe Illustrator 文件。这样一来，处理组合的 Photoshop 和 Illustrator 图片或在 Illustrator 图片上使用 Photoshop 功能就更容易了。

## 上机实战 将路径导出到Illustrator

01 在Photoshop CS6中打开一个图像文件，如图4-38所示。然后在工具箱中选择快速选择工具，并在选项栏中选择按钮，然后在画面中选择出如图4-39所示的选区。

图4-38 打开的文件

图4-39 选择对象

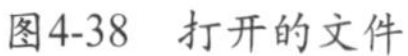

**提 示**

可以新建文件，并用钢笔工具直接在画面中勾画出所需的路径。

02 在“路径”面板中单击（从选区生成工作路径）按钮，如图4-40所示，将选区转换成路径，结果如图4-41所示。

图4-40 “路径”面板

图4-41 从选区生成工作路径

03 在菜单中执行“文件”→“导出”→“路径到Illustrator”命令，弹出如图4-42所示的对话框，在“路径”列表中选择要导出的路径，单击“确定”按钮，接着弹出“选择存储路径的文件名”对话框，在其中的“文件名”文本框中给文件命名，再选择要保存的位置，如图4-43所示，单击“保存”按钮，即可将路径存储为Illustrator文件。

04 如果计算机上安装了Illustrator，可以先开启Illustrator CS6程序，并在其中执行“文件”菜单中的“打开”命令，弹出“打开”对话框，在其中找到导出的文件并选择它，如图4-44所示，单击“打开”按钮，弹出一个“转换为画板”对话框，在其中勾选“旧版画板”与“裁剪区域”选项，如图4-45所示，单击“确定”按钮，即可将该文件打开在Illustrator CS6程序中。

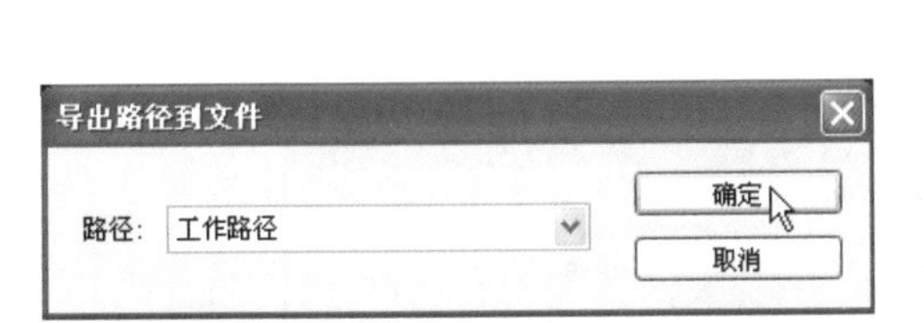


图4-42 “导出路径到文件”对话框

图4-43 “选择存储路径的文件名”对话框

图4-44 “打开”对话框

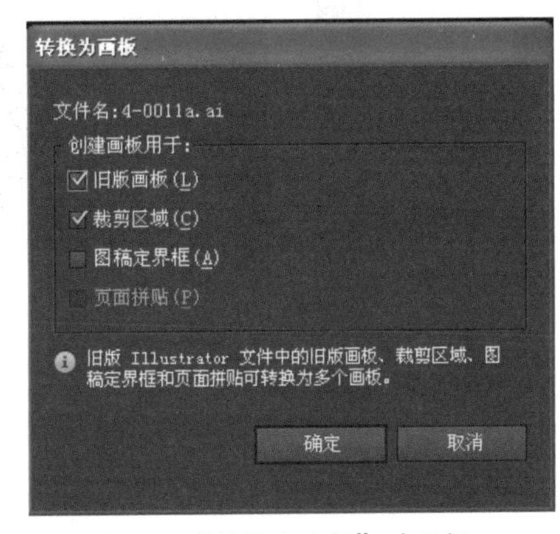


图4-45 “转换为画板”对话框

05 按“Ctrl”+“A”键选择对象，即可看到打开的文件中的内容了，如图4-46所示。

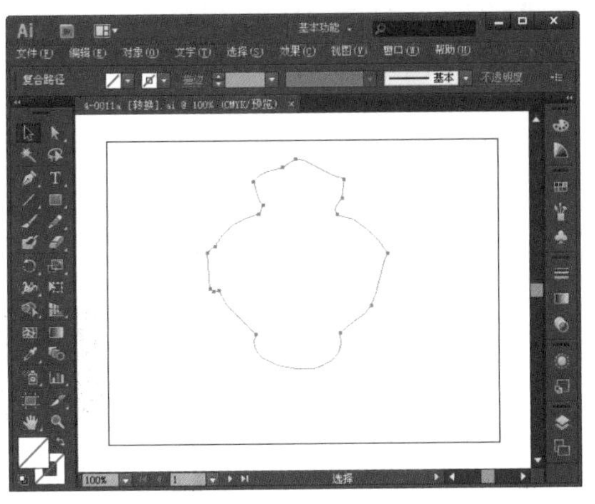

图4-46 选择对象

# 4.9 打印

当作品制作好后，通常需要将其打印出来。不过要打印作品，必须有打印机，有了打印机，还需将其电源连接到计算机上，再在计算机中安装上打印机的驱动程序。

## 上机实战　打印图像

01 在菜单中执行“文件”→“打印”命令，弹出如图4-47所示的“photoshop打印设置”对话框，可在其中设置要打印的份数，是否要缩放图像以适合介质，也可以对要打印的图像进行校样等。

图4-47　“photoshop打印设置”对话框

02 在“打印”对话框中单击“打印设置”按钮，弹出如图4-48所示的对话框（注：该对话框根据计算机所安装的打印机不同而不同），可以在其中设置所需的打印纸尺寸、打印的质量与方向等，设置好后单击“确定”按钮，返回到“photoshop打印设置”对话框中，如图4-49所示，单击“打印”按钮，就可以打印了。

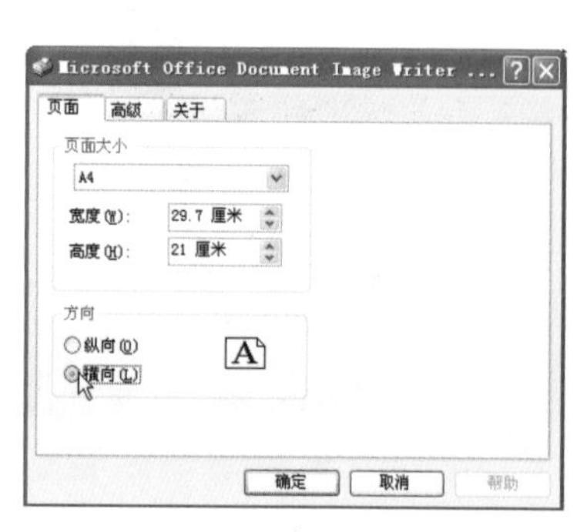


图4-48　打印对话框

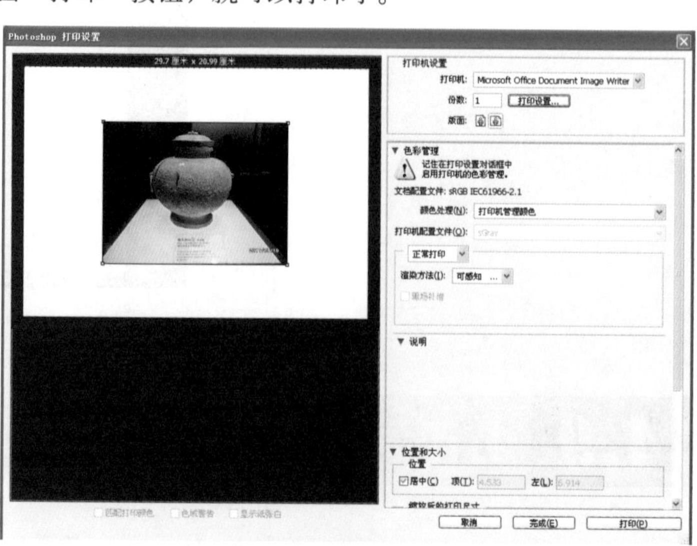


图4-49　“photoshop打印设置”对话框

# 4.10 本章小结

通过本章的学习需要熟练掌握文件的操作，如新建、打开、存储、关闭、浏览、导入、导出、恢复、置入与打印文件等，因为它们是学习Photoshop 的基础。如果不能掌握这些操作，将无法轻松地在Photoshop中进行绘画、绘图、编辑图形、网页制作、动画制作与图像处理等。因此需要对这些基本而简单的操作了如指掌，运用自如，才能达到在创作与设计时不受到任何因素的影响，轻松而快乐地工作。

# 4.11 练习题

1. 按以下哪个快捷键可以将图像窗口关闭？（　　）

   A. 按“Ctrl” + “A” 键　　B. 按“Ctrl” + “S” 键
   C. 按“Ctrl” + “W” 键　　D. 按“Alt” + “W” 键

2. 按以下哪个键可以将编辑的文件回到打开时或上次存储时的状态？（　　）

   A. 按F4键　　B. 按F1键
   C. 按F键　　D. 按F12键

3. 按以下哪个快捷键可以执行存储命令？（　　）

   A. 按“Alt” + “S” 键　　B. 按“Ctrl” + “Shift” + “S” 键
   C. 按“Ctrl” + “Alt” + “S” 键　　D. 按“Ctrl” + “S” 键

4. 利用以下哪个命令可以将图像保存为适合于网页上用的格式？（　　）

   A. 存储为Web和设备所用格式　　B. 存储为
   C. 存储　　D. 另存为

5. 使用以下哪个命令可以将图片放入图像中的一个新图层内并为智能对象图层？（　　）

   A. “导入” 命令　　B. “置入” 命令
   C. “输入” 命令　　D. “导出” 命令

# 第5章 辅助功能与颜色设置

本章主要介绍查看图像的工具与命令的使用，以及掌握切片工具的使用方法及其功能和颜色的设置并应用颜色。

## 5.1 查看图像

### 5.1.1 更改屏幕显示模式

通常情况下我们需要更改屏幕的显示模式，比如：有时要在屏幕中最大化查看图像效果时，就需要将菜单栏、标题栏和滚动条等隐藏，只查看画面效果，并且还可将工具箱与选项栏隐藏；有时只需显示菜单栏；有时则需要显示菜单栏、滚动条和其他屏幕元素。Photoshop为我们提供了这方面的功能，为我们的工作带来了方便。可以通过按“F”键来切换屏幕显示模式。

- 标准屏幕模式：显示菜单栏、滚动条和其他屏幕元素，它是Photoshop的默认视图，如图5-1所示。

图5-1 标准屏幕模式

- 带有菜单栏的全屏模式：可增大图像的视图，但保持菜单栏、工具箱与控制面板可见，如图5-2所示；可以通过“Tab”键来隐藏或显示工具箱、控制面板与选项栏。

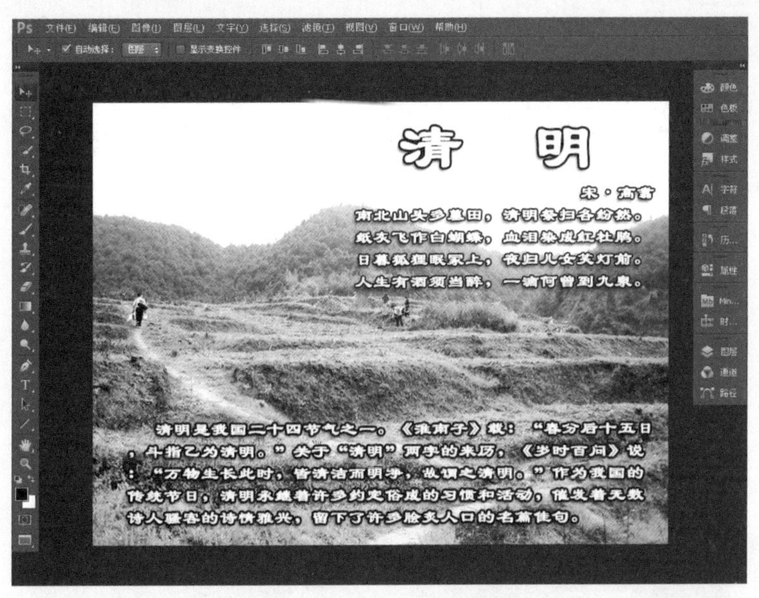


图5-2　带有菜单栏的全屏模式

- 全屏模式：允许用户在屏幕范围内移动图像以查看不同的区域，并且以最大的视图来显示图像，隐藏菜单栏与其他屏幕元素，如图5-3所示。不过如果要在此时进行编辑，可以按“Tab”键将应用程序栏、菜单栏、工具箱、控制面板与选项栏显示。

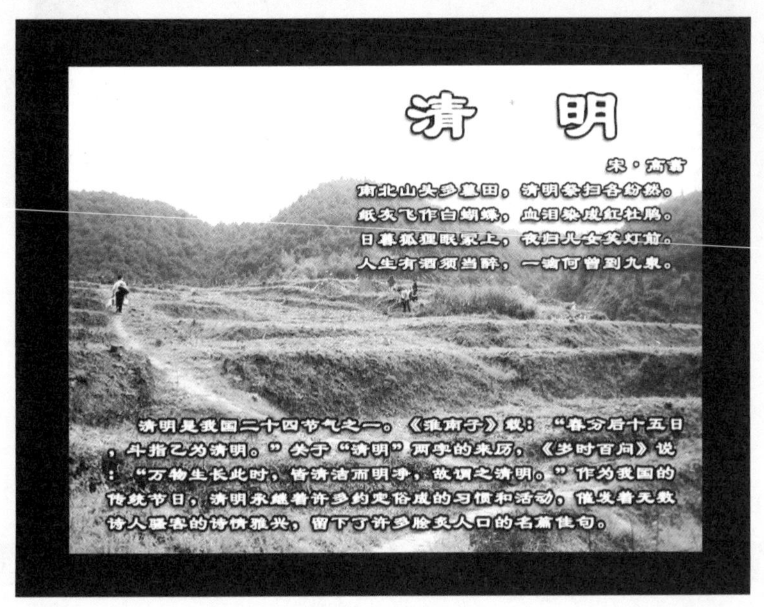


图5-3　全屏模式

## 5.1.2　缩放工具

利用缩放工具，可将图像缩小或放大，以便查看或修改。将缩放工具移入图像后指针变为放大镜，中心有一个“+”号，如果在图像上单击一下，则图像就会放大一级，如图5-4所示。如果按下“Alt”键的同时（或在选项栏中选择缩小按钮）指针为放大镜，但它中心为一个“－”减号，在图像上单击则可将图像缩小（即单击一次则缩小一级），如图5-5所示。

图5-4　放大图像

图5-5　缩小图像

缩放工具的选项栏如图5-6所示。

调整窗口大小以满屏显示　缩放所有窗口　细微缩放　实际像素　适合屏幕　填充屏幕　打印尺寸

放大　缩小

图5-6　选项栏

缩放工具的选项栏中各选项说明：

- 放大：选择它时在图像中单击可将图像放大。

- 缩小：选择它时在图像中单击可将图像缩小。
- 调整窗口大小以满屏显示：勾选该选项可以在缩放的同时调整窗口以适合显示。默认情况下它不适用于快捷键，如“Ctrl”+“+”，“Ctrl”+“-”。
- 缩放所有窗口：勾选该选项则以固定窗口缩放图像。
- 细微缩放：如果视频卡支持OpenGL，且在“常规”首选项中选中“带动画效果的缩放”选项，则选项栏中“细微缩放”选项为可用，选择它，可以在图像中向左拖动以缩小图像，或向右拖动以放大图像。
- 实际像素：单击它可以将图像以100%比例显示图像。
- 适合屏幕：单击它可以将当前的窗口缩放为屏幕大小。
- 填充屏幕：单击它缩放当前窗口以适合屏幕。
- 打印尺寸：单击它可以将当前窗口缩放为打印分辨率。

**上机实战　将图像以局部放大显示**

01 在工具箱中选择缩放工具，并在选项栏中选择（放大）按钮。

02 在画面中适当位置按下左键拖出一个虚线框，如图5-7所示，松开左键后即可将图像放大并且使所选区域位于窗口中，如图5-8所示。

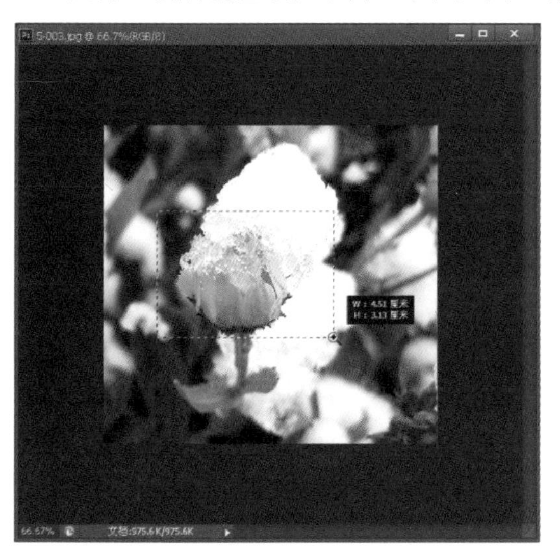

图5-7　框选要放大的部分

图5-8　放大后的效果

## 5.1.3　抓手工具

当图像窗口不能全部显示整幅图像时，可以利用抓手工具在图像窗口内上下、左右移动图像，以观察图像的最终位置效果，如图5-9所示。在图像上右击，可弹出如图5-10所示的快捷菜单，可以在其中选择按屏幕大小缩放、实际像素或打印尺寸来调整图像的大小。也可用于局部修改，只要把整个图像放大很多倍，然后利用它来上下、左右移动图像到所需修改的位置。

图5-9 移动画面

图5-10 实际像素大小

在工具箱中选择抓手工具，选项栏就会显示它相关的选项，如图5-11所示。

滚动所有窗口 | 实际像素 | 适合屏幕 | 填充屏幕 | 打印尺寸

图5-11 选项栏

抓手工具选项栏中的选项说明：

- 滚动所有窗口：如果在程序窗口中有多个图像窗口，并且这些窗口中的图像没有完全显示，则在选项栏中勾选“滚动所有窗口”复选框，就可以使一个图像在被拖动时，其他的图像也随着移动。

## 5.1.4 放大与缩小命令

除了在工具箱中选择缩放工具来放大图像外，还可以在菜单中执行“视图”→“放大”或“缩小”命令，来放大或缩小图像的比例。选择一次缩小一级，选择两次缩小两级，也可以按“Ctrl”+“+”键或“Ctrl”+“－”键来执行“放大”或“缩小”命令。

**提 示**

只有在输入法为英文输入法时按“Ctrl”+“+”键或按“Ctrl”+“–”键才能有效。而在输入法为中文输入法时，按“Ctrl”+“+”键或按“Ctrl”+“–”键，则无法放大或缩小图像。

## 5.1.5 按屏幕大小缩放

在菜单中执行“视图”→“按屏幕大小缩放”命令，与在缩放工具或抓手工具的选项栏中单击“适合屏幕”按钮的作用一样，使图像完整地显示在屏幕上。

## 5.1.6 实际像素

在菜单中执行“视图”→“实际像素”命令，与在缩放工具或抓手工具的选项栏中单击“实际像素”按钮的作用一样，使图像按照100%的比例显示图像的实际大小。

## 5.1.7 打印尺寸

在菜单中执行“视图”→“打印尺寸”命令，与在缩放工具或抓手工具的选项栏中单击“打印尺寸”按钮的作用一样，将当前窗口缩放为打印分辨率。

## 5.1.8 导航器面板

如果在文档（图像）窗口内无法看到整个图像，可以使用“导航器”面板快速更改图像的视图。也可以使用抓手工具在文档窗口中拖动图像来查看局部。

从配套光盘的素材库中打开一张图片，如图5-12所示，“导航器”面板如图5-13所示，即可得知图像并没有完全显示在图像窗口中，其当前显示为100%。我们也可在“导航器”面板中单击 （缩小）按钮来缩小图像，在缩小图像时“导航器”面板中的红色方框放大，如图5-14所示，如果单击 （放大）按钮来放大图像，则“导航器”面板中的红色方框就缩小，也就是说红色方框中的内容为当前文档窗口中所能看到的内容，如图5-15所示。

图5-12 打开的图片

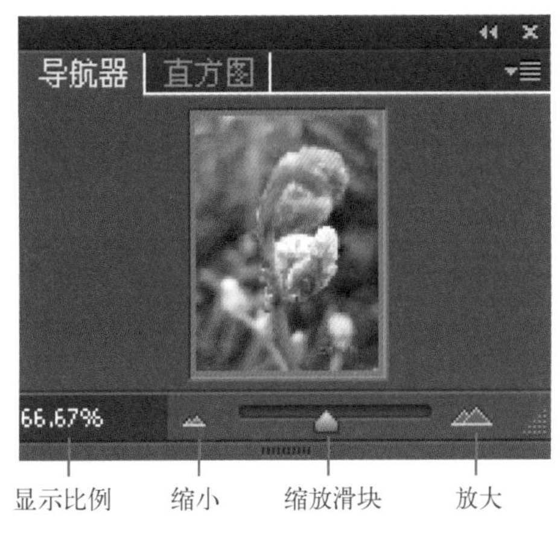


图5-13 “导航器”面板

图5-14 “导航器”面板

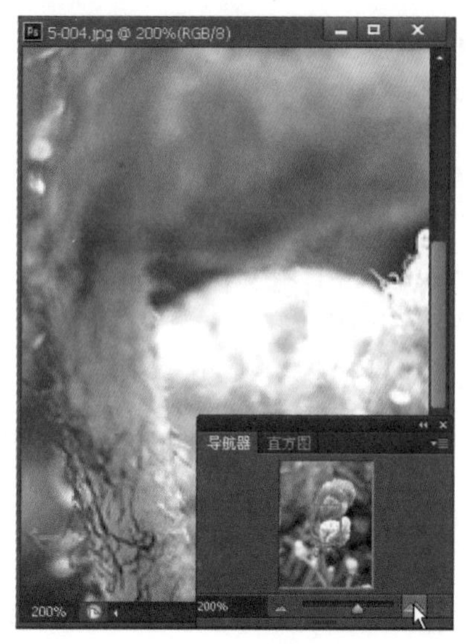

图5-15 利用“导航器”面板放大图像

可以在“导航器”面板的视图窗口中拖动红色方框来快速查看图像，如图5-16所示。

可以调整视图窗口的方框颜色，单击“导航器”面板右上角的小三角形按钮，并在弹出的菜单中选择“面板选项”命令，则会弹出“面板选项”对话框，并在其中选择所需的颜色，选择好后单击“确定”按钮即可。

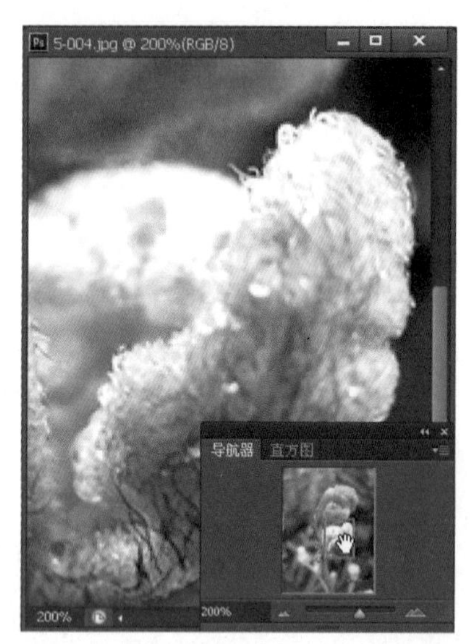

图5-16 拖动红色方框查看图像

## 5.1.9 信息面板

在“窗口”菜单中执行“信息”命令，可显示或隐藏“信息”面板，从配套光盘的素材库中打开一个图像文件，并将指针移动到图像窗口中，如图5-17所示，此时“信息”面板中就会显示指针所到地方的信息，同时还显示了该文档的大小。

“信息”面板显示指针所在位置的颜色值的信息，以及其他有用的测量信息（取决于所使用的工具）。

（1）当显示CMYK值时，如果指针或颜色取样器下的颜色超出了可打印的CMYK颜色色域时，“信息”面板将在CMYK值的旁边显示一个惊叹号。

（2）当使用选框工具在图像中框选选框时，“信息”面板随着拖移分别显示起点坐标与指针位置的 x 坐标和 y 坐标以及选框的宽度 (W) 和高度 (H)，如图5-18所示。

图5-17 在“信息”面板中显示指针信息

图5-18 查看拖出的选框信息

（3）当使用裁切工具或缩放工具时（如图5-19所示为用裁切工具拖出一个裁切框并旋转后的状态），“信息”面板中的参数将会随着指针拖移显示选框的宽度 (W) 和高度 (H)，坐标与旋转角度。

图5-19 查看裁切框信息

（4）当使用直线工具、钢笔工具或渐变工具或者移动选区时（如图5-20所示为用直线工具拖动时的状态），“信息”面板会随着指针拖移显示指针位置的 x、y、角度 (A) 和距离 (L) 的变化。在文档后显示的数值表示：原文档大小，编辑后的文档大小。

图5-20 查看直线工具拖动时的信息

（5）当使用二维变换命令时，“信息”面板会显示宽度 (W) 和高度 (H) 的百分比变化、旋转角度 (A) 以及水平切线 (H) 或垂直切线 (V) 的角度，如图5-21所示。

图5-21 查看旋转变换框时的信息

（6）当使用任一颜色（先用颜色取样器工具吸取四个取样点，如图5-22所示）调整对话框（如曲线）时，“信息”面板显示调整时和颜色取样器下的像素的前后颜色值。

图5-22 查看颜色值

# 5.2 标尺工具

标尺工具可以用来测量图像中任意两点间的距离、位置和角度，其具体的数值显示在选项栏和“信息”面板中，如图5-23所示。

图5-23 在“信息”面板中查看测量的值

其中A：表示角度为143.9度；L1：表示距离1为2.97；L2：表示距离2为5.19；X Y表示起点坐标为X:5.96,Y:9.42；W H表示W（宽度）和H（高度）值。

## 上机实战 测量两点之间的距离

01 在工具箱中选择标尺工具，选项栏上就会显示它的相关信息选项，在图像上需要测量的起点处按下左键向终点处拖动。

02 到达终点后松开左键，即可完成这两点之间的距离测量，选项栏和“信息”面板都会显示它的具体数值，如图5-24所示。

图5-24 在“信息”面板查看测量值

## 上机实战 测量角度

01 在选项栏中单击“清除”按钮，将测量距离后的度量线清除，再确定要测量哪个角，然后在这个角的一条边线的任意点上按住左键向角的顶点拖动，到达顶点后松开左键，指针如图5-25所示。

02 在键盘上按下“Alt”键，当指针成状时，如图5-26所示，再次按下左键向另一边拖动，在另一边的某一点上松开左键，即完成角度测量，“信息”面板中同时会显示相关的信息，如图5-27所示。

图5-25　测量角度

图5-26　测量角度

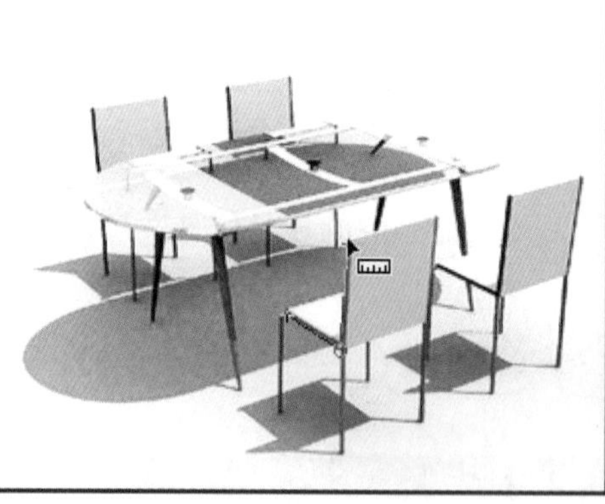

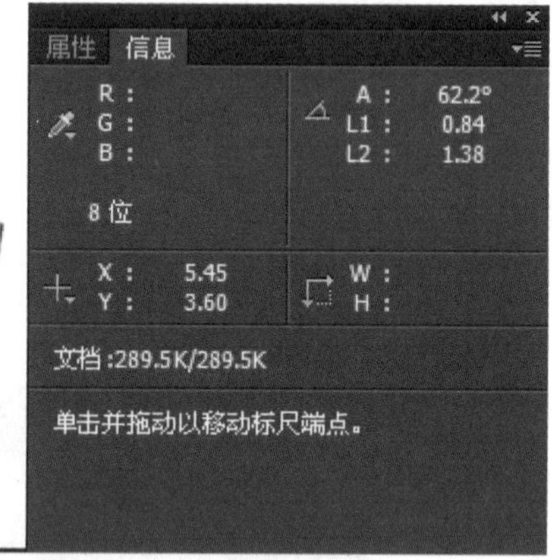


图5-27　查看测量值

# 5.3 吸管工具

吸管工具可在图像或调色板中拾取所需要的颜色，并将它设定为前景色或背景色。

## 上机实战 使用吸管工具

01 在工具箱中选择吸管工具，在选项栏上会显示它的相应选项，如图5-28所示。

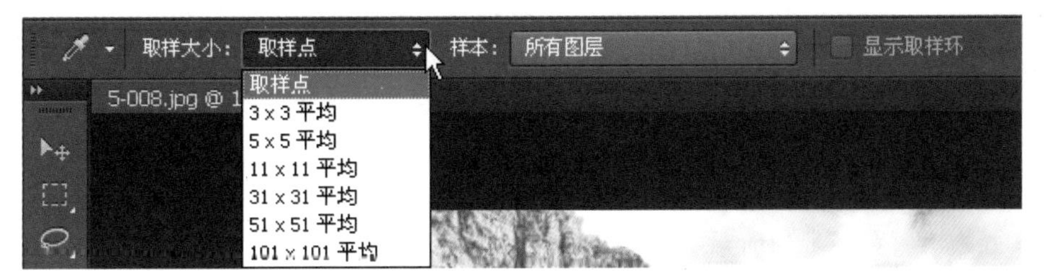


图5-28　选项栏

吸管工具选项栏中各选项说明：

- 取样大小：默认状态下仅拾取光标下1个像素的颜色，也可选择3×3平均、5×5平均、11×11平均或31×31平均……101×101平均，这样就可拾取3×3平均、5×5平均、11×11平均或31×31平均……101×101平均个像素的颜色的平均值。
- 样本：在其列表中选择所有图层或当前图层，选择所有图层则对所有图层取样，如果选择当前图层，则只对当前图层取样。

02 在图像上需要吸取颜色的地方单击，如图5-29所示，即可将吸取的颜色设定为前景色；在“颜色”面板中单击同样可设定前景色，如图5-30所示。按下“Alt”键，则吸取的颜色将作为背景色，如图5-31所示。

图5-29　吸取前景色

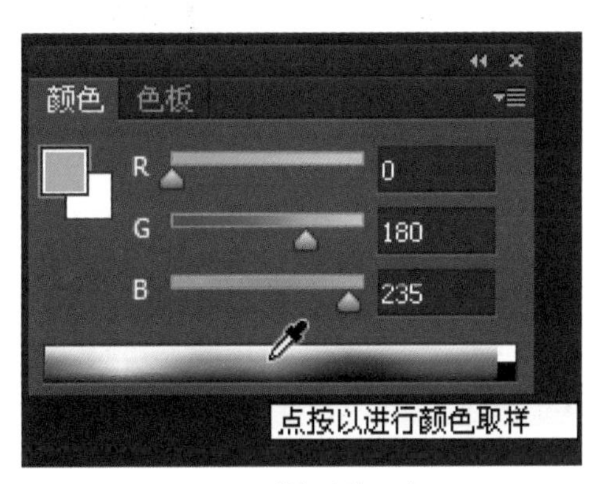


图5-30　“颜色”面板

图5-31　吸取背景色



Photoshop CS6 必备知识

# 5.4 颜色取样器工具

利用颜色取样器工具最多可以定义四个取样点的颜色信息，并且把颜色信息存储在“信息”面板中，如图5-32所示。

可以在要移动的取样点上按下左键拖动来改变取样点的位置；如果想要删除取样点可在其上右击弹出如图5-33所示的快捷菜单，并在其中选择“删除”命令。也可以选择其他几个命令来改变该取样点的颜色模式。

图5-32　查看颜色信息

图5-33　删除取样点

# 5.5 标尺、参考线与网格

标尺、参考线和网格可帮助用户沿图像的宽度或高度准确定位图像或图素。

## 5.5.1 使用标尺

在默认情况下，标尺显示在当前窗口的顶部和左侧，标尺原点默认情况下在图像窗口的左上角。标尺内的标记显示指针移动时的位置，标尺原点还决定了网格的原点，如图5-34所示。可以从图像上的特定点开始测量，但是需要更改标尺的原点。

### 上机实战　更改标尺原点

01 如果标尺没有显示在窗口中，可以先在菜单中执行“视图”→“标尺”命令。如果要隐藏标尺，同样是在菜单中执行“视图”→“标尺”命令，或用快捷键“Ctrl”+“R”。

02 如果要将标尺原点对齐网格、参考线、切片或者文档边界，可在菜单中执行“视图”→“对齐到”命令，然后从子菜单中选取任何所需的选项。

03 如果要使标尺原点对齐标尺上的刻度，在拖移时请按住“Shift”。

04 如要将标尺原点还原到默认值，可以双击标尺左上角的交叉点。

图5-34 在标尺中显示指针移动位置

## 上机实战 更改标尺设置

01 在标尺栏上双击或在菜单中执行“编辑”→“首选项”→“单位与标尺”命令，即可弹出如图5-35所示的“首选项”对话框，在其中可设置标尺的单位、列尺寸、新文档预设分辨率和点/派卡大小。

02 在“标尺”下拉列表中选择像素，如图5-36所示，其他为默认值，单击“确定”按钮，即可对标尺的单位进行更改。

图5-35 “首选项”对话框

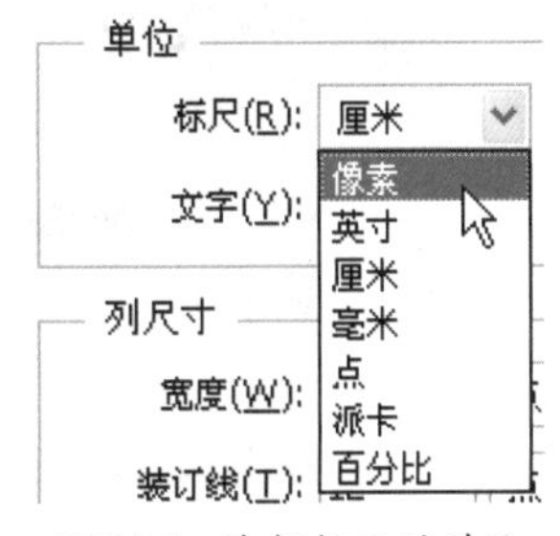


图5-36 选择标尺的单位

**提 示**

按Ctrl+R键可显示/隐藏标尺，按Ctrl+'键可显示/隐藏网格，按Ctrl+;键可显示/隐藏参考线。

## 5.5.2 使用参考线和网格

“参考线”是浮在整个图像窗口中但不被打印的直线。用户可以移动、删除或锁定参考线，以免被不小心移动。

在Photoshop中，网格在默认情况下显示为非打印的直线，但也可以显示为网点。网格对于对称地布置图素非常有用。在菜单中执行“视图”→“显示”→“网格”命令或按“Ctrl”+“’”键，显示/隐藏网格。

### 1. 创建参考线

**上机实战 创建参考线**

01 在新建的文件或打开的文件中如果没有创建参考线，是无法显示参考线的，所以应先在菜单中执行“视图”→“新建参考线”命令，弹出如图5-37所示的对话框，并在“位置”文本框中输入所需的数值，单击“确定”按钮，即可创建一条参考线，如图5-38所示。

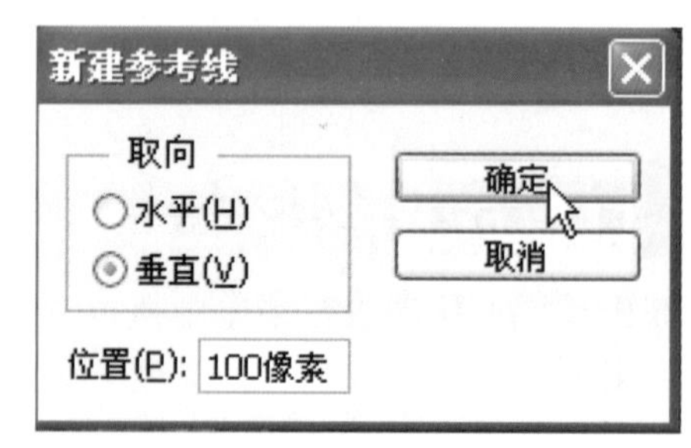


图5-37 “新建参考线”对话框

02 也可以直接从标尺栏中拖出参考线，如：在水平标尺上按下左键向下拖到所需的位置，如图5-39所示，松开左键，即可创建一条水平参考线。

图5-38 创建的参考线

图5-39 创建水平参考线

### 2. 如何移动参考线

在工具箱中选择移动工具，指向参考线上，当指针呈状时，如图5-40所示，按下左键向上（或向下）到适当的位置，松开左键后即可移动参考线到该位置。

### 3. 删除参考线

如果要删除一条或几条参考线可用移动工具直接将参考线拖向图像外即可，如图5-41所示。如果要删除所有的参考线，可在菜单中执行“视图”→“清除参考线”命令。

图5-40　移动参考线

图5-41　删除参考线

### 4. 对参考线和网格进行设置

## 上机实战　设置参考线和网格

01 在菜单中执行“编辑”→“首选项”→“参考线、网格与切片”命令，弹出如图5-42所示的“首选项”对话框。

图5-42　“首选项”对话框

在“首选项”对话框中可以设置参考线、智能参考线和网格的颜色、样式，也可以设置网格的“网格线间隔”和“子网格”的个数，也可以设置切片的“线条颜色”和是否“显示切片编号”等。

02 在“参考线”栏中的“颜色”下拉列表中选择所需的颜色，再在“样式”下拉列表中可选择所需的参考线样式，如图5-43所示。

03 在“网格”栏中可设置所需的网格颜色、样式；在“网格线间隔”和“子网格”后的文本框中可输入所需的数字，如图5-44所示。

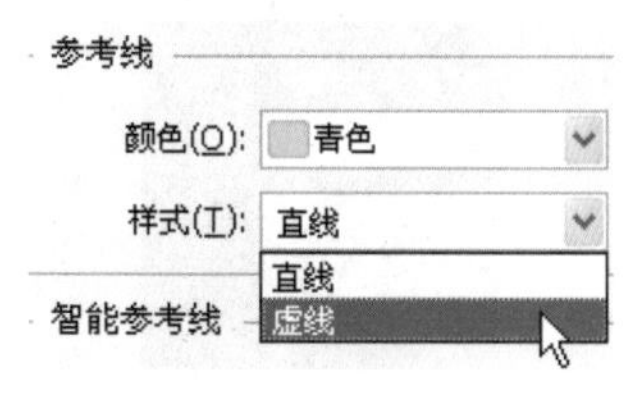


图5-43　参考线样式

图5-44　设置网格参数

04 设置好后单击“确定”按钮，即可完成参考线和网格的设置，按“Ctrl”+“'”键显示网格，结果如图5-45所示。

图5-45　显示网格

05 从标尺栏中拖出一条参考线，便可看到已经采用了我们的设置。为了避免在编辑时移动创建的参考线，可以将其锁定。在菜单中执行“视图”→“锁定参考线”命令，即可将参考线锁定。

# 5.6 对齐/对齐到

使用对齐命令有助于精确放置选区边缘、裁切选框、切片、形状和路径。可以使用“对齐”命令启用或停用对齐功能，还可以在启用对齐功能的情况下，指定要与之对齐的不同元素，其元素如图5-46所示。

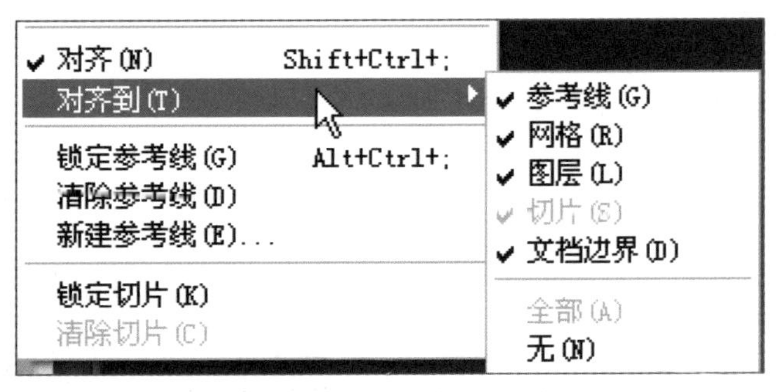


图5-46 “对齐到”子菜单

“对齐到”的子菜单中有“参考线”、“网格”、“图层”、“切片”、“文档边界”、“全部”和“无”命令。它们的说明如下：

- 参考线：选择“参考线”命令可以与参考线对齐。
- 网格：选择“网格”命令可与网格对齐。在网格被隐藏时不能选择该选项。
- 切片：选择“切片”命令可以与切片边界对齐。在切片被隐藏起来时不能选择该选项。
- 文档边界：选择“文档边界”命令可以与文档边缘对齐。
- 全部：选择“全部”命令可选择所有“对齐到”选项。
- 无：选择“无”命令可取消选择所有“对齐到”选项。

## 5.7 显示或隐藏额外内容

在菜单中执行“视图”→“显示额外内容”命令（或按“Ctrl”+“H”键），可以隐藏/显示网格、切片、参考线等额外内容。

## 5.8 注释工具

在工具箱中选择注释工具，选项栏中就会显示它相关的选项，如图5-47所示。

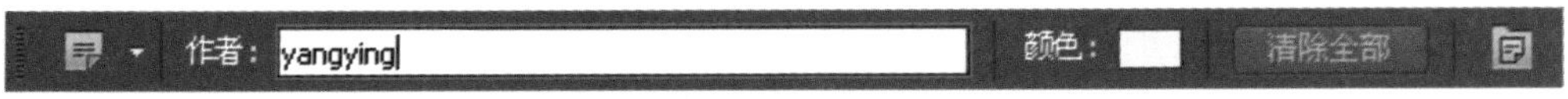

图5-47 选项栏

- 作者：在其文本框中可以输入用户或作者的名称（代号）。
- 大小：在其下拉列表中可以选择注释文字的字体大小。
- 颜色：单击色块可弹出“拾色器”对话框，并在其中设置所需的注释窗口的颜色。
- 单击“清除全部”按钮，可以将图像中的注释全部清除。

**上机实战　隐藏和移动文字注释**

01 在工具箱中单击注释工具，在图像上适当位置单击，添加一个注释图标，同时显示“注释”面板，如图5-48所示，并在面板内单击出现一闪一闪的光标。

02 在“注释”面板中输入所需的内容，如图5-49所示，也可以在画面中拖动图标到所需的位置，如图5-50所示。

图5-48 “注释”面板

图5-49 输入注释内容

图5-50 创建好的注释



# 5.9 转换模式工具

转换模式工具有两种，即以标准模式编辑和以快速蒙版模式编辑。

通常情况下是以标准模式编辑，如果要转换到以快速蒙版模式编辑，可以单击（以快速蒙版模式编辑）按钮，即可转换到以快速蒙版模式编辑；如果要转换到以标准模式编辑则单击（以标准模式编辑）按钮，即可转换到以标准模式编辑。

双击（以快速蒙版模式编辑）按钮或双击（以标准模式编辑）按钮都会弹出如图5-51所示的对话框，默认状态下选择“被蒙版区域”，用户也可以选择“所选区域”，也可以单击“颜色”下面的色块，弹出“拾色器”对话框，并在其中设置被蒙版区域的颜色，也可设置它的不透明度，设置好后单击“确定”按钮。

快速蒙版模式可用于将任何选区作为蒙版编辑，这样就可使用几乎所有的Photoshop工具或滤镜来修改蒙版，而蒙版下面的图像被保护。被保护与不被保护区域的颜色有区别，默认情况下，快速蒙版模式使用红色、50%透明的色彩给被保护区域着色。当用户退出快速蒙版模式时，不被保护的区域变为一个选区。利用快速蒙版模式工具，对于选取不规则的图像区域来进行处理是非常有用的。

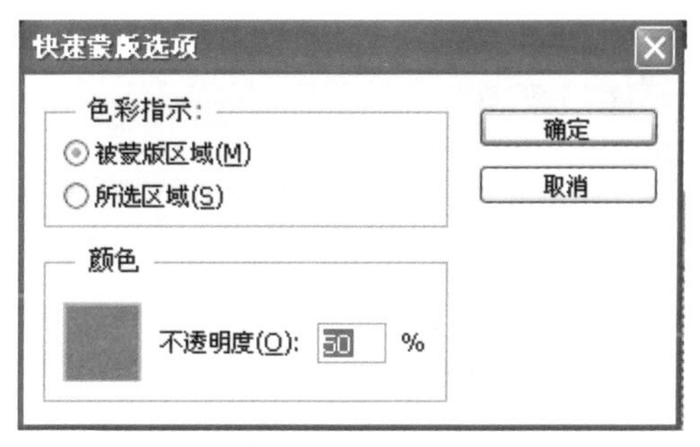


图5-51 “快速蒙版选项”对话框

## 上机实战 创建快速蒙版

01 按“Ctrl”+“O”键从配套光盘的素材库中打开一个文件，接着在工具箱中选择磁性套索工具，在图像上框选出鲸，从而得到一个选区，如图5-52所示。

02 在工具箱中单击（以快速蒙版模式编辑）按钮，进入快速蒙版模式，默认情况下选区外就已经蒙上了50%的红色，如图5-53所示。

图5-52 用磁性套索工具框选对象

图5-53 快速蒙版模式

03 设置前景色为白色，背景色为黑色，在工具箱中选择画笔工具，根据需要在选项栏的画笔弹出式面板中设置所需的画笔，然后在图像上进行涂抹，白色增加选取区域，减小蒙版区域，再按“X”键切换前景与背景色，使前景色为黑色，将需要被蒙上的区域上进行涂画，经过涂画的效果如图5-54所示。

图5-54 修改蒙版

**提 示**

根据颜色深浅不同所生成的不透明度区域也不同。

04 在菜单中执行“滤镜”→“模糊”→“动感模糊”命令，弹出“动感模糊”对话框，参数设置如图5-55所示，单击“确定”按钮得到如图5-56所示的效果。

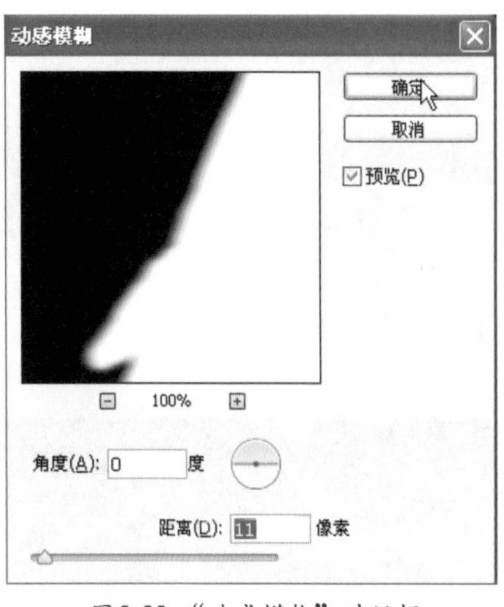


图5-55 “动感模糊”对话框

图5-56 动感模糊后的效果

05 在工具箱中选择 （以标准模式编辑）按钮，返回到标准模式编辑状态，便会得到如图5-57所示的选区；再在菜单中执行“选择”→“反选”或按“Ctrl”+“Shift”+“I”键，反选选区如图5-58所示。

图5-57 标准模式编辑状态

图5-58 反选选区

06 在菜单中执行“滤镜”→“模糊”→“场景模糊”命令，显示“模糊工具”面板，参数设置如图5-59所示，在选项栏中单击“确定”按钮，取消选择后得到如图5-60所示的效果。

图5-59　场景模糊

图5-60　场景模糊后的效果

# 5.10 切片工具

可以使用切片将源图像分成许多的功能区域。将图像存为 Web 页时，每个切片作为一个独立的文件存储，文件中包含切片自己的设置。可以使用切片加快下载速度。处理包含不同数据类型的图像时，切片也很有用。例如，如果需要以 GIF 格式优化图像的某一区域以便支持动画，而图像的其余部分以 JPEG 格式优化更好时，就可以使用切片隔离动画。

可以使用切片工具或从参考线创建切片。

## 5.10.1 切片工具选项栏及其说明

在工具箱中选择切片工具，其选项栏如图5-61所示。

样式：正常　宽度：　高度：　基于参考线的切片

图5-61　选项栏

切片工具选项栏中各选项说明如下：

- 样式：在“样式”下拉列表中可以选择“正常”、“固定长宽比”和“固定大小”。
  - 正常：通过拖移确定切片比例。
  - 固定长宽比：设置高度与宽度的比例。输入整数或小数作为长宽比。例如，如果要创建一个宽度是高度两倍的切片，可以将宽度设为2和高度设为1。
  - 固定大小：指定切片的高度和宽度。
- 基于参考线的切片：如果画面中有参考线，则选项栏的“基于参考线的切片”按钮成为活动显示，单击“基于参考线的切片”按钮，即可由参考线创建切片。

## 上机实战 创建切片

（1）基于参考线创建切片

01 从配套光盘的素材库中打开一张图片，并在其中创建两条参考线，如图5-62所示。

02 在选项栏中单击“基于参考线的切片”按钮，即可依参考线创建如图5-63所示的切片。

图5-62 创建参考线

图5-63 由参考线创建的切片

（2）用切片工具创建切片

03 在工具箱中选择切片工具，在画面中拖出一个矩形框，如图5-64所示。

04 松开鼠标左键后即可得到一个用户切片，如图5-65所示。

图5-64 创建切片

图5-65 创建切片

## 5.10.2 切片选择工具

可以通过切片选择工具选择切片，从而可将修改应用于切片。在“存储为 Web所用格式”对话框，可按“Shift”键选择多个切片，同时对多个切片进行设置；按“Shift”键在画面中单击，同样可选择多个切片，这样以便于将所选的切片进行对齐与分布，以及对选择切片进行相同的参数设置。对齐与分布切片的操作方法与功能，和对齐与分布图层的操作方法与功能相同。

### 上机实战 使用切片工具链接切片并预览图像

01 在工具箱中选择切片选择工具，并在画面中选择一个切片，如图5-66所示，其选项栏如图5-67所示。

图5-66 选择切片

图5-67 选项栏

02 在选项栏中单击“划分”按钮，弹出“划分切片”对话框，并在其中勾选“水平划分为”选项，再设置2个纵向切片，均匀分隔，如图5-68所示，单击“确定”按钮，即可将所选的切片划分2个切片，如图5-69所示。

03 如果要对切片进行设置，可以在画面中选择所需的切片，如图5-70所示，然后在选项栏中单击 (切片选项)按钮，弹出如图5-71所示的对话框，并在其中根据需要输入所需的内容，设置好后单击“确定”按钮。

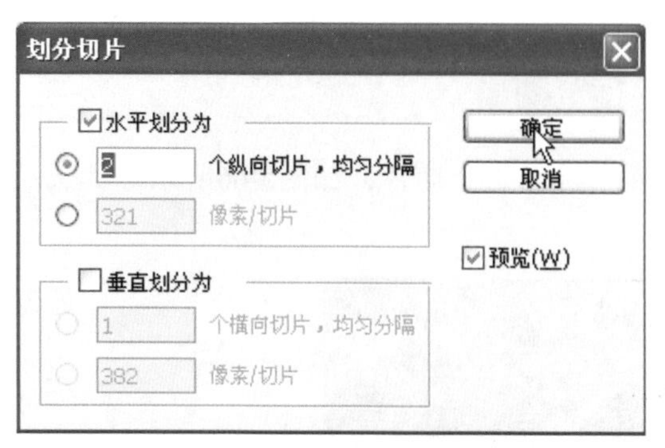


图5-68 “划分切片”对话框

图5-69 划分好的切片

图5-70 选择切片

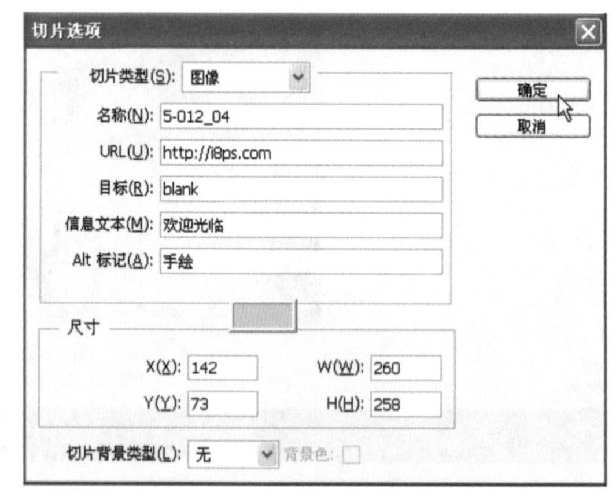


图5-71 “切片选项”对话框

04 在“文件”菜单中执行“存储为Web所用格式”命令，弹出“存储为Web所用格式”对话框，并在其中设置保存的类型为GIF，其他不变，如图5-72所示，单击“存储”按钮，接着弹出“将优化结果存储为”对话框，并在其中给文件命名，并设置“格式”为HTML和图像，如图5-73所示，设置好后单击“保存”按钮，弹出一个警告对话框，如图5-74所示，直接在其中单击“确定”按钮，即可将刚做的图像保存为Web所用格式的文件了。

图5-72 “存储为Web所用格式”对话框

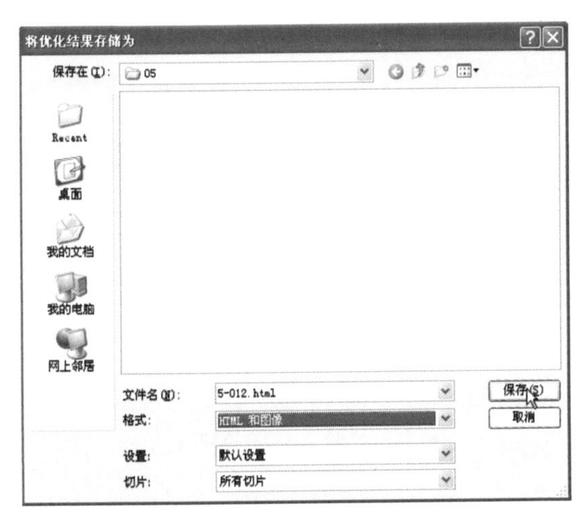

图5-73 “将优化结果存储为”对话框

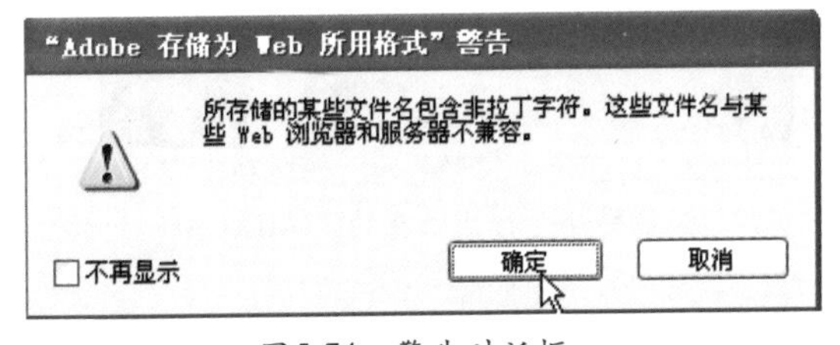


图5-74 警告对话框

05 打开保存时选择的文件夹，再在其中找到保存的HTML文件，如图5-75所示，再双击它，便会将保存的HTML文件用IE浏览器打开，结果如图5-76所示，再移动指针到创建了链接的区域，指针呈手掌状，点击一下，就可进入到所链接的页面了，如图5-77所示。

**提 示**

输入网址时，如果需要查看网页，必须是计算机为联网状态。

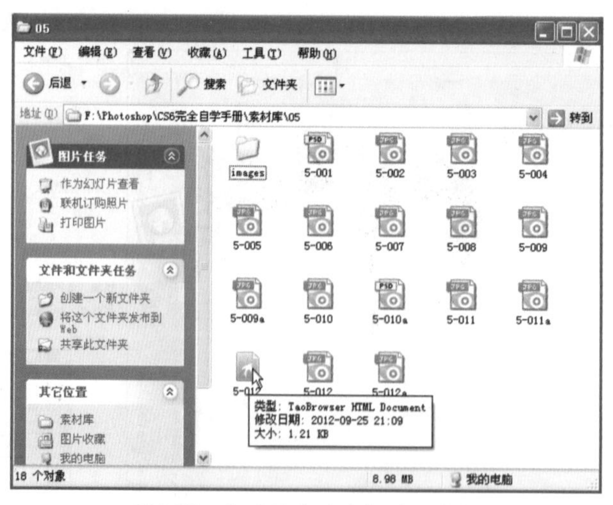


图5-75　打开保存时选择的文件夹

图5-76　打开保存的HTML文件

图5-77　进入链接的网页

# 5.11 设置颜色

要画出一幅好的作品，首先色彩要用得好。如何设置颜色是绘画的首要任务。

## 5.11.1　设置前景色与背景色

利用工具箱中的 色彩控制图标可以设置前景色与背景色。单击“设置前景色”或“设置背景色”图标会弹出如图5-78所示的“拾色器”对话框，在其中可以设置所需的颜色。也可以用吸管工具在图像上或“色板”面板中直接吸取所需的颜色，如图5-79、图5-80所示，也可以在“颜色”面板中设置或吸取所需的颜色，如图5-81所示。单击（切换前景色和背景色）图标或按“X”键，可以转换前景色与背景色。单击（默认前景色和背景色）图标或按“D”键，可以将前景色与背景色设置为默认值（简称复位色板）。

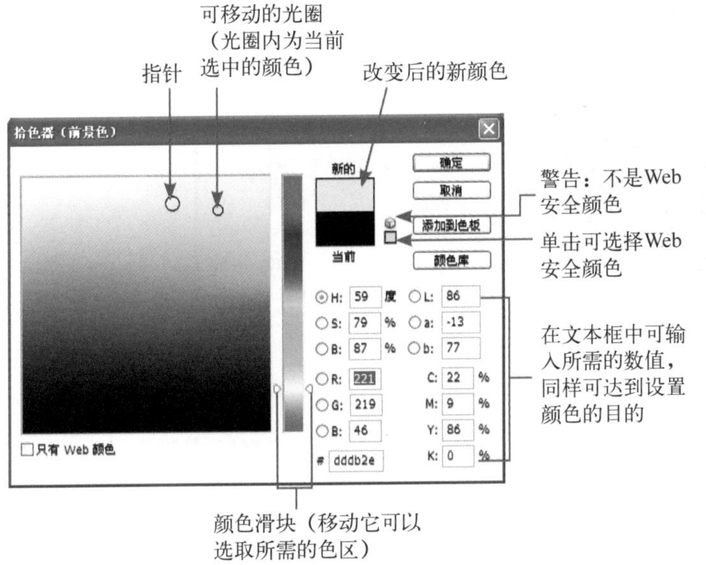


图5-78 “拾色器”对话框

图5-79 用吸管工具设置前景色

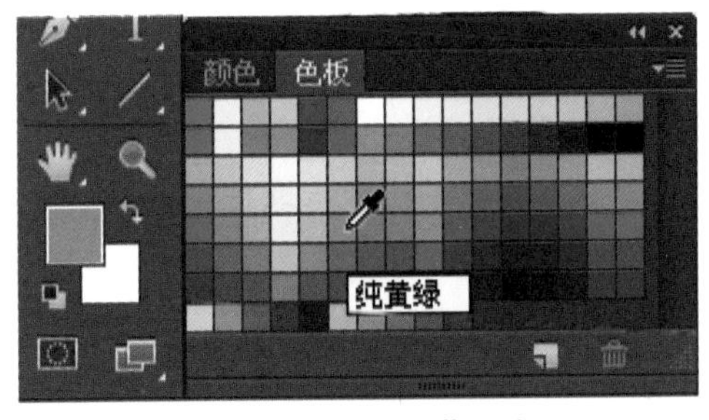


图5-80 “色板”面板

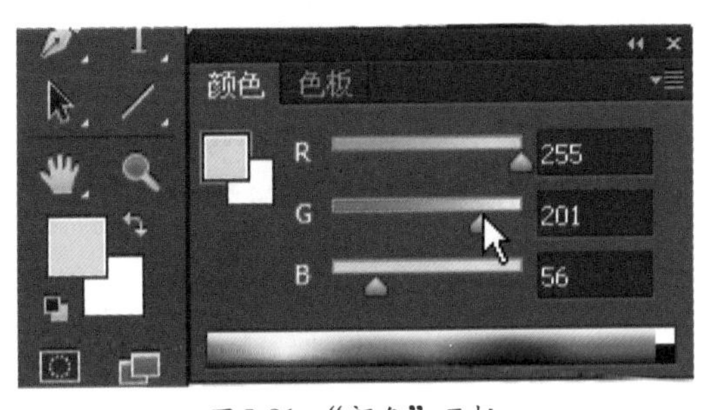


图5-81 “颜色”面板

## 5.11.2 使用拾色器

### 1. 使用色域或颜色滑块指定颜色

“色域”是颜色系统可以显示或打印的颜色范围。人眼看到的色谱比任何颜色模型中的色域都宽。可以在RGB或HSB（色相、饱和度、亮度）模式中显示的颜色对CMYK设置可能为溢色，因此不能打印。

使用HSB、RGB和Lab颜色模型可以在“拾色器”对话框中使用色域或颜色滑块选择颜色。颜色滑块选中的颜色为HSB颜色模型中H、S或B显示可用的色阶范围，例如：图5-82所示S被选中，在H中输入介于0至360之间的数值则指定所需的色相，在S中输入介于1%至100%之间的数值则可在水平轴上选择所需的颜色饱和度，在B中输入介于1%至100%之间的数值则可在垂直轴上选择所需的颜色亮度（也可以通过拖动移动光圈和颜色滑块来直接选择所需的颜色，这样更直观，简单）。

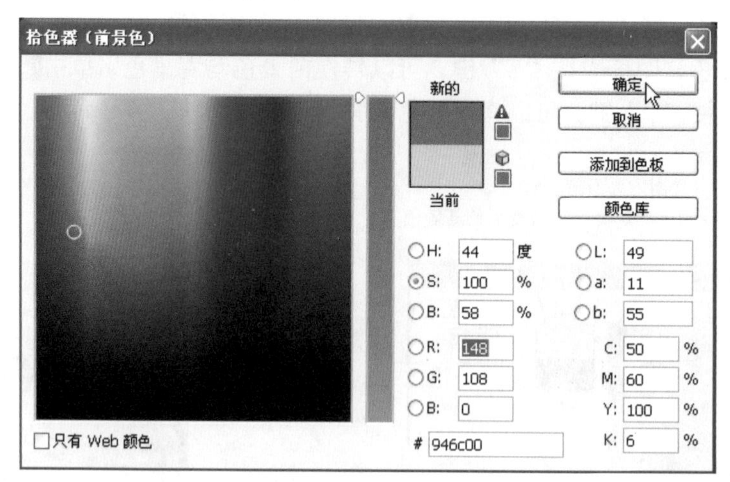


图5-82 “拾色器”对话框

**提 示**

在拖动颜色滑块和可移动光圈时，其右边文本框中的数值也跟着变化。

### 2. 使用Web安全颜色

Web安全颜色是浏览器使用的216种颜色，与平台无关。在8位屏幕上显示颜色时，浏览器将图像中的所有颜色更改成这些颜色。216种颜色是 Mac OS的8位颜色面板的子集。通过使用这些颜色，可以确保为Web而制作的图片不会出现仿色。

在“拾色器”对话框中勾选“只有Web颜色”选项，即可在其中选取任何一种颜色都为Web安全颜色，如图5-83所示。

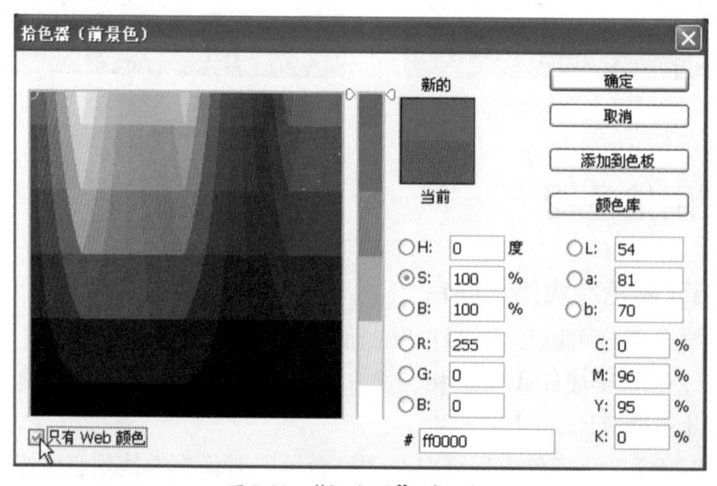


图5-83 “拾色器”对话框

### 3. 识别不可打印的颜色

由于在CMYK模型中没有RGB、HSB和Lab颜色模型中的一些颜色（如霓虹色），因此无法打印这些颜色。当选择不可打印的颜色时，“拾色器”对话框和“颜色”面板中将出现一个警告三角形。与CMYK最接近的颜色显示在三角形的下面或右边，如图5-84、图5-85所示，只要单击下面或右边的颜色块，即可得到与CMYK最接近的颜色。可以打印的颜色由“颜色设置”对话框中定义的当前 CMYK 工作空间决定。

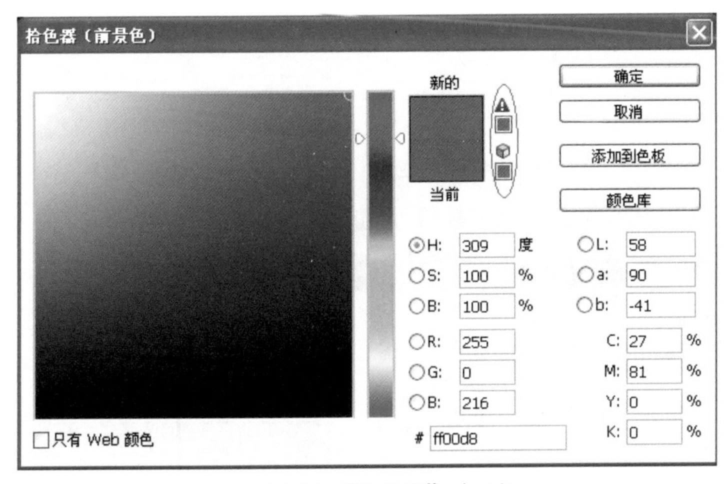


图5-84 “拾色器”对话框

图5-85 “颜色”面板

**提 示**

如果已经选择了使用 Web 安全滑块，则无法使用警告三角形。

## 4. 选取自定颜色系统

Adobe 拾色器支持各种颜色系统，具体说明如下：

（1）PANTONE用于打印纯色和CMYK油墨。PANTONE MATCHING SYSTEM 包括1114种纯色。要以CMYK模拟PANTONE纯色，请使用PANTONE纯色/印刷色参考。PANTONE印刷色参考可用于从超过3000个CMYK组合中进行选择。

（2）TRUMATCH提供可预测的CMYK颜色，这种颜色可与两千多种实现的、计算机生成的颜色相匹配。TRUMATCH 颜色包括偶数步长的CMYK色域的可见色谱。TRUMATCHCOLORFINDER显示每个色相多达40种的色调和暗调，每种最初都是在四色印刷中创建的，并且都可以在电子照排机上用四色重现。另外，还包括使用不同色相的四色灰色。

（3）FOCOLTONE由763种CMYK颜色组成。通过显示补偿颜色的压印，FOCOLTONE颜色有助于避免印前陷印和对齐问题。

（4）FOCOLTONE中提供了包含印刷色和专色规范的色板库、压印图表以及用于标记版面的雕版库。

（5）TOYO Color Finder 1050由基于日本最常用的印刷油墨的1000多种颜色组成。TOYO Color Finder 1050 Book包含Toyo颜色的打印样本，可以从印刷厂商和图片用品商店购得。

（6）ANPA-COLOR通常用于报纸。ANPA-COLOR ROP Newspaper Color Ink Book 包

含 ANPA 颜色样本。

（7）DIC Color Guide在日本通常用于印刷项目。

（8）HKS在欧洲用于印刷项目。每种颜色都有指定的CMYK颜色。可以从 HKS E（适用于连续静物）、HKS K（适用于光面艺术纸）、HKS N（适用于天然纸）和 HKS Z（适用于新闻纸）中选择。有不同缩放比例的颜色样本。

## 上机实战 选取颜色库中的颜色

01 先打开“拾色器”对话框，在其中单击“颜色库”按钮，接着弹出“颜色库”对话框，在其中已经显示了与拾色器中当前选中颜色最接近的颜色，如图5-86所示。

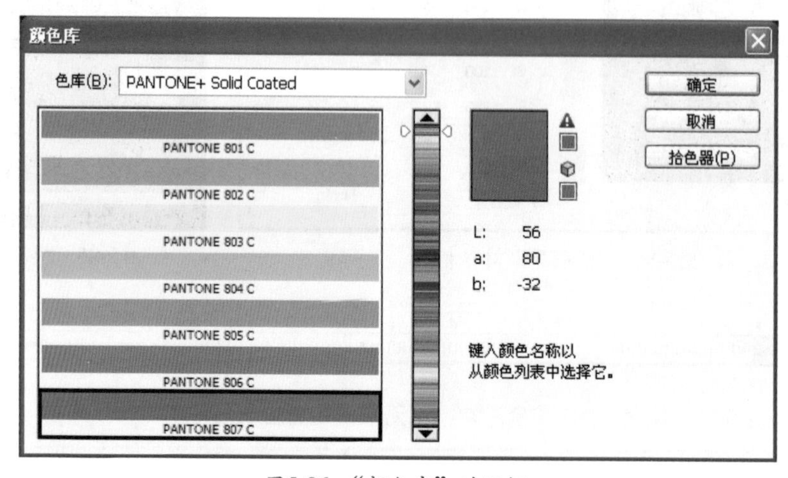


图5-86 “颜色库”对话框

02 在“色库”下拉列表中可以选择所需的颜色系统，如图5-87所示。

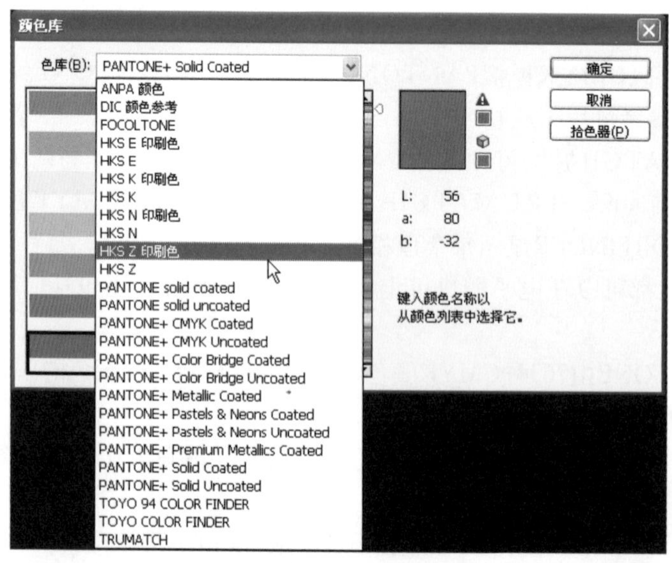


图5-87 “颜色库”对话框

03 选择好颜色系统后可以拖动颜色滑块来选取所需的颜色；在“颜色”列表中单击所需的编号，如图5-88所示，选择好后单击“确定”按钮即可得到所需的颜色。

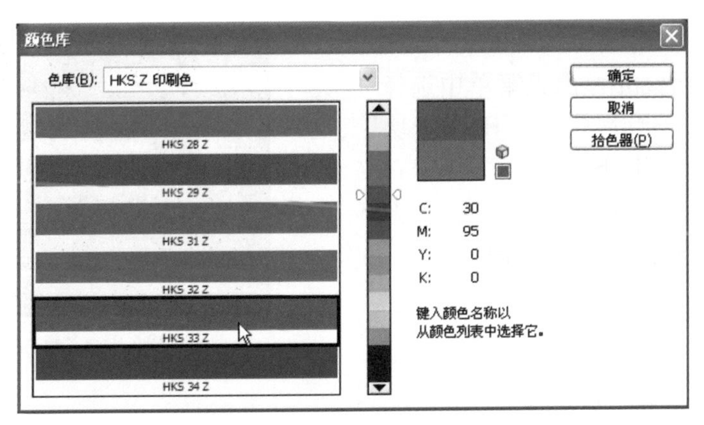


图5-88 “颜色库”对话框

### 5.11.3 使用颜色面板

在菜单中执行“窗口”→“颜色”命令，可以显示或隐藏“颜色”面板。“颜色”面板如图5-89所示，弹出式菜单如图5-90所示。

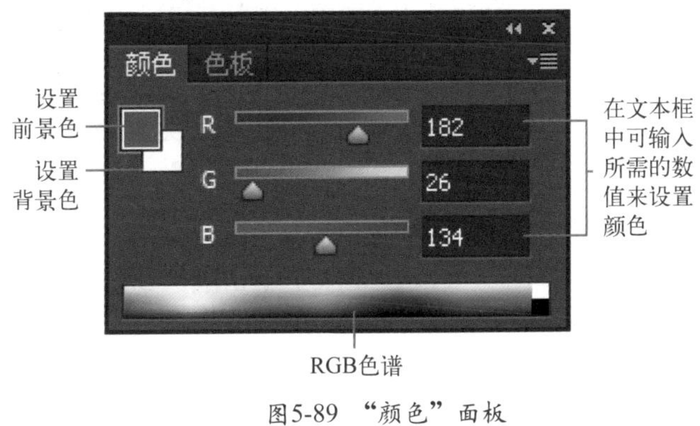


图5-89 “颜色”面板

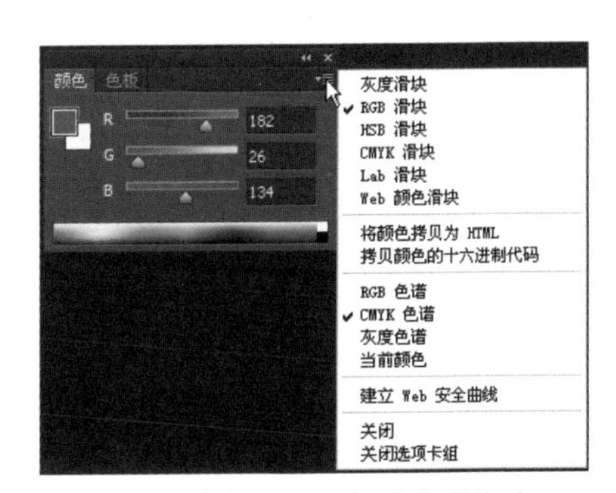


图5-90 “颜色”面板弹出式菜单

在“颜色”面板中显示当前前景色或背景色的颜色值。使用“颜色”面板中的滑块，可以根据几种不同的颜色模型编辑前景色或背景色，也可以从显示在面板底部的色谱中选取前景色或背景色。

在Photoshop中，当用户选取的颜色不能使用CMYK油墨打印时，色谱图左侧上方将显示一个内含惊叹号的三角形。

#### 1. 更改色谱

(1) 从“颜色”面板的弹出式菜单中选取选项：

- RGB色谱、CMYK色谱或灰度色谱：显示指定颜色模型的色谱。
- 当前颜色显示当前前景色或当前背景色之间的色谱。

(2) 如果需要只显示Web安全颜色，可以选取“建立Web安全曲线”。

**提 示**

如果要快速更改色谱，可以按住“Shift”键并在色谱图中点按，直至看到所需的色谱。

### 2. 更改颜色滑块

在“颜色”面板的弹出式菜单中选择“灰度滑块”、“RGB滑块”、“HSB滑块”、“CMYK滑块”、“Lab滑块”或“Web颜色滑块”，可更改“颜色”面板中的滑块，如图5-91所示的为CMYK滑块的“颜色”面板。

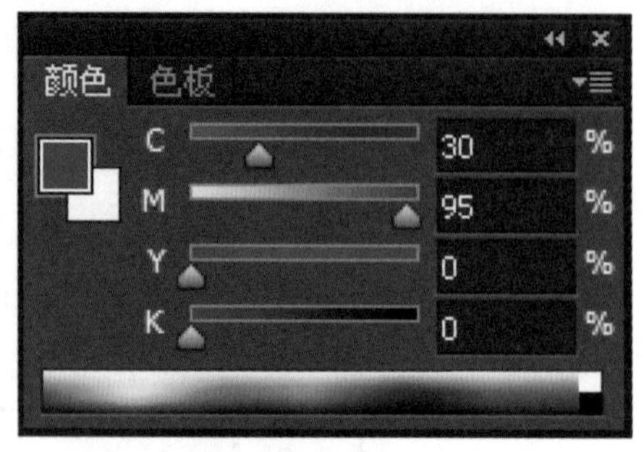

图5-91 “颜色”面板

## 5.11.4 使用色板面板

在“窗口”菜单中执行“色板”命令，可以显示或隐藏“色板”面板，“色板”面板如图5-92所示。

可以从“色板”面板中选取前景色或背景色，也可以添加或删除颜色以创建自定色板库。创建色板库可以帮助编组相关的或特殊的色板并管理色板大小。

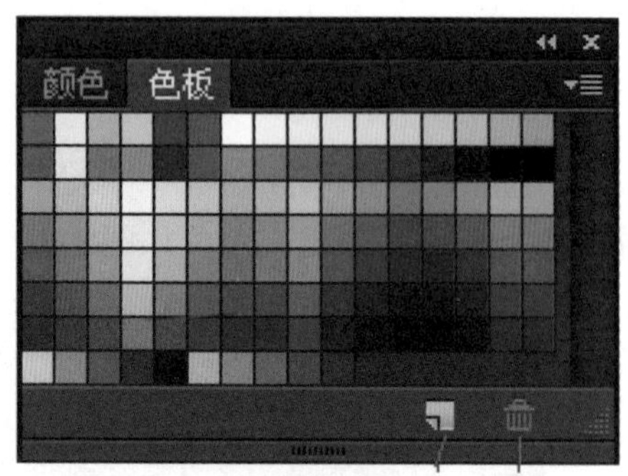

图5-92 “色板”面板

在工具箱中单击前景色，弹出“拾色器”对话框，在其中单击“颜色库”按钮，进入“颜色库”对话框，再选择所需的颜色，如图5-93所示，选择好后单击“确定”按钮，然后在“色板”面板中单击 （创建前景色的新色板）按钮，弹出如图5-94所示的“色板名称”对话框，可在其中给所设置的颜色命名，也可以采用默认值，单击“确定”按钮，即可将前景色添加到“色板”面板中，如图5-95所示。

如果要删除“色板”面板中的色板，可以拖动要删除的色板到 （删除色板）按钮上，当按钮呈凹下状态时松开左键，即可将该色板删除，如图5-96所示。

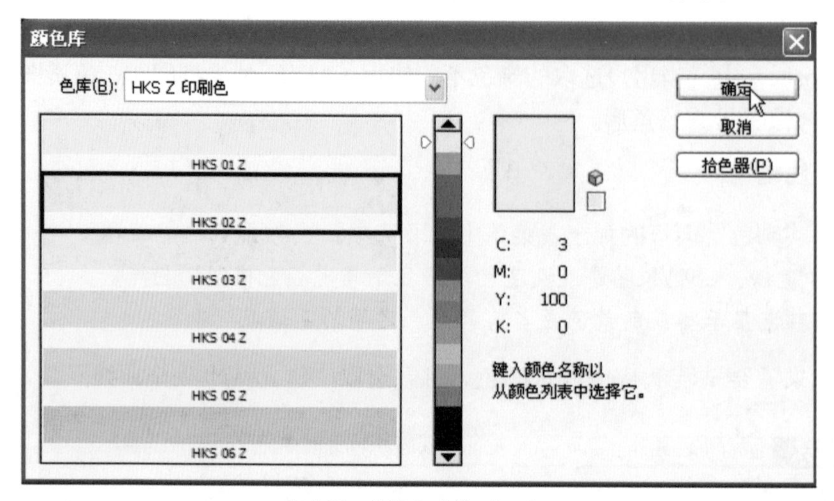

图5-93 “颜色库”对话框

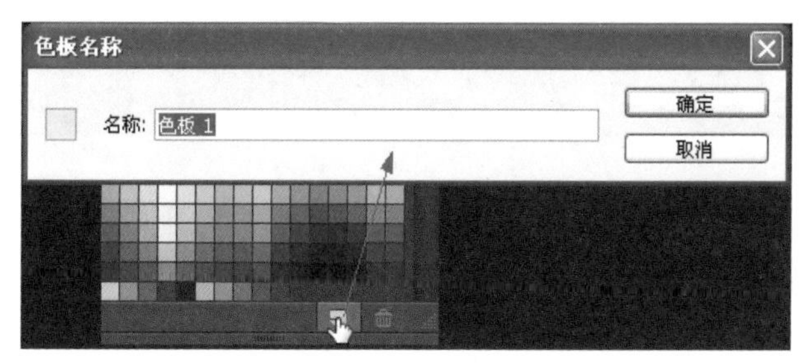


图5-94 “色板名称”对话框

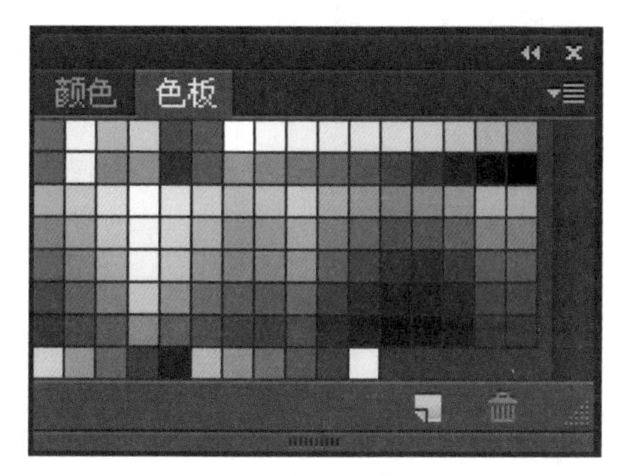


图5-95 “色板”面板

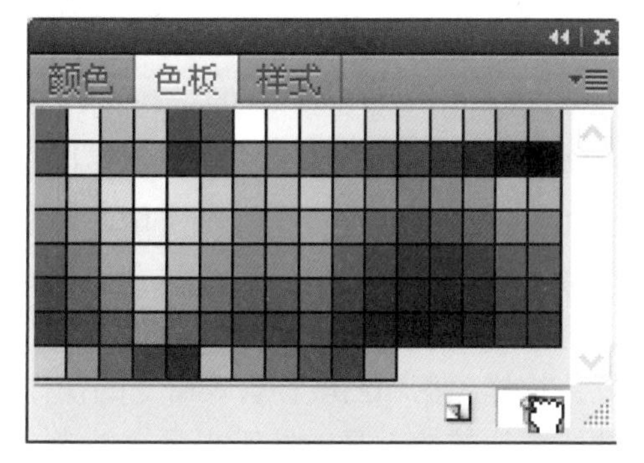


图5-96 “色板”面板

# 5.12 校样设置

使用“校样设置”命令可以设置颜色校准，在显示器上预览各种输出效果——用显示器来模拟其他输出设备的图像效果，确保图像以最为正确的色彩输出。其子菜单如图5-97所示。

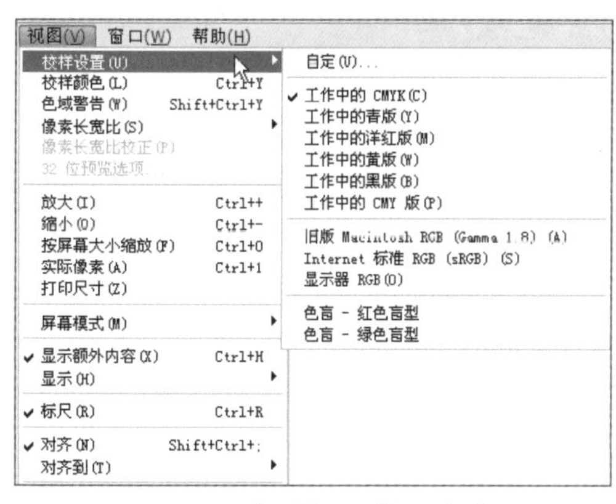


图5-97 “校样设置”子菜单

# 5.13 校样颜色

使用“校样颜色”命令可以打开或关闭电子校样显示。当打开电子校样功能时，“校样颜色”命令旁边出现一个选中标记。不选择该命令，则显示器显示图像的正常效果。

# 5.14 色域警告

使用“色域警告”命令可以将不能用打印机准确打印出的颜色，用灰色遮盖加以提示，它适用于RGB 和Lab 颜色模式。

# 5.15 本章小结

本章主要对缩放工具、抓手工具、标尺工具、吸管工具和颜色取样器工具的操作方法及其应用，结合实例进行了详细讲解，对放大、缩小、按屏幕大小缩放、实际像素、打印尺寸等命令进行了简要讲解；还结合实例详细介绍了如何使用标尺、参考线与网格、设置颜色、导航器面板和信息面板；同时还简要介绍了对齐/对齐到、显示或隐藏额外内容、校样设置、校样颜色和色域警告等命令的操作方法与作用。

熟练掌握缩放工具、抓手工具、放大、缩小、按屏幕大小缩放、实际像素、打印尺寸等命令或工具对查看与编辑图像非常有用；熟练掌握标尺、参考线与网格等辅助功能能使我们提高绘图的精度；熟练掌握吸管工具、颜色取样器工具与相关的颜色设置命令能使用户在绘图过程中轻松自如地为图形上色以及更改图像颜色。



# 5.16 练习题

1. 按以下哪个快捷键可以在屏幕显示模式之间进行切换？（ ）

A . 按H键　　B. 按J键

C. 按D键　　D. 按F键

2. 以下哪种模式可用于将任何选区作为蒙版编辑，这样就可使用几乎所有的Photoshop工具或滤镜来修改蒙版，而蒙版下面的图像被保护？（ ）

A. 标准模式　　B. 快速蒙版模式

C. 蒙版模式　　D. 标准蒙版模式

3. 以下哪种颜色是浏览器使用的216种颜色，与平台无关？（ ）

A. CMYK颜色　　B. Web安全颜色

C. RGB颜色　　D. 灰色

4. 可以使用以下哪项可以将源图像分成许多的功能区域？（ ）

A. 切片　　B. 网格

C. 参考线　　D. 切片选择工具

5. 以下哪种工具是用来测量图像中任何两点间的距离、位置和角度的？（ ）

A. 注释工具　　B. 吸管工具

C. 切片工具　　D. 标尺工具

# 第2部分

# Photoshop CS6 工具与功能的应用部分

# 第6章　选择功能

本章主要介绍9种选择工具的使用方法及如何选取出各种形状的选区，介绍使用移动工具移动图像，并结合选项栏将图像中的图层对齐选区或图层，以及分布图层和选区的操作。

## 6.1 选框工具

Photoshop CS6提供了4种选框工具，如图6-1所示。使用选框工具可以选取矩形、多边形、椭圆、1个像素宽的行和列的选区，还可以创建任一形状的选区。创建选区后只能对选区进行工作，如填充颜色、填充图案、渐变填充、复制选区内容、描边和绘画等。

在工具箱中按住矩形选框工具，即会弹出如图6-1所示的工具组，其中存放了4种选框工具供用户选择。

图6-1　选框工具

### 6.1.1 矩形选框工具

在工具箱中选择矩形选框工具，选项栏中将显示它的相关选项，如图6-2所示。

图6-2　选项栏

矩形选框工具选项栏中各选项作用如下：

- （新选区）按钮：选中它时可以创建新的选区，如图6-3所示；如果已经存在选区，则会去掉旧选区，而创建新的选区；在选区外单击，则取消选择。

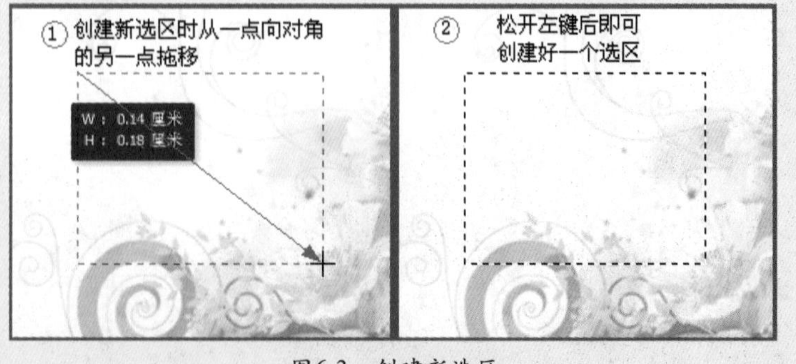


图6-3　创建新选区

- (添加到选区)按钮：选中它时可以创建新的选区，也可以在原来选区的基础上添加新的选区，相交部分选区的滑动框将去除，而同时形成一个选区，如图6-4所示。

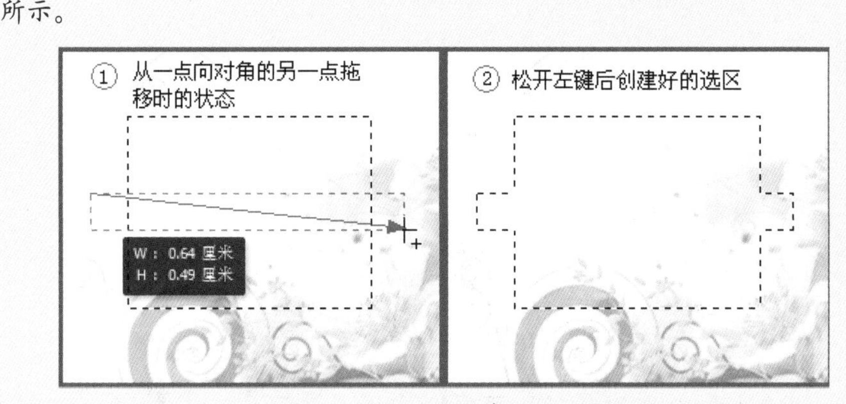

图6-4 添加选区

- (从选区减去)按钮：选中它时可以创建新的选区，在原来选区的基础上减去不需要的选区，如图6-5所示。

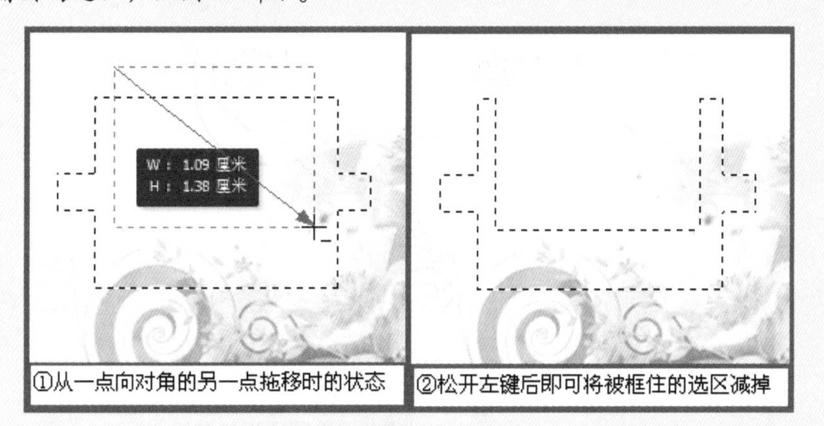

图6-5 减去选区

- (与选区交叉)按钮：选中它时可以创建新的选区，也可以创建出与原来选区相交的选区，如图6-6所示。

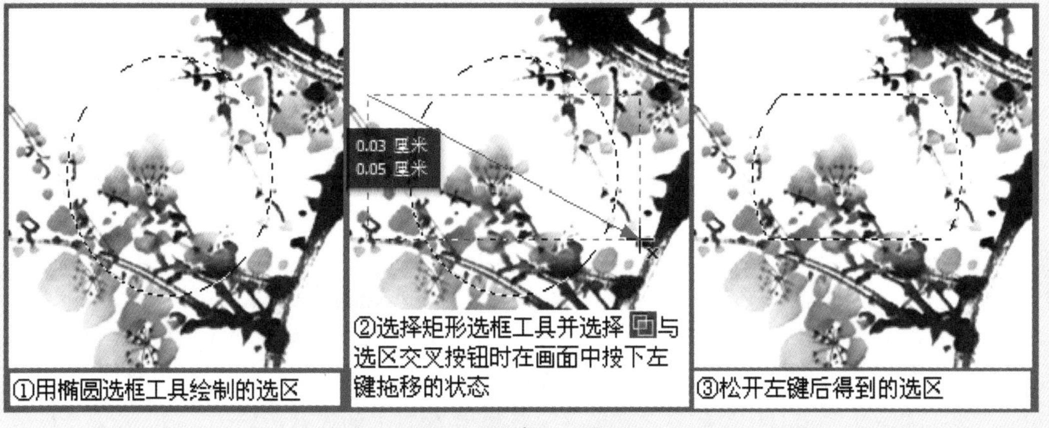

图6-6 创建交叉选区

- “羽化”选项：在“羽化”文本框中输入数据可设置羽化半径，其取值范围为0~255。在其文本框中输入相应的数值可以软化硬边缘，如图6-7所示，也可使选区填充的颜色向其周围逐步扩散，如图6-8所示。

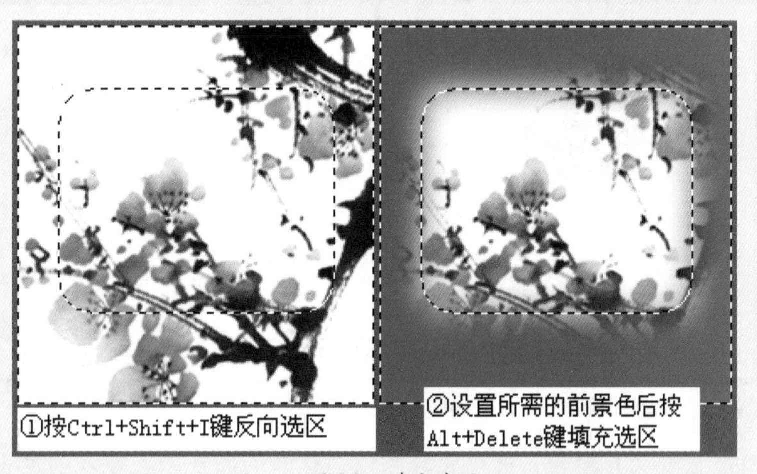


图6-7　创建羽化的选区

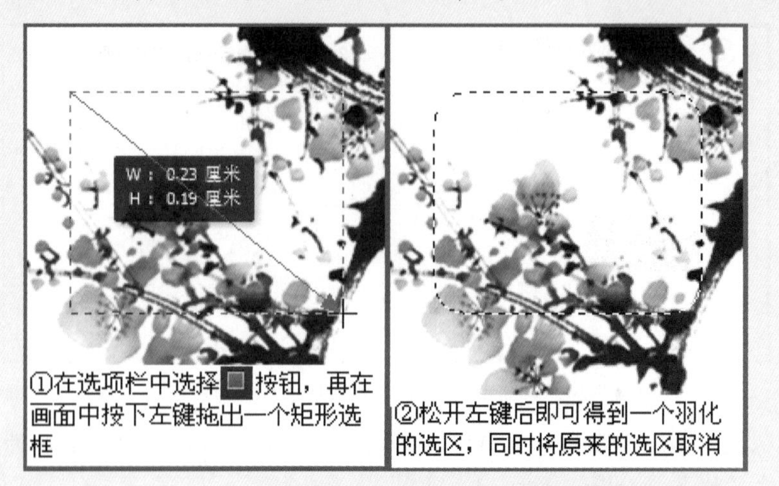


图6-8　填充选区

- 样式：在“样式”下拉列表中可以选择所需的样式，如图6-9所示。
  - 正常：为Photoshop默认的选择样式，也是通常用的样式。在选择正常样式的情况下，可以拖出任意形状的矩形选区。
  - 固定比例：选择这种样式，则“样式”后的选项由不可用状态变为活动可用状态，在其文本框中输入所需的数值来设置矩形选区的长宽比，它和正常样式一样，都是需要拖动来选取矩形选区，不同的是它拖出约束了长宽比的矩形选区。
  - 固定大小：选择这种样式，可以通过在宽度: 64 像素 ⇄ 高度: 64 像素中输入所需的数值，得到固定大小的矩形选区，如图6-10所示为在选项栏中选择■（新选区）按钮，再在“样式”下拉列表中选择固定大小，然后设定“宽度”为100像素，“高度”为100像素，“羽化”为10像素所创建的选区。

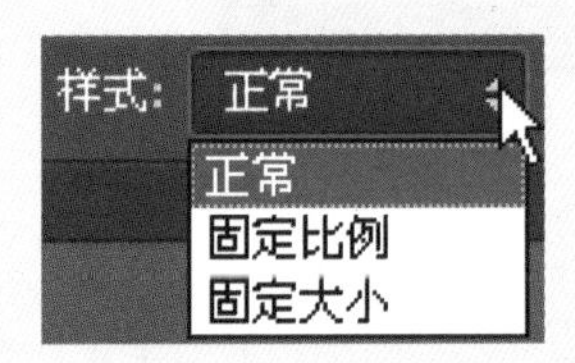


图6-9 样式列表

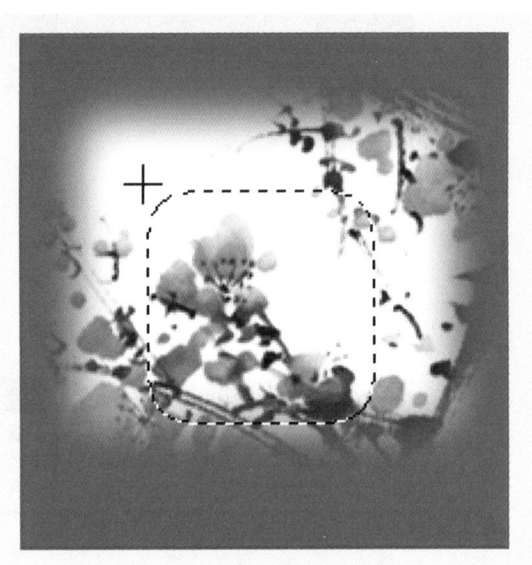

图6-10 创建固定大小的选区

**提 示**

在这一节中详细讲解了矩形选框工具选项栏中的各选项的作用。而在Photoshop程序中，一些工具的选项栏有许多相同的选项，因此在介绍其他工具时就不再重复介绍相同的选项。

## 6.1.2 椭圆选框工具

在工具箱中点按住矩形选框工具，将弹出一个工具组，在其中选择“椭圆选框工具 M”椭圆选框工具，如图6-11所示，即可将椭圆选框工具设为当前可用工具，如图6-12所示。

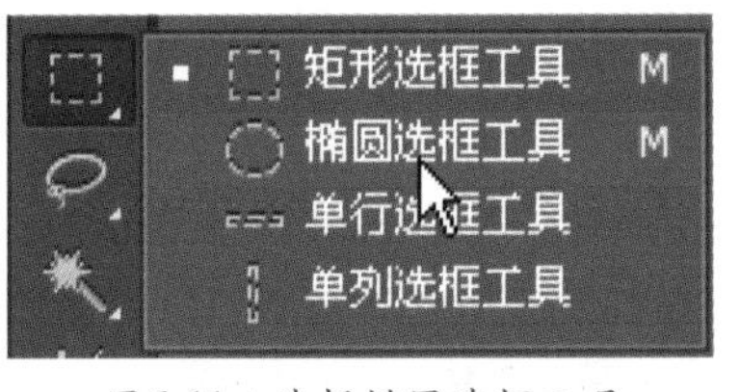


图6-11 选择椭圆选框工具

图6-12 选中椭圆选框工具

椭圆选框工具的选项栏与矩形选框工具的选项栏大部分相同，只是“消除锯齿”选项成为活动可用状态。

在Photoshop中生成的图像为位图图像，而位图图像使用颜色网格（像素）来表现图像。每个像素都有自己特定的位置和颜色值。在进行椭圆、圆形选取或其他不规则的选取时就会产生锯齿边缘。所以Photoshop就提供了“消除锯齿”选项，在锯齿之间填入中间色调，并从视觉上消除锯齿现象。如图6-13所示的为勾选和不勾选“消除锯齿”选项的比较图。

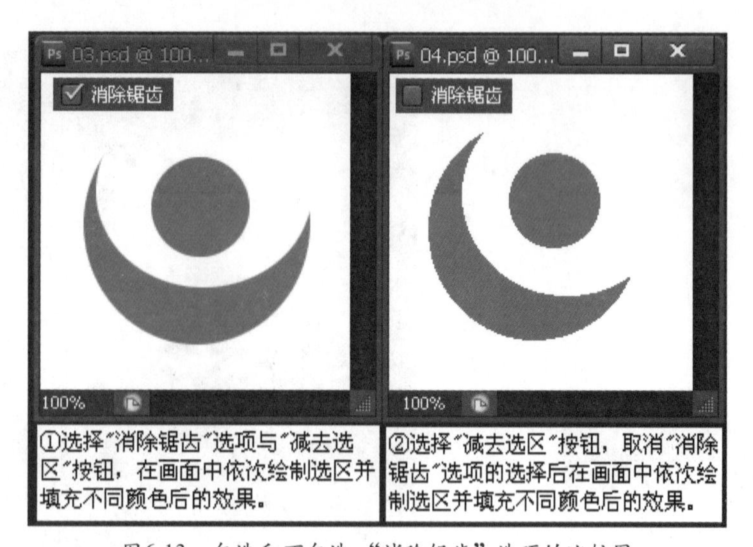


图6-13　勾选和不勾选“消除锯齿”选项的比较图

## 6.1.3　单行/单列选框工具

### 1. 单行选框工具

在工具箱中选择单行选框工具，选项栏中就会显示它的相关选项，单行选框工具的选项栏与矩形选框工具选项栏相同，只是样式已不可用，而羽化只能为0像素。



### 上机实战　使用单行选框工具选择选区并填充

01 在图像窗口的画面中单击，即可得到一个像素宽的单行选区；选择(添加到选区)按钮，并在图像上多次单击，即可得到多条单行选区，如图6-14所示。

图6-14　创建多条单行选区

**02** 在菜单中执行“编辑”→“填充”命令，弹出“填充”对话框，如图6-15所示，在其中设置“使用”为白色，其他不变，单击“确定”按钮，再按“Ctrl”+“D”键取消选择，得到如图6-16所示的效果。

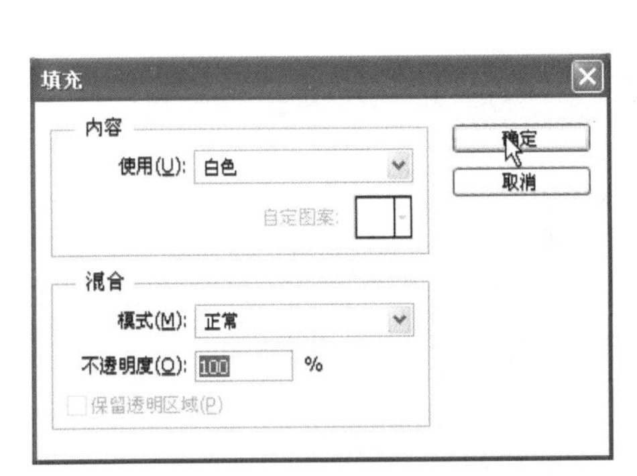


图6-15 “填充”对话框

图6-16 填充选区后取消选择的效果

## 2. 单列选框工具

在工具箱中选择单列选框工具，它的选项栏与单行选框工具完全相同，在选项栏上选择 (添加到选区)按钮，然后在图像窗口中多次单击，即可得到多条一个像素宽的单列选区，如图6-17所示。

图6-17 创建多条单列选区



Photoshop CS6工具与功能的应用部分

# 6.2 套索工具组

使用套索工具可以选取出任一形状的选区。

## 6.2.1 套索工具

在工具箱中选择套索工具，选项栏中显示了它的相关选项，如图6-18所示，其中的选项与矩形选框工具中的选项相同，作用与用法一样，这里就不重复了。

羽化：0像素 消除锯齿 调整边缘...

图6-18 选项栏

在使用套索工具时，可以通过任意拖动来绘制所需的选区。

（1）当从起点处向终点处拖移，并且起点与终点不重合时，松开左键后，系统会自动在起点与终点之间用直线连接，从而得到一个封闭的选区，如图6-19所示。

图6-19 创建选区

（2）从起点处按下左键向所需的方向拖移，直至返回到起点处才松开左键，即可得到一个封闭的曲线选框，如图6-20所示。

图6-20 创建选区

（3）如果要在曲线中绘制直线选框，可以按下Alt键后松开鼠标左键，如图6-21左所示，然后移动鼠标到所需的点单击，再次移动并单击，通过多次移动并单击，可以得到多段直线段；如果要再绘制曲线段，只需按下左键拖动即可；如果要结束选区的选取，可直接返回到起点处松开左键或“Alt”键即可，如图6-21右所示。

图6-21　在创建选区时切换套索工具

**提　示**

在使用套索工具创建选区时，按下“Alt”键可以切换到多边形套索工具。

## 6.2.2　多边形套索工具

在工具箱中选择多边形套索工具，它的选项栏与套索工具的选项栏完全一样。（多边形套索工具）是通过单击来确定点，直至返回到起点，当指针呈状时单击完成，从而选取所需的多边形选区，如图6-22所示。它同样可以在直线段选框内绘制曲线段（只需按下“Alt”键的同时拖动鼠标即可），如图6-23所示。

图6-22　创建多边形选区

love

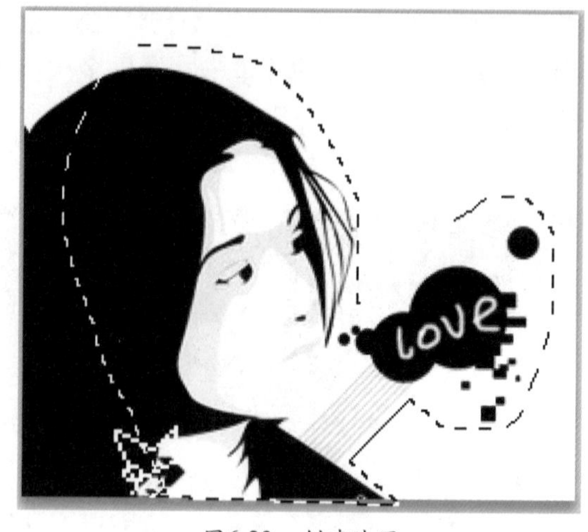

图6-23 创建选区

如果通过单击确定了一个点或几个点后，可以按下左键移动鼠标，围绕这个点进行旋转，在到达所需的位置后松开鼠标左键，即可确定该直线段的位置和长度。也可以在确定一个点后，松开鼠标左键再移动指针到一定位置后单击，同样可以确定该直线段的位置和长度。



## 6.2.3 磁性套索工具

磁性套索工具具有识别边缘的作用。利用它可以从图像中选取所需的部分。

在工具箱中选择磁性套索工具，选项栏就会显示如图6-24所示的选项。

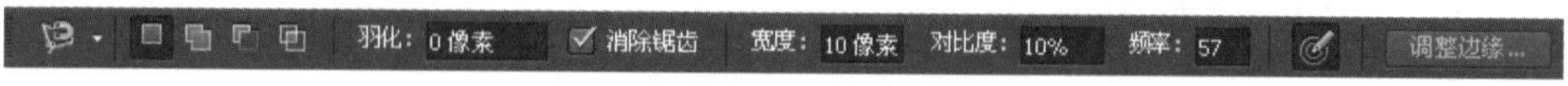
羽化：0像素
消除锯齿
宽度：10像素
对比度：10%
频率：57
调整边缘...

图6-24 选项栏

磁性套索工具选项栏中部分选项说明如下：

- “宽度”选项：在其文本框中可输入1～256之间的数值，从而确定选取时探查的距离，数值越大探查的范围就越大，如图6-25所示。

消除锯齿 宽度：10像素 对比度：10% 频率：57
指针移动时，紧固点自动捕捉对比强烈的边缘。
2011/10/30
宽度：100像素 对比度：10% 频率：57
指针偏移对比强烈的边缘时，同样可以捕捉到边缘并设置紧固点。
2011/10/30

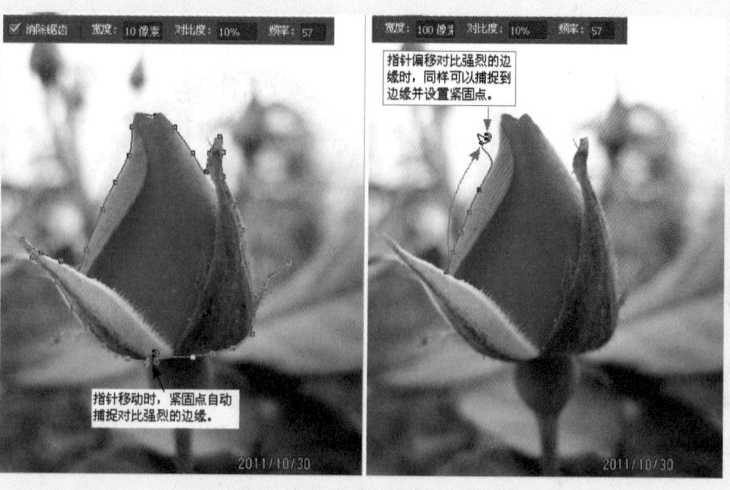

图6-25 设置不同宽度的对比图

- “对比度”选项：在其文本框中可输入1%～100%之间的数值设置套索的敏感度，数值大时可用来探查对比度高的边缘，数值小时可用来探查对比度低的边缘。
- “频率”选项：在其文本框中可输入0～100之间的数值设置以什么频度设置紧固点，数值越大选取外框紧固点的速率越快——较高的数值会更快地固定选区边框，如图6-26所示。

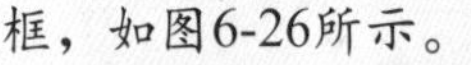

图6-26　设置不同频率的对比图

- （使用绘图板压力更改钢笔宽度）按钮：如果用户使用光笔绘图板来绘制与编辑图像，并且选择了该选项，则在增大光笔压力时将导致边缘宽度减小。

# 6.3 魔棒工具

利用魔棒工具可以选择颜色一致的区域，而不必跟踪其轮廓。可以通过在图像上单击指定魔棒工具选区的颜色，以及通过在选项栏中设置它的容差值确定选取的色彩范围。

**提　示**

不能在位图模式的图像中使用魔棒工具。

## 6.3.1　魔棒工具的选项说明

在工具箱中选择魔棒工具，其选项栏就会显示如图6-27所示的选项。

图6-27　选项栏

魔棒工具选项栏中部分选项说明如下：

- 容差：在其文本框中可输入0～255之间的像素值。输入较小值时，可以选择与所点按的像素非常相似的颜色，输入较高值时，则可以选择更宽的色彩范围，如图6-28所示。

图6-28　设置不同容差的对比图

- 连续：如果勾选该选项，只能选择色彩相近的连续区域；不勾选该选项，则可以选择图像上所有色彩相近的区域，如图6-29所示。

图6-29　不勾选与勾选“连续”选项的对比图

- 对所有图层取样：勾选该选项，可以在所有可见图层上选取相近的颜色；如果不勾选该选项，则只能在当前可见图层上选取颜色，如图6-30所示。
- 调整边缘：使用它可以提高选区边缘的品质，从而可以使用不同的背景来查看选区以便于编辑。还可以使用“调整边缘”选项来调整图层蒙版。

图6-30　不勾选与勾选“对所有图层取样”选项的对比图

## 6.3.2　使用调整边缘功能抠图

### 上机实战　使用调整边缘功能抠图

01 按“Ctrl”＋“O”键从配套光盘的素材库中打开一张要抠图的图片，并使用魔棒工具在背景处单击，以选择背景区域，如图6-31所示，再按“Ctrl ”＋“Shift ”＋“ I”键，将选区反选，结果如图6-32所示。

图6-31　用魔棒工具选择背景

图6-32　反选选区

02 在选项栏中单击“调整边缘”按钮，弹出“调整边缘”对话框，直接使用调整半径工具在画面中进行拖移，将没有添加到选区的内容添加到选区，如图6-33所示，选择好后松开左键，单击“确定”按钮，即可得到如图6-34所示的选区。

图6-33　用调整半径工具在画面中进行拖移

图6-34　调整边缘后的选区

“调整边缘”对话框中选项说明如下：

- 视图模式：在“视图”列表中可以选择所需的视图模式（也就是背景）更改选区的显示方式。悬停在该模式上，直至出现工具提示，便可看到每种模式的相关信息。
  - ➢ 显示原稿：显示原始选区以进行比较。
  - ➢ 显示半径：在发生边缘调整的位置显示选区边框。
- 调整半径工具和抹除调整工具：使用这两种工具可以精确调整选区边界区域。可以按“Alt”键来切换这两种工具。按“[”或“]”括号键，可以更改画笔大小。
- 智能半径：自动调整边界区域中发现的硬边缘和柔化边缘的半径。如果边框一律是硬边缘或柔化边缘，或要精确地调整画笔，可以取消此选项的选择，并设置所需的半径值。

- 半径：使用它可以确定发生边缘调整的选区边界的大小。如果要求较柔和的边缘可使用较大的半径。
- 平滑：使用它可以将选区边界中的不规则区域或锐边变成较平滑的轮廓。
- 羽化：使用该选项可以模糊选区与周围的像素之间的过渡效果。
- 对比度：将对比度增大时，沿选区边框的柔和边缘的过渡会变得不连贯。因此通常情况下，使用“智能半径”选项和调整工具。
- 移动边缘：设置参数为负值时，向内移动柔化边缘的边框，参数为正值时，向外移动这些边框。向内移动边框可以从选区边缘移去不想要的背景颜色。
- 净化颜色：将彩色边替换为附近完全选中的内容（也就是“像素”）的颜色。颜色替换的强度与选区边缘的软化度是成比例的。

**提 示**

由于使用净化颜色选项更改了像素颜色，因此需要将它输出到新图层或文档。保留原始图层，这样方便在需要时恢复到原始状态。（为了方便查看像素颜色中发生的变化，可以选择“显示图层”视图模式。）

- 数量：更改净化和彩色边替换的程度。
- 输出到：在列表中可以选择调整后的选区是输出为当前图层上的选区或蒙版，还是生成一个新图层或文档。

03 按“Ctrl”+“C”键将选区进行拷贝，再按“Ctrl”+“V”键将其复制到图层1中，并关闭背景层，即可看从背景中将所需的内容抠出了，如图6-35所示。

图6-35　将选区内容拷贝到新图层并关闭背景层的效果

# 6.4 快速选择工具

利用快速选择工具在画面中单击目标画面，可以准确而快速地选择出需要被勾选到的地方；也可以在画面中拖动鼠标来选择所需的区域。

按“Ctrl”+“O”键从配套光盘的素材库中打开一个文件，如图6-36左所示，在工具箱中选择快速选择工具，选项栏中将显示如图6-37所示的选项，再移动指针到花上按下左键进行拖动，即可选择整朵花，如图6-36右所示。

图6-36　使用快速选择工具选择花

图6-37　选项栏

快速选择工具选项栏中部分选项说明如下：

- 新选区：选择它时可以创建新的选区，如果已经存在选区，则会去掉旧选区，而创建新的选区。
- 添加到选区：选择它时可以创建新的选区，也可在原来选区的基础上添加新的选区。
- 从选区减去：选择它时可以创建新的选区，也可在原来选区的基础上减去不需要的选区。
- 画笔：在选项栏中单击按钮，弹出如图6-38所示的画笔选取器，在其中可以设置画笔的大小、硬度、间距、角度和圆度。
- 对所有图层取样：基于所有图层（而不是仅基于当前选定图层）创建一个选区。
- 自动增强：减少选区边界的粗糙度和块效应。选择“自动增强”选项会自动将选区向图像边缘进一步流动并应用一些边缘调整，也可以通过在“调整边缘”对话框中使用“平滑”、“对比度”和“半径”选项手动应用这些边缘调整。

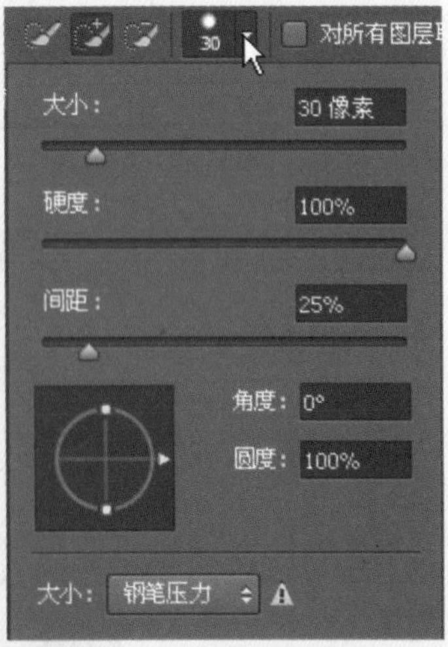

图6-38　画笔选取器

# 6.5 选择性粘贴

执行拷贝、剪切或合并拷贝命令后，可以有选择性地将拷贝或剪切到剪贴板中的内容，粘贴到指定的位置，如选区内、选区外、同一图像的某个位置或另一个图像中或者在原位进行粘贴。

## 6.5.1 将内容贴入到指定区域内

使用“贴入”命令可以将另一个选区内的内容或拷贝的内容贴入到指定的选区中。

### 上机实战 将内容贴入指定区域

01 按“Ctrl”+“O”键从配套光盘的素材库中打开两个文件，并在“窗口”菜单中执行“排列”→“双联垂直”命令，将两个文件并排排列，如图6-39所示。

图6-39 双联垂直排列图像窗口

02 以016.jpg文件为当前文件，如图6-40所示，按“Ctrl”+“A”键全选，在菜单中执行“编辑”→“拷贝”命令或按“Ctrl”+“C”键，将拷贝的内容存放在剪贴板中。

03 在文档标题栏中单击“015.psd”标签，使它为当前文件，在“窗口”菜单中执行“排列”→“将所有内容合并到选项卡中”命令，也就是将015.psd文件在当前窗口中最大化显示，接着按“Shift”+“M”键选择矩形选框工具，在选项栏中设置“羽化”为0像素，按“Tab”键将工具箱与控制面板隐藏，然后在画面的相框中绘制一个矩形选框，如图6-41所示。

图6-40　全选图像并进行拷贝

图6-41　用矩形选框工具绘制矩形选框

**04** 在菜单中执行“编辑”→“选择性粘贴”→“贴入”命令或按“Alt”+“Shift”+“Ctrl”+“V”键，即可将拷贝的内容粘贴到矩形选框内，结果如图6-42所示。

图6-42　贴入图像后的效果

## 6.5.2 将内容粘贴到指定区域外

**上机实战 将内容粘贴到指定区域外**

01 按“Ctrl” + “O”键从配套光盘的素材库中打开两个图像文件，并将它们双联排列，如图6-43所示。

02 以018.psd文件为当前文件，使用魔棒工具在画面中蜻蜓外的区域单击，再按“Ctrl” + “Shift” + “ I ”键将选区反选，以选择蜻蜓，如图6-44所示，然后按“Ctrl” + “C”键进行拷贝，将选区中的内容拷贝到剪贴板中。

图6-43 打开的图像文件

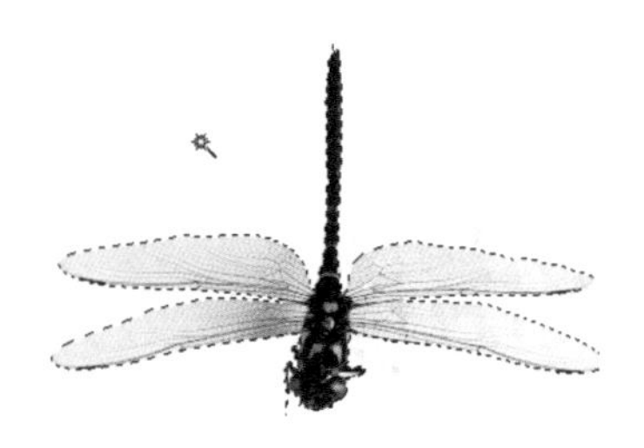

图6-44 选择背景区域

03 激活017.jpg文件，以它为当前文件，并使用快速选择工具，在画面中选择荷花中的一片花瓣，如图6-45所示。

04 在菜单中执行“编辑”→“选择性粘贴”→“外部粘贴”命令，即可将拷贝到剪贴板中的内容粘贴至017.jpg图像中选区的外部，如图6-46所示，同时在“图层”面板中生成一个图层，并带有图层蒙版，如图6-47所示。使用移动工具将复制的内容向上移动到适当位置，得到如图6-48所示的效果。

图6-45 选择一片花瓣

图6-46 外部粘贴对象后的效果

Photoshop CS6工具与功能的应用部分

图6-47 图层面板

图6-48 移动后的效果

# 6.6 移动工具

使用移动工具可以将选区或图层移动到同一图像的新位置或其他图像中。还可以使用移动工具在图像内对齐选区和图层并分布图层。

## 6.6.1 移动工具的选项说明

在工具箱中选择移动工具，选项栏中将显示它的相关选项，如图6-49所示。

自动选择：图层 显示变换控件

图6-49 选项栏

移动工具中各项说明如下：

- 自动选择：选择该选项，可以在其后的列表中选择“图层”或“图层组”，选择“图层”，在图像上单击，即可直接选中指针所指的非透明图像所在的图层；选择“图层组”，则可直接选中所单击的非透明图像所在的图层组。
- 显示变换控件：可以在选中对象的周围显示变换框，如图6-50所示，对准四个对角的小方块控制点单击，移动工具的选项栏如图6-53所示，在选项栏中可更改图像位置、大小、旋转角度和倾斜等，此时的定界框变为变换框，可以在变换框内右击弹出如图6-51所示快捷菜单，在其中选择所需的命令，在此直接拖动下方中间控制柄向下至适当位置，加高变换框与文字，结果如图6-52所示，调整好后直接在变换框中双击即可。



第2部分

图6-50 显示变换框

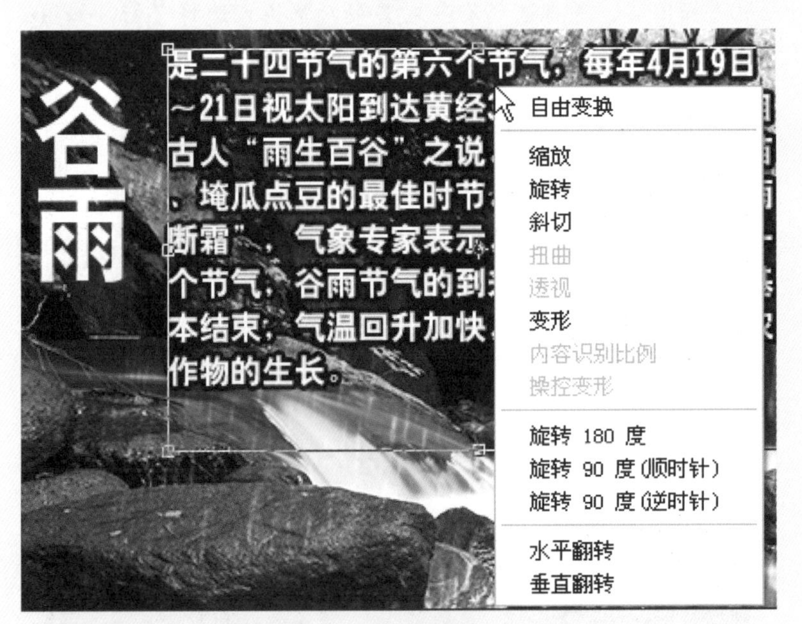


图6-51 快捷菜单

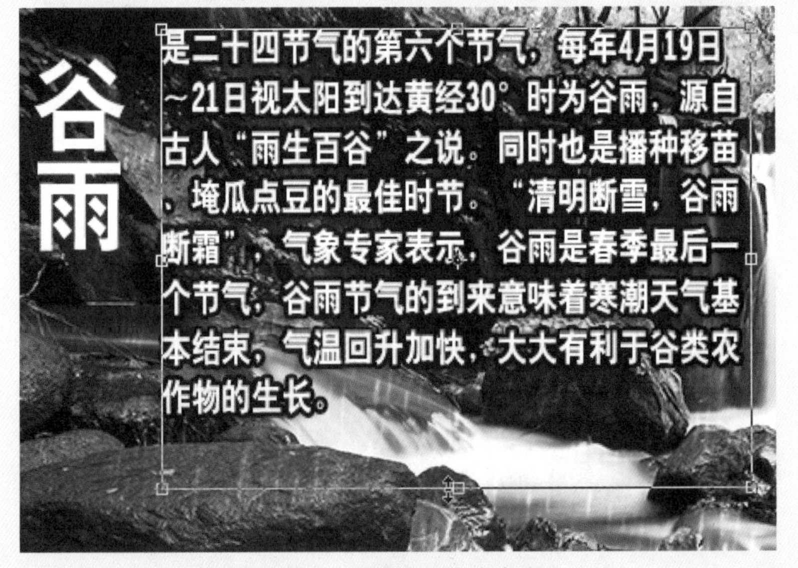


图6-52 变换调理后的效果

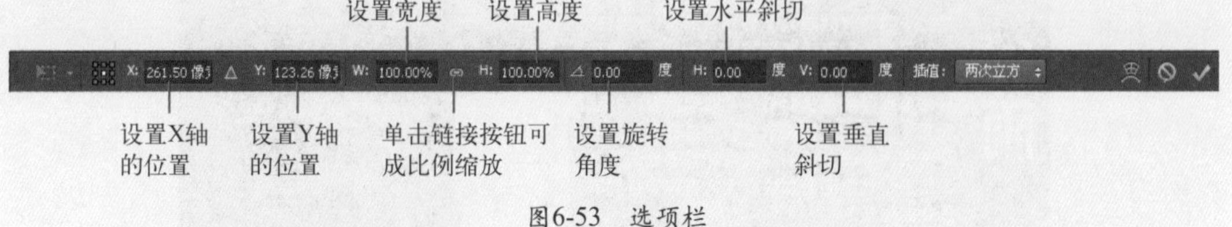


图6-53　选项栏

- ▣（顶对齐）、▣（垂直居中对齐）、▣（底对齐）、▣（左对齐）、▣（水平居中对齐）和▣（右对齐）按钮：选择这些按钮，可以在图像内对齐选区和图层。从配套光盘的素材库中打开一个需要对齐的图像文件，选择“自动选择”选项，在列表中选择图层，并框选所有要对齐的对象，以选择它们，如图6-54所示，在选项栏中点击▣按钮，即可将它们进行垂直居中对齐，结果如图6-55所示。

图6-54　打开图像并选择所需的对象

图6-55　垂直居中对齐后的效果

- ▣（按顶分布）、▣（垂直居中分布）、▣（按底分布）、▣（按左分布）、▣（水平居中分布）和▣（按右分布）按钮：选择这些按钮，可以在图像内分布图层。在选项栏中点击▣按钮，即可将它们进行水平居中对齐，结果如图6-56所示。

图6-56　水平居中对齐后的效果

## 6.6.2 利用移动工具移动图像

### 上机实战 使用移动工具移动图像

（1）在同一文件中移动图像

01 按“Ctrl”+“O”键从配套光盘的素材库中打开一张图片，如图6-57所示。

图6-57 打开的图片

02 在工具箱中选择移动工具，并在选项栏中选择“自动选择”选项，再在列表中选择图层，移动指针到要移动的对象上单击，以选择它，然后按下左键向上方拖移，到达适当位置后松开左键，效果如图6-58所示。

图6-58 移动后的效果

**提 示**

背景图层是不可移动的。

（2）在不同文件中移动图像

03 按“Ctrl”+“O”键从配套光盘的素材库中打开两个文件，将这两个文件从文档标题栏中拖出成浮停状态，并以022.psd文件为当前文件，图层面板中显示了该文件的图层，如图6-59所示。

04 在工具箱中选择移动工具，移动指针到人物上按下左键向021.psd文件拖移，当指针呈状时松开左键，如图6-60所示，即可将人物复制到021.psd文件中，再将其排放到适当位置，结果如图6-61所示。

图6-59　打开的图像

图6-60　复制图像

图6-61　复制图像

05 在“图层”面板中设置它的混合模式为变暗，如图6-62所示，将人物图片融入背景图片中，从而得到如图6-63所示的效果。

图6-62　图层面板

图6-63　改变混合模式后的效果

## 6.6.3　对齐选区

### 上机实战　对齐选区

01 从配套光盘的素材库中打开一个图像文件，该图像是由几个图层组成的，如图6-64所示。

图6-64　打开的图像

02 在工具箱中选择矩形选框工具，在选项栏中设置“羽化”为0像素，再在画面中框选相框中的矩形部分，如图6-65所示。

03 在“图层”面板中以图层2为当前图层，在工具箱中选择移动工具，在选项栏中单击（垂直居中对齐）和（水平居中对齐）按钮，即可将选中图层中的内容与选区进行居中对齐，如图6-66所示。

04 按“Ctrl”＋“Shift”＋“I”键将选区反选，再在键盘上按“Del”键，将选区中的内容删除，然后按“Ctrl”+“D”键取消选择，得到如图6-67所示的效果。

图6-65　选择要贴图像的区域

图6-66　对齐选区后的效果

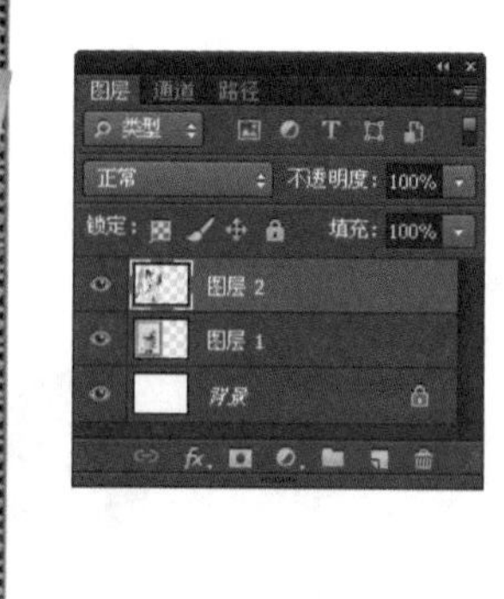

图6-67　删除选区外内容后取消选择的效果

## 6.6.4　分布图像中的图层

按“Shift”键或“Ctrl”键在“图层”面板中选择要分布的图层后，再在移动工具的选项栏中单击相关的分布按钮，即可按指定的目标进行分布。

**提 示**

按“Shift”键在“图层”面板中单击图层，可以选择连续的图层，按“Ctrl”键在“图层”面板中单击图层，可以选择不相邻的图层。

# 6.7 选区操作

在Photoshop CS6中，可以对选区进行羽化、变换、修改与编辑，以及调整选区边缘等操作，也可以将选区反向、存储选区、载入已存储的选区，取消选择后重新选择等。

## 6.7.1 全部选择

使用“选择”菜单中的“全部”命令，可以选择画布边界内一个图层上的全部像素。

打开一个图像文件，在菜单中执行“选择”→“全部”命令或按“Ctrl”+“A”键，即可将当前图像中的内容全部选定。

## 6.7.2 变换选区

使用“选择”菜单中的“变换选区”命令，可以移动、旋转与斜切选区，还可以调整选区的大小。

### 上机实战 变换选区

01 从配套光盘的素材库中打开一个图像文件，使用椭圆选框工具在画面中框选所需的部分，如图6-68所示。

02 在菜单中执行“选择”→“变换选区”命令，即可在选区的周围显示出一个变换框，如图6-69所示，同时选项栏中也显示了相关的变换选项，如图6-70所示。

图6-68 打开的图像文件

图6-69 变换选区

X: 311.00 像素 Y: 315.00 像素 W: 100.00% H: 100.00% 0.00 度 H: 0.00 度 V: 0.00 度 插值: 两次立方

图6-70 选项栏

**提 示**

在 X: 311.00 像素 △ Y: 315.00 像素 文本框中可以输入所需的数值改变选框的位置；在 W: 100.00% ∞ H: 100.00% 文本框中可以输入所需的数值调整选框的大小；在 △ 0.00 度 文本框中可以输入所需的数值调整选框的旋转角度，在 H: 0.00 度 V: 0.00 度 文本框中可以输入所需的数值水平/垂直斜切选框。

03 在选项栏的 W: 80.00% ∞ H: 100.00% 中输入80%，将选框缩小，如图6-71所示；再在 △ -10 度 中输入－10，将选框旋转10度，如图6-72所示，在选项栏中单击✓按钮或在选框内双击确认变换，从而得到如图6-73所示的选框。

图6-71 缩小变换框

图6-72 旋转变换框

图6-73 变换后的选区

## 6.7.3 修改选区

在Photoshop中，可以按特定数量的像素扩展或收缩选区，也可以使用新选区框住现有的选区，以及平滑选区（也称选框）。

## 上机实战 修改选区

01 在菜单中执行“选择”→“修改”→“扩展”命令，弹出“扩展选区”对话框，在其中设定“收缩量”为5像素，如图6-74所示，单击“确定”按钮，即可将选区扩大5个像素，如图6-75所示。

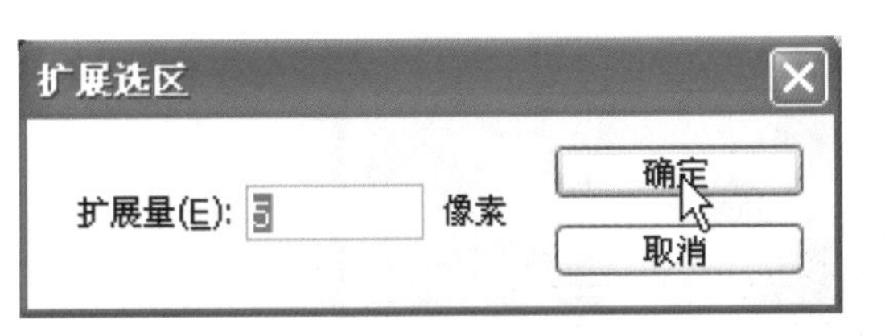


图6-74 “扩展选区”对话框

图6-75 扩展后的选区

02 在菜单中执行“选择”→“修改”→“羽化”命令，弹出“羽化选区”对话框，在其中设定“羽化半径”为10像素，如图6-76所示，单击“确定”按钮，再按“Ctrl”+“Shift”+“I”键将选区反选，如图6-77所示。

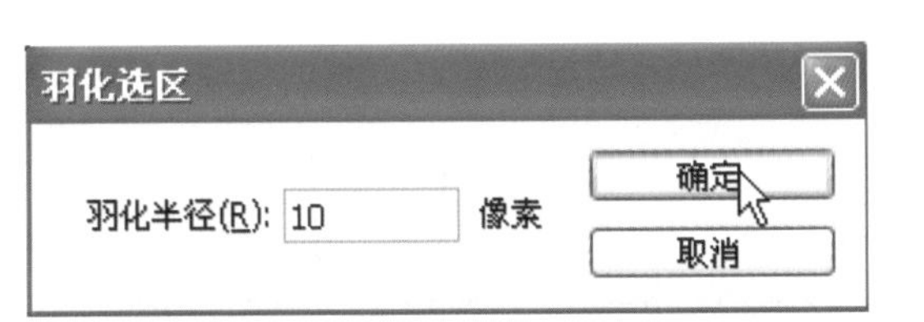


图6-76 “羽化选区”对话框

图6-77 羽化后的选区

03 在菜单中执行“选择”→“修改”→“边界”命令，弹出“边界选区”对话框，在其中设定“宽度”为25像素，如图6-78所示，单击“确定”按钮，即可将选区边界加宽，如图6-79所示。

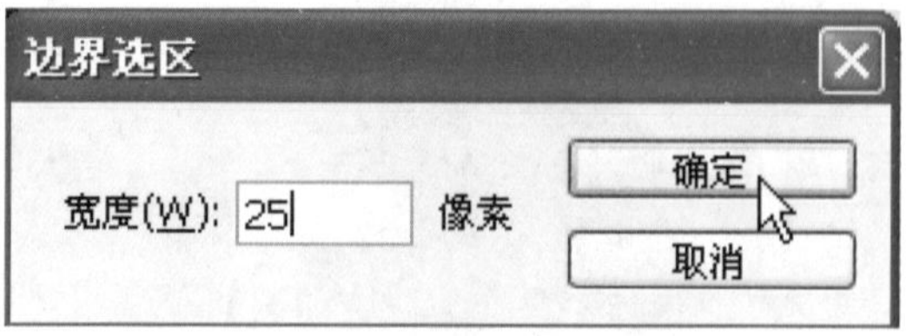

边界选区

宽度(W): 25 像素

确定

取消

图6-78 “边界选区”对话框

图6-79 应用“边界”后的效果

04 设置背景色为白色，再按“Ctrl ”+ “Del”键用白色填充选区，得到如图6-80所示的效果。

图6-80 填充白色后的效果

## 6.7.4 存储选区

在Photoshop中，可以使用“存储选区”命令将编辑好的选区存储起来，以备后用。

在菜单中执行“选择”→“存储选区”命令，弹出“存储选区”对话框，在其中设定“名称”为“框架”，其他不变，如图6-81所示，单击“确定”按钮，可以将画面中的选区存储在“通道”面板中，显示“通道”面板，即可在其中看到刚存储的选区，如图6-82所示。

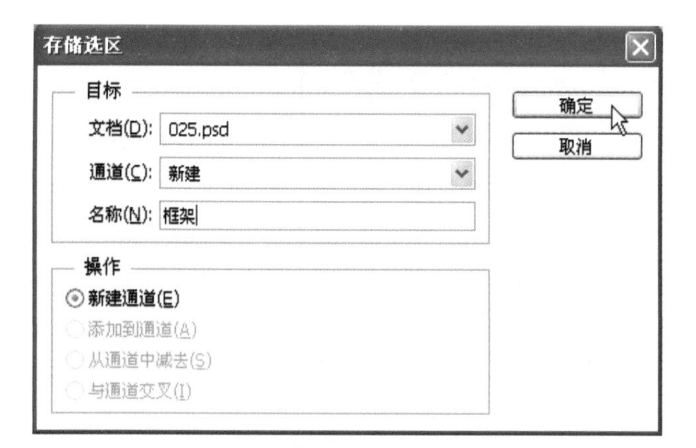


图6-81 “存储选区”对话框

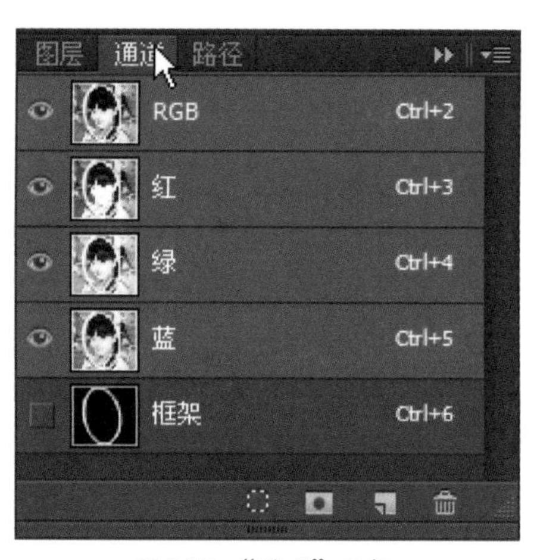


图6-82 “通道”面板

## 6.7.5 扩大选取

使用“扩大选取”命令，可以选取包含所有位于“魔棒”选项中所指定容差范围内的相邻像素。

在菜单中执行“选择”→“扩大选取”命令，即可将现有的选区扩大，如图6-83所示。

图6-83 扩大后的选区

## 6.7.6 载入选区

在Photoshop中，可以使用“载入选区”命令将其他图像中或存储的选区载入到现用图像文件中。

在菜单中执行“选择”→“载入选区”命令，弹出“载入选区”对话框，在其中的“通道”下拉列表中选择框架，其他不变，如图6-84所示，单击“确定”按钮，即可将载入的选区添加到文件中。

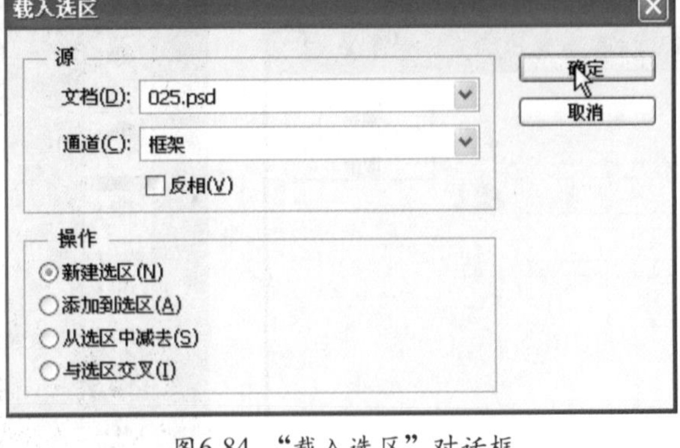


图6-84 “载入选区”对话框

载入选区对话框中各选项说明如下：

- 文档：选取现用文件作为来源。
- 通道：选取包含要载入选区的通道。
- 反相：使非选定区域处于选中状态。
- 新建选区：添加载入的选区。
- 添加到选区：如果画面中有选区，则该选项为可用状态，选择该选项，可以将载入的选区添加到图像中的任何现有选区。
- 从选区中减去：如果画面中有选区，则该选项为可用状态，选择该选项，可以从图像的现有选区中减去载入的选区。
- 与选区交叉：如果画面中有选区，则该选项为可用状态，选择该选项，可以将载入的选区与图像中的现有选区进行交叉，以得到交叉的选区。

## 6.7.7 取消选择

使用“取消选择”命令可以将画面中的选区取消选择。

在菜单中执行“选择”→“取消选择”命令或按“Ctrl”+“D”键，即可将画面中的选区取消选择，画面效果如图6-85所示。

图6-85 取消选择后的画面

### 6.7.8 重新选择

使用“重新选择”命令可以将刚取消选择的选区，再次选择。

在菜单中执行“选择”→“重新选择”命令，即可将刚取消选择的选区，再次选择。

## 6.8 选择图层

在Photoshop中，可以选择一个或多个图层以便在上面工作。在处理绘画以及调整颜色和色调等操作时，用户一次只能在一个图层上工作。单个选定的图层称为现用图层。现用图层的名称将出现在图像窗口的标题栏中。在处理移动、对齐、变换或应用“样式”面板中的样式等操作时，用户可以一次选择多个图层并在上面工作。

可以在“图层”面板中选择图层，也可以使用移动工具在画面中选择图层，可以通过按“Shift”键加鼠标单击，或在画面中拖出一个选框来框选要选择的对象，如图6-86所示。

图6-86 选择图层

### 6.8.1 选择所有图层

使用“选择”菜单中的“所有图层”命令可以选择当前图像文件中的所有图层。在菜单中执行“选择”→“所有图层”命令，即可选择图像中的全部图层（注：背景层除外）。

### 6.8.2 取消选择图层

使用“选择”菜单中的“取消选择图层”命令可以取消选择图层的选择，如图6-87所示。

图6-87 取消选择图层

## 6.8.3 选择相似内容

使用“选择”菜单中的“选择相似”命令可以选择类型相似的内容。

### 上机实战 选择相似内容

01 从配套光盘的素材库中打开一个图像文件，先在“图层”面板中选择要选择内容的图层，如图6-88所示。

图6-88 “图层”面板

02 使用魔棒工具在画面中选择要选取的内容，如图6-89所示，再在菜单中执行“选择”→“选择相似”命令，即可选择相似的内容，如图6-90所示。

图6-89　选择内容

图6-90　选择相似内容

# 6.9 色彩范围

在Photoshop中，可以使用“色彩范围”命令在图像中通过取样选择色彩范围，也可以通过预设颜色来选择色彩范围。

从配套光盘的素材库中打开一个文件，如图6-91所示，在菜单中执行“选择”→“色彩范围”命令，弹出“色彩范围”对话框，移动指针到画面中要选取的色彩范围单击以吸取色样，如图6-92所示，再在其中设定“颜色容差”为“122”，扩大选取范围，其他为默认值，如图6-93所示，在对话框的预览框中显示选取的色彩范围扩大了许多，单击“确定”按钮，即可得到如图6-94所示的选区，该选区内的颜色与所单击处的颜色相近。

图6-91　打开的图像

图6-92　对图像进行色彩范围调整

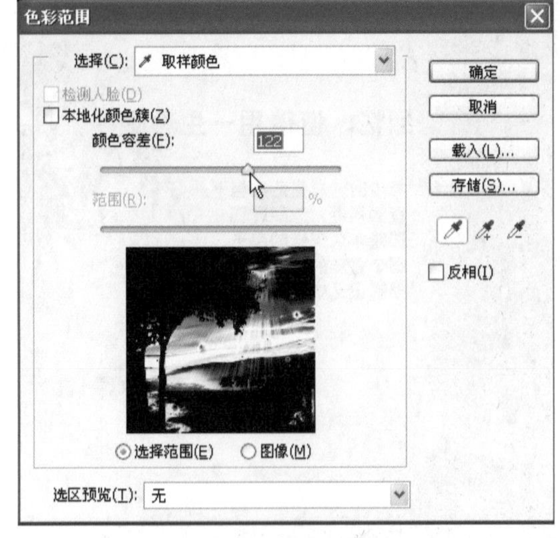


图6-93 “色彩范围”对话框

图6-94 选择的区域

色彩范围对话框中选项说明如下：

- 选择：在“选择”下拉列表中可以选择要选择的颜色或色调范围，也可以选择取样颜色，如图6-95所示；也可以在画面中吸取所需的颜色，其中的“溢色”选项仅适用于RGB和Lab图像。

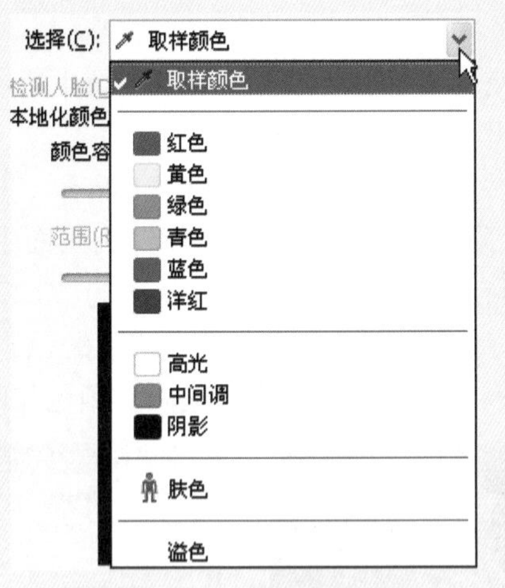


图6-95 “选择”下拉列表

**提 示**

溢出的颜色是RGB或Lab颜色，不能使用印刷色打印。

- 颜色容差：在其文本框中输入一个数值或拖动滑块可以调整颜色范围。如果要减小选中的颜色范围，可以将值减小。
- 选择范围：选择该选项可以在建立选区时只预览选区。
- 图像：选择该选项可以在预览窗口中预览整个图像。

- 选区预览：在其下拉列表中可以选择所需选项，如“无”、“灰度”、“黑色杂边”、“白色杂边”和“快速蒙版”选项。
  - 无：选择该选项将不在图像窗口中显示预览。
  - 灰度：选择该选项将按选区在灰度通道中的外观显示选区。
  - 黑色杂边：选择该选项将用与黑色背景成对比的颜色显示选区。
  - 白色杂边：选择该选项将用与白色背景成对比的颜色显示选区。
  - 快速蒙版：选择该选项将使用当前的快速蒙版设置显示选区，如图6-96所示。

图6-96 快速蒙版选区预览

# 6.10 本章小结

选择功能是Photoshop 中最基本的功能，特别是移动工具和选区操作，在Photoshop中使用很频繁。如果要对图像中的某部分进行编辑处理，则必须选择该部分，然后对其进行处理与编辑，所以应熟练掌握选区的创建、编辑、移动、存储、载入与修改，以及如何使用移动工具移动图像、将图像中的选区对齐图层以及分布图层等重要功能与操作。

# 6.11 练习题

## 一、填空题

1. Photoshop CS6提供了4种选框工具，如矩形选框工具 、__________、__________、__________。

2. 在Photoshop程序中用户可以对选区进行羽化、__________、__________与编辑，以及调整选区边缘等操作，也可以将选区__________、__________、载入已存储的选区，取消选择后重新选择等。

## 二、选择题

1. Photoshop提供了以下哪项功能可以在锯齿之间填入中间色调，并从视觉上消除锯齿现象？（　　）

A. 容差　　B. 羽化

C. 填充　　D. 消除锯齿

2. 可以使用以下哪个命令，将另一个选区内的内容或拷贝的内容贴入到指定的选区中？（　　）

A. 外部粘贴　　B. 贴入

C. 粘贴　　D. 原位粘贴

3. 使用以下哪个命令可以移动、旋转与斜切选区，还可以调整选区的大小？（　　）

A. 羽化选区　　B. 收缩选区

C. 变换选区　　D. 修改选区

4. 使用以下哪个功能可以提高选区边缘的品质，从而可以使用不同的背景来查看选区以便于编辑？（　　）

A. 平滑　　B. 色彩范围

C. 羽化　　D. 调整边缘

# 第7章 绘画

本章主要介绍画笔工具、铅笔工具、历史记录画笔工具、历史记录艺术画笔工具、抹除工具、渐变工具、油漆桶工具的操作方法及其作用，以及使用“定义图案”命令来自定图案，使用“定义画笔预设”命令来自定画笔的方法。

## 7.1 画笔工具

画笔工具是使用绘画和编辑工具的重要部分。选择的画笔决定着描边效果的许多特性。在Photoshop中提供了各种预设画笔，也可以使用“画笔”面板来创建自定画笔。

在使用画笔工具绘出彩色的柔边后，勾选喷枪工具可以模拟传统的喷枪手法，将渐变色调（如彩色喷雾）应用于图像。使用它绘出的描边比用画笔工具绘出的描边更发散。喷枪工具的压力设置可控制应用的油墨喷洒的速度，按下鼠标左键不动可加深颜色。

### 7.1.1 画笔工具选项说明

在工具箱中选择画笔工具，选项栏中就会显示如图7-1所示的选项，可以根据需要设置各选项，也可以直接采用默认值，在画布中拖动指针或单击，都能绘制所需的线条或点或效果，如图7-2所示。

74 模式：正常 不透明度：100% 流量：100%

图7-1 选项栏

图7-2 用画笔工具绘制的画面

画笔工具中各选项功能说明如下：

- (画笔)选项：单击按钮，将弹出画笔预设选取器，可以在其中选择或设置所需的画笔笔尖，如图7-3所示，其中的“大小”用来设置画笔笔尖的大小，“硬度”用来改变画笔笔尖的软硬度，也就是使画笔笔尖的边缘软化或硬化；单击按钮，将弹出如图7-4所示的“画笔名称”对话框，单击“确定”按钮，可以将设置的画笔储存起来。

图7-3　画笔预设选取器

图7-4　“画笔名称”对话框

- 按钮：在画笔预设选取器中单击该按钮，将弹出如图7-5所示的菜单，可以在其中选择所需的命令和画笔组。
  - 新建画笔预设：为设置好的画笔取名。它的功能与单击按钮一样。
  - 重命名画笔：可以为画笔重新命名。
  - 删除画笔：删除选中的画笔。
  - 仅文本、小缩览图、大缩览图、小列表、大列表和描边缩览图：它们分别为面板中画笔样式的显示方式。默认情况下使用描边缩览图，因为它既能显示画笔的形状，又能显示在实际绘画时画笔的效果。
  - 预设管理器：可以使用“预设管理器”更改当前的预设项目集和创建新库。
  - 复位画笔：可以将设置过的画笔还原到默认状态。
  - 载入画笔：可以从“载入”对话框中调入储存的画笔，其文件类型为*.ABR。
  - 存储画笔：可以将设置好的画笔存储起来。
  - 替换画笔：使用调入的画笔替换当前“画笔”面板中的画笔。
  - 混合画笔、基本画笔、书法画笔、DP画笔、带阴影的画笔、干介质画笔、人造材质画笔、M画笔、自然画笔 2、自然画笔、大小可调的圆形画笔、特殊效果画笔、方头画笔、粗画笔、湿介质画笔：它们分别为画笔组的名称。选择它们可以分别将它们添加或替换到画笔预设选取器中。
- (切换画笔面板）按钮：单击该按钮可以显示或隐藏“画笔”面板。
- 模式：在“模式”下拉列表中可以选择所需的混合模式，如图7-6所示。

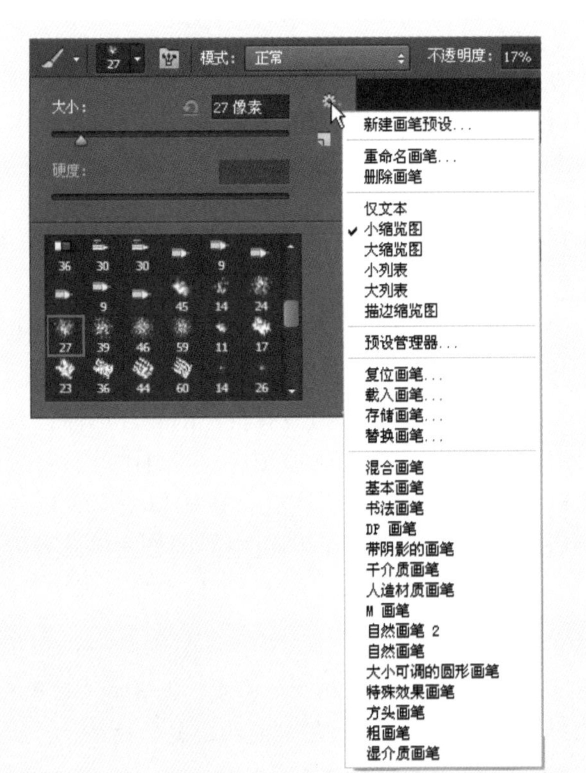


图7-5　画笔面板菜单

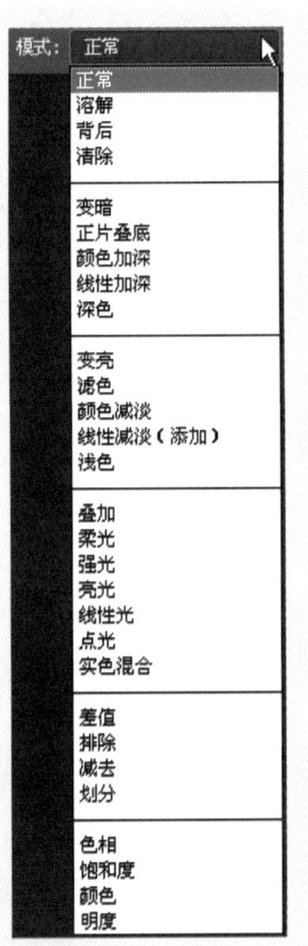


图7-6　模式列表

- 不透明度：指定画笔、铅笔、仿制图章、图案图章、历史记录画笔、历史记录艺术画笔、渐变和油漆桶工具应用的最大油彩覆盖量。如图7-7所示为先用“不透明度”为63%的油漆桶工具填充图案后，再用画笔工具并设定“不透明度”为50%绘画后的效果。

图7-7　设置不同不透明度后填充的图案

- 流量：指定画笔工具应用油彩的速度。
- 喷枪工具：选择它就可以应用喷枪的属性。
- 与绘图板（数字板）压力按钮：选择它们可以使用笔尖压力，可以置换“画笔”面板中的不透明度和大小设定。

## 7.1.2 混合模式

在画笔工具选项栏中指定的混合模式可以控制图像中的像素如何受绘画或编辑工具的影响。在想象混合模式的效果时，可以参考以下颜色概念：

（1）基色是图像中的原稿颜色。

（2）混合色是通过绘画或编辑工具应用的颜色。

（3）结果色是混合后得到的颜色。

图层的混合模式确定了其像素如何与图像中的下层像素进行混合。使用混合模式可以创建各种特殊效果。

在默认情况下，组的混合模式是“穿透”，这表示组没有自己的混合属性。为组选取其他混合模式时，可以有效地更改图像各个组成部分的合成顺序。将组中的所有图层放在一起，这个复合的组会被视为一幅单独的图像，利用所选混合模式与图像的其余部分混合。因此，如果为图层组选取的混合模式不是“穿透”，则组中的调整图层或图层混合模式都不会应用于组外部的图层。

下面主要讲解画笔工具选项栏中的模式：

- 正常：这是Photoshop中的默认模式，编辑或绘制每个像素，使其成为结果色。如图7-8所示为先后设置黄色与红色并应用相同的画笔笔尖所绘制的效果。

图7-8　选择正常模式绘制的画

**提　示**

在处理位图图像或索引颜色图像时，“正常”模式也称为阈值。

- 溶解：编辑或绘制每个像素，使其成为结果色。但是，根据任何像素位置的不透明度，结果色由基色或混合色的像素随机替换，如图7-9所示是用黄色柔角画笔所绘制的效果。
- 背后：仅在图层的透明部分编辑或绘画，该选项对背景图层无效。类似于在透明纸的透明区域背面绘画，即先绘制在前面的对象，再绘制在后面的对象，如图7-10所示是用红色画笔绘制后的效果。

图7-9　选择溶解模式写的“夏”字

图7-10　选择背后模式在“夏”字的背后画后的效果

- 清除：编辑或绘制每个像素，使不透明的像素变为透明，透明的程度根据设置的不透明度不同而不同。此模式可用于直线工具（当填充区域被选中时）、油漆桶工具、画笔工具、铅笔工具、“填充”和“描边”命令。此模式只能在透明层上起作用，但还要不选择“锁定透明度”。如图7-11所示为使用“清除”模式绘制后的效果。

图7-11　选择清除模式绘制后的效果

- 变暗：选择基色或混合色中较暗的颜色作为结果色。比混合色亮的像素被替换，比混合色暗的像素保持不变，此模式可用于油漆桶工具、锐化工具等。如图7-12所示为原图像与使用“变暗”模式并用黑色画笔绘制后的效果比较图。

原图像　　用变暗模式的柔角画笔绘制后的效果

图7-12　原图像与使用“变暗”模式绘制后的效果比较图

- 正片叠底：将基色与混合色相加，结果色总是较暗的颜色。任何颜色与黑色相加将产生黑色，任何颜色与白色相加都保持不变。当用黑色或白色以外的颜色绘画时，绘画工具绘制的连续描边产生逐渐变暗的颜色。如图7-13所示为原图像与使用“正片叠底”模式并设置前景色为黄色时绘制后的效果比较图。

原图像　　用正片叠底模式的柔角画笔绘制后的效果

图7-13　原图像与使用“正片叠底”模式绘制后的效果比较图

- 颜色加深：通过增加对比度使基色变暗以反映混合色，与白色混合后不产生变化。如图7-14所示为原图像与使用“颜色加深”模式并用红色画笔在画面中绘制后的效果比较图。

原图像　　用颜色加深模式的柔角画笔绘制后的效果

图7-14　原图像与使用“颜色加深”模式绘制后的效果比较图

- 线性加深：通过减小亮度使基色变暗以反映混合色。与白色混合后不产生变化。图7-15所示的为使用“线性加深”模式并用红色画笔在画面中绘制后的效果。

用线性加深模式的柔角画笔绘制后的效果

图7-15 使用“线性加深”模式绘制后的效果

- 深色：比较混合色和基色的所有通道值的总和并显示值较小的颜色。它从基色和混合色中选取最小的通道值来创建结果色，因此它不会生成第三种颜色（可以通过“变暗”混合获得）。如图7-16所示为原图像与使用“深色”模式并用淡蓝色画笔绘制后的效果比较图。

原图像　　用深色模式的柔角画笔绘制后的效果

图7-16 原图像与使用“深色”模式绘制后的效果比较图

- 变亮：选择基色或混合色中较亮的颜色作为结果色。比混合色暗的像素被替换，比混合色亮的像素保持不变。如图7-17所示为使用“变亮”模式对原图像绘制后的效果。

- 滤色（也称为屏幕）：将混合色的互补色与基色复合，结果色总是较亮的颜色。用黑色过滤时颜色保持不变，用白色过滤将产生白色。此效果类似于多个摄影幻灯片在彼此之上投影。如图7-18所示为使用“滤色”模式对原图像绘制后的效果。

图7-17 使用“变亮”模式绘制后的效果

图7-18 使用“滤色”模式绘制后的效果

- 颜色减淡：通过减小对比度使基色变亮以反映混合色，与黑色混合则不发生变化。如图7-19所示为原图像与使用“颜色减淡”模式并用黄色画笔绘制后的效果比较图。

原图像

用颜色减淡模式的柔角画笔绘制后的效果

图7-19 原图像与使用“颜色减淡”模式绘制后的效果比较图

- 线性减淡：通过增加亮度使基色变亮以反映混合色，与黑色混合则不发生变化。如图7-20所示为使用“线性减淡”模式并用黄色画笔对原图像绘制后的效果。
- 浅色：比较混合色和基色的所有通道值的总和并显示值较大的颜色。它从基色和混合色中选取最大的通道值来创建结果色，因此它不会生成第三种颜色（可以通过“变亮”混合获得）。如图7-21所示为对图7-19中的原图像用“浅色”模式绘制后的效果。

图7-20　使用“线性减淡”模式绘制后的效果

图7-21　用“浅色”模式绘制后的效果

- 叠加：复合或过滤颜色取决于基色。图案或颜色在现有像素上叠加，同时保留基色的明暗对比。它不替换基色，但基色与混合色相混以反映原色的亮度或暗度。
- 柔光：使颜色变亮或变暗取决于混合色。此效果与发散的聚光灯照在图像上相似。
- 强光：复合或过滤颜色取决于混合色。此效果与耀眼的聚光灯照在图像上相似。
- 亮光：通过增加或减小对比度来加深或减淡颜色，加深或减淡颜色的程度取决于混合色。如果混合色（光源）比50%灰色亮，则通过减小对比度使图像变亮。如果混合色比50%灰色暗，则通过增加对比度使图像变暗。
- 线性光：通过减小或增加亮度来加深或减淡颜色，加深或减淡颜色的程度取决于混合色。如图7-22所示为原图像与分别使用叠加、柔光、强光、亮光、线性光模式，并采用“不透明度”为53%，颜色为黄色柔角画笔绘制后的效果比较图。

原图像　　用叠加模式绘制后的效果　　用柔光模式绘制后的效果

用强光模式绘制后的效果　　用亮光模式绘制后的效果　　用线性光模式绘制后的效果

图7-22　原图像与分别使用不同模式绘制后的效果比较图

- 点光：替换颜色，它取决于混合色。如果混合色（光源）比50%灰色亮，则替换比混合色暗的像素，而不改变比混合色亮的像素。如果混合色比50%灰色暗，则替换比混合色亮的像素，而不改变比混合色暗的像素，这对于向图像添加特殊效果非常有用。如图7-23所示为原图像与用不透明度为41%的画笔工具绘制后的效果对比。

原图像

用点光模式的黄色柔角画笔绘制后的效果

图7-23　原图像与使用“点光”模式绘制后的效果比较图

- 实色混合：该混合模式可以产生招贴画式的混合效果，混合效果由红、绿、蓝、青、品红、黄、黑和白8种颜色组成。混合的颜色由底层颜色与混合图层亮度决定。如图7-24所示为用实色混合模式的柔角画笔工具对原图像进行绘制后的效果。

图7-24　用实色混合模式绘制后的效果

- 差值：查看每个通道中的颜色信息，并从基色中减去混合色，或从混合色中减去基色，它具体取决于哪一个颜色的亮度值更大。与白色混合将反转基色值，与黑色混合则不产生变化。
- 排除：创建一种与“差值”模式相似但对比度更低的效果。与白色混合将反转基色值，与黑色混合则不发生变化。
- 减去：查看每个通道中的颜色信息，并从基色中减去混合色。在 8 位和 16 位图像中，任何生成的负片值都会剪切为零。如图7-25所示为原图像与分别使用“差值”、“排除”、“减去”模式绘制后的效果比较图。

原图像

用差值模式绘制后的效果

用排除模式绘制后的效果

用减去模式绘制后的效果

图7-25 原图像与分别不同模式绘制后的效果比较图

- 划分：查看每个通道中的颜色信息，并从基色中分割混合色。
- 色相：用基色的亮度和饱和度以及混合色的色相创建结果色。
- 饱和度：用基色的亮度和色相以及混合色的饱和度创建结果色。在无(0)饱和度(灰色)的区域上用此模式绘画不会产生变化。
- 颜色：用基色的亮度以及混合色的色相和饱和度创建结果色。这样可以保留图像中的灰阶，并且对于给单色图像上色和给彩色图像着色都会非常有用。
- 明度：用基色的色相和饱和度以及混合色的亮度创建结果色。此模式创建与“颜色”模式相反的效果。如图7-26所示为原图像与用画笔工具（分别用划分、色相、饱和度、明度与颜色模式）绘制后的效果对比。

原图像　　用划分模式绘制后的效果　　用色相模式绘制后的效果

用饱和度模式绘制后的效果　　用颜色模式绘制后的效果　　用明度模式绘制后的效果

图7-26　原图像与分别不同模式绘制后的效果比较图

在“图层”面板中分别设定图层的混合模式的示例图如图7-27~图7-31所示。

图7-27　分别设定图层的混合模式的示例图

图7-28 分别设定图层的混合模式的示例图

图7-29 分别设定图层的混合模式的示例图

图7-30 分别设定图层的混合模式的示例图

图7-31　分别设定图层的混合模式的示例图

# 7.2 画笔面板

在画笔工具、铅笔工具、仿制图章工具、图案图章工具、历史记录画笔工具、历史记录艺术画笔、模糊工具、锐化工具、涂抹工具、减淡工具、加深工具和海绵工具的选项栏中选择按钮，将弹出如图7-32所示的“画笔”面板。在“画笔”面板中可以对画笔笔尖（有时也称为画笔笔触）进行全面的控制，创作出各种绘画效果。

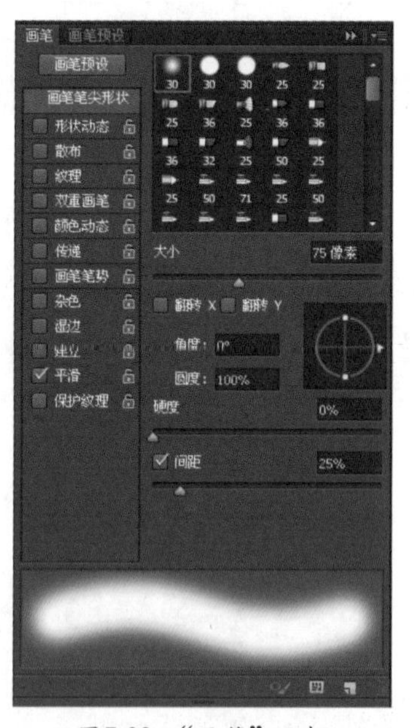

图7-32　“画笔”面板

## 7.2.1　画笔预设

在“画笔”面板的左边选择“画笔预设”按钮，可以在面板中显示各种预设的画笔，如图7-33所示。每种预设对应于一系列的画笔参数。单击右下角的按钮，可以创建新的画笔预设；单击按钮，可以将不要的画笔预设删除。单击按钮，将显示如图7-34所示的“预设管理器”对话框。

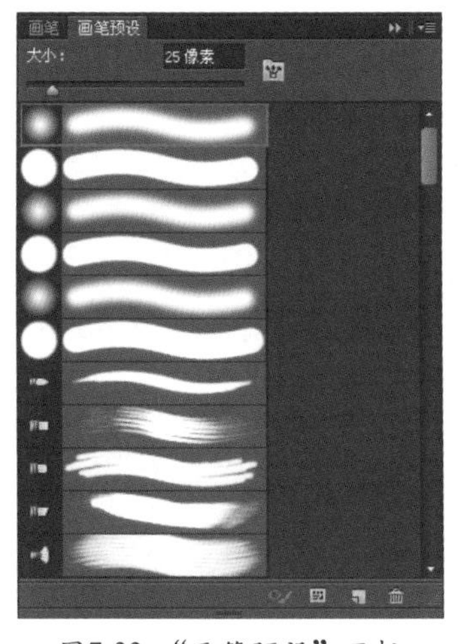


图7-33 “画笔预设”面板

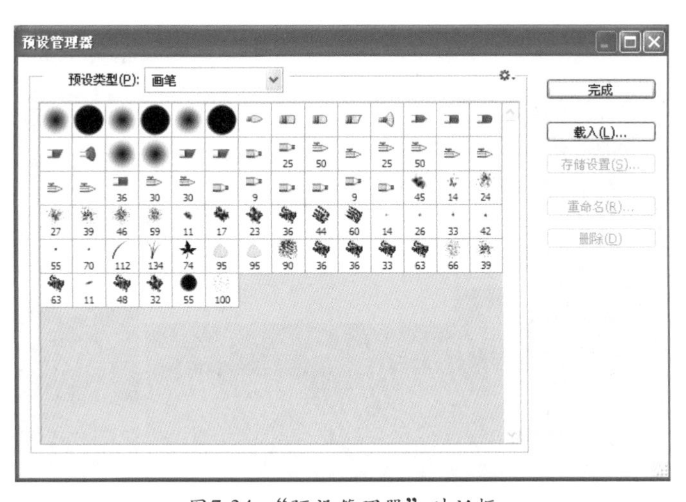


图7-34 “预设管理器”对话框

## 7.2.2 画笔笔尖形状

画笔描边由许多单独的画笔笔迹组成。所选的画笔笔尖决定了画笔笔迹的形状、直径和其他特性。可以通过编辑其选项来自定义画笔笔尖，并通过采集图像中的像素样本来创建新的画笔笔尖形状。

在“画笔预设”面板中单击按钮，显示“画笔”面板，再在左边单击“画笔笔尖形状”项目，面板右边就会显示它的相关内容，如图7-35所示。在此可以设置画笔笔尖的大小、形状、硬毛刷、长度、粗细、硬度、间距和角度等属性。

在画笔面板的右上方选择一种笔尖形状，然后对它进行参数设置。下面针对“画笔”面板中的参数进行说明：

- 大小：拖动该滑杆上的滑块或在其后的文本框中输入所需的数值，可以设置画笔的大小，如图7-36所示。

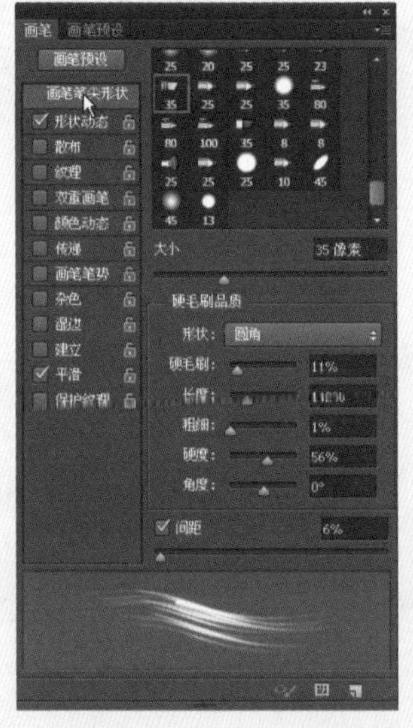

图7-35 “画笔”面板

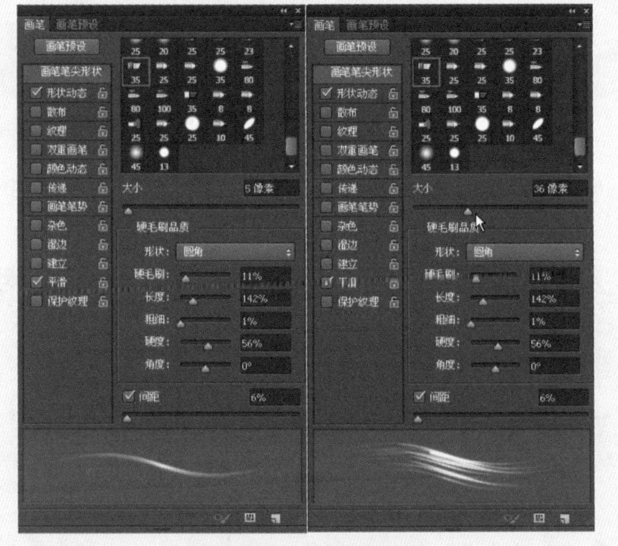

图7-36 “画笔”面板

- 翻转X与翻转Y：改变画笔笔尖在其X轴或Y轴上的方向，如图7-37所示。

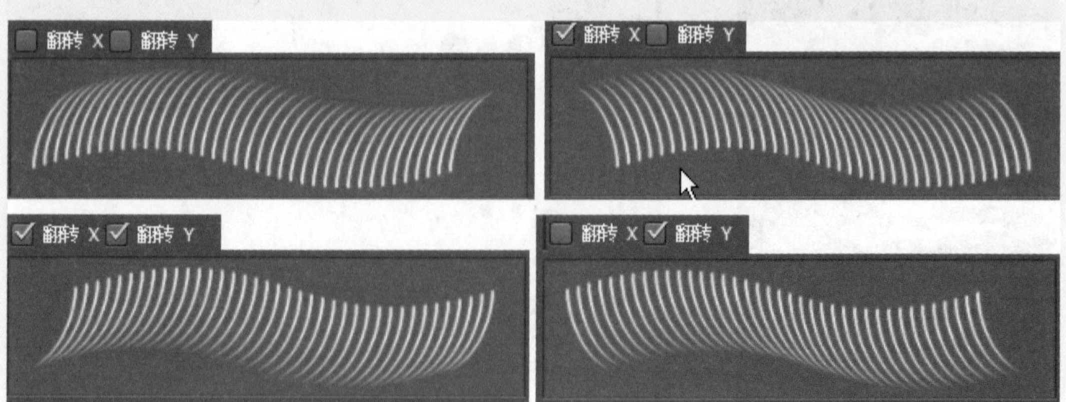


图7-37　翻转X与翻转Y对比图

- 角度：在其文本框中可以输入－180°～180°之间的度数，设置椭圆形或不规则形状画笔的长轴（或纵轴）与水平线的偏角，如图7-38所示。

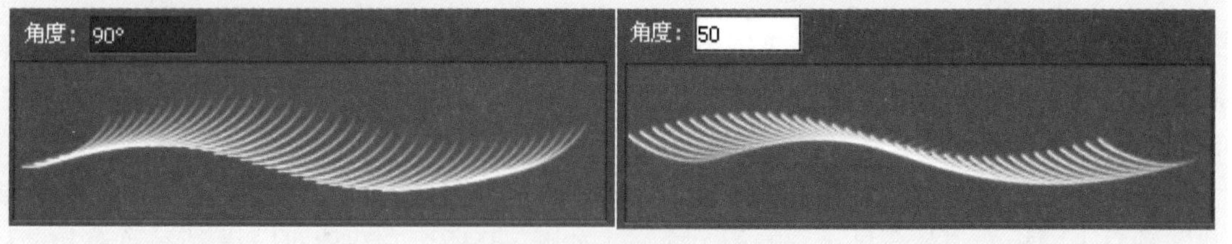


图7-38　不同角度对比图

- 圆度：在其文本框中可以输入0%~100%之间的数值，控制圆形笔尖长短轴的比例，如图7-39所示。

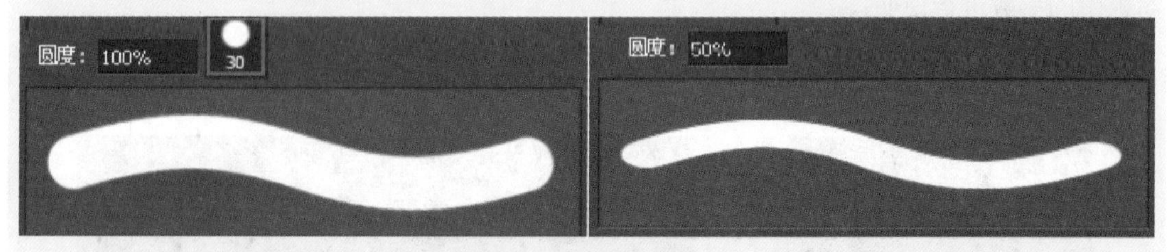


图7-39　不同圆度对比图

- 硬度：拖动滑杆上的滑块或在其文本框中输入0%~100%之间的数值，控制画笔硬度中心的大小，如图7-40所示。

图7-40　不同硬度对比图

- 间距：拖动滑块可以控制画笔描边中两个画笔标记之间的距离，如图7-41所示。

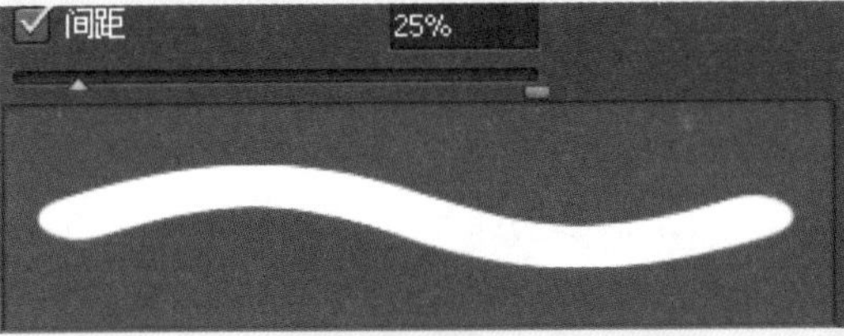

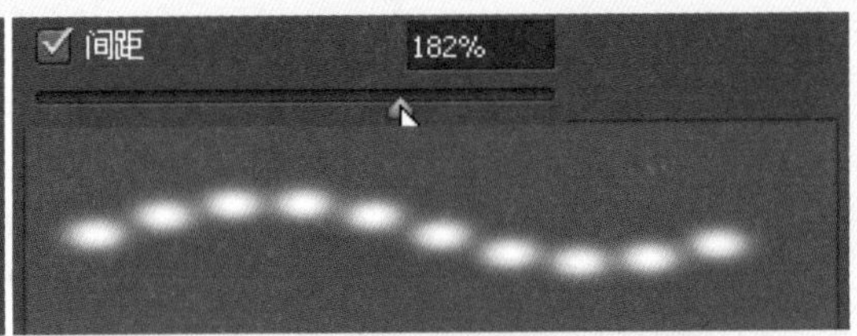


图7-41 不同间距对比图

## 7.2.3 形状动态

形状动态决定描边中画笔笔迹的变化。在“画笔”面板的左边单击“形状动态”项目，它的右边就会显示相关的选项，如图7-42所示。

- 大小抖动和控制：指定描边中画笔笔迹大小的改变方式。拖动滑块或在文本框中输入数值可以指定抖动的最大百分比。如果要设置控制画笔笔迹的大小变化，可从“控制”下拉列表中选取所需的选项，如图7-43所示。

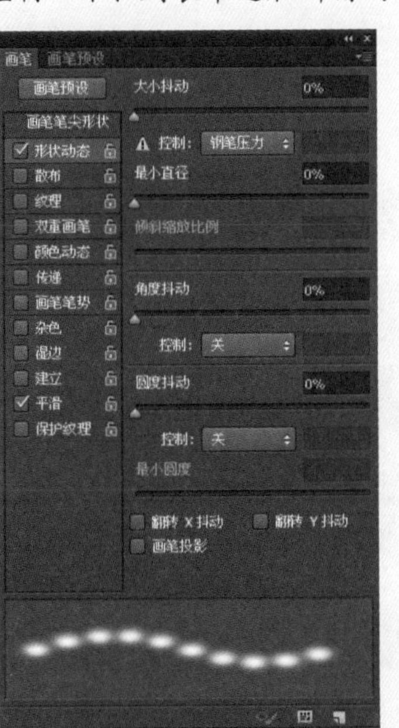


图7-42 “画笔”面板

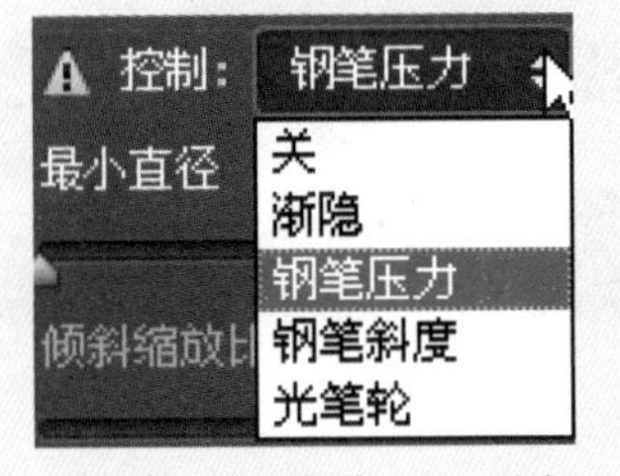


图7-43 “控制”下拉列表

> 关：选择该选项后不控制画笔笔迹的大小变化，如图7-44所示。


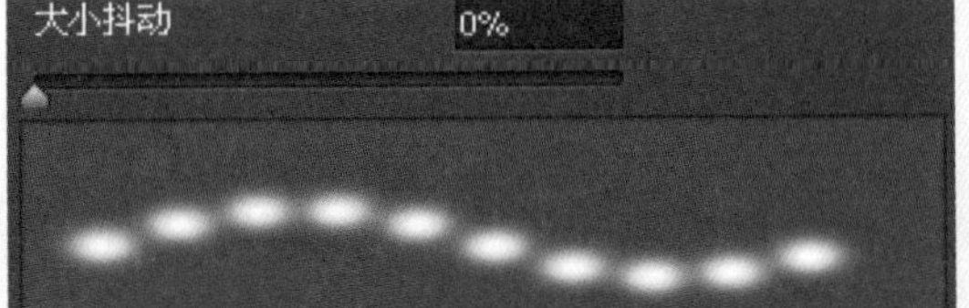


图7-44 不同大小抖动的对比图

> 渐隐：选择该选项后可指定数量的步长在初始直径和最小直径之间渐隐画笔笔

迹的大小。每个步长等于画笔笔尖的一个笔迹。该值的范围可以从1～9999。例如，输入100步长会产生以100为增量的渐隐，如图7-45所示为设置不同渐隐值的效果对比图。

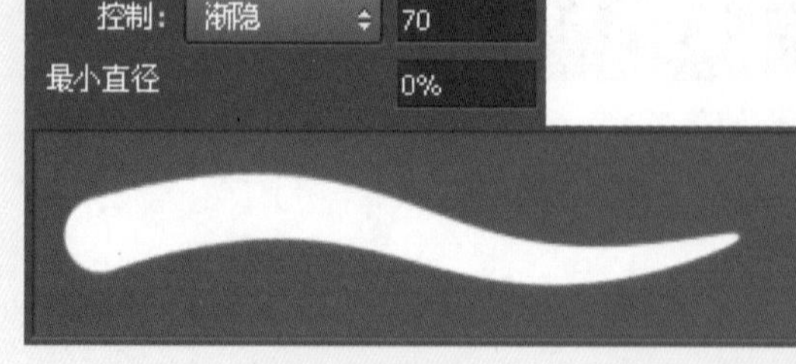


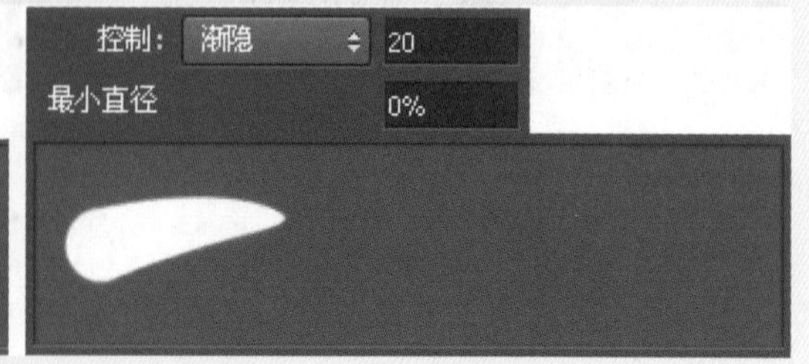


图7-45　不同渐隐值的对比图

➢ 钢笔压力、钢笔斜度、光笔轮或旋转：依据钢笔压力、钢笔斜度、钢笔拇指轮位置或钢笔的旋转来改变初始直径和最小直径之间的画笔笔迹大小。

**提　示**

它们在使用绘图板时起作用。



- 最小直径：可以拖动滑块和在文本框中输入数值来设置画笔笔尖直径的百分比，如图7-46所示。

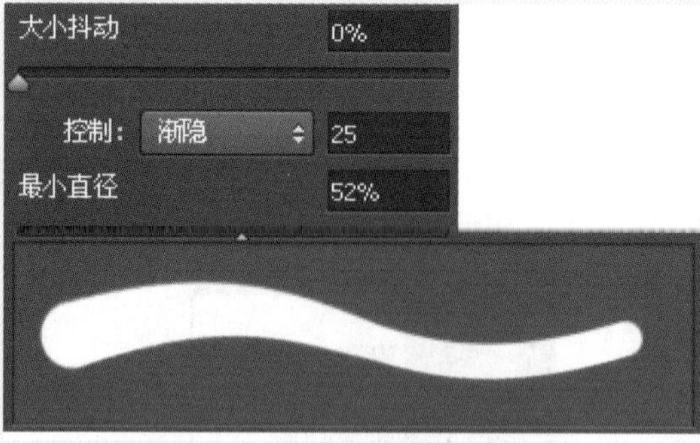


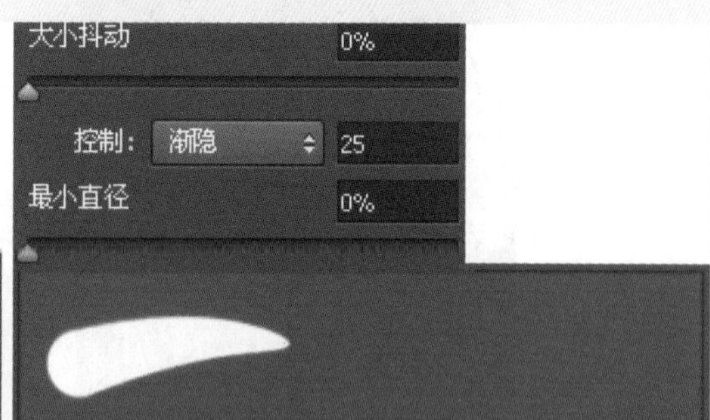


图7-46　不同最小直径的对比图

- 倾斜缩放比例：当在控制栏中选定为“钢笔斜度”时，在旋转前应用于画笔高度的比例因子。
- 角度抖动和控制：指定描边中画笔笔迹角度的改变方式。在“角度抖动”的文本框中输入数字或拖动滑块可以设置抖动的最大百分比。如果要控制画笔笔迹的角度变化，可在“控制”下拉列表中选取选项，如图7-47所示。

➢ 关：选中它则可以设置不控制画笔笔迹的角度变化，如图7-48所示。

角度抖动 0%
控制：关
关
渐隐
钢笔压力
钢笔斜度
光笔轮
旋转
初始方向
方向
圆度抖动 0%
控制：
最小圆度

图7-47　“控制”下拉列表

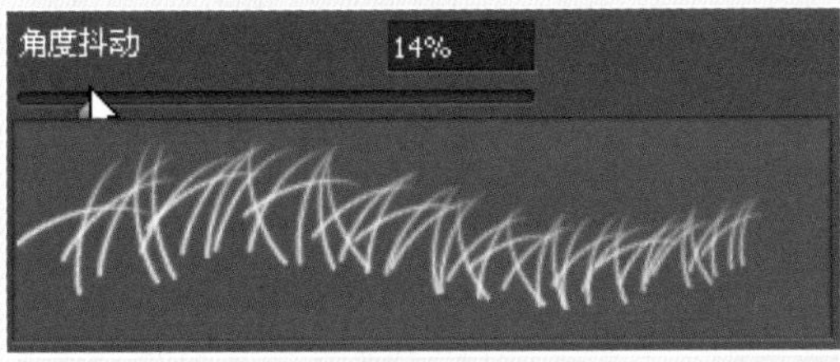

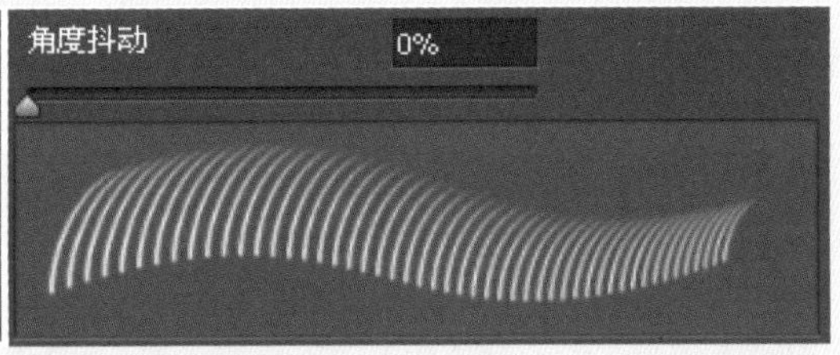


图7-48　不同角度抖动值的对比图

➢ 渐隐：选中它可按指定数量的步长在0°～360°之间渐隐画笔笔迹角度，如图7-49所示。

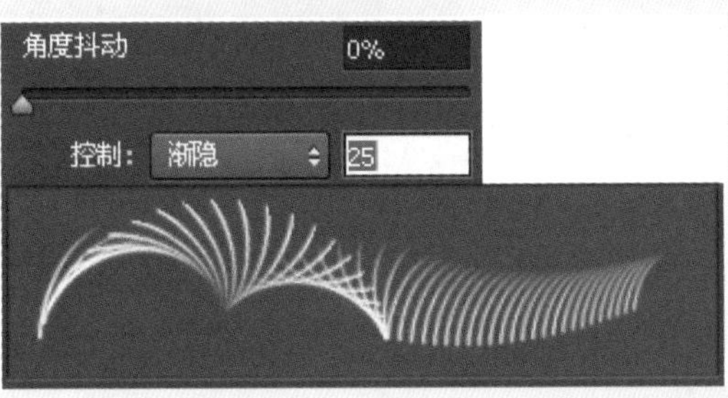

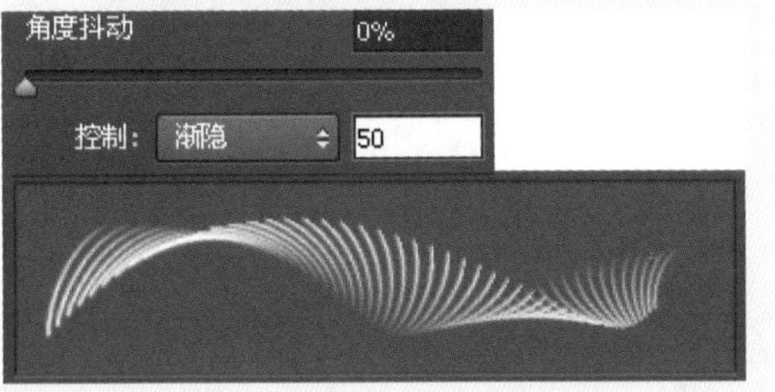


图7-49　不同渐隐值的对比图

➢ 钢笔压力、钢笔斜度、光笔轮、旋转：基于钢笔压力、钢笔斜度、钢笔拇指轮位置或钢笔的旋转，在0°～360°之间改变画笔笔迹的角度。

➢ 初始方向：使画笔笔迹的角度基于画笔描边的初始方向。

➢ 方向：使画笔笔迹的角度基于画笔描边的方向。

- 圆度抖动和控制：指定画笔笔迹的圆度在描边中的改变方式。在“圆度抖动”的文本框中输入数字或拖动滑块可以设置抖动的最大百分比，从而指示画笔短轴和长轴之间的比例。如果要控制画笔笔迹的圆度变化，可在“控制”下拉列表中选取选项。如图7-50所示。

图7-50　“控制”下拉列表

➢ 关：选中它可以指定不控制画笔笔迹的圆度变化，如图7-51所示。

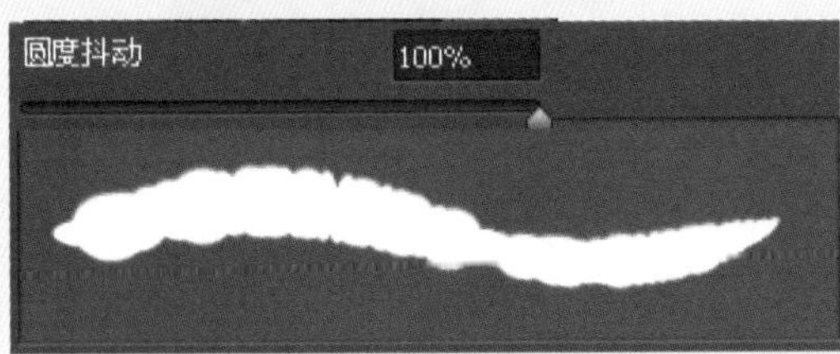

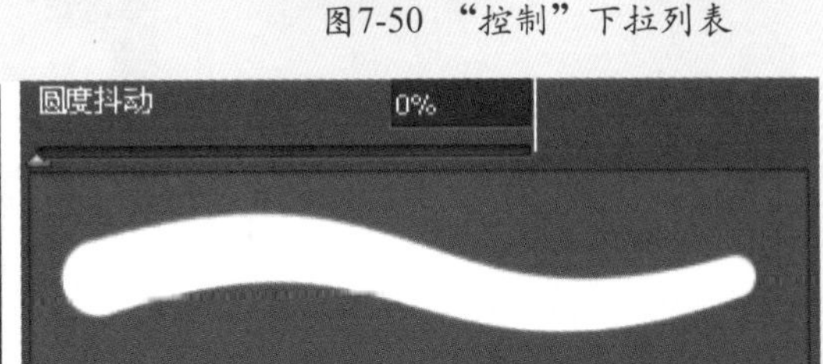


图7-51　不同圆度抖动值的对比图

➢ 渐隐：选中它可以按指定数量的步长在100%和“最小圆度”值之间渐隐画笔笔迹的圆度。

➢ 钢笔压力、钢笔斜度、光笔轮、旋转：基于钢笔压力、钢笔斜度、钢笔拇指轮位置或钢笔的旋转，在100%和“最小圆度”值之间改变画笔笔迹的圆度。

● 最小圆度：在启用“圆度抖动”或“圆度控制”时，才可以设置画笔笔迹的最小圆度，如图7-52所示。

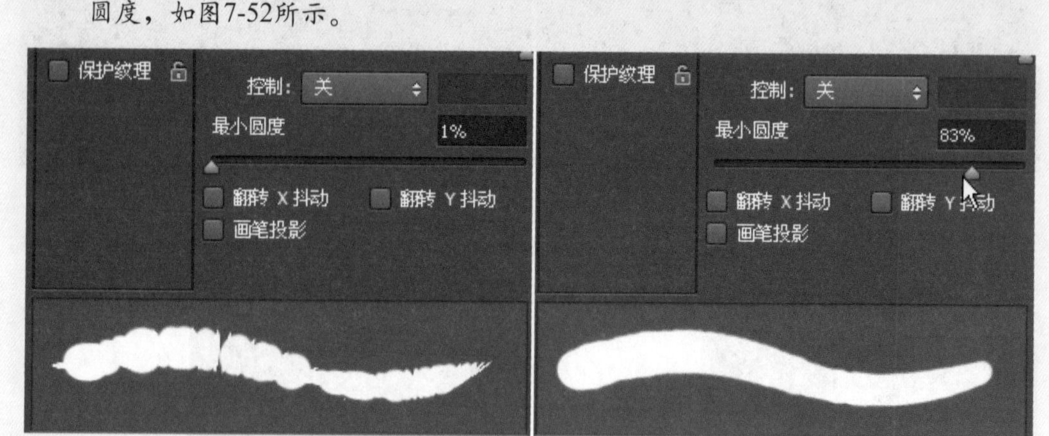


图7-52　不同最小圆度值的对比图

## 7.2.4　散布

● 散布：可以指定画笔笔迹在描边中的分布方式。当勾选“两轴”时，画笔笔迹按径向分布。当取消“两轴”选择时，画笔笔迹垂直于描边路径分布，在“散布”文本框中输入数字或拖动滑块可以指定散布的最大百分比。如图7-53所示为设置散布的“控制”为关，并选择或不选择两轴并设置参数时的效果对比图。

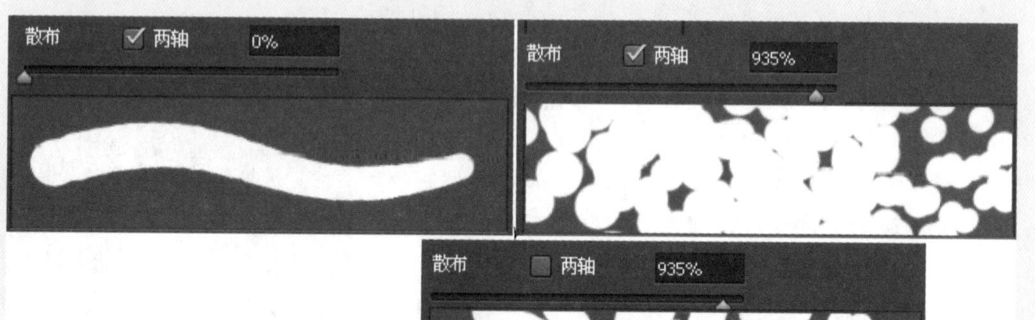


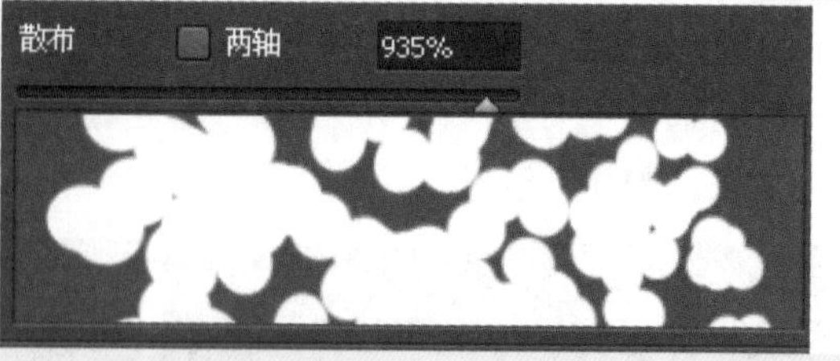


图7-53　选择或不选择两轴并设置参数时的效果对比图

● 控制：在“控制”下拉列表中可以选取所需的选项，指定如何控制画笔笔迹的散布变化，如图7-54所示。
   ➢ 关：选中它可以指定不控制画笔笔迹的散布变化。
   ➢ 渐隐：选中它可以按指定数量的步长将画笔笔迹的散布从最大散布渐隐到无散布，如图7-55所示为设置不同渐隐步长的比较图。
   ➢ 钢笔压力、钢笔斜度、光笔轮、旋转：基于钢笔压力、钢笔斜度、钢笔拇指轮位置或钢笔的旋转改变画笔笔迹的散布。

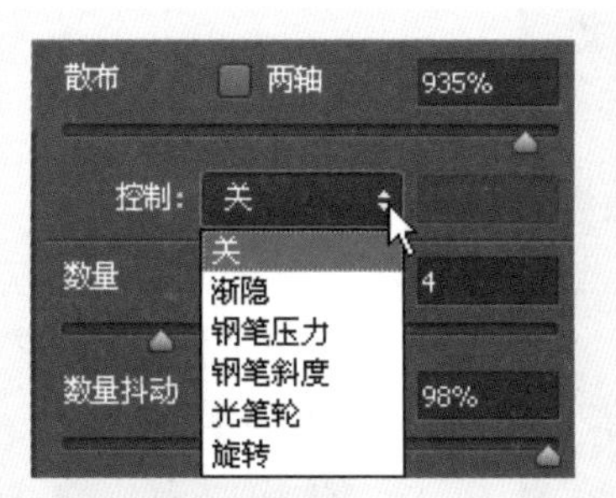


图7-54 “控制”下拉列表

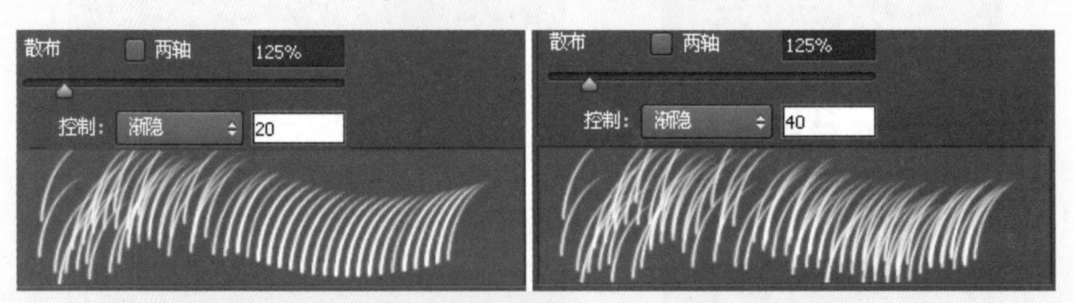


图7-55 设置不同渐隐步长的比较图

- 数量：在文本框中输入数字或拖动滑块，可以指定在每个间距间隔应用的画笔笔迹数量，如图7-56所示为设置不同数量的比较图。

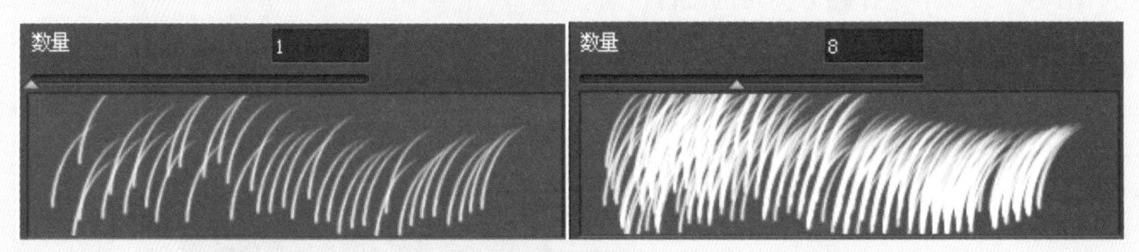


图7-56 设置不同数量的比较图

- 数量抖动和控制：用于指定画笔笔迹的数量如何针对各种间距间隔而变化。在“数量抖动”文本框中输入数字或拖动滑块，可以指定在每个间距间隔应用的画笔笔迹的最大百分比。在“控制”下拉列表中可以选取选项指定如何控制画笔笔迹的数量变化。
  - 关：选中它时可以指定不控制画笔笔迹的数量变化。
  - 渐隐：选中它时可以按指定数量的步长将画笔笔迹数量从“数量”值渐隐到1。
  - 钢笔压力、钢笔斜度、光笔轮、旋转：基于钢笔压力、钢笔斜度、钢笔拇指轮位置或钢笔的旋转改变画笔笔迹的数量。

## 7.2.5 纹理

在“画笔”面板的左边单击“纹理”项目，其右边就会显示它的相关选项，如图7-57所示。纹理画笔利用图案使描边就像是在带纹理的画布上绘制的一样。单击“纹理”后的下拉按钮，弹出如图7-58所示的“纹理”面板，可在其中选择所需的纹理。如果勾选“反相”选项，则可得到反相的纹理效果。

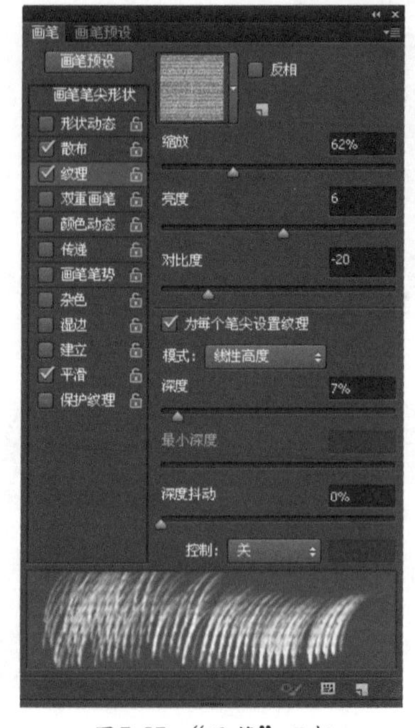

图7-57 “画笔”面板

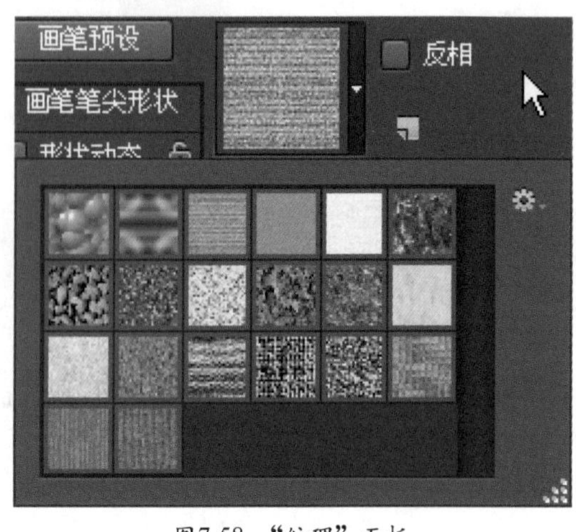

图7-58 “纹理”面板

下面先在选项栏的工具图标上右击，在弹出的快捷菜单中选择“复位工具”命令，再在“画笔”面板中选择笔尖为例进行讲解。

- 缩放：拖动“缩放”滑块或在其文本框中输入1%～1000%之间的数值设定图案纹理的缩放比例，如图7-59所示为在“画笔”面板中设定“缩放”为62%，并在画面中绘制后的效果，如图7-60所示为在“画笔”面板中设定“缩放”为112%，并在画面中绘制后的效果。

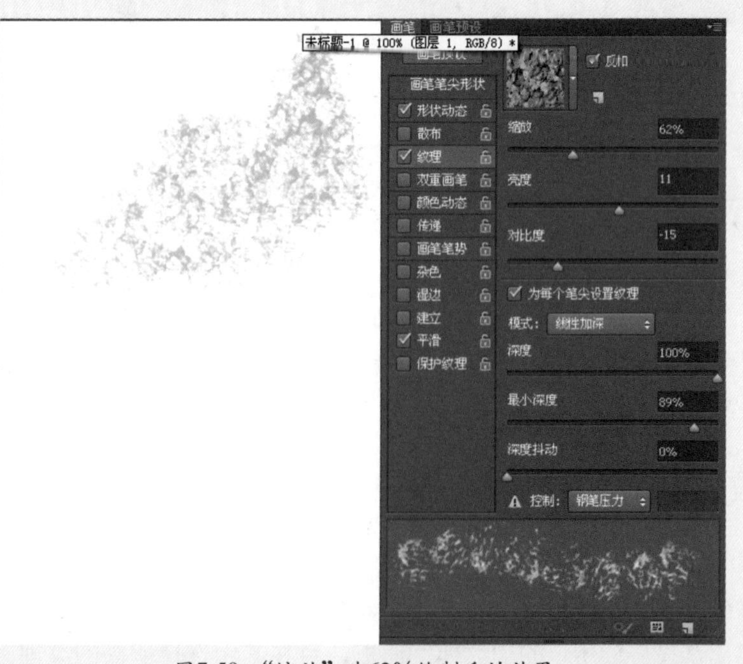

图7-59 “缩放”为62%绘制后的效果

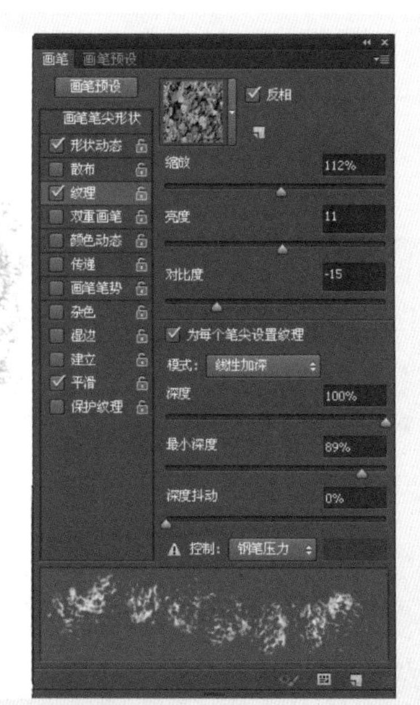


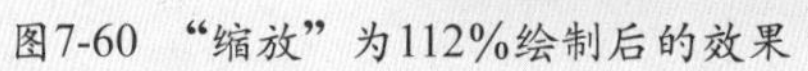

图7-60 “缩放”为112%绘制后的效果

- 为每个笔尖设置纹理：在绘画时指定是否分别渲染每个笔尖。如果不勾选此选项，则无法使用“深度”变化选项。
- 模式：在“模式”下拉列表中选择用于组合画笔和图案的混合模式。
- 深度：在“深度”文本框中可输入数字或拖动滑块来设置油彩渗入纹理中的深度。如果是0%，纹理中的所有点都接收相同数量的油彩，从而隐藏图案；如果是100%，纹理中的暗点不接收任何油彩。如图7-61所示为设置“模式”为线性加深，“深度”为0%与62%所示的效果图。

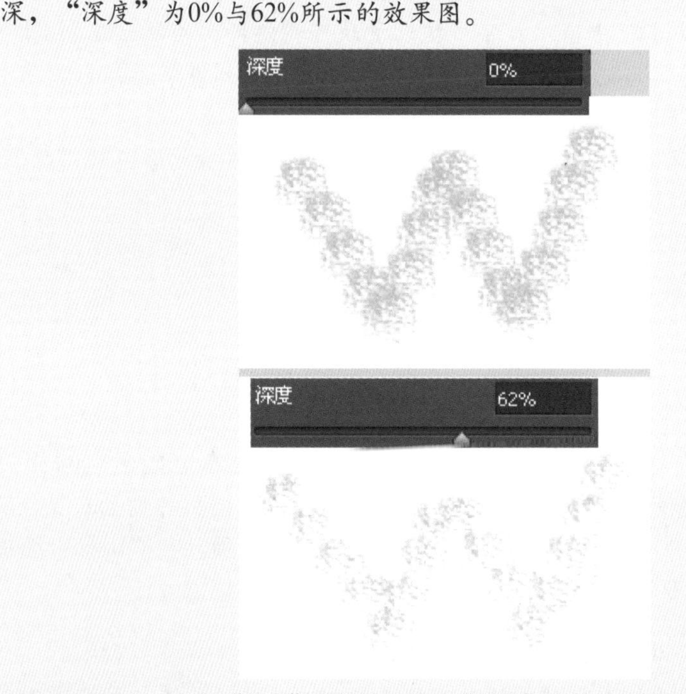


图7-61 设置“模式”为线性加深，“深度”为0%与62%所示的效果图

- 最小深度：在勾选“为每个笔尖设置纹理”并不设置“控制”为关时，“最小深度”成为可用状态，用来指定当深度控制设置为“渐隐”、“钢笔压力”、“钢笔斜度”、“光笔轮”或“旋转”时，油彩可渗入的最小深度。如图7-62所示为设置不同“最小深度”的比较图。

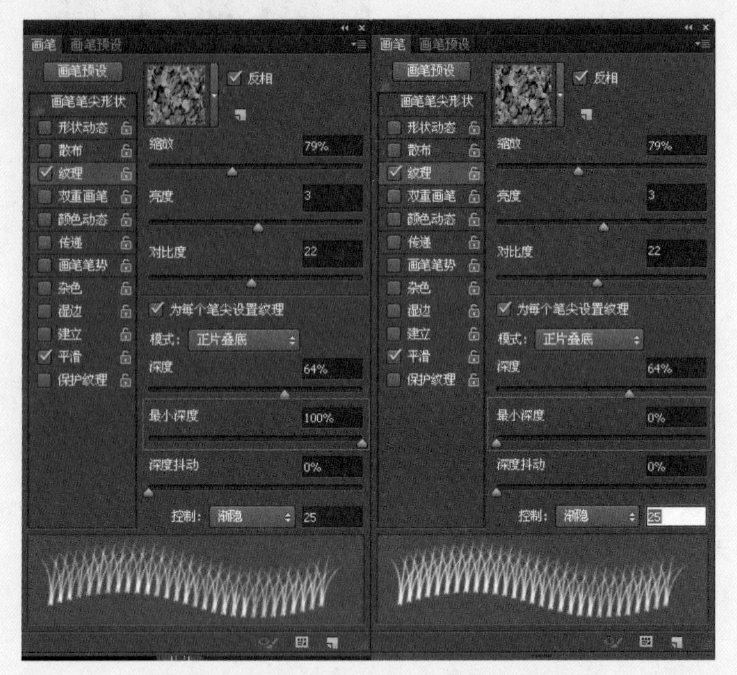


图7-62　设置不同“最小深度”的比较图

- 深度抖动和控制：在勾选“为每个笔尖设置纹理”选项时设置深度的改变方式。在“深度抖动”文本框中输入数字或拖动滑块可指定抖动的最大百分比。如果要指定如何控制画笔笔迹的深度变化，可在“控制”下拉列表中选取选项。
  - 关：选中它则不控制画笔笔迹的深度变化。
  - 渐隐：选中它可按指定数量的步长从“深度抖动”百分比渐隐到“最小深度”百分比。
  - 钢笔压力、钢笔斜度、光笔轮、旋转：基于钢笔压力、钢笔斜度、钢笔拇指轮位置或钢笔的旋转改变深度。

## 7.2.6 双重画笔

在“画笔”面板的左边单击“双重画笔”项目，则会在右边显示它的相关选项，如图7-63所示。双重画笔使用两个笔尖创建画笔笔迹从而创造出两种画笔的混合效果。在“画笔”面板的“画笔笔尖形状”部分可以设置主要笔尖的选项。在“画笔”面板的“双重画笔”部分可以设置次要笔尖的选项。

- 模式：在下拉列表中选择两种画笔的混合模式。
- 大小：在其文本框中输入数值或拖动滑块来控制双笔尖的直径，如图7-64所示。

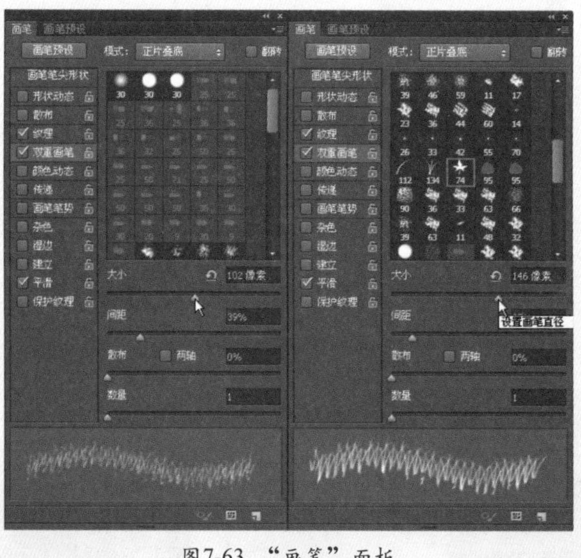


图7-63 “画笔”面板

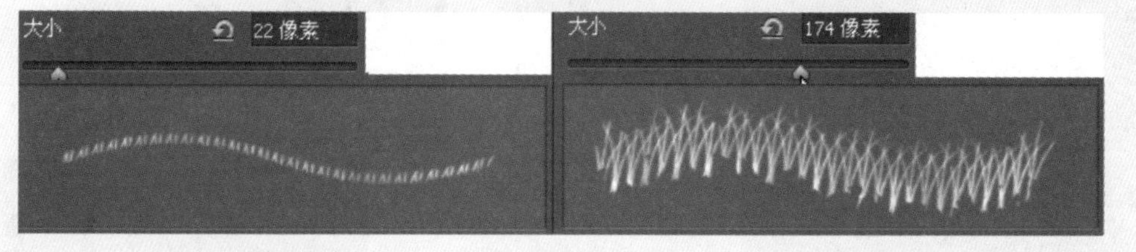


图7-64 不同大小值的对比图

- 间距：控制描边中双笔尖画笔笔迹之间的距离，如图7-65所示。

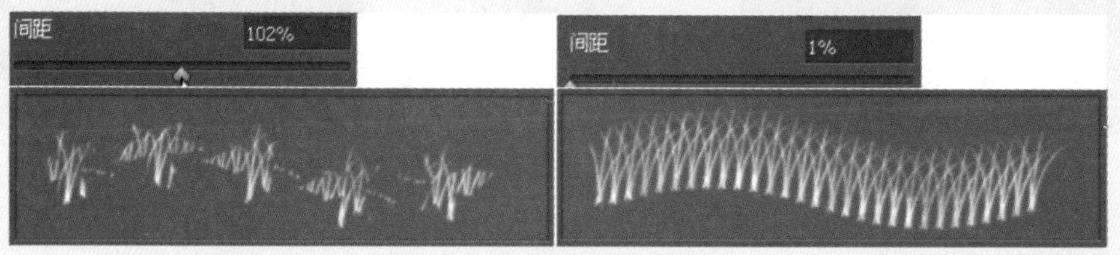


图7-65 不同间距值的对比图

- 散布：指定描边中双笔尖画笔笔迹的分布方式。当选中“两轴”时，双笔尖画笔笔迹按径向分布。当取消选择“两轴”时，双笔尖画笔笔迹垂直于描边路径分布，如图7-66所示。

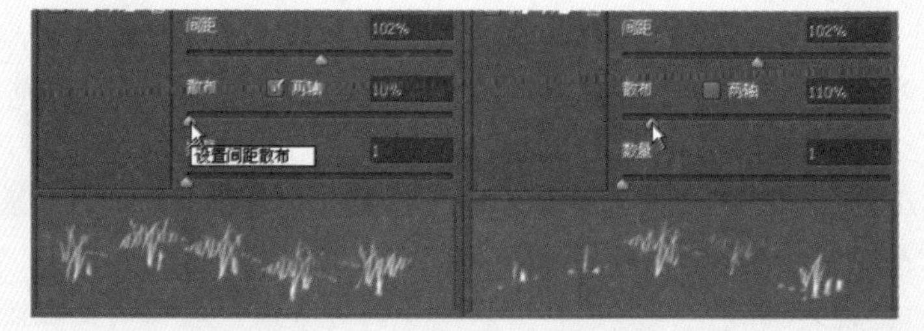


图7-66 不同散布值的对比图

- 数量：指定在每个间距间隔应用的双笔尖画笔笔迹的数量。

## 7.2.7 颜色动态

颜色动态决定描边路线中油彩颜色的变化方式。在“画笔”面板的左边取消“形状动态”、“纹理”与“双重画笔”项目的勾选，再单击“颜色动态”项目，其属性面板如图7-67所示。

- 前景/背景抖动和控制：指定前景色和背景色之间的油彩变化方式。在“前景/背景抖动”文本框中输入数字或拖动滑块可指定油彩颜色可以改变的百分比。如果要指定如何控制画笔笔迹的颜色变化，在“控制”下拉菜单中可以选取所需的选项。

  关：选中它时不控制画笔笔迹的颜色变化，如图7-68所示。

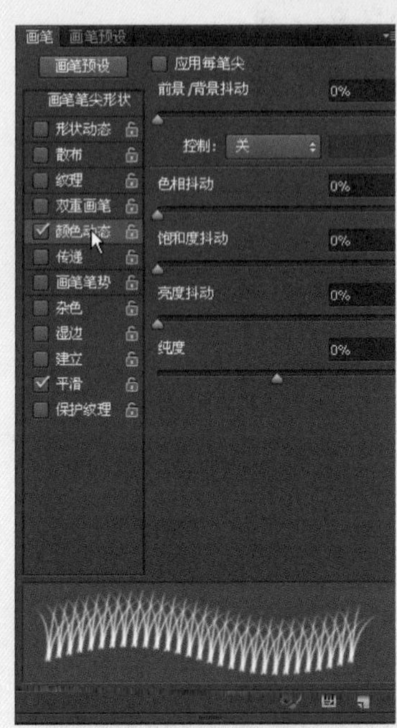


图7-67 “画笔”面板

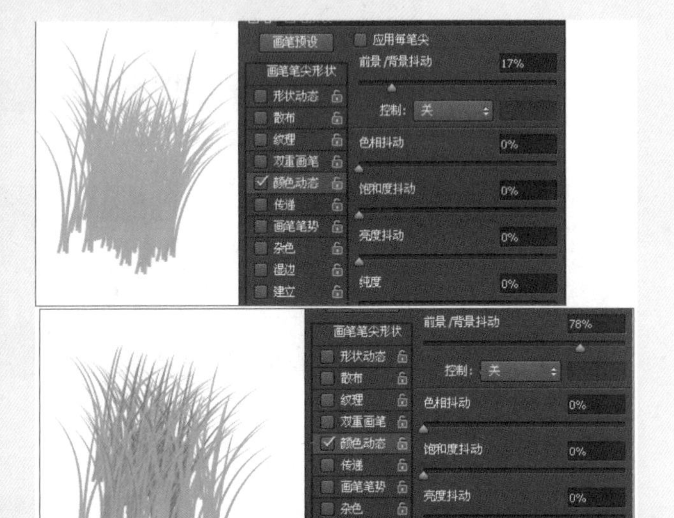


图7-68 设置不同前景/背景抖动值的对比图

**提 示**

由于在“画笔”面板中只可以预览到灰度显示，所以需要在调制画笔颜色时在画布中进行尝试。

- 渐隐：选中它时，可以按指定数量的步长在前景色和背景色之间改变油彩颜色。如图7-69所示为在“画笔笔尖形状”面板中设定“大小”为“74像素”，再在“控制”下拉列表中选择“渐隐”，然后设定不同渐隐值的效果对比图。
  - 钢笔压力、钢笔斜度、光笔轮、旋转：基于钢笔压力、钢笔斜度、钢笔拇指轮位置或钢笔的旋转，在前景色和背景色之间改变油彩颜色。
- 色相抖动：设定描边中油彩色相可以改变的百分比。较低的值在改变色相的同时保持接近前景色的色相，较高的值增大色相间的差异，如图7-70所示为设置不同色相抖动值的效果对比图。

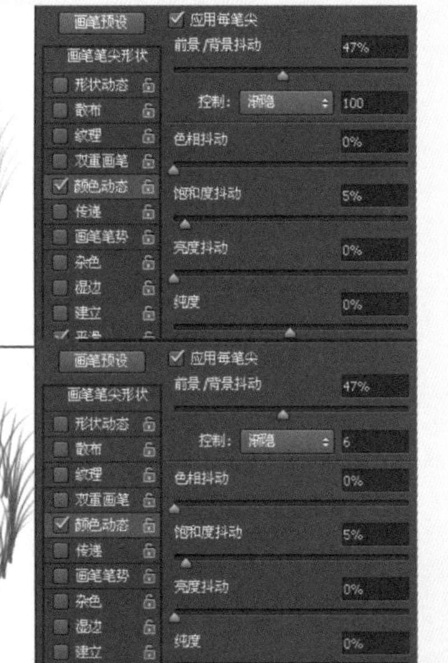


图7-69　设定不同渐隐值的效果对比图

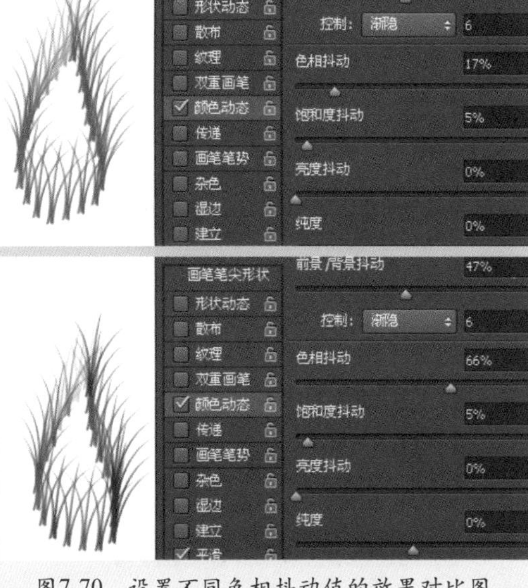


图7-70　设置不同色相抖动值的效果对比图

- 饱和度抖动：设定描边中油彩饱和度可以改变的百分比。较低的值在改变饱和度的同时保持接近前景色的饱和度，较高的值增大饱和度级别之间的差异，如图7-71所示为设置不同饱和度抖动值的效果对比图。

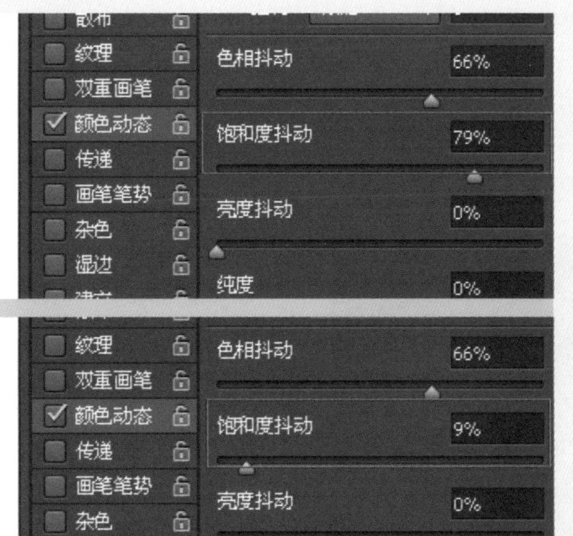


图7-71　设置不同饱和度抖动值的效果对比图

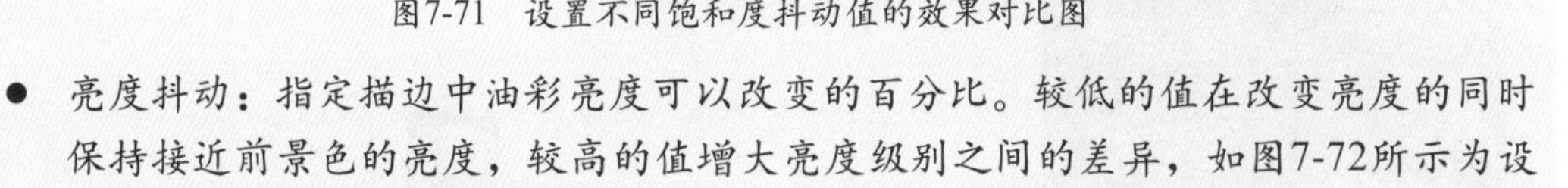

- 亮度抖动：指定描边中油彩亮度可以改变的百分比。较低的值在改变亮度的同时保持接近前景色的亮度，较高的值增大亮度级别之间的差异，如图7-72所示为设置不同亮度抖动值的效果对比图。
- 纯度：增大或减小颜色的饱和度。如果该值为－100，颜色将完全去色；如果该值为100，颜色将完全饱和，如图7-73所示。

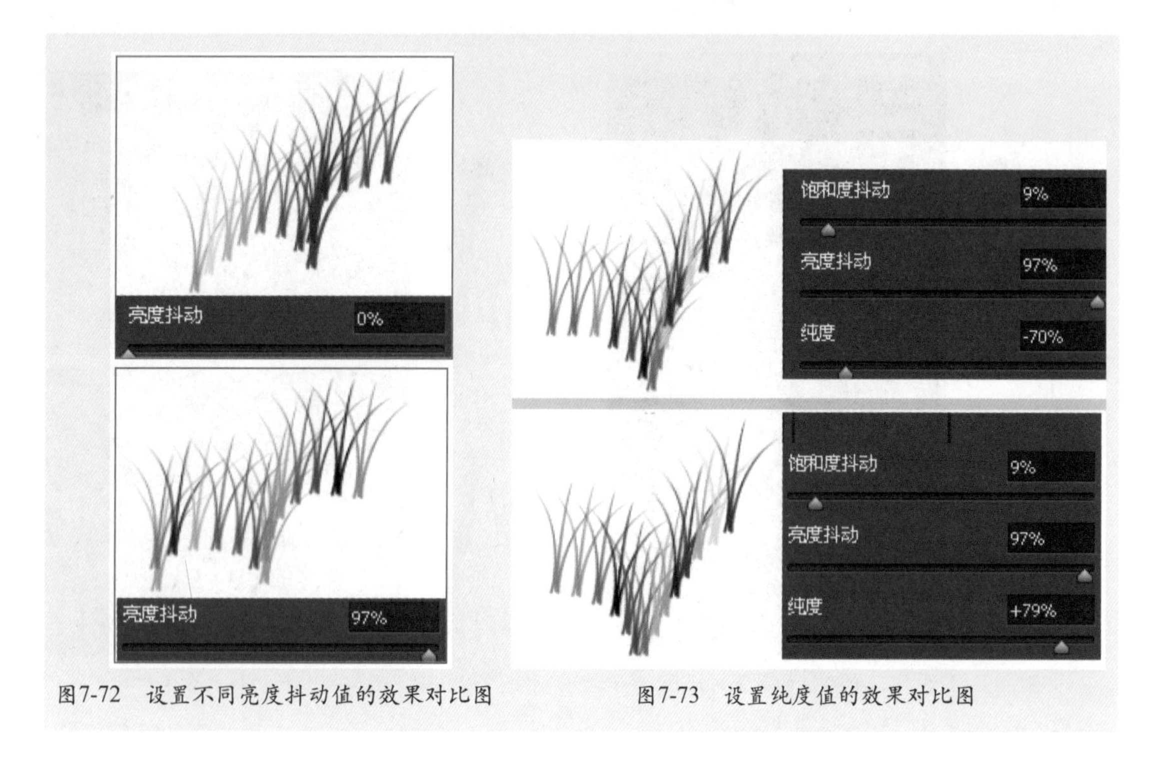


图7-72　设置不同亮度抖动值的效果对比图　　　图7-73　设置纯度值的效果对比图



## 7.2.8 传递

在“画笔”面板中单击“画笔笔尖形状”选项，并在其中选择画笔笔尖，设置“间距”为110%，然后在“画笔”面板的左边单击“传递”选项，其属性面板如图7-74所示。

- 不透明度抖动和控制：不透明度抖动控制画笔描边中的不透明度的变化程度。在“控制”下拉列表中可以选择所需的变化方式，如图7-75所示为在“控制”下拉列表中选择“关”，并设置不同不透明度抖动值的效果对比图。

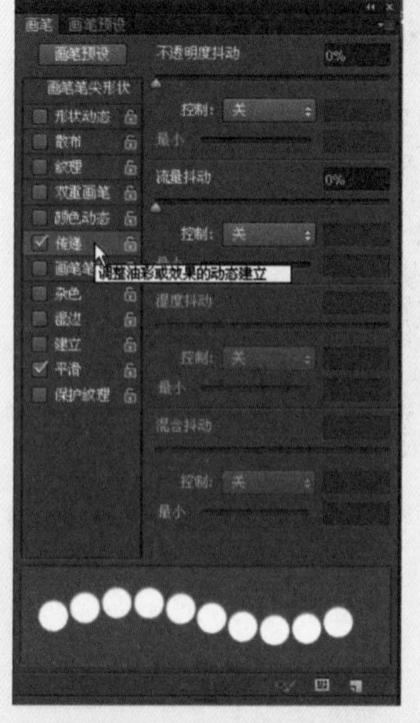


图7-74　“画笔”面板

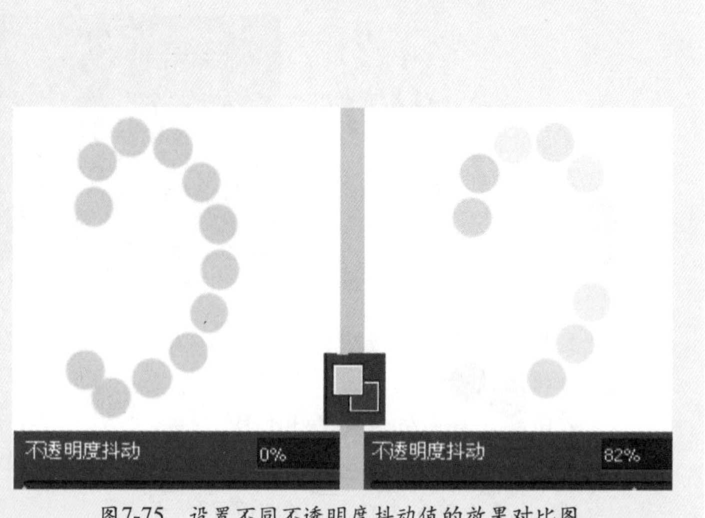


图7-75　设置不同不透明度抖动值的效果对比图

● 流量抖动和控制：流量抖动设定画笔描边中颜料流动的变化程度。在“控制”下拉列表中可以选择流动变化的方式。

## 7.2.9 画笔笔势

选择“画笔笔势”选项可以按指定的倾斜、旋转和压力进行绘画。在“画笔”面板中选择“画笔笔势”选项，其属性面板如图7-76所示。

● 倾斜X/Y：可以通过设置－100%～100%之间的数值来设置画笔X/Y轴方向倾斜的角度。
● 旋转：可以通过设置0°～360°的角度值来设置画笔的旋转角度。
● 压力：可以通过设置1%～100%之间的数值来设置画笔的压力大小。

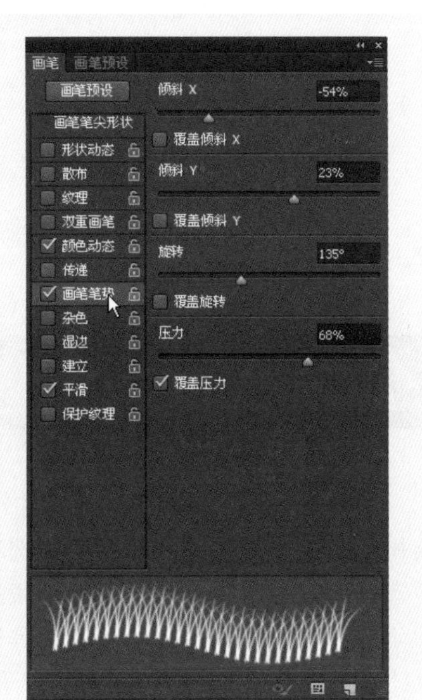

图7-76 “画笔”面板

## 7.2.10 杂色

“杂色”选项可以向个别的画笔笔尖添加额外的随机性。当应用于柔画笔笔尖（包含灰度值的画笔笔尖）时，此选项最有效。

## 7.2.11 其他选项说明

● 湿边：可以沿画笔描边的边缘增大油彩量，从而创建水彩效果。
● 喷枪：可用于对图像应用渐变色调，以模拟传统的喷枪手法。
● 平滑：可在画笔描边中产生较平滑的曲线。
● 保护纹理：可对所有具有纹理的画笔预设应用相同的图案和比例。

## 7.2.12 画笔面板的弹出式菜单

在“面笔”面板中单击▾≡按钮，弹出如图7-77所示的菜单，利用菜单中的各命令可对“画笔”面板进行控制。

画笔面板的弹出式菜单中各选项说明如下：

- 新建画笔预设：执行该命令可以将当前图像窗口中绘制的图形，创建成一个新的预设画笔。
- 清除画笔控制：消除画笔所有选项设置。
- 复位所有锁定设置：可以恢复所有锁定设置。
- 将纹理拷贝到其他工具：复制纹理并将其应用于其他工具。
- 关闭：执行该命令可以将“画笔”面板关闭。
- 关闭选项卡组：执行该命令可以将选项卡组（也就是“面板组”）关闭。

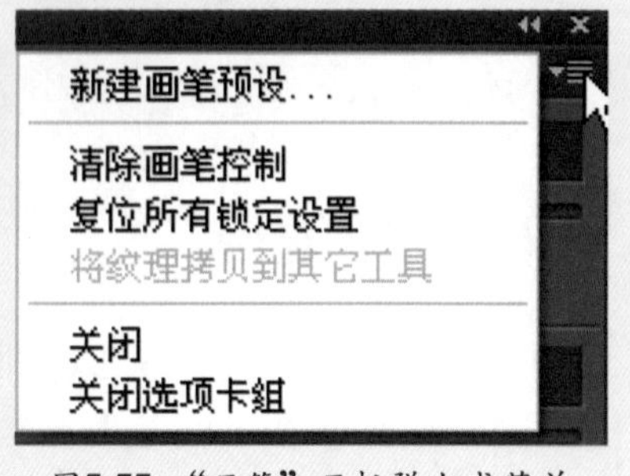

图7-77 “画笔”面板弹出式菜单

# 7.3 铅笔工具

铅笔工具的工作原理和生活中的铅笔绘画一样，它绘出来的曲线是硬的、有棱角的，其操作方式与画笔工具相同。在选项栏中右击工具图标，弹出如图7-78所示的菜单，在其中选择“复位所有工具”命令，紧接着弹出一个警告对话框，如图7-79所示，在其中单击“确定”按钮，即可将所有的工具复位。如图7-80所示为用画笔工具和铅笔工具绘制的效果比较图。其操作方法是先在工具箱中设定前景色为#96ff9d，背景色为#125f16，再在“画笔”面板中选择杜鹃花串画笔笔尖，在画面中绘制好后的效果如图7-80所示。

图7-78 选择“复位所有工具”命令

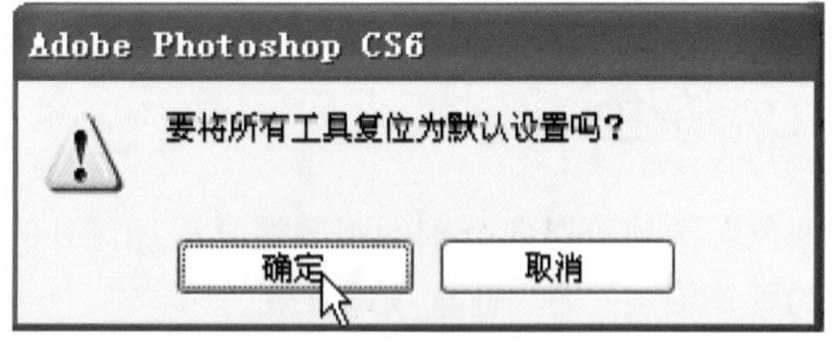

图7-79 警告对话框

图7-80 用画笔工具与铅笔工具绘制后的对比图

在工具箱中选择铅笔工具，其选项栏如图7-81所示。如果勾选其中的自动抹除选项，在前景色上开始拖移时将用背景色绘画，在背景色上开始拖移时则用前景色绘画，如图7-82所示。如果不勾选自动抹除选项，则只用前景色绘画。

图7-81　选项栏

图7-82　选择“自动抹除”选项绘制后的效果

# 7.4 历史记录画笔工具和历史记录艺术画笔

使用历史记录画笔工具可以将图像的一个状态或快照的拷贝绘制到当前图像窗口中。该工具创建图像的拷贝或样本，然后用它来绘画。在 Photoshop中，也可以用历史记录艺术画笔绘画，以创建特殊效果。使用历史记录艺术画笔工具可以指定历史记录状态或快照中的源数据，以风格化描边进行绘画。通过尝试使用不同的绘画样式、大小和容差选项，可以用不同的色彩和艺术风格模拟绘画的纹理。与历史记录画笔一样，历史记录艺术画笔也是用指定的历史记录状态或快照作为源数据。但是，历史记录画笔通过重新创建指定的源数据来绘画，而历史记录艺术画笔在使用这些数据的同时，还使用用户为创建不同的色彩和艺术风格设置的选项。

## 7.4.1 使用历史记录画笔工具绘画

在工具箱中选择历史记录画笔工具，其选项栏如图7-83所示。

图7-83　选项栏

## 上机实战 应用历史记录画笔进行绘画

01 按“Ctrl”+“O”键执行“打开”命令，弹出“打开”对话框，在其中选择两个要处理的文件，选择好后单击“打开”按钮，即可将这两个文件打开到程序窗口中，在“窗口”菜单中执行“排列”下的“双联垂直”命令，可以将它们进行双联排放，如图7-84所示。

图7-84　打开的文件

02 在工具箱中选择移动工具，并在“020. psd”文件中按下左键向“019.psd”文件中拖动，当指针呈状时松开左键，如图7-85所示，即可将“020. psd”文件中的图像复制到“019.psd”文件中，然后将复制的风景移动到适当位置，如图7-86所示。

图7-85　复制图像

图7-86　复制图像后的效果

03 按“Ctrl”+“E”键两次将复制所得的图层1与图层2、背景层合并，其“图层”面板如图7-87所示。

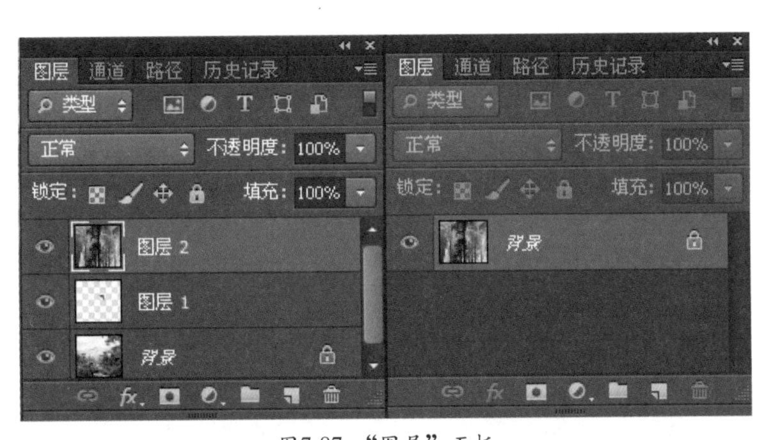


图7-87 “图层”面板

04 在菜单中执行“窗口”→“历史记录”命令，显示“历史记录”面板，如图7-88所示，在其中“打开”左边的列中单击，出现一个历史画笔的图标，以该状态为源，如图7-89所示，也可以直接以快照为源。

图7-88 “历史记录”面板

图7-89 选择源

05 在工具箱中选择历史记录画笔工具，并在选项栏中设定“不透明度”为70%，在“画笔”弹出式面板中选择柔角画笔，设置“大小”为135像素，其他为默认值，如图7-90所示，然后在画面中的中间位置进行涂抹，将在“历史记录”面板中选中状态的内容显示出来，涂抹后的效果如图7-91所示。

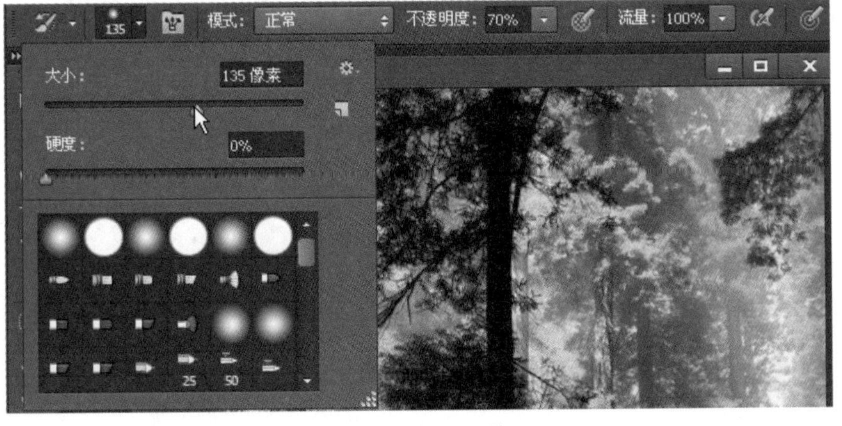


图7-90 设置画笔

图7-91　用历史记录画笔工具绘制后的效果

## 7.4.2　历史记录艺术画笔

在工具箱中选择历史记录艺术画笔，其选项栏如图7-92所示。

模式：正常　不透明度：100%　样式：绷紧短　区域：50像素　容差：0%

图7-92　选项栏

- 样式：在“样式”下拉列表中可以选择绘画描边的样式，如图7-93所示。从配套光盘的素材库中打开一张图片，如图7-94所示，再使用历史记录艺术画笔，在选项栏中设置画笔为柔角9像素画笔，并采用不同的样式绘制后的效果对比图，如图7-95所示。

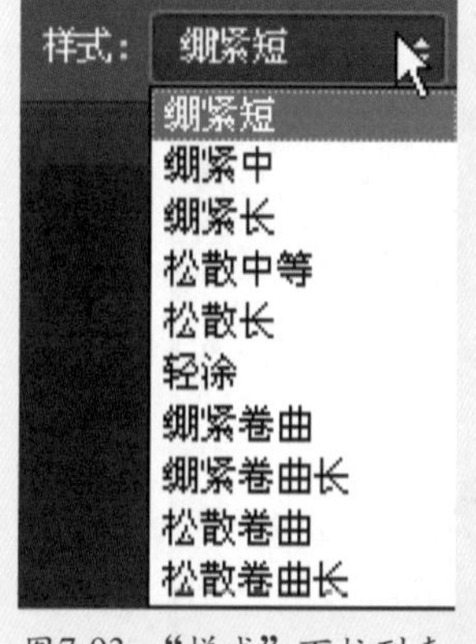


图7-93　“样式”下拉列表

图7-94　打开的文件

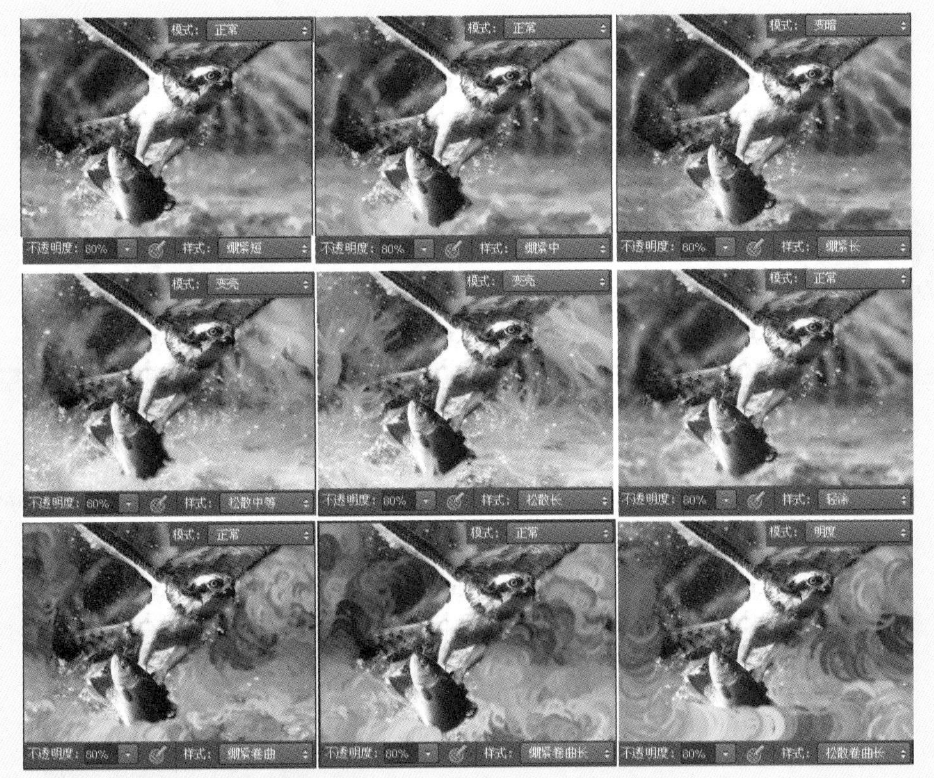


图7-95 用不同的样式绘制后的效果对比图

在选项栏的画笔预设选取器中选择所需的画笔笔尖，设定“区域”为20px，如图7-96所示为分别用不同的样式对同一幅画进行绘画后的效果对比。

图7-96 用不同的样式绘制后的效果对比图

**提 示**

由于历史记录艺术画笔工作中的各种样式随机性很强，它能使用户大大地提高创造力。用一个样式绘制好后再按“Ctrl”+“Z”键撤消操作，如果拖动了几次则需按“Ctrl”+“Alt”+“Z”键来撤消所做的操作。

- 区域：在其文本框中可以输入0像素~500像素之间数值，设定绘画描边所覆盖的区域。输入值越大，覆盖的区域越大，描边的数量也越多。

- 容差：在其文本框中输入数值或拖移滑块限定可以应用绘画描边的区域。低容差可用于在图像中的任何地方绘制无数条描边。高容差将绘画描边限定在与源状态或快照中的颜色明显不同的区域。

# 7.5 抹除工具

在Photoshop中提供了3种抹除工具，分别是橡皮擦工具、背景橡皮擦工具和魔术橡皮擦工具，如图7-97所示。橡皮擦工具和魔术橡皮擦工具可以将图像区域抹成透明或背景色。背景橡皮擦工具可以将图层抹成透明。

图7-97 抹除工具

## 7.5.1 橡皮擦工具

使用橡皮擦工具在背景层或在透明被锁定的图层中工作时，相当于用背景色进行绘画，如图7-98所示，如果在图层上进行操作时，则擦除过的地方为透明或半透明，如图7-99所示。还可以使用橡皮擦工具使受影响的区域返回到“历史记录”面板中选中的状态，如图7-100所示。

图7-98 用背景色进行绘画

图7-99 用橡皮擦工具擦除后的效果

图7-100 用橡皮擦工具返回到历史记录状态

在工具箱中选择橡皮擦工具，其选项栏如图7-101所示。

图7-101 选项栏

橡皮擦工具的选项栏中各选项说明如下：

- 模式：在“模式”下拉列表中可以选择橡皮擦工具的擦除方式。如图7-102所示。

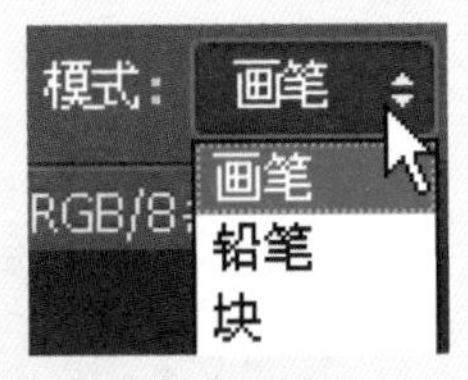


图7-102 “模式”下拉列表

  - 画笔：选择此模式后，在图像上拖移，会以较柔的边缘进行绘制。
  - 铅笔：选择此模式后，在图像上拖移，会以较硬的边缘进行绘画。
  - 块：选择此模式后，在图像上拖移会以较硬而成菱角的边缘进行绘画。
- 抹到历史记录：要抹除到图像的已存储状态或快照，可以在“历史记录”面板中点按所需的状态或快照的前面的列，然后在选项栏中勾选“抹到历史记录”选项。

## 7.5.2 背景橡皮擦工具

使用背景橡皮擦工具可以将图像中需要擦除的像素抹为透明，可以根据需要在“限制”列表中选择所需的选项，如查找边缘、不连续等，如图7-103所示。如果勾选“保护前景色”选项，则在擦除背景时保持前景中对象的边缘。

图7-103 设置不同限制模式擦除后的效果

在工具箱中选择背景橡皮擦工具，其选项栏如图7-104所示。

图7-104 选项栏

背景橡皮擦工具选项栏中各选项说明如下：

- 画笔：在选项栏中单击 109 (下拉) 按钮，将弹出如图7-105所示的画笔预设选取器，在其中可以设置画笔的大小、硬度、间距、角度、圆度和容差。
- (取样：连续)：选择它时可以随着拖移连续采取色样。
- (取样：一次)：选择它时只抹除包含第一次点按的颜色的区域。
- (取样：背景色板)：选择它时只抹除包含当前背景色的区域。
- 限制：在“限制”下拉列表中可选取抹除的限制模式，如图7-106所示。

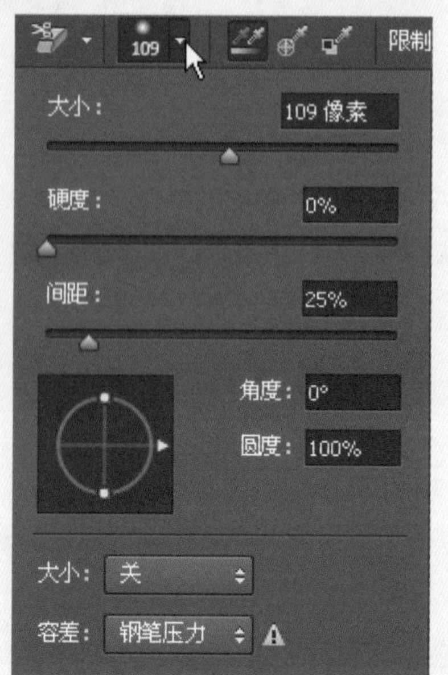


图7-105　画笔预设选取器

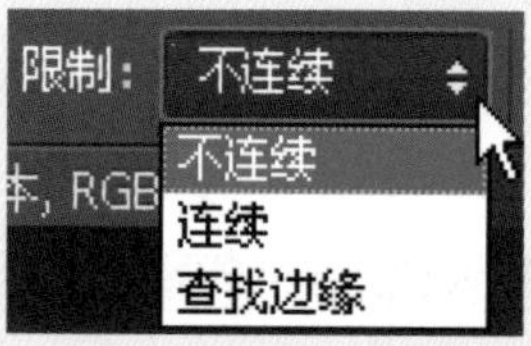

限制：不连续
不连续
连续
查找边缘

图7-106　“限制”下拉列表

- 容差：低容差仅限于抹除与样本颜色非常相似的区域。高容差抹除范围更广的颜色，如图7-107所示为设置“硬度”为0%的画笔在画面中拖动，并设置不同容差值的比较图。

图7-107　设置不同容差值擦除后的对比图

- 保护前景色：勾选它时可以防止抹除与工具箱中的前景色匹配的区域。如图7-108所示为勾选和不勾选“保护前景色”选项的比较图。

图7-108 勾选和不勾选“保护前景色”选项的比较图

## 7.5.3 魔术橡皮擦工具

使用魔术橡皮擦工具在图层中需要擦除（或更改）的颜色范围内单击，它会自动擦除（或更改）所有相似的像素。在没有锁定的图层或背景层中单击，它会将鼠标单击处或与单击处相似的像素抹为透明，如图7-109所示，如果是在背景层上工作，则会将背景层改为普通图层（如图层0）；如果在锁定了透明的图层中工作，像素会更改为背景色，如图7-110所示。可以通过勾选与不勾选“连续”复选框，以决定在当前图层上是只抹除邻近的像素，还是要抹除所有相似的像素。

原图像　　用魔术橡皮擦工具点击擦除后的效果

图7-109 原图像与擦除后的对比图

原图像　　　　用魔术橡皮擦工具擦除后的效果

图7-110　原图像与抹除为背景色后的对比图

在工具箱中选择魔术橡皮擦工具，其选项栏如图7-111所示。

容差：32　消除锯齿　连续　对所有图层取样　不透明度：100%

图7-111　选项栏

魔术橡皮擦工具选项栏中各选项说明如下：

- 连续：勾选该选项时只抹除与点按像素邻近的像素，不选择该选项时则抹除图像中的所有相似像素，如图7-112所示。

图7-112　勾选与不勾选"连续"选项抹除后的对比图

- 对所有图层取样：勾选该选项时，可以利用所有可见图层中的组合数据来采集抹除色样，如图7-113所示。

图7-113　勾选与不勾选"对所有图层取样"选项抹除后的对比图

# 7.6 渐变工具

使用渐变工具可以创建多种颜色间的逐渐混合。可以从预设渐变填充中选取或创建自己的渐变。

**提 示**

渐变工具不能用于位图、索引颜色的图像。

## 7.6.1 实底渐变

在工具箱中选择渐变工具，其选项栏如图7-114所示。

模式：正常 不透明度：100% 反向 仿色 透明区域

图7-114 选项栏

渐变工具选项栏中各选项说明如下：

- （可编辑渐变）按钮：单击该按钮将弹出如图7-115所示的“渐变编辑器”对话框，可以在“预设”框中直接单击所需的渐变，在“渐变类型”中编辑自定的渐变。或者将编辑好的渐变存储到“预设”框中，只需单击“新建”按钮即可；也可以将设置好的渐变组存储起来，只需单击“存储”按钮，即可弹出“存储”对话框并在其中给这组渐变命名。单击“载入”按钮，可以将已存储的渐变组调入到“预设”框中来以便直接调用。

图7-115 “渐变编辑器”对话框

渐变编辑器对话框中的选项说明如下：

① 单击按钮将弹出菜单，在菜单中可根据需要选择所需的命令。

② 不透明度色标：选中它可以在“不透明度”文本框中输入所需的数值，设置渐变颜色的不透明度；还可以在“位置”文本框中输入所需的数值来改变不透明度色标的位置，单击“删除”按钮，可以将添加并选中的不透明度色标删除；也可以通过拖动将添加的不透明度色标删除，其操作方法为在添加的不透明度色标上按下左键向渐变编辑条外拖动，即可将拖动的色标删除。

③ 未选中的色标：可以通过双击来设置所需的色标颜色，以达到改变渐变颜色的目的。

④ 选中的色标：可以通过双击来设置所需的色标颜色，以达到改变渐变颜色的目的；也可以单击“颜色”后的色块或按钮来设置色标的颜色，在“位置”文本框中可以设置色标的位置，单击“删除”按钮，可以将选中的色标删除；也可以通过拖动将色标删除，其操作方法为在色标上按下左键向渐变编辑条外拖动，即可将拖动的色标删除。

- 线性渐变：从起点（按下左键处）到终点（松开鼠标左键处）做线性渐变，如图7-116所示。

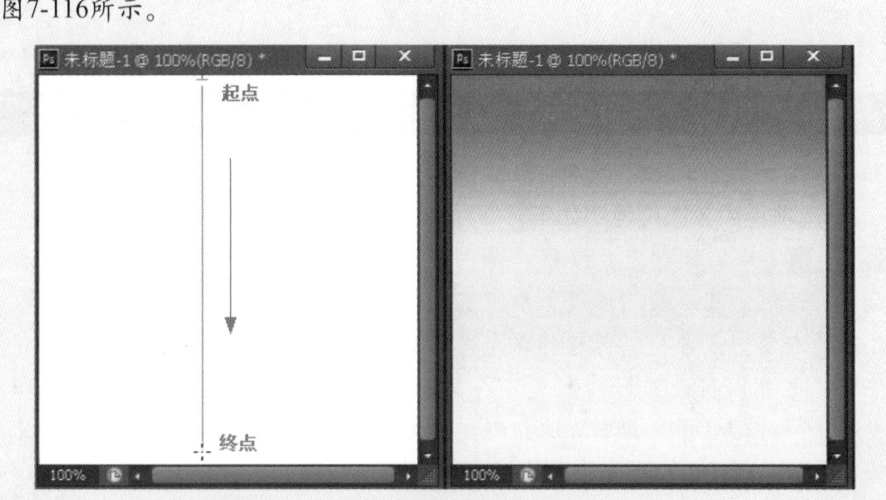


图7-116　线性渐变

- 径向渐变：从起点到终点做圆形图案渐变，如图7-117所示。

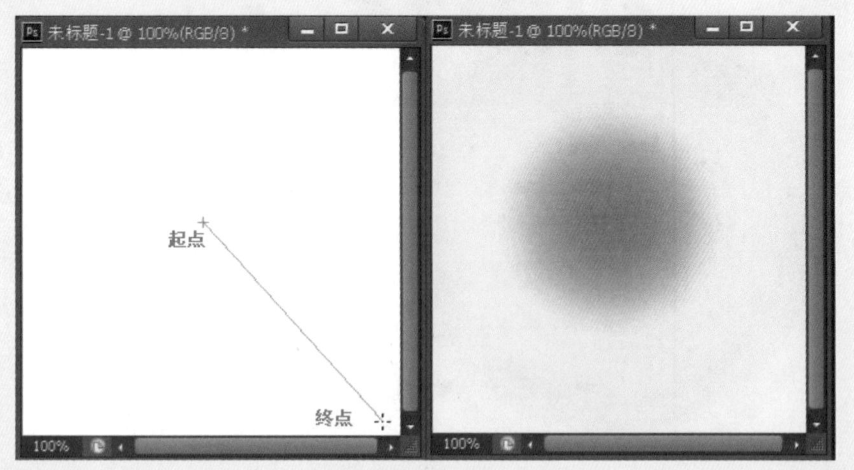


图7-117　径向渐变

- 角度渐变：从起点到终点做逆时针环绕渐变，如图7-118所示。

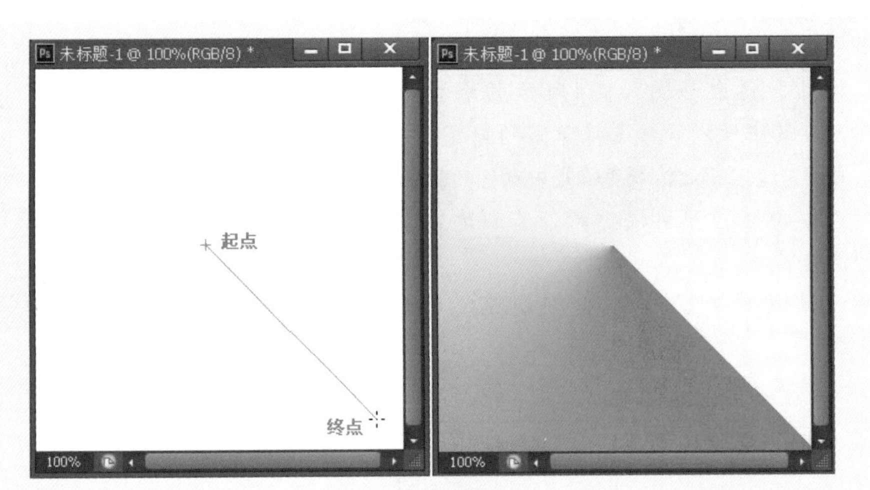


图7-118　角度渐变

- 对称渐变：从起点处向两侧逐渐展开，如图7-119所示。

图7-119　对称渐变

- 菱形渐变：从起点处向外以菱形图案逐渐改变，终点定义菱形的一角，如图7-120所示。

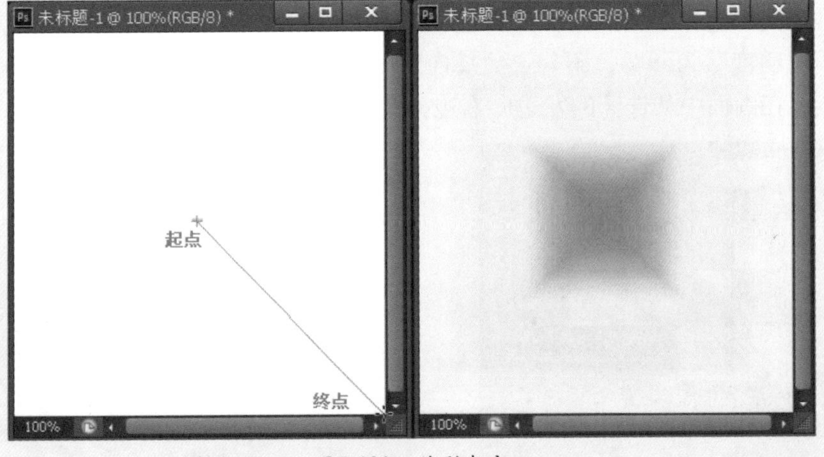


图7-120　菱形渐变

- 单击（可编辑渐变）按钮后的下拉按钮，弹出如图7-121所示的渐变拾色器，在其中可以直接选择所需的渐变。
- 反向：勾选它可反转渐变填充中颜色的顺序。
- 仿色：勾选它可用较小的带宽创建较平滑的混合。
- 透明区域：勾选它可对渐变填充使用透明蒙版。

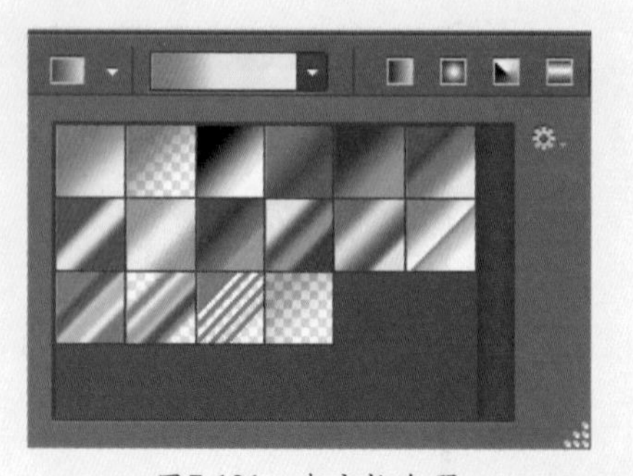

图7-121 渐变拾色器

## 7.6.2 使用渐变工具

### 上机实战 使用渐变工具

01 从配套光盘的素材库中打开一个图像文件，在工具箱中选择横排蒙版文字工具，在选项栏中设置“字体”为文鼎特粗黑简，“字体大小”为200 点，接着在画面中适当位置单击并输入所需的文字，如“好”字，如图7-122所示，在选项栏中单击按钮，得到如图7-123所示的文字选区。

图7-122 用横排蒙版文字工具输入文字

图7-123 创建好的文字选区

02 在工具箱中选择渐变工具，并在选项栏中单击按钮，弹出“渐变拾色器”对话框，再在其中选择色谱渐变，如图7-124所示，选择好后选择（线性渐变）按钮，设定“不透明度”为69%，不勾选“反向”复选框，勾选“仿色”与“透明区域”复选框，然后在画面中从选区的左边向右边拖动，给选区进行渐变填充，如图7-125所示。

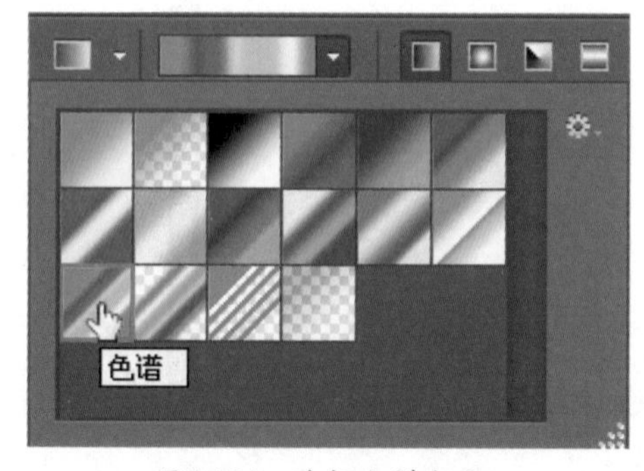


图7-124 选择色谱渐变

图7-125 对文字选区进行色谱渐变

03 在菜单中执行“编辑”→“描边”命令，弹出“描边”对话框，在其中设置“宽度”为3像素，“颜色”为白色，“位置”为居外，其他不变，如图7-126所示，单击“确定”按钮后按“Ctrl”+“D”键取消选择，画面效果如图7-127所示。

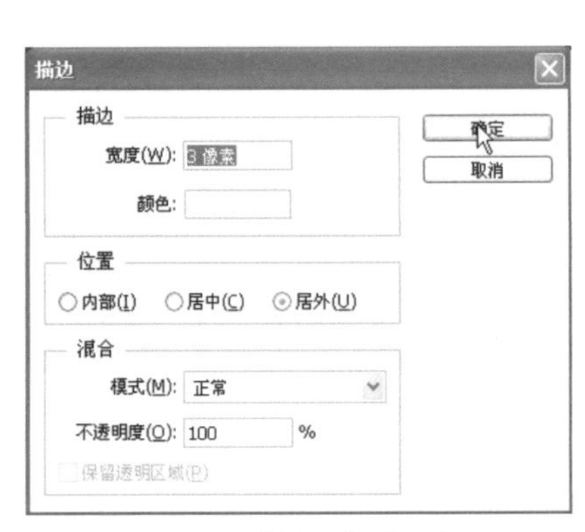


图7-126 “描边”对话框

图7-127 描边后的效果

## 7.6.3 杂色渐变

在“渐变编辑器”对话框的“渐变类型”下拉列表中选择杂色，即可应用杂色渐变，可以设置它的粗糙度；在“颜色模型”下拉列表中可以选择所需的颜色模型，如HSB、RGB、LAB，分别拖动其下的滑块可以设置所需的渐变颜色；在“选项”框中可以勾选“增加透明度”选项，也可以单击“随机化”按钮来选择所需的渐变，如图7-128所示，选择或设置好后同样和实底渐变一样进行操作，在此不重复，如图7-129所示为选择好所需的杂色渐变后给画布填充杂色渐变后的效果。

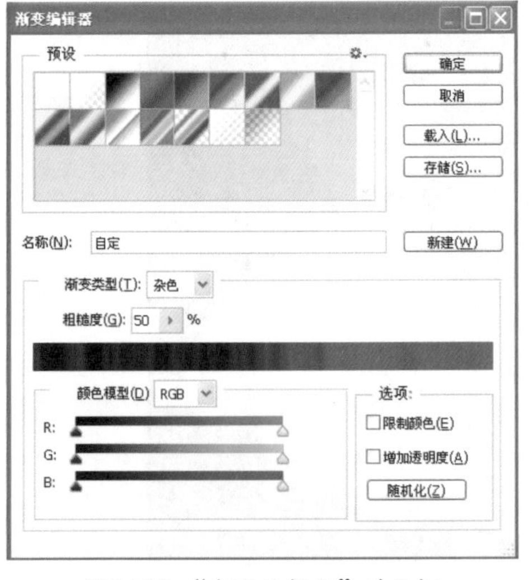


图7-128 “渐变编辑器”对话框

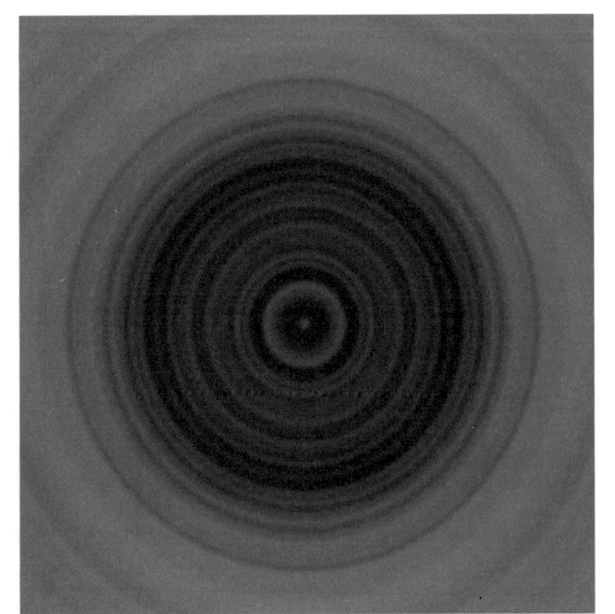

图7-129 杂色渐变效果

# 7.7 对选区和图层进行填充和描边

## 7.7.1 使用油漆桶工具

使用油漆桶工具可以为图像填充颜色值与点按像素相似的相邻像素，但是它不能用于位图模式的图像。

在工具箱中选择油漆桶工具，其选项栏如图7-130所示。

前景 模式：正常 不透明度：100% 容差：32 消除锯齿 连续的 所有图层

图7-130 选项栏

油漆桶工具选项栏中的选项说明如下：

- 填充：在“填充”下拉列表中可以选择“前景”或“图案”来填充图像或选区。如果选中“图案”选项，则“图案”后的按钮成为活动可用状态，单击下拉按钮，可以在弹出的面板中选择所需的图案来填充，如图7-131所示。如果选择“前景”，则用前景色来对图像或选区进行填充。
- 所有图层：勾选该选项可以基于所有可见图层中的合并颜色数据填充像素。

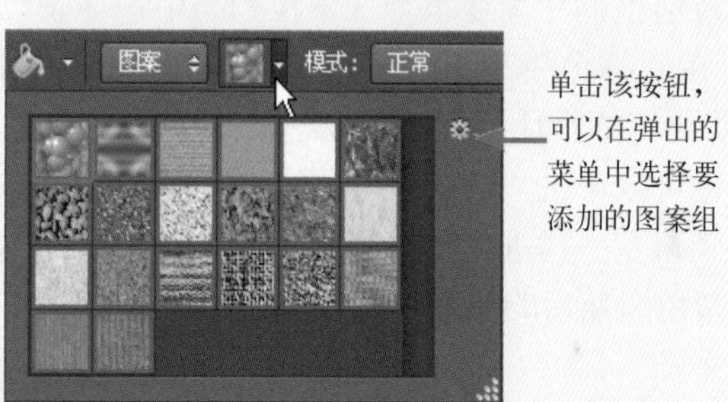


图7-131 图案弹出式面板

如图7-132所示为使用油漆桶工具分别对图像进行填充前景色与图案后的效果。

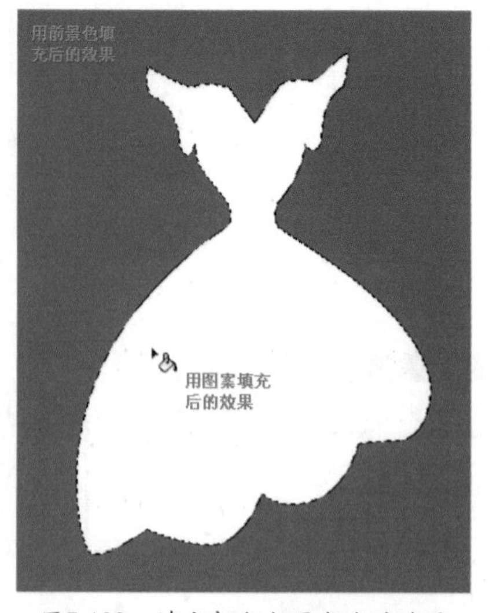


图7-132 填充颜色与图案后的效果

## 7.7.2 使用填充命令填充选区或图层

在Photoshop中，可以利用“填充”对话框对图像中的选区或图层进行前景色或背景色或图案或用周围相似像素填充。

### 上机实战 使用填充命令填充选区

01 按“Ctrl”+“O”键从配套光盘的素材库中打开一个如图7-133所示的图像文件。

图7-133 打开的文件

02 在工具箱中选择横排文字蒙版工具，接着在画面中下方的适当位置单击并输入“OK”文字，选择文字后在选项栏中设置“字体”为文鼎特粗黑简，“字体大小”为200 点，如图7-134所示，再在选项栏中单击按钮，确认文字输入，得到如图7-135所示的文字选区。

图7-134 输入文字

图7-135 创建好的文字选区

04 在菜单中执行“编辑”→“填充”命令，弹出如图7-136所示的“填充”对话框，在其中设定“使用”为内容识别，“模式”为正片叠底，其他不变，设置好后单击“确定”按钮，即可得到如图7-137所示的效果。

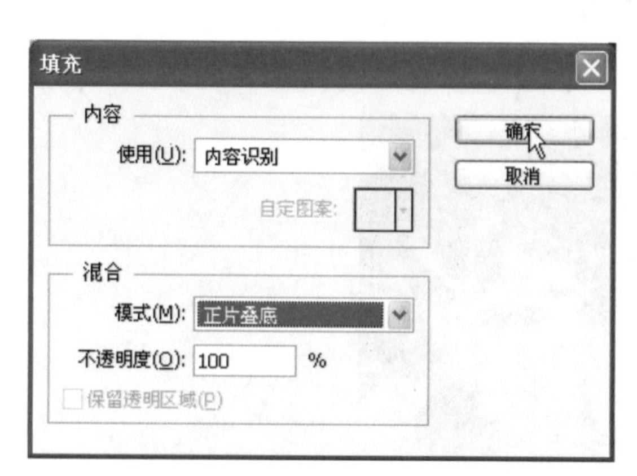

图7-136 “填充”对话框

图7-137 内容识别填充后的效果

填充对话框中各选项说明：

- 使用：在“使用”下拉列表中可以选择所需的选项，如“前景色”、“背景色”、“内容识别”、“历史记录”、“黑色”、“50% 灰色”或“白色”，也可以选择颜色或图案。
  - 颜色：选择该选项可以从拾色器中选择颜色来给图像或选区或图层进行填充。
  - 图案：选择该选项可使用图案填充选区。单击图案示例旁边的倒箭头，并从弹出式面板中选择一种图案。可以使用弹出式面板菜单载入其他图案。
  - 内容识别：选择它可以轻松地将指定或选定区域中的图像元素删除，并使用附近的相似的图像内容不留痕迹地填充选区或指定区域，而且还与其周边环境天衣无缝地融合在一起。
  - 历史记录：选择该选项可以将选定区域恢复为在“历史记录”面板中设置为源的状态或图像快照。
- 混合：在“混合”栏中可以设定所需的填充混合模式和不透明度。
- 保留透明区域：如果正在图层中工作，并且只想填充包含像素的区域，需要选取“保留透明区域”选项。

## 7.7.3 使用描边命令对选区或图层描边

使用“描边”命令可以对选区或图层进行描边。

**提 示**

在对图层进行描边时，图层中应有不透明像素，并且不能对背景层进行描边。

在菜单中执行“编辑”→“描边”命令，弹出如图7-138所示的对话框，在其中设定“宽度”为3像素，“颜色”为#61ff4c，“位置”为居外，其他为默认值，单击“确定”按钮，即可为选框进行描边，按“Ctrl”+“D”键取消选择，即可得到如图7-139所示的效果。

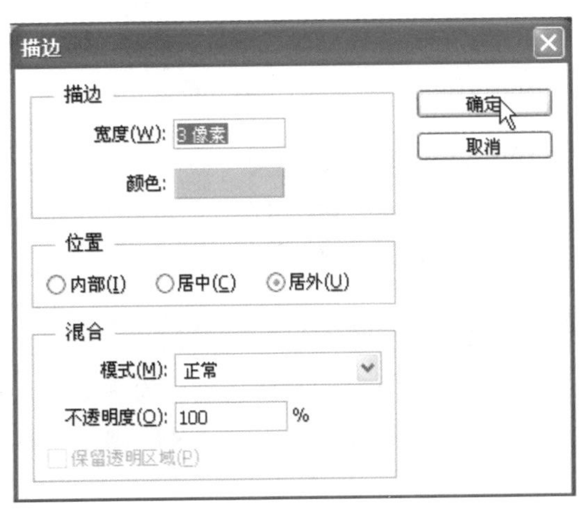

图7-138 “描边”对话框

图7-139 描边后的效果

描边对话框中各选项说明如下：

- 描边：在“描边”栏中可指定硬边边框的宽度与颜色。
- 位置：在“位置”栏中可指定是在选区或图层边界的内部、外部还是中心放置边框。

# 7.8 自定画笔

使用“定义画笔预设”命令可以将图像中的一部分或全部定义为预设的画笔。

## 上机实战 自定画笔

01 按“Ctrl”+“O”键从配套光盘的素材库中打开一个如图7-140所示的图像文件。

02 使用矩形选框工具在画面中框选出要定义为画笔的对象，如图7-141所示，接着在菜单中执行“编辑”→“定义画笔预设”命令，弹出如图7-142所示的“画笔名称”对话框，也可以给自定的画笔预设命名，或者采用默认名称，这里用默认名称，单击“确定”按钮，即可将选区中的内容定义为画笔。

图7-140　打开的文件

图7-141　用矩形选框工具框选所需区域

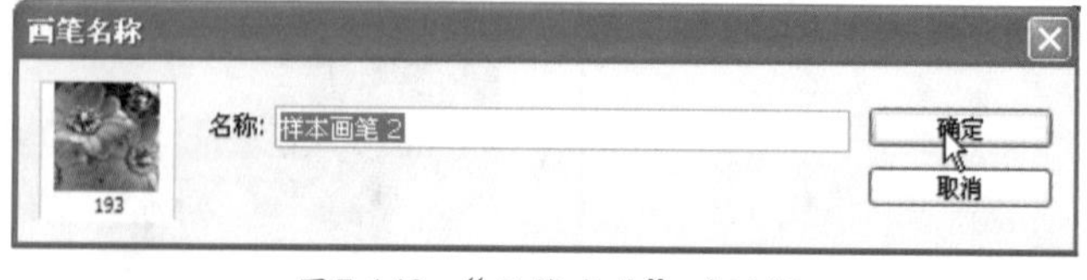

图7-142　“画笔名称”对话框

03 在工具箱中选择画笔工具，并在选项栏中展开画笔预设选取器（也称为画笔弹出式调板），再拖动滑块到最下方，即可看到其中已经自动添加了刚定义的画笔，如图7-143所示。

04 按“Ctrl”+“N”键新建一个图像文件，在工具箱中设置前景色为#e91927，并用画笔工具在画面中单击（也可以在画面中拖动），即可绘制出所定义的画笔笔触，如图7-144所示。

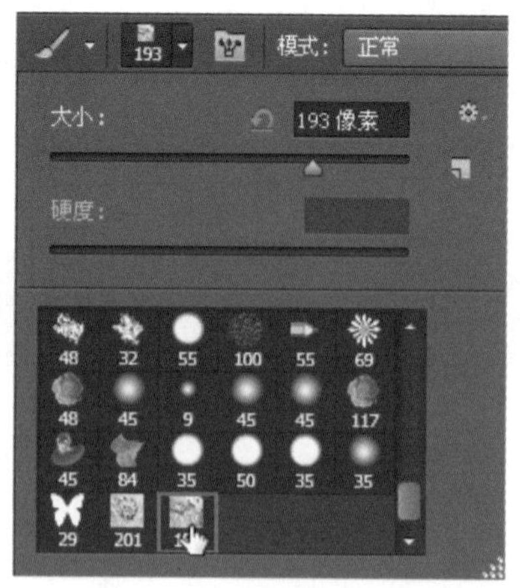

图7-143　画笔预设选取器

图7-144　用画笔工具绘制后的效果

## 7.9 自定图案

图案是一种图像，当使用这种图像来填充图层或选区时，将会重复（或拼贴）它。

Photoshop 附带了各种预设图案。

在 Photoshop 中，可以创建新图案并将它们存储在库中，供不同的工具和命令使用。预设图案显示在油漆桶、图案图章、修复画笔和修补工具选项栏的弹出式面板中，以及“图层样式”对话框中。

## 上机实战 自定图案

01 以如图7-140所示的图像为例，在菜单中执行“编辑”→“定义图案”命令，弹出如图7-145所示的对话框，可以在“名称”文本框中为自定的图案命名，也可采用默认名称，这里用默认名称，单击“确定”按钮，即可将选区中的图像定义为图案；再在工具箱中选择油漆桶工具，在选项栏的图案弹出式面板中可以查看到刚定义的图案。

图7-145 定义图案

02 按“Ctrl” + “N”键新建一个452×525像素的RGB颜色模式的图像文件，再在油漆桶工具的图案弹出式调板中选择刚定义的图案，如图7-146所示，然后在画面中单击，即可用刚定义的图案填充画面，效果如图7-147所示。

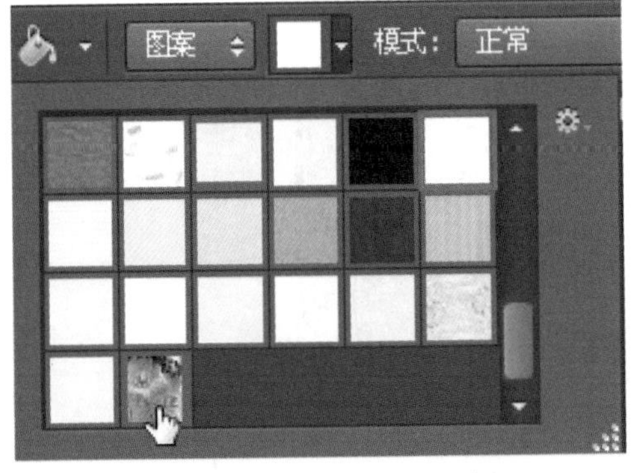

图7-146 图案弹出式调板

图7-147 用自定图案填充画面后的效果

# 7.10 混合器画笔工具

在Photoshop CS6中新增了混合器画笔工具，使用它可以混合画布上的颜色并模拟硬毛刷以产生媲美传统绘画介质的结果。

## 上机实战 使用混合器画笔工具

01 从配套光盘的素材库中打开一个要用来制作绘画效果的图像，如图7-148所示。

02 在工具箱中点选混合器画笔工具，并在选项栏中右击工具图标，在弹出的快捷菜单中选择“复位工具”命令，先将工具复位，再在画笔预设选取器中选择，选择有用的混合画笔组合为潮湿，深混合，其他不变，如图7-149所示，然后在画面中拖动一下，即可将拖动过的像素以画笔形状进行绘制，如图7-150所示。

图7-148　打开的文件

12　潮湿，深混合　潮湿：50%　载入：50%　混合：100%　流量：100%　对所有图层取样

图7-149　选项栏

图7-150　用混合器画笔工具绘制后的效果

混合器画笔工具选项栏中各说明如下：

- （当前画笔载入）按钮：单击色块，将会弹出“选择绘画颜色”对话框，可以在其中选择所需的绘画颜色，也可以直接在工具箱中设置所需的前景色来作为绘画颜色。单击其后的按钮，将会弹出一个菜单，如图7-151所示，可以根据需要选择所需的命令。

图7-151　当前载入画笔菜单

- （每次描边后载入画笔）按钮：选择该按钮，可以使用当前颜色或画笔进行绘画，如果不选择则使用画面中本有的颜色进行绘画。为每次描边后清理画笔按钮。
- （有用的混合画笔组合）选项：在该列表中可以选择所需的混合画笔组合，如干燥；干燥，浅描；干燥，深描；湿润；湿润，浅混合；湿润，深混合；潮湿；潮湿，浅混合；潮湿，深混合；非常潮湿；非常潮湿，浅混合；非常潮湿，深混合。
- （设置从画布拾取的油彩量）选项：可以根据需要在文本框中输入所需的潮湿度。
- （设置画笔上的油彩量）选项：可以根据需要在文本框中输入所需的油彩量。
- （设置描边的颜色混合比）选项：可以根据需要在文本框中输入所需的颜色混合比。

03 在画面中根据自己想要的走势与画面中本来形状进行绘制，如按草、树、水的纹理进行绘制，长短视需而定，使它与原来画面不会出现太大的差别，绘制好后的效果如图7-152所示。

图7-152　用混合器画笔工具绘制后的效果

## 7.11 本章小结

本章结合实例对画笔工具、铅笔工具、历史记录画笔工具、历史记录艺术画笔工具、抹除工具、渐变工具、油漆桶工具、填充、描边、自定画笔与自定图案等工具或命令的使用方法及其应用结合效果图进行了讲解；熟练掌握这些工具和命令是使用Photoshop绘画的关键。

## 7.12 练习题

1. 以下哪种工具的工作原理和我们生活中的铅笔绘画一样，绘出来的曲线是硬的、有棱角的？（　）

A. 画笔工具　　B. 铅笔工具

C. 渐变工具　　D. 混合画笔工具

2. 以下哪种工具可以将图像的一个状态或快照的拷贝绘制到当前图像窗口中？（　）

A. 历史记录艺术画笔　　B. 画笔工具

C. 历史记录画笔工具　　D. 涂抹工具

3.使用以下哪种工具，可以混合画布上的颜色并模拟硬毛刷以产生媲美传统绘画介质的结果？（　）

A. 混合器画笔工具　　B. 涂抹工具

C. 历史记录画笔工具　　D. 渐变工具

4. 以下哪种工具可以创建多种颜色间的逐渐混合？（　）

A. 画笔工具　　B. 橡皮擦工具

C. 油漆桶工具　　D. 渐变工具

5. 使用以下哪种功能可以轻松地将指定或选定区域中的图像元素删除，并使用附近的相似的图像内容不留痕迹地填充选区或指定区域，而且还与其周边环境天衣无缝地融合在一起？（　）

A. 画笔工具　　B. 修复画笔工具

C. 内容识别　　D. 填充

# 第8章 修饰和修复图像

本章主要介绍复与仿制图像的方法，包括修复画笔工具、修补工具、污点修复画笔工具、颜色替换工具、红眼工具、仿制图章工具与图案图章工具的使用方法及其应用。同时介绍了修饰图像工具的使用方法与应用，包括模糊工具、锐化工具、减淡工具、加深工具和海绵工具等。

## 8.1 图章工具

### 8.1.1 仿制图章工具

使用仿制图章工具可以从图像中取样，然后将样本应用到其他图像或同一图像的其他部分，也可以将一个图层的一部分仿制到另一个图层。仿制图章工具对要复制对象或移去图像中的缺陷十分有用。在使用仿制图章工具时，需要在该区域上设置要应用到另一个区域上的取样点。

可以对仿制区域的大小进行多种控制，还可以使用选项栏中的“不透明度”和“流量”设置来微调应用仿制区域的方式。值得注意的是当用户从一个图像取样并在另一个图像中应用仿制时，需要这两个图像的颜色模式相同。

在工具箱中选择仿制图章工具，其选项栏如图8-1所示，其中部分选项说明如下：

21 模式：正常 不透明度：100% 流量：100% 对齐 样本：当前图层

图8-1 选项栏

- （切换画笔面板）按钮：单击该按钮可以切换到“画笔”面板。
- （切换仿制源面板）按钮：单击该按钮可以切换到“仿制源”面板。
- 对齐：在选项栏中选择“对齐”选项时，无论用户对绘画停止和继续过多少次，都可以对像素连续取样。如果不勾选“对齐”选项，则会在每次停止并重新开始绘画时使用初始取样点中的样本像素。
- 样本：在“样本”列表中可以选择当前图层，对当前图层取样；如果选择当前和下方图层，则对当前与下方的图层进行取样；如果选择所有图层，则对所有图层中的像素进行取样。

## 8.1.2　图案图章工具

可以使用图案图章工具中的图案绘画，可以从图案库中选择图案或者创建自己的图案。在工具箱中选择图案图章工具，其选项栏如图8-2所示。

图8-2　选项栏

- 印象派效果：如果勾选“印象派效果”选项，可以对图案应用印象派效果。

### 上机实战　使用仿制/图案图章工具

01 按“Ctrl”+“O”键从配套光盘的素材库中打开两个文件，如01.psd与02.jpg，如图8-3所示。

图8-3　打开的文件

02 在工具箱中选择仿制图章工具，在选项栏中设置所需的画笔，如图8-4所示，激活02.jpg文档，再按下“Alt”键在画面中吸取取样的开始点，如图8-5所示。

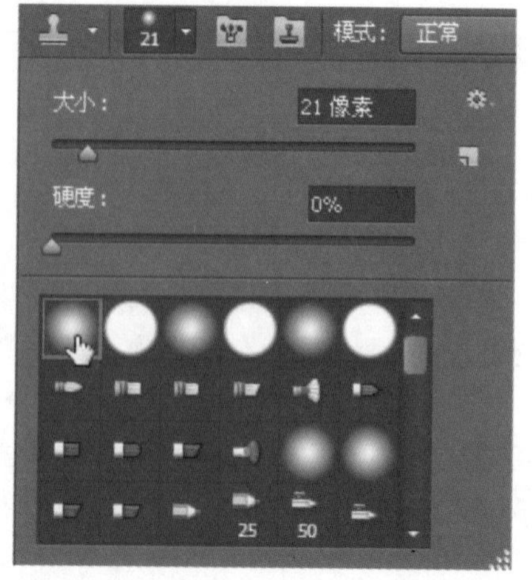


图8-4　选择画笔

图8-5　用仿制图章工具吸样

03 松开“Alt”键，在02. jpg文件中需要复制内容的地方确认起点，然后按下左键进行拖动，即可将01.psd文件中的内容仿制到02. jpg文件中，如图8-6所示，然后在画面中继续拖动，将所需的内容仿制到指定的画面中，如图8-7所示。

图8-6　仿制图像

图8-7　仿制图像后的效果

**提　示**

可以重复拖动几次，将样本图像完全仿制到其他图像中，但前提是要在选项栏中勾选“对齐”选项，并设定“模式”为正常。也可以在同一个图像中进行多次仿制，以在同一图像中仿制出多个副本。

04 在工具箱中选择图案图章工具，在选项栏的图案弹出式调板中选择所需的图案，如图8-8所示，然后在画面中需要绘制图案的地方进行绘制，绘制好后的效果如图8-9所示。

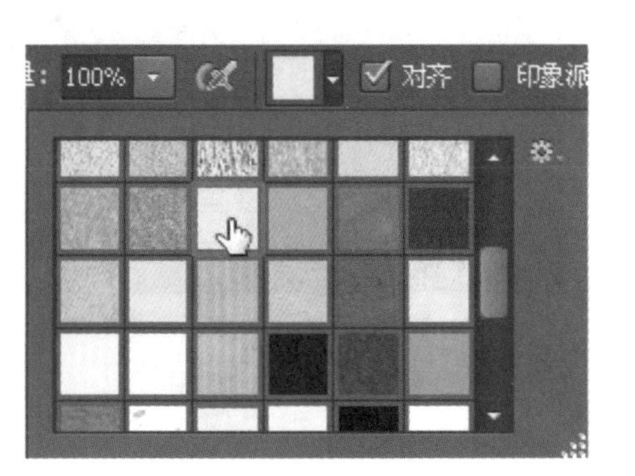


图8-8　图案弹出式调板

图8-9　用图案图章工具绘制图案后的效果

# 8.2 修复工具

## 8.2.1 修复画笔工具

使用修复画笔工具可以修复图像中的瑕疵，使它们消失在周围的图像中，它可以利用图像或图案中的样本像素来绘画，并且在修复的同时将样本像素的纹理、光照和阴影与源像素进行匹配，从而使修复后的像素不留痕迹地融入图像的其余部分。

## 上机实战 使用修复画笔工具修复图像

01 按“Ctrl”＋“O”键从配套光盘的素材库中打开两个文件，如803.psd与804.psd，如图8-10、图8-11所示。

图8-10　打开的文件

图8-11　打开的文件

02 在工具箱中选择修复画笔工具，其选项栏如图8-16所示。采用前面设置好的画笔，移动指针到画面中要取样的地方，再按下Alt键，当指针呈状时在画面中单击，以所指位置为取样点，如图8-12所示。松开Alt键，在803.psd文件中需要复制内容的地方确认起点，如图8-13所示，然后按下左键进行拖动，即可将804.psd文件中的内容仿制到803.psd文件中，如图8-14、图8-15所示。

图8-12　用修复画笔工具在画面中取样

图8-13　在画面中进行绘制

图8-14 绘制一段时间后的效果

图8-15 绘制好后的效果

图8-16 选项栏

修复画笔工具选项栏中各选项说明如下：

- ：单击（画笔选取器）按钮，将弹出如图8-17所示的画笔选取器，在其中可以设置“大小”、“硬度”、“间距”、“角度”和“圆度”选项等，具体选项说明可以查看前面“画笔”面板中的画笔笔尖形状。
- 模式：在“模式”下拉列表中可以选择所需的修复模式，如图8-18所示。

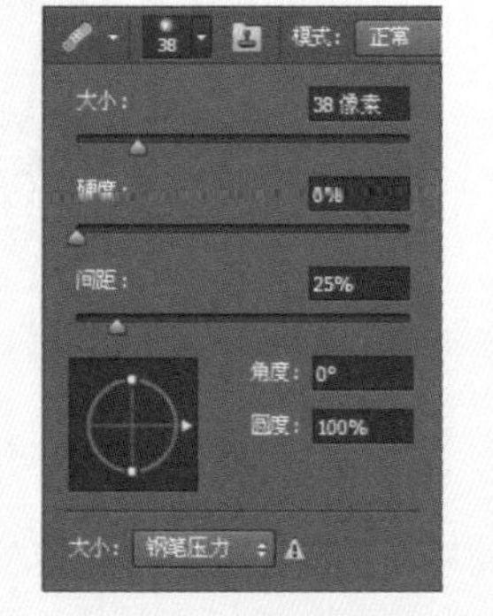


图8-17 画笔选取器

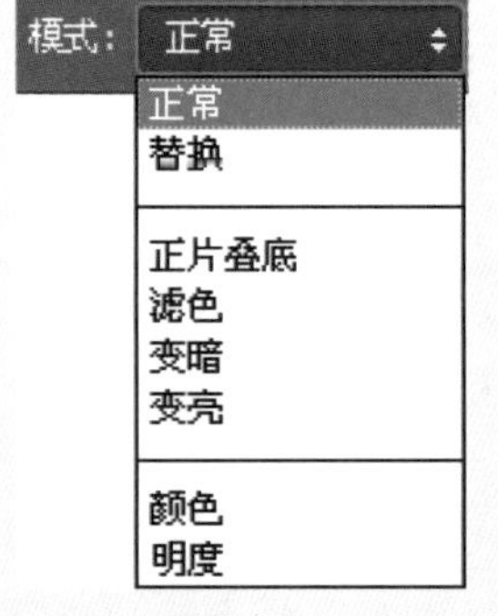


图8-18 “模式”下拉列表

> ➢ 替换：选择“替换”模式可以保留画笔描边的边缘处的杂色、胶片颗粒和纹理，也就说将原图像中的部分替换掉。

在同一文件中可以采用不同模式来修饰画面，其操作方法与在不同文件中修复画面一样，如图8-19所示是设置不同模式的对比效果图。

图8-19　设置不同模式的对比效果图

- 源：用于修复像素的源有两种方式，即“取样”和“图案”。“取样”可以使用当前图像的像素，而“图案”可以使用某个图案的像素。如果选择了“图案”，则可从“图案”弹出式面板中选择所需的图案（如），如图8-20所示为使用图案修复后的效果图。

图8-20　使用图案修复后的效果图

- (对齐)选项：如果勾选“对齐”选项，则可以松开左键，当前取样点不会丢失。无论多少次停止和继续绘画，都可以连续应用样本像素。如果不勾选“对齐”，则每次停止和继续绘画时，都将从初始取样点开始应用样本像素。

## 8.2.2 污点修复画笔工具

使用污点修复画笔工具可以快速移去照片中的污点和其他不理想部分。污点修复画笔的工作方式与修复画笔类似，它使用图像或图案中的样本像素进行绘画，并将样本像素的纹理、光照、透明度和阴影与所修复的像素相匹配。与修复画笔不同的是，污点修复画笔不需要用户指定样本点，它将自动从所修饰区域的周围取样。

在工具箱中选择污点修复画笔工具，其选项栏如图8-21所示。

19 模式：正常 类型：近似匹配 创建纹理 内容识别 对所有图层取样

图8-21 选项栏

污点修复画笔工具选项栏中各选项说明如下：

- 近似匹配：使用选区边缘周围的像素来查找要用作选定区域修补的图像区域。
- 内容识别：选择该选项可以使要修复的区域自动获取周围非常相似的像素来修复指定区域，以使要修复的区域与周围像素完全融合，如图8-22所示。

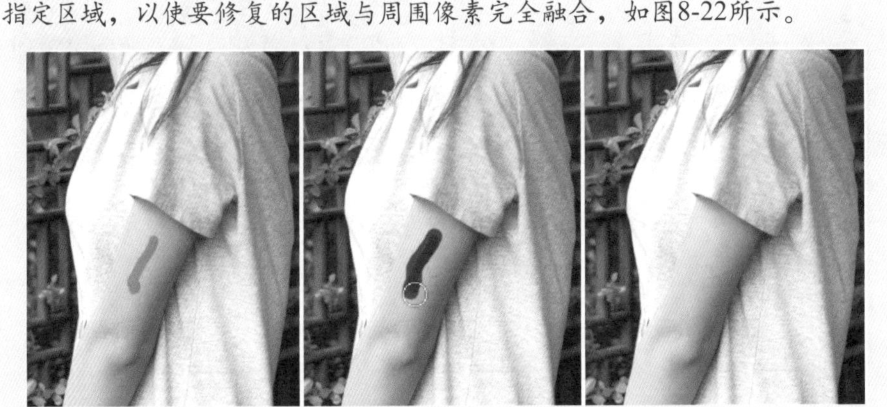

原图像　　污点修复画笔工具拖动时的状态　　修复后的效果

图8-22 用内容识别修复图像

- 创建纹理：使用图像中的所画区域附近的像素或使用预设或自定图案来修复该区域的纹理，如图8-23所示。

原图像

按下左键拖动时的状态

松开左键后的效果

图8-23 用创建纹理修复图像

## 8.2.3 修补工具

使用修补工具可以将选区的像素用其他区域的像素或图案来修补，实际上修补工具和修复画笔工具的功能差不多，只是修补工具的效率高一些。

在工具箱中选择修补工具，其选项栏如图8-24所示。

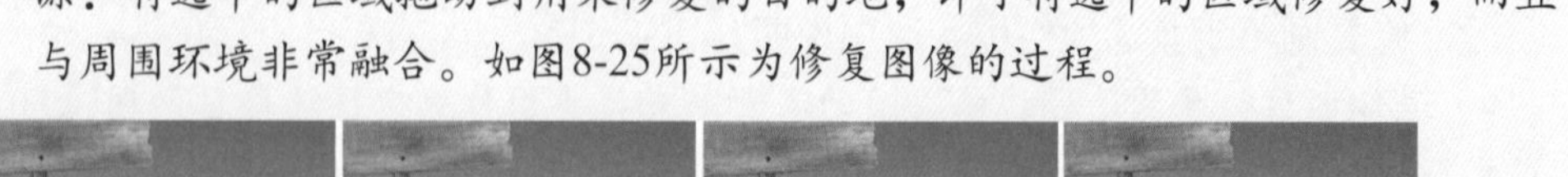


图8-24 选项栏

修补工具选项栏中各选项说明如下：

- 修补：在“修补”选项中可以选择“源”和“目标”。
  - 源：将选中的区域拖动到用来修复的目的地，即可将选中的区域修复好，而且与周围环境非常融合。如图8-25所示为修复图像的过程。

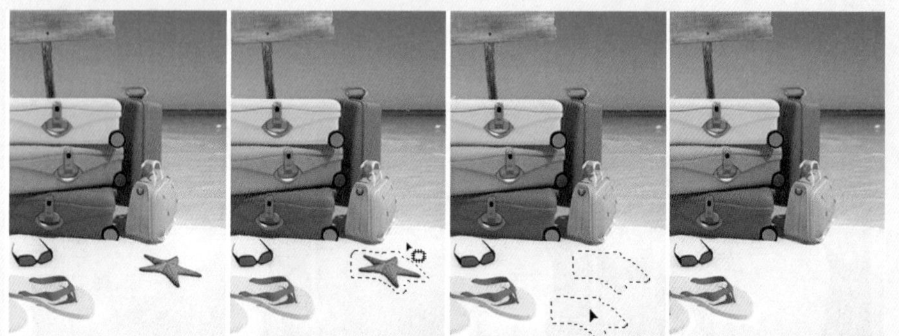


图8-25 选择“源”方式修复图像

**提 示**

如果一次修复不好可执行多次，直至满意为止。

  - 目标：先用修补工具框选出用于修复的区域，然后将其拖动到要修复的区域。如图8-26所示为修复过程。

图8-26 选择“目标”方式修复图像

➢ 透明：选择该选项可以使修复的区域应用透明度，如图8-27所示为选择“目标”与“透明”选项时的修补过程。

原图像

框选要用于修复的区域

在选框内按下左键向要修复的区域拖动

按Ctrl+D键取消选择后的效果

图8-27 选择“目标”与“透明”方式修复图像

- 使用图案：保持目标与透明选项的选择，再使用修补工具在图像中选取出选区后，它成为活动可用状态，也就是可以使用图案（如▪）来填充所选区域，只需单击 使用图案 按钮，即可将所选的区域填充为所选的图案，如图8-28所示。

用修补工具在图像中框选出一个选区

在选项栏中选择透明选项并使用图案后的效果

图8-28 选择“使用图案”方式修复图像

**提 示**

按住“Shift”键并在图像中拖动，可以将选区添加到现有选区。按住“Alt”键并在图像中拖动，可以从现有选区中减去一部分。按住“Alt”+“Shift”组合键并在图像中拖动，可以选择与现有选区交叉的区域。

## 8.2.4 红眼工具

使用红眼工具可以移除用闪光灯拍摄的人物照片中的红眼，也可以移除用闪光灯拍摄的动物照片中的白色或绿色反光。

从配套光盘的素材库中打开一张有红眼的图像文件，如图8-29所示。在工具箱中选择红眼工具，选项栏中就会显示它相关的选项，在其中设置“瞳孔大小”为50%，“变暗量”为50%，如图8-30所示，然后在画面中红眼上单击，即可将红眼去除，结果如图8-31所示。

图8-29 打开的图像

瞳孔大小：50% 变暗量：50%

图8-30 选项栏

图8-31 修复红眼后的效果

红眼工具选项栏中各选项说明如下：

- 瞳孔大小：可以拖动滑块或在文本框中输入1%~100%之间的数值设置瞳孔（眼睛暗色的中心）的大小。
- 变暗量：可以拖动滑块或在文本框中输入1%~100%之间的数值设置瞳孔的暗度。

**提 示**

红眼是由于相机闪光灯在主体视网膜上反光引起的。在光线暗淡的房间里照相时，由于主体的虹膜张开得很宽，将会更加频繁地看到红眼。为了避免红眼，可以使用相机的红眼消除功能，或者使用可安装在相机上远离相机镜头位置的独立闪光装置。

## 8.2.5 使用修复工具修复图像

本例主要讲解使用修复工具将人物中的污点清除的方法，原图像与修复的图像如图8-32、图8-33所示。

图8-32 原图像

图8-33 修复后的图像

### 上机实战 使用修复工具修复图像

01 按“Ctrl”+“O”键从配套光盘的素材库中打开一张要修复的图片，如图8-34所示。

02 在工具箱中选择污点修复画笔工具，并在选项栏中选择“内容识别”单选框，再单击“画笔”后的下拉按钮，弹出画笔选取器，在其中设定画笔的“大小”为13，“硬度”为100%，如图8-35所示，其他为默认值，然后移动指针在人物脸颊上的污点处（如图8-36所示）单击，即可将其污点去除，清除污点后的区域与周围区域的环境融合，结果如图8-37所示。

图8-34 打开的图像

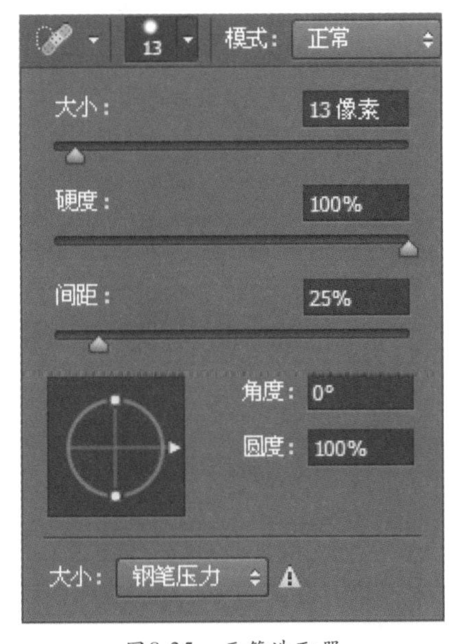


图8-35 画笔选取器

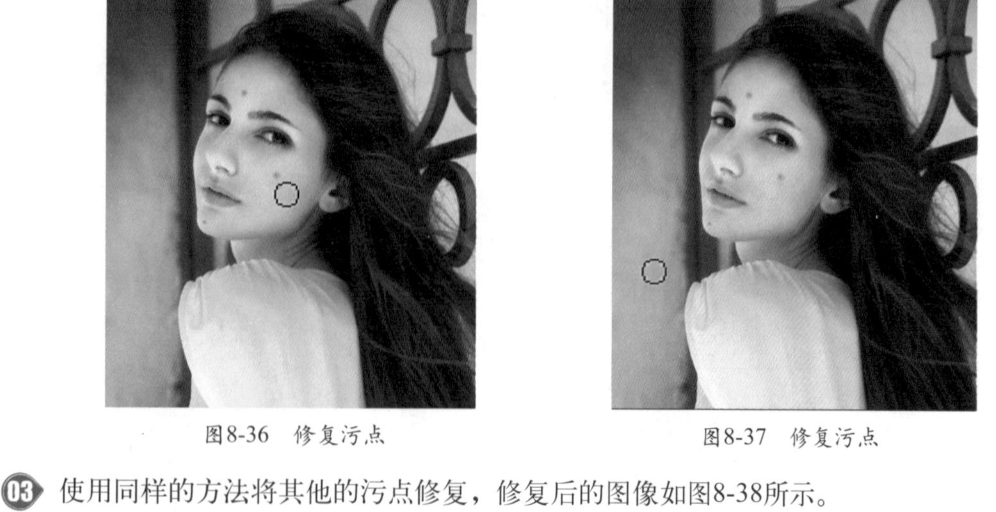

图8-36　修复污点　　　　图8-37　修复污点

03 使用同样的方法将其他的污点修复，修复后的图像如图8-38所示。

04 在“图层”面板的底部单击 （创建新的填充或调整图层）按钮，并在弹出的菜单中执行“曲线”命令，如图8-39所示，接着弹出“属性”面板，在其中将直线调为如图8-40所示的曲线，以调亮画面，调整好后的效果如图8-41所示。

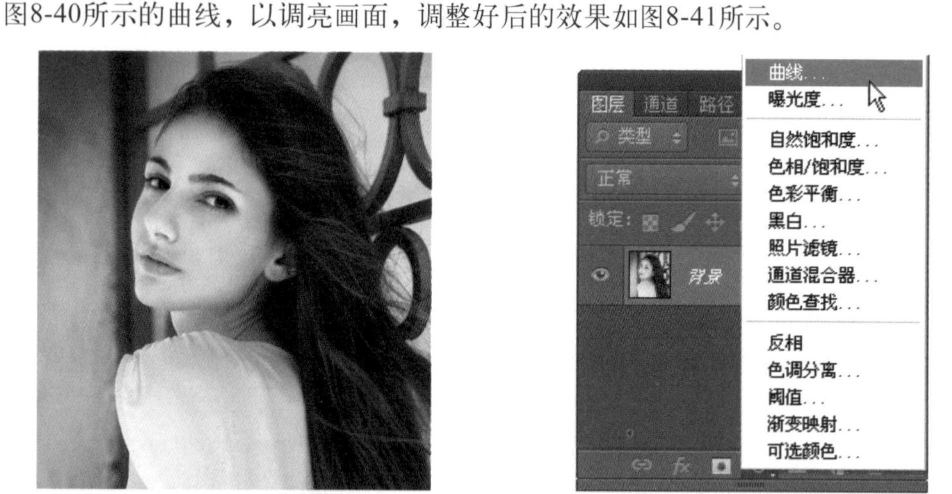


图8-38　修复后的图像　　　　图8-39　图层调整菜单

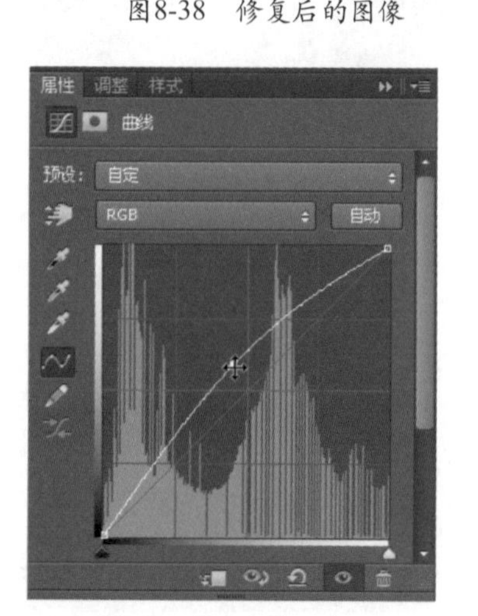


图8-40　“属性”面板

图8-41　调亮后的图像

# 8.3 颜色替换工具

使用颜色替换工具能够简化图像中特定颜色的替换。可以使用校正颜色在目标颜色上绘画。颜色替换工具不适用于“位图”、“索引”或“多通道”颜色模式的图像。

下例介绍使用颜色替换工具将黑白图像转换成彩色图像的方法，原图像与转换后的图像如图8-42、图8-43所示。

图8-42 原图像

图8-43 上色后的效果

## 上机实战 使黑白图像转换成彩色图像

01 按“Ctrl”+“O”键从配套光盘的素材库中打开一个黑白图像文件，如图8-44所示。

02 在工具箱中设定前景色为# f4cda6，在工具箱中选择颜色替换工具，选项栏中就会显示它的相关选项，如图8-45所示，再在画笔选取器中设置“大小”为15像素，“硬度”为100%，其他不变，如图8-46所示。

图8-44 打开的图像

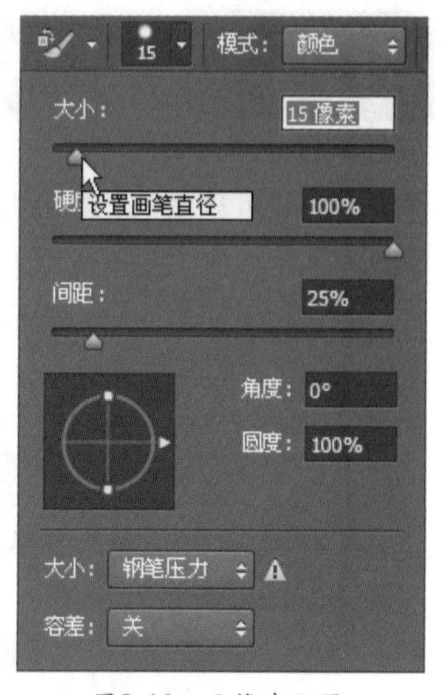

图8-45　选项栏

图8-46　画笔选取器

颜色替换工具选项栏中各选项说明如下：

- 模式：在其下拉列表中可选择更改图像的模式，如“色相”、“饱和度”、“颜色”和“明度”，如图8-47所示。

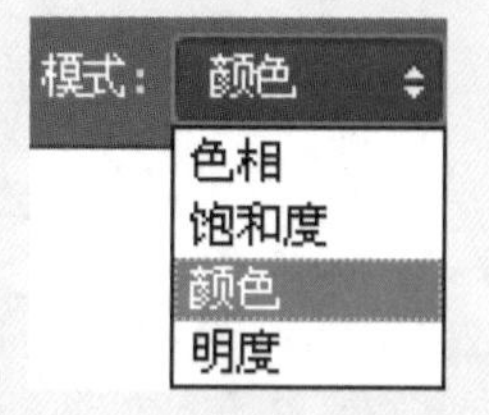


图8-47　模式下拉列表

03 使用颜色替换工具对画面中皮肤区域进行涂抹，将其颜色改为皮肤色，涂抹后的效果如图8-48所示。

图8-48　给皮肤上色

**04** 设置前景色为 # d9735f ，再在画笔选取器中将“大小”改为2%，如图8-49所示，在画面中给嘴唇上色，上好色后的效果如图8-50所示。

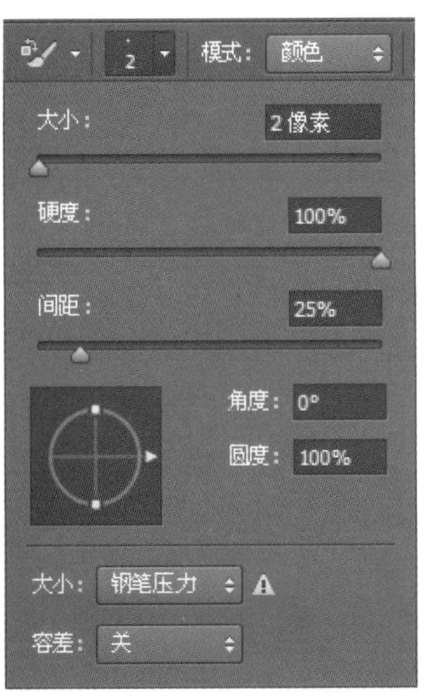


图8-49 画笔选取器

图8-50 给嘴唇上色

**05** 设置前景色为 # 531b07 ，再在画面中的头发上进行绘制，给头发进行上色，上好色后的效果如图8-51所示。

**06** 设置前景色为 # ffe9c1 ，再在画面中草帽上进行绘制，给草帽进行上色，上好色后的效果如图8-52所示。

图8-51 给头发上色

图8-52 给草帽上色

07 设置前景色为# 1688a5，再对衣服进行绘制，给衣服上色，上好色后的效果如图8-53所示。

08 设置前景色为# ee53ec，再使用颜色替换工具给包包上色，上好色后的效果如图8-54所示。

图8-53　给衣服上色　　图8-54　给包包上色

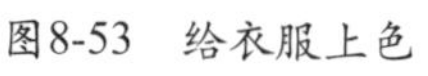

09 设置前景色为# ffc000，使用颜色替换工具给包包上的配件上色，上好色后的效果如图8-55所示。

10 在工具箱中选择减淡工具，并在选项栏中设置柔角画笔，再按“[”与“]”键调整画笔的大小，在皮肤上需要调亮的区域进行涂抹，涂抹后的效果如图8-56所示。

图8-55　给包包上的配件上色

图8-56　用减淡工具调亮画面

# 8.4 涂抹工具

使用涂抹工具可以模拟在湿颜料中拖移手指的绘画效果，即它可以拾取描边开始位置的颜色，并沿拖移的方向展开这种颜色。

在工具箱中选择涂抹工具，其选项栏如图8-57所示。

模式：正常 强度：50% 对所有图层取样 手指绘画

图8-57 选项栏

涂抹工具选项栏中各选项说明如下：

- 对所有图层取样：选择该选项后，可以利用所有可见图层中的颜色数据来进行涂抹。如果取消该选项的选择，则涂抹工具只使用现用图层中的颜色。
- 手指绘画：选择该选项后，可以在起点描边处使用前景色进行涂抹。如果不勾选该选项，涂抹工具会在起点描边处使用指针所指的颜色进行涂抹，如图8-58所示为勾选和不勾选“手指绘画”选项，并设置“强度”为50%绘制后的比较图，画笔大小为64像素的柔角画笔。

原图像

图层面板

用涂抹工具不勾选手指绘画选项涂抹后的效果

用涂抹工具勾选手指绘画选项涂抹后的效果

图8-58 勾选与不勾选“手指绘画”选项绘制后的比较图

- 强度：可以指定涂抹、模糊、锐化和海绵工具应用的描边强度。

# 8.5 聚焦工具

聚焦工具由模糊工具和锐化工具组成，如图8-59所示。模糊工具可以柔化图像中的硬边缘或区域，以减少细节。锐化工具可聚焦软边缘，提高清晰度或聚焦程度。

模糊工具和锐化工具的选项栏完全相同，如图8-60所示。

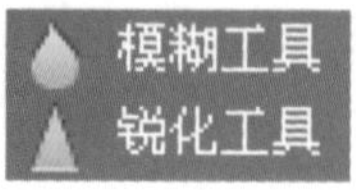

模糊工具
锐化工具

图8-59　聚焦工具

图8-60　选项栏

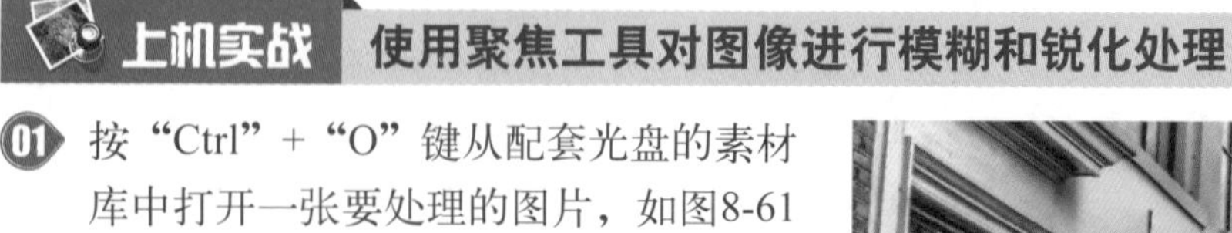


## 使用聚焦工具对图像进行模糊和锐化处理

01 按“Ctrl”+“O”键从配套光盘的素材库中打开一张要处理的图片，如图8-61所示。

02 在工具箱中选择模糊工具，并在选项栏中设定“强度”为100%，再在画笔预设选取器中选择所需的画笔笔尖与设置所需的画笔大小，如图8-62所示，然后在画面中上按下左键进行拖动，将其模糊，涂抹后的效果如图8-63所示。

图8-61　打开的图像

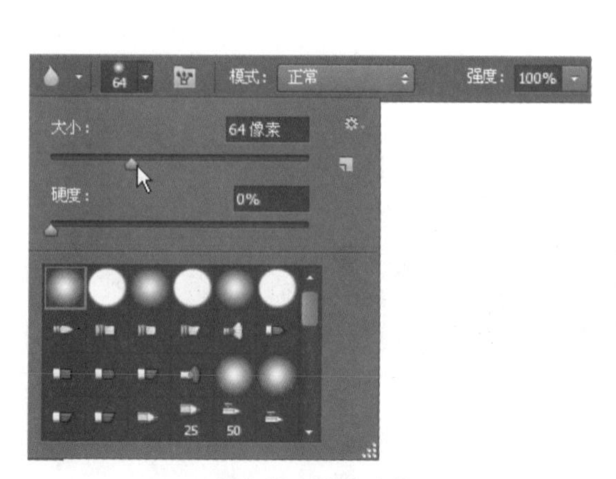


图8-62　设置画笔

图8-63　用模糊工具绘制后的效果

03 在工具箱中选择锐化工具，并在选项栏中设定“模式”为正常，“强度”为100%，再在画笔预设选取器中设置“大小”为63像素，“硬度”为0%，如图8-64所示，然后在画面中进行涂抹，将其锐化，锐化后的效果如图8-65所示。

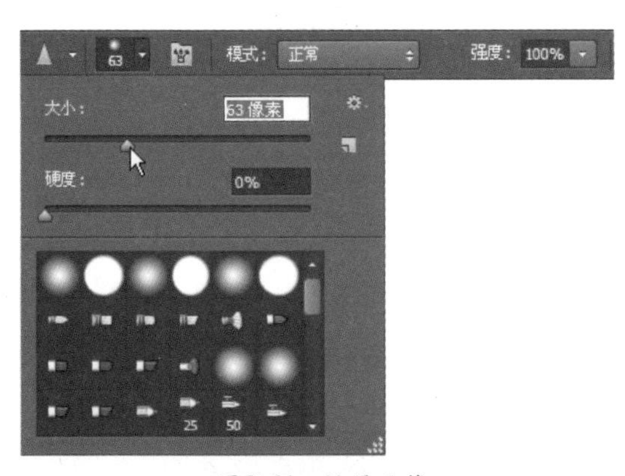

图8-64 设置画笔

图8-65 锐化后的效果

## 8.6 色调工具

色调工具由减淡工具和加深工具组成，如图8-66所示。减淡或加深工具采用了用于调节照片特定区域的曝光度的传统摄影技术，可以使图像区域变亮或变暗。减淡工具可以使图像变亮，加深工具可以使图像变暗。

减淡工具和加深工具的选项栏完全一样，如图8-67所示。

图8-66 色调工具

图8-67 选项栏

减淡工具和加深工具选项栏中各选项说明如下：

- 范围：在其下拉列表中可以选择图像中要更改的色调，如阴影、中间调或高光，如图8-68所示。

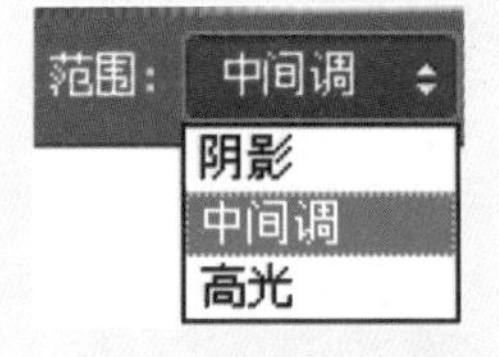

图8-68 范围下拉列表

> 中间调：可以更改灰色的中间范围，如图8-69所示。

原图像　　减淡工具处理后的效果　　加深工具处理后的效果

图8-69　原图与更改中间调后的效果对比图

➢ 阴影：可以更改暗区，如图8-70所示。

原图像　　减淡工具处理后的效果　　加深工具处理后的效果

图8-70　原图与更改暗区后的效果对比图

➢ 高光：可以更改亮区，如图8-71所示。

原图像　　减淡工具处理后的效果　　加深工具处理后的效果

图8-71　原图与更改亮区后的效果对比图

- 曝光度：可以通过拖动滑块或输入数值指定减淡和加深工具使用的曝光量。如图8-72所示为设置“范围”为高光，并使用不同曝光度的比较图。

原图像

用减淡工具并设定曝光度为15%处理过的图像

用减淡工具并设定曝光度为90%处理过的图像

用加深工具并设定曝光度为15%处理过的图像

用加深工具并设定曝光度为90%处理过的图像

图8-72　原图与更改曝光度后的效果对比图

# 8.7 海绵工具

使用海绵工具可以精确地更改区域的色彩饱和度。在灰度模式下，该工具通过使灰阶远离或靠近中间灰色来增加或降低对比度。

在工具箱中选择海绵工具，其选项栏如图8-73所示。

图8-73　选项栏

海绵工具选项栏中各选项说明如下：

图8-74　模式下拉列表

- 模式：在其下拉列表中可以选择所需更改颜色的方式，如图8-74所示。
- 降低饱和度：可以减弱颜色的饱和度，如图8-75所示。

原图像　　用降低饱和度模式处理后的效果

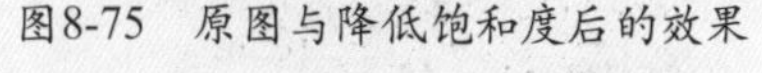

图8-75　原图与降低饱和度后的效果

- 饱和：可以增强颜色的饱和度，如图8-76所示。

原图像　　用饱和模式处理后的效果

图8-76　原图与添加饱和度后的效果

## 8.8 本章小结

本章介绍了修饰与修复图像的工具，并结合实例或效果分别对修复画笔工具、污点修复画笔工具、修补工具、颜色替换工具、仿制图章工具、图案图章工具、减淡工具、加深工具、模糊工具、锐化工具、海绵工具的使用方法与应用进行了讲述。熟练掌握这些工具，可以快速对要修复与修饰的图像进行处理，从而提高工作效率。

## 8.9 练习题

1. 使用以下哪个工具可将选区的像素用其他区域的像素或图案来修补？（　）

A. 修复画笔工具　　B. 污点修复画笔工具

C. 仿制图章工具　　D. 修补工具

2. 使用以下哪个工具可用于修复图像中的瑕疵，使它们消失在周围的图像中？（　）

A. 修补工具　　B. 污点修复画笔工具

C. 仿制图章工具　　D. 修复画笔工具

3. 使用以下哪个工具可聚焦软边缘，以提高清晰度或聚焦程度？（　）

A. 修补工具　　B. 加深工具

C. 锐化工具　　D. 减淡工具

4. 使用以下哪个工具可移去用闪光灯拍摄的人物照片中的红眼，也可以移去用闪光灯拍摄的动物照片中的白色或绿色反光？（　）

A. 红眼工具　　B. 修复画笔工具

C. 减淡工具　　D. 仿制图章工具

# 第9章 裁剪、调整与变形图像

本章首先介绍使用裁剪工具与“裁剪”、“裁切”命令裁剪图像的方法，以及使用“裁剪并修齐照片”命令来裁剪并修齐图像，其次介绍调整图像大小与画布的方法，最后介绍使用Photomerge创建全景图像和使用操控变形命令变形图像的方法。

## 9.1 裁剪图像

### 9.1.1 使用裁切命令裁切图像

使用“裁切”命令可以裁切图像。在裁切时，首先要确定删除的像素颜色（如透明色或背景色），然后通过将图像中所有像素的颜色与之比较，删除相同颜色的像素来达到裁切图像的目的。

在菜单中执行“图像”→“裁切”命令，将弹出如图9-1所示的裁切对话框，其中各选项说明如下：

- 基于：在此栏中选择裁切图像的基准，也就是要删除的像素颜色。
  - 透明像素：删除图像边缘的透明区域。
  - 左上角像素颜色：从图像中删除与左上角像素颜色相同的边缘区域。
  - 右下角像素颜色：从图像中删除与右下角像素颜色相同的边缘区域。
- 裁切：在此栏中可以选择一个或多个裁减掉的边缘区域。

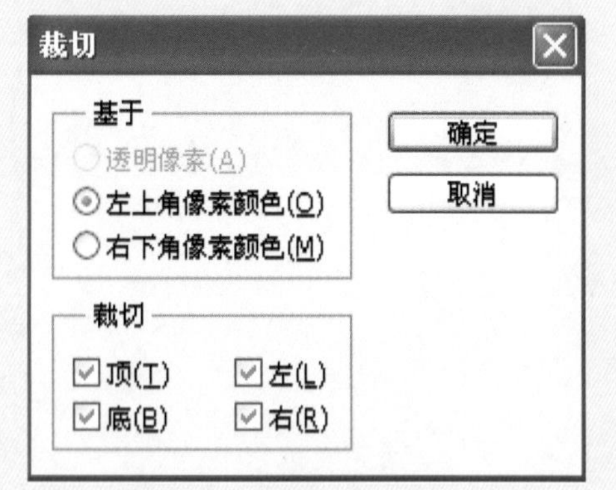


图9-1 “裁切”对话框

从配套光盘的素材库中打开一张要裁切的图像，如图9-2所示，然后在菜单中执行“图像”→“裁切”命令，弹出“裁切”对话框，在其中选择“右下角像素颜色”选项，取消“顶”复选框的勾选，如图9-3所示，单击“确定”按钮，即可将底部与左右两边裁切掉，如图9-4所示。

图9-2 打开的图像

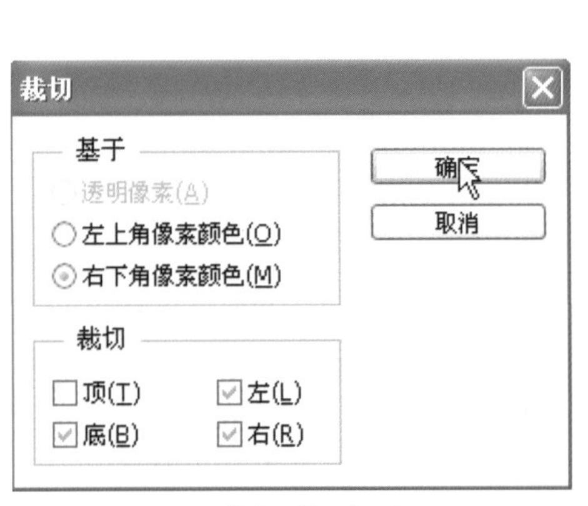


图9-3 "裁切"对话框

图9-4 将底部与左右两边裁切掉后的画面

## 9.1.2 裁剪工具

可以使用裁剪工具裁剪图像。裁剪是移去部分图像以形成突出或加强构图效果的过程。在工具箱中选择裁剪工具，其选项栏如图9-5所示。

图9-5 选项栏

裁剪工具选项栏中各选项说明如下：

- 裁剪工具的默认模式为不受约束，不过可以根据需要选择所需的模式，如原始比例、1×1（方形）、4×5（8×10）、8.5×11、4×3、5×7、2×3（4×6）、16×9、存储预设、删除预设、大小和分辨率与旋转裁剪框。
- 按钮：单击该按钮，可以在画面中显示一个裁剪框，从而可以纵向与横向旋转裁剪框。

- 拉直（拉直）选项：选择该选项，可以通过在图像上画一条线来拉直所要裁剪的图像。
- 按钮：单击该按钮，将弹出如图9-6所示的调板，可以在其中选择其他裁切选项。
- 按钮：单击该按钮可以复位裁剪框。
- （取消当前裁剪操作）按钮：单击此按钮可取消裁剪操作。也可以在键盘上按“ESC”键。
- （提交当前裁剪操作）按钮：单击此按钮确认裁剪操作，也可以按“Enter”键确认操作，或者在裁切框内双击确认操作。

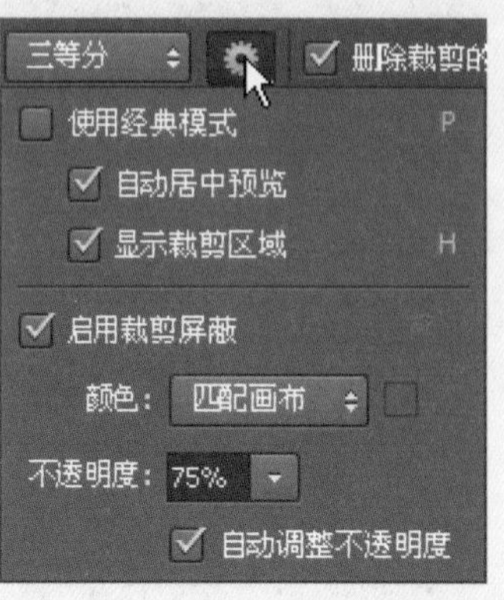


图9-6　裁切选项

## 上机实战　使用裁剪工具裁剪图像

01 从配套光盘的素材库中打开一张如图9-7所示的图片，接着在工具箱中选择裁剪工具，在图片中将显示一个裁剪框，如图9-8所示。

图9-7　打开的图片

图9-8　显示的裁剪框

02 可以直接拖动裁剪框上的控制柄来调整裁剪框的大小，如图9-9所示。

03 也可以选择拉直（拉直）按钮，在画面中拖出一条直线，如图9-10所示，将图片摆放到所需的位置，如图9-11所示，所拉出的裁剪框内的内容并不是所要的，还需要对其进行移动。在裁剪框内按下左键进行拖动，将所需的内容拖动到裁剪框内，如图9-12所示。

04 在选项栏中单击按钮(或在裁剪框内双击或按“Enter”键确认裁剪)，裁剪过后得到如图9-13所示的图像。

图9-9　调整裁剪框的大小

图9-10　拖出一条直线

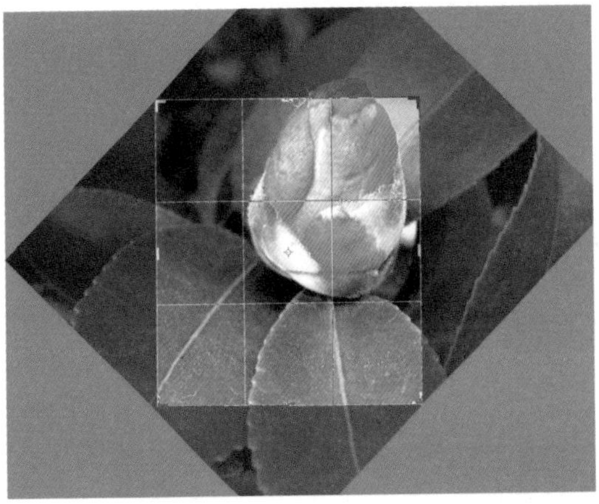

图9-11　松开左键后摆放的位置

图9-12　移动图像

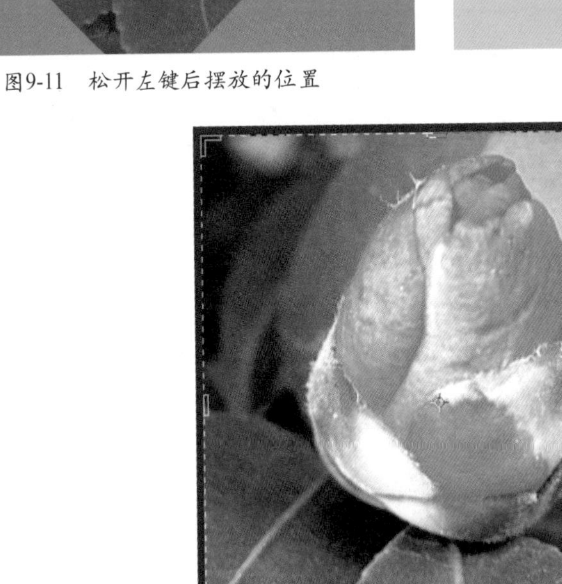

图9-13　裁剪后的效果

## 9.1.3 使用裁剪命令裁剪图像

使用“裁剪”命令可以删除图像中矩形选区外的内容，只保留选区内的图像，如图9-14所示，如果该选区不是矩形选区，则对选框最外点的相切线进行裁剪，如图9-15所示。也可以用裁切工具在画布上框选出选区后，执行“图像”→“裁剪”命令，确认裁切。

执行“裁剪”命令的结果

图9-14 裁剪图像

执行“裁剪”命令的结果

图9-15 裁剪图像

## 9.1.4 使用裁剪并修齐照片命令

使用裁剪并修齐照片命令可以将一次扫描的多个图像分成多个单独的图像文件。为了获得最佳结果，需要在要扫描的图像之间保持 1/8 英寸的间距，而且背景（通常是扫描仪的台面）应该是没有什么杂色的均匀颜色。“裁剪并修齐照片”命令最适于外形轮廓十分清晰的图像。

按“Ctrl”+“O”键从配套光盘的素材库中打开一个要裁剪并修齐的扫描照片，如图9-16所示，然后在菜单中执行“文件”→“自动”→“裁剪并修齐照片”命令，即可得到3个单独的图像文件，在“窗口”菜单中执行“排列”→“四联”命令，即可将4个文件在窗口中进行四联排列显示，如图9-17所示。

图9-16　打开的扫描照片

图9-17　裁剪并修齐照片四联排列

## 9.1.5 透视裁剪工具

使用透视裁剪工具可以在裁剪的同时校正图像的透视。

### 上机实战　使用透视裁剪工具裁剪并校正图像的透视

01 按“Ctrl”+“O”键从配套光盘的素材库中打开一个要裁剪并需要调整透视的图像，如图9-18所示。

02 在工具箱中选择透视裁剪工具，在画面中拖动一个裁剪的网格裁剪框，如图9-19所示，再拖动左上角的控制柄至适当位置，如图9-20所示。

图9-18　打开的图像

图9-19　网格裁剪框

图9-20　调整网格裁剪框

03 拖至右上角的控制柄至适当位置，如图9-21所示，然后在裁剪框中双击，即可将多余的部分裁剪掉，同时还调整了图像的透视角度，结果如图9-22所示。

图9-21　调整网格裁剪框

图9-22　裁剪并调整了透视的图像

# 9.2 旋转画布

利用“旋转画布”命令下的各命令可以旋转或翻转整个图像，如图9-23所示。但是这些命令不适用于单个图层或图层的一部分、路径以及选区边框。

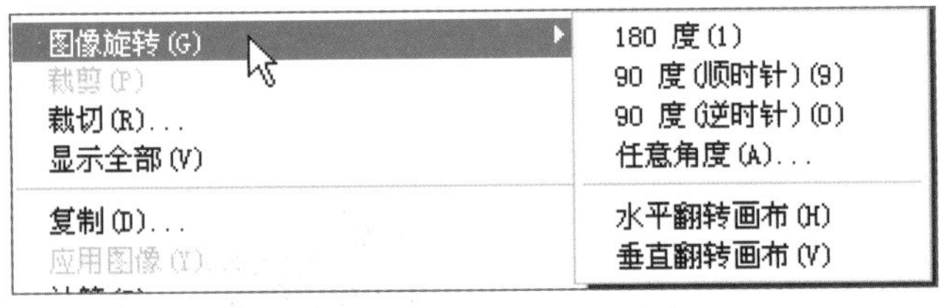


图9-23 “旋转画布”子菜单

如图9-24所示分别为将原图像进行90度(顺时针)与水平翻转画布的结果。

图9-24 原图像进行90度(顺时针)与水平翻转画布的结果

# 9.3 更改画布与图像的大小或长宽比

## 9.3.1 更改画布的大小

使用“画布大小”命令可以添加或移去现有图像周围的工作区（画布）。添加的画布与背景的颜色或透明度相同。可以通过减小画布区域来裁切图像。

## 上机实战 更改画布大小

01 从配套光盘的素材库中打开一个图像文件，如图9-25所示。

图9-25 打开的文件

02 在菜单中执行“图像”→“画布大小”命令，弹出如图9-26所示的对话框，在其中勾选“相对”复选框，在“定位”栏中点击↓按钮，如图9-27所示，以在画布的顶部添加画布，再单击“画布扩展颜色”后的色块，弹出“拾色器”对话框，然后用吸管工具在画面中选择所需的颜色，如图9-28所示，选择好后单击“确定”按钮，返回到“画布大小”对话框中再设置“高度”为2厘米，如图9-29所示，单击“确定”按钮，即可在画布的上边加高2厘米，结果如图9-30所示。

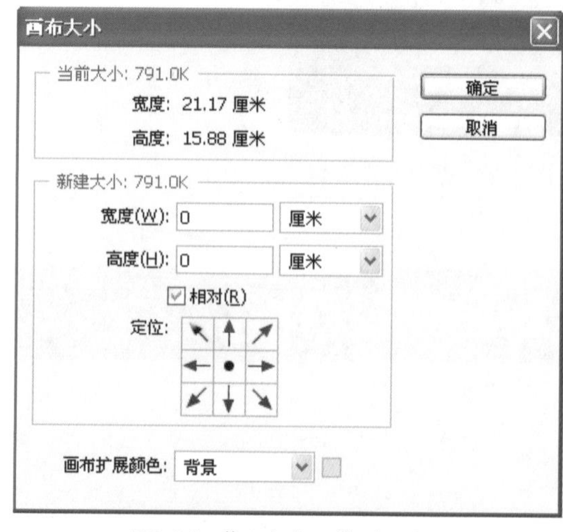


图9-26 “画布大小”对话框

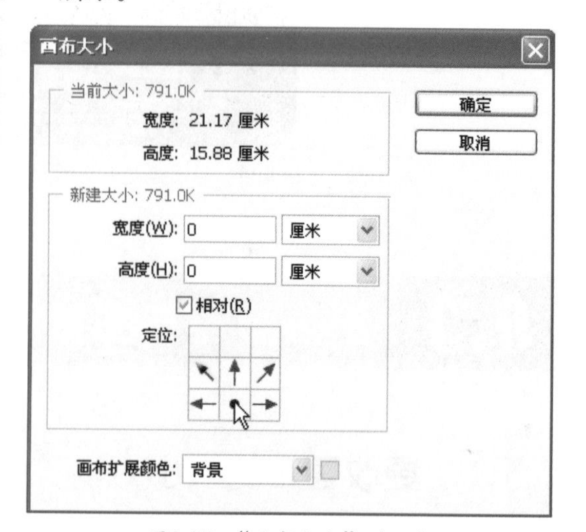


图9-27 “画布大小”对话框

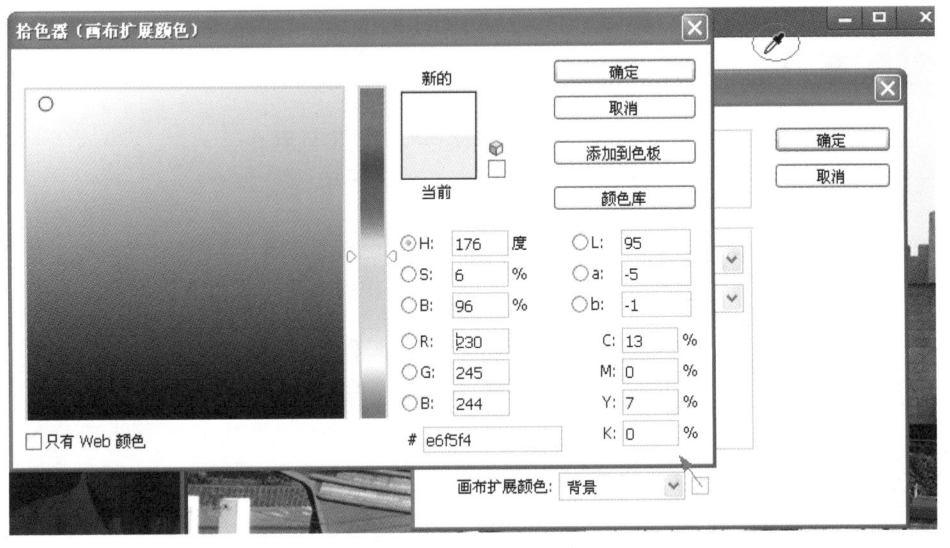


图9-28 选择画布扩展颜色

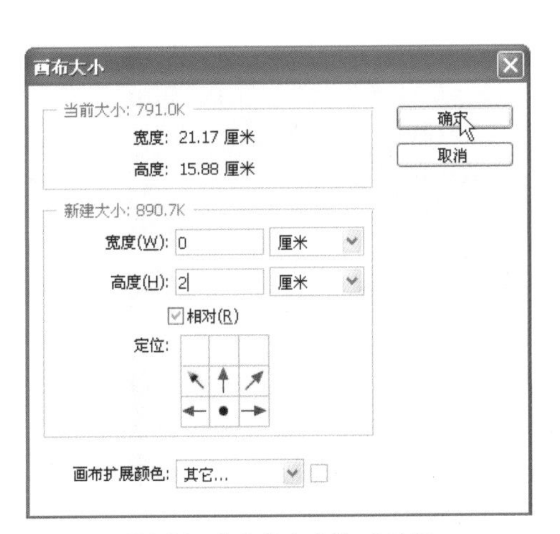


图9-29 “画布大小”对话框

图9-30 加高画布后的效果

画布大小对话框中各选项说明如下：

- 宽度/高度：在“宽度”和“高度”文本框中可以输入画布的尺寸，还可以在“宽度”和“高度”文本框旁边的下拉列表中选择所需的度量单位。
- 相对：选择该选项可以在“宽度”和“高度”文本框中输入希望画布大小增加或减少的数量。（输入负数将减小画布大小。）
- 定位：可以在方格中单击相应的箭头按钮，指示现有图像在新画布上的位置。
- 画布扩展颜色：在“画布扩展颜色”下拉列表中可以选择新增画布的颜色，如“前景”、“背景”、“白色”、“黑色”、“灰色”或“其它”。
  - “前景”：选择该选项则用当前的前景色填充新画布。
  - “背景”：选择该选项则用当前的背景色填充新画布。
  - “白色”、“黑色”或“灰色”：选择这些选项则用所选的颜色填充新画布。
  - “其它”：使用拾色器选择新画布颜色。

**提 示**

如果图像不包含背景图层，则“画布扩展颜色”选项不可用。

## 9.3.2 更改图像大小

在处理和编辑图像时往往需要更改或调整图像像素大小、打印尺寸和分辨率，在Photoshop 中，可以使用“图像大小”命令来进行更改与调整。

### 上机实战 更改图像大小

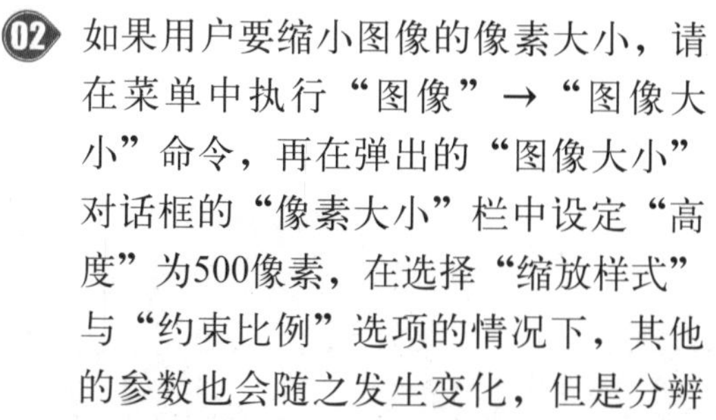

01 按“Ctrl”+“O”键从配套光盘的素材库中打开一个图像文件，如图9-31所示。

02 如果用户要缩小图像的像素大小，请在菜单中执行“图像”→“图像大小”命令，再在弹出的“图像大小”对话框的“像素大小”栏中设定“高度”为500像素，在选择“缩放样式”与“约束比例”选项的情况下，其他的参数也会随之发生变化，但是分辨率并没有改变，如图9-32所示，单击“确定”按钮，显示在程序窗口中的图像已经缩小了，如图9-33所示。

图9-31 打开的文件

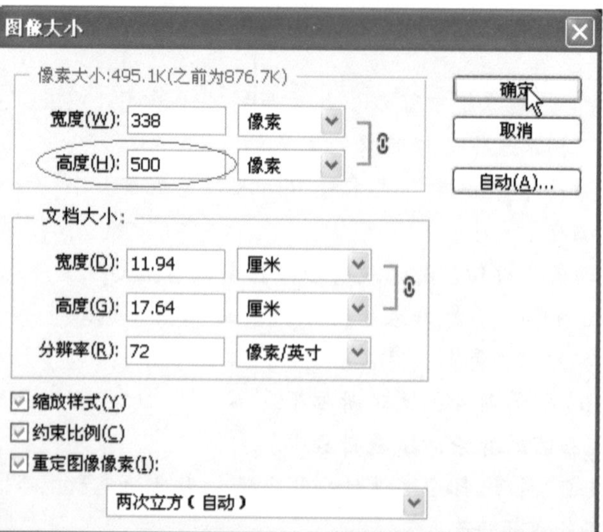


图9-32 “图像大小”对话框

图9-33 调整图像大小的文件

图像大小对话框中各选项说明如下：

- 缩放样式：当重设图像尺寸时是否让比例样式成适当比例。
- 约束比例：勾选该项可以保持当前的像素宽度和像素高度的比例，如只更改高度时，其宽度也会随之更新。否则就不会保持比例。
- 重定图像像素：勾选该项则可以在下拉列表中选择所需的插值方法。
  - 邻近：此方法速度快但精度低。建议对包含未消除锯齿边缘的插图使用该方法，以保留硬边缘并产生较小的文件。但是，该方法可能导致锯齿状效果，在对图像进行扭曲或缩放时或在某个选区上执行多次操作时，这种效果会变得非常明显。
  - 两次线性：对于中等品质方法使用两次线性插值。
  - 两次立方：为默认值，其速度慢但精度高，可以得到最平滑的色调层次。
  - 两次立方较平滑：精度高，可以得到最平滑的色调层次。
  - 两次立方较锐利：精度高，可以得到最锐化的色调层次。
- 像素大小：通过在宽度和高度的文本框中输入所需的数值更改图像的大小，也可以在其后的下拉列表中选择所需的单位。更改像素大小不仅会影响屏幕上图像的大小，还会影响图像品质和打印特性（包括打印尺寸或图像分辨率）。如果要输入当前尺寸的百分比值，可以选取“百分比”作为度量单位。图像的新文件大小会出现在“图像大小”对话框的顶部，而旧文件大小在括号内显示。
- 文档大小：在此栏中可以更改打印尺寸或图像分辨率，或者同时更改两者。如果只更改打印尺寸或只更改分辨率，并且要按比例调整图像中的像素总数，则一定要选择“重定图像像素”。然后选取所需的插值方法。如果要更改打印尺寸和分辨率而又不更改图像中的像素总数，则取消选择“重定图像像素”。如果要保持图像当前的宽高比例，则需勾选“约束比例”。

03 在菜单中执行“图像”→“图像大小”命令，弹出“图像大小”对话框，如果用户要保持图像的像素大小，但是要缩小图像的打印尺寸（即文档大小），而提高分辨率，可以取消“重定图像像素”复选框的勾选，再设定所需的分辨率，如图9-34所示，单击“确定”按钮后显示在程序窗口中的图像并没有发生变化。

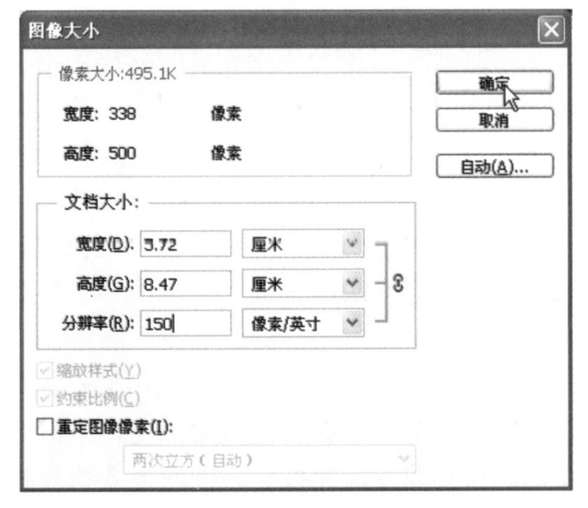


图9-34 “图像大小”对话框

### 9.3.3 像素长宽比

如果在创建新文件时设定了像素长宽比，则“视图”菜单中的“像素长宽比校正”成活动可用状态，在“视图”菜单中执行“像素长宽比校正”命令，即不勾选它，则将文件还原为正方形（1∶1），如果再次执行则又重设为所设定的值。

## 9.4 使用Photomerge创建全景图像

### 9.4.1 关于Photomerge

使用Photomerge 命令可以将多幅照片组合成一个连续的图像。例如，可以拍摄城市地平线的五张重叠照片，然后将它们汇集成一个全景图。 Photomerge 命令能够汇集水平平铺和垂直平铺的照片。

**提 示**

Photomerge 会将 16 位/通道和 32 位/通道图像转换为 8 位/通道图像。

### 9.4.2 拍摄要用于Photomerge的照片

源照片在全景图合成图像中起着重要的作用。为了避免出现问题，可以按照下列规则拍摄要用于 Photomerge 的照片：

（1）充分重叠图像：图像之间的重叠区域应为 25%～40%。如果重叠区域较小，则 Photomerge 可能无法自动汇集全景图。但是图像也不应重叠得过多，如果图像的重叠程度为 70% 或更大，则难处理它们，并且混合效果可能不好。

（2）使用一致的焦距：在拍照时，避免使用相机的缩放功能。

（3）使相机保持水平：尽管 Photomerge 可以处理图片之间的轻微旋转，但如果有好几度的倾斜，在汇集全景图时可能会导致错误。使用带有旋转头的三脚架有助于保持相机的准直和视点。

（4）保持相同的位置：在拍摄系列照片时，请尽量不要改变自己的位置，这样可使照片来自同一个视点。将相机举到靠近眼睛的位置，使用光学取景器，这样有助于保持一致的视点。

（5）保持同样的曝光度：应避免在一些照片中使用闪光灯，而在其他照片中不使用。Photomerge 中的高级混合功能有助于消除不同的曝光度，但很难使差别极大的曝光度一致。一些数码相机会在拍照时自动改变曝光设置，因此需要检查相机设置以确保所有的图像都具有相同的曝光度。

## 上机实战 创建Photomerge合成图像

01 从配套光盘的素材库中打开两张要合成的照片，如图9-35所示。

图9-35 打开的照片

02 在菜单中执行“文件”→“自动”→“Photomerge”命令，弹出如图9-36所示的对话框，在其中的“使用”下拉列表中选择“文件”，再单击“浏览”按钮，将打开到程序窗口中的文件添加源文件列表中，如图9-37所示，使打开的文件作为合成图像的源文件，单击“确定”按钮。

图9-36 选择文件

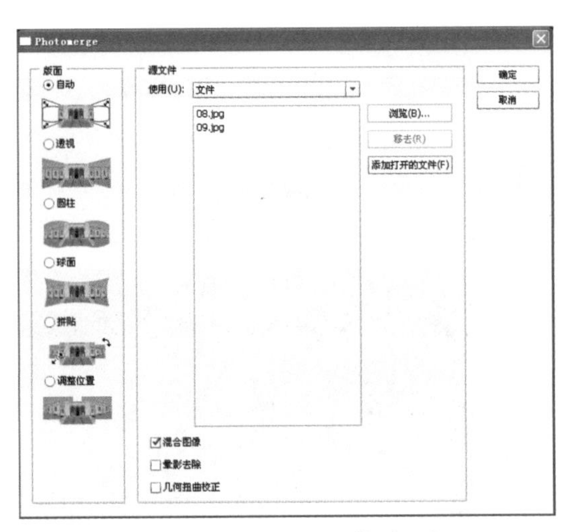


图9-37 “Photomerge”对话框

Photomerge对话框中各选项说明：

- 使用：在“使用”下拉列表中可以选择要创建全景合成图像的源文件，如文件、文件夹。
- 版面：在“版面”栏中可以根据需要选择所需的版面方式，如自动、透视、圆柱、球面、拼贴与调整位置。
- 文件：使用个别文件生成 Photomerge 合成图像。
- 文件夹：使用存储在一个文件夹中的所有图像来创建 Photomerge 合成图像。该文件夹中的文件会出现在此对话框中。

- "浏览"按钮：单击该按钮，可以在弹出的"打开"对话框中选择所需的源文件。
- "移去"按钮：如果"源文件"列表中有一个或多个文件不再需要请单击该按钮，即可将选择的文件移去。
- "添加打开的文件"按钮：单击该按钮可以将打开到程序窗口中的文件添加到源文件列表中。

03 开始在Photoshop中进行处理，处理好后即可得到一个合成图像，如图9-38所示。

图9-38　合成的图像

04 在工具箱中选择裁剪工具，接着在画面中拖出一个裁剪框，以框住所需的内容，如图9-39所示，再在裁剪框内双击确认裁剪，即可得到所需的画面，如图9-40所示。

图9-39　拖出裁剪框

图9-40　裁剪后的画面

## 9.5 显示全部

如果图像中有一部分超出了图像窗口，没有显示在图像窗口中，可以利用“显示全部”命令将其显示出来，同时扩大了画布。

在将一幅图像拷贝入另一个文件时，通常会遇到该图像大了，超出了图像窗口的情况，同时又不想缩小该图像，而是想将其全部显示出来，此时可以在菜单中执行“图像”→“显示全部”命令，如图9-41所示。

图9-41　将图像内容全部显示

# 9.6 陷印

“陷印”是一种叠印技术，它能够避免在印刷时由于稍微没有对齐而使打印图像出现小的缝隙。在大多数情况下，印刷商将确定是否需要陷印，并告诉用户在如图9-42所示的“陷印”对话框中输入的值。

图9-42 “陷印”对话框

**提 示**

只有CMYK颜色模式的图像，才能在“图像”菜单中执行“陷印”命令。

陷印可以用于更正纯色的未对齐现象。一般情况下，不需要为连续色调图像（如照片）创建陷印，过多的陷印会产生轮廓效果，可能在屏幕上看不到，但是它会在打印时显现出来。对于 CMYK 图像，可以调整颜色陷印。

Adobe Photoshop 使用标准的陷印规则：

（1）所有颜色在黑色下扩展。

（2）亮色在暗色下扩展。

（3）黄色在青色、洋红和黑色下扩展。

（4）纯青和纯洋红在彼此之下等量扩展。

# 9.7 变形图像

使用操控变形命令可以对图像中需要变形的对象进行任一形状与势态变形，并且在变形时可以固定某个或多个位置，其应用范围小至精细的图像修饰（如发型设计），大的应用到总体的变换（如重新定位手臂或下肢）等。除了可以对图像图层、形状图层和文本图层进行操控变形之外，还可以向图层蒙版和矢量蒙版应用操控变形。如果不想对原图像进行破坏，需将其先转换为智能对象。

## 上机实战 变形图像

01 按“Ctrl”+“O”键从配套光盘的素材库中打开如图9-43所示的图像，其中的树根已经单独放在一层了，如图9-44所示。

图9-43 打开的图像

图9-44 “图层”面板

**02** 按“Ctrl”+“J”键复制一个副本，结果如图9-45所示，接着在菜单中执行“编辑”→“操控变形”命令，即可在树根上显示可变形的网格，如图9-46所示，同时选项栏也发生了变化，如图9-47所示。

图9-45 “图层”面板

图9-46 显示变形网格

图9-47 选项栏

操控变形选项栏中各选项说明：

- 模式：在其列表中选择所需的模式（如正常、刚性或扭曲）来确定网格的整体弹性。如果要广角图像或纹理映射进行极具弹性的变形，可以选择“扭曲”选项。
- 浓度：在其列表中选择所需的浓度（如正常、较少点、较多点）来确定网格点的间距。较多的网格点可以提高精度，但需要较多的处理时间；较少的网格点则反之。
- 扩展：扩展或收缩网格的外边缘。
- 显示网格：取消选中可以只显示调整图钉，从而显示更清晰的变换预览。
- 在画面中添加图钉后，选项栏中的 图钉深度： 旋转：自动 0 度 就呈可用状态，可以直接对选中的图钉进行角度设置（需要有两个图钉以上才起作用）。
- (移去所有图钉)按钮：单击该按钮会将所有的图钉移除。

03 在树的根部需要固定的点上单击以添加一个图钉，如图9-48所示，接着在一些关键点是单击，添加多个可调整的图钉，如图9-49所示。

图9-48　添加一个图钉

图9-49　添加图钉

04 移动指针到上方树枝上的图钉上，按下左键向左拖至适当位置，即可发现已经发生了变形，效果如图9-50所示；然后依次对其他需要变形部位上的图钉进行调整，调整后的结果如图9-51所示，单击✓按钮确认变形，结果如图9-52所示。

图9-50　移动图钉

图9-51　移动图钉

图9-52　确认变形后的效果

05 在“图层”面板中拖动图层1副本至图层1的下层，再设置它的“不透明度”为60%，如图9-53所示，其画面效果也发生了变化，如图9-54所示。

图9-53 “图层”面板

图9-54 改变图层顺序后的效果

## 9.8 本章小结

本章主要介绍了裁剪与调整图像的工具与功能，其中结合实例或效果对裁剪工具、透视裁剪工具、裁剪、裁切、裁剪并修齐照片、旋转画布、画布大小、图像大小、像素长宽比、Photomerge、操控变形等工具与命令的使用方法及其应用进行了详细讲解，还对显示全部、陷印进行了简要介绍。熟练掌握它们就可以轻松自如地控制图像大小与形状、分辨率、画布的大小、长宽比与方向，以及创建全景图像。

## 9.9 练习题

1. 使用以下哪个工具可以在裁剪的同时校正图像的透视？（　　）

A. 移动工具　　B. 透视裁剪工具

C. 裁切工具　　D. 裁剪工具

2. 以下哪个命令可以对图像中需要变形的对象进行任一形状与势态变形，并且在变形时可以固定某个或多个位置？（　　）

A. 自由变换　　B. 扭曲

C. 操控变形　　D. 移动工具

3. 使用以下哪个命令可以将多幅照片组合成一个连续的图像？（　　）

A. Photomerg　　B. Photomerge

C. Photome　　D. Photomer

4. 使用以下哪个命令有助于将一次扫描的多个图像分成多个单独的图像文件？（　　）

A. 裁剪　　B. Photomerge

C. 裁剪并修齐照片　　D. 裁切

5. 使用以下哪个命令可以更改或调整图像像素大小、打印尺寸和分辨率？（　　）

A. 像素长宽比　　B. 画布大小

C. 旋转画布　　D. 图像大小

# 第10章　绘图与路径

本章主要介绍使用绘图工具绘制形状、路径和像素图形的方法，要求熟练掌握路径与选区的互换及其路径的编辑，熟悉“路径”面板中各选项及按钮的作用，并掌握使用“路径”面板创建、存储与编辑路径的方法。

## 10.1 关于矢量图形

### 10.1.1 关于形状与路径

矢量图形是指使用形状或钢笔工具绘制的直线和曲线。矢量形状与分辨率无关，因此，它们在调整大小、打印到 PostScript 打印机、存储为 PDF 文件或导入到基于矢量的图形应用程序时，会保持清晰的边缘。

路径是指可以转换为选区或者使用颜色填充和描边的轮廓。形状的轮廓是路径。通过编辑路径的锚点，用户可以很方便地改变路径的形状。

路径由一个或多个直线段或曲线段组成。锚点——标记路径段的端点。在曲线段上，每个选中的锚点显示一条或两条方向线，方向线以方向点结束，如图10-1所示。方向线（也称控制杆）和方向点（也称控制点）的位置决定曲线段的长度和形状。移动这些图素将改变路径中曲线的形状。

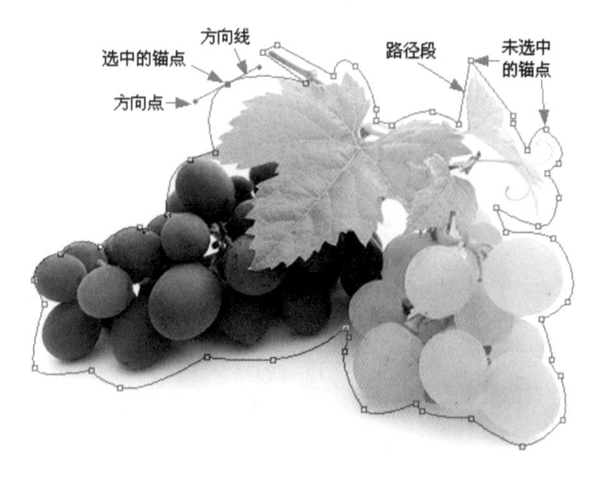


图10-1　路径说明图

路径可以是闭合的，没有起点或终点，如图10-2所示；或是开放的，有明显的终点和起点，如图10-3所示。

图10-2　完全闭合的路径

图10-3　开放式路径

路径不必是由一系列线段连接起来的一个整体。它可以包含多个彼此完全不同而且相互独立的路径组件，如图10-4所示。形状图层中的每个形状都是一个路径组件。

在路径中选择不同组件的显示

图10-4　选择路径中不同的组件

在Photoshop 中使用绘图工具时，可以使用3种不同的模式（如形状、路径或像素）进行绘制。在选定绘图工具时，可通过在如图10-5所示的选项栏中选择所需模式来绘图。

- 形状：在单独的图层中创建形状。可以使用绘图工具来创建形状图层。形状图层非常适于为 Web 页创建图形，是因为它可以方便地移动、对齐、分布形状图层以及调整其大小。在 Photoshop 中，可以选择在图层中绘制多个形状。形状轮廓是路径，它出现在“路径”面板中。
- 路径：在当前图层中绘制一个工作路径，可随后使用它来创建选区、创建矢量蒙版，或者使用颜色填充和描边以创建栅格图形（与使用绘画工具非常类似）。工作路径是一个临时路径，用户可以将其存储。路径出现在“路径”面板中。
- 像素：直接在图层中绘制，与绘画工具的功能非常类似。在此模式下工作时，不会创建矢量图形。就像处理任何栅格化图像一样来处理绘制的形状。在此模式下不能使用钢笔工具。

图10-5 形状图层、填充像素与路径的展示图



### 10.1.2 关于工作路径

工作路径是出现在“路径”面板中的临时路径，用于定义形状的轮廓。可以用以下几种方式使用路径：

(1) 可以使用路径作为矢量蒙版来隐藏图层区域。

(2) 将路径转换为选区。

(3) 使用颜色填充或描边路径。

(4) 将图像导出到页面排版或矢量编辑程序时，将已存储的路径指定为剪贴路径以使图像的一部分变得透明。

## 10.2 绘图工具概述

在计算机上创建图形时，绘图和绘画之间是有区别的。绘画是用绘画工具更改像素的颜色。而绘图是创建被定义为几何对象的形状（也称为矢量对象）。Photoshop CS6提供了8种绘图工具，钢笔工具、自由钢笔工具、矩形工具、圆角矩形工具、椭圆工具、多边形工具、直线工具与自定形状工具。

编辑图形工具有5种，如添加锚点工具、删除锚点工具、转换点工具、路径选择工具、直接选择工具。

# 10.3 钢笔工具

利用钢笔工具可以创建或编辑直线、曲线或自由的线条、路径及形状图层。钢笔工具可以创建出比自由钢笔工具更为精确的直线和平滑流畅的曲线。对于大多数用户，钢笔工具为绘图提供了最佳控制和最高的准确度。

用户还可以组合使用钢笔工具和形状工具以创建复杂的形状。

## 10.3.1 钢笔工具选项说明

在工具箱中选择钢笔工具，并在选项栏中选择形状，选项栏中便会显示它的相关选项，如图10-6所示。

图10-6 选项栏

钢笔工具选项栏中各选项说明如下：

- （选择工具模式）：在工具模式列表中可以选择形状、路径与像素，选择形状，就可以利用钢笔工具或其他的绘图工具创建形状图层，选择路径就可以利用钢笔工具或其他的绘图工具来绘制路径。
- 填充：单击填充后的颜色块会弹出一个调板，如图10-7所示，可以直接在最近使用的颜色表中选择所需的填充颜色，也可以在上方单击（无颜色）按钮、（纯色）按钮、（渐变）按钮、（图案）按钮或（拾色器）按钮来选择所需的颜色、图案与渐变颜色等，如图10-8所示。

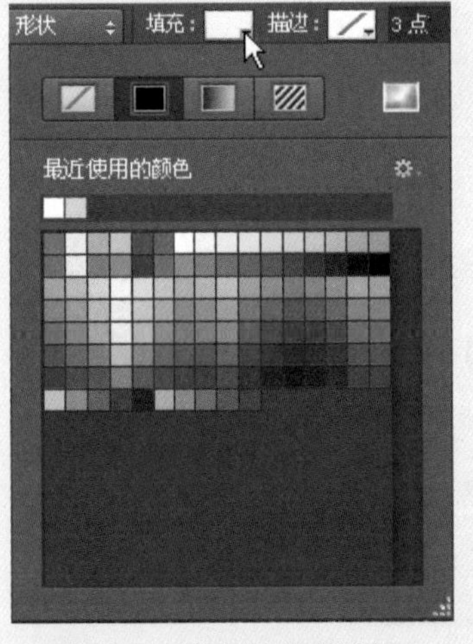


图10-7 填充弹出式调板

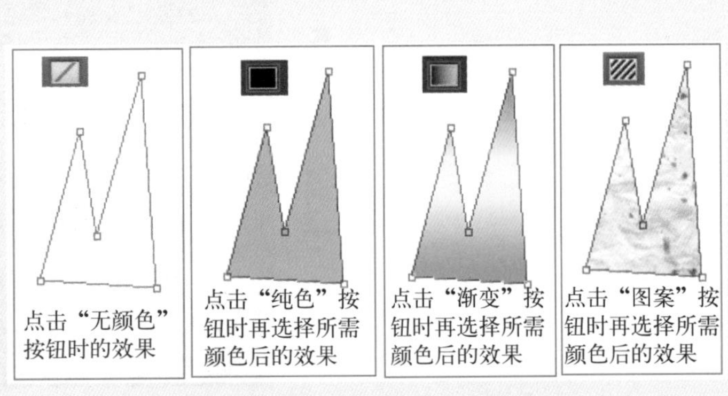


图10-8 选择不同的方式进行填充

- ➢ （无颜色）按钮：单击“无颜色”按钮，可以将形状设置为无颜色。
- ➢ （纯色）按钮：单击“纯色”按钮，可以为形状设置所需的纯色，如白色、黑色、红色、黄色、绿色、草绿色等各种颜色。
- ➢ （渐变）按钮：单击“渐变”按钮，可以为形状设置所需的渐变颜色。
- ➢ （图案）按钮：单击“图案”按钮，可以为形状设置所需的图案。
- ➢ （拾色器）按钮：单击“拾色器”按钮，可以为形状设置所需的颜色。

- （描边）选项：单击描边后的颜色块会弹出一个调板，如图10-9所示，可以直接在最近使用的颜色表中选择所需的描边颜色，也可以在上方单击（无颜色）按钮、（纯色）按钮、（渐变）按钮、（图案）按钮或（拾色器）按钮来选择所需的颜色、图案与渐变颜色等。

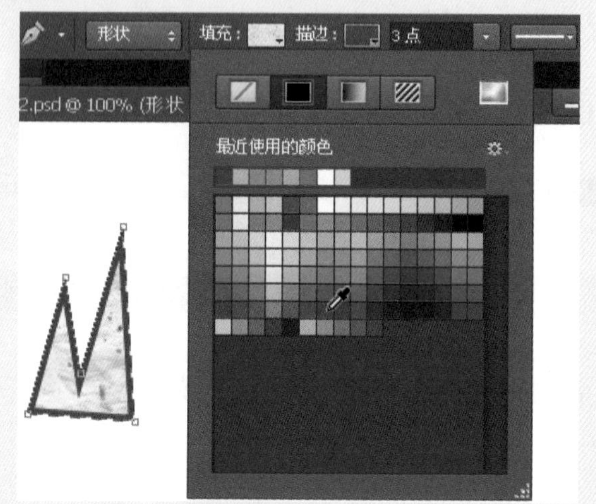


图10-9　设置描边颜色

- （设置形状描边宽度）选项：在“设置形状描边宽度”选项文本框中可以输入0点～288点之间的数值或拖动滑杆上的滑块来设置描边的粗细。
- （设置形状描边类型）按钮：单击“设置形状描边类型”按钮，弹出描边选项调板，可以在其中选择所需的描边类型，图10-10所示。

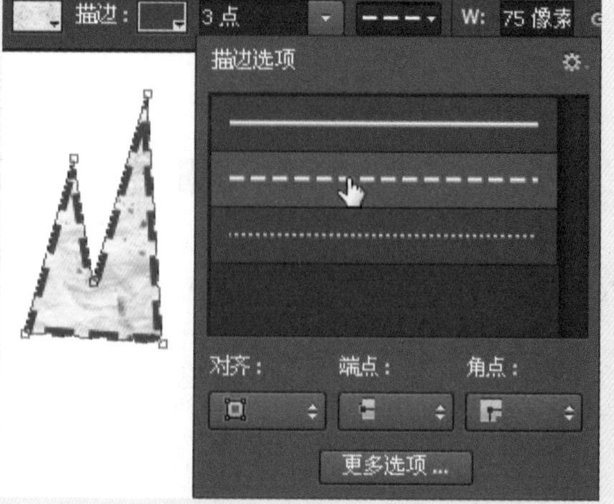


图10-10　设置描边类型

- （设置形状宽度与形状高度）选项：在W文本框中可以设置所选形状的宽度，在H文本框中可以设置所选形状的高度。
- （路径操作）按钮：单击“路径操作”按钮，并在弹出的菜单中选择所需的操作方法，如合并形状，然后在画面中绘制路径，其绘制的结果便可按选择的操作方式结合，如图10-11所示。
  - ➢（新建图层）按钮：选择该按钮可以在绘制形状的同时创建新的形状图层。
  - ➢（合并形状）按钮：选择它可将新形状区域添加到形状区域。
  - ➢（减去顶层形状）按钮：选择它可从形状区域中减去重叠形状。
  - ➢（与形状区域相交）按钮：将路径限制为新区域和现有区域的交叉区域。
  - ➢（排除重叠形状）按钮：从合并路径中排除重叠区域。
  - ➢（合并形状组件）按钮：可以将画面中的多个路径合并成一个路径组件，以便于一起选择与移动。
- （路径对齐方式）按钮：先在画面中选择要对齐的路径，再单击“路径对齐方式”按钮，并在弹出菜单中选择所需的对齐方式，如左边，即可将选择的路径按指定的方式进行对齐，如图10-12所示。

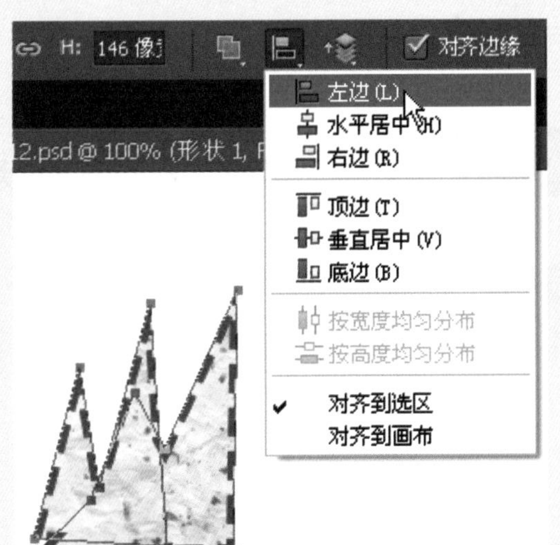


图10-11　对路径进行操作　　图10-12　对齐路径

- （路径排列方式）按钮：在画面中有多个路径时，可以选择要改变位置的路径，然后单击“路径排列方式”按钮，并在弹出的菜单中选择所需的命令，如图10-13所示。
- （几何选项）按钮：单击（几何选项）按钮，可以在弹出的调板中选择当前工具的选项。如当前工具是钢笔工具时单击几何选项按钮，在弹出几何选项面板中可以勾选“橡皮带”选项和取消勾选，勾选它后在图像上移动指针时，会自动显示一条像橡皮带的线，但它只有在单击后才能确定此线段，如图10-14所示。
- 自动添加/删除：选择“自动添加/删除”选项，可以在绘制路径时自动添加/删除锚点。勾选它时当指针指向路径段上时钢笔的右下角带上一个“+”号，如果单击可添加锚点如图10-15所示；指向锚点时钢笔的右下角带上一个“－”号，如果单击可删除锚点，如图10-16所示；不勾选它则只能绘制路径，不能添加或删除锚点。

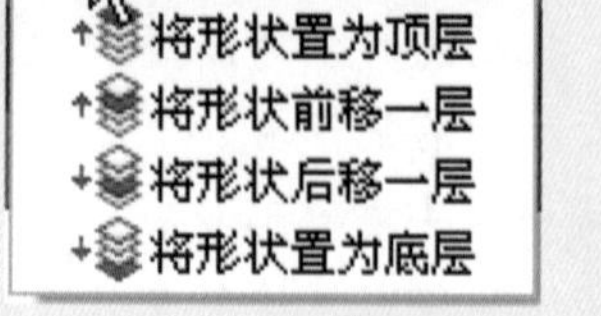


图10-13　路径排列方式

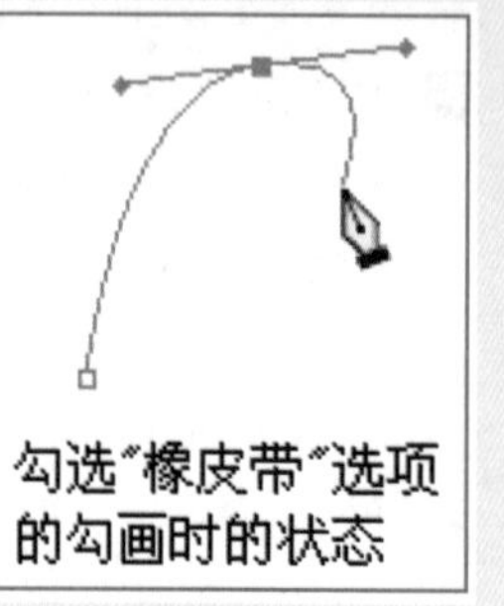


图10-14　勾选与不勾选"橡皮带"选项绘制路径时的对比图

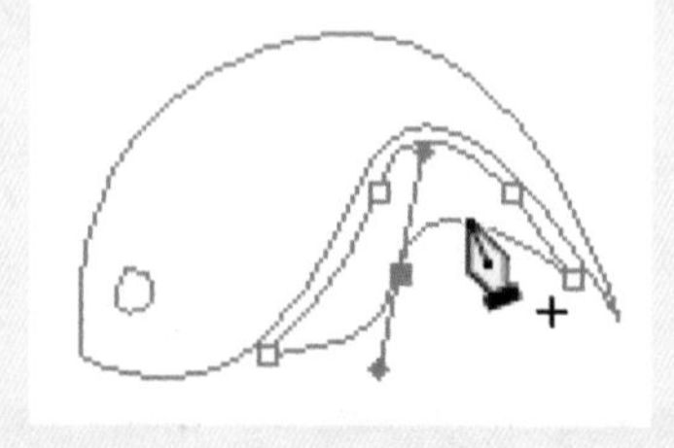

图10-15　添加锚点

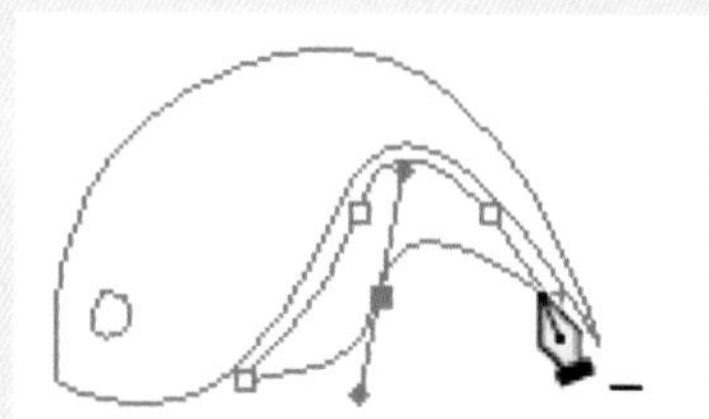

图10-16　删除锚点

## 上机实战　用钢笔工具绘制多边形和曲线

（1）使用钢笔工具绘制多边形

01 按"Ctrl" + "N"键新建一个大小为400×300像素的图像文件，按"Ctrl" + "＇"键显示网格，如图10-17所示。

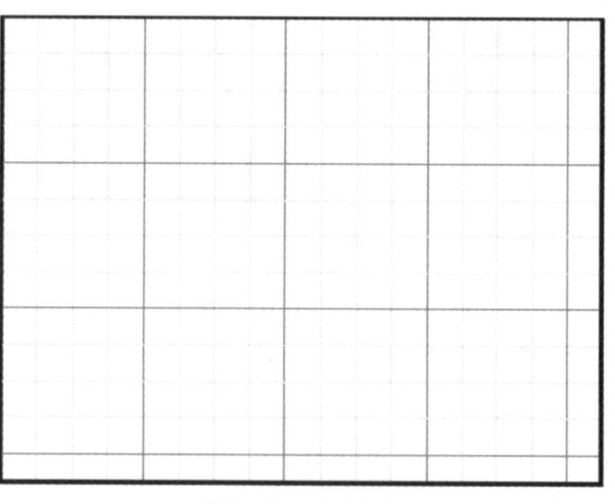

图10-17　显示网格

02 在工具箱中选择钢笔工具，并在选项栏中选择形状形状，移动指针到网格线的交叉点上单击，确定起点锚点，再移动指针到该线段的终点处如图10-18所示，单击完成一条线段的绘制；如果需要继续绘制，请再次移动指针到另一个端点处（如图10-19所示）单击，即可又绘制一条直线段。

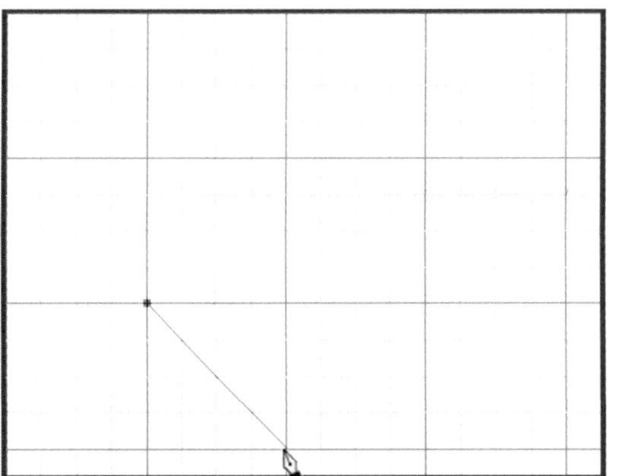

图10-18 绘制直线段路径

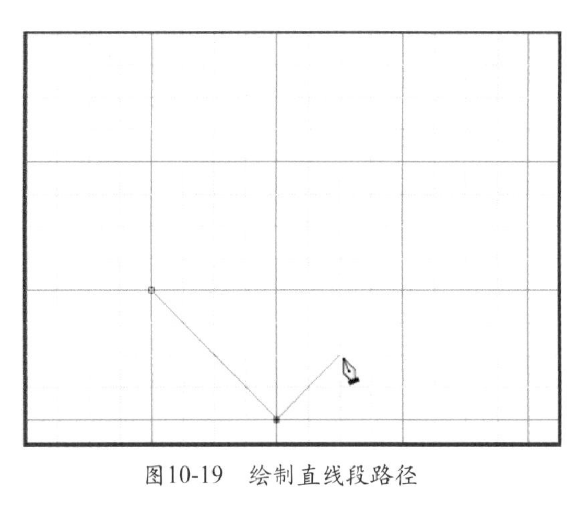

图10-19 绘制直线段路径

**提 示**

如果要结束这条直线段的绘制请按“Ctrl”键在空白处单击。

03 再多次移动指针到适当位置处单击，即可创建多条直线段，然后将指针移向起点处，指针成状时单击，如图10-20所示，即可完成直线段封闭路径的绘制，如图10-21所示。

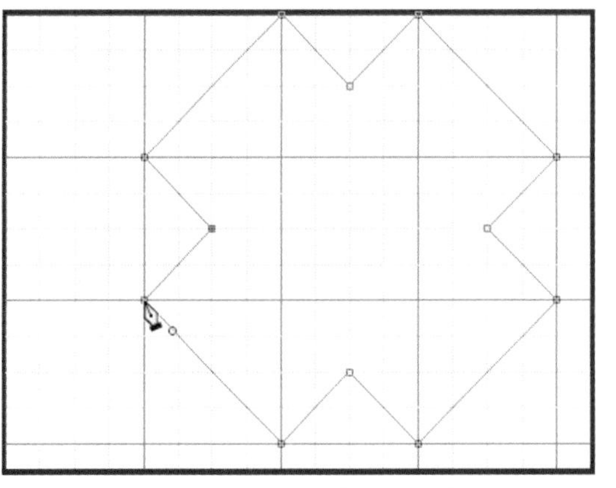

图10-20 返回到起点时的状态

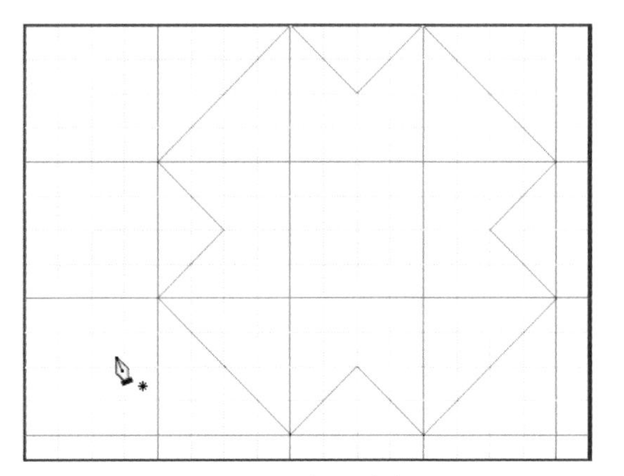

图10-21 绘制好的多边形

04 在选项栏的填充弹出式调板中选择所需的填充颜色，即可将绘制的多边形进行颜色填充，如图10-22所示。

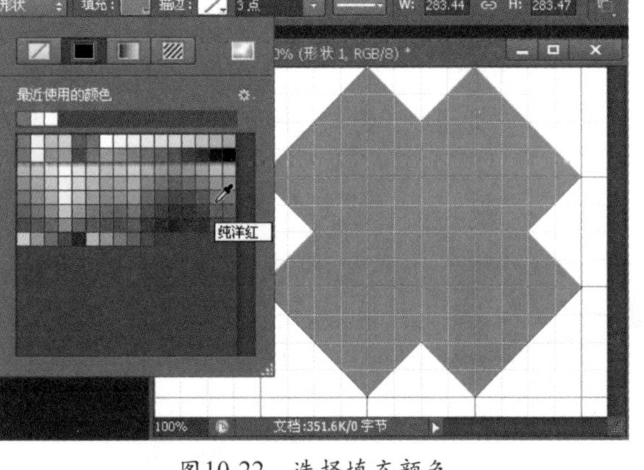


图10-22 选择填充颜色

（2）使用钢笔工具绘制曲线

05 在钢笔工具的选项栏中设置路径操作为减去顶层形状，在图像窗口中先单击确定起点锚点，再移动指针到第二点处按下左键向所需的方向拖动来调整它的方向和弧度，如图10-23所示，调整好后松开鼠标左键，即以曲线连接两个锚点。

06 移动指针到第三点处单击，同样创建的路径段也为曲线，如图10-24所示；再移动指针到第四点处单击并按下左键向所需的方向拖动，如图10-25所示。

07 按“Ctrl”键在画面的空白处单击，或按“Esc”键，完成路径的绘制，同时将重叠的区域减掉了，结果如图10-26所示。

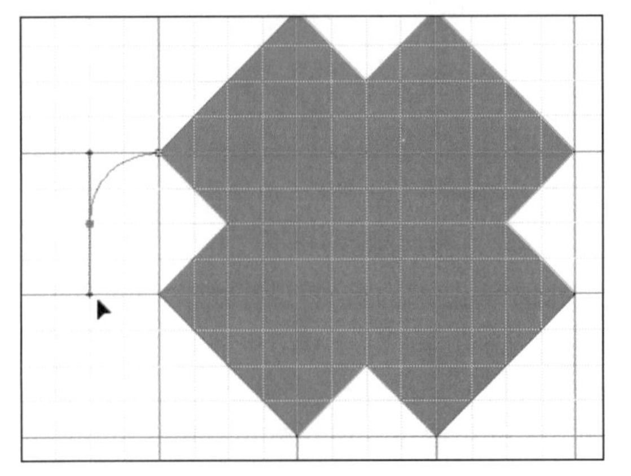

图10-23　绘制曲线路径

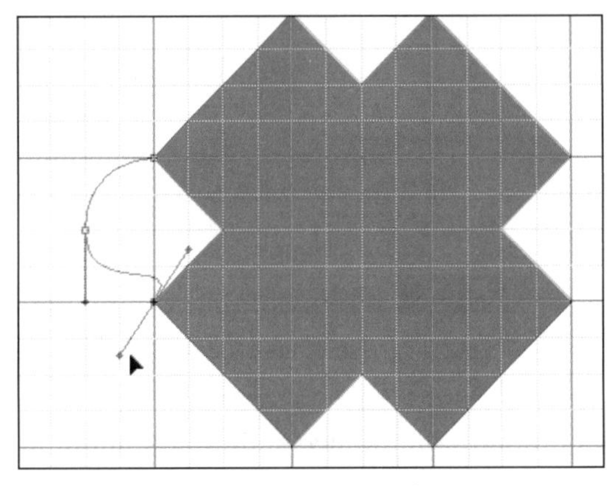

图10-24　绘制曲线路径

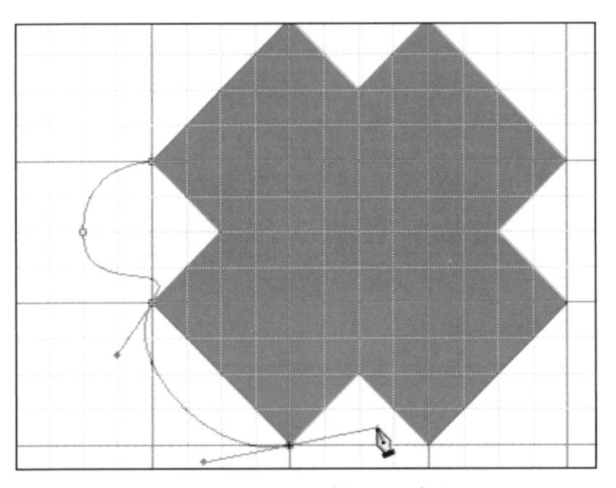

图10-25　绘制曲线路径

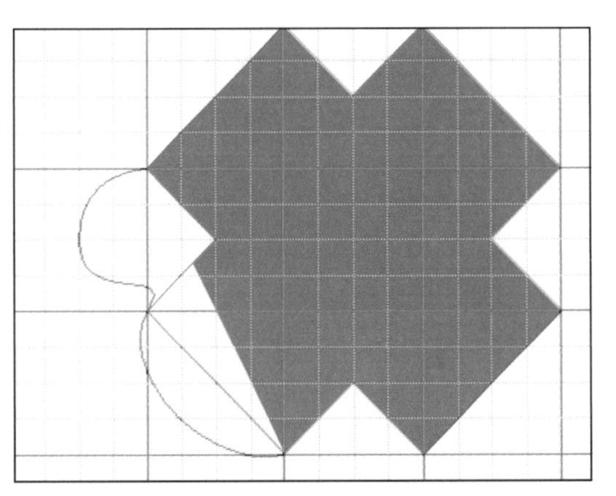

图10-26　将原有路径减去

**提　示**

如果要删除一端的方向线，可以将指针指向刚确定的锚点处，按下“Alt”键，当指针成状时单击即可将该方向线删除。在一个路径中同时可以存放直线段路径和曲线段路径。

## 10.4 自由钢笔工具

使用自由钢笔工具可随意绘图，就像用铅笔在纸上绘图一样。在绘图时将自动添加锚点。“磁性的”是自由钢笔工具的选项，勾选“磁性的”选项则自由钢笔工具变成磁性钢笔工具，它可以绘制与图像中定义区域的边缘对齐的路径。

在工具箱中选择自由钢笔工具，并在选项栏选择路径模式，其选项栏如图10-27所示，如果需要设置该工具的几何选项则需单击“几何选项”按钮，在弹出的如图10-28所示的几何选项面板中选择所需的选项。

图10-27 选项栏

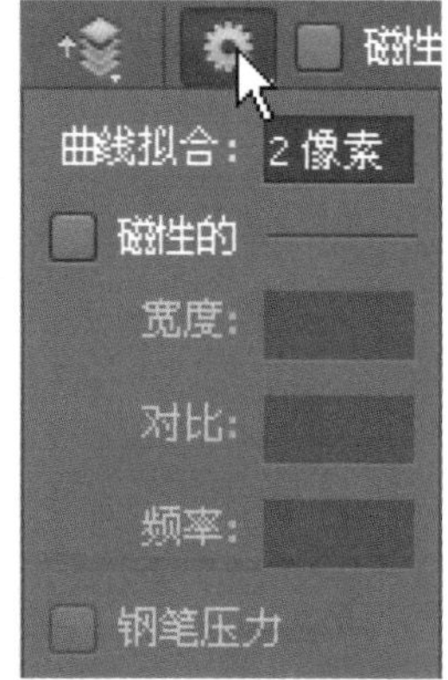


图10-28 自由钢笔工具的几何选项

- 曲线拟合：控制最终路径对鼠标或光笔移动的灵敏度，可以在其文本框中输入0.5px～10px之间数值；此值越高，创建的路径锚点越少，路径越简单。如图10-29所示为分别设置不同曲线拟合值的效果对比。

使用自由钢笔工具绘制路径时的状态

设置曲线拟合为1px，松开左键后的结果

设置曲线拟合为10px，松开左键后的结果

图10-29 设置不同曲线拟合值的效果对比图

- 磁性的：勾选此选项后自由钢笔工具也就变为磁性钢笔工具，指针也随之变为，并且其下的几个选项也成为活动可用显示。
  - 宽度：磁性钢笔只检测距指针指定距离内的边缘，其中可输入1～256之间的数值，如图10-30所示为设置不同宽度值的对比图。
  - 对比：控制磁性钢笔的灵敏度，其中可输入1%～100%之间数值。
  - 频率：控制生成路径时的锚点生成频率，其中可输入0～100之间的数值，如图10-31所示为设置不同频度值的对比图。

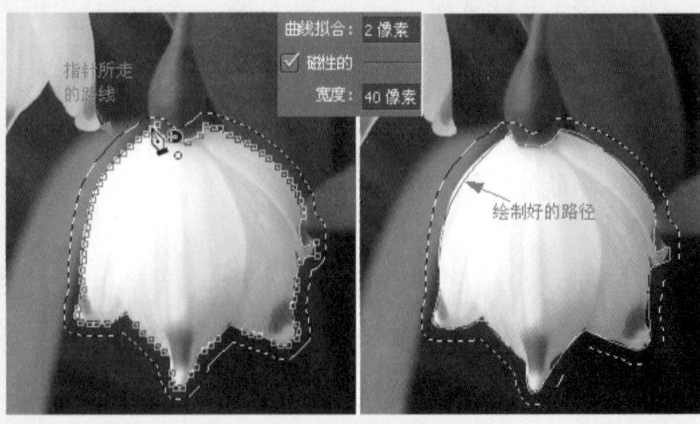


设置宽度为40像素，在画面中拖移时的状态　　返回到起点处单击，得到的路径

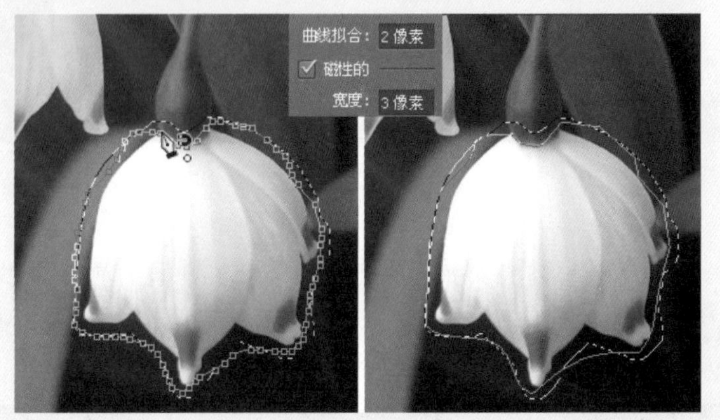


设置宽度为3像素，在画面中拖移时的状态　　返回到起点处单击，得到的路径

图10-30　设置不同宽度值的对比图

图10-31　设置不同频率值的对比图

- 钢笔压力：如果使用的是光笔绘图板，可勾选或取消勾选“钢笔压力”。当选择该选项时，钢笔压力的增加将导致宽度减小。

## 上机实战 使用自由钢笔工具描图

01 按“Ctrl”+“O”键从配套光盘的素材库中打开一个要勾画的图像文件，如图10-32所示。

图10-32 打开的图像文件

02 在工具箱中选择自由钢笔工具，并在选项栏中选择路径，再在几何选项面板中设定“曲线拟合”为2像素，勾选“磁性的”复选框，再设定“宽度”为10像素，“对比”为10%，“频率”为80，其他不变，如图10-33所示，然后在画面中单击一点作为起点锚点，接着移动指针到关键点处单击，固定该点，然后继续沿着要勾画的区域移动指针，如图10-34所示。

图10-33 自由钢笔工具的几何选项面板

图10-34 勾画路径

03 继续勾画，直到勾画出所需的图形为止，返回到起点锚点处，当指针呈状（如图10-35所示）时单击，即可完成该路径的绘制，结果如图10-36所示。

图10-35 勾画路径

图10-36 绘制好的路径

04 显示“路径”面板，并在其中单击“将路径作为选区载入”按钮，即可将绘制的路径载入选区，如图10-37所示，再按“Ctrl”+“C”键进行拷贝。

05 从配套光盘的素材库中再打开一个背景文件，按“Ctrl”+“ V”键进行粘贴，即可将刚拷贝的内容复制到刚打开的文件中，如图10-38所示。

图10-37 将路径载入选区

图10-38 替换背景后的效果



# 10.5 矩形工具

使用矩形工具可以在画面中绘制各种大小的矩形或正方形；使用矩形工具可以绘制矩形或正方形路径；也可以使用矩形工具在画面中绘制不可再次编辑的像素矩形或正方形。

在工具箱中选择矩形工具，并在选项栏中选择像素，其选项栏中就会显示它的相关选项，如图10-39所示，就可以在画面中绘制像素图形（也称为栅格化形状）。用户不能像处理矢量对象那样来编辑像素图形。像素图形是使用当前的前景色创建的。

图10-39 选项栏

矩形工具选项栏中各选项说明如下：

- 模式：控制形状如何影响图像中的现有像素。
- 不透明度：决定形状遮蔽或显示其下面像素的程度。“不透明度”为 1% 的形状几乎是透明的，而“不透明度”为 100% 的形状则完全不透明。
- 消除锯齿：混合边缘像素和周围像素。

在选项栏中单击按钮，弹出几何选项调板，如图10-40所示，可以在其中选择所需的选项。

- 不受约束：此选项为默认值，选择该选项时可以随意拖动鼠标，以创建任意大小或长宽比的矩形，如图10-41所示。

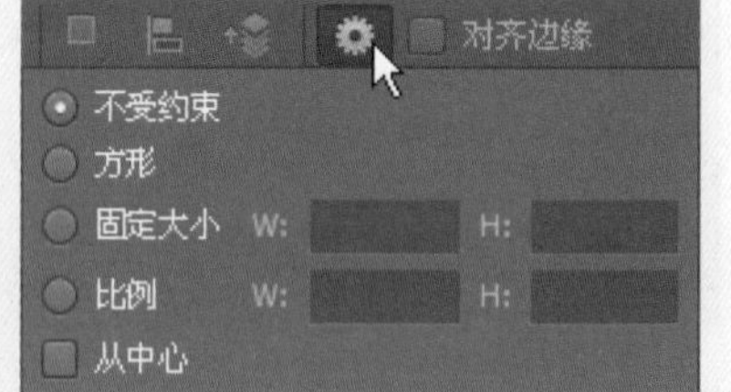


图10-40 几何选项调板

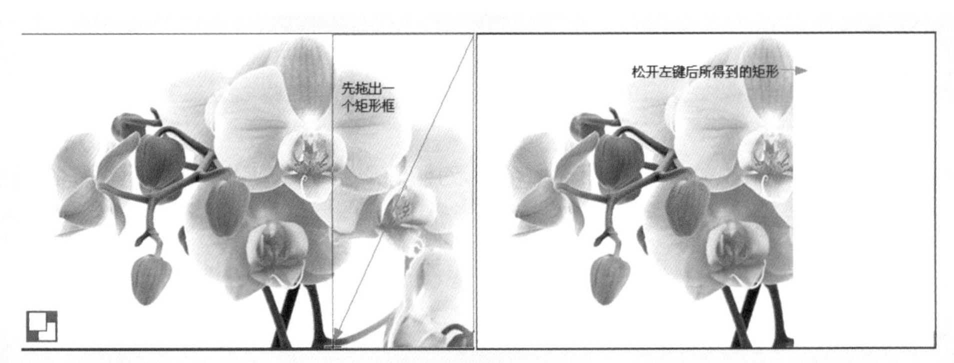

图10-41　绘制矩形

- 方形：选择该选项，不任如何拖动鼠标，都将绘制出正方形，大小根据拖动时的幅度而定，如图10-42所示。

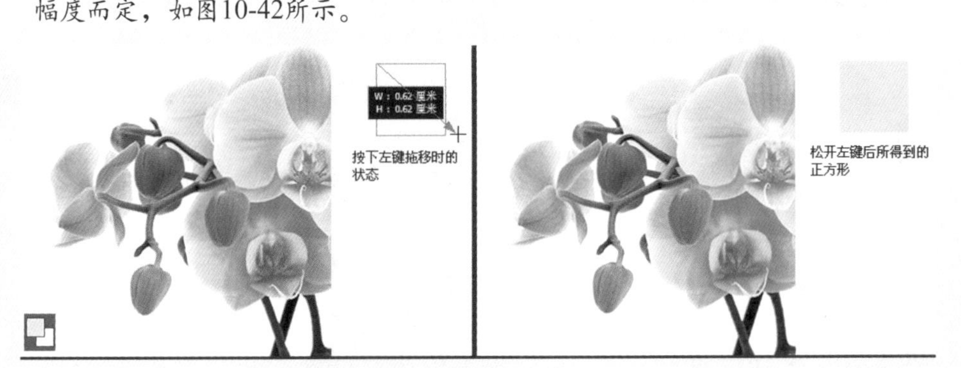

图10-42　绘制正方形

- 固定大小：选择该选项，则可以在“W”和“H”文本框中输入所需的数值，在图像上单击即可得到固定数值的矩形。
- 比例：选择该选项，可以在“W”和“H”文本框中输入所需的数值来设置所要绘制矩形的长宽比，如图10-43所示的是用矩形工具并设定比例为2：1在相框内绘制的矩形。
- 从中心：勾选该选项，可以从图形的中心向外绘制图形，如图10-44所示。

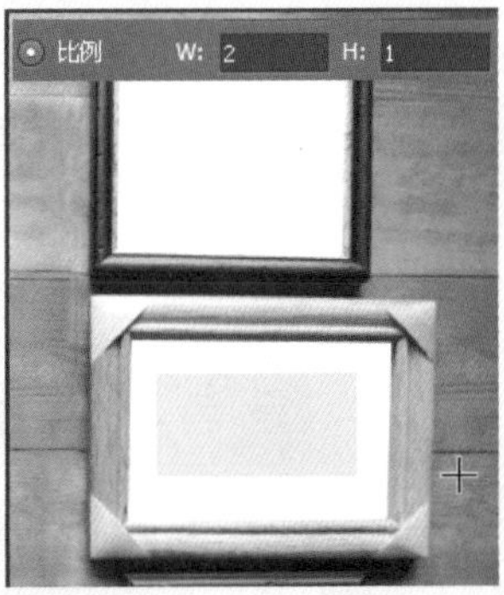

图10-43　绘制矩形

图10-44　绘制矩形

# 10.6 椭圆工具

使用椭圆工具可以在画面中绘制各种大小的椭圆或圆形，使用椭圆工具可以绘制可再次编辑形状椭圆或圆形、椭圆或圆形路径，也可以使用矩形工具在画面中绘制不可再次编辑的像素椭圆或圆形。

## 上机实战 使用椭圆工具绘制椭圆框

01 按“Ctrl ”+ “O” 键从配套光盘的素材库打开一个文件，如图10-45所示，再在工具箱中选择椭圆工具，并在选项栏中选择形状，在描边弹出式调板中选择绿色，“粗细”为3点，其他为默认值，如图10-46所示。

图10-45 打开的文件

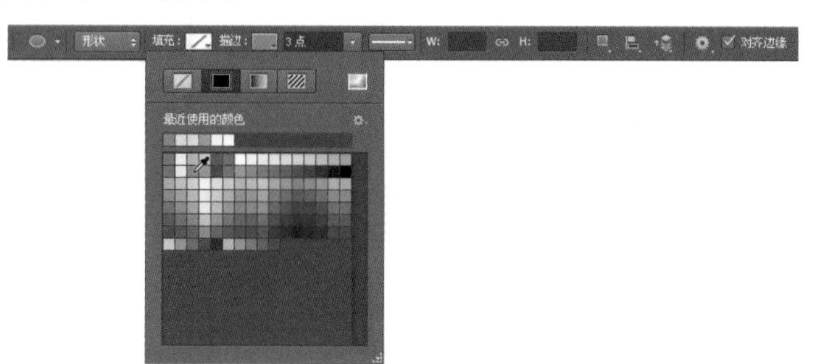


图10-46 选择颜色

02 在画面中按下左键从一点向另一点拖移，以拖出一个椭圆框，如图10-47所示，松开左键后即可得到一个描边了的椭圆框，如图10-48所示。

图10-47 拖出一个椭圆框

图10-48 绘制好的椭圆框

# 10.7 圆角矩形工具

使用圆角矩形工具可以绘制圆角矩形。如果在选项栏中选择形状，则绘制圆角矩形形状；如果选择路径，而绘制圆角矩形路径；如果选择像素，则绘制像素圆角矩形。

## 上机实战 圆角矩形工具的使用

01 在工具箱中选择圆角矩形工具，并在选项栏中选择形状，设置操作方式为排除重叠形状，其他不变，如图10-49所示。

图10-49　选择排除重叠形状

02 移动指针到画面中按下左键进行拖移，以拖出一个圆角矩形，如图10-50所示。

03 在选项栏的填充弹出式调板中选择所需的图案，即可将我们刚绘制的形状填充为所选的图案，结果如图10-51所示。

图10-50　绘制圆角矩形

图10-51　填充图案

# 10.8 多边形工具

使用圆角矩形工具可以绘制多边形。如果在选项栏中选择形状，则绘制多边形形状；如果选择路径，则绘制多边形路径；如果选择像素，则绘制像素多边形。

在工具箱中选择多边形工具，并在选项栏中设置“边”为6，再显示几何选项调板，在其中选择“星形”选项，其他不变，如图10-52所示，然后在画面中绘制一个星形，结果如图10-53所示。

图10-52　多边形工具几何选项调板

图10-53　绘制星形

多边形工具选项栏中各选项说明：

- 半径：在多边形选项调板的“半径”文本框中可以输入外接圆的半径值，也就是中心点到外部点之间的距离。如图10-54所示的多边形外接圆半径分别为80像素和150像素。

图10-54　设置不同半径值的对比图

> 平滑拐角：在多边形选项面板中勾选该选项，可以使绘出的多边形拐角平滑。如图10-55所示。

> 星形：在多边形选项面板中勾选此选项，可以绘出星形图形。如图10-56所示的是勾选与不勾选“星形”选项的效果对比图。

图10-55 绘制拐角平滑多边形

图10-56 勾选与不勾选“星形”选项的效果对比图

➢ 缩进边依据：指定星形半径将被占据的部分。其中可以输入1%～99%之间的数值。如果输入50%将占据一半，如果输入90%将占据90%，如图10-57所示。

➢ 平滑缩进：在多边形选项面板中勾选“星形”选项后，该选项才成为活动显示，勾选“平滑缩进”选项可以将多边形的边平滑地向中心缩进。如图10-58所示为勾选与不勾选“平滑缩进”选项的效果对比。

图10-57 设置不同缩进边依据比例的效果对比图　　图10-58 勾选与不勾选“平滑缩进”选项的效果对比图

# 11.9 直线工具

使用直线工具可以绘制各种类型的直线、箭头与虚线。

在工具箱中选择直线工具，并在选项栏中选择像素与设置“粗细”为5像素，再在几何选项调板中选择“起点”选项，其他为默认值，如图10-59所示，然后在画面中一点向另一点拖动，以绘制出一条箭头，如图10-60所示。

图10-59　选项栏

图10-60　绘制箭头

直线工具选项栏中各选项说明：

- 起点、终点：设置箭头的方向，既可以选择其中的一项，也可以同时勾选。
- 宽度：设置箭头宽度和线段宽度的比值，其文本框中可输入10%～1000%之间的数值。如图10-61为设定不同宽度的效果。

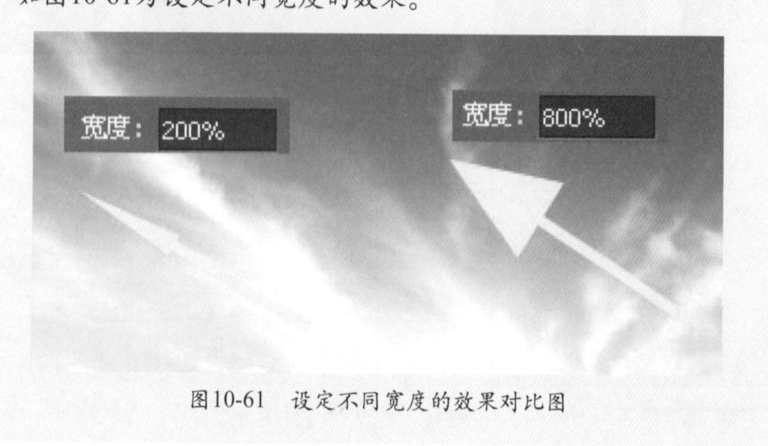


图10-61　设定不同宽度的效果对比图

- 长度：设置箭头长度和线段宽度的比值，其文本框中可输入10%～5000%之间的数值。如图10-62所示为设定不同长度的效果。

图10-62　设定不同长度的效果对比图

- 凹度：设置箭头中央凹陷的程度，其文本框中可输入－50%～50%之间的数值，如图10-63所示为设定不同凹度的效果。

图10-63　设定不同凹度的效果对比图

## 11.10 自定形状工具

使用自定形状工具可以绘制各种预设的形状以及自定的形状。

在工具箱中选择自定形状工具，并在选项栏中选择形状，在填充弹出式调板中选择所需的图案，设置描边为无，在形状弹出式调板中选择所需的形状，其他不变，如图10-64所示，然后在画面中按下左键从一点向另一点拖动，即可绘制出选择的形状，如图10-65所示。

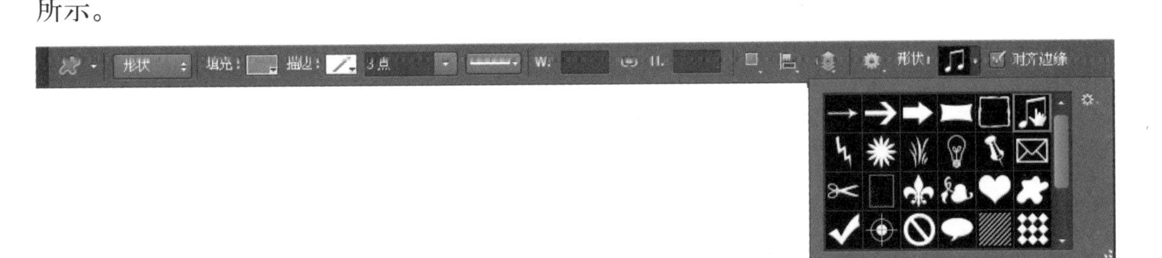


图10-64　选择形状

图10-65 绘制形状



# 10.11 创建形状图层

使用绘图工具可以创建形状图层。创建形状图层的好处在于，创建好形状后，我们还可以对形状所带的路径进行再次编辑以达到改变形状的目的，而不影响其质量，也就是轮廓还是清晰的（也就是我们通常说的矢量图形）。形状的颜色或图案是由我们在选项栏中设置的填充颜色或图案而定的。我们还可以更改它的颜色、图案。

## 上机实战 创建形状图层

01 按“Ctrl”+“N”键新建一个文件，在工具箱中选择自定形状工具，并在选项栏中选择形状，再在形状弹出式调板中单击按钮，在弹出的菜单中选择“全部”命令，如图10-66所示，弹出一个警告对话框，并在其中单击“确定”按钮，如图10-67所示，以将全部形状添加到当前的形状调板中，如图10-68所示，然后在“形状”调板中选择鸟形状。

02 在填充弹出式调板中选择“渐变”按钮，显示渐变的相关选项，再编辑所需的渐变，将描边设为无，其他不变，如图10-69所示，然后在画面中拖动，即可绘制出一个已填充颜色的鸟，如图10-70所示，同时在“图层”调板中也自动生成了一个形状图层，如图10-71所示。

图10-66 形状弹出式调板

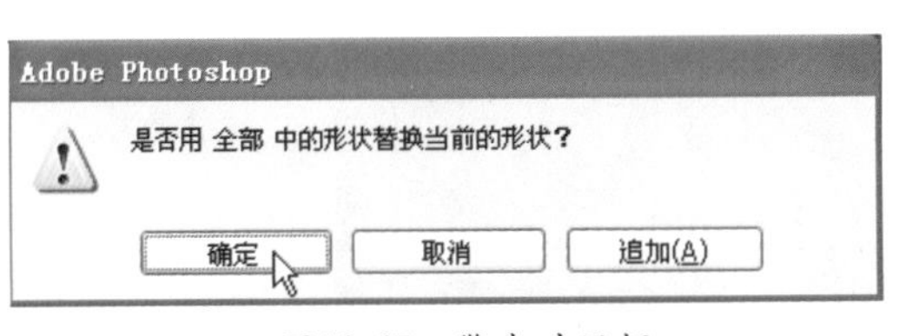


图10-67　警告对话框

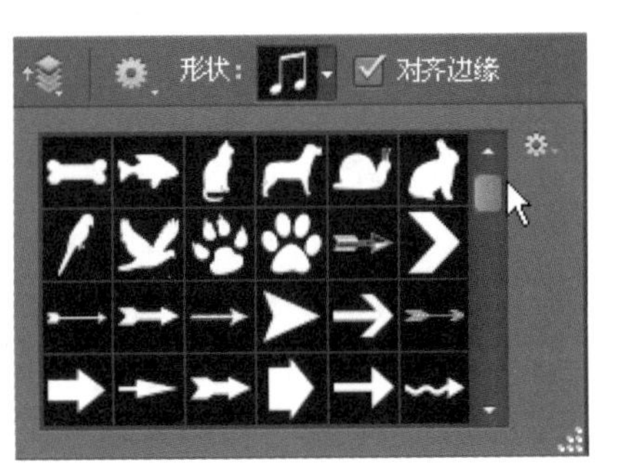


图10-68　添加了形状的调板

图10-69　设置渐变

图10-70　绘制的形状

图10-71　“图层”调板

**03** 在选项栏中设置操作方法为合并形状，如图10-72所示，再在形状弹出式调板中选择所需的形状，如图10-73所示，然后在鸟嘴的下方绘制出选择的形状，如图10-74所示。

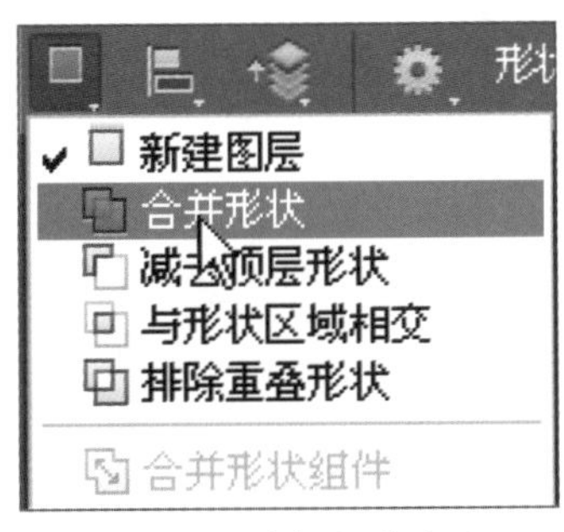


图10-72　选择操作方法

图10-73　选择形状

04 在选项栏中设置操作方法为新建图层，如图10-75所示，再在形状弹出式调板中选择形状，然后在画面中绘制出选择的形状，同时也添加一个形状图层，如图10-76所示。

图10-74　绘制形状

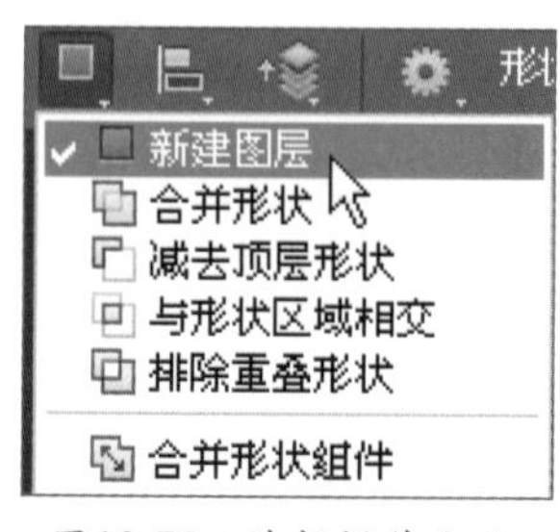


图10-75　选择操作方法

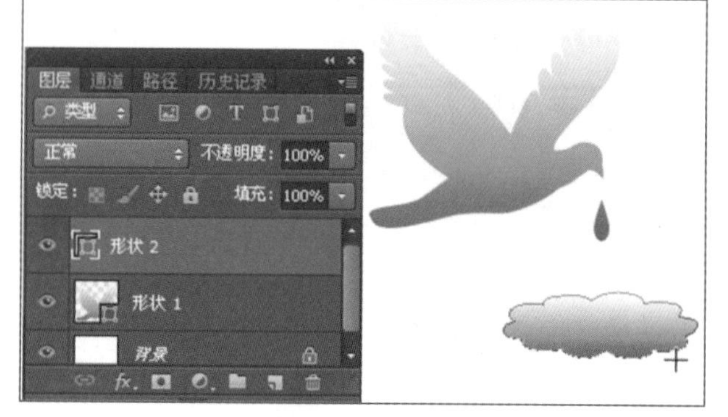


图10-76　绘制形状

05 可以改变形状填充颜色或图案，在选项栏中单击填充后的图标，弹出填充弹出式调板，并在其中选择所要更改的图案，如图10-77所示，同时画面中选择形状的填充颜色也就自动改为所选择的图案了，画面效果如图10-78所示。

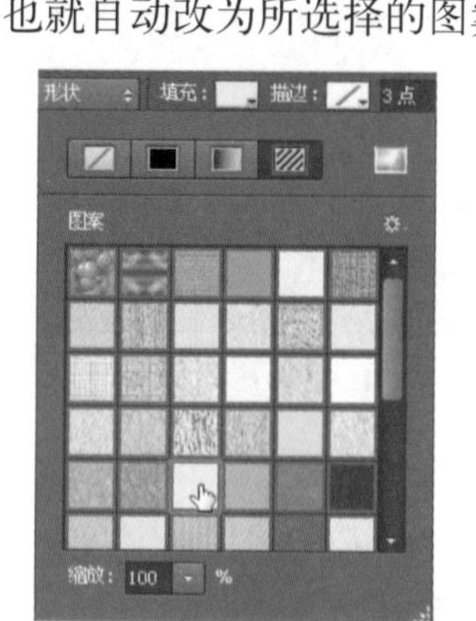


图10-77　选择所要更改的图案

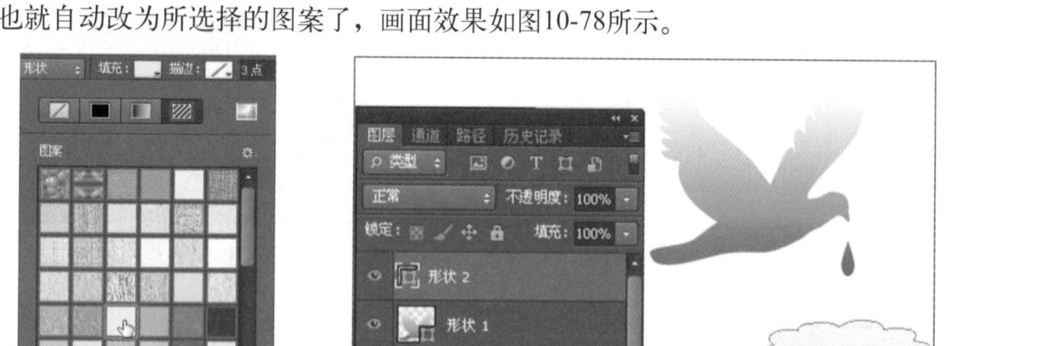


图10-78　改变图案后的效果

## 10.12 编辑形状与路径

可以使用直接选择工具、路径选择工具、添加锚点工具、删除锚点工具与转换点工具



第2部分

来编辑形状与路径。其钢笔工具和自由钢笔工具本身也具有添加锚点和删除锚点的功能，结合快捷键同样可达到编辑路径的目的。

路径是由一个或多个路径组件组成。路径占用的磁盘空间比基于像素的数据少，因此可用于简单蒙版的长期存储。路径也可用于剪切部分图像，以导出到插图或排版应用程序。

形状图形的轮廓由路径组成，编辑路径的形状就会自动更新形状图形的形状。

## 10.12.1 添加锚点工具

利用添加锚点工具可以在路径上添加锚点和调整锚点。

在工具箱中选择添加锚点工具，它的选项栏中没有选项显示。

### 上机实战 添加锚点和移动锚点

01 使用钢笔工具或其他工具绘制一个路径，并按Ctrl键单击绘制好的路径，使路径处于选择状态，再选中添加锚点工具，将指针指向要添加锚点的路径上，指针下方带上一个“+”号，如图10-79所示，然后单击即可添加一个锚点，如图10-80所示。

图10-79 选择路径

图10-80 指向要添加锚点的路径

02 指针指向锚点时呈状，在锚点上按下左键拖动可移动锚点，如图10-81所示；也可以拖动方向点来调整曲线的弧度，如图10-82所示。

图10-81 移动锚点

图10-82 调整曲线的弧度

## 10.12.2 删除锚点工具

利用删除锚点工具可以在路径上删除锚点和选择路径。

在工具箱中选择删除锚点工具，将指针指向路径需要删除的锚点上指针右下方带上一个“－”号，如图10-83所示，单击该锚点即可将该锚点删除，如图10-84所示。

图10-83　指向要删除的锚点

图10-84　删除锚点后的结果

**提 示**

当路径没有选择时，添加锚点工具和删除锚点工具可以直接单击路径，以选择路径。

## 10.12.3 转换点工具

利用转换点工具可以转换锚点的类型。可以让锚点在平滑点和角点之间互相转换，也可以选择路径，移动方向点改变弧度。

如果要将角点转换成平滑点，请在角点的锚点上按下左键进行拖动，以将角点转换为平滑点，如图10-85所示。

指向角点锚点时的状态

在锚点上按下左键进行拖动，即可将角点转换为平滑锚点

图10-85　将角点转换为平滑点

**提 示**

如果要将平滑点转换成角点，只需在平滑锚点单击即可。

## 10.12.4 路径选择工具

利用路径选择工具可以选择一个或几个路径并对其进行移动、组合、对齐、分布和变换。

在工具箱中选择路径选择工具，并在图像中框选多个路径时的选项栏如图10-86所示，其中的“约束路径拖动”选项是Photoshop CS6新增的功能。

图10-86 选项栏

### 1. 选择路径

在路径的任何地方单击，即可选中指针所指的路径，如图10-87所示。如果要选择多个路径，则需要拖出一个选框来框选所要选择的路径，如图10-88所示，或按“Shift”键单击要选择的路径，同样可选择多个路径。

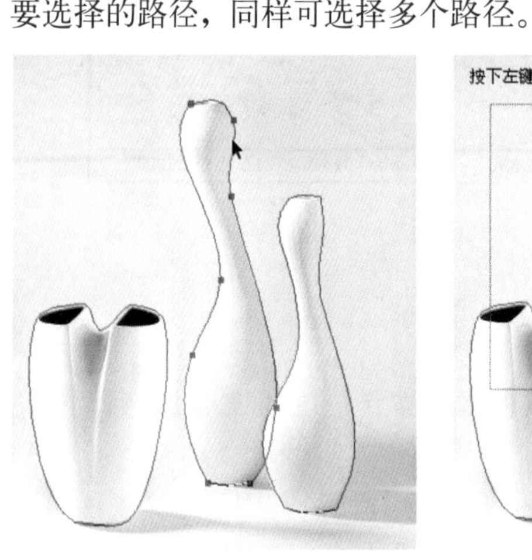

图10-87 选择路径

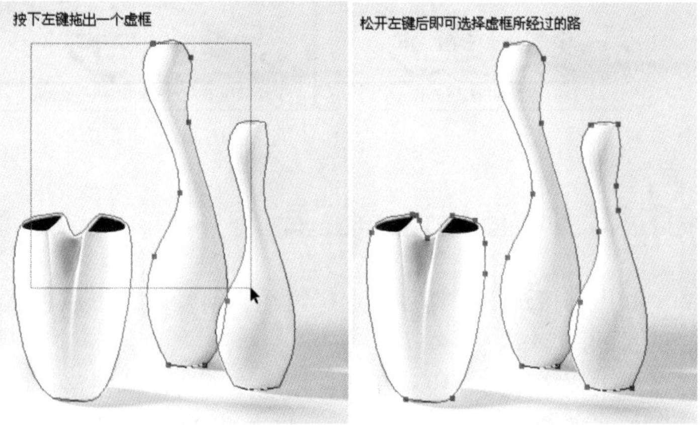

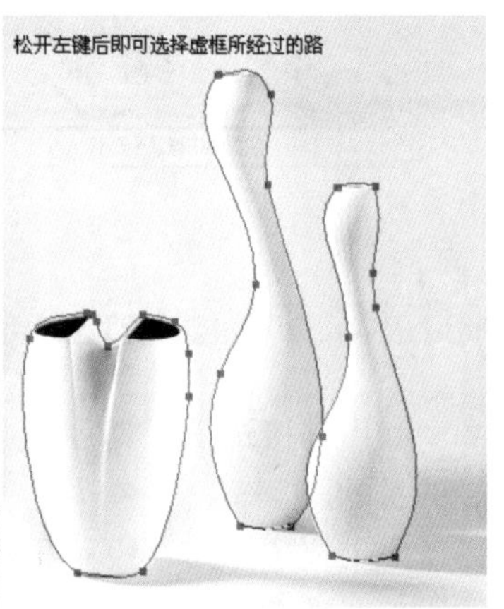


图10-88 框选路径

### 2. 组合路径

当图像中同时显示多个路径（包括两个路径）时，可以使用“合并形状组件”命令将它们组合成一组，只要单击一个路径，该组中的其他路径也被选中，这样便于一起移动和编辑。

在选项栏中的操作方式选择“合并形状组件”，如图10-89所示，则将选择的路径创建成一个组件，先在画面的空白处单击，即可取消路径的选择，再单击一条路径，即可将这整个组件选择。

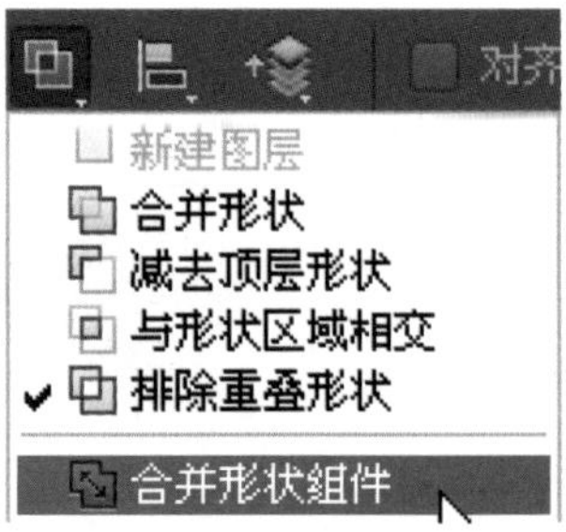

图10-89 选择“合并形状组件”

### 3. 移动路径

在工具箱中选择路径选择工具，并移动指针到图像中的路径上按下左键向所需的方向拖动，即可将所选的路径移到所需的位置。

### 4. 对齐与分布形状

既可以对齐，也可以分布在单个路径中描述的路径组件或形状。

如果在当前路径中有两个以上的路径组件，则可以对它们进行对齐。如果在当前路径中有三个以上的路径组件，则可以对它们进行分布。

选中路径选择工具，并框选要对齐的路径组件，然后在选项栏中选择所需的对齐与分布方式。图10-90所示为原图和分别选择（水平居中对齐）命令与（按高度均匀分布）命令的对比图。

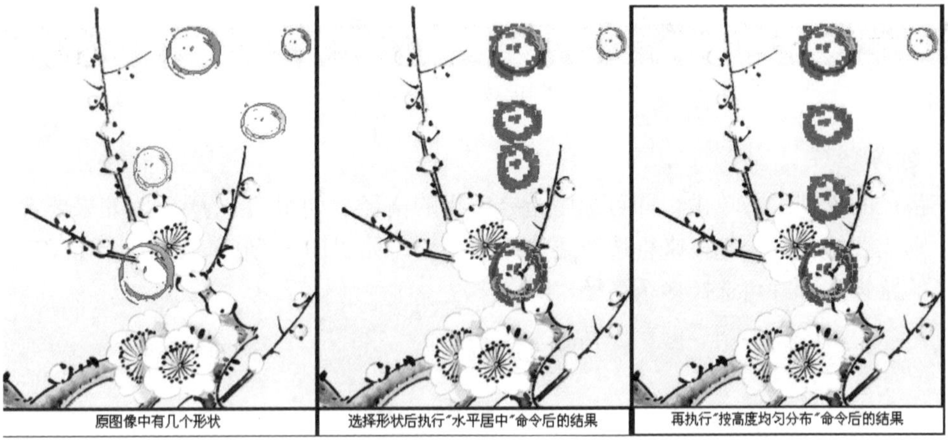

图10-90　对齐路径

## 10.12.5　直接选择工具

利用直接选择工具可以选择路径、路径段、锚点和移动锚点、方向点，以达到调整路径的目的。

如果要选择路径段可用直接选择工具，单击路径段以选择路径并同时选择了所单击的段，在键盘上按"Delete"键可将选中路径段删除，如图10-91所示。

图10-91　删除路径段

如果要移动锚点请用直接选择工具单击要移动的锚点（如果已经全部选择路径，则需在空白处单击取消选择，再单击要选择或移动的锚点），然后按下左键向所需的方向拖动，即可移动锚点到指定的位置，如图10-92所示。

图10-92 移动锚点

## 10.12.6 自定形状

有时在形状弹出式面板中没有所需的形状，但是该形状需要进行多次应用，这样用户就可以将形状或路径存储为自定形状。

### 上机实战 自定形状

01 按“Ctrl”+“N”键新建一个文件，在工具箱中选择椭圆工具，并在选项栏中选择路径与合并形状 合并形状，再按“Shift”键在画面中绘制出几个圆形路径，以组成一朵花的形状，如图10-93所示。

02 在菜单中执行“编辑”→“定义自定形状”命令，弹出如图10-94所示的“形状名称”对话框，用户可在其中设定所需的形状名称，也可以采用默认值，直接单击“确定”按钮，即可将在画面中绘制的路径定义为形状了。

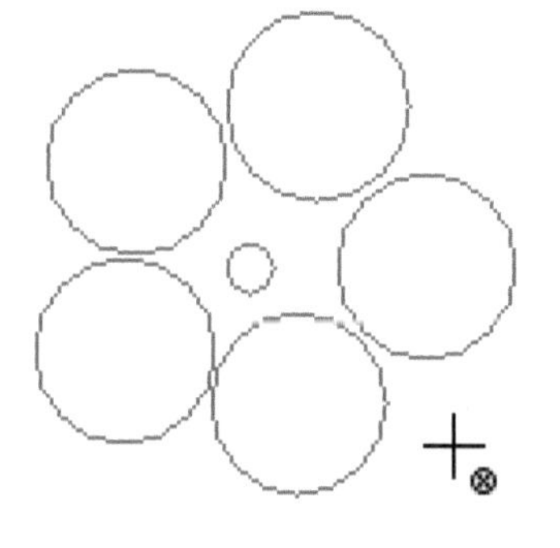

图10-93 绘制路径

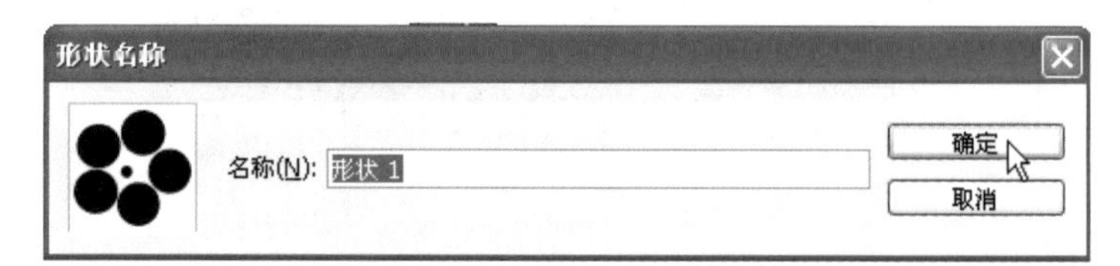


图10-94 “形状名称”对话框

03 在选项栏中选择自定形状工具，并打开形状弹出式面板，即可在其中看到刚定义的形状，如图10-95所示，这样用户就可以像使用其他形状一样来绘图了。

图10-95 形状弹出式面板

# 10.13 路径

## 10.13.1 路径面板

“路径”面板列出了每条存储的路径、当前工作路径和当前矢量蒙版的名称和缩览图像。关闭缩览图可提高性能。要查看路径，必须先在“路径”面板中选择路径名。

（1）如果要显示“路径”面板，可以在菜单中执行“窗口”→“路径”命令，即可显示或隐藏“路径”面板，显示的“路径”面板如图10-96所示。

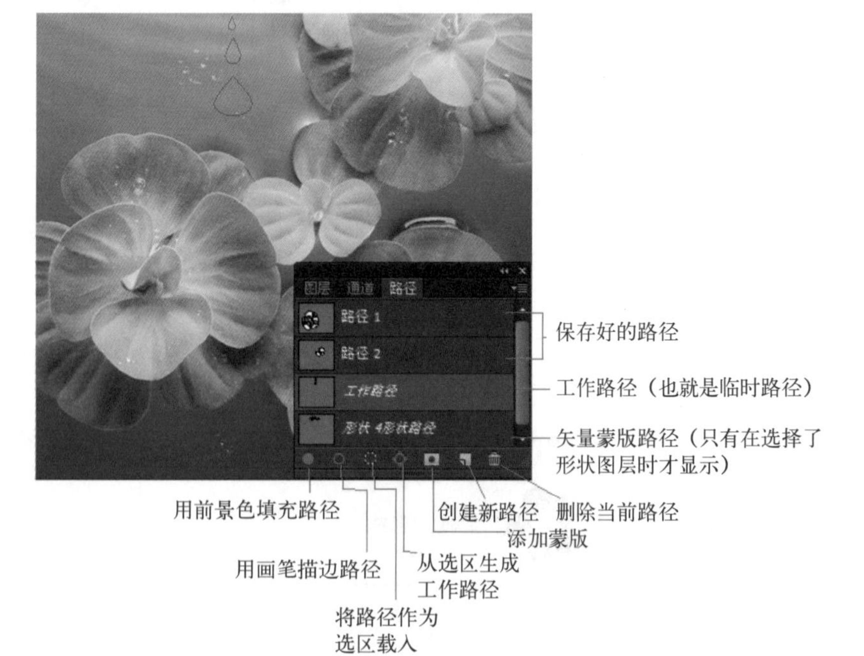


图10-96 “路径”面板

（2）如果要选择路径，可以在“路径”面板中单击相应的路径名。一次只能选择一个路径，如图10-97所示。

（3）如果要取消路径的选择（即隐藏路径的显示），可以在“路径”面板中的空白区域单击或按“Shift”键单击选中的路径，即可隐藏路径的显示，如图10-98所示。

图10-97　选择路径

图10-98　显示/隐藏路径

（4）如果要更改路径缩览图的大小，可以在“路径”面板的弹出式菜单中选择“面板选项”，如图10-99所示，然后在弹出的对话框中选择所需大小，如图10-100所示，单击“确定”按钮，即可将缩览图改为所需的大小了，如图10-101所示。用户也可以选择“无”单选框来关闭缩览图的显示。

（5）可以更改路径的堆叠顺序，操作方法为先将缩览图改为小缩览图，再在“路径”面板中选择要移动的路径，然后向上(或向下)拖移该路径。当所需位置上出现黑色的实线时，释放鼠标左键，即可将该路径移动到所需的位置，如图10-102所示。

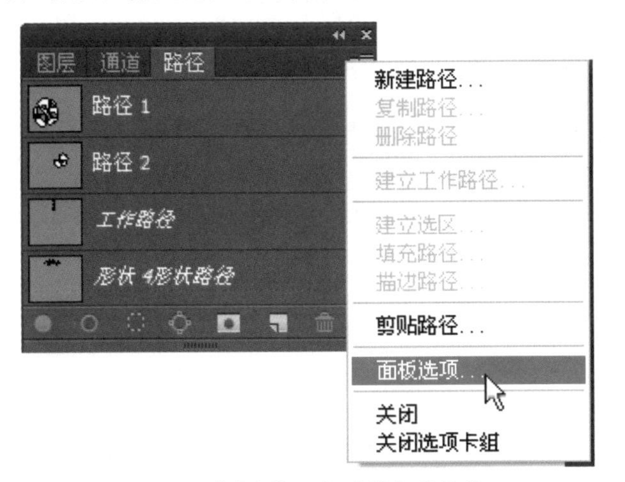


图10-99　“路径”面板的弹出式菜单

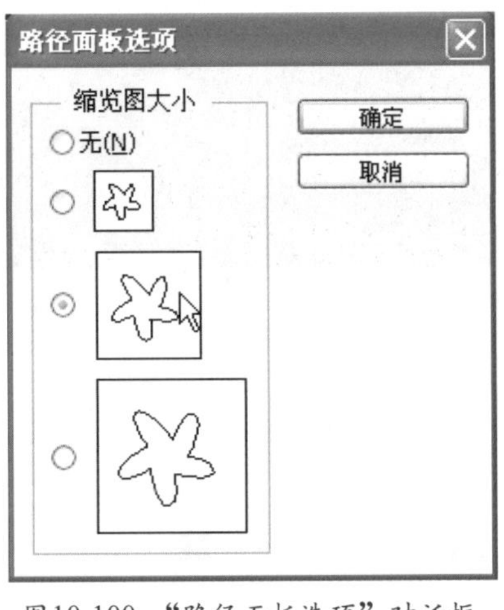


图10-100　“路径面板选项”对话框

**提　示**

不能更改“路径”面板中矢量蒙版或工作路径的顺序。

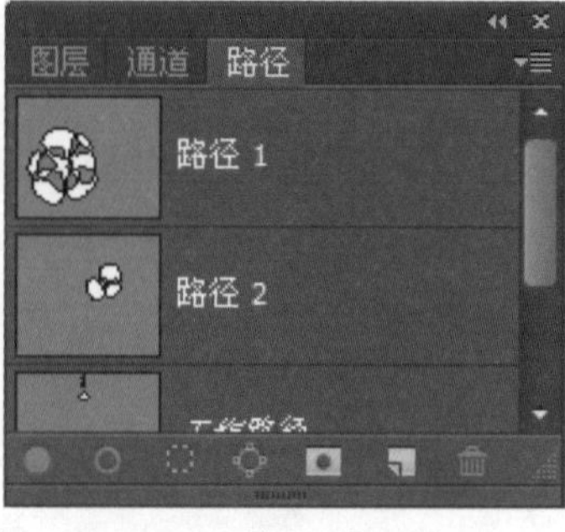

图10-101 “路径”面板

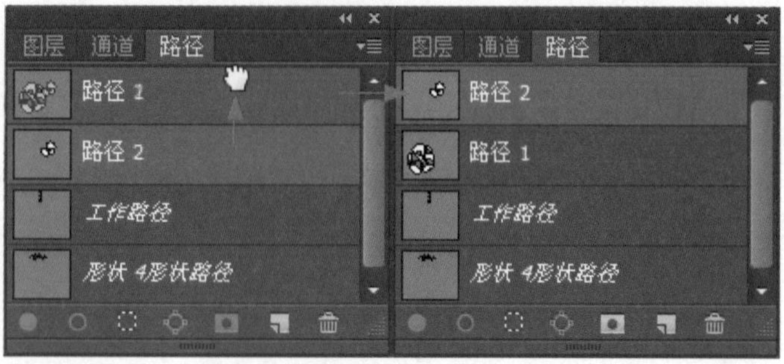

图10-102 改变路径堆叠顺序

## 10.13.2 创建新路径

### 上机实战 创建新路径

（1）在“路径”面板中创建新路径

01 按“Ctrl”+“O”键从配套光盘的素材库中打开一个没有路径的图像文件，如图10-103所示，其“路径”面板如图10-104所示。

图10-103 打开的图像文件

图10-104 “路径”面板

02 在“路径”面板中单击（创建新路径）按钮，新建路径1，结果如图10-105所示。

03 在工具箱中选择钢笔工具，并在选项栏中选择路径，在画面中勾画出一个山形路径，如图10-106所示，同时“路径”面板中的缩览图也随之更新，如图10-107所示。

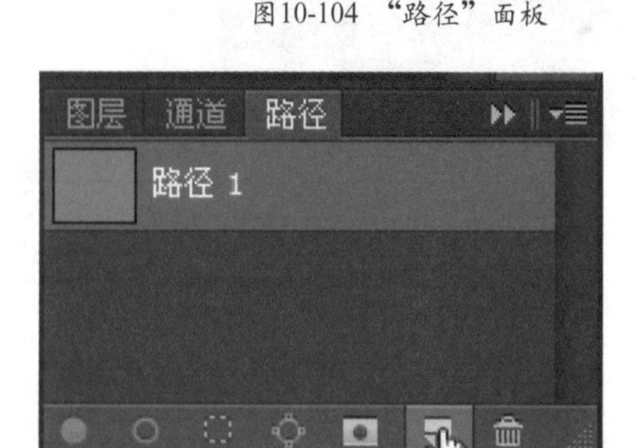

图10-105 创建新路径

图10-106 勾画出山形路径

图10-107 “路径”面板

（2）创建工作路径

**提 示**

工作路径是出现在“路径”面板中的临时路径，用于定义形状的轮廓。

**04** 在“路径”面板的灰色区域单击隐藏路径的显示，如图10-108所示，再选择自定形状工具，并在选项栏中选择形状，然后在图像窗口中绘制出所选的形状，如图10-109所示，此时“路径”面板中自动生成了一个工作路径。

图10-108 “路径”面板

图10-109 绘制出所选的形状

## 10.13.3 存储工作路径

可以将临时的工作路径存储起来，以便以后再次应用。

**方式1** 在“路径”面板中拖动工作路径到（创建新路径）按钮上呈凹下状态时松开左键，即可将工作路径存储并自动命名，如图10-110所示。

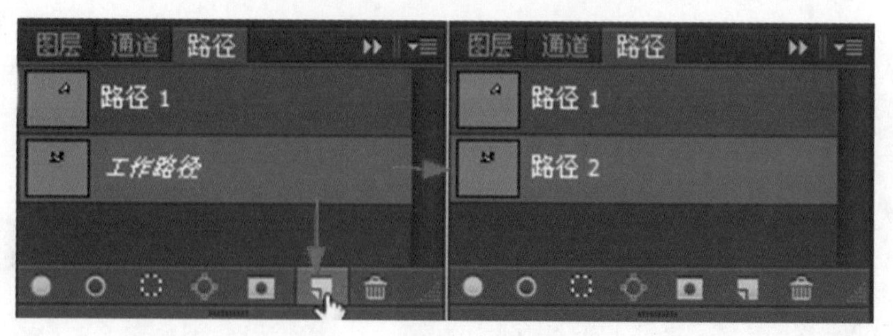


图10-110 将工作路径存储

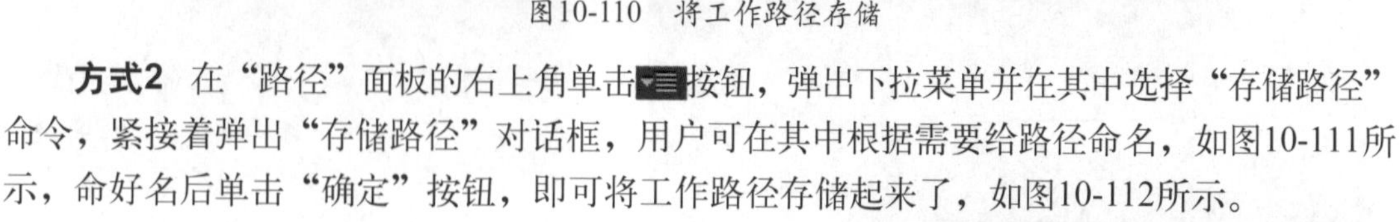

**方式2** 在“路径”面板的右上角单击按钮，弹出下拉菜单并在其中选择“存储路径”命令，紧接着弹出“存储路径”对话框，用户可在其中根据需要给路径命名，如图10-111所示，命好名后单击“确定”按钮，即可将工作路径存储起来了，如图10-112所示。

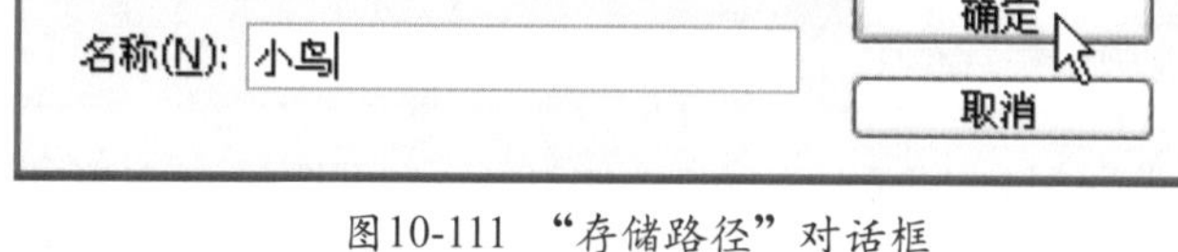


图10-111 “存储路径”对话框

图10-112 给路径命名

## 10.13.4 重命名存储的路径

可以对存储的路径重命名，在路径的名称上双击，使名称处于编辑状态，如图10-113所示，再输入所需的名称，输入好名称后按“Enter”键确认名称更改，结果如图10-114所示。

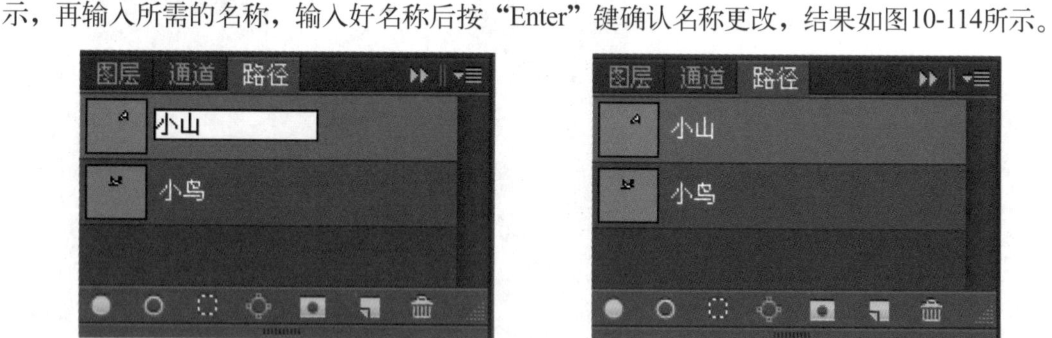
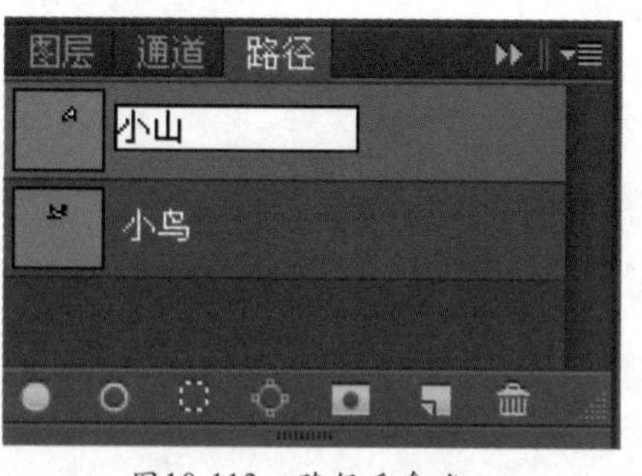


图10-113 路径重命名

图10-114 路径重命名

## 10.13.5 删除路径

如果不再需要某个路径，可以将该路径删除。

**方式1** 在“路径”面板中拖动要删除的路径到（删除当前路径）按钮上呈凹下状态时松开左键，即可将路径直接删除，如图10-115所示。

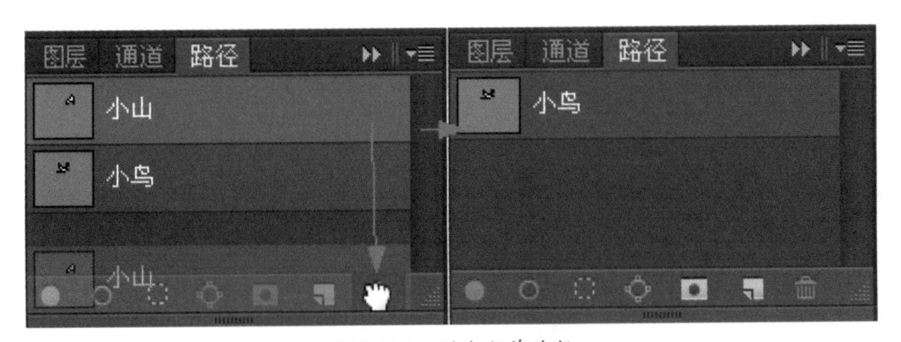


图10-115 删除当前路径

**方式2** 先在“路径”面板中选择要删除的路径，接着在“路径”面板的底部单击(删除当前路径)按钮，弹出如图10-116所示的警告对话框，问是否要删除选中的路径，如果是请单击“是”按钮，否则单击“否”按钮，单击“是”按钮后即可将选中的路径删除了。

**方式3** 先在“路径”面板中选择要删除的路径，接着在“路径”面板的右上角单击按钮，弹出下拉菜单并在其中选择“删除路径”命令，如图10-117所示，即可直接将所选路径删除。

图10-116 删除路径

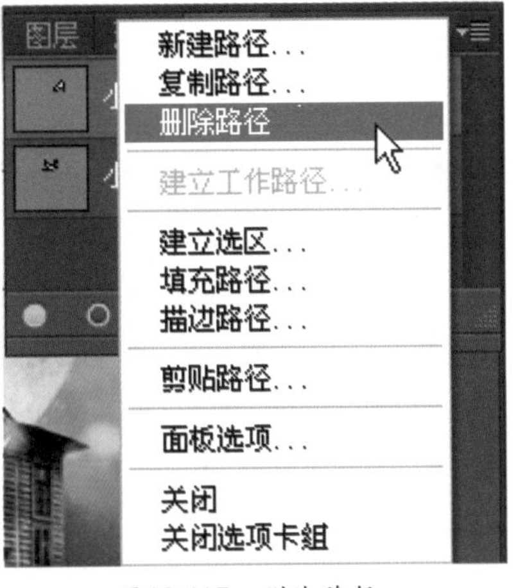


图10-117 删除路径

## 10.13.6 复制路径

在编辑的时候通常会遇到应用相同的路径的情况，如果再绘制相同的路径，则再次需要很长的时间来勾画，因此Photoshop提供了复制路径的功能，以便多次应用相同或相似的路径。也可将经常要应用的路径存储为自定形状。

按“Ctrl”+“O”键从配套光盘素材库中打开一个有路径的文件与一个没有路径的文件，如图10-118所示，其“路径”面板如图10-119所示。

### 1. 在不同文件中复制路径

在“路径”面板中拖动工作路径至028.jpg文件中，如图10-120所示，松开左键后即可将工作路径复制到028.jpg文件中，同时028.jpg文件成为当前可用文件，结果如图10-121所示。

图10-118　打开的文件

图10-119　“路径”面板

图10-120　复制路径

图10-121　复制路径后的结果

提　示

如果在不同的分辨率的文件中进行路径复制，路径的大小也会随着发生变化。从大分辨率的图像中复制路径到小分辨率的图像中时路径会变小，否则就相反。

### 2. 在同一个文件中复制路径

在“路径”面板中拖动要复制的路径到（创建新路径）按钮上呈凹下状态时松开左键，即可复制一个路径副本。

> **提 示**
>
> 如果拖动的路径是工作路径，则只将工作路径进行了保存，而不是复制。用户也可在“路径”面板的弹出式菜单中选择“复制路径”命令，并在弹出的对话框中给路径命名，命名好名后单击“确定”按钮，同样可复制一个路径副本。

可以使用路径选择工具先选择要复制的路径，再在菜单中执行“编辑”→“拷贝”命令（或按“Ctrl”+“C”键），然后激活要应用路径的文件，再在菜单中执行“编辑”→“粘贴”命令（或按“Ctrl”+“V”键），同样也可复制路径。它不仅可用于在不同文件中复制路径，也可用于相同文件中复制路径。

# 10.14 选区与路径互换

路径提供平滑的轮廓，可以将它们转换为精确的选区。也可将选区转换为路径。

任何闭合路径都可以定义为选区。也可以将使用选择工具创建的任何选区定义为路径。“建立工作路径”命令可以消除选区上应用的所有羽化效果。它还可以根据路径的复杂程度和在“建立工作路径”对话框中选取的容差值来改变选区的形状。

## 上机实战 将选区与路径互换

01 按“Ctrl”+“O”键在配套光盘的素材库中打开一个图像文件，如图10-122所示。

02 在工具箱中选择魔棒工具，在金鱼之外的地方单击，以选择金鱼外的区域，再按“Ctrl”+“Shift”+“I”键反选，以选择金鱼，如图10-123所示。

图10-122 打开的文件

图10-123 选择金鱼



Photoshop CS6工具与功能的应用部分

03 在“路径”面板的底部单击 (从选区生成工作路径) 按钮，如图10-124所示，即可将选区转换为路径，结果如图10-125所示。

图10-124 “路径”面板

图10-125 将选区转换为路径

**提 示**

可以将路径作为选区载入，只需在“路径”面板中单击 ( 将路径作为选区载入 ) 按钮即可将路径载入选区。



# 10.15 为路径添加颜色

使用钢笔工具创建的路径只有在经过描边或填充处理后，才会成为图素。

“填充路径”命令可用于使用指定的颜色、图案或填充图层来填充包含像素的路径。

“描边路径”命令可用于绘制路径的边框。“描边路径”命令可以沿任何路径创建绘画描边（使用绘画工具的当前设置）。它和“描边”图层的效果完全不同，它也并不模仿任何绘画工具的效果。

## 10.15.1 填充路径

### 上机实战 填充路径

01 打开如图10-125所示的图像，设定前景色为#c0f9fe，先在“图层”面板中创建一个图层，如图10-126所示，再显示“路径”面板，并在底部单击 (用前景色填充路径) 按钮，即可得到如图10-127所示的效果。

02 可以在“路径”面板中单击右上角的按钮，并在弹出的菜单中选择“填充路径”命令，弹出“填充路径”对话框，接着在其中设定“使用”为图案，“自定图案”为 ，

“模式”为正片叠底，其他为默认值，如图10-128所示，单击“确定”按钮得到如图10-129所示的效果。

图10-126 “图层”面板

图10-127 用前景色填充路径后的结果

图10-128 “填充路径”对话框

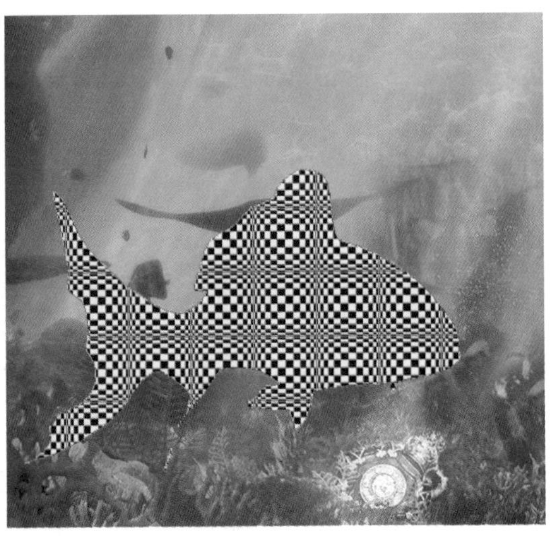

图10-129 填充图案后的结果

## 10.15.2 描边路径

### 上机实战 描边路径

01 打开如图10-129所示的图形，在工具箱中先设定前景色为白色，选择画笔工具，在选项栏中单击按钮，显示“画笔”面板，并在其中设置所需的参数，如图10-130所示。

02 在“路径”面板的底部单击（用画笔描边路径）按钮，即可得到如图10-131所示的效果。

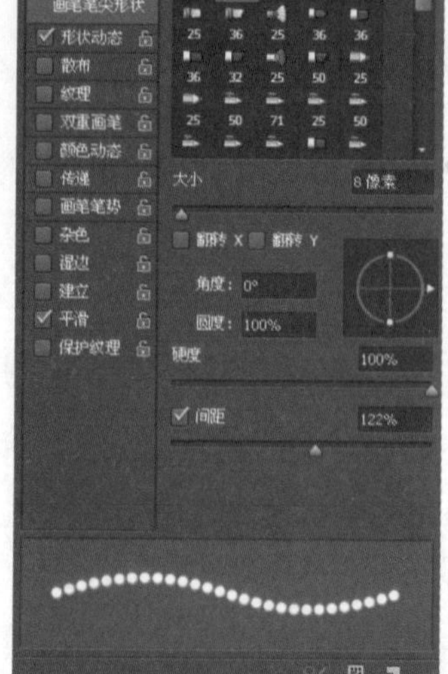
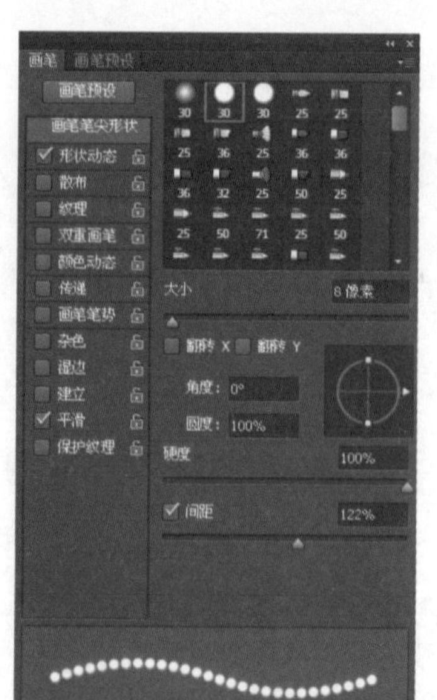


图10-130 “画笔”面板

图10-131 用画笔描边路径

**03** 在“路径”面板的空白区域单击，隐藏路径的显示，其画面效果如图10-132所示。

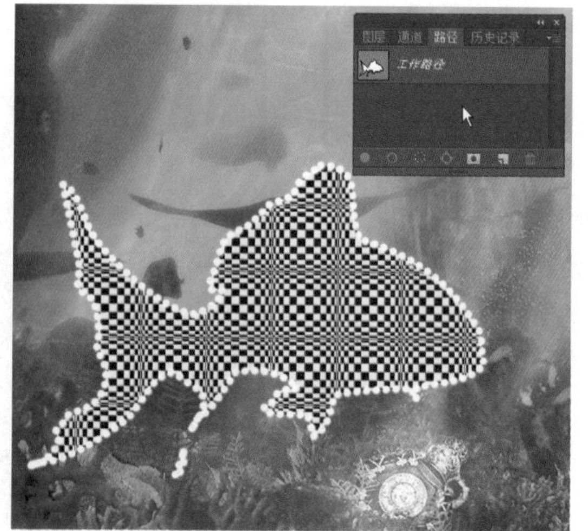
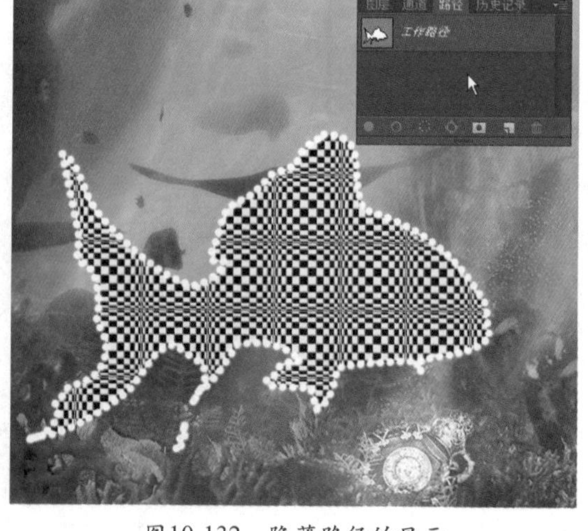


图10-132 隐藏路径的显示

## 10.15.3 添加蒙版

可以在“路径”面板中单击“添加蒙版”按钮给背景层添加蒙版，从而将背景层转换为普通图层。

### 上机实战 添加蒙版

**01** 在“图层”面板中选择背景层，如图10-133所示，再在“路径”面板中单击■（添加蒙版）按钮，如图10-134所示。

图10-133 “图层”面板

图10-134 “路径”面板

02 显示“图层”面板，即可看到背景层已经自动转换为普通图层了，同时还添加了一个蒙版，如图10-135所示；在工具箱中设置前景色为黑色，然后用我们前面刚设置好的画笔在画面中绘制出一些小圆点，如图10-136所示。

图10-135 “图层”面板

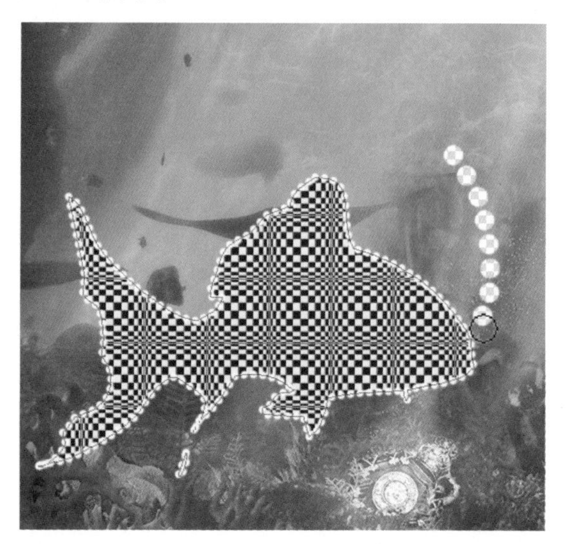

图10-136 绘制小圆点

## 10.16 本章小结

本章结合实例讲解了用绘图工具创建形状图层、工作路径与栅格化形状，以及使用“路径”面板与对路径进行编辑的方法。还详细讲解了钢笔工具、自由钢笔工具、矩形工具、圆角矩形工具、椭圆工具、多边形工具、直线工具、自定形状工具、添加锚点工具、删除锚点工具、转换点工具、路径选择工具、直接选择工具和“路径”面板的使用方法及其应用。熟练掌握这些工具与功能对绘制复杂的图形非常有用。

## 10.17 练习题

1. 以下哪个选项是自由钢笔工具的选项？（　　）

A. 边　　B. 自动添加/删除

C. 半径　　D. 磁性的

2. 利用以下哪个工具可以创建或编辑直线、曲线或自由的线条、路径及形状图层？（　　）

A. 形状工具　　B. 钢笔工具

C. 矩形工具　　D. 直线工具

3. 以下哪两个工具本身也具有添加锚点和删除锚点的功能，结合快捷键同样可达到编辑路径的目的？（　　）

A. 转换点工具和自由钢笔工具　　B. 钢笔工具和直接选择工具

C. 钢笔工具和自由钢笔工具　　D. 钢笔工具和添加锚点工具

4. 以下哪种路径是出现在“路径”面板中的临时路径，用于定义形状的轮廓？（　　）

A. 工作路径　　B. 路径1

C. 剪贴路径　　D. 路径

# 第11章 文字处理

本章主要介绍使用横排文字工具、直排文字工具创建文字，使用横排文字蒙版工具与直排文字蒙版工具创建文字选区以及文字图层的编辑与处理的方法。并要求熟悉“字符”与“段落”面板中各选项的作用以及在路径上创建路径文字的方法。

## 11.1 Photoshop中的文字



Photoshop 中的文字由以数学方式定义的形状组成，这些形状描述的是某种字体的字母、数字和符号。许多字样可用于一种以上的格式，最常用的格式有 Type 1（又称 PostScript 字体）、TrueType、OpenType、New CID 和 CID 无保护（仅限于日语）。

当用户将文字添加到图像时，字符由像素组成，并且与图像文件具有相同的分辨率——字符放大时，用户会看到锯齿状边缘。但是在Photoshop程序中可保留基于矢量的文字轮廓，并且在缩放文字或调整文字大小、存储 PDF 或 EPS 文件或将图像打印到 PostScript 打印机时仍然保留清晰的轮廓。

可以采用3种方式来创建文字：在某个点创建、在段落内创建以及在 Photoshop 中沿路径创建。

- 点文字：是一个水平或垂直文本行，它从用户在图像中单击（也称“点按”）的位置开始。要向图像中添加少量文字，在某个点输入文本是一种有用的方式。
- 段落文本：使用以水平或垂直方式控制字符流的边界。当用户想要创建一个或多个段落（如为宣传手册创建）时，采用这种方式输入文本十分有用。
- 路径上的文字：沿开放或闭合路径的边缘流动。如果以水平方式输入文本，字符将与基线平行。如果以垂直方式输入文本，字符将垂直于基线。在任何一种情况下，文本都会按将点添加到路径时所采用的方向流动。

如果输入的文字超出段落边界或沿路径范围所能容纳的大小，则边界的角上或路径端点的锚点上不会出现手柄，取而代之是一个内含加号 (+) 的小框或圆。

当创建文字时，“图层”面板中会添加一个新的文字图层。也可以使用文字工具创建文字形状的选框。

Photoshop提供了4种文字工具，其中包括：横排文字工具、直排文字工具、横排文字蒙版工具和直排文字蒙版工具，如图11-1所示。

横排文字工具 T
直排文字工具 T
横排文字蒙版工具 T
直排文字蒙版工具 T

图11-1 文字工具

**提 示**

在Photoshop中，因为“多通道”、“位图”或“索引颜色”模式不支持图层，所以不会为这些模式中的图像创建文字图层。在这些图像模式中，文字将以栅格化文本的形式出现在背景上。

### 11.1.1 字体的安装

通常我们在编辑文本时，需要各种各样的字体，但是计算机上自带的字体不可能合乎设计需求。因此需要将第三方字体安装到用户的计算机上，才能满足需求。

**上机实战 将第三方字体安装到计算机上**

01 在计算机的桌面上双击（我的电脑）图标，打开“我的电脑”窗口，并在其中单击“控制面板”链接文字，如图11-2所示，以打开“控制面板”中的内容，再在其中选择“字体”文件夹，如图11-3所示。

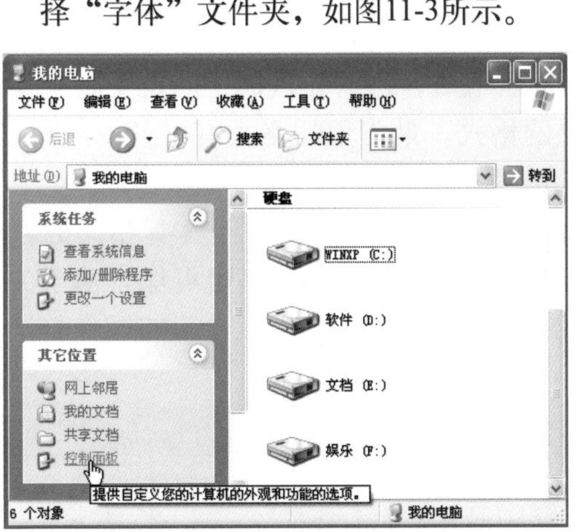


图11-2 “我的电脑”窗口

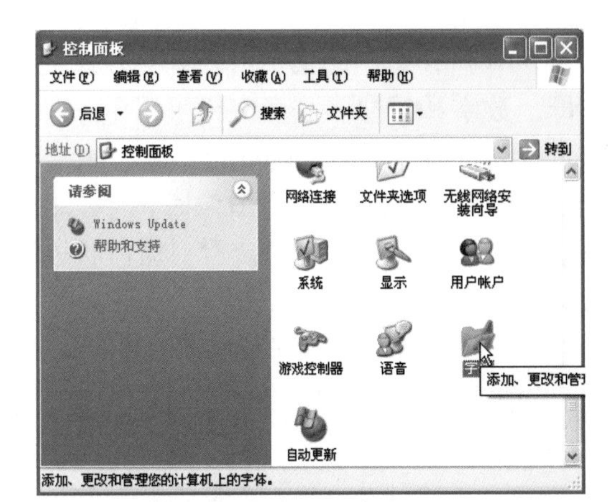


图11-3 “控制面板”窗口

02 在“控制面板”窗口中双击“字体”文件夹，以打开“字体”窗口，然后将所需的字体库打开，再按“Ctrl”+“A”键将所有字体选择，如图11-4所示。

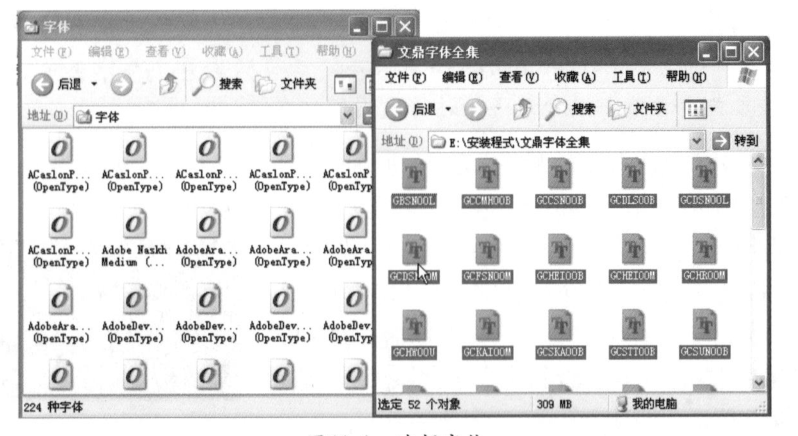


图11-4 选择字体

**提 示**

这些字体库可以去购买字体安装光盘。

03 在“文鼎字体全集”窗口的字体图标上按下左键向“字体”文件夹中拖动，当指针呈⁺状或如图11-5所示时松开左键，即可出现“安装字体进度”对话框，如图11-6所示。

**提 示**

如果其中弹出报错对话框，直接单击“确定”按钮即可，那可能是有几个字体已经损坏。

图11-5 拖动选择的字体到“字体”文件夹

图11-6 “安装字体进度”对话框

04 安装完成后再返回到“字体”窗口中查看字体，即可看到已经将文鼎字体全集中的字体安装到计算机的字体中，如图11-7所示。

05 开启Photoshop CS6程序，在其中打开一个文件，接着使用文字工具输入所需的中文，再选择文字，然后在字体列表中选择所需的字体，查看刚安装的字体是否成功，如图11-8所示，如果能用则表示安装的字体成功了。

图11-7　安装好的字体

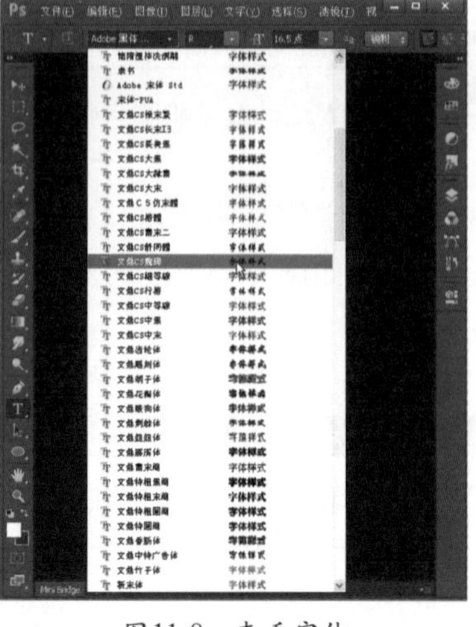

图11-8　查看字体

## 11.1.2　文字工具选项说明

在工具箱中选择任意一种文字工具，在画面中单击出现一闪一闪的光标或拖出一个文本框后，其选项栏的显示如图11-9所示。

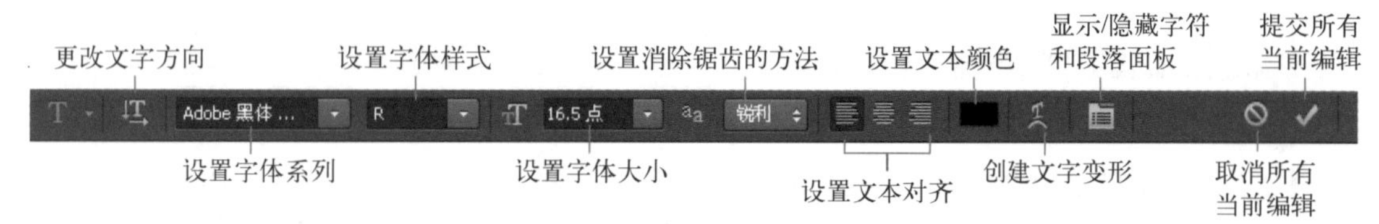


图11-9　选项栏

- （更改文本方向）按钮：单击该按钮可以将直排文字改为横排文字，或将横排文字改为直排文字。
- Adobe 黑体 ...（设置字体系列）选项：单击该选项会弹出如图11-10所示的下拉列表，用户可以在其中选择所需的字体，如图11-11所示的为设置不同字体的效果比较图。

图11-10　字体列表

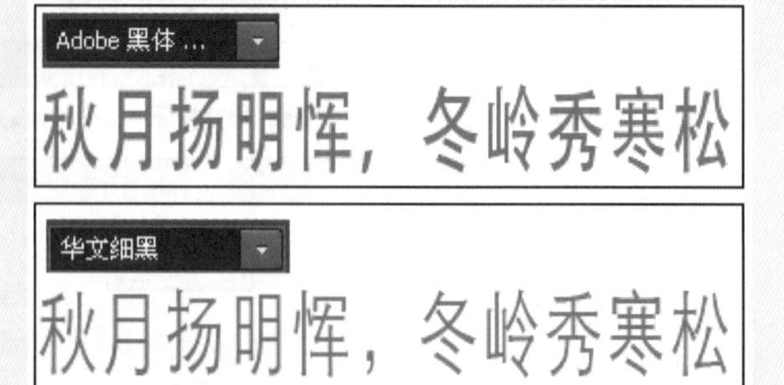

图11-11　设置不同字体的效果比较图

● Regular（设置字体样式）选项：在“设置字体系列”列表中选择了一些英文字体，则该选项成活动可用状态，单击下拉按钮，弹出如图11-12所示的下拉列表，这样用户就可在其中选择所需的字体样式了，如图11-13所示的为设定不同样式的效果对比图。

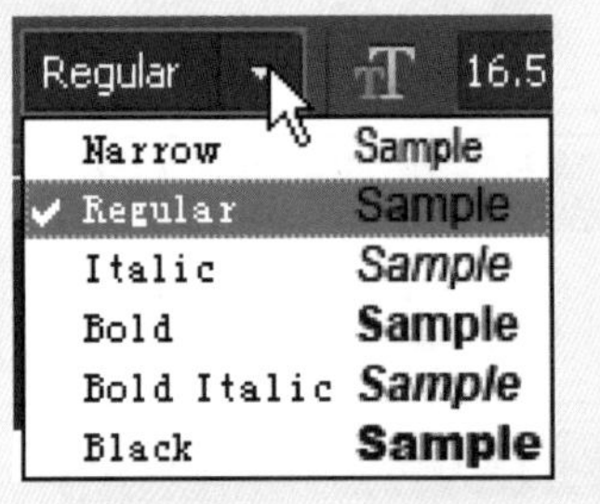

图11-12　字体样式列表　　　　图11-13　设定不同样式的效果对比图

● 16.5点（设置字体大小）选项：单击该选项会弹出如图11-14所示的下拉列表，用户可以在其中选择所需的字体大小，如图11-15所示的为设置不同字体大小的效果对比图。

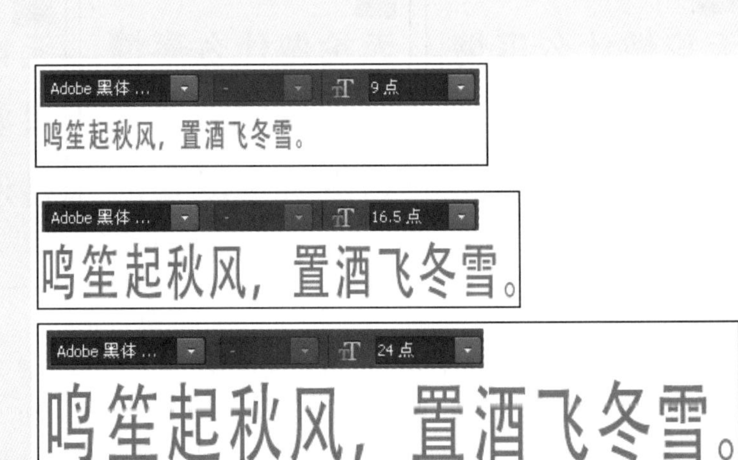


图11-14　字体大小列表　　　　图11-15　设置不同字体大小的效果对比图

● 锐利（设置消除锯齿的方法）选项：消除锯齿使用户可以通过部分地填充边缘像素来产生边缘平滑的文字。这样文字边缘就会混合到背景中，单击锐利按钮，弹出如图11-16所示的列表，用户可在其中选择所需的消除锯齿方法，如图11-17所示的为设置不同消除锯齿方法的效果对比图。

- “无”：不应用消除锯齿。
- “锐利”：使文字显得最锐利。
- “犀利”：使文字显得稍微锐利。
- “浑厚”：使文字显得更粗重。
- “平滑”：使文字显得更平滑。

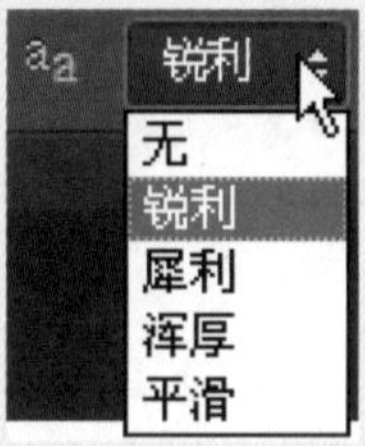

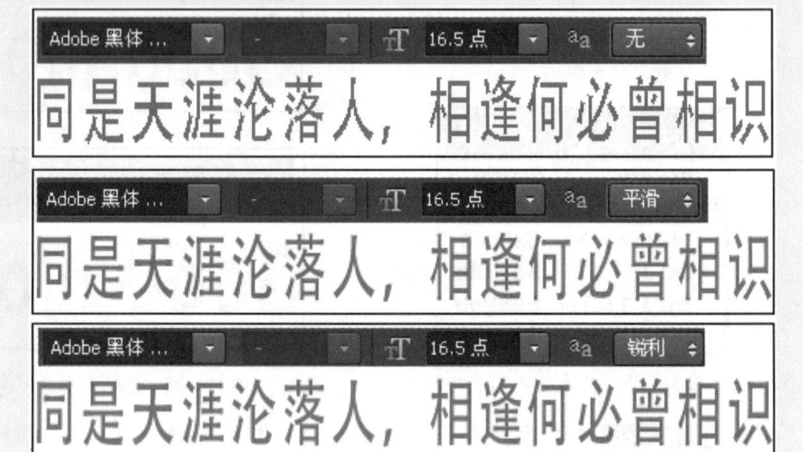

锐利
无
锐利
犀利
浑厚
平滑

图11-16　消除锯齿的方法

Adobe 黑体 ...
16.5 点
无
同是天涯沦落人，相逢何必曾相识
Adobe 黑体 ...
16.5 点
平滑
同是天涯沦落人，相逢何必曾相识
Adobe 黑体 ...
16.5 点
锐利
同是天涯沦落人，相逢何必曾相识

图11-17　设置不同消除锯齿方法的效果对比图

- （左对齐文本）按钮、（居中对齐文本）按钮、（右对齐文本）按钮：单击按钮使文本向左对齐，单击按钮使文本居中对齐，单击按钮使文本右对齐，如图11-18所示。

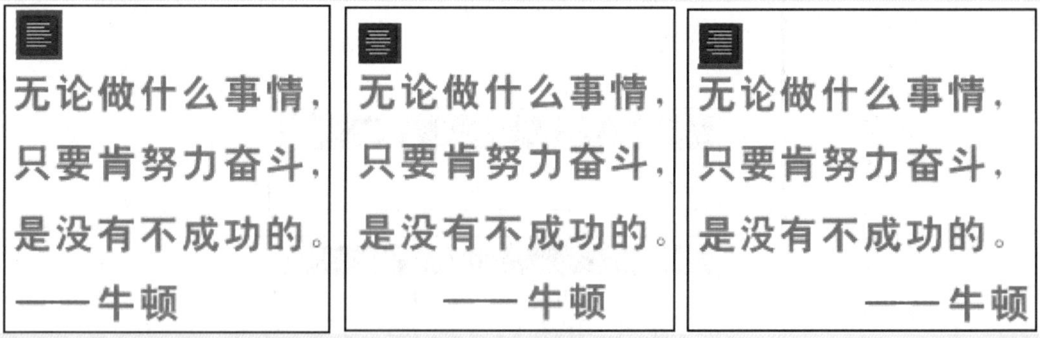

无论做什么事情，
只要肯努力奋斗，
是没有不成功的。
——牛顿
无论做什么事情，
只要肯努力奋斗，
是没有不成功的。
——牛顿
无论做什么事情，
只要肯努力奋斗，
是没有不成功的。
——牛顿

图11-18　文本对齐

- （设置文本颜色）按钮：单击该按钮会弹出“拾色器”对话框，可在其中选择所需的文本颜色。
- （创建文字变形）按钮：如果在画面中创建了文字，并且文字图层为当前图层（或用文字蒙版工具在输入好文字但还没有确认文字输入前），该按钮才可用，单击该按钮会弹出如图11-19所示的对话框，单击“样式”后的下拉按钮，弹出如图11-20所示的列表，用户可根据需要选择所需的样式，如果用户选择了一种样式，则其下的一些不可用的选项就可用了，如图11-21所示。

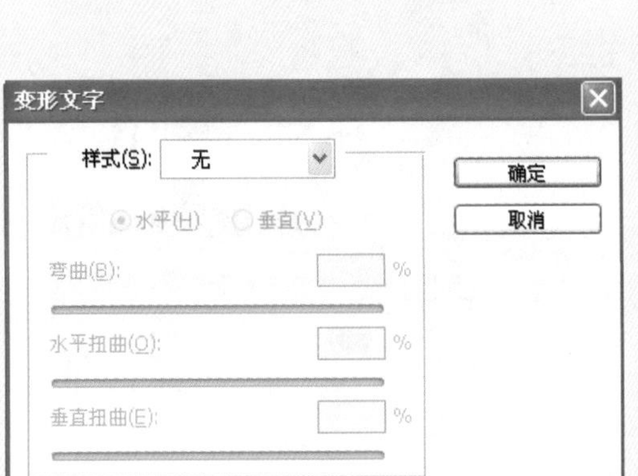


图11-19 “变形文字”对话框

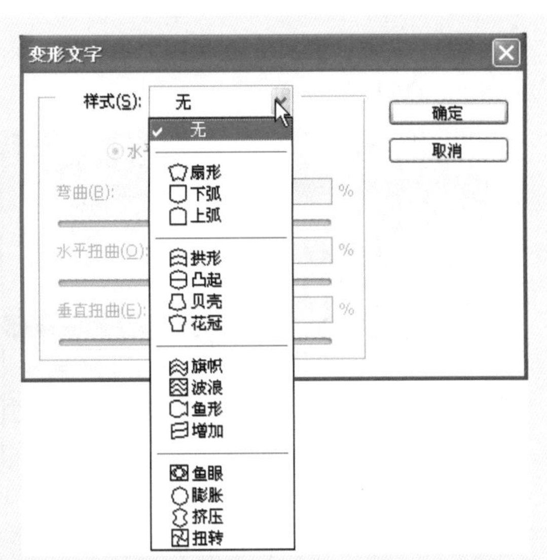


图11-20 “变形文字”对话框

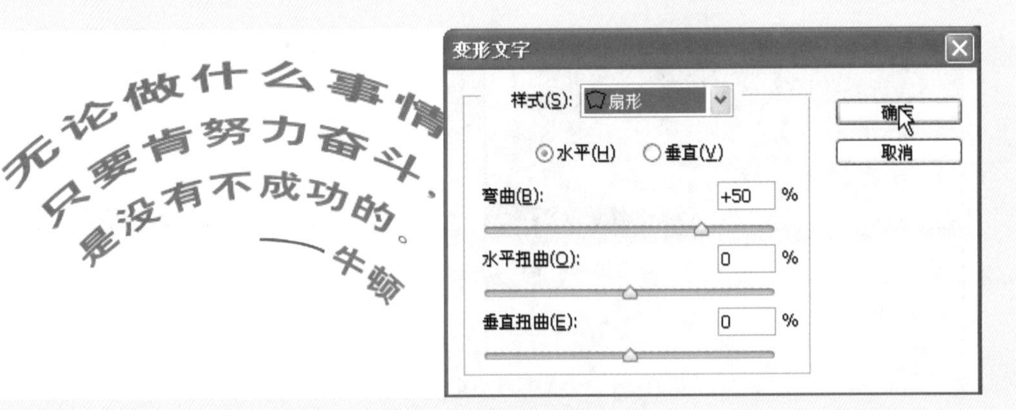


图11-21 扇形变形

变形文字对话框中各选项说明如下：

- 样式：在“变形文字”对话框中选择了所需的样式（“无”除外）后，水平、垂直、弯曲、水平扭曲、垂直扭曲选项可用。
  - 水平/垂直：选择“水平”单选框时可以水平方向变形文字，选择“垂直”单选框时则以垂直方向变形文字，如图11-22所示。

图11-22 水平/垂直变形

➢ 弯曲：拖动滑块或在文本框中输入－100～100之间的数值来确定弯曲程度，如图11-23所示。

图11-23　设置不同弯曲值的对比图

➢ 水平扭曲：拖动滑块或在文本框中输入－100～100之间的数值来确定水平扭曲的程度，如图11-24所示。

图11-24　设置不同水平扭曲值的对比图

➢ 垂直扭曲：拖动滑块或在文本框中输入－100～100之间的数值来确定垂直扭曲的程度，如图11-25所示。

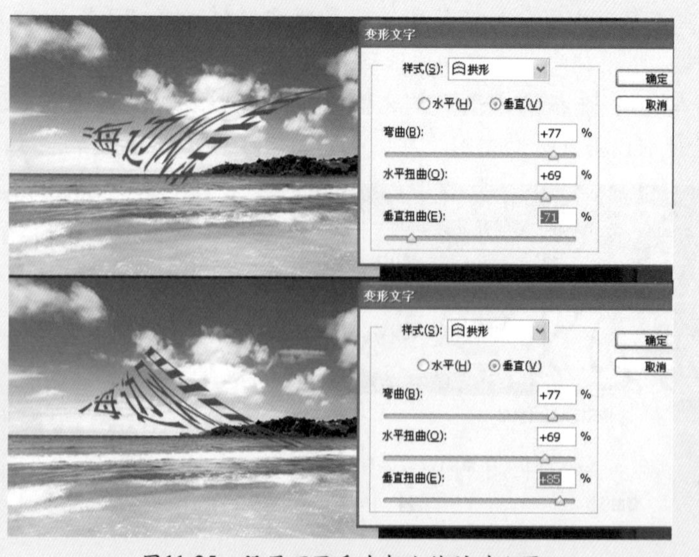


图11-25　设置不同垂直扭曲值的对比图

如图11-26所示为分别将原图像中的文字进行扇形、下弧、拱形、凸起、贝壳、鱼形、膨胀变形的效果比较图。

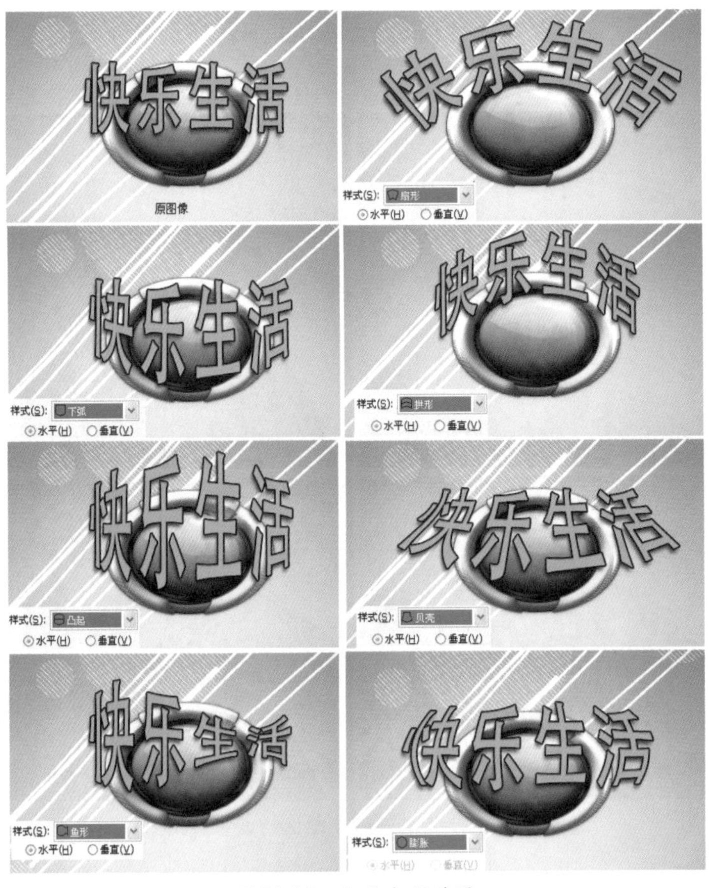


图11-26 各种变形效果

- (显示/隐藏字符和段落面板)按钮：单击该按钮可显示/隐藏“字符”和“段落”面板，如图11-27所示。

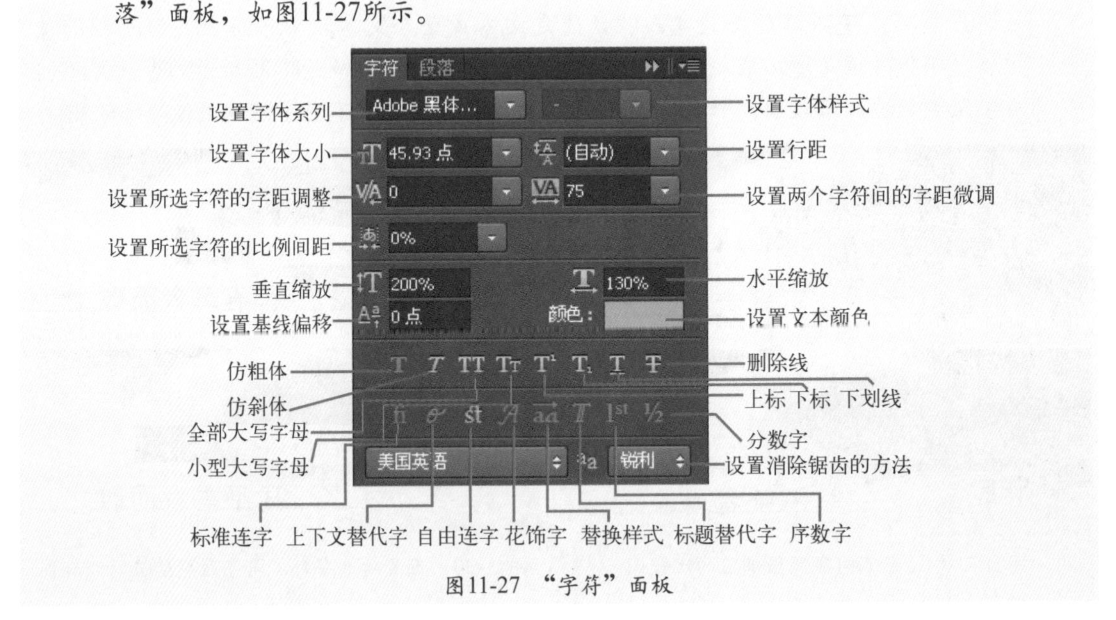


图11-27 “字符”面板

"字符"面板中各选项说明如下：

- "垂直缩放"选项和"水平缩放"选项：在其文本框中输入0%～1000%之间的数值，来指定文字高度和宽度之间比例，如图11-28所示的为设置不同缩放比例的效果对比图。

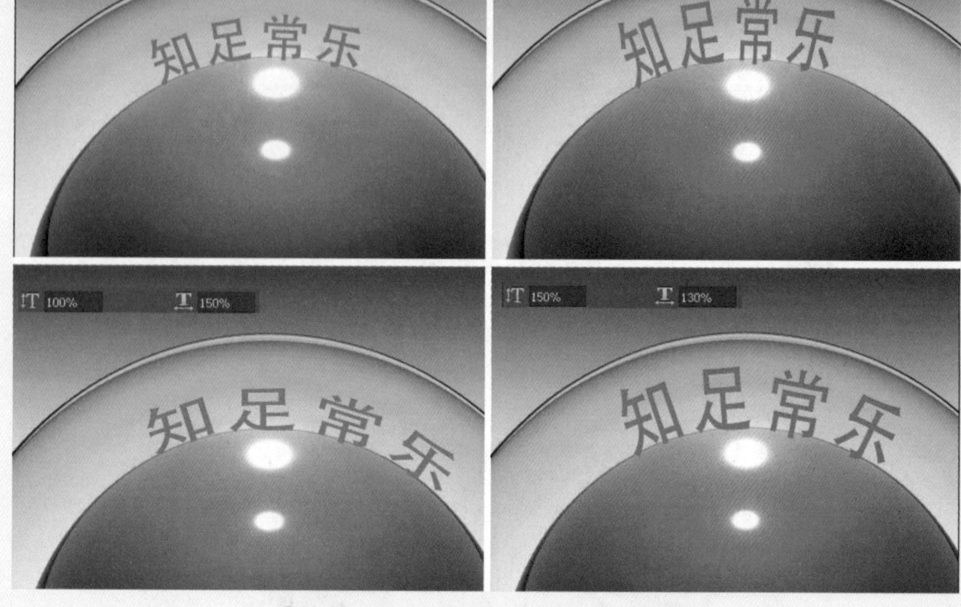


图11-28　设置不同缩放比例的效果对比图

- 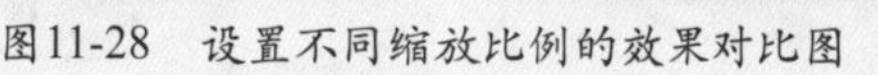（设置所选字符的比例间距）选项：在其下拉列表中可以选择所选字符的比例间距。
- （设置所选字符的字距调整）和（设置两个字符间的字距微调）选项：字距调整是放宽或收紧选定文本或整个文本块中字符之间的间距的过程。字距微调是增加或减少特定字符之间的间距过程。如图11-29所示的为设置不同字距微调值的比较图，如图11-30所示的为设置所选字符不同字距调整值的比较图。

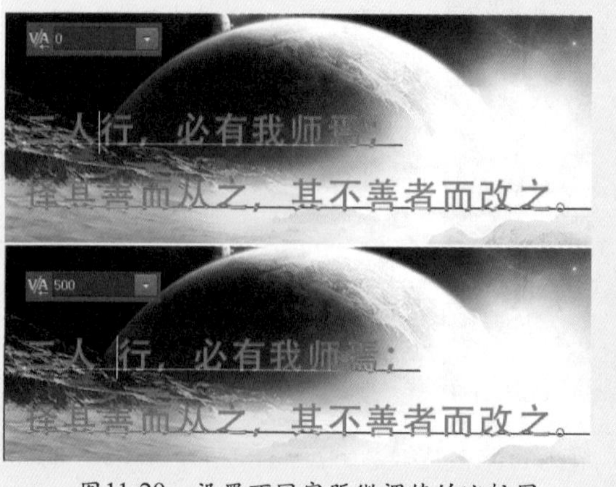


图11-29　设置不同字距微调值的比较图

图11-30　设置所选字符不同字距调整值的比较图

- (设置行距)选项：在其下拉列表中可以选择所需的行距，也可以直接在文本框中输入所需的数值，如图11-31所示的为设置不同行距的效果比较图。
- (设置基线偏移)选项：在其文本框中可以输入-1296点～1296点之间的数值，来设置文本偏移基线的距离，如图11-32所示的为设置不同基线偏移值的效果比较图。

图11-31 设置不同行距的效果比较图 图11-32 设置不同基线偏移值的效果比较图

- (仿粗体)按钮：单击该按钮可以将所选的文字加粗，再次单击则还原，如图11-33所示的为设置基线偏移后单击✓按钮确认提交后再加粗后的效果。

图11-33 设置基线偏移后的效果

- (仿斜体)按钮：单击该按钮可将选择的文字倾斜，再次单击则还原。
- (全部大写字母)按钮：单击该按钮，可将所选的字母全部大写，再次单击则还原，如图11-34所示的为原文字与全部大写的效果对比图。
- (小型大写字母)按钮：单击该按钮可将所选字母变成小型大写，再次单击则还原。
- (上标)按钮：单击该按钮可将选择文字向上偏移一定距离，再次单击则还原，如图11-35所示的为原文字与上标后的效果对比图。

图11-34　原文字与全部大写的效果对比图

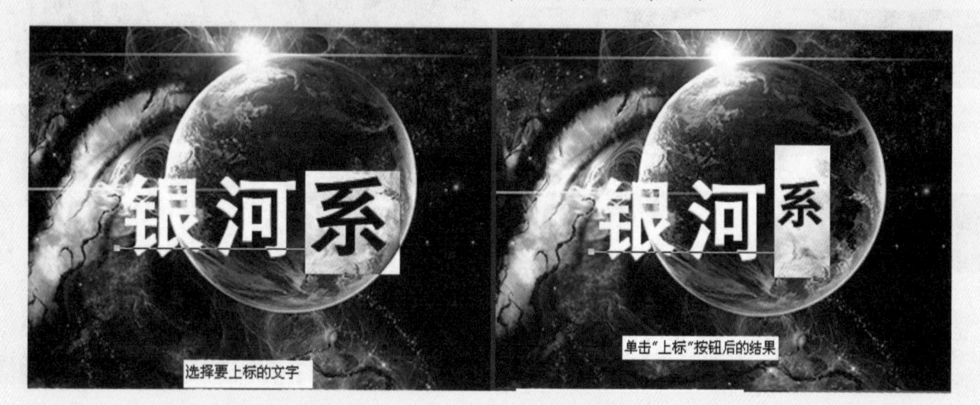


图11-35　原文字与上标后的效果对比图

- T₁（下标）按钮：单击该按钮可将选择文字向下偏移一定距离，再次单击则还原。
- T（下划线）按钮：单击该按钮可为文字添加下划线，再次单击则还原，如图11-36所示的为原文字与添加下划线后的效果对比图。
- T（删除线）按钮：单击该按钮可为文字添加删除线，再次单击则还原，如图11-37所示的为原文字添加删除线后的效果。

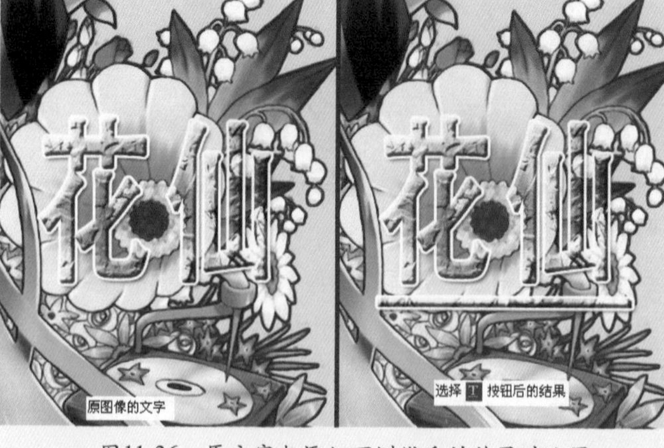


图11-36　原文字与添加下划线后的效果对比图

图11-37　为原文字添加删除线后的效果

- ⊘（取消所有当前编辑）按钮与✓（提交所有当前编辑）按钮：单击⊘按钮可以取消所有当前编辑，单击✓按钮可以提交所有当前编辑。

## 11.1.3 创建点文字

使用横排文字工具、直排文字工具、横排文字蒙版工具与直排文字蒙版工具都可以创建点文字或点文字选区，它们的操作方法基本相同。

### 上机实战 使用横排文字工具创建点文字

01 按“Ctrl”+“O”键从配套光盘的素材库中打开一个要输入文字的文件，如图11-38所示。

图11-38 打开的文件

02 在工具箱中设定前景色为白色，接着选择直排文字工具，并在工具图标上右击，在弹出的快捷菜单中选择“复位工具”命令，先将该工具复位，并在选项栏的“设置字体系列”列表中选择Adobe 黑体，“设置字体大小”列表中选择36点，“设置消除锯齿的方法”列表中选择锐利，如图11-39所示。

图11-39 选项栏

**提 示**

在“设置字体系列”列表中选择Adobe 黑体，“设置字体大小”列表中选择36点。

03 将指针移到画布上指针呈状时单击，即可出现一闪一闪的光标，该点就是文字的基线（文字将从这里一个一个向下或向右输入并排放好），然后在键盘上输入所需的文字，如图11-40所示。

04 将指针移到文字外的区域，指针呈状时按下左键向所需的方向拖动，可以将文字排放到所需的位置，如图11-41所示；排放好后在选项栏中单击（提交所有当前编辑）按钮确认文字输入，同时在“图层”面板中也自动生成了

图11-40 输入文字

一个文字图层，如图11-42所示。

图11-41　移动文字

图11-42　创建的文字图层



# 11.2 使用图像填充文字

可以通过在文字图层上方的图像图层创建剪贴蒙版，以使文字应用该图像图层与文字图层重叠的部分进行填充。

## 上机实战　使用图像填充文字

01 按“Ctrl”+“O”键从配套光盘的素材库中打开一个图像文件，与一个有效果文字的文件，如图11-43所示。

02 在工具箱中选择移动工具，将014.psd文件中的图片拖动到013.psd文件中，当指针呈状（如图11-44所示）时松开左键，即可将014.psd文件中的图片复制到013.psd文件中了，结果如图11-45所示。

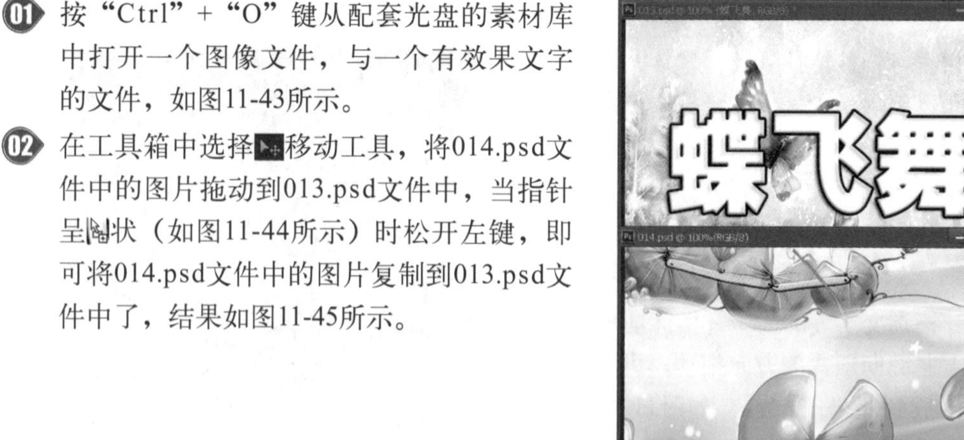


图11-43　打开的文件

图11-44 拖动图像

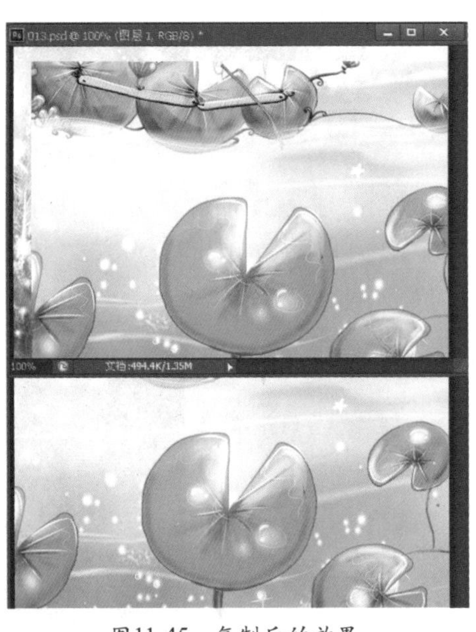

图11-45 复制后的效果

03 以“013.psd”为当前文件，并将图像拖动到适当位置，再在菜单中执行“图层”→“创建剪贴蒙版”命令，这样就可以以图像的一部分填充文字了，效果和“图层”面板如图11-46所示。

图11-46 创建剪贴蒙版的效果

## 11.3 段落文字

段落是末尾带有回车符的任何范围的文字。使用“段落”面板可以设置适用于整个段落的选项，如对齐、缩进和文字行间距。对于点文字，每行即是一个单独的段落。对于段落文字，一段可能有多行，具体视定界框的尺寸而定。

### 11.3.1 段落面板及选项说明

可以使用“段落”面板，为文字图层中的单个段落、多个段落或全部段落设置格式化选项。在“窗口”菜单中执行“段落”命令，弹出如图11-47所示的“段落”面板。

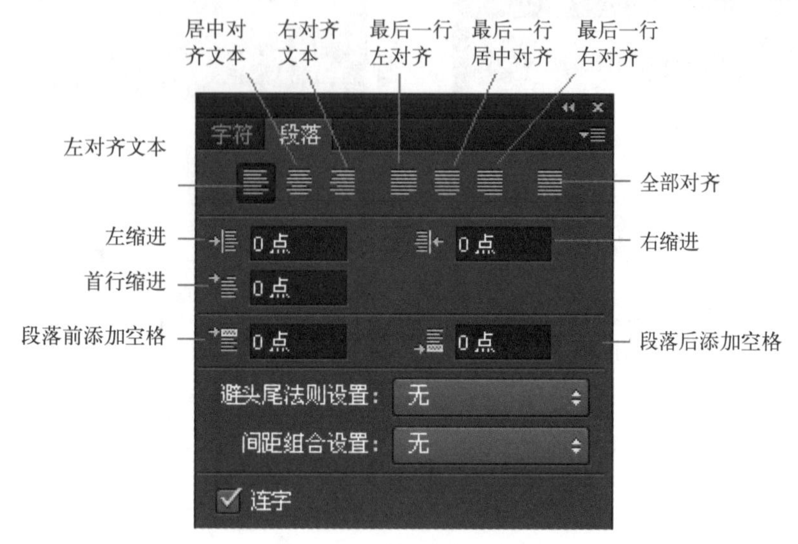


图11-47 “段落”面板



### 11.3.2 创建段落文字

输入段落文字时，文字基于定界框的尺寸换行。可以输入多个段落并选择段落调整选项。

可以调整定界框的大小，这将使文字在调整后的矩形内重新排列。也可以在输入文字时或创建文字图层后调整定界框。也可以使用定界框来旋转、缩放和斜切文字。

#### 上机实战 创建段落文字

01 按“Ctrl”+“O”键从配套光盘的素材库中打开一个要添加文字的文件，如图11-48所示。

02 在工具箱中选择T横排文字工具，并在选项栏中设定“字体”为Adobe黑体，“字体大小”为24点，然后在画面中按下左键从一点向另一点拖移，如图11-49所示，达到所需的大小后松开左键，即可创建一个定界框，如图11-50所示。

03 在创建了定界框的同时出现一闪一闪的光标，这表示它正处于文字编辑状态，可以直接输入所需文字，如图11-51所示。

04 移动指针到文本框之外按下左键将文本框向下拖动到所需位置，并拖动控制柄来调整段落文本框的大小，调整后的结果如图11-52所示，再在选项栏中单击✓按钮确认文字输入，即可完成段落文本的创建，结果如图11-53所示。

图11-48　打开的文件

图11-49　拖动一个虚框

图11-50　创建的文本框

图11-51　输入文字

图11-52　移动文本框

图11-53　调整段落文本框的大小

# 11.4 设置字符与段落文本的格式

Photoshop使用户可以精确地控制文字图层中的个别字符，其中包括字体、大小、颜色、行距、字距微调、字距调整、基线偏移及对齐。可以在输入字符之前设置文字属性，也可以重新设置这些属性，以更改文字图层中所选字符的外观。

如果要更改个别字符的格式，则必须先选择个别字符，然后才能设置它们的格式。

## 上机实战 设置字符与段落文本的格式

（1）更改字体与字体大小

01 按“Ctrl” + “O”键从配套光盘的素材库中打开如图11-54所示的文件，其“图层”面板如图11-55所示。

图11-54 打开的文件

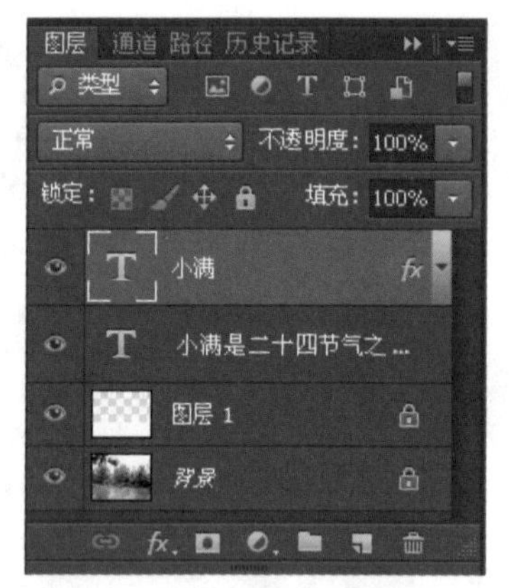


图11-55 “图层”面板

02 在工具箱中选择T横排文字工具，并在选项栏 30点 中设定“字体大小”为30点，即可得到如图11-56所示的效果。

03 使用文字工具在下面的文字上单击，以选择下方的段落文字，如图11-57所示。

图11-56 改变字体大小后的效果

图11-57 选择段落

04 按“Ctrl” + “A”键全选，再在选项栏中设定“字体大小”为10 点，将所选的文字缩小，画面效果如图11-58所示。然后将段落文本框调整到所需的大小，如图11-59所示。

图11-58 全选文字

图11-59 调整文本框大小

（2）字符缩放

05 显示“字符”面板，在其中设定“垂直缩放”为120%，如图11-60所示，画面效果如图11-61所示。

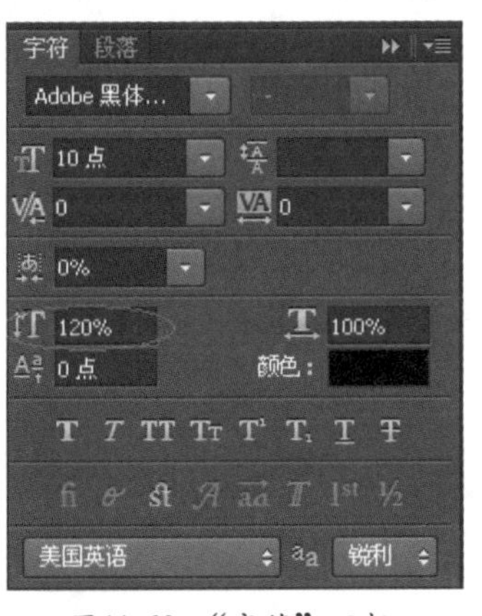


图11-60 “字符”面板

图11-61 垂直缩放后的效果

（3）设置行间距

06 在“字符”面板的“设置行距”下拉列表中选择18点，如图11-62所示，即可得到如图11-63所示效果。

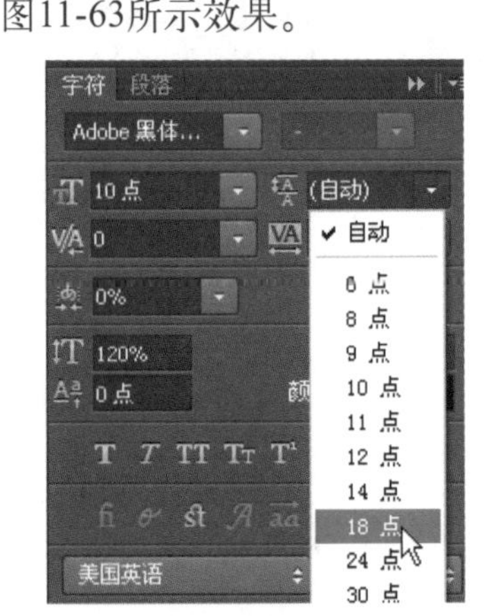


图11-62 “字符”面板

图11-63 改变行距后的效果

(4) 设置字符间距

**07** 在“字符”面板中设定“字符间距”为25，如图11-64所示，画面效果如图11-65所示。

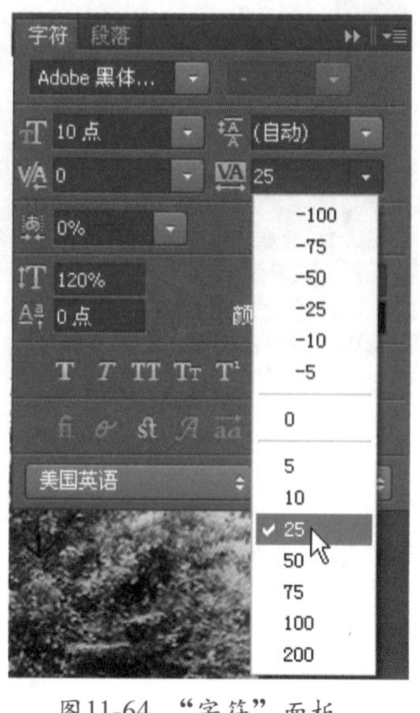


图11-64 “字符”面板

图11-65 改变字符间距后的效果

(5) 文本缩进

**08** 显示“段落”面板，并在其中设定“首行缩进”为24点，如图11-66所示，即可将所选段落的首行向右缩进24点的距离，结果如图11-67所示。

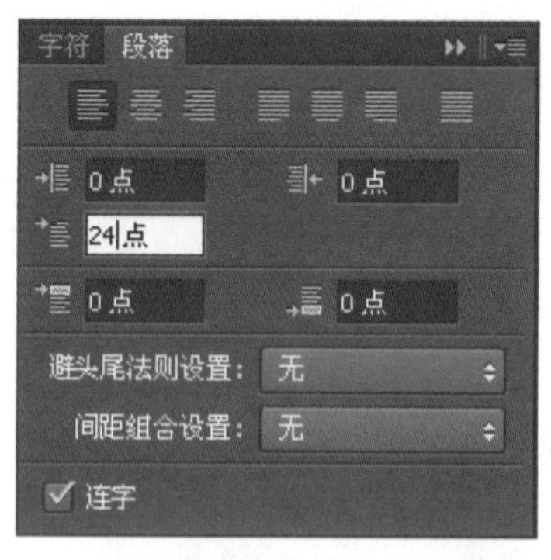


图11-66 “段落”面板

图11-67 设置了首行缩进的效果

(6) 文本对齐

**提 示**

可以将文字与段落的某个边缘（横排文字的左边、中心或右边；直排文字的顶边、中心或底边）对齐。对齐选项只可用于段落文字。

09 “段落”面板中单击▇（全部对齐）按钮，如图11-68所示，使文字以定界框进行对齐，结果如图11-69所示。

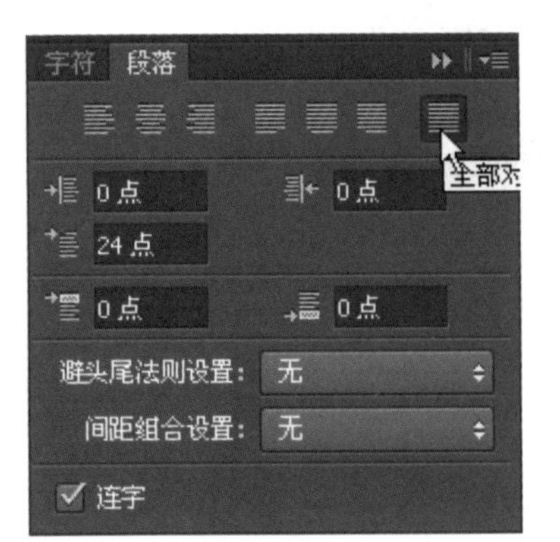


图11-68 “段落”面板

图11-69 全部对齐后的效果

（7）为段落文本添加图层样式

10 在“图层”面板中双击段落文本所在的文字图层，弹出“图层样式”对话框，并在其中选择“投影”与“外发光”选项，如图11-70所示，单击“确定”按钮，即可得到如图11-71所示的效果。

（8）设置段间距

11 如果段落文本中有多段文字，可以在“段落”面板的 “段前添加空格”与“段后添加空格”文本框中输入所需的点数，即可设置段与段之间的间距。

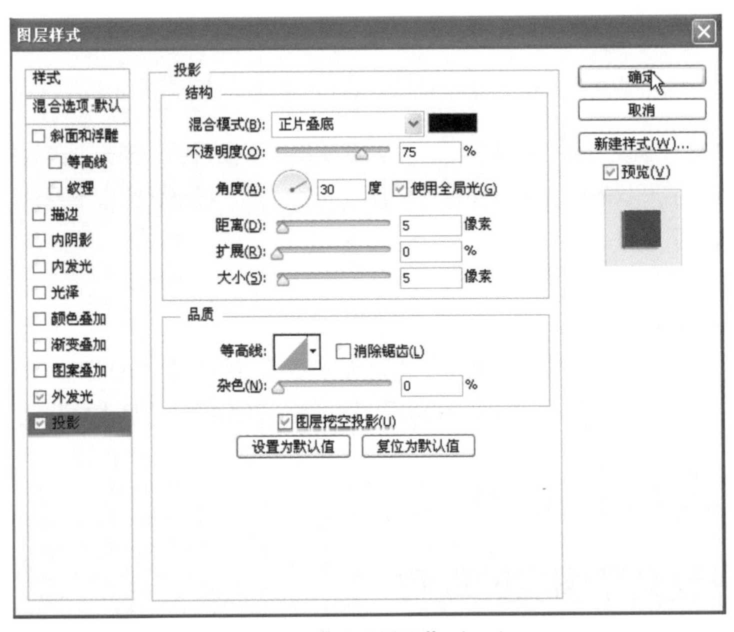


图11-70 “图层样式”对话框

图11-71　添加图层样式后的效果

# 11.5 文字图层

创建文字图层后，可以编辑文字并对其应用图层命令。可以更改文字取向、应用消除锯齿、在点文字与段落文字之间转换、基于文字创建工作路径或将文字转换为形状。可以像处理正常图层那样，移动、重新叠放、拷贝和更改文字图层的图层选项。还可以对文字图层进行以下更改并且仍能编辑文字：

（1）通过“编辑”菜单应用除“透视”和“扭曲”外的变换命令。

**提 示**

如果要应用“透视”或“扭曲”命令，或要变换文字图层的一部分，必须首先栅格化文字图层，同时将文字形状转化为像素图像。但值得注意的是，栅格化文字不再具有矢量轮廓，并且不能再作为文字编辑。

（2）使用图层样式。

（3）使用填充快捷键。按“Alt”+“Backspace ”键或按“Alt”+“Delete”键可以用前景色填充文字；按“Ctrl”+“Backspace”键或按“Ctrl”+“Delete”键可以用背景色填充文字。

（4）使文字变形以适应各种形状。

## 11.5.1 更改文字图层的取向

文字图层的取向决定了文字行相对于文档窗口（对于点文字）或定界框（对于段落文

字）的方向。当文字图层垂直时，文字上下排列；当文字图层水平时，文字左右排列。不要混淆文字图层的取向与文字行中字符的方向。

## 上机实战 更改文字图层的取向

01 按“Ctrl”+“O”键从配套光盘的素材库中打开一个背景文件，如图11-72所示，再在工具箱中设定前景色为黑色，接着选择T横排文字工具，并在选项栏中设定“字体”为黑体，“字体大小”为18点，“消除锯齿方法”为浑厚，然后在画面中适当位置单击并输入“音乐天地”文字，画面效果如图11-73所示。

图11-72　打开的文件

图11-73　输入文字

02 在菜单中执行“文字”→“取向”→“垂直”命令或在选项栏中单击按钮，即可将横排文字改为直排文字，然后将文字移动到适当位置，移动文字并确认文字输入后的结果如图11-74所示。

图11-74　改变取向后的文字

## 11.5.2 在点文字与段落文字之间转换

可以将点文字转换为段落文字，以便在定界框内调整字符排列。也可以将段落文字转换为点文字，以便使各文本行彼此独立地排列。将段落文字转换为点文字时，每个文字行的末尾（最后一行除外）都会添加一个回车符。

### 上机实战 在点文字与段落文字之间转换

01 从配套光盘的素材库中打开一个背景文件，再在工具箱中选择T横排文字工具，并在选项栏中设定“字体”为黑体，“字体大小”为6点，然后在画面中适当位置单击并输入所需的文字，然后将最前面的两个文字字体大小改为12点，输入完文字后的效果如图11-75所示。

图11-75 输入文字

02 在选项栏中单击✓按钮确认文字输入，结果如图11-76所示，再在菜单中执行“文字”→“转换为点文本”命令，即可将段落文本转换为点文字了，使用文字工具在文字中单击即可发现已经在文字的周围显示的已不是文本框，而是下划线了，如图11-77所示，这样就可使用编辑点文本的方式来对它进行编辑了。

图11-76 创建的段落文本

图11-77 转换为点文本

## 11.5.3 栅格化文字图层

对于包含矢量数据（如文字图层、形状图层和矢量蒙版）和生成的数据（如填充图层）的图层，不能使用绘画工具或滤镜。但是我们可以利用“栅格化”命令将它们栅格化，从而转换为普通图层，这样就可以使用绘画工具或滤镜啦！

在菜单中执行“图层”→“栅格化”→“文字”命令（或在“图层”面板中右击要栅格化的图层，弹出快捷菜单，并在其中选择“栅格化图层”命令），可以将文字图层转换为普通图层。这样在文字图层中某些不能用的命令或工具就都能使用了。

### 上机实战 栅格化文字图层

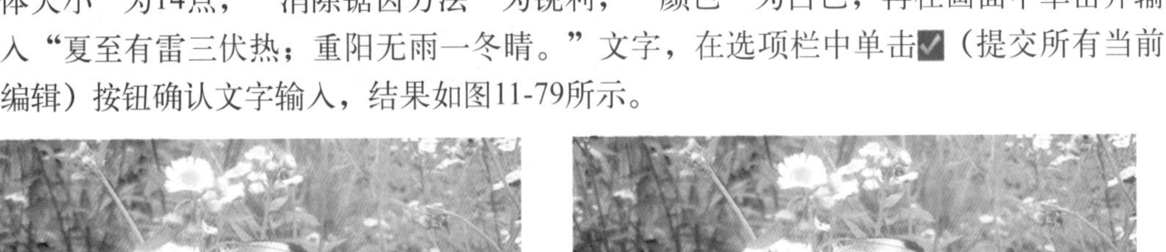

01 从配套光盘的素材库中打开一张图片，作为图像的背景，如图11-78所示。

02 在工具箱中选择T横排文字工具，先在选项栏中设置“字体”为文鼎特粗黑简，“字体大小”为14点，“消除锯齿方法”为锐利，“颜色”为白色，再在画面中单击并输入“夏至有雷三伏热；重阳无雨一冬晴。”文字，在选项栏中单击✓（提交所有当前编辑）按钮确认文字输入，结果如图11-79所示。

图11-78　打开的图片

图11-79　输入文字

03 显示“图层”面板，即可看到在其中已经生成了一个文字图层，如图11-80所示，在菜单中执行“图层”→“栅格化”→“文字”命令，即可将文字图层转换为普通图层，如图11-81所示。

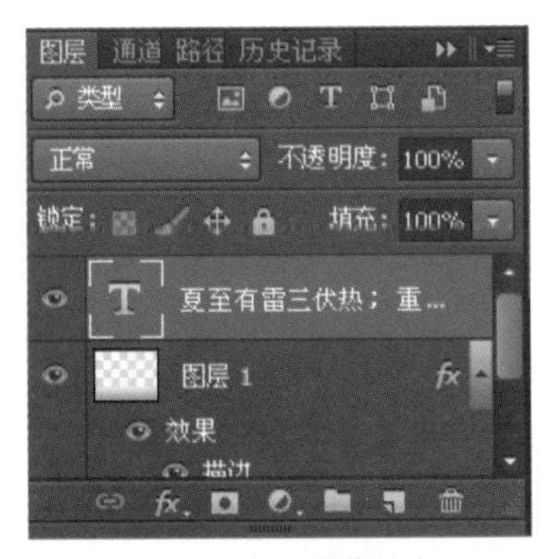


图11-80　“图层”面板

图11-81　“图层”面板

04 在菜单中执行“滤镜”→“风格化”→“浮雕效果”命令，弹出“浮雕效果”对话框，并在其中设置所需的参数，如图11-82所示，单击“确定”按钮，即可得到如图11-83所示的效果。

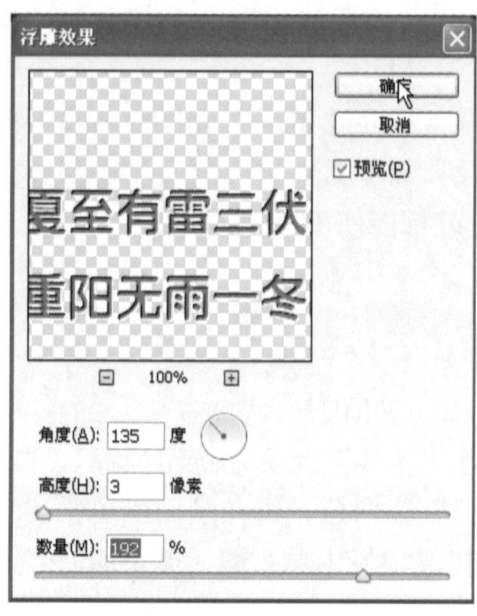


图11-82 “浮雕效果”对话框

图11-83 用“浮雕效果”命令处理后的文字效果



## 11.6 基于文字创建路径、形状和选区

利用“创建工作路径”命令可以沿着文字的轮廓创建一个工作路径，当然路径并不是我们本来的目标，不过一旦有了工作路径就可以选用钢笔工具对路径进行调整，这样产生的直接影响就是修改了文字的外形。

如果想创作出一些与图形结合的文字，这种方法无疑可以满足你的要求。调整好路径后进一步要做的就是将路径转换为选区，有了选区后，Photoshop强大的编辑工具和画笔、滤镜等命令就能用上了，用户的工作空间将会变得非常广阔，剩下的问题就在于技术和创意了。

### 11.6.1 由文字创建路径

#### 上机实战 由文字创建路径

01 从配套光盘的素材库中打开一张如图11-84所示的图片，接着在工具箱中选择T横排文字工具，并在选项栏中设定“字体”为华文行楷，“字体大小”为36 点，“消除锯齿方法”为锐利，在画面中单击并输入“小暑小禾黄”文字，确认文字输入后得到如图11-84所示的文字。

02 在菜单中执行“文字”→“创建工作路径”命令，即可将文字转为工作路径，显示“路径”面板便会看到已经自动添加了一个工作路径，如图11-85所示。

图11-84 输入文字

图11-85 由文字创建工作路径

## 11.6.2 将文字转换成形状

利用“转换为形状”命令可将文字转换为形状。在将文字转换为形状时，文字图层被替换为具有矢量蒙版的图层。可以编辑矢量蒙版并对图层应用样式；但是，无法在图层中将字符作为文本进行编辑。

### 上机实战 将文字转换成形状

01 打开如图11-85所示的文件，按“Ctrl”+“Z”键撤消上一步转换为工作路径命令，在菜单中执行“文字”→“转换为形状”命令，即可在“路径”面板中自动创建一个矢量蒙版，如图11-86所示，然后显示“图层”面板，其中的文字图层已经转为形状图层了，如图11-87所示。

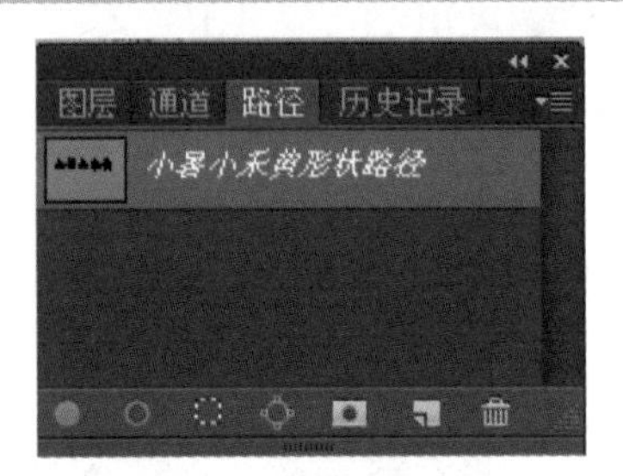


图11-86 “路径”面板

02 可以编辑形状并将样式应用于该图层，但是已经无法对文字再进行文本编辑。矢量蒙版可以在图层上创建尖锐的边缘形状，通常用来创建按钮或面板。如选择直接选择工具，在文字的路径轮廓上单击，即可选择文字路径轮廓，然后就可以对它进行调整，调整后的结果如图11-88所示。

图11-87 将文字转换为形状

图11-88 编辑文字路径

## 11.6.3 创建文字选区

利用横排文字蒙版工具或直排文字蒙版工具可以创建文字选区，但是它不会自动生成一个文字图层。如果不想在背景层对文字选区进行填充颜色的话，还需新建一个图层。也可以按住“Ctrl”键单击文字图层，使文字图层载入选区。

通过制作如图11-89所示的文字效果来讲解如何创建与应用文字选区等功能。

图11-89 实例效果图

### 上机实战 创建文字选区

01 按“Ctrl”+“O”键从配套光盘的素材库中打开一个图像文件，如图11-90所示。

图11-90 打开的文件

02 在工具箱中选择横排文字蒙版工具，在画面中单击并输入“风和水利”文字，选择文字后在“字符”面板中设定“字体”为文鼎特粗黑简，“字体大小”为60点，“所选字符间距”为25，如图11-91所示，并将文字移动到适当位置，如图11-92所示，然后在选项栏中单击按钮，或在工具箱中单击其他工具，确认文字输入，即可得到如图11-93所示的文字选区。

03 按“Ctrl”+“J”键新建一个通过拷贝的图层，如图11-94所示，画面效果并不看到有什么变化，只是画面中的选区被取消选择。

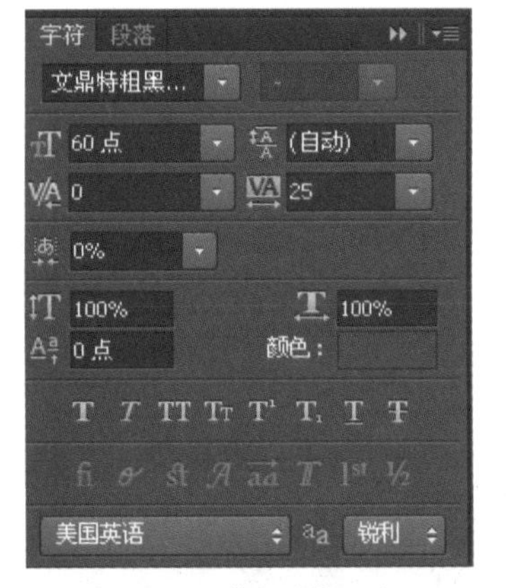


图11-91 “字符”面板

图11-92 输入文字

图11-93 创建的文字选区

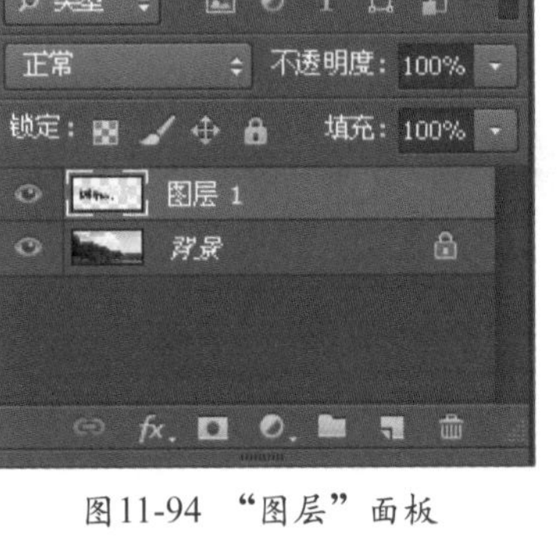


图11-94 “图层”面板

**04** 在“图层”面板中双击图层1，弹出“图层样式”对话框，并在其左边栏中单击“描边”选项，再在右边栏中设定“大小”为3像素，“颜色”为白色，如图11-95所示，将对话框移开，即可看到画面效果如图11-96所示。

图11-95 “图层样式”对话框

图11-96 添加图层样式后的效果

**05** 在“图层样式”对话框的左边栏中勾选“投影”、“内发光”、“内阴影”、“等高线”选项，再单击“斜面和浮雕”选项，然后在右边栏中选择“光泽等高线”为▲，如图11-97所示，设置好后单击“确定”按钮，得到如图11-98所示的效果。

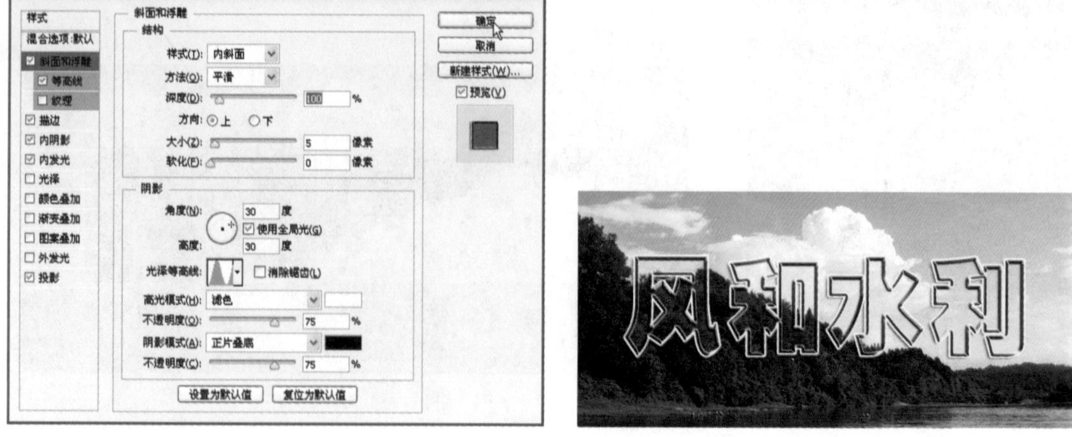


图11-97 “图层样式”对话框　　图11-98 添加图层样式后的效果

# 11.7 在路径上创建文字

在Photoshop中可以输入沿着用钢笔或形状工具创建的工作路径的边缘排列的文字。

当沿着路径输入文字时，文字将沿着锚点被添加到路径的方向排列。在路径上输入横排文字会导致字母与基线垂直。在路径上输入直排文字会导致文字方向与基线平行。

如果移动路径或更改其形状时，文字将会适应新的路径位置或形状。

## 上机实战 在路径上创建文字

（1）在路径上输入文字

01 按“Ctrl”+“O”键从配套光盘的素材库中打开一张图片，再在工具箱中选择钢笔工具，在选项栏中选择路径，显示“路径”面板，并在其中单击（创建新路径）按钮，新建路径1，如图11-99所示，然后在画面上勾画出如图11-100所示的路径。

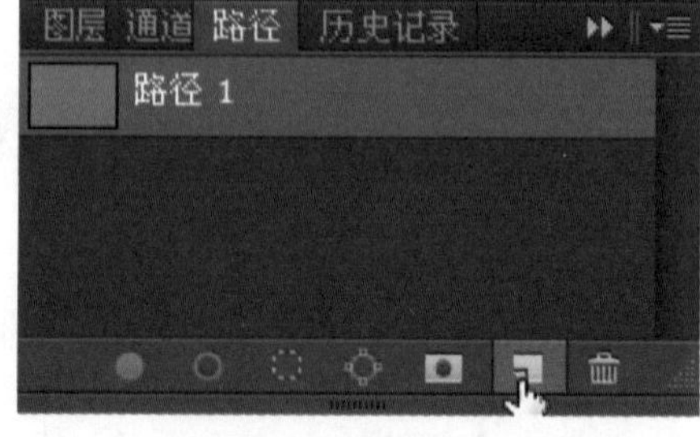


图11-99 “路径”面板

图11-100 绘制路径

02 在工具箱中选择横排文字工具，移动指针到路径上，当指针呈状时在路径上单击，然后再输入所需的文字“幸福之桥”，如图11-101所示，按“Ctrl”+“A”键全选，在选项栏中设置“字体”为文鼎特粗黑简，“字体大小”为36点，画面效果如图11-102所示。

图11-101 用文字工具指向路径

图11-102 创建路径文字

（2）在路径上移动或翻转文字

03 在工具箱中选择路径选择工具，移动指针到文字上，当指针呈状时，按下左键向左拖动到所需的位置，如图11-103所示。

（3）移动文字路径

04 在工具箱中单击路径选择工具，移动指针到路径上单击，以选择整个路径，然后拖动路径到如图11-104所示的位置，这样路径上的文字也跟着移动了。

图11-103 调整文字位置

图11-104 移动文字路径

（4）改变文字路径的形状

05 在工具箱中选择直接选择工具，先在空白处单击以取消路径的选择，再单击路径的端点，以选择该路径，然后对路径进行调整，调整后的结果如图11-105所示。

06 显示“路径”面板，并在灰色区域单击，隐藏路径的显示，如图11-106所示，画面效果如图11-107所示。

图11-105 调整路径

图11-106 “路径”面板

图11-107 隐藏路径后的效果



## 11.8 拼写检查

通常需要对文章进行拼写检查，Photoshop将对其词典中没有的任何字进行询问。如果被询问的字的拼写正确，则可以通过将该字添加到词典中来确认其拼写。如果被询问的字拼写错误，则可以更正它。

### 上机实战 对文章进行拼写检查

01 从配套光盘的素材库中打开一个有文字的图像文件，其中的文字要单独在一个图层，如图11-108所示，再在工具箱中选择T横排文字工具，在菜单中执行“编辑”→“拼写检查”命令，弹出“拼写检查”对话框，在其中已经找出了拼写不正确的单词或不在词典中的单词，如图11-109所示。

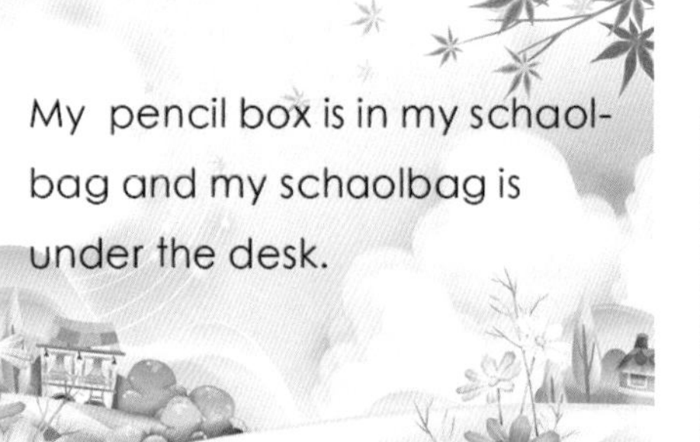


图11-108　打开的图像文件

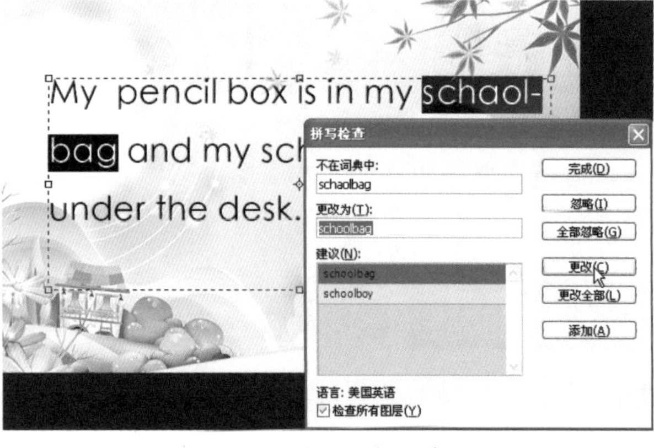


图11-109　拼写检查的单词

拼写检查对话框中各选项说明如下：

- 不在词典中：表示当前单词不在Photoshop CS6的词汇库中。
- 更改为：在文本框中列出一个与所选单词相近的词，如果是请单击“更改”按钮。
- 建议：在文本框中列出了与当前单词相近的所有词汇，以供用户选择所需的正确单词。

02 如果“更改为”文本框的单词为所需的单词，可以单击“更改”按钮，即可用建议文本框中列出的单词替换所查到的单词，如图11-110所示，接着选择画面中查找到另一个错误的单词，单击“更改”按钮进行更改。如果已经没有错别单词或词语，就会弹出一个警告对话框，提示拼写检查完成，如图11-111所示，单击“确定”按钮，即可将文章中的错误单词更改了，如图11-112所示。如果文章中还有错误的词，则系统会自动选择下一个不在词典中的单词，如果确认该单词是正确的，可以单击“忽略”按钮。

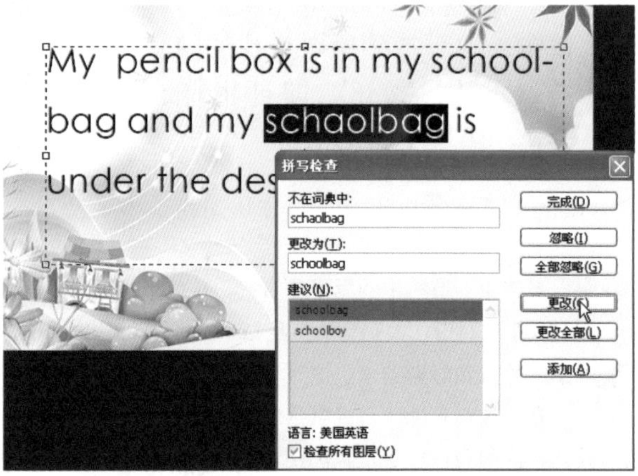

图11-110　替换所查到的单词

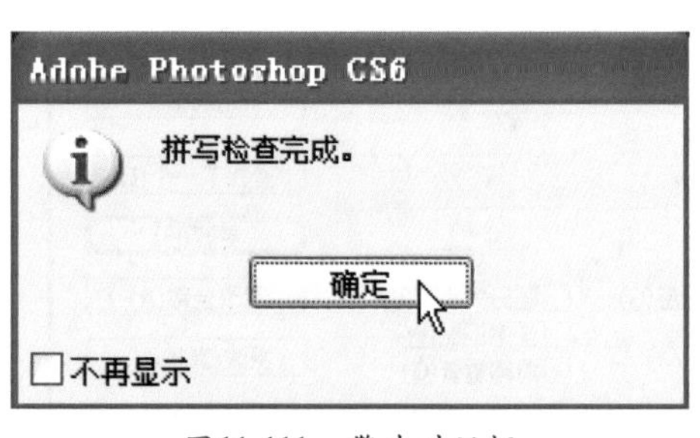


图11-111　警告对话框

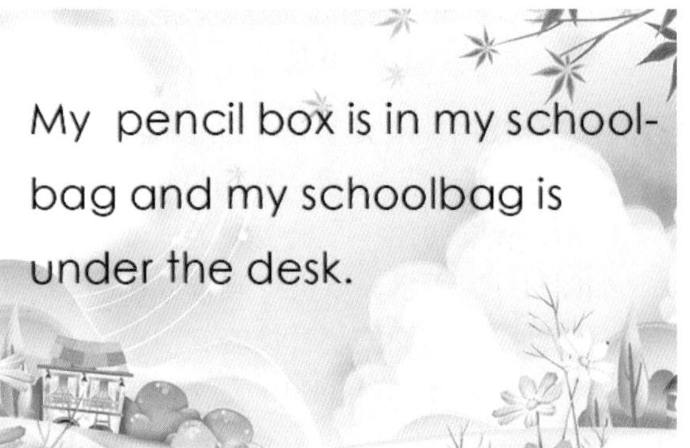


图11-112　拼写检查好的文字

# 11.9 查找和替换文本

利用“查找和替换文本”命令可以查找单个字符、一个单词或一组单词。找到要查找的内容后，可以将其更改为其他内容。

## 上机实战 查找与替换文本

01 从配套光盘的素材库中打开一个有文字的图像文件，如图11-113所示。

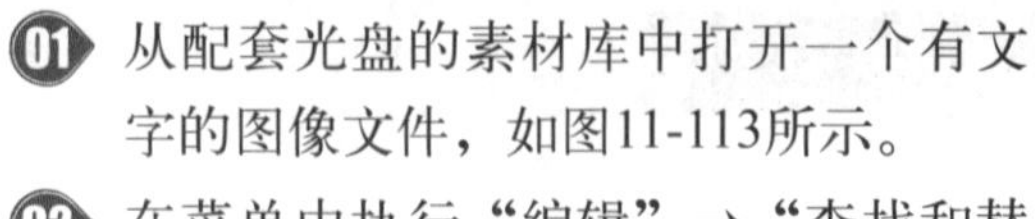

图11-113 打开的图像文件

02 在菜单中执行“编辑”→“查找和替换文本”命令，弹出“查找和替换文本”对话框，并在“查找内容”文本框中输入要查找的内容，再在“更改为”文本框中输入要替换的文本，如图11-114所示，单击“查找下一个”按钮，即可找到所要查找的内容，单击“更改”按钮，即可将其进行更改，如图11-115所示。

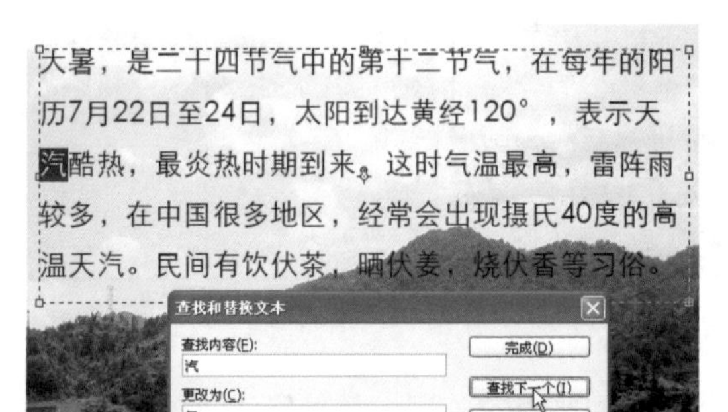


图11-114 查找文本

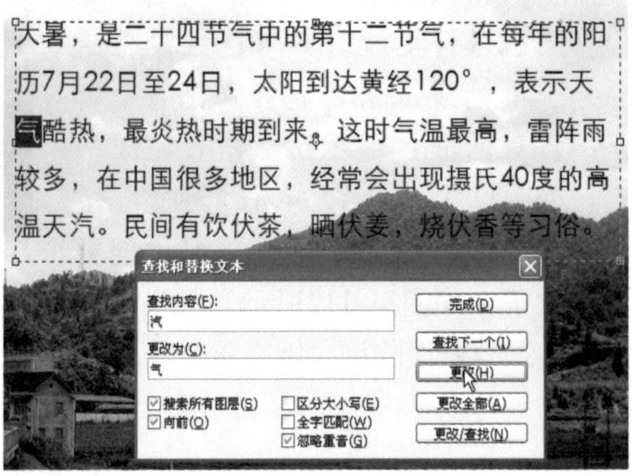

图11-115 更改文字

03 在“查找和替换文本”对话框中单击“更改全部”按钮，如图11-116所示，便会弹出一个警告对话框，如图11-117所示，单击“确定”按钮，即可将画面的要替换的文本全部替换了，如图11-118所示。

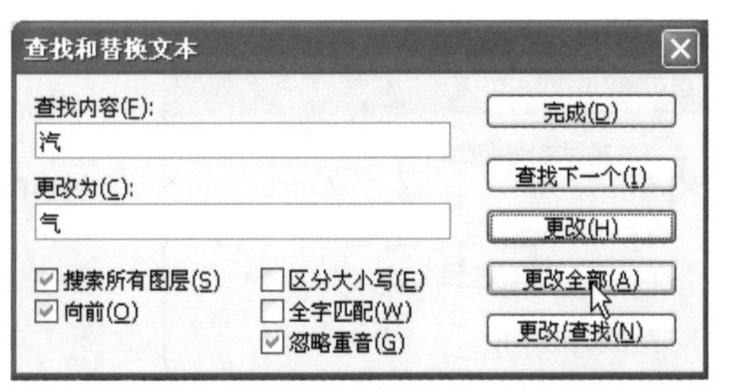


图11-116 “查找和替换文本”对话框

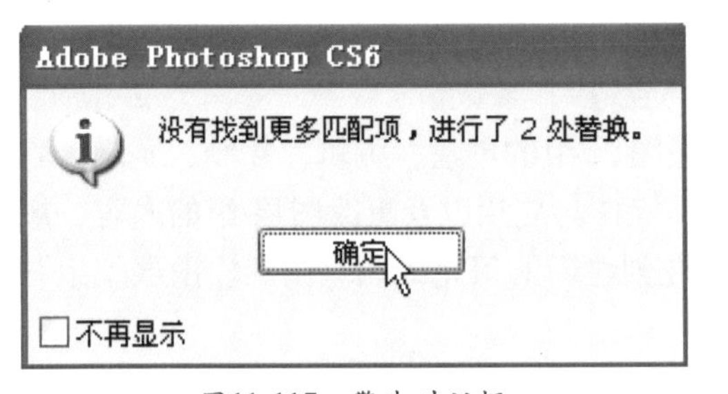


图11-117　警告对话框

图11-118　替换好的文字

# 11.10 本章小结

本章结合实例讲解了使用文字工具如何创建文字与文字选区，以及对文字进行编辑的方法，并且对横排文字工具、直排文字工具、横排文字蒙版工具、直排文字蒙版工具、拼写检查、查找和替换文本等工具与命令的使用方法及其应用进行了讲解，对创建的点文字与段落文本进行格式化、编辑与添加效果，以及将文字图层栅格化、载入选区与在路径上创建文字等进行详细讲解。熟练掌握这些功能在今后的排版、文字设计、制作特效文字等工作中起着非常重要的作用。

# 11.11 练习题

1. 利用以下哪两种工具可以创建文字选区，但是它不会自动生成一个文字图层？（　　）
   A. 横排文字蒙版工具与横排文字工具　　B. 横排文字蒙版工具与直排文字工具
   C. 横排文字工具与直排文字工具　　D. 横排文字蒙版工具与直排文字蒙版工具
2. 利用以下哪个命令可以查找单个字符、一个单词或一组单词？（　　）
   A. 替换文本　　B. 替换
   C. 查找　　D. 查找和替换文本
3. 以下哪项功能使用户可以通过部分地填充边缘像素来产生边缘平滑的文字？（　　）
   A. 羽化选区　　B. 消除
   C. 填充　　D. 消除锯齿
4. 利用以下哪个命令可将文字转换为形状？（　　）
   A. 转换为形状　　B. 转换为点文字
   C. 转换为段落文本　　D. 栅格化

# 第12章　图层

本章主要介绍图层的基础知识，要求掌握图层/组的创建、编辑、复制、显示、隐藏、锁定、合并、对齐、分布、链接与删除等操作与应用以及更改图层/组的内容、顺序与属性的方法。熟练应用图层样式，并掌握创建新的填充或调整图层、图层编组与修边的方法。

## 12.1 图层的基础知识



### 12.1.1 关于图层与背景图层

在Photoshop中对图层的操作是非常频繁的工作。通过建立图层、调整图层、处理图层、分布与排列图层、复制图层等工作来分别编辑和处理图像中的各个元素，从而达到富有层次、整个关联的图像效果。

使用图层可以在不影响图像中其他图素的情况下处理某一图素。所谓图层，我们通过在纸上的图像与计算机上画的图像作一比较，就可以更深入地了解图层的概念。通常纸上的图像是一张一个图，而计算机上的图像是可以将它在多张如透明的塑料薄膜上画上图像的一部分，最后将这多张的塑料薄膜叠加在一起，就可浏览到最终的效果，每一张塑料膜被称为所谓的图层，如图12-1所示。

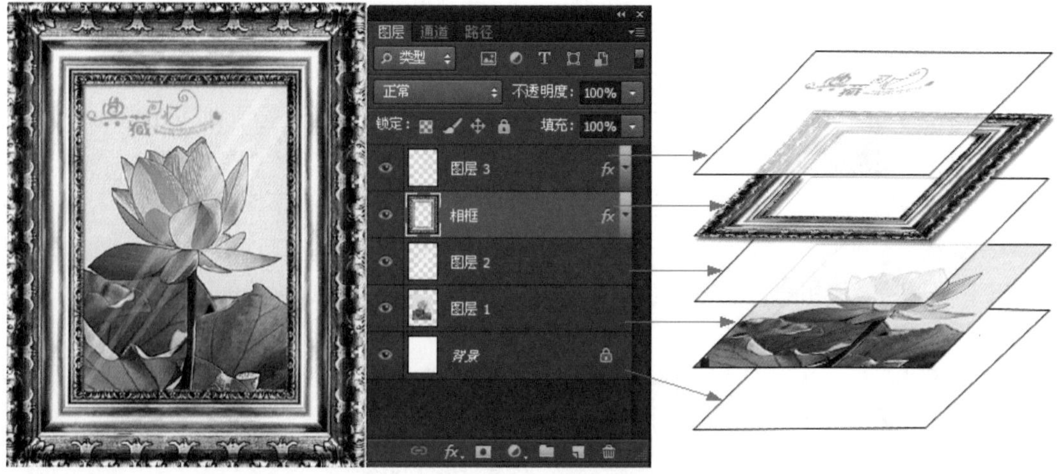


图12-1　图层分析

如果图层上没有任何像素，则该图层是完全透明的，就可以一直看到底下的图层。通过更改图层的顺序和属性，可以改变图像的合成。另外利用调整图层、填充图层和图层样式等特殊功能可创建出复杂效果。

Photoshop中的新图像只有一个图层，该图层称为背景层。既不能更改背景层在堆叠顺序中的位置（它总是在堆叠顺序的最底层），也不能将混合模式或不透明度直接应用于背景层（除非先将其转换为普通图层）。可以添加到图像中的附加图层、图层组和图层效果。而可添加的图层的数目只受计算机内存的限制。

## 12.1.2 图层面板

如果“图层”面板没有在程序窗口中显示，可以在菜单中执行“窗口”→“图层”命令，“图层”面板如图12-2所示。

使用“图层”菜单和“图层”面板可以对图层进行编辑，如新建图层（图层组）、删除图层、设置图层属性、添加图层样式以及图层的调整编辑，等等，图12-3所示的为“图层”的下拉菜单。

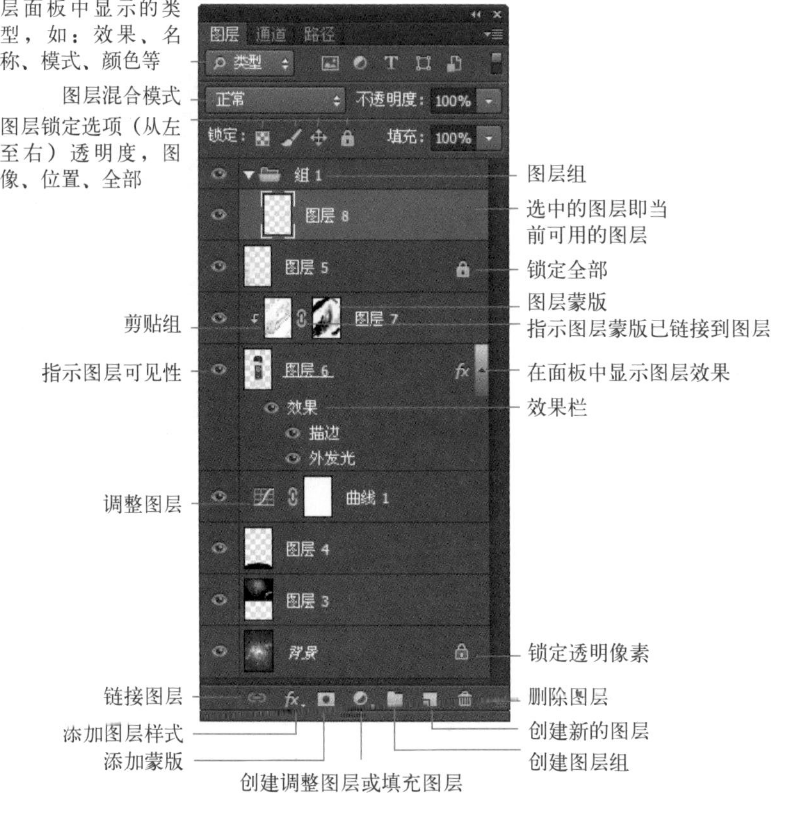


图12-2 “图层”面板

图12-3 “图层”菜单

# 12.2 新建图层/组

## 12.2.1 利用菜单命令新建图层/组

### 1. 新建图层

可以创建空图层，然后向其中添加内容，也可以利用现有的内容来创建新图层。创建新图层时，它在“图层”面板中显示在所选图层的上面或所选图层组内。

在菜单中执行“图层”→“新建”→“图层”命令，弹出如图12-4所示的对话框，并在其中根据自己的需要进行设置，设置好后单击“确定”按钮，即可新建一个图层，如图12-5所示。

**提 示**

如果不需要对图层进行设置，可以直接在“图层”面板中单击 (创建新图层)按钮，新建一个图层。

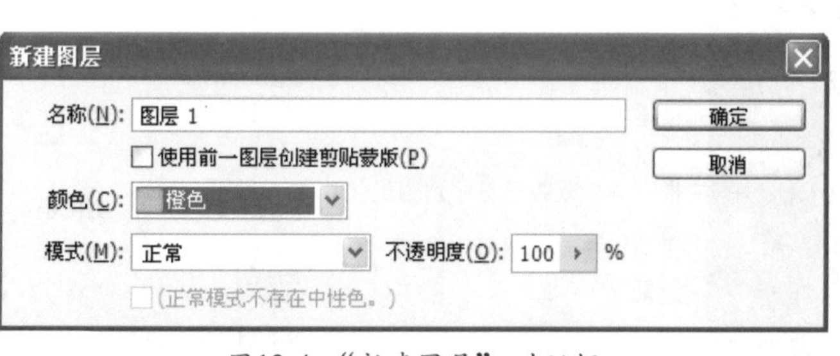


图12-4 “新建图层”对话框

图12-5 “图层”面板

“新建图层”对话框中选项说明：

- 名称：在“名称”文本框中可以输入所需的图层名称，也可以采用默认名称。
- 使用前一图层创建剪贴蒙版：勾选该项可与前一图层(即在“图层”面板中下层的图层)进行编组，从而构成剪贴组。
- 颜色：在此下拉列表中可以选择新建图层在“图层”面板中的显示颜色。
- 模式：在此下拉列表中选择所需的图层混合模式。
- 不透明度：在此设置图层的不透明度，0%为完全透明，100%为完全不透明。
- 填充叠加中性色（50%灰）：中性色是根据图层的混合模式而定的，并且无法看到。如果不应用效果，用中性色填充对其余图层没有任何影响。它不适用于使用“正常”、“溶解”、“色相”、“饱和度”、“颜色”或“明度”等模式的图层。

## 2. 转换图层与背景图层

在菜单中执行“图层”→“新建”→“背景图层”命令，弹出如图12-6所示的对话框，并根据需要进行设置，设置好后单击“确定”按钮，即可将原来的背景图层转换为图层 0（或自定的名称），如图12-7所示。将背景层转换为图层后，即可像编辑普通图层一样来编辑该图层了。

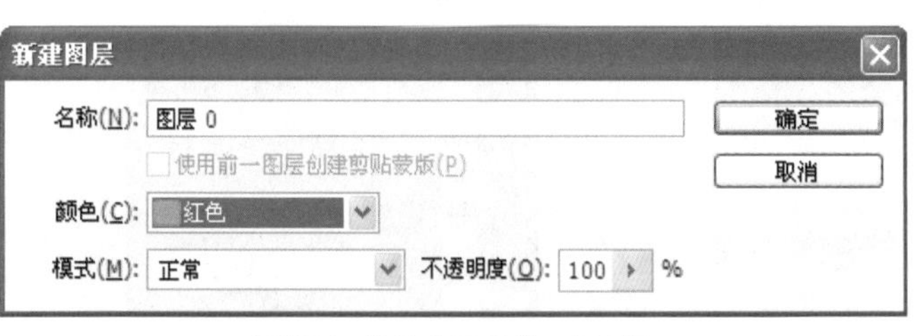


图12-6 “新建图层”对话框

图12-7 “图层”面板

如果图像中没有了背景层，可在“图层”面板中先选择要转换为背景层的图层，如图12-8所示，再在菜单中执行“图层”→“新建”→“图层背景”命令，即可将选中的图层转换为背景，如图12-9所示。

图12-8 “图层”面板

图12-9 “图层”面板

## 3. 创建图层组

利用“图层组”可以有效地管理和组织图层，并在组上应用属性和蒙版。图层组和图层的功能一样，用户可以像处理图层一样查看、选择、复制、移动、设置混合模式、更改图层组顺序和设置不透明度等。

原始“图层”面板与效果如图12-10所示，在菜单中执行“图层”→“新建”→“组”命令，弹出如图12-11所示的对话框，在其中可根据需要为新建的图层组命名、选色、设置混合模式和不透明度，设置好后单击“确定”按钮，即可得到一个图层组，如图12-12所示。默认情况下图层组的混合模式为“穿透”，选择该模式则表示所新建的图层组没有自己的混合模式。

图12-10 原始“图层”面板与效果

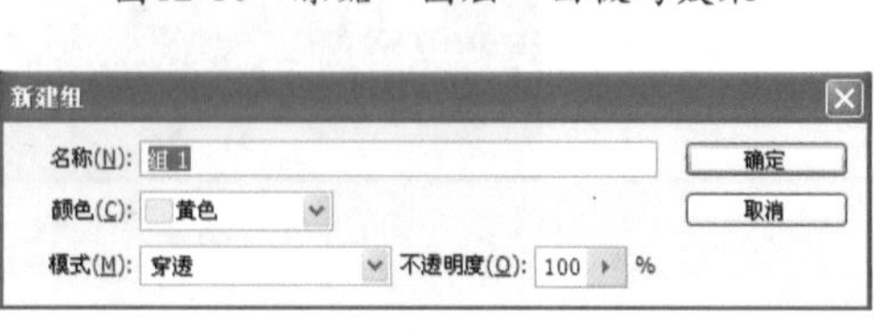



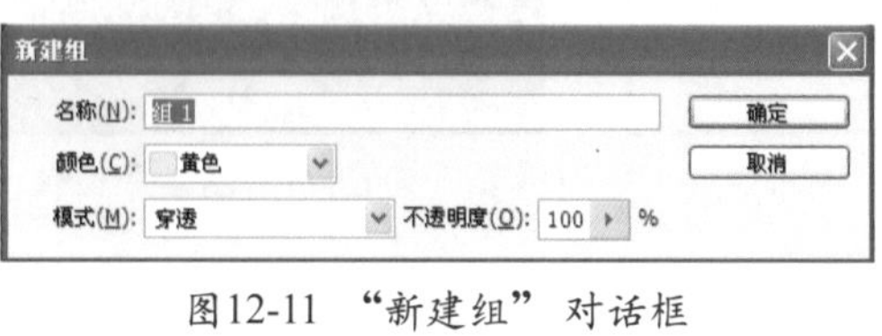

图12-11 “新建组”对话框

图12-12 “图层”面板

## 4. 从图层建立组

利用“从图层建立组”命令，可以在“图层”面板中选择要创建为组的图层来创建新图层组。先在“图层”面板中选择要编组的图层，如图12-13所示，然后在菜单中执行“图层”→“新建”→“从图层建立组”命令，弹出如图12-14所示的“从图层新建组”对话框，可根据需要在其中设置所需的选项，这里采用默认值，单击“确定”按钮，可创建一个新图层组（采用默认值也可直接按“Ctrl”+“G”键来编组），如图12-15所示。单击小三角形按钮，即可展开该图层组的内容，如图12-16所示。

图12-13 “图层”面板

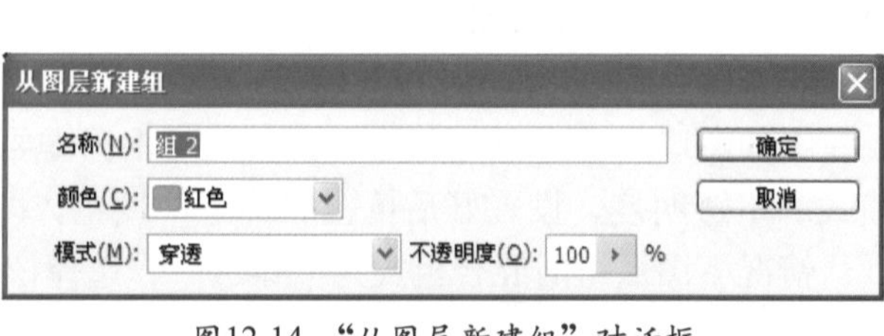



图12-14 “从图层新建组”对话框

图12-15 “图层”面板

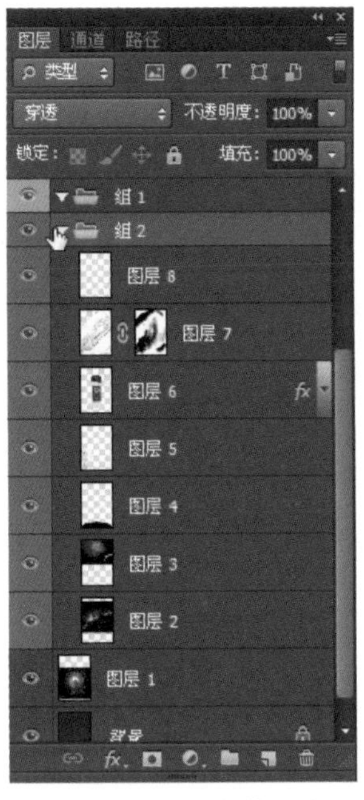


图12-16 “图层”面板

**提 示**

按“Ctrl”键在“图层”面板中单击，可选择不相邻的图层，按“Shift”键在“图层”面板中单击，可选择相邻的图层。

### 5. 将选区转换为新图层

利用“通过拷贝的图层”和“通过剪切的图层”命令可将选区转换为新图层。

## 上机实战 将选区转换为新图层

01 从配套光盘的素材库中打开一张图片，在工具箱中选择▣椭圆选框工具，并在选项栏中设定“羽化”为30，在画面上框选出一个选区，如图12-17所示。

02 在菜单中执行“图层”→“新建”→“通过拷贝的图层”命令，即可从选区拷贝一个新图层（通常我们简称为：复制图层），如图12-18所示，图像中并没有发现变化，但当用户用移动工具，将图层1中的内容进行移动，即可发现已经将选区内容进行了复制，并且边缘是模糊的，效果如图12-19所示。

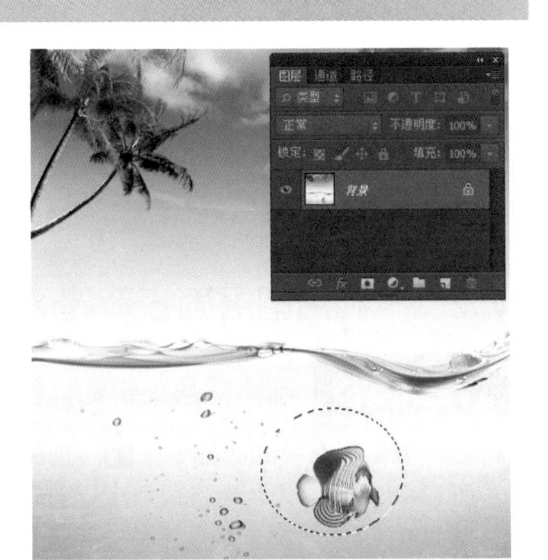


图12-17 打开的图片

图12-18 “图层”面板

图12-19 复制并移动后的效果

**提 示**

利用“通过拷贝的图层”命令或按“Ctrl”+“J”键也可以拷贝选中可用图层为新图层。

03 如果在菜单中执行“图层”→“新建”→“通过剪切的图层”命令，即可将选区的内容剪切下来（不过由于进行过羽化，所以剪切的边缘是模糊的），然后自动新建并粘贴到新的图层中，并将其移向另一边，便可看到原选区中的内容已经被修剪了一部分，而边缘是模糊的，如图12-20所示。

图12-20 剪切并移动后的效果

## 12.2.2 利用图层面板新建图层/组

### 上机实战 利用图层面板新建图层/组

01 在“图层”面板的底部单击（创建新的图层）按钮，即可直接新建一个图层，如图12-21所示，其名称将按顺序分别命名为图层1，图层2，图层3，图层4，图层5……图层n。通常情况下如果不需要设置图层的混合模式、颜色或不透明度就直接单击（创建新的图层）按钮即可。

02 利用“图层”面板的弹出式菜单，如图12-22所示，在其中单击“新建图层”命令，同样会弹出和在菜单中执行“图层”→“新建”→“图层”命令一样的对话框，如图12-23所示，设置好后单击“确定”按钮，即可得到一个图层，如图12-24所示。

图12-21 “图层”面板

图12-22 选择“新建图层”命令

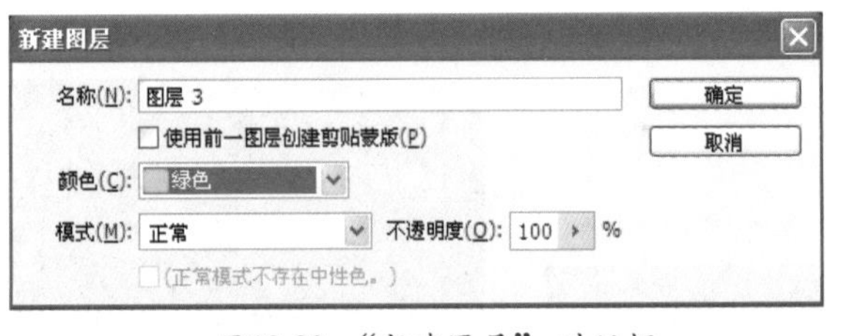


图12-23 “新建图层”对话框

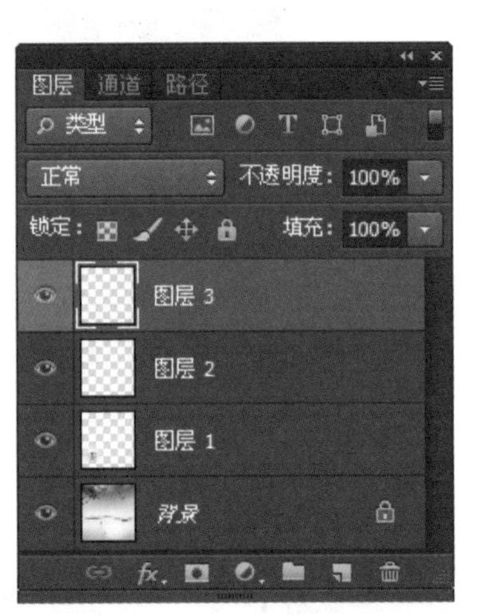


图12-24 “图层”面板

## 12.3 复制图层/组

复制图层是在图像内或在图像之间拷贝内容的一种便捷方法。在图像间复制图层时，需注意的是：如果是将图层拷贝到具有不同分辨率的文件，图层的内容将显得更大或更小。

当在“图层”面板中选中图层后，可在菜单中执行“图层”→“复制图层”命令复制一个图层，如果在“图层”面板中选中的是图层组，在菜单中执行“图层”→“复制组”命令可以复制一个图层组。

## 上机实战 复制图层/组

（1）在同一图像中复制图层

01 从配套光盘的素材库中打开一个图像文件，如图12-25所示。

图12-25 打开的图像文件

02 在菜单中执行“图层”→“复制图层”命令，弹出“复制图层”对话框，并在其中的“为”文本框输入所需的图层名称或采用默认值，如图12-26所示，单击“确定”按钮，即可在同一图像中复制一个图层，如图12-27所示。如果是在本图像文件中进行复制，一般采用“Ctrl”+“J”键来复制，这样快一些；如果在不同文件中进行复制，则需要在“文档”列表中选择指定的文件名称。

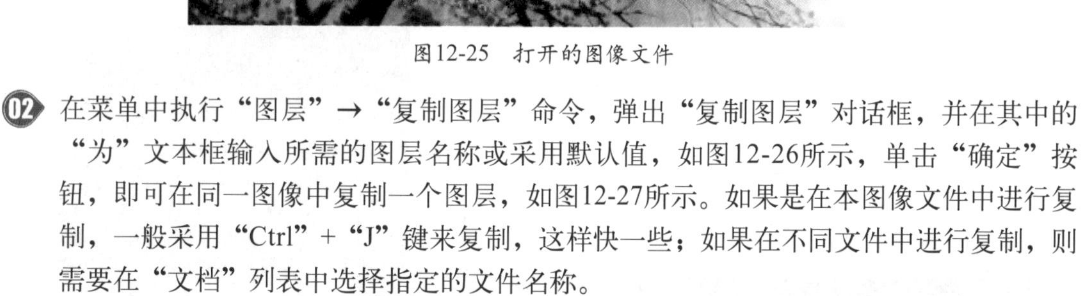

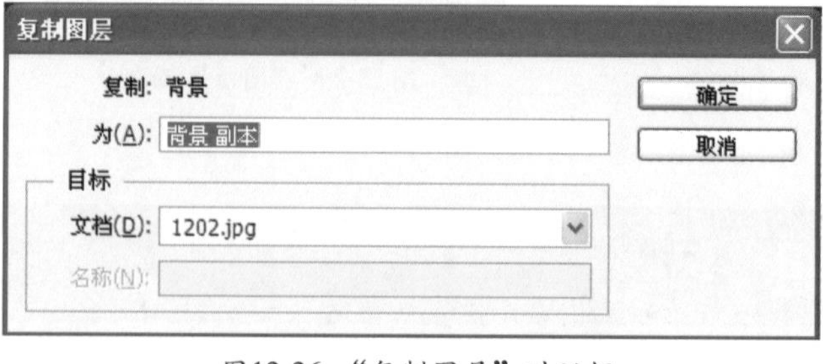


图12-26 “复制图层”对话框

图12-27 “图层”面板

（2）在不同图像中复制组

03 从配套光盘的素材库中打开两个图像文件，并将它们分别拖出文档标题栏，以1204.psd为当前文件，如图12-28所示。

04 在菜单中执行“图层”→“复制组”命令，弹出“复制组”对话框，并在其中的“文



第2部分

档”下拉列表中选择“1203.psd”文档，名称采用默认值，如图12-29所示，单击“确定”按钮，即可将该图层组复制到“1203.psd”文件中，如图12-30所示。

图12-28 打开的图像文件

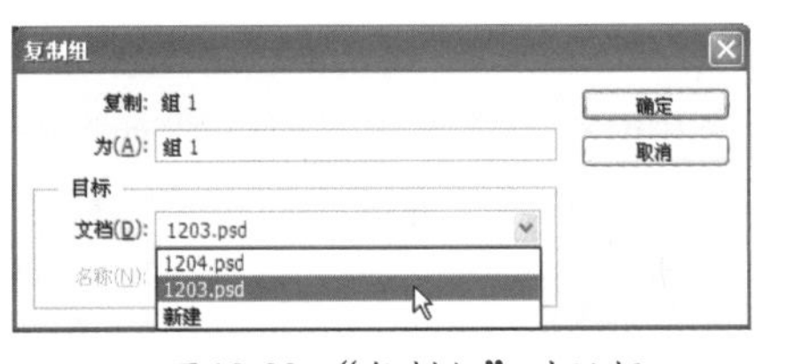


图12-29 “复制组”对话框

图12-30 复制图层组后的效果

05 在“图层”面板中激活图层2，如图12-31所示，再用移动工具将艺术字移动到适当位置，画面效果如图12-32所示。

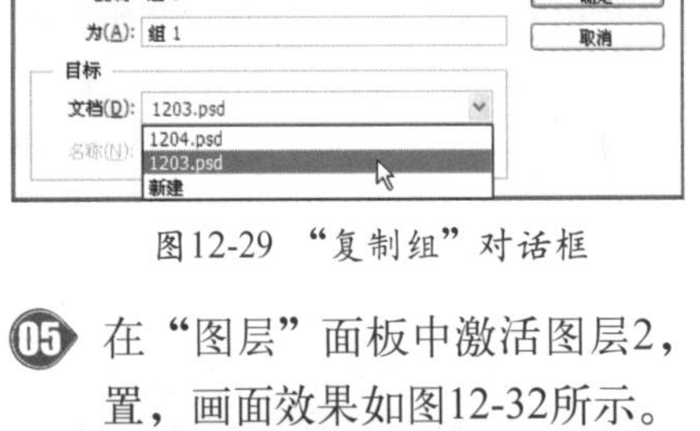


图12-31 “图层”面板

图12-32 移动艺术字后的效果

# 12.4 删除图层

在进行编辑与处理图像的同时，不可避免存在一些不再需要的图层，而且占用了不少空间，所以需要将这些不再需要的图层删除以减小图像文件的大小。

在菜单中执行“图层”→“删除”命令，弹出如图12-33所示的子菜单。通过这些命令可以删除图层和隐藏图层，通常可以在“图层”面板中执行这些操作。

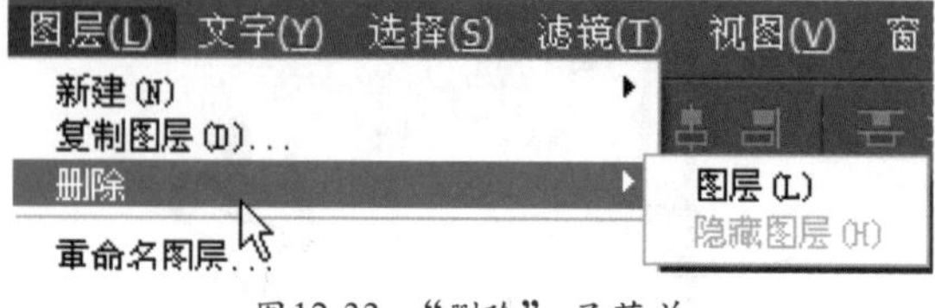

图12-33 “删除”子菜单

## 12.4.1 删除图层/组

如果要删除图层或组，可以先在“图层”面板中选中要删除的图层或组，然后在菜单中执行“图层”→“删除”→“图层”或“组”将其删除。

从配套光盘的素材库中打开一个图像文件，如图12-34所示。

删除选中图层有以下4种方法。

**方法1** 在“图层”面板中拖动图层 1到（删除图层）按钮上呈凹下状态(如图12-35所示)时，松开左键即可直接将该图层删除，而且画面中的效果也发生了变化，如图12-36所示。

**方法2** 如果在菜单中执行“图层”→“删除”→“图层”命令，弹出如图12-37所示的警告对话框，问是否要删除图层，如果是请单击“是”按钮，即可将选中的图层删除。如果不想删除图层，请单击“否”按钮。

**方法3** 在“图层”面板中单击（删除图层）按钮，同样会弹出如图12-37所示的警告对话框，其作用也一样。

图12-34 打开的图像文件

图12-35 “图层”面板

图12-36 删除图层后的效果

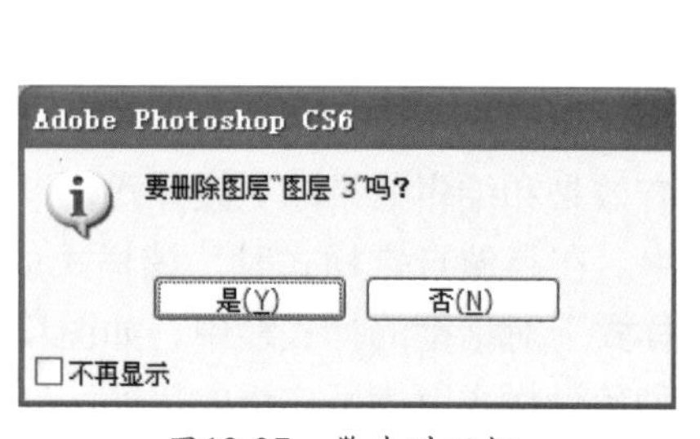


图12-37 警告对话框

**方法4** 在“图层”面板的弹出式菜单中单击“删除图层”命令，同样会弹出如图12-37所示的警告对话框，其作用也一样。

### 12.4.2 删除隐藏图层

如果图像中有隐藏图层，则需执行“图层”菜单中的“删除”→“隐藏图层” 命令或“图层”面板弹出式菜单中的“删除隐藏图层”命令才可用。其操作方法与删除图层相同。

## 12.5 更改图层/组属性

利用“图层/组属性”命令可以更改图层/组的名称和颜色。当我们将图层添加到图像时，根据图层的内容重命名这些图层会比较有用。使用描述性的图层名称，可以在“图层”面板中轻松地识别图层。

在“图层”面板中双击图层名称，以使名称高亮度显示，如图12-38所示，然后在键盘上键入所需的名称，按“Enter”键即可给该图层重新命名，如图12-39所示。

图12-38 “图层”面板

图12-39 “图层”面板

# 12.6 图层样式

Photoshop提供了许多各种各样的效果，如投影、内/外发光、斜面和浮雕、叠加和描边等，利用这些效果用户可以迅速改变图层内容的外观。当图层具有样式时，“图层”面板中该图层名称的右边会出现fx图标。可以在“图层”面板中展开样式，查看组成样式的所有效果和编辑效果以更改样式。

在存储自定样式时，该样式成为预设样式。预设样式会出现在“样式”面板或“图层样式”对话框的样式栏中，如图12-40所示，只需点按某样式即可应用。Photoshop提供了各种预设样式以满足广泛的用途。

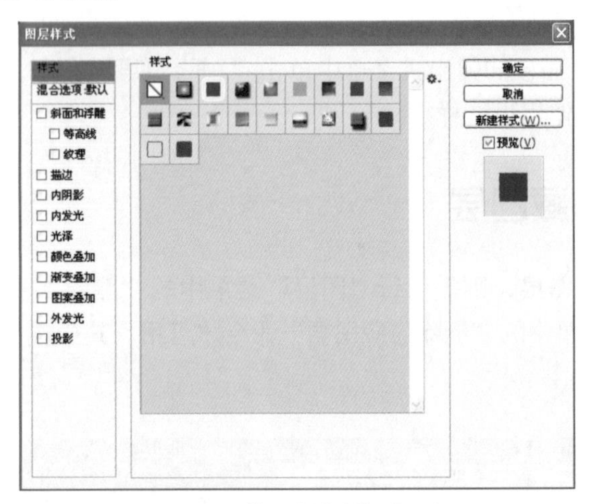


图12-40 “图层样式”对话框

提 示

对背景、锁定的图层或组不能应用图层效果和样式。

在菜单中执行“图层”→“图层样式”弹出子菜单，在其中选择所需的命令（如混合选项、投影、内阴影、外发光、内发光、斜面和浮雕、光泽、颜色叠加、渐变叠加、图案叠加、描边、拷贝图层样式、粘贴图层样式、清除图层样式、全局光、创建图层、隐藏所有效果和缩放效果），可以为图像添加图层效果和设置图层的混合选项。

## 12.6.1 混合选项

图层的不透明度和混合选项决定了其像素与其他图层中的像素相互作用的方式。

在菜单中执行“图层”→“图层样式”→“混合选项”，弹出如图12-41所示的对话框，在对话框的右边可设置混合模式、不透明度、填充不透明度、混合通道、挖空、将内部效果混合成组、将剪贴图层混合成组、透明形状图层、图层蒙版隐藏效果、矢量蒙版隐藏效果和混合颜色带等；在左边可单击或勾选相关的选项（有时也称“命令”），当单击某一个选项时其右边相应的会显示它的相关选项。

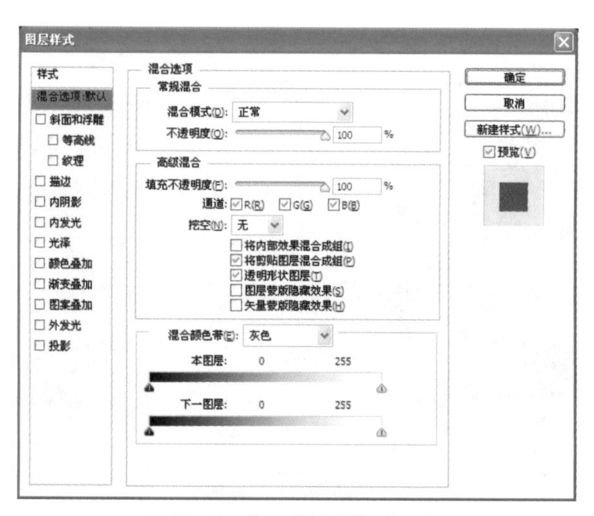


图12-41 “图层样式”对话框

图层样式对话框中各选项说明：

- 常规混合：在此栏中可以设置图层的混合模式和不透明度。
- 高级混合：在此栏中可以设置图层的填充不透明度、混合通道、挖空选项、是否将内部效果混合成组、是否将剪贴图层混合成组、是否应用透明形状图层、是否应用图层蒙版隐藏效果和是否应用矢量蒙版隐藏效果。
  - ➢ 将内部效果混合成组：勾选它时可将图层的混合模式应用于修改不透明像素的图层效果，例如，斜面和浮雕、渐变叠加与描边。图12-42为将“填充不透明度”设置为0%，再勾选和不勾选“将内部效果混合成组”选项的对比效果图。

图12-42 勾选和不勾选“将内部效果混合成组”选项的对比效果图

  - ➢ 将剪贴图层混合成组：勾选此选项可将基底图层的混合模式应用于剪贴组中的所有图层。取消选择此选项（该选项默认情况下总是选中的）可保持原有混合模式和组中每个图层的外观。如图12-43所示为在“图层样式”对话框对文字图层添加了“描边”、“投影”样式，然后分别选择与不选择“将剪贴图层混合成组”选项的效果对比图，注：要设置应用图层样式的文字图层的“填充”为0%。

图12-43　选择与不选择“将剪贴图层混合成组”选项的效果对比图

➢ 透明形状图层：可以将图层效果和挖空限制在图层的不透明区域。取消选择此选项（该选项默认情况下总是选中的）可在整个图层内应用这些效果（如纹理、光泽、颜色叠加、渐变叠加、图案叠加等）。如图12-44所示为在“图层样式”对话框中对文字图层添加了“描边”、“投影”样式，其“填充不透明度”为100%，然后分别选择与不选择“透明形状图层”选项的效果对比图。

图12-44　选择与不选择“透明形状图层”选项的效果对比图

➢ 图层蒙版隐藏效果：可以将图层效果限制在图层蒙版所定义的区域。如图12-45所示为在“图层样式”对话框中对文字图层添加了“描边”和“内发光”样式，然后分别选择与不选择“图层蒙版隐藏效果”选项的效果对比图。

➢ 矢量蒙版隐藏效果：可以将图层效果限制在矢量蒙版所定义的区域，如图12-46所示为在“图层样式”对话框中对文字图层添加了“投影”、“外发光”、“斜面和浮雕”和“描边”样式，然后分别选择与不选择“矢量蒙版隐藏效果”选项的效果对比图。

图12-45　选择与不选择“图层蒙版隐藏效果”选项的效果对比图

图12-46　选择与不选择“矢量蒙版隐藏效果”选项的效果对比图

➢ 填充不透明度：在文本框中输入所需的数值来为图层指定填充不透明度。填充不透明度影响图层中绘制的像素或图层上绘制的形状，但不影响已应用于图层的任何图层效果的不透明度。而不透明度会影响应用于图层的任何图层样式和混合模式。如图12-47所示为设置不同填充不透明度与不透明度的效果对比图。

设置不透明度为100%，填充不透明度为0%时的效果

设置不透明度为65%，填充不透明度为0%时的效果

设置不透明度为85%，填充不透明度为100%时的效果

设置不透明度为100%，填充不透明度为30%时的效果

图12-47　设置不同填充不透明度与不透明度的效果对比图

➢ 通道：在混合图层或组时，可以将混合效果限制在指定的通道内。默认情况下，混合图层或组时包括所有通道。通道选择因所编辑的图像类型而异，如编辑RGB图像，则可以选择R、G和B通道，也可不勾选红色通道，只让绿色和蓝色通道中的信息受影响。如图12-48所示是勾选不同通道的效果对比图。

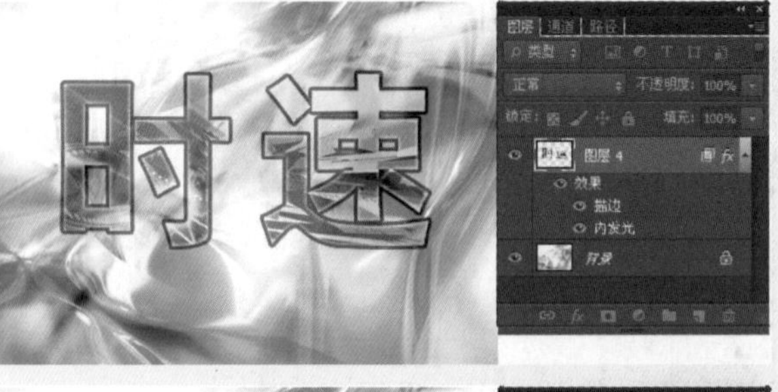

在图层样式对话框的混合选项中只选择G、B两个通道的效果

在图层样式对话框的混合选项中只选择G通道的效果

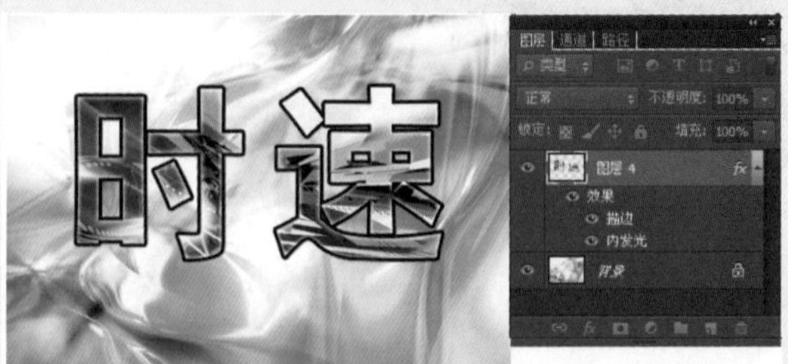

在图层样式对话框的混合选项中选择R、G、B通道的效果

图12-48　勾选不同通道的效果对比图

- 挖空：“挖空”选项使用户可以指定哪些图层是“穿透”的，以使其他图层中的内容显示出来。如图12-49所示为在“图层样式”对话框对图层添加了“投影”、“外发光”、“光泽”、“内发光”、“描边”和“斜面和浮雕”样式，然后分别选择“挖空”为“无”与“深”的效果对比图。

图12-49 分别选择“挖空”为“无”与“深”的效果对比图

- 混合颜色带：在“混合颜色带”下拉列表中可以选择所需的颜色，然后拖移“本图层”或“下一图层”的滑块来调整最终图像中将显示现用图层中的哪些像素以及下面的可视图层中的哪些像素。用户可以去除现用图层中的暗像素，或强制下层图层中的亮像素显示出来，也可以定义部分混合像素的范围，在混合区域和非混合区域之间产生一种平滑的过渡，如图12-50所示。

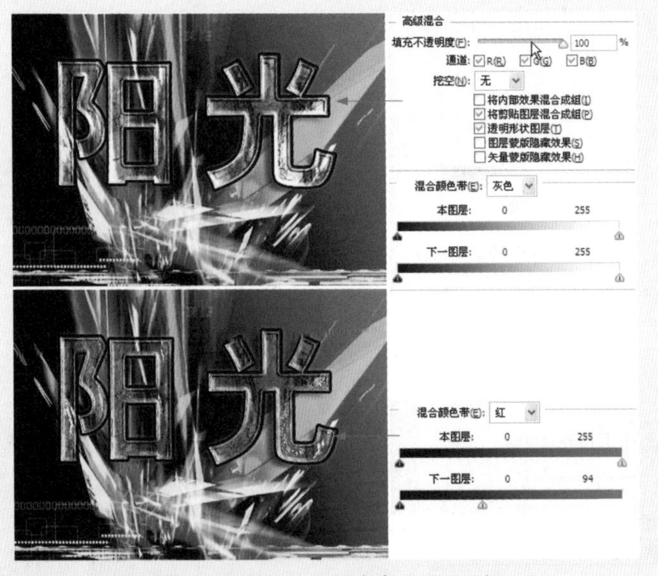


图12-50 原图与设置混合颜色带的对比图

## 12.6.2 投影

利用“投影”命令可以在图层内容的后面添加阴影。

### 上机实战 给文字添加阴影

01 在图像中输入所需的文字，如图12-51所示，再在菜单中执行“图层”→“图层样式”→“投影”命令。

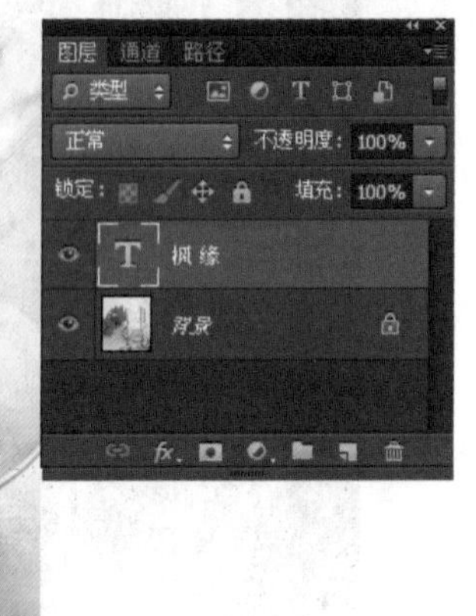


图12-51 输入文字

02 在弹出的“图层样式”对话框右边的“投影”栏中进行设置，如设置“混合模式”为正片叠底，“不透明度”为51%，“角度”为94，“距离”为10，“扩展”为10，“大小”为10，其他为默认值，如图12-52所示，画面中就会出现如图12-53所示的效果，如果满意单击“确定”接钮即可。

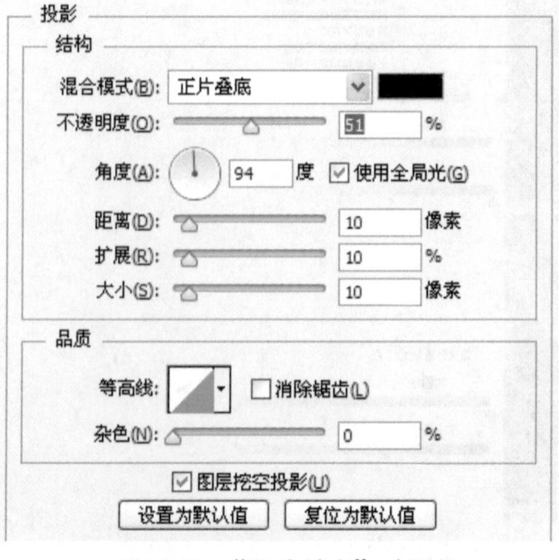


图12-52 “图层样式”对话框

图12-53 添加投影后的效果

投影对话框中各选项说明如下：

- 结构：在“结构”栏中可以设置混合模式、颜色、不透明度、角度、是否使用全局光、距离、扩展和大小。
  - 角度：确定效果应用于图层时所采用的光照角度。
  - 使用全局光：使用全局光可以在图像上呈现一致的光源照明外观。
  - 距离：指定阴影、内阴影和光泽效果的偏移距离。
  - 扩展：模糊之前扩大杂边边界。
  - 大小：指定模糊的数量或暗调大小。
- 品质：在此栏中可以选择等高线和设置杂色。
  - 等高线：使用纯色发光时，等高线可以创建透明光环。使用渐变填充发光时，等高线可以创建渐变颜色和不透明度的重复变化。使用斜面和浮雕时，等高线可以勾画在浮雕处理中被遮住的起伏、凹陷和凸起。使用暗调时，等高线使用户可以指定渐隐。
  - 杂色：指定输入值或拖移滑块时发光不透明度或暗调不透明度中随机元素的数量。
- 图层挖空投影：控制半透明图层中投影的可视性。

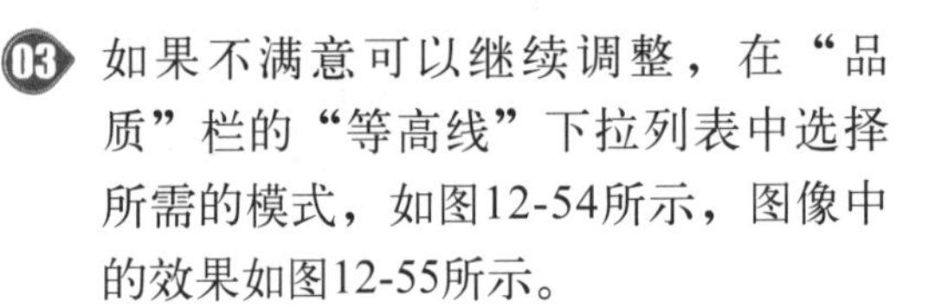

03 如果不满意可以继续调整，在“品质”栏的“等高线”下拉列表中选择所需的模式，如图12-54所示，图像中的效果如图12-55所示。

04 将“杂色”滑块拖至38%处，单击“确定”按钮，就可得到如图12-56所示的效果。

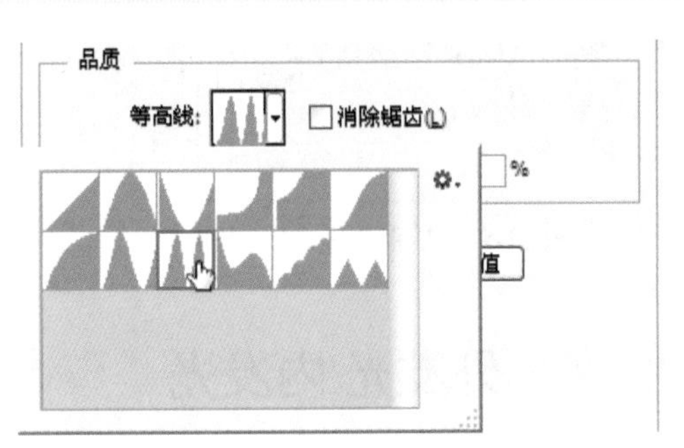


图12-54 “图层样式”对话框

图12-55 更改等高线类型后的效果

图12-56 添加杂色后的效果

## 12.6.3 内阴影

利用“内阴影”命令可以在紧靠图层内容的边缘内添加阴影，使图层效果具有凹陷外观。

在“图层”面板中双击刚添加样式的图层，弹出“图层样式”对话框，在左边栏中单击“内阴影”选项，并在右边栏中根据需要进行设置，具体参数如图12-57所示，设置好后单击“确定”按钮，即可得到如图12-58所示的效果。

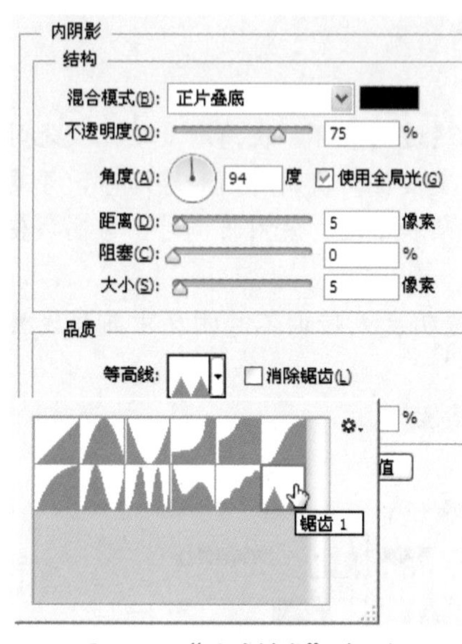


图12-57 “图层样式”对话框

图12-58 添加内阴影后的效果

## 12.6.4 外发光/内发光

利用“外发光/内发光”可以向图层内容添加外边缘或内边缘发光的效果。

**上机实战 给文字添加外发光**

01 在图像上输入所需的文字，如图12-59所示。

图12-59 输入文字

02 在菜单中执行“图层”→“图层样式”→“外发光”命令，弹出“图层样式”对话框，并在其中设定“方法”为柔和，“大小”为10像素，如图12-60所示，单击“确定”按钮，即可得到如图12-61所示的效果。

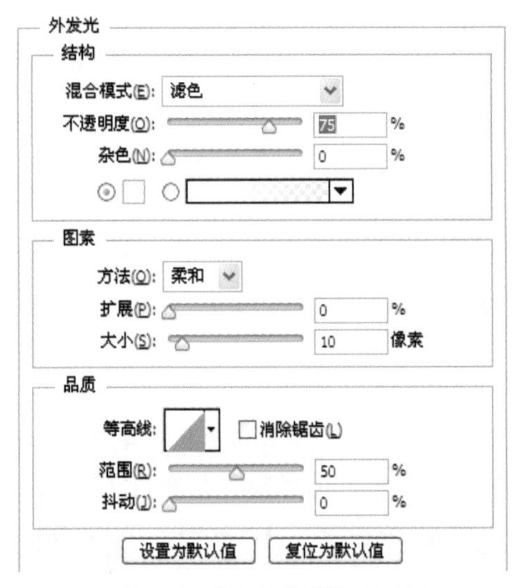


图12-60 “图层样式”对话框

图12-61 添加外发光后的效果

外发光对话框中选项说明：

- 方法：在下拉列表中选择使用图素的方法，包括：“柔和”和“精确”两种，“柔和”的边缘变化比较模糊，“精确”的边缘变化比较清晰。
- 范围：控制发光中作为等高线目标的部分或范围。
- 抖动：改变渐变的颜色和不透明度的应用。

03 如果还想给它添加内发光，只需在“图层”面板上双击“效果”栏即可再次弹出“图层样式”对话框，并在其左边单击“内发光”选项，再选择所需的等高线，如图12-62所示，单击“确定”按钮，即可得到如图12-63所示的效果，其“图层”面板中就相应的添加了一个效果。

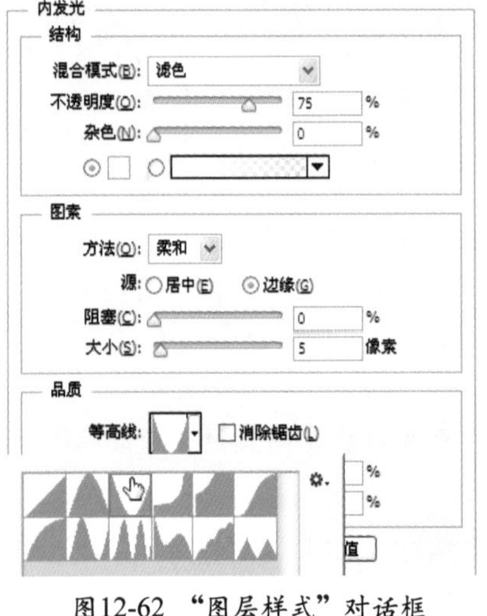


图12-62 “图层样式”对话框

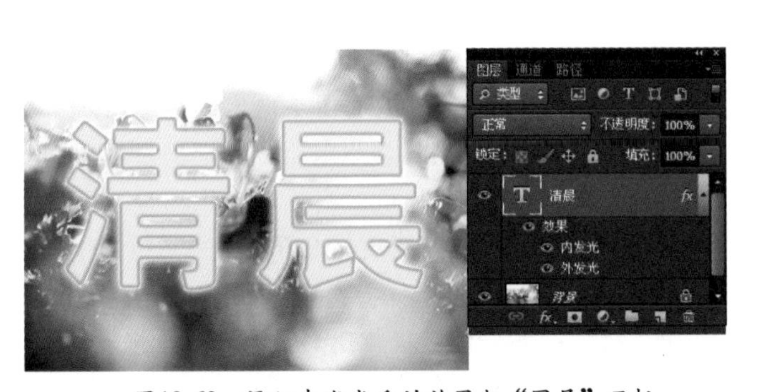


图12-63 添加内发光后的效果与“图层”面板

内发光对话框中选项说明：

- 源：指定内发光的发光源。选择“居中”单选框则应用从图层内容的中心发出的光，如果选择“边缘”单选框则应用从图层内容的内部边缘发出的光。
- 阻塞：模糊之前收缩“内阴影”或“内发光”的杂边边界。

## 12.6.5 斜面和浮雕

使用“斜面和浮雕”命令可对图层添加高光与暗调的各种组合。

### 上机实战 添加斜面和浮雕效果

01 在图像上输入所需的文字，如图12-64所示。

02 在“图层”面板的底部单击fx.（添加图层样式）按钮，并在弹出的菜单中单击“斜面和浮雕”选项，弹出“图层样式”对话框，并在其中设定具体参数，如图12-65所示。

图12-64 输入文字

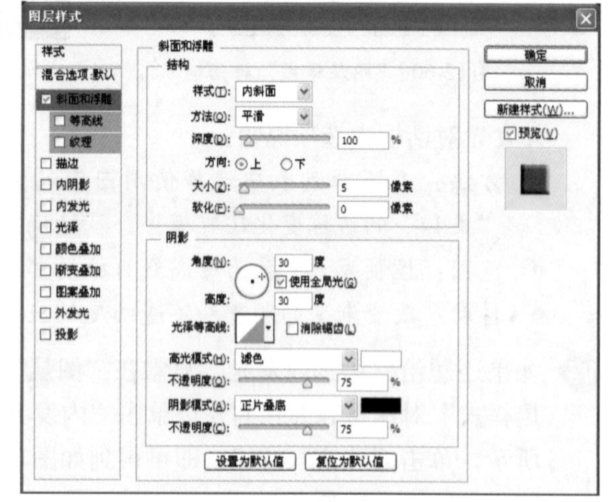


图12-65 “图层样式”对话框

斜面和浮雕对话框中选项说明：

- 样式：在其下拉列表中可以选择所需的斜面样式。
  - ➢ 外斜面：在图层内容的外边缘上创建斜面。
  - ➢ 内斜面：在图层内容的内边缘上创建斜面。
  - ➢ 浮雕效果：创造使图层内容相对于下层图层呈浮雕状的效果。
  - ➢ 枕状浮雕：创造将图层内容的边缘压入下层图层中的效果。
  - ➢ 描边浮雕：将浮雕限于应用于图层的描边效果的边界。值得注意的是，如果图层没有应用描边，则看不到“描边浮雕”的效果。
- 深度：指定斜面深度，此深度是一个大小比例。它也可以指定图案的深度。
- 方向：指定斜面和浮雕的方向。
- 软化：复合之前模糊阴影效果可减少多余的人工痕迹。
- 高度：设置光源高度。

- 光泽等高线：创建类似金属表面的光泽外观，并在遮蔽斜面或浮雕后应用。
- “高光模式”和“阴影模式”：指定斜面或浮雕高光或阴影的混合模式。其后的颜色块是用来设置阴影或高光的颜色。

03 设置好后单击“确定”按钮，即可得到如图12-66所示的效果。

04 设置斜面和浮雕下的等高线。在“图层”面板中双击“斜面和浮雕”效果，弹出“图层样式”对话框，并在左边单击“等高线”，其右边就会显示它的相关选项，在“等高线”下拉面板中选择所需的样式，如图12-67所示，画面中就会得到如图12-68所示的效果。

图12-66　添加斜面和浮雕后的效果

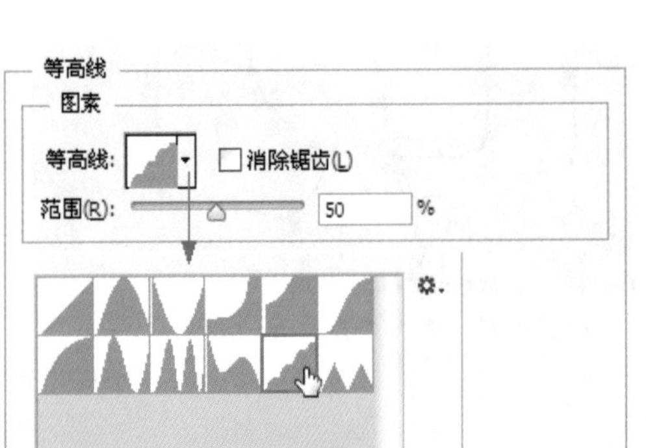


图12-67　“图层样式”对话框

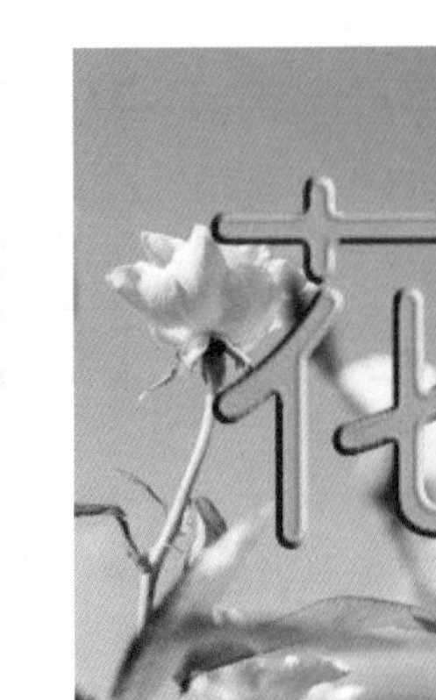


图12-68　更改等高线后的效果

05 设置斜面和浮雕下的纹理。在“图层样式”对话框的左边栏中单击“纹理”选项，右边栏中就会显示它的相关选项，并在“图案”下拉面板中选择所需的图案，如图12-69所示，即可得到如图12-70所示的效果。

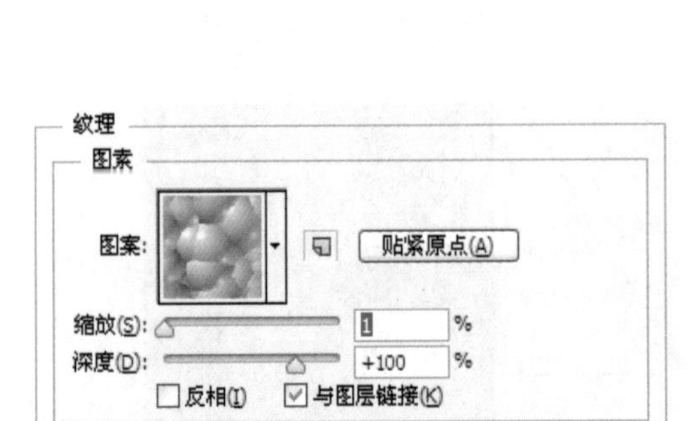


图12-69　“图层样式”对话框

图12-70　添加图案样式后的效果

**提 示**

“等高线”和“纹理”选项只有在选中“斜面和浮雕”选项的情况下才可编辑。

06 在“图层样式”对话框的左边栏中单击“外发光”选项，右边栏中就会显示它的相关选项，具体参数设置如图12-71所示，设置好后单击“确定”按钮，即可得到如图12-72所示的效果。

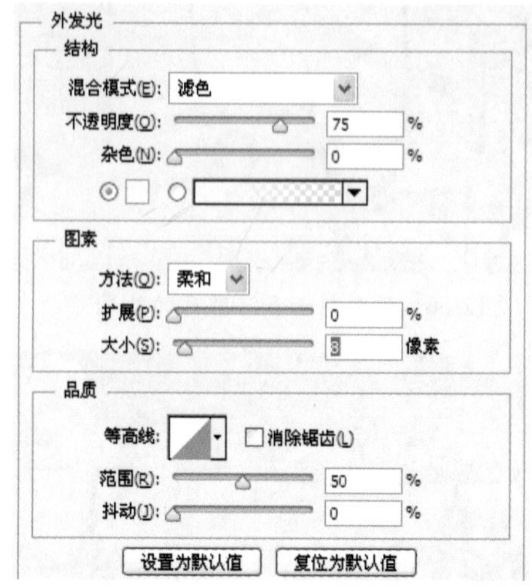


图12-71 “图层样式”对话框

图12-72 添加外发光后的效果

## 12.6.6 光泽

使用“光泽”可以在图层内部根据图层的形状应用阴影，通常都会创建出光滑的磨光效果。

### 上机实战 利用“光泽”命令制作文字效果

01 使用横排文字工具从配套光盘的素材库中打开的图像上输入所需的文字，如图12-73所示。

图12-73 输入文字

02 在菜单中执行“图层”→“图层样式”→“斜面和浮雕”命令，弹出“图层样式”对话框，并在其中设置“样式”为内斜面，“方法”为平滑，“深度”为100%，“大小”为5，在“光泽等高线”下拉面板中选择如图12-74所示的样式，其他不变，此时的画面效果如图12-75所示。

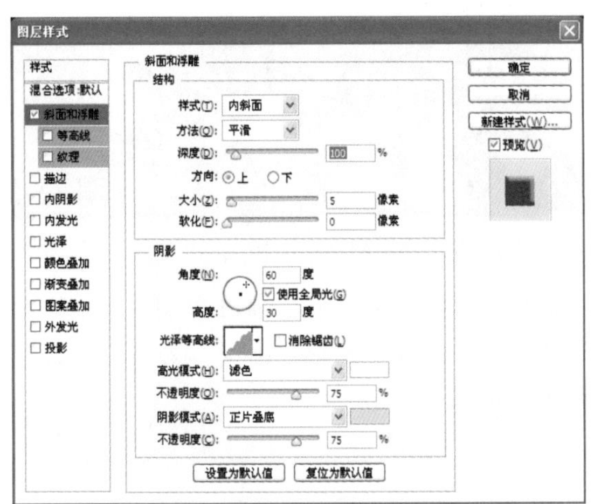


图12-74 “图层样式”对话框

图12-75 添加斜面和浮雕样式后的效果

03 在“图层样式”对话框的左边栏中单击“光泽”选项，接着在右边栏中设置“混合模式”为正片叠底，“颜色”为#ad4326，“不透明度”为50%，“距离”为11像素，“大小”为14像素，“等高线”为，如图12-76所示，其他不变，单击“确定”按钮，得到如图12-77所示的画面效果。

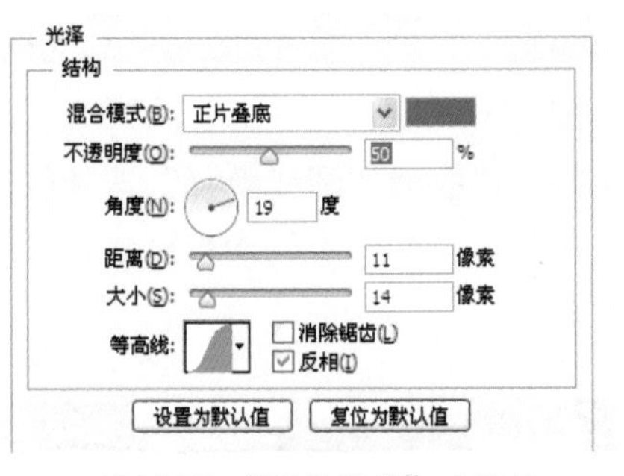


图12-76 “图层样式”对话框

图12-77 添加光泽样式后的效果

## 12.6.7 颜色、渐变和图案叠加

利用“颜色叠加”、“渐变叠加”和“图案叠加”可以分别为图层内容填充颜色、渐变或图案。

从配套光盘的素材库中打开一个有图层样式的文件，如图12-78所示，接着在菜单中执行“图层”→“图层样式”→“颜色叠加”命令，弹出

图12-78 打开的文件



Photoshop CS6工具与功能的应用部分

“图层样式”对话框，可在其中根据需要设置颜色，如图12-79所示，其画面效果如图12-80所示。

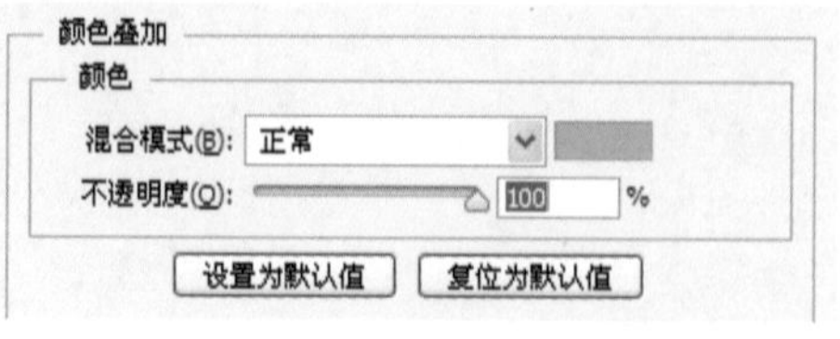


图12-79 “图层样式”对话框

图12-80 添加颜色叠加样式后的效果

如果在“图层样式”对话框中单击“渐变叠加”选项，并取消“颜色叠加”选项的选择，其右边栏中就会显示“渐变叠加”的相关内容，并在其中设置“渐变”为橙、黄、橙渐变，如图12-81所示，画面就会出现如图12-82所示的效果。

图12-81 “图层样式”对话框

图12-82 渐变叠加效果

如果在“图层样式”对话框中单击“图案叠加”选项，并取消“渐变叠加”选项的选择，其右边栏中就会显示“图案叠加”的相关内容，并在其中进行所需的参数设置，具体参数如图12-83所示，画面就会出现如图12-84所示的效果。

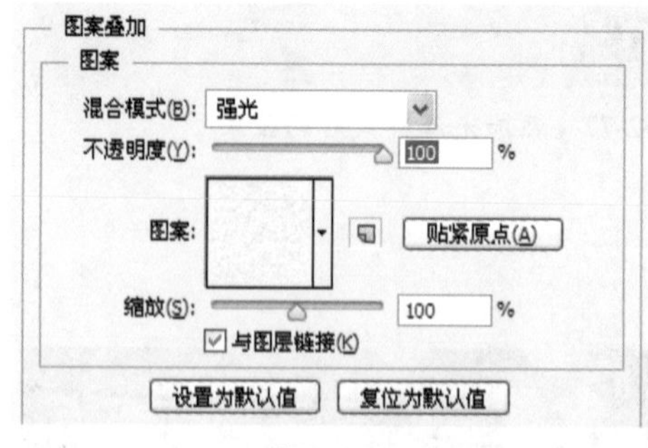


图12-83 “图层样式”对话框

图12-84 图案叠加效果

## 12.6.8 描边

利用“描边”命令可使用颜色、渐变或图案在当前图层上描画对象的轮廓。它对于硬边形状（如文字）特别有用。

如果在“图层样式”对话框的左边栏中单击“描边”选项，其右边栏中就会显示“描边”的相关内容，并在其中设置“填充类型”为“图案”，再在图案弹出式面板中选择所需的图案，如图12-85所示，单击“确定”按钮，就可得到如图12-86所示的效果。

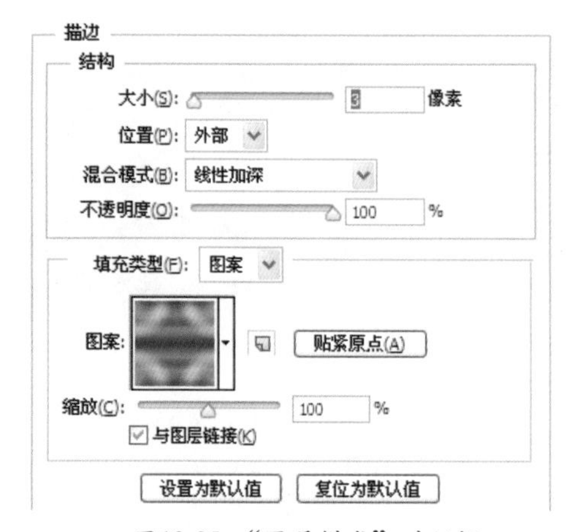

图12-85 “图层样式”对话框

图12-86 描边效果

描边对话框中选项说明：

- 位置：在其下拉列表中指定描边效果的位置是“外部”、“内部”，还是“居中”。
- 填充类型：在其下拉列表中指定要填充的类型是“颜色”、“渐变”，还是“图案”。

## 12.6.9 拷贝/粘贴图层样式

“拷贝图层样式”和“粘贴图层样式”是对多个图层应用相同效果的便捷方法。

### 上机实战 拷贝/粘贴图层样式

01 从配套光盘的素材库中打开一个有图层样式的文件和一张图案图片，如图12-87、图12-88所示。

02 以图案文件为当前活动窗口，并在“图层”面板中单击（创建新图层）按钮，新建图层1；在工具箱中选择自定形状工具，并在选项栏中选择像素，再在形状下拉面板中选择所需的形状如：，在画面上绘制出该形状，结果如图12-89所示。

图12-87 打开的文件



Photoshop CS6工具与功能的应用部分

图12-88 打开的文件

图12-89 绘制形状

03 激活有图层样式的文件，以它为当前活动窗口，然后在“图层”面板中激活需要拷贝图层样式的图层如：“茶花”，再在其上右击弹出如图12-90所示的快捷菜单，并在其中选择“拷贝图层样式”命令。

提 示

也可以在菜单中执行“图层”→“图层样式”→“拷贝图层样式”命令。



04 激活图案文件，并在“图层”面板中单击图层 1，然后在菜单中执行“图层”→“图层样式”→“粘贴图层样式”命令，即可得到如图12-91所示的效果。

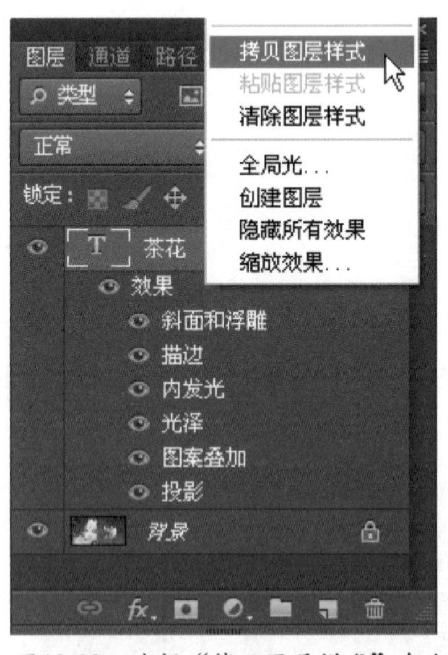


图12-90 选择“拷贝图层样式”命令

图12-91 粘贴图层样式后的效果

## 12.6.10 清除图层样式

利用“清除图层样式”命令可以将所选图层的图层样式删除。在“图层”面板中拖动“效果”栏到 （删除图层）按钮上呈凹下状态时松开鼠标左键，同样也可将图层样式从该图层上删除。

## 12.6.11 全局光

使用“全局光”命令可以在图像上呈现一致的光源照明外观。

如图12-91所示的以文件为当前文件，如图12-92所示，在菜单中执行“图层”→“图层样式”→“全局光”命令，弹出如图12-93所示的对话框，并在其中可拖动圆圈内的小“十”字架或在文本框中输入所需的数值来调整光源的方向，调整好后单击“确定”按钮，即可将光源的照明方向进行改变，如图12-94所示。

图12-92 粘贴图层样式后的效果

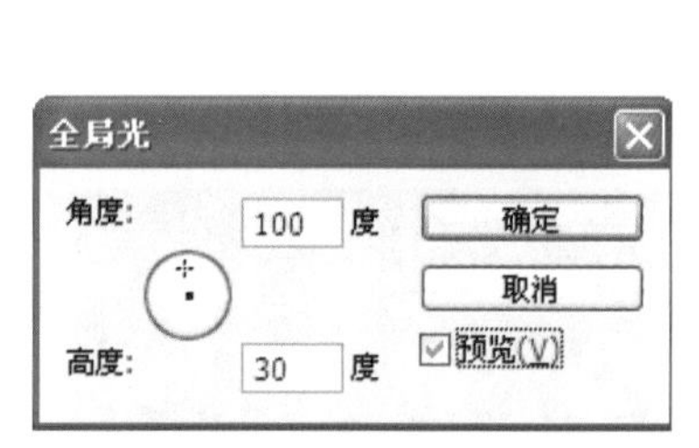


图12-93 “全局光”对话框

图12-94 调整光源的方向后的效果

## 12.6.12 分离图层样式为图层

利用“图层样式”子菜单中的“创建图层”命令可以将图层样式中的各效果分离为图层。

**上机实战 使用创建图层命令分离图层**

01 从配套光盘的素材库中打开一个有图层样式的文件，画面效果如图12-95所示，“图层”面板如图12-96所示。

图12-95　打开的文件

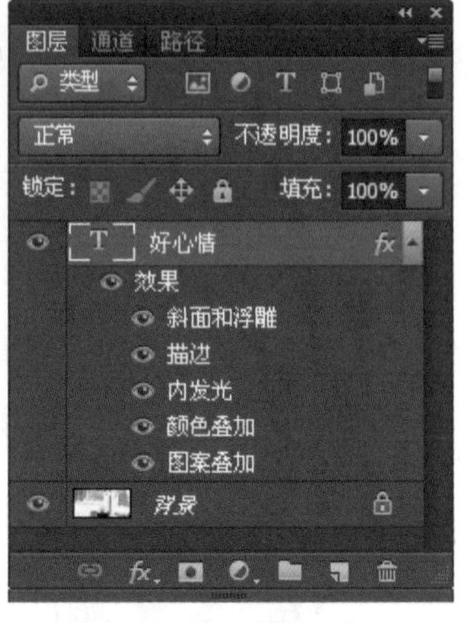


图12-96　“图层”面板

02 在菜单中执行“图层”→“图层样式”→“创建图层”命令，即可将各效果分别分离为图层，如图12-97所示，画面效果如图12-98所示。

图12-97　“图层”面板

图12-98　由图层样式创建图层后的效果

## 12.6.13　隐藏所有效果

利用“隐藏所有效果”命令可以将图层样式中的各效果隐藏。当图层样式所在图层的“填充”为0%时，则不显示该图层的任何内容；当图层样式所在图层的“填充”为100%时，则显示该图层的内容，而不显示所应用的所有图层样式效果。

隐藏所有效果后可以通过显示所有效果命令，将所有效果显示。

## 12.6.14　缩放效果

利用“缩放效果”命令可以将所选图层的所有效果同时放大或缩小。

以如图12-98所示的文件为例，按“Ctrl”+“Z”键撤销前面的创建图层操作，再在菜



第2部分

单中执行“图层”→“图层样式”→“缩放效果”命令，弹出如图12-99所示的对话框，并在其中设定“缩放”为80%，单击“确定”按钮，即可得到如图12-100所示的效果。

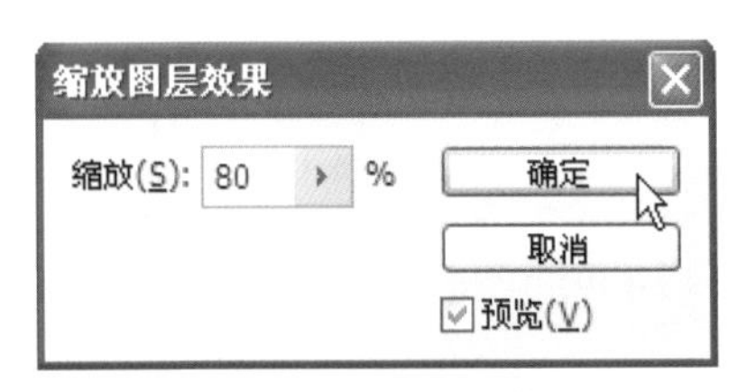


图12-99 “缩放图层效果”对话框

图12-100 缩放效果后的效果

## 12.6.15 样式面板

在“窗口”菜单中执行“样式”命令，可以显示或隐藏“样式”面板。如果在图像窗口中制作了一个效果，则（清除样式）与（创建新样式）按钮呈可用状态，如图12-101所示，单击（清除样式）按钮，可将当前图像窗口中的效果清除，单击（创建新样式）按钮，可将当前图像窗口中的效果创建成新样式并存放到“样式”面板中。

如果要删除不要的样式，可以在要删除的样式上按下左键向（删除样式）按钮拖动，当按钮呈凹下状态时松开左键，即可将选择的样式删除。样式的弹出式菜单如图12-102所示。

图12-101 “样式”面板

图12-102 样式的弹出式菜单

### 12.6.16 应用预设样式

**上机实战 应用预设样式**

01 从配套光盘的素材库中打开一张图片，再用T横排文字工具，在画面中单击并输入“大海”文字，选择文字后在选项栏中设置“字体”为文鼎CS魏碑，“字体大小”为65点，确认文字输入后结果如图12-103所示。

图12-103 打开的图片

02 在“窗口”菜单中执行“样式”命令，显示“样式”面板，并在其中单击一种样式，如图12-104所示，画面中的文字即可应用该种样式，如图12-105所示。

图12-104 “样式”面板

图12-105 应用样式后的效果

## 12.7 创建新的填充或调整图层

调整图层、填充图层与图像图层有着相同的不透明度和混合模式选项，并且可以像图像图层那样重排、删除、隐藏和复制。默认情况下，调整图层和填充图层有图层蒙版，由图层缩览图左边的蒙版图标表示。如果在创建调整图层或填充图层时路径处于现用状态，则创建的是矢量蒙版而不是图层蒙版。

## 12.7.1 新建填充图层

在菜单中执行“图层”→“新建填充图层”命令，弹出如图12-106所示的子菜单，可在其中选择所需的命令。

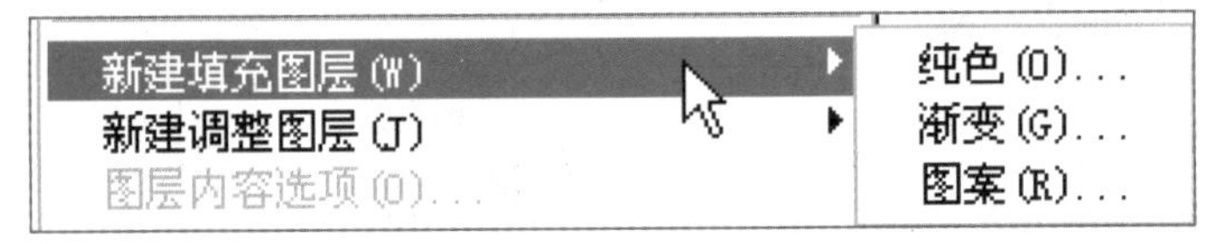


图12-106 “新建填充图层”子菜单

### 1. 纯色

利用“纯色”命令可以用纯色填充图层。虽然会产生完全覆盖的效果，但通过编辑图层蒙版或调整填充图层的混合模式和不透明度，可以制作出意想不到的效果。

### 上机实战 使用纯色命令填充图层

01 打开如图12-105所示的文件，在菜单中执行“图层”→“新建填充图层”→“纯色”命令，弹出“新建图层”对话框，并在其中设置“模式”为“叠加”，如图12-107所示。

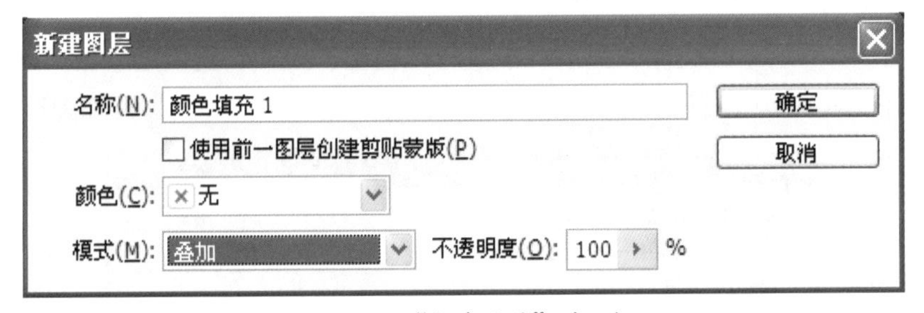


图12-107 “新建图层”对话框

02 在“新建图层”对话框中单击“确定”按钮，弹出如图12-108所示的对话框，并在其中选择所需的颜色，选择好后单击“确定”按钮，即可得到如图12-109所示的效果，同时在“图层”面板中就自动添加了一个颜色填充图层，如图12-110所示。

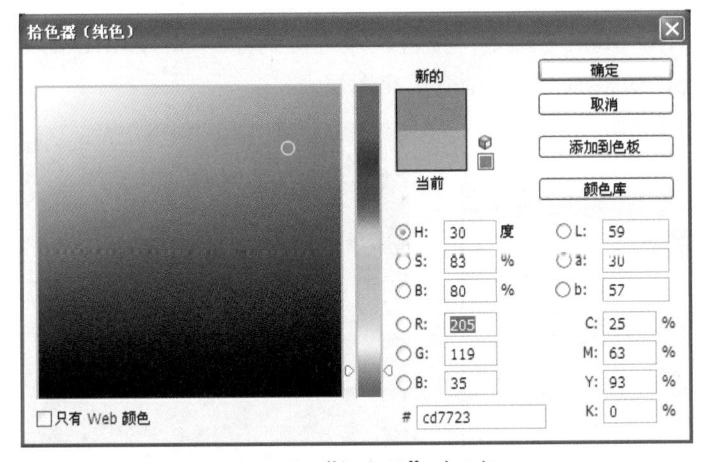


图12-108 “拾色器”对话框

图12-109　填充颜色后的效果

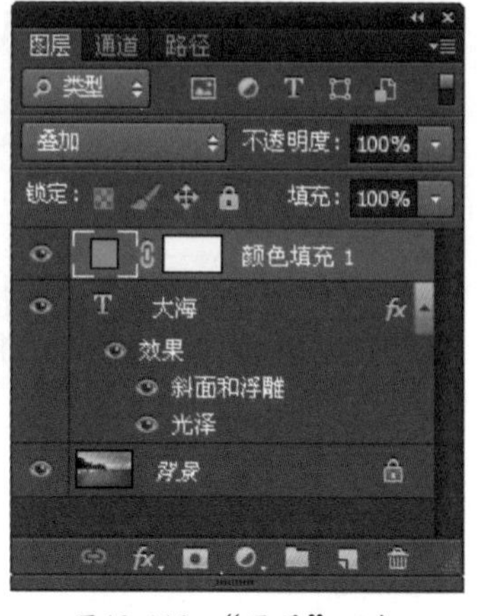


图12-110　“图层”面板

### 2. 渐变

利用“渐变”命令可以用渐变填充图层。它也可以通过对图层蒙版的编辑或修改混合模式及不透明度来创造出特殊效果。

## 上机实战　使用渐变命令填充图层

01 打开如图12-109所示的文件，在菜单中执行“图层”→“新建填充图层”→“渐变”命令，弹出“新建图层”对话框，并在其中设置“模式”为“强光”，如图12-111所示。

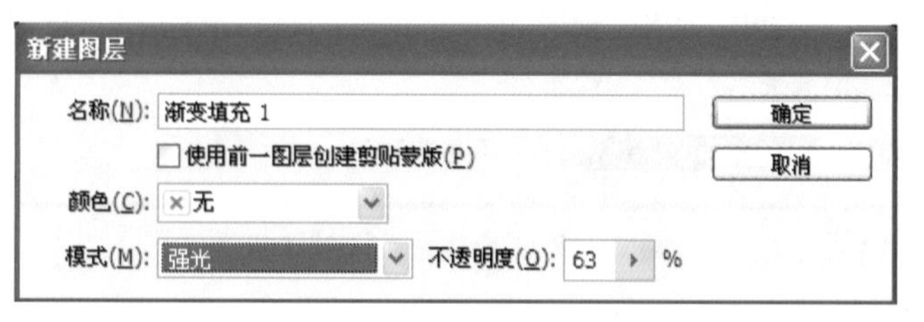


图12-111　“新建图层”对话框

02 在“新建图层”对话框中单击“确定”按钮，弹出“渐变填充”对话框，并在其中单击“渐变”后的下拉按钮，弹出“渐变拾色器”面板，并在其中选择所需的渐变，如图12-112所示，单击“确定”按钮，即可得到如图12-113所示的效果，同时在“图层”面板中就自动添加了一个渐变填充图层。

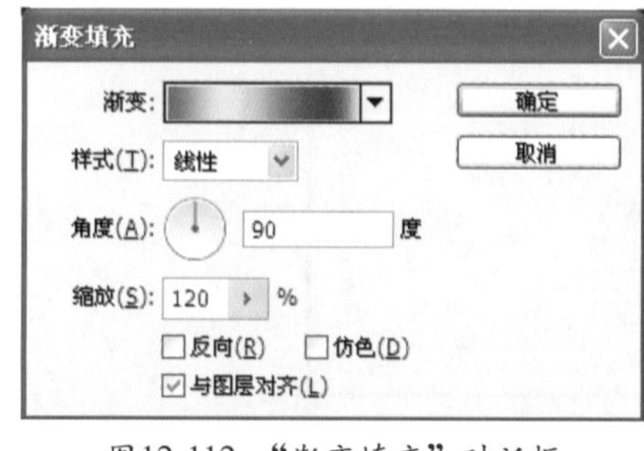


图12-112　“渐变填充”对话框

图12-113　渐变填充后的效果

### 3. 图案

利用“图案”命令可以用图案填充图层。也可以通过编辑图层蒙版或更改混合模式或设置不透明度来创建特殊效果。

## 上机实战 使用图案命令填充图层

01 从配套光盘的素材库中打开一张如图12-114所示的图像文件。

图12-114 打开的图像文件

02 在菜单中执行“图层”→“新建填充图层”→“图案”命令，弹出“新建图层”对话框，并在其中设置“模式”为“柔光”，如图12-115所示，单击“确定”按钮，弹出如图12-116所示的对话框，并在其中选择所需的图案，单击“确定”按钮，即可得到如图12-117所示的效果。

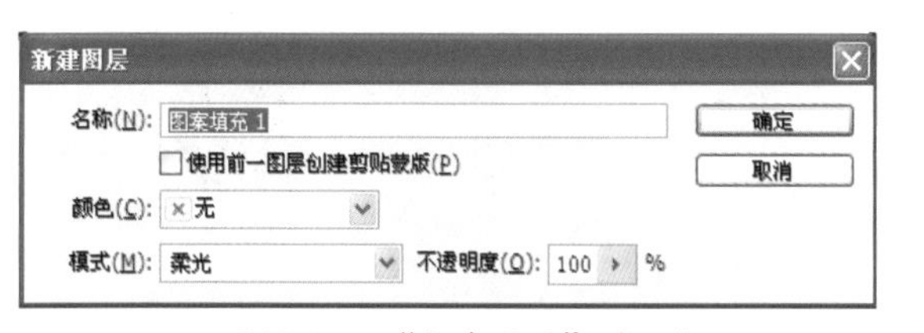


图12-115 “新建图层”对话框

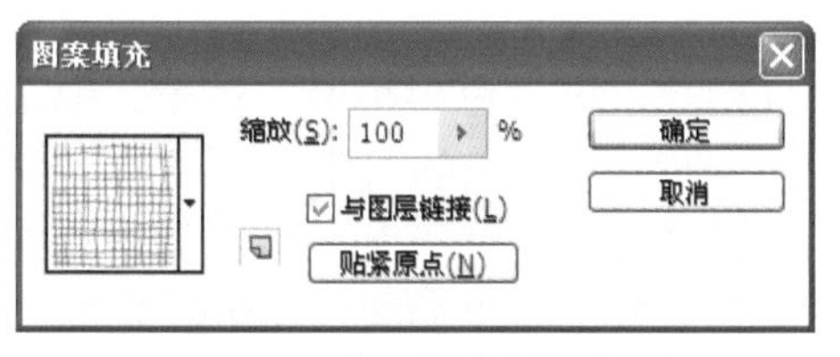


图12-116 “图案填充”对话框

图12-117 填充图案后的效果



Photoshop CS6工具与功能的应用部分

## 12.7.2 新建调整图层

在菜单中执行“图层”→“新建调整图层”命令，弹出子菜单，可在其中选择所需的命令，如亮度/对比度、色阶、曲线、曝光度、自然饱和度、色相/饱和度、色彩平衡、黑白、照片滤镜、通道混合器、反相、色调分离、阈值、渐变映射、可选颜色。

> **提 示**
>
> 创建新的调整图层会对它下面的图层产生相同的调整作用。如果只想对一组图层进行调整，则需要创建由这些图层组成的剪贴组，将调整图层放到这些剪贴组内或放到它的基底上。

在“图层”菜单中执行“新建调整图层”下的各命令的操作方法和界面与“图像”菜单章节中相应的命令相同，只是在“新建调整图层”命令下执行的“亮度/对比度”、“色阶”、“曲线”、“曝光度”、“自然饱和度”、“色相/饱和度”、“色彩平衡”、“黑白”、“图片滤镜”、“通道混合器”、“颜色查找”、“反相”、“色调分离”、“阈值”、“渐变映射”和“可选颜色”命令，可新建一个调整图层并同时对它下面的图层产生相同的调节作用，并且不会更改它下面图层的像素。

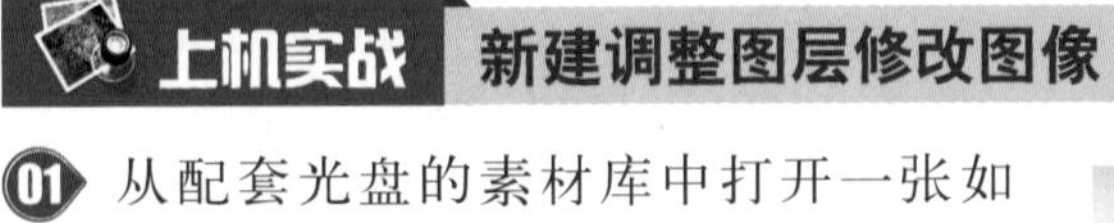

### 上机实战 新建调整图层修改图像

01 从配套光盘的素材库中打开一张如图12-118所示的图片。

02 在菜单中执行“图层”→“新建调整图层”→“色彩平衡”命令，弹出如图12-119所示的对话框，并在其中设置“模式”为叠加，单击“确定”按钮，接着弹出如图12-120所示的 “属性”面板，保持“中间调”的选择，先对中间调进行调整，此时画面的效果如图12-121所示。

图12-118 打开的图片

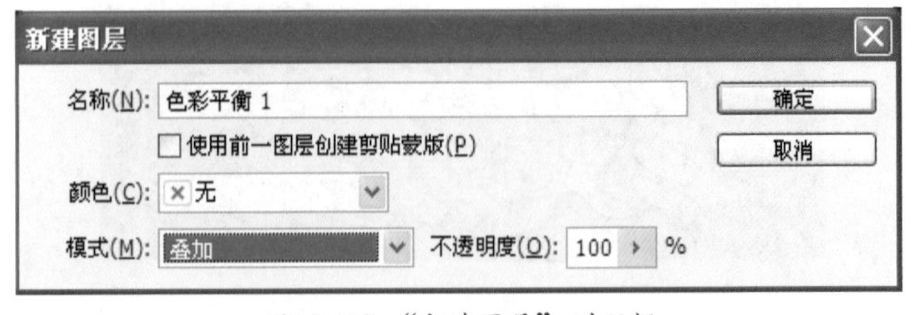


图12-119 “新建图层”对话框

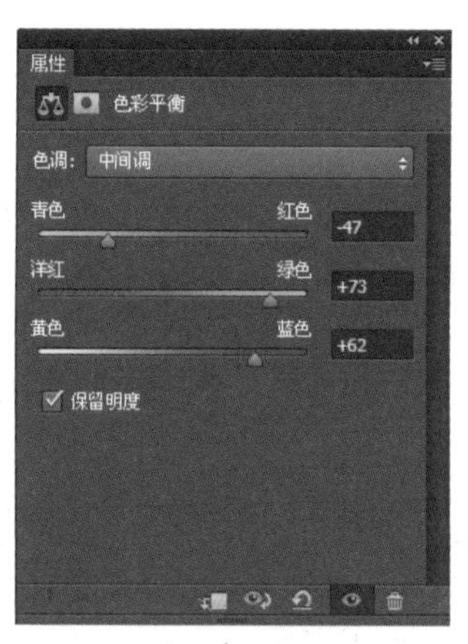

图12-120 “属性”面板

图12-121 色彩平衡调整后的效果

03 选择“高光”选项，再设定“青色-红色”为－76，“洋红-绿色”为－44，“黄色-蓝色”为+1，如图12-122所示，此时的画面效果就如图12-123所示，同时在“图层”面板中也添加了一个调整图层，如图12-124所示。

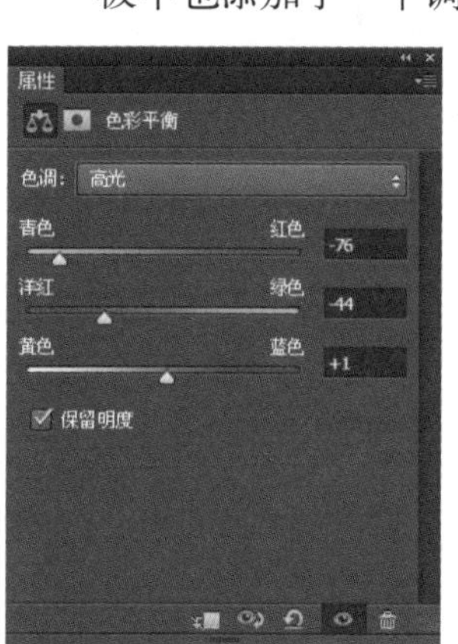

图12-122 “属性”面板

图12-123 调整高光后的效果

图12-124 “图层”面板

# 12.8 图层内容选项

“图层内容选项”只有在执行“新建填充图层”或“新建调整图层”命令后才能成为活动可用状态，执行“图层内容选项”命令，会弹出当前填充图层或调整图层的设置对话框，可以通过调整其中的设置来更改当前填充或调整图层中的效果。

从配套光盘的素材库中打开一张图片，如图12-125所示，接着在菜单中执行“图层”→“图层内容选项”命令，弹出如图12-126所示

图12-125 打开的图片



Photoshop CS6工具与功能的应用部分

的对话框，并在其中将渐变改为所需的渐变，如图12-127所示，单击“确定”按钮得到如图12-127所示的效果。这样就对该图层中的内容进行了渐变更改。

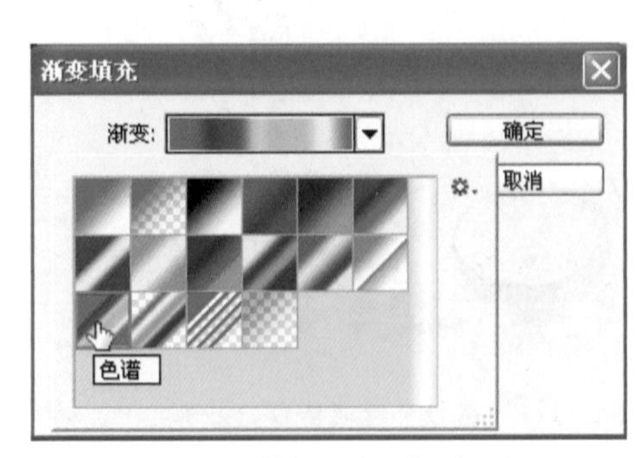

图12-126 “渐变填充”对话框

图12-127 渐变填充后的效果

# 12.9 图层编组

在平时进行作品设计时，通常会在一个图像中创建多个图层，但是一旦图层多了就不好管理，而且显得杂乱无章。因此Photoshop提供了图层编组功能，可以将多个图层编成一组，并对该组进行命名。

## 上机实战 图层编组

01 按“Ctrl”+“O”键从配套光盘的素材库中打开一个如图12-128所示的作品，显示“图层”面板，并在其中单击要进行编组的图层（如图层 1）。

02 按“Shift”键在“图层”面板中单击“色彩平衡 1”调整图层，选择“色彩平衡 1”调整图层与图层 1之间的图层，如图12-129所示，再在菜单中执行“图层”→“图层编组”命令，将所选的多个图层编成一组，如图12-130所示。

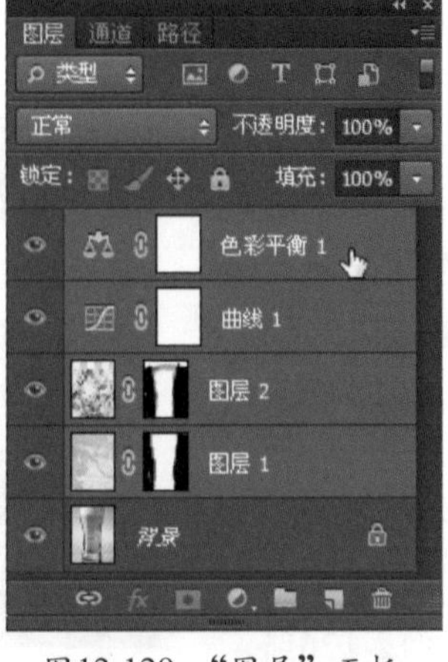
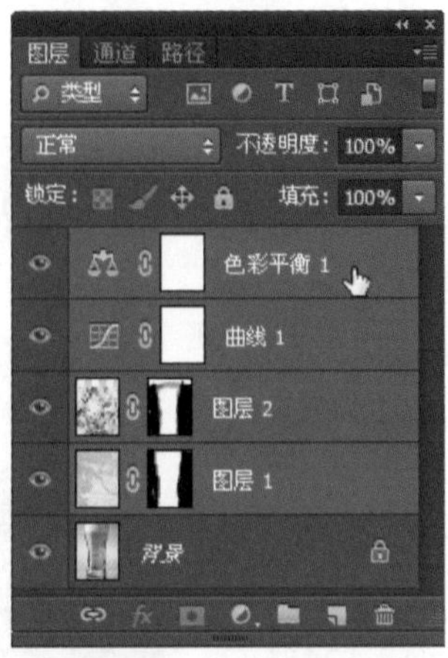

图12-128 打开的文件　图12-129 “图层”面板　图12-130 “图层”面板

03 对该组的名称进行重命名，在“组1”名称上双击，使名称为编辑状态，再输入所需的名称，如图12-131所示，输入好后按Enter键确认名称更改，然后单击组前面的▶（小三角形）按钮展开该组，即可看到该组中的图层，如图12-132所示。

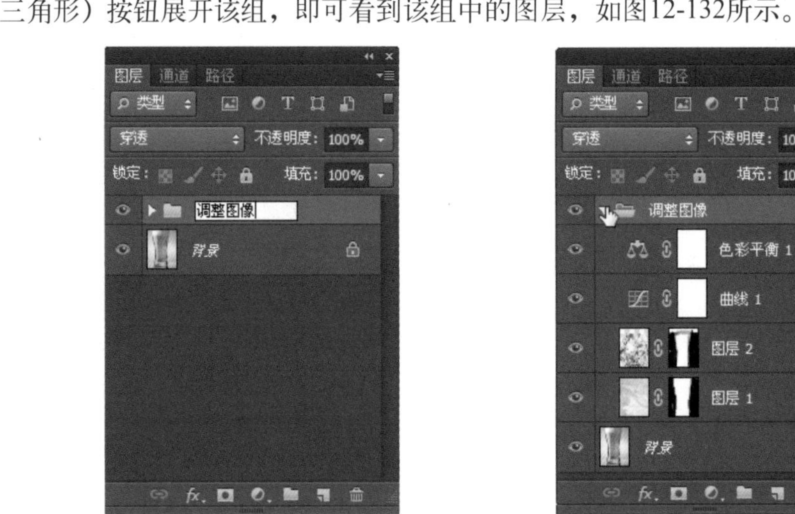


图12-131 “图层”面板

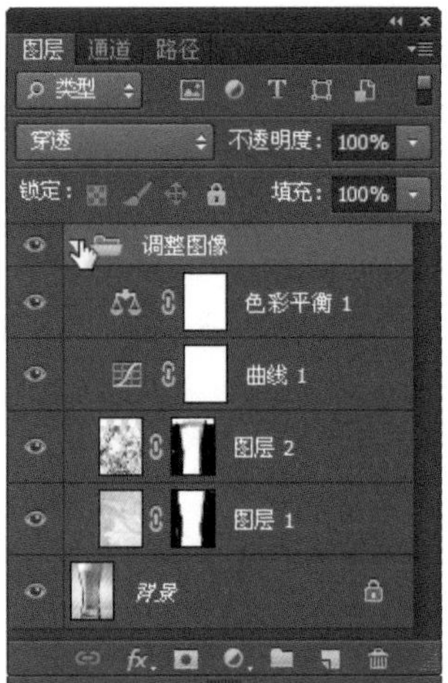


图12-132 “图层”面板

# 12.10 排列图层顺序

当图像中含有多个图层时，Photoshop 是按一定的先后顺序来排列图层的——最后创建的图层将位于所有图层的上面。可以通过“排列”命令来改变图层的堆放次序，指定具体的一个图层应堆放到哪个位置。

在“图层”菜单中执行“排列”命令，会弹出一子菜单，其中放置了“置为顶层”、“前移一层”、“后移一层”、“置为底层”与“反向”命令。

- 置为顶层：执行该命令后会将选定图层移到整个图像的最上层。
- 前移一层：执行该命令后会将选定图层往上移一层。
- 后移一层：选择该命令会将选定图层往下移一层。
- 置为底层：选择该命令会将选定图层移到整个图像（或该组）的最底层。
- 反向：选择多个图层时该命令可用，执行该命令可以将选择的图层进行反向排列。

**提 示**

可以直接在“图层”面板中拖动图层到指定的位置，来改变图层的排列顺序。

## 上机实战 排列图层顺序

01 按“Ctrl”+“O”键从配套光盘的素材库中打开一个如图12-133所示的作品，“图层”面板如图12-134所示。

图12-133　打开的文件

图12-134　“图层”面板

02 在“图层”面板中激活图层 1，以它为当前图层，如图12-135所示，然后在菜单中执行“图层”→“排列”→“置于顶层”命令，即可将选择的图层置于最顶层，如图12-136所示，同时画面效果也发生了变化，如图12-137所示。

图12-135　“图层”面板

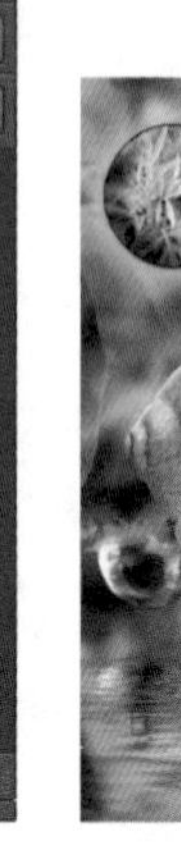

图12-136　“图层”面板

图12-137　改变图层顺序后的效果

# 12.11 图层对齐与分布

## 12.11.1 对齐

在菜单中执行“图层”→“对齐”命令，弹出子菜单，其中放置了“顶边”、“垂直居中”、“底边”、“左边”、“水平居中”与“右边”命令。

- 顶边：可将选择或链接图层的顶层像素与现用图层的顶层像素对齐，或与选区边框的顶边对齐。
- 垂直居中：可将选择或链接图层上垂直方向的中心像素与现用图层上垂直方向的中心像素对齐，或与选区边框的垂直中心对齐。
- 底边：可将选择或链接图层的底端像素与现用图层的底端像素对齐，或与选区边框的底边对齐。
- 左边：可将选择或链接图层的左端像素与现用图层的左端像素对齐，或与选区边框的左边对齐。
- 水平居中：可将选择或链接图层上水平方向的中心像素与现用图层上水平方向的中心像素对齐，或与选区边框的水平中心对齐。
- 右边：可将选择或链接图层的右端像素与现用图层的右端像素对齐，或与选区边框的右边对齐。

**上机实战 对齐图层**

01 打开如图12-137所示的文件，在“图层”面板中单击图层2，再按Shift键单击图层5，以同时选择图层1与图层 5之间的所有图层，如图12-138所示。

02 在菜单中执行“图层”→“对齐”→“底边”命令，即可将选择的图层内容以底边对齐，效果如图12-139所示。

图12-138 “图层”面板

图12-139 底边对齐后的效果

## 12.11.2 分布

在菜单中执行“图层”→“分布”命令，弹出子菜单，其中放置了“顶边”、“垂直居中”、“底边”、“左边”、“水平居中”与“右边”命令。

- “顶边”可从每个图层的顶端像素开始，间隔均匀地分布选择或链接的图层。

- “垂直居中”可从每个图层的垂直居中像素开始，间隔均匀地分布选择或链接的图层。
- “底边”可从每个图层的底部像素开始，间隔均匀地分布选择或链接的图层。
- “左边”可从每个图层的左边像素开始，间隔均匀地分布选择或链接的图层。
- “水平居中”可从每个图层的水平中心像素开始，间隔均匀地分布选择或链接的图层。
- “右边”可从每个图层的右边像素开始，间隔均匀地分布选择或链接的图层。

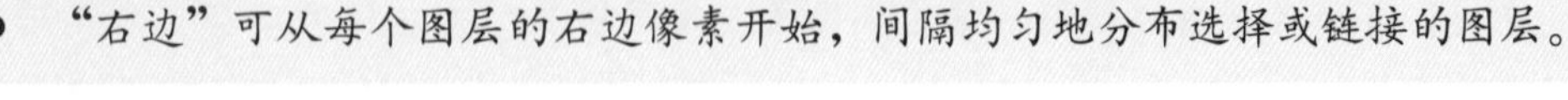

**提 示**

Photoshop 只能参照不透明度大于50 的像素来均匀分布选择或链接图层。

## 上机实战 分布图层

01 打开如图12-139所示的文件，按“Ctrl”+“Z”键撤消前面的对齐操作，结果如图12-140所示。

02 在菜单中执行“图层”→“分布”→“底边”命令，即可将它们以图层内容的底边进行均匀分布，效果如图12-141所示。

图12-140 撤消对齐操作

图12-141 均匀分布后的效果

# 12.12 锁定图层

可以全部或部分地锁定图层以保护其内容。图层锁定后，图层名称的右边会出现一个锁图标。当图层完全锁定时，锁图标是🔒；当图层部分锁定时，锁图标是🔒。

选择图层4和图层5，在菜单中执行“图层”→“锁定图层”命令，弹出“锁定图层”对话框，并在其中勾选所需的选项，如图12-142所示，单击“确定”按钮，即可锁定图层中的透明区域与位置，如图12-143所示。也可以直接在“图层”面板的顶部单击相关的按钮。

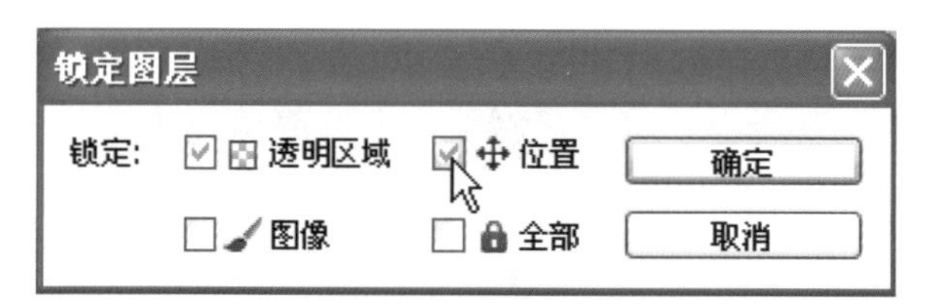


图12-142 “锁定图层”对话框

图12-143 “图层”面板

锁定图层对话框中选项说明：

- 透明区域：选择它可将编辑操作限制在图层的不透明部分。此选项与Photoshop早期版本中的“保留透明区域”选项等效。
- 图像：选择它可防止使用绘画工具修改图层的像素。
- 位置：选择它可防止移动图层的像素。
- 全部：选择它则将图层的不透明度、位置、图像全部锁定。

## 12.13 合并图层

确定了图层的内容后，可以合并图层以创建复合图像的局部版本。在合并后的图层中，所有透明区域的交迭部分都会保持透明。合并图层有助于管理图像文件的大小。

**提 示**

不能将调整图层或填充图层用作合并的目标图层。

### 12.13.1 向下合并

如果在图像只选择一个图层，则在菜单中执行“图层”→“向下合并”命令，可以将选择的图层与它下一层的图层进行合并，以得到一个图层，并以下一层图层的名称进行命名。

如果在图像中选择了多个图层，则在菜单中执行“图层”→“合并图层”命令，可以将图像中选择的图层合并为一个图层，图层名称以当前图层的名称而命名，如果链接了背景图层，则将选择的图层合并为背景层。

### 12.13.2 合并可见图层

在菜单中执行“图层”→“合并可见图层”命令，可以将图像中所有可见的图层合并为一个图层，图层名称以当前图层的名称而命名，如果背景图层是可见的，则会以合并图层替换背景图层。

### 12.13.3 拼合图像

在菜单中执行“图层”→“拼合图像”命令，可以将图像中所有图层合并为一个图层，并以合并图层作为背景图层。

## 12.14 图层链接



可以链接两个或更多图层或组。与同时选定的多个图层不同，链接的图层将保持关联，直至用户取消它们的链接为止。可以从链接的图层移动、应用变换以及创建剪贴蒙版。

如图12-143所示，按Shift键在“图层”面板中单击图层2，以选择要链接的图层，再在“图层”面板中单击（链接图层）按钮，即可将选择的图层进行链接，同时在图层名称的后面出现一个链接符号。如图12-144所示。

图12-144 “图层”面板

**提 示**

可以在菜单中执行“图层”→“链接图层”命令来链接图层。如果要取消图层的链接，请在菜单中执行“图层”→“取消图层链接”命令或再次单击按钮。

## 12.15 修边

当移动或粘贴消除锯齿选区时，选区边框周围的一些像素也包含在选区内。这会在粘贴选区的边缘周围产生边缘或晕圈。使用“修边”命令可以编辑不想要的边缘像素。

在菜单中执行“图层”→“修边”命令，弹出子菜单，其中放置了“颜色净化”、“去边”、“移去黑色杂边”与“移去白色杂边”命令。

- 去边：用包含纯色（不含背景色的颜色）的邻近像素的颜色替换边缘像素的颜色。例如，如果在蓝色背景上选择黄色对象，然后移动选区，则一些蓝色背景被选中并随着对象一起移动。用“去边”命令可将黄色像素替换成蓝色像素。
- 移去黑色杂边/移去白色杂边：当想将黑色或白色背景上的消除锯齿选区粘贴到不同的背景时，“移去黑色杂边”和“移去白色杂边”非常有用。

# 12.16 图层复合

## 12.16.1 关于图层复合与图层复合面板

为了向客户展示，设计师通常会创建页面版式的多个合成图稿（或复合）。使用图层复合可以在单个Photoshop文件中创建、管理和查看版面的多个版本。

## 12.16.2 创建图层复合

在“窗口”菜单中执行“图层复合”命令，可以显示或隐藏“图层复合”面板，如图12-145所示。如果已经创建了几个图层复合，则会在“图层复合”面板中显示这几个图层复合，单击哪个图层复合，则在画面中显示与其相对应的效果，如图12-146所示。“图层复合”面板可以在一个文件中保存不同层的合并效果，以便对各种效果进行快速察看。

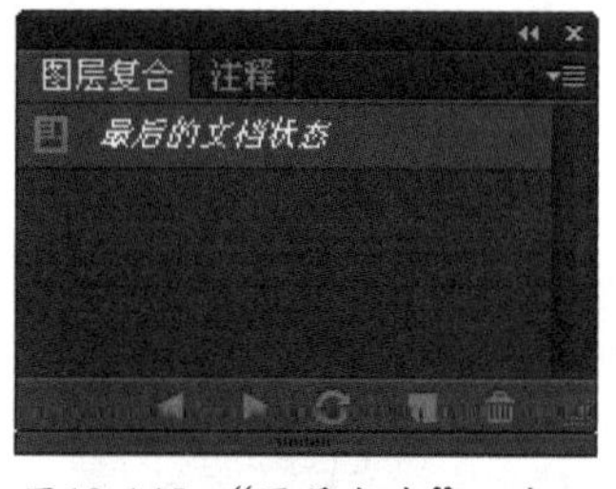


图12-145 “图层复合”面板

图12-146 查看效果

### 上机实战 创建图层复合

01 在光盘中打开“12026.psd”文件，按“Ctrl”+“J”键将图层 3复制为图层 3副本，如图12-147所示。

图12-147　复制图层

02 在“图层”面板中设置其“混合模式”为划分，“不透明度”为50%，如图12-148所示，即可得到如图12-149所示的效果。

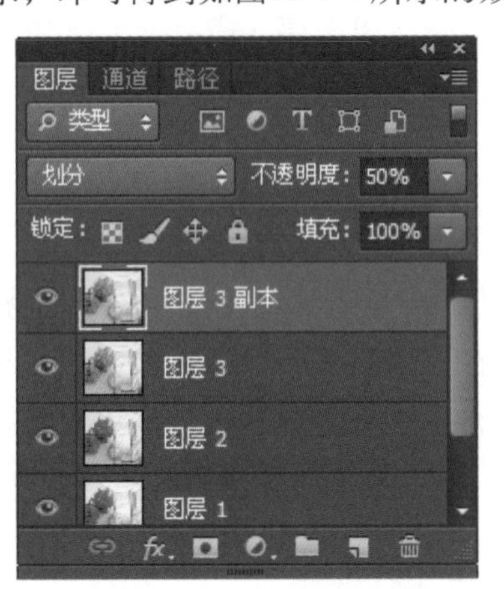


图12-148　“图层”面板

图12-149　改变混合模式与不透明度后的效果

03 显示“图层复合”面板，在其中单击 (创建新的图层复合)按钮，弹出如图12-150所示的对话框，并在其中可根据需要选择选项，可以在“注释”文本框中对该图层复合进行相应的注释，这里采用默认值，直接单击“确定”按钮，即可看到其中已经添加了一个图层复合，如图12-151所示。

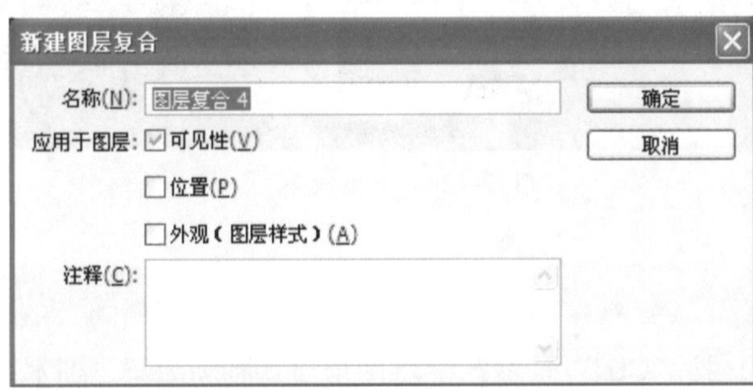


图12-150　“新建图层复合”对话框

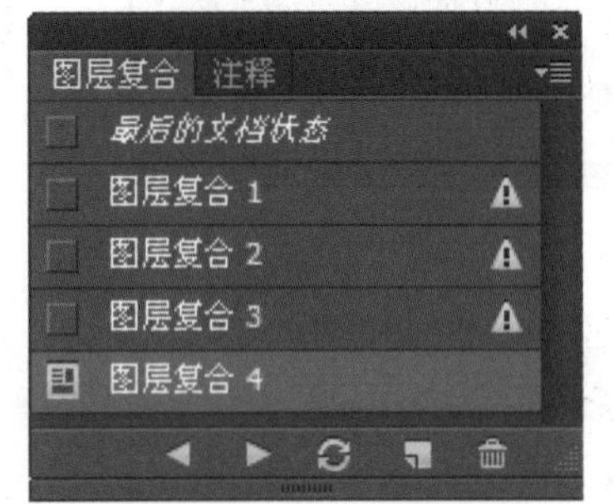


图12-151　“图层复合”面板

新建图层复合对话框中选项说明：

图层复合是“图层”面板状态的快照。图层复合记录以下3种类型的图层选项：

- 可见性：设置图层是显示还是隐藏。
- 位置：设置在文档中的位置。
- 外观：设置是否将图层样式应用于图层和图层的混合模式。

通过更改文档中的图层并更新“图层复合”面板中的复合来创建复合。通过在文档中应用复合来查看它们。可以将图层复合导出到单独的文件、单一 PDF 或 Web 照片画廊。

在“窗口”菜单中执行“图层复合”命令，可以显示/隐藏“图层复合”面板。

## 12.16.3 应用和查看图层复合

在创建好图层复合后，可以随时应用与查看图层复合效果。

在“图层复合”面板中单击图层复合前面的方框（如图层复合2），出现图标后即可应用与查看该图层复合效果，如图12-152所示。

图12-152 查看图层复合效果

## 12.16.4 导出图层复合

可以将图层复合导出到单独的文件、包含多个图层复合的 PDF 文件或图层复合的 Web 照片画廊。

### 上机实战 导出图层复合

01 以如图12-152所示的文件为例，在菜单中执行“文件”→“脚本”→“图层复合导出到文件”命令，弹出如图12-153所示的对话框，并在其中直接单击“运行”按钮，即可在Photoshop CS6程序窗口中进行处理并保存，导出完成后出现如图12-154所示的警告对话框，单击“确定”按钮即可。

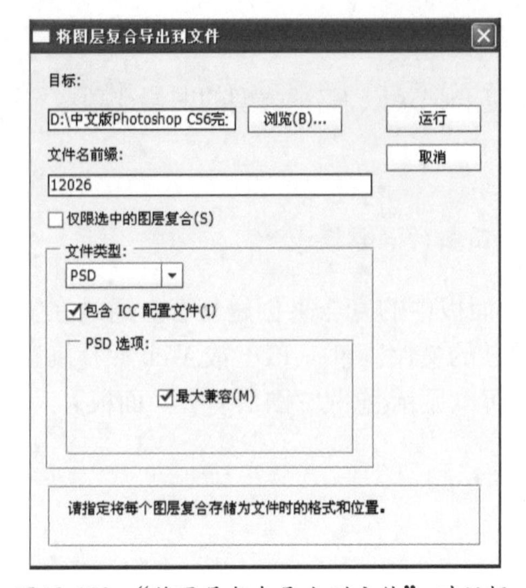


图12-153 “将图层复合导出到文件”对话框

图12-154 警告对话框

**02** 在“文件”菜单中执行“打开”命令或按“Ctrl”+“O”键，弹出“打开”对话框，并在其中即可看到刚导出的文件，接着选择这四个文件，如图12-155所示，单击“打开”按钮，即可将这四个文件打开到程序窗口中，其“图层”和“图层复合”面板中内容还与原文件相同。

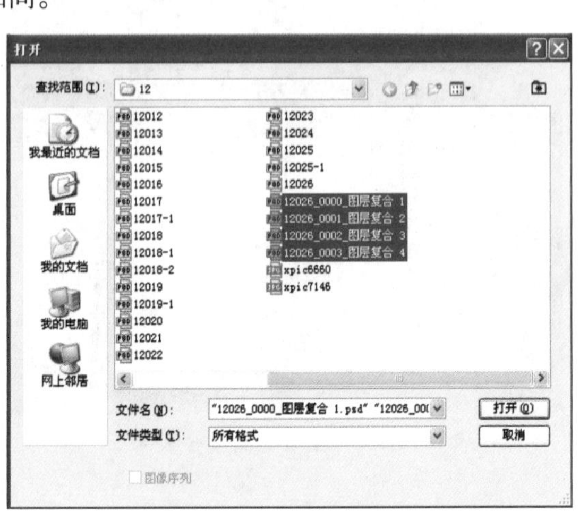


图12-155 “打开”对话框

**提 示**

删除图层复合的方法与删除图层的方法一样，在此不再重复。

# 12.17 智能对象

智能对象是一种容器，可以在其中嵌入栅格或矢量图像数据。嵌入的数据将保留其所有原始特性，并仍然完全可以编辑。可以在 Photoshop 中通过转换一个或多个图层来创建智能对象。此外，用户可以在 Photoshop 中粘贴或放置来自 Illustrator 的数据。智能对象使用户能够灵活地在 Photoshop 中以非破坏性方式缩放、旋转图层和将图层变形。

智能对象实际上是一个嵌入在另一个文件中的文件。当用户依据一个或多个选定图层创建一个智能对象时，实际上是在创建一个嵌入在原始（父）文档中的新（子）文件。

智能对象非常有用，因为它们允许用户执行以下操作：

（1）执行非破坏性变换。例如，可以根据需要按任意比例缩放图层，而不会丢失原始图像数据。

（2）保留 Photoshop 不会以本地方式处理的数据，如 Illustrator 中的复杂矢量图片。Photoshop 会自动将文件转换为它可识别的内容。

（3）编辑一个图层即可更新智能对象的多个实例。

（4）可以将变换（但某些选项不可用，如“透视”和“扭曲”）、图层样式、不透明度、混合模式和变形应用于智能对象。进行更改后，即会使用编辑过的内容更新图层。

## 12.17.1 创建智能对象

智能对象是通过不同的方法创建的。可以通过以下任一种操作来创建智能对象：

（1）使用“置入”命令将图片导入 Photoshop 文档。

（2）将一个或多个图层转换为一个智能对象图层。选择一个或多个图层，然后选取“图层” →“智能对象” →“转换为智能对象”命令。这些图层即被打包到一个“智能对象”的图层中。

（3）复制现有的智能对象，以便创建引用相同源内容的两个版本。可以链接智能对象，以便在编辑某个版本时另一个版本也会更新。或者，也可以取消智能对象的链接，以使您对一个智能对象所做的编辑不会影响另一个智能对象。

（4）将选定的 PDF 或 Adobe Illustrator 图层或对象拖入 Photoshop 文档中。

（5）将图片从 Adobe Illustrator 拷贝并粘贴到 Photoshop 文档中。为了在从 Illustrator 粘贴时获得最大的灵活性，请确保 PDF 和 AICB（不支持透明度）在 Adobe Illustrator 中的“文件处理”和“剪贴板”首选项中都处于启用状态。

**提 示**

如果要确定是不是智能对象，可以在“图层”面板中查看是否有（智能对象）图标。

### 上机实战 将图层转换为智能对象

01 从配套光盘的素材库中打开一张如图12-156所示的图像文件（如12027a.psd）；在菜单中执行“图层”→“智能对象”→“转换为智能对象”命令，即可将背景层中的内容转换为智能对象，如图12-157所示。

02 可以对它进行大小调整，按“Ctrl”+“T”键执行“自由变换”命令，显示变换框，

并在选项栏中设置 “倾斜角度”为7°，“缩放比例”为120%，结果如图12-158所示，再在变换框中双击确认变换。

03 使用裁切工具将不需要的画布裁剪掉，即可得到如图12-159所示的效果，同时看到画面中的对象还是清晰的。

图12-156　打开的图像文件

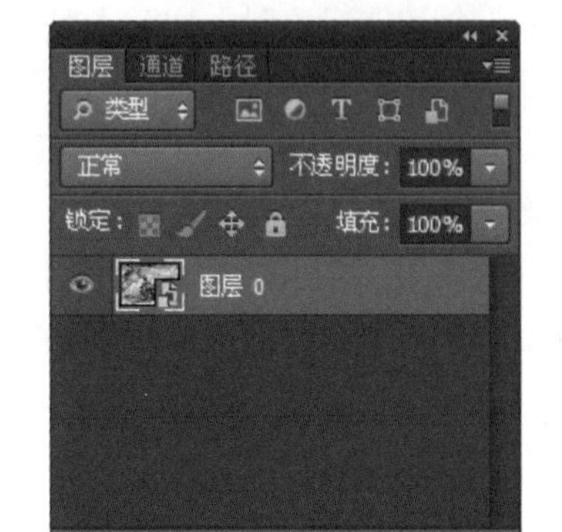


图12-157　“图层”面板

图12-158　变换调整

图12-159　用裁切工具裁剪后的画面

## 12.17.2　通过拷贝新建智能对象

在菜单中执行“图层”→“智能对象”→“通过拷贝新建智能对象”命令，也可以直接按“Ctrl”+“J”键执行“通过拷贝的图层”命令，即可新建一个通过拷贝的智能对象，同时在“图层”面板中也自动更新，如图12-160所示，按“Ctrl”+“Shift”+“S”键将其另存，并命名为12027.psd文件。

图12-160　“图层”面板



第2部分

## 12.17.3 编辑内容

### 上机实战 编辑智能对象内容

01 在菜单中执行“图层”→“智能对象”→“编辑内容”命令，便会弹出一个警告对话框，如图12-161所示，并在其中单击“确定”按钮，即可新建一个用于编辑的文件，如图12-162所示。

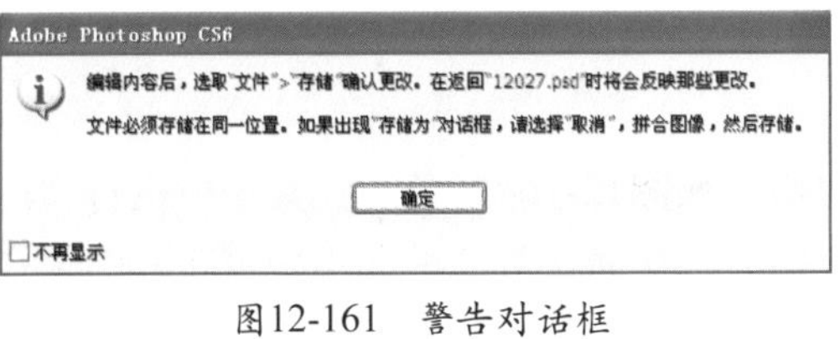


图12-161 警告对话框

图12-162 编辑智能对象

02 在工具箱中选择椭圆选框工具，并在选项栏中设置“羽化”为50像素，再在画面中绘制一个椭圆选框，如图12-163所示。

03 按“Ctrl”+“Shift”+“I”键执行“反向”命令，再在菜单中执行“图像”→“调整”→“色彩平衡”命令，弹出“色彩平衡”对话框，并在其中设置“色阶”为－33、+59、－77，如图12-164所示，设置好后单击“确定”按钮，得到如图12-165所示的效果。

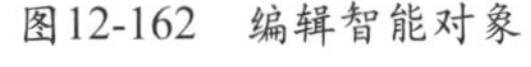

图12-163 绘制椭圆选框

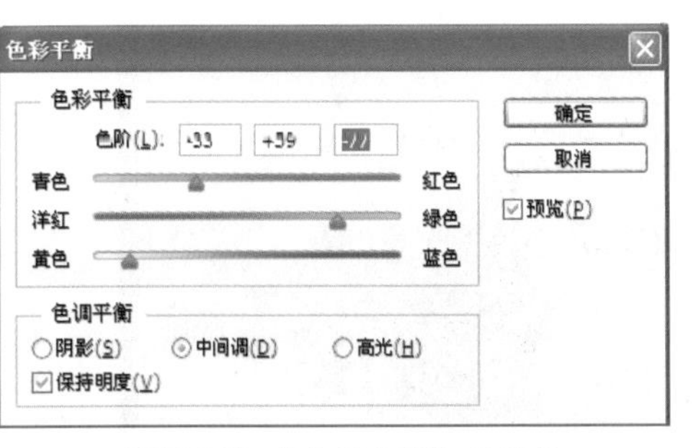


图12-164 “色彩平衡”对话框

图12-165 色彩平衡调整后的效果

**04** 按“Ctrl”+“S”键将编辑过的内容保存，再将图层0.psd文件关闭，返回到12027.psd文件中，此时所需的智能对象也发生了变化，效果如图12-166所示，按“Ctrl”+“S”键将编辑的内容保存。

图12-166 编辑好后的智能对象

## 12.17.4 导出内容

可以将智能对象的内容完全按原样导出到有权访问的任何驱动器或目录。

### 上机实战 导出内容

**01** 在“图层”面板中选择要导出的智能对象图层，如图12-167所示，在菜单中执行“图层”→“智能对象”→“导出内容”命令，弹出“存储”对话框，用户可在其中选择要保存的位置和输入文件名称等，如图12-168所示，设置好后单击“保存”按钮，即可将所选的内容导出。

图12-167 “图层”面板

图12-168 “存储”对话框

**02** 按“Ctrl”+“O”键执行“打开”命令，弹出“打开”对话框，并在其中找到刚存储的文件夹，即可看到我们导出的文件，如图12-169所示，选择文件后单击“打开”按钮，即可将该文件打开到程序窗口中，如图12-170所示。

图12-169 “打开”对话框

图12-170 打开的文件

## 12.17.5 替换内容

通过使用“替换内容”命令，可以同时更新智能对象的一个或多个实例。

**上机实战 替换内容**

01 在程序窗口中激活有智能对象的图层，再在菜单中执行“图层”→“智能对象”→“替换内容”命令，弹出“置入”对话框，用户可在其中选择要置入的文件，如图12-171所示，选择好后单击“置入”按钮，即可将所选文件的内容替换原来的智能对象了，其“图层”面板如图12-172所示。

图12-171 “置入”对话框

图12-172 “图层”面板

02 因为替换的内容太大了，超出了画面，则需要按“Ctrl”+“T”键执行“自由变换”命令，按“Shift”键调整到如图12-173所示的大小，再在变换框中双击确认变换，即可得到如图12-174所示的效果。

图12-173 变换调整

图12-174 变换调整后的效果

## 12.17.6 转换到图层

如果要将智能对象转换为常规图层，系统会按当前大小栅格化内容。

在“图层”面板中选择要转换为常规图层的智能对象图层，如“图层0副本”智能对象图层，再在菜单中执行“图层”→“智能对象”→“栅格化”命令，即可将所选的智能对象图层转换为常规图层，如图12-175所示。

图12-175 “图层”面板

## 12.18 本章小结

本章结合典型实例对图层的基础知识、操作与编辑进行了详细讲解、分析与应用，同时对图层样式、图层复合与智能对象进行了讲解与应用。图层在Photoshop中是非常重要的一个功能，通过它可以制作出许多优美而生动的作品。仅仅掌握它们是不够的，必须将它们融会贯通，做到在创作与设计时能够灵活调用。

## 12.19 练习题

1. 以下哪个对象是一种容器，用户可以在其中嵌入栅格或矢量图像数据？（　　）

A. 图层　　B. 形状

C. 智能对象　　D. 栅格化图层

2. 以下哪个命令只有在执行“新填充图层”或“新调整图层”命令后才能成为活动可用状态？（　　）

A. 合并图层　　B. 图层内容选项

C. 合并可见图层　　D. 链接图层

3. 使用以下哪个功能可以在单个文件中创建、管理和查看版面的多个版本？（　　）

A. 图层样式　　B. 图层复合

C. 图层效果　　D. “图层”面板

# 第13章 蒙版、通道与专色

本章主要介绍蒙版、通道与专色的知识，要求掌握给图层添加图层蒙版与矢量蒙版，并对蒙版进行编辑以达到所需的效果的方法；掌握通道的创建、编辑、应用、复制、显示、隐藏、分离、合并与删除等操作与应用的方法；熟悉“通道”面板中各选项的作用与使用方法；学习专色通道的创建与编辑，以及熟练应用“应用图像”与“计算”命令混合图层和通道得到所需的特殊效果的方法。

## 13.1 蒙版图层

蒙版控制图层或组中的不同区域如何隐藏和显示？通过更改蒙版，可以对图层应用各种特殊效果，而不会实际影响该图层上的像素。

在Photoshop中包括图层蒙版和矢量蒙版，图层蒙版是位图图像，与分辨率相关，并且由绘画或选择工具创建。而矢量蒙版与分辨率无关，并且由钢笔或形状工具创建。

### 13.1.1 图层蒙版与矢量蒙版

在“图层”面板中，图层蒙版和矢量蒙版都显示为图层缩览图右边的附加缩览图。对于图层蒙版，此缩览图代表添加图层蒙版时创建的灰度通道。矢量蒙版缩览图代表从图层内容中剪下来的路径，图像效果如图13-1所示，“图层”面板如图13-2所示。

图13-1 图像效果

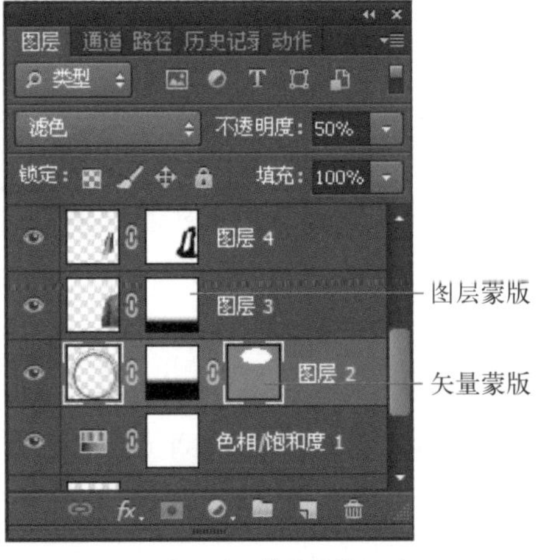


图13-2 “图层”面板

图层蒙版是一种灰度图像，因此用黑色绘制的区域将被隐藏，用白色绘制的区域是可见的，而用灰度绘制的区域则会出现在不同层次的透明区域中。可以编辑图层蒙版，以便向蒙版区域中添加内容或从中减去内容。

矢量蒙版可以在图层上创建锐边形状。使用矢量蒙版创建图层之后，可以向该图层应用一个或多个图层样式，如果需要，还可以编辑这些图层样式。

在菜单中执行“图层”→“图层蒙版”命令，将弹出一个子菜单，在其中放置了“显示全部”、“隐藏全部”、“显示选区”、“隐藏选区”、“从透明区域”、“删除”、“应用”、“启用”与“取消链接”命令。

在菜单中执行“图层”→“矢量蒙版”命令，将弹出一个子菜单，在其中放置了“显示全部”、“隐藏全部”、“当前路径”、“删除”、“应用”、“启用”与“取消链接”命令。

## 13.1.2 显示全部

显示全部命令表示添加的图层蒙版将以白色填充，即显示该图层的所有内容，这时如果以黑色填充该图层选区，将掩盖填充选区内的相应内容。

### 上机实战 显示全部

01 按“Ctrl”+“O”键从配套光盘的素材库中打开如图13-3、图13-4所示的两个图像文件，并将其进行双联排列。

图13-3 打开的图像文件

图13-4 打开的图像文件

02 在工具箱中选择移动工具，将有人物的图像拖动到有球体的文件中，然后将其排放到适当位置，如图13-5所示，在“图层”面板中自动生成图层1。

03 在“图层”面板中单击（添加图层蒙版）按钮，或在菜单中执行“图层”→“图层蒙版”→“显示全部”命令，给图层1添加图层蒙版，如图13-6所示，此时画面中的效果没有发生任何变化。

图13-5 移动并复制图像

图13-6 “图层”面板

04 在工具箱中选择画笔工具，设置前景色为黑色，在选项栏中设置“画笔大小”为58像素，如图13-7所示，然后在画面中将人物以外的背景涂抹掉（也就是将其隐藏），涂抹后的效果如图13-8所示。

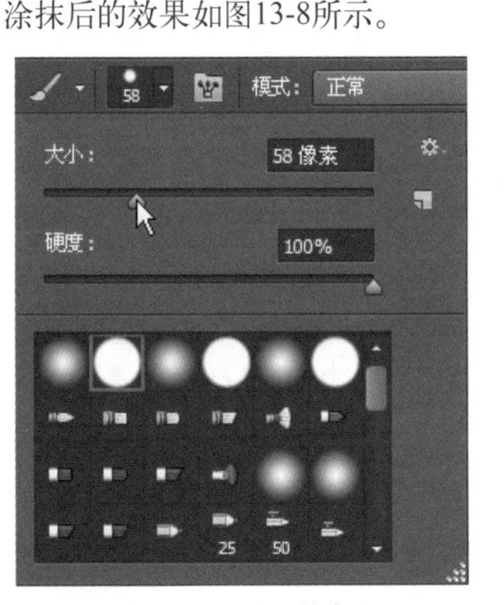


图13-7 设置画笔大小

图13-8 隐藏不需要的区域

**提 示**

使用黑色绘制蒙版，则会隐藏当前图层中的内容，如果用白色绘制蒙版，则会显示当前图层中的内容。

05 在选项栏中选择柔边圆画笔，设置大小为58像素，如图13-9所示，再在画面中涂抹人物的背景色，以将其隐藏，涂抹后的效果如图13-10所示。

06 在“图层”面板中将其混合模式改为叠加，如图13-11所示，得到如图13-12所示的效果。

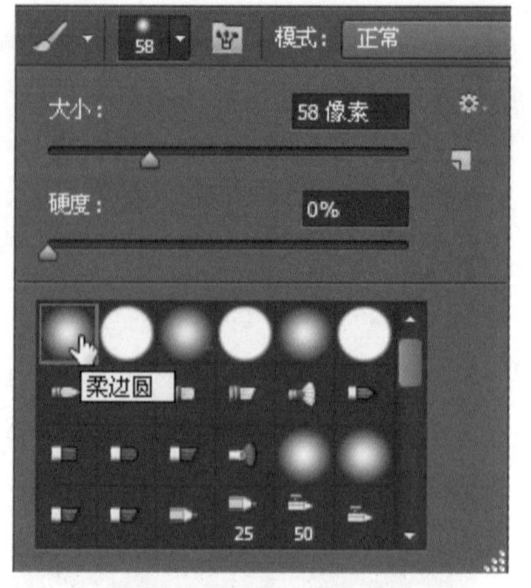


图13-9　选择柔边圆画笔

图13-10　隐藏不需要的区域

图13-11　“图层”面板

图13-12　改变混合模式后的效果

07 按“Ctrl”＋“J”键复制一个副本，将混合模式改为正常，“不透明度”改为50%，如图13-13所示，得到如图13-14所示的效果。

图13-13　“图层”面板

图13-14　复制图层并改变不透明度后的效果

**08** 在“图层”面板中单击“图层蒙版缩览图”图标，进入蒙版编辑，如图13-15所示，再使用画笔工具在画面中需要隐藏的区域进行涂抹，将其慢慢隐藏，涂抹后的效果如图13-16所示。

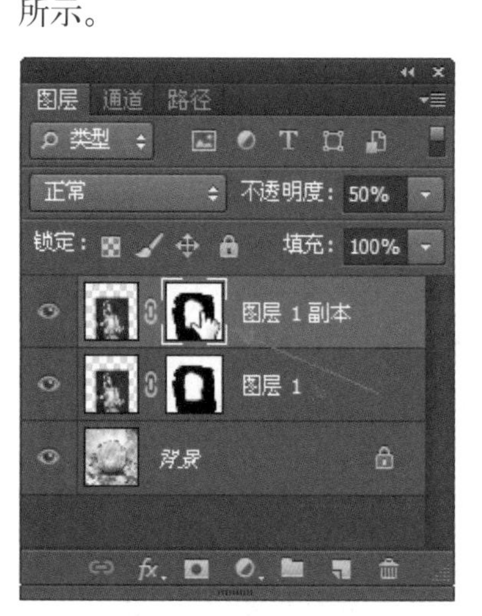


图13-15 “图层”面板

图13-16 对蒙版进行编辑后的效果

## 13.1.3 隐藏全部

选择“隐藏全部”命令将以黑色填充蒙版，即掩盖该图层的所有内容，此时如果再以白色填充图层中的选区，则该图层在选区内的部分将显现出来。

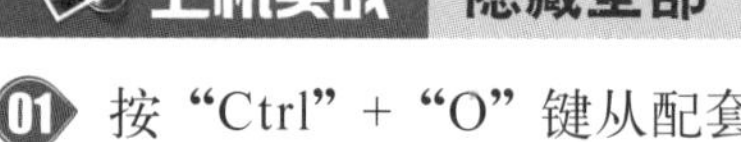

**上机实战 隐藏全部**

**01** 按“Ctrl”+“O”键从配套光盘的素材库中打开如图13-17所示的图片，其“图层”面板如图13-18所示。

图13-17 打开的图片

图13-18 “图层”面板

02 在菜单中执行“图层”→“图层蒙版”→“隐藏全部”命令，即可将当前可用图层的全部内容隐藏，只显示出下面图层的内容，如图13-19所示，在“图层”面板中自动添加一个图层蒙版，如图13-20所示。

图13-19 隐藏当前图层后的效果

图13-20 “图层”面板

## 13.1.4 显示选区

当图层中存在选区时，选择“图层蒙版”中的“显示选区”命令，会将图层中除选区以外的图层内容作为蒙版对象被保护起来，而选区则作为编辑区显现出来。

### 上机实战 显示选区

01 从配套光盘的素材库中打开两个图像文件04.psd与04-1.psd，并拖动文档标题栏呈浮停状态，如图13-21所示。

图13-21 打开的图像文件

02 从工具箱中选择移动工具，将“04-1.psd”文件中的图像拖动到“04.psd”文件中来，并排放到适当位置，结果如图13-22所示。

03 从工具箱中选择套索工具，在选项栏中设定“羽化”为10px，然后在画面中勾选出所需的区域，松开左键后即可得到如图13-23所示的选区。

图13-22　移动并复制后的效果

图13-23　用套索工具框选出对象

04 在菜单中执行“图层”→“图层蒙版”→“显示选区”命令（或在“图层”面板中单击“添加图层蒙版”按钮），即可得到如图13-24所示的效果，而在“图层”面板中则自动生成了如图13-25所示的图层蒙版。

图13-24　添加图层蒙版后的效果

图13-25　“图层”面板

## 13.1.5 隐藏选区

“隐藏选区”与“显示选区”命令相反，执行“隐藏选区”命令会将图层中的选区内容作为蒙版对象被保护起来，而选区外的区域则成为编辑区，它与“显示选区”的操作方法相同。



Photoshop CS6工具与功能的应用部分

## 13.1.6 删除蒙版

当添加了图层蒙版后，在子菜单中的原不可用的命令，将成为可用状态，执行“图层”→“图层蒙版”→“删除”命令，可以将所选的图层蒙版删除，也可以在“图层”面板中右击要删除的蒙版，弹出快捷菜单，在其中选择“删除图层蒙版”命令，如图13-26所示，即可将所选的图层蒙版删除，如图13-27所示，画面效果又还原到没有添加图层蒙版前的效果。

图13-26 选择“删除图层蒙版”命令

图13-27 “图层”面板

## 13.1.7 启用/停用蒙版

如果想要应用蒙版的效果，而不需要蒙版，可以在菜单中执行“图层”→“图层蒙版”→“应用”命令，同样可以将图层蒙版删除，但效果被保留。

如果暂时不想应用蒙版效果，可以在菜单中执行“图层”→“图层蒙版”→“停用”命令，将蒙版禁用，同时蒙版图标上显示出一个红色的“×”，如图13-28所示，画面效果还原到没有添加图层蒙版前的效果。如果又需要蒙版效果，可以在菜单中执行“启用”命令。

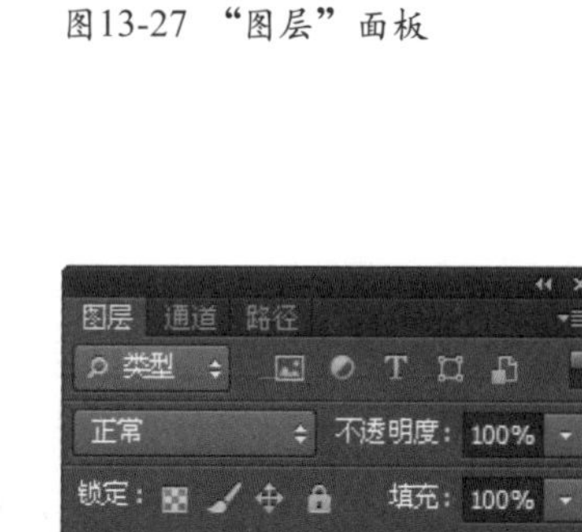

图13-28 “图层”面板

## 13.1.8 链接/取消链接图层蒙版

在默认情况下，图层蒙版或矢量蒙版与其图层/组进行链接，链接符号显示在“图层”面板中缩览图之间。当使用移动工具移动图层或其蒙版时，它们将在图像中一起移动。通过取消它们的链接，用户将能够单独移动它们，并可独立于图层改变蒙版的边界。

（1）如果要取消图层与其蒙版的链接，可以在“图层”面板中单击缩览图之间的链接图标。

（2）如果要在图层及其蒙版之间重建链接，可以在“图层”面板中的图层和蒙版缩览图之间单击。

## 13.1.9 创建与编辑矢量蒙版

创建矢量蒙版的方法与创建图层蒙版的方法基本相同，只是在编辑时，图层蒙版使用画笔编辑，而矢量蒙版则使用钢笔工具或形状工具对其轮廓（即路径）进行编辑，以达到修改矢量蒙版的目的。

### 上机实战 创建与编辑矢量蒙版

01 从配套光盘的素材库中打开一个图像文件，如图13-29所示。

02 在菜单中执行“图层”→“矢量蒙版”→“显示全部”命令，即可在“图层”面板中添加一个矢量蒙版，单击矢量蒙版缩览图，进入蒙版编辑，如图13-30所示，但是画面并没有任何改变。

图13-29 打开的图像文件

图13-30 “图层”面板

03 在工具箱中选择自定形状工具，在选项栏中选择路径，在形状弹出式面板中选择形状，然后在画面中适当位置按下左键向对角拖动，到达所需的大小后松开左键，绘制出一只兔子的形状，同时路径外的区域被隐藏，只显示路径内的部分，“图层”面板中的矢量蒙版也发生了变化，如图13-31所示。

图13-31 添加矢量蒙版后的效果

04 在“图层”面板中单击矢量蒙版图标，使图标成状时，如图13-32所示，即可隐藏路径，隐藏路径后的画面效果如图13-33所示。

图13-32 “图层”面板

图13-33 改变混合模式后的效果

# 13.2 通道与专色



## 13.2.1 关于通道

通道是存储不同类型信息的灰度图像，包括颜色信息通道、Alpha通道和专色通道。

- 颜色信息通道：在打开新图像时自动创建，图像的颜色模式决定了所创建的颜色通道的数目。例如，RGB 图像的每种颜色（红色、绿色和蓝色）都有一个通道，并且还有一个用于编辑图像的复合通道。
- Alpha 通道：将选区存储为灰度图像。可以通过添加 Alpha 通道创建和存储蒙版，这些蒙版用于处理或保护图像的某些部分。
- 专色通道：指定用于专色油墨印刷的附加印版。

一个图像最多可以有 56 个通道。通道所需的文件大小由通道中的像素信息决定。某些文件格式（包括 TIFF 和 Photoshop 格式）将压缩通道信息并且可以节约空间。当从弹出式菜单中选取“文档大小”时，未压缩文件（包括 Alpha 通道和图层）的大小显示在窗口底部状态栏最右边。

**提 示**

只要以支持图像颜色模式的格式存储文件，即会保留颜色通道。只有当以 Photoshop、PDF、PICT、Pixar、TIFF 或 Raw 格式存储文件时，才会保留 Alpha 通道。DCS 2.0 格式只保留专色通道。以其他格式存储文件可能会导致通道信息丢失。

## 13.2.2 关于专色

专色是特殊的预混油墨，用于替代或补充印刷色 (CMYK) 油墨。在印刷时每种专色都要求专用的印版（因为光油要求单独的印版，故它被认为是一种专色）。

如果要印刷带有专色的图像，需要创建存储这些颜色的专色通道。为了输出专色通道，需要将文件以 DCS 2.0 格式或 PDF 格式存储。

在处理专色时，应注意下列事项：

（1）对于具有锐边并挖空下层图像的专色图形，需要考虑在页面排版或图形应用程序中创建附加图片。

（2）如果要将专色作为色调应用于整个图像，需要将图像转换为“双色调”模式，并在其中一个双色调印版上应用专色。最多可使用 4 种专色，每个印版一种。

（3）专色名称打印在分色片上。

（4）在完全复合的图像顶部压印专色。每种专色按照在“通道”面板中显示的顺序进行打印，最上面的通道作为最上面的专色进行打印。

（5）除非在多通道模式下，否则不能在“通道”面板中将专色移动到默认通道的上面。

（6）不能将专色应用到单个图层。

（7）在使用复合彩色打印机打印带有专色通道的图像时，将按照“密度”设置指示的不透明度打印专色。

（8）可以将颜色通道与专色通道合并，将专色分离成颜色通道的成分。

## 13.2.3 通道面板

在“窗口”菜单中执行“通道”命令，可以显示或隐藏“通道”面板。从配套光盘的素材库中打开一张如图13-34所示的图片，“通道”面板如图13-35所示，单击右上角的小三角形按钮，弹出如图13-36所示的弹出式菜单。

图13-34 打开的图片

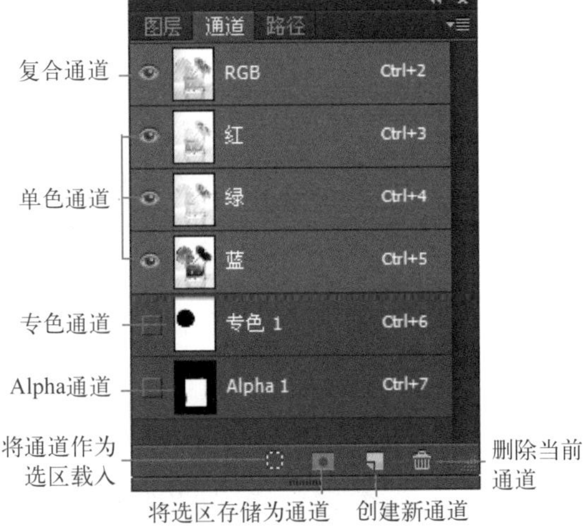


图13-35 “通道”面板

使用“通道”面板可以创建并管理通道，以及监视编辑效果。通道面板中列出了图像中的所有通道，首先是复合通道（对于 RGB、CMYK 和 Lab 图像），然后是单个颜色通道、专色通道，最后是 Alpha 通道。通道内容的缩览图显示在通道名称的左侧，缩览图在编辑通道时自动更新。

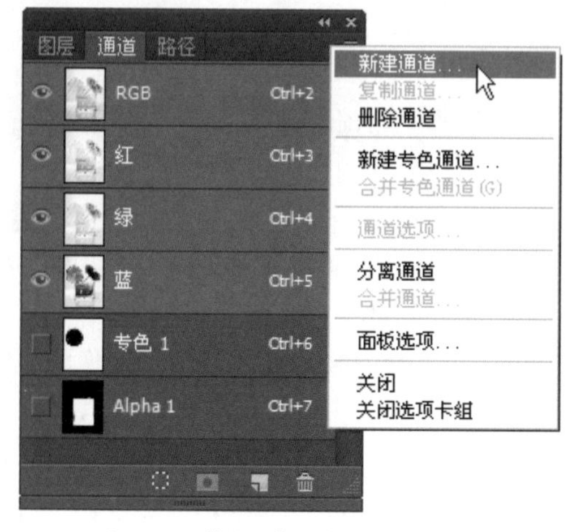

图13-36 “通道”面板弹出式菜单

## 13.2.4 创建 Alpha 通道

在Photoshop中，可以为图像创建一个新的 Alpha 通道，然后使用绘画工具、编辑工具和滤镜向其中添加蒙版。

在“通道”面板的底部单击 (创建新通道)按钮。即可创建一个新通道，而新通道将按创建顺序命名。如果使用绘画或编辑工具在图像中绘画，使用黑色绘画可以添加到通道，使用白色绘画可以从通道中删除，使用较低不透明度或颜色绘画可以将较低的透明度添加到通道。

### 上机实战 创建并编辑Alpha通道

（1）创建Alpha通道

01 从配套光盘的素材库中打开一张风景图片（如图13-37所示）与一个有艺术文字的文件，再按“Ctrl”键在010.psd文件中单击图层1，将艺术文字载入选区，如图13-38所示，按“Ctrl”+“C”键进行复制。

图13-37 打开的风景图片

图13-38　打开的文件

在09.psd文件的“通道”面板中单击 （创建新通道）按钮，即可新建一个通道为Alpha 1，如图13-39所示，按“Ctrl”+“V”键粘贴，并向上移动到适当位置，如图13-40所示，再按“Ctrl”+“D”键取消选择。

图13-39　“通道”面板

图13-40　粘贴所得的效果

（2）编辑通道

在“通道”面板中拖动Alpha 1通道到 （创建新通道）按钮上，当按钮呈凹下状态时松开左键，如图13-41所示，即可复制一个副本，结果如图13-42所示。

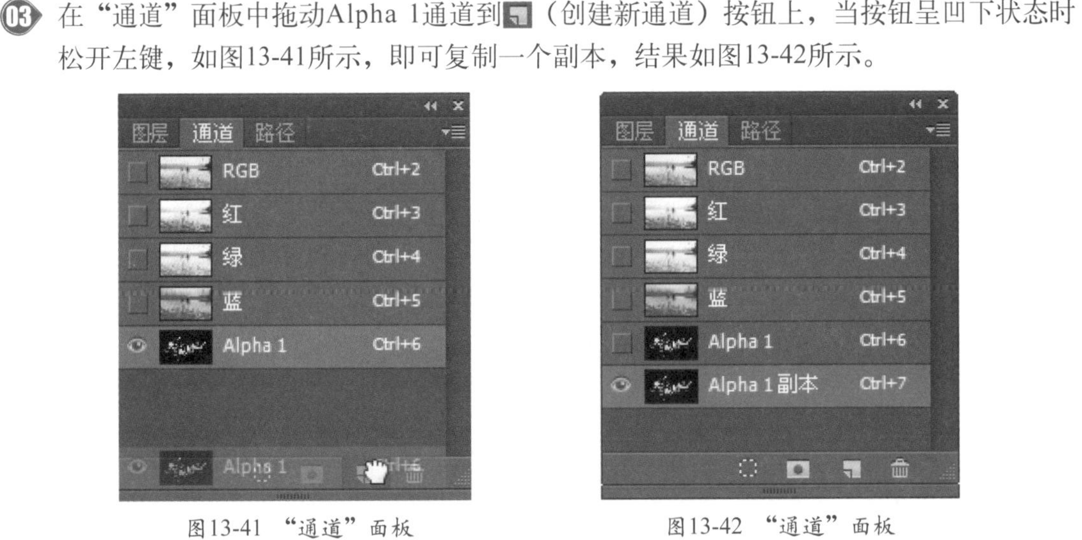


图13-41　“通道”面板

图13-42　“通道”面板

**04** 在菜单中执行“滤镜”→“模糊”→“高斯模糊”命令，弹出如图13-43所示对话框，在其中设定“半径”为3像素，单击“确定”按钮，得到如图13-44所示的效果。

图13-43 “高斯模糊”对话框

图13-44 高斯模糊后的效果

（3）应用通道

**05** 显示“图层”面板，按“Ctrl”+“J”键新建一个通过拷贝的图层，结果如图13-45所示。

**06** 在“选择”菜单中执行“载入选区”命令，弹出“载入选区”对话框，在其中的“通道”列表中选择Alpha 1，如图13-46所示，再单击“确定”按钮，得到如图13-47所示的选区。

图13-45 “图层”面板

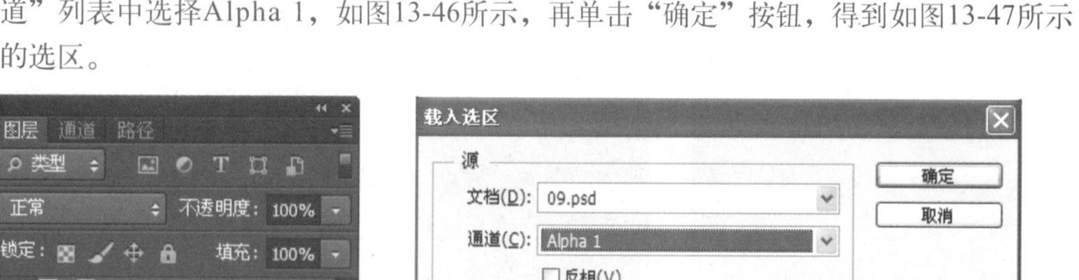


图13-46 “载入选区”对话框

图13-47 载入的选区

07 在“图像”菜单中执行“应用图像”命令，弹出“应用图像”对话框，在其中设置“通道”为Alpha 1副本，“混合”为叠加，其他不变，如图13-48所示，单击“确定”按钮，得到如图13-49所示的效果。

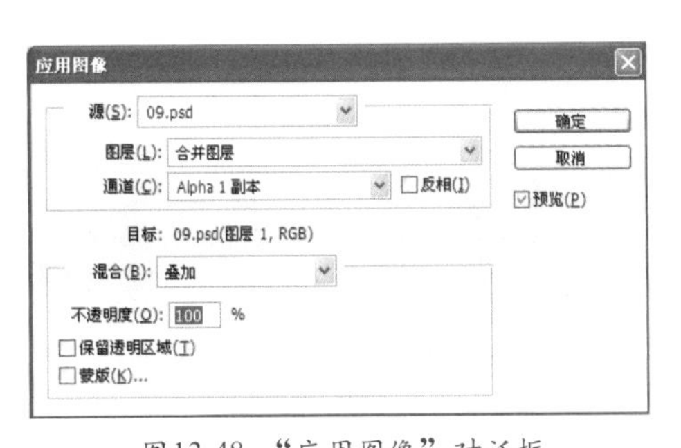


图13-48 “应用图像”对话框

图13-49 应用图像后的效果

应用图像对话框中各选项说明如下：

- 源：在其下拉列表中选择所需的源图像，当前窗口中所有打开的并且像素大小相同的文件，都显示在下拉列表中，在刚打开对话框时源文件为当前所选文件。
  - 图层：在其下拉列表中选择要与目标图像（即当前所选图像）混合的图层，如果选择合并图层则表示要使用源图像中的所有图层。
  - 通道：在其下拉列表中选择要与目标图像混合的通道，可以是单色通道，也可以是复合通道。
- 目标：在此显示当前（目标）图像的名称、所在图层与颜色模式。
- 混合：在其下拉列表中选择图层和通道的混合模式，其中常用的混合模式可以查看前面章节的相关内容，在这里特别添加了“相加”模式。相加是指增加两个通道中的像素值。向通道添加重叠像素将使图像变亮，是因为较高的像素值代表较亮的颜色，两个通道中的黑色区域仍然保持黑色 $(0+0=0)$。任一通道中的白色区域仍为白色（$255+$任意值$=255$或更大值）。
- 不透明度：在其文本框中输入所需的数值来指定效果的不透明度。
- 保留透明区域：勾选该项则只将效果应用到结果图层的不透明区域。
- 蒙版：要通过蒙版应用混合，则需勾选蒙版，然后选择包含蒙版的图像和图层。在“通道”下拉列表中可以选择任何颜色通道或Alpha通道以用作蒙版，也可以使用基于现用选区或选中图层（透明区域）边界的蒙版，选择“反相”反转通道的蒙版区域和未蒙版区域。

08 按“Ctrl”+“J”键由选区建立一个副本，如图13-50所示，同时取消选择，画面效果如图13-51所示。

09 在“图层”面板中双击图层 2，弹出“图层样式”对话框，在其中单击“描边”选项，再设置“大小”为2像素，其他不变，如图13-52所示，此时的画面效果如图13-53所示。

图13-50 “图层”面板

图13-51 复制图层并取消选择后的效果

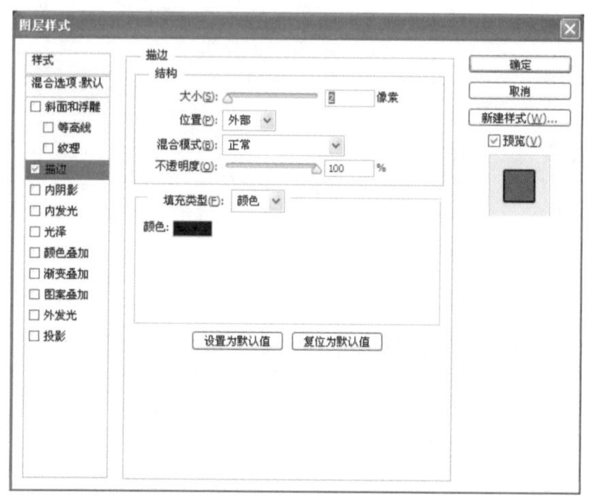


图13-52 “图层样式”对话框

图13-53 描边后的效果

10 在“图层样式”对话框中选择“投影”选项，单击“外发光”选项，设置“大小”为21像素，“不透明度”为100%，如图13-54所示，设置好后单击“确定”按钮，得到如图13-55所示的效果。

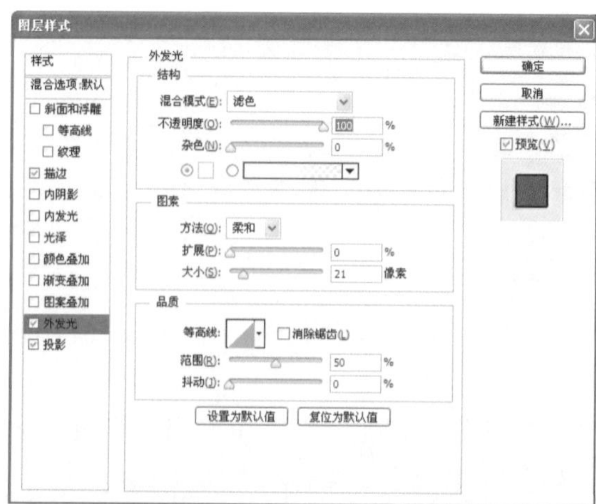


图13-54 “图层样式”对话框

图13-55 添加图层样式后的效果

## 13.2.5 将通道作为选区载入

显示“通道”面板，并在其中激活Alpha 1，再单击 （将通道作为选区载入）按钮，如图13-56所示，再次将Alpha 1通道载入选区。

图13-56 “通道”面板

## 13.2.6 将选区存储为通道

### 上机实战 将选区存储为通道

01 在“通道”面板中单击 （将选区存储为通道）按钮，将选区存储为通道，得到Alpha 2，然后在“通道”面板中单击Alpha 2，以激活它，如图13-57所示。

02 在“滤镜”菜单中执行“风格化”→“浮雕效果”命令，弹出“浮雕效果”对话框，在其中设置“角度”为135°，“高度”为3像素，如图13-58所示，单击“确定”按钮，得到如图13-59所示的效果。

图13-57 “通道”面板

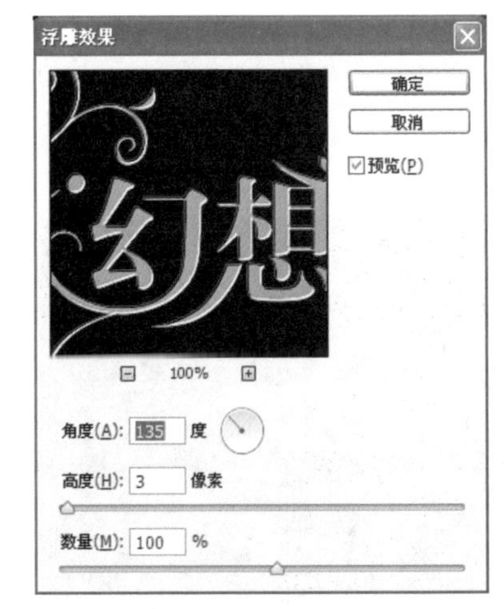


图13-58 “浮雕效果”对话框

图13-59 浮雕效果

## 13.2.7 复制通道

可以在同一图像中复制通道，也可以在图像之间复制Alpha 通道，但是两个图像必须具有相同的像素尺寸，不能将通道复制到位图模式的图像中。

### 上机实战 复制通道

（1）在同一图像中复制通道

01 在“通道”面板中拖动要复制的通道到 (创建新通道)按钮上，当按钮呈凹下状态时松开左键，如图13-60所示，即可复制一个通道副本，如图13-61所示，按“Ctrl”＋“S”键将前面所做的编辑存储。

图13-60 “通道”面板

图13-61 “通道”面板

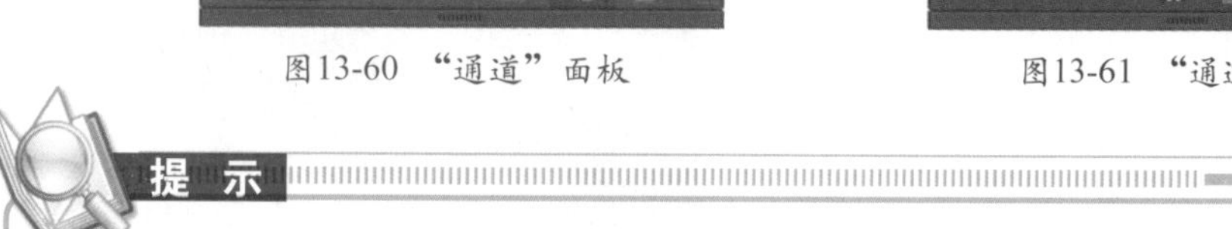
提 示

可以在“通道”面板的弹出式菜单（也称为面板菜单）中选择“复制通道”命令复制通道。

（2）在不同图像中复制通道

02 按“Ctrl”＋“O”键从配套光盘的素材库中打开一个与编辑的文件具有相同像素尺寸的文件，如图13-62所示，再激活有艺术字的“09.psd”文件，以它为当前文件，并显示“通道”面板，如图13-63所示。

图13-62 打开的文件

图13-63 激活有艺术字的文件

**03** 在“通道”面板中单击右上角的按钮，弹出面板菜单，在其中选择“复制通道”命令，弹出“复制通道”对话框，如图13-64所示，再在“文档”下拉列表中选择“09-2.psd”，如图13-65所示，其他为默认值，单击“确定”按钮，即可将“09.psd文件”中的通道复制到“09-2.psd”文件中，然后在程序窗口中激活“09-2.psd”文件，其画面效果与“通道”面板如图13-66所示。

**04** 在“通道”面板中先激活RGB复合通道，如图13-67所示，再显示“图层”面板。

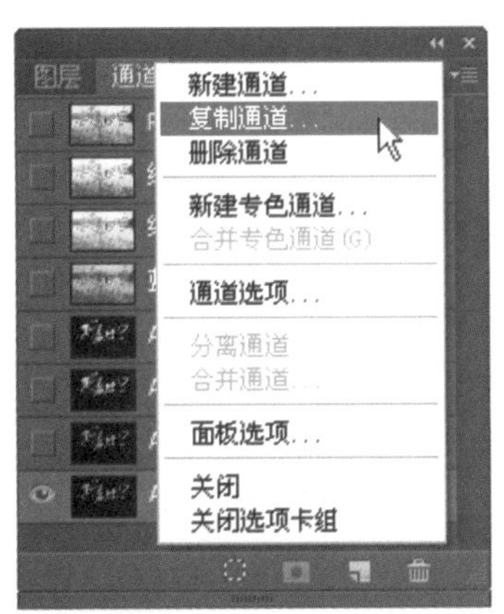

图13-64 选择“复制通道”命令

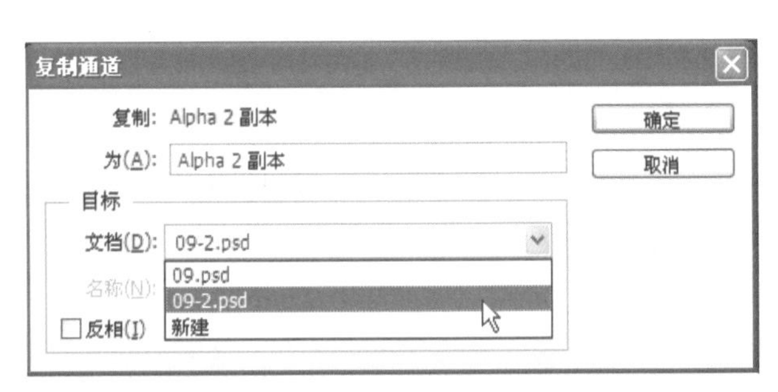

图13-65 “复制通道”对话框

图13-66 复制通道后的效果

图13-67 “通道”面板

**05** 在“图像”菜单中执行“应用图像”命令，弹出“应用图像”对话框，在其中设置“混合”为滤色，如图13-68所示，单击“确定”按钮，得到如图13-69所示的效果。

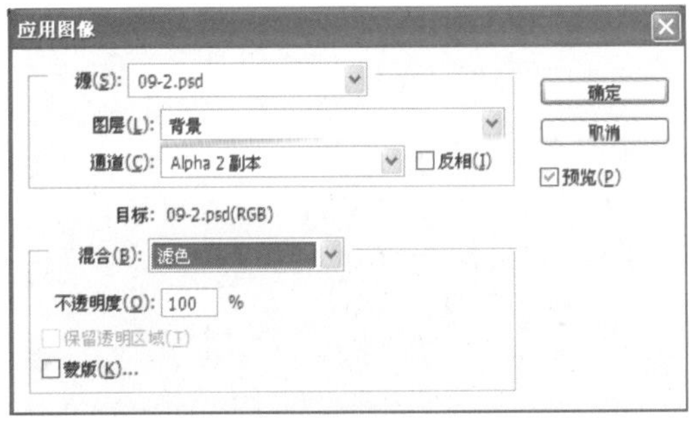

图13-68 “应用图像”对话框

图13-69 执行“应用图像”命令的效果



Photoshop CS6工具与功能的应用部分

## 13.2.8 显示/隐藏通道

在“通道”面板中单击要显示的通道，即可显示该通道。如果要隐藏某个通道，可以按“Shift”键在“通道”面板中单击要隐藏的通道。

## 13.2.9 将颜色通道显示为原色

可以将“通道”面板中的颜色通道以原色显示。

在菜单中执行“编辑”→“首选项”→“界面”命令，弹出如图13-70所示的对话框，在其中勾选“用彩色显示通道”复选框，其他为默认值，单击“确定”按钮，即可将“通道”面板中的颜色通道以原色显示，如图13-71所示。

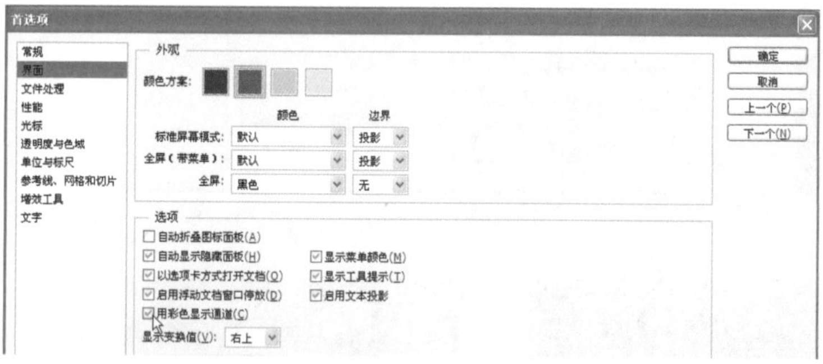

图13-70 “首选项”对话框

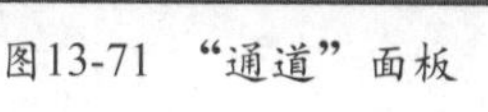
图13-71 “通道”面板

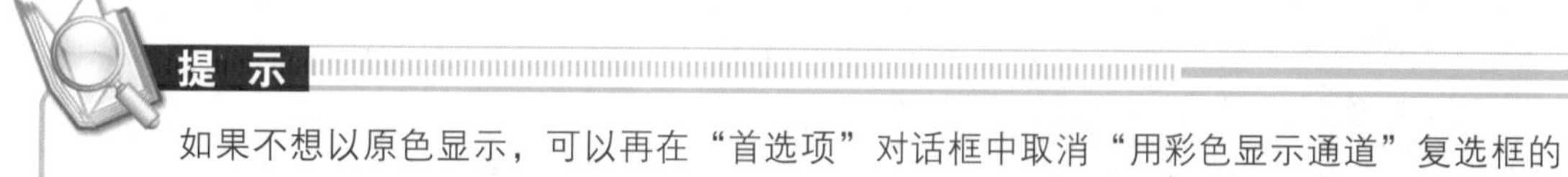

**提 示**

如果不想以原色显示，可以再在“首选项”对话框中取消“用彩色显示通道”复选框的勾选。

## 13.2.10 排列通道顺序

排列通道顺序与排列图层顺序的操作方法一样，只是在更改Alpha通道顺序后画面效果并没有发生变化，而更改专色通道顺序后的画面效果可能会发生变化。

以“09.psd”文件为当前可用文件，在“通道”面板中要更改顺序的Alpha 通道上按下左键向上拖动，到达所需的位置后松开左键，即可更改通道的排放顺序，如图13-72所示。

图13-72 “通道”面板

## 13.2.11 分离通道

使用分离通道命令可以将拼合图像的通道分离为单独的图像，此时原文件被关闭，单个通道出现在单独的灰度图像窗口。新窗口中的标题栏显示原文件名，新图像中会保留上一次存储后的任何更改，而原图像则不保留这些更改。

**提 示**

当需要在不能保留通道的文件格式中保留单个通道信息时，分离通道非常有用。

以“09-2.psd”文件为当前可用文件，然后在“通道”面板的弹出式菜单中选择“分离通道”命令，如图13-73所示，即可将图像中所有的通道分离为单个文件，如图13-74所示。

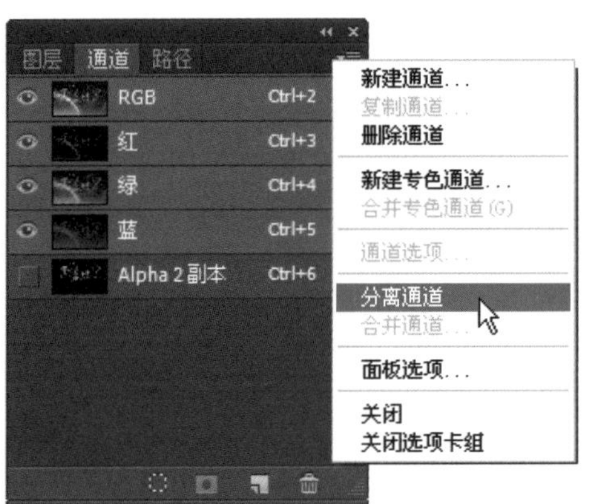


图13-73 “通道”面板的弹出式菜单

图13-74 将图像中所有的通道分离为单个文件

## 13.2.12 合并通道

使用合并通道命令可以将多个灰度图像合并成一个图像。某些灰度扫描仪可以通过红色滤镜、绿色滤镜和蓝色滤镜扫描彩色图像，从而生成红色、绿色和蓝色的图像。“合并”功能可以将单独的扫描合成一个彩色图像。

在“通道”面板的弹出式菜单中选择“合并通道”命令，弹出“合并通道”对话框，可在其中的“模式”下拉列表选择所需的颜色模式，如CMYK颜色，如图13-75所示，在“通道”文本框中数字会自动转换为4，设置好后单击“确定”按钮，弹出如图13-76所示的对话框，在其中设定“青色”为09-2.psd_红，“洋红色”为09-2.psd_绿，“黄色”为09-2.psd_蓝，“黑色”为09-2.psd_Alpha 2副本，选择好后单击“确定”按钮，即可在合并的同时新建一个图像以存放合并后的效果，如图13-77所示。

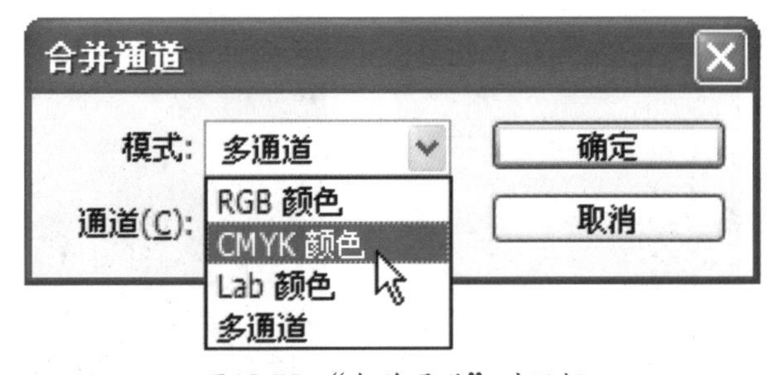


图13-75 “合并通道”对话框

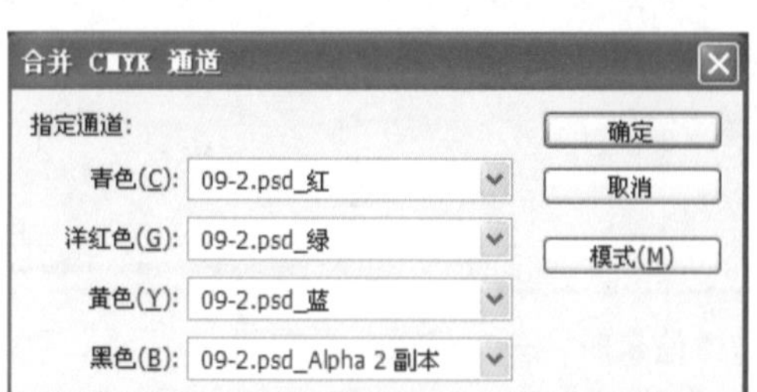


图13-76 “合并CMYK通道”对话框

图13-77 合并后的效果

## 13.2.13 删除通道

在“通道”面板的底部单击 （删除当前通道）按钮，将弹出一个如图13-78所示的警告对话框，单击“是”按钮，即可将所选通道删除，单击“否”按钮不会删除所选通道，也可以将要删除的通道直接拖到 （删除当前通道）按钮上，当按钮呈凹下状态时松开左键，即可删除所选通道。

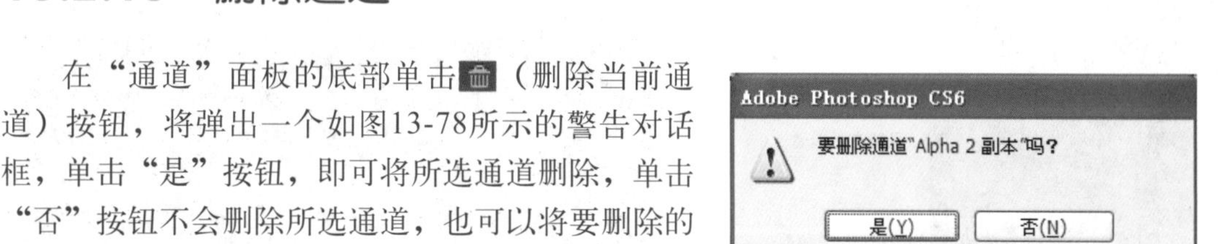


图13-78 警告对话框

## 13.2.14 创建专色通道

可以创建新的专色通道或将现有 Alpha 通道转换为专色通道。

### 上机实战 创建专色通道

01 关闭“未标题-3”文件，以“09.psd”文件为当前文件进行操作，在“通道”面板中单击Alpha 2副本通道，以它为当前通道，如图13-79所示，再在“通道”面板的底部单击 （将通道作为选区载入）按钮，使Alpha 2副本通道载入选区，即可得到如图13-80所示的选区。

图13-79 “通道”面板

图13-80 将通道作为选区载入后的选区

02 在“通道”面板的右上角单击 （小三角形）按钮，弹出面板菜单，在其中选择“新建专色通道”命令，弹出“新建专色通道”对话框，在其中设置“密度”为0%，如图13-81所示，单击“确定”按钮，即可创建一个专色通道，如图13-82所示，画面显示如图13-83所示。

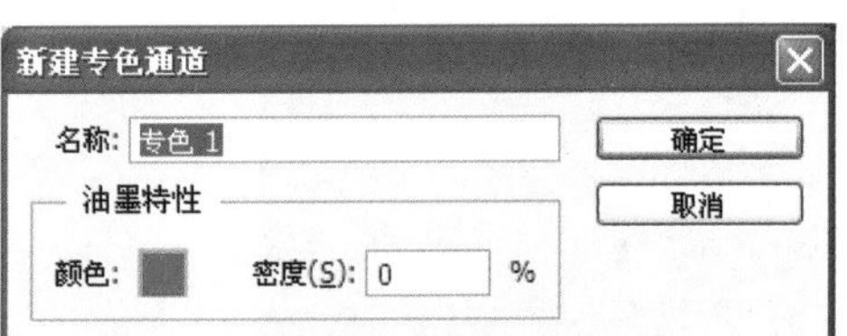


图13-81 “新建专色通道”对话框

图13-82 “通道”面板

图13-83 创建专色通道后的效果

新建专色通道中的“密度”选项可以使用户在屏幕上模拟印刷后专色的密度，当数值为100%时，模拟完全覆盖下层油墨的油墨（如金属质感油墨）；当数值为0%时，模拟完全显示下层油墨的透明油墨（如透明光油），也可以使用该选项查看其他透明专色（如光油）的显示位置。

**提 示**

“密度”选项和“颜色”选项只影响屏幕预览和复合印刷。不影响印刷的分离效果。

## 13.2.15 将Alpha通道转换为专色通道

可以将Alpha 通道转换为专色通道。在“通道”面板中双击Alpha 1副本通道的缩览图，弹出如图13-84所示的对话框，在其中选择“专色”单选框，如图13-85所示，单击“确定”按钮，即可将Alpha 1副本通道转换为专色通道，如图13-86所示，其画面显示如图13-87所示。

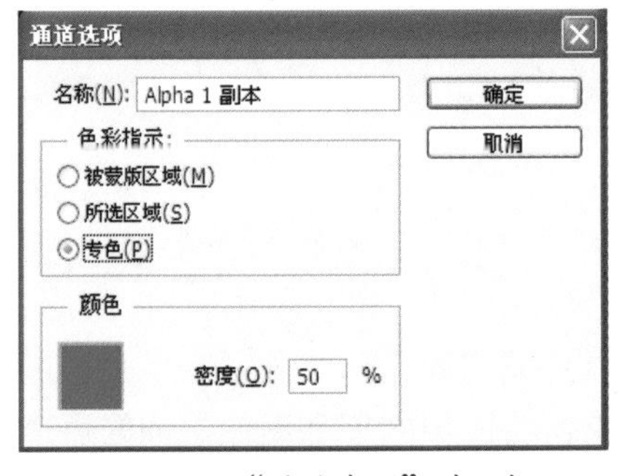


图13-84 “通道选项”对话框

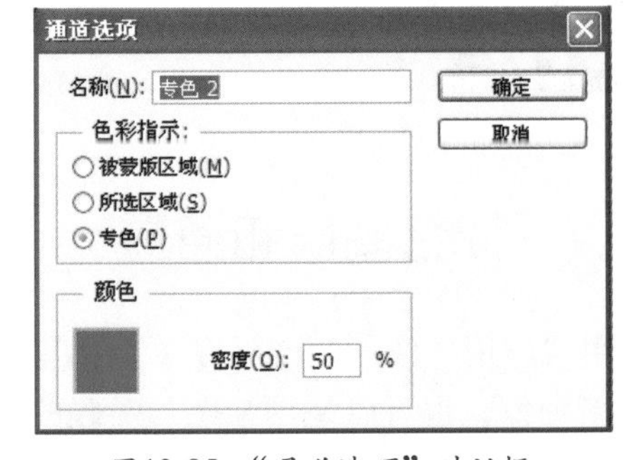


图13-85 “通道选项”对话框

图13-86 “通道”面板

图13-87 将通道转换为专色通道后的效果

## 13.2.16 更改专色通道的颜色或密度

可以在“通道”面板中更改专色通道的密度与颜色。在“通道”面板中双击要更改颜色与密度的专色通道，弹出如图13-88所示的对话框，在其中设定“密度”为85%，“颜色”为#fc00ff，单击“确定”按钮，即可将专色通道的颜色与密度进行更改，其显示如图13-89所示。

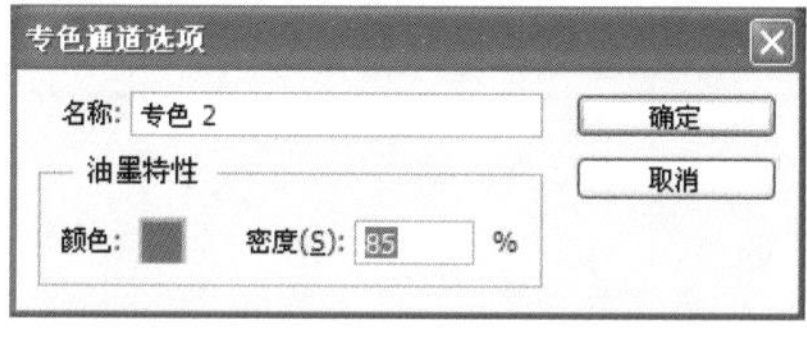


图13-88 “专色通道选项”对话框

图13-89 改变专色通道的颜色与密度后的效果

# 13.3 通道计算

## 13.3.1 混合图层和通道

使用“应用图像”命令（在单个和复合通道中）或“计算”命令（在单个通道中）可以组合新图像，也可以使用与图层关联的混合效果，将图像内部和图像之间的通道组合成新图像。这些命令提供了“图层”面板中没有的1个附加混合模式——“相加”。

“计算”命令首先在两个通道的相应像素上执行数学运算（这些像素在图像上的位置相同），然后在单个通道中组合运算结果。下面两个概念是理解“计算”命令工作方式的基础。

（1）通道中的每个像素都有一个亮度值。“计算”和“应用图像”命令处理这些数值以生成最终的复合像素。

（2）这些命令叠加两个或更多通道中的像素。因此，用于计算的图像必须具有相同的像素尺寸。

## 13.3.2 使用应用图像命令

使用“应用图像”命令可以将图像的图层和通道（源）与当前所用图像（目标）的图层和通道混合，从而制作出单个调整命令无法作出的特殊效果。虽然可以通过将通道复制到“图层”面板中的图层以创建通道的新组合，但是采用“应用图像”命令来混合通道信息则更为迅速有效。

在应用该命令时，需要先确保所打开的源图像和目标图像的图像大小相同。如果图像大小不相同，可以通过“图像大小”命令来调整它的大小。

## 13.3.3 使用计算命令

使用“计算”命令可以混合两个来自一个或多个源图像的单个通道，以及将结果应用到新图像或新通道或现用图像的选区，不能对复合通道应用“计算”命令。

提 示

如果使用多个源图像，则需要将这些图像的像素大小设为相同值。

### 上机实战 计算命令的使用

01 按“Ctrl”+“O”键从配套光盘的素材库中打开两个像素大小相同的图像文件，如图13-90所示。

图13-90 打开的图像文件

02 以“13011.jpg”图像文件为当前可用文件，在菜单中执行“图像”→“计算”命令，弹出如图13-91所示的对话框，在“源1”下拉列表中选择“13011.jpg”，在“源 2”的“通道”下拉列表中选择红，“混合”为叠加，“结果”为新建通道，其他采用默认值，单击“确定”按钮，即可将两个文件的通道新建成一个通道，画面效果如图13-92所示，其“通道”面板如图13-93所示。

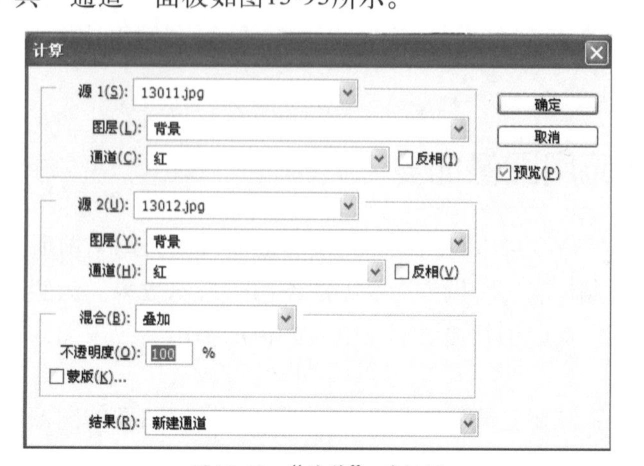


图13-91 “计算”对话框

图13-92 计算出的效果

图13-93 “通道”面板

计算对话框中各选项说明如下：

- 源：与当前活动文件像素大小相同的图像文件都会出现在源1和源2下拉列表中，在其中选取要参与混合的源图像、图层和通道。如果要使用源图像中所有的图层，可以选取“合并图层”。
- 反相：在计算中使用通道内容的负片，然后进行计算。
- 混合：在下拉列表中选取一种混合模式。
- 不透明度：在文本框中输入所需的不透明度值可以指定效果的强度。
- 蒙版：如果要通过蒙版应用混合，可以勾选“蒙版”选项，然后在该栏中选择包含蒙版的图像和图层。对于“通道”，可以选择任何颜色通道或 Alpha 通道以用作蒙版，也可使用基于现用选区或选中图层（透明区域）边界的蒙版。勾选“反相”选项将反转通道的蒙版区域和未蒙版区域。

- 结果：在下拉列表中可指定是将混合结果放入新文档、新通道还是现用图像的选区。

## 13.4 本章小结

本章结合典型实例详细介绍了蒙版图层、通道、专色的使用方法与应用，包括蒙版的创建、编辑、删除、启用/停用、链接/取消链接，通道的创建、编辑、排列、分离与合并、删除、计算与应用，专色通道的创建与编辑等内容。熟练掌握与理解这些内容可以为编辑与处理图像、制作特效文字，以及创建印刷图像打下坚实的基础。

## 13.5 练习题

### 一、填空题

1. 图层蒙版是__________，与__________相关，并且由绘画或选择工具创建。矢量蒙版与__________无关，并且由钢笔或形状工具创建。

2. 可以使用__________命令或__________命令来组合新图像。

### 二、选择题

1. 利用以下哪个命令可使用户将图像的图层和通道（源）与当前所用图像（目标）的图层和通道混合，从而制作出单个调整命令无法作出的特殊效果？（　　）

A. 计算　　B. 应用图像
C. 复制通道　　D. 混合通道器

2. 利用以下哪个命令可以使用户混合两个来自一个或多个源图像的单个通道？（　　）

A. 计算　　B. 混合通道器
C. 应用图像　　D. 复制通道

# 第14章 执行任务自动化

本章主要介绍使用“动作”面板创建动作、应用动作、编辑动作与管理动作的方法，以及使用各种自动化命令提高工作效率的技巧。

## 14.1 动作

动作是指播放单个文件或一批文件的一系列命令，它是快捷批处理的基础，而快捷批处理是小应用程序，可以自动处理拖移到其图标上的所有文件。在Photoshop中的大多数命令和工具操作都可以记录在动作中。动作可以包含停止，使用户可以执行无法记录的任务（如使用绘画工具等），动作也可以包含模态控制，使用户可以在播放动作时在对话框中输入值。

Photoshop包含了许多预定义动作。用户可以按原样使用这些预定义的动作，根据自己的需要来自定它们，或者创建新动作。Photoshop 以组的形式存储动作，以便对动作进行组织。

### 1. 动作面板及其说明

在实际处理图像的过程中经常需要对大量的图像采用同样的操作，如果一个一个地进行处理的话，不仅速度慢，而且许多参数的设置往往会发生错误从而影响整体的效果，此时可以选择动作面板来快速地批处理文件。

在菜单中执行“窗口”→“动作”命令，可以显示或隐藏“动作”面板，面板如图14-1所示。

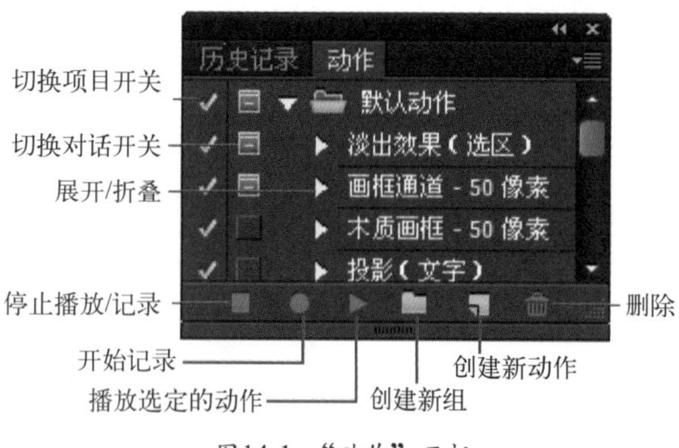


图14-1 “动作”面板

动作面板中各选项说明如下：

- （组）图标：它显示的是当前的动作所在的文件夹的名称。图中的“默认动作”文件夹是Photoshop 默认的设置，它里面包含了许多的动作。
- （切换项目开/关）图标：如果面板中的动作的左边有该图标，这个动作就是可执行的，如果组前没有图标的话，就表示该组中的所有动作都是不可执行的。

- （切换对话开/关）图标：如果面板中的动作的左边有该图标，在执行该动作时，会暂时停在有对话框的位置，在对弹出对话框的参数进行设定之后单击“确定”按钮，动作继续往下执行。如果没有该图标，动作按照设定的过程逐步进行操作，直至到达最后一个操作完成动作。仔细观察会发现有的图标是红色的，表示该动作中只有部分动作是可执行的。如果在该图标上单击，它会自动将动作中所有不可执行的操作全部变成可执行的操作。
- （展开/折叠）按钮：单击该按钮，如果是一个组，它将会把所有的动作都展开；如果是一个动作，它将会把所有的操作步骤都展开；如果是一个操作，它将把执行该操作的参数设置打开。从这里可以清楚地知道动作是由一个个的操作集合到一起形成的。
- 按钮：单击该按钮将会弹出“动作”面板的下拉菜单。
- （停止播放/记录）按钮：它只有在录制动作或播放动作时才是可用的。
- （开始记录）按钮：单击该按钮，Photoshop将开始录制一个新的动作，处于录制状态时图标呈现红色。
- （播放选定的动作）按钮：动作回放或执行动作。当做好一个动作时可以用这个选项观看制作的效果，单击图标将自动执行动作。如果在执行时要停下来看一下，可以单击（停止播放/记录图标）停止。
- （创建新组）按钮：单击该按钮可以新建一个组。
- （创建新动作）按钮：单击该按钮可以在面板中新建一个动作。
- （删除）按钮：单击该按钮可以将当前的动作或者组或者操作删除。

动作面板具有下列主要功能：

（1）可以将一系列命令组合为单个动作，从而使执行任务自动化这个动作，可以在以后的应用中反复使用。

（2）可以创建一个动作，该动作应用一系列滤镜效果重现用户所喜爱的效果，或者组合命令以备后用，动作可以被编成组，以帮助用户更好地组织动作。

（3）可以同时处理批量的图片，可以在一个文件或一批文件位于同一文件夹中的多个文件上使用相同的动作。

（4）使用动作面板可以记录、播放、编辑和删除动作，还可以存储载入和替换动作。

## 2. 动作面板的弹出式菜单及其应用

单击“动作”面板右上角的小三角形，将弹出如图14-2所示的菜单，其中各选项说明如下：

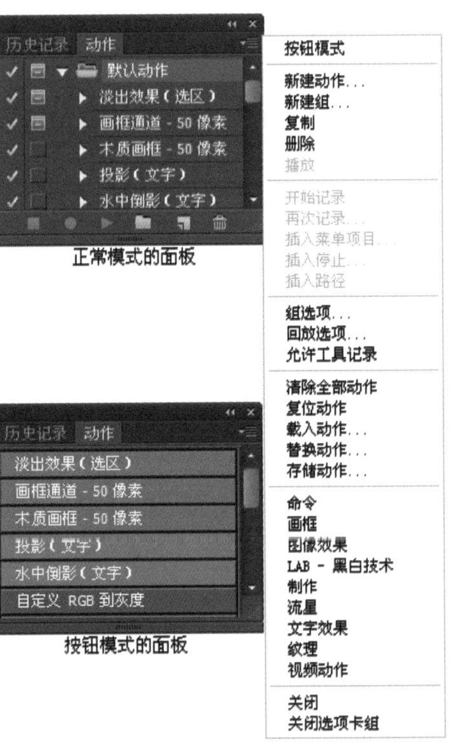

图14-2 “动作”面板

- 按钮模式：选择该命令可以将“动作”面板切换到按钮模式。
- 新建动作：选择该命令将弹出如图14-3所示的对话框，可以在其中根据需要设定动作名称、动作所在组、功能键、颜色等，设置好后单击“记录”按钮，即可开始记录。
- 新建组：选择该命令将弹出如图14-4所示的对话框，在其中可以设定所需的名称，也可以采用默认名称，设置好后单击“确定”按钮，即可新建一个组。

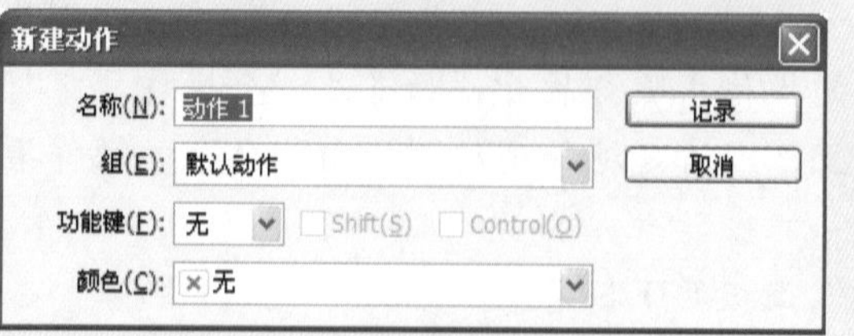

图14-3 “新建动作”对话框

图14-4 “新建组”对话框

- 复制：可以复制当前所选的动作或组。
- 删除：可以删除当前所选的组、动作或操作。
- 播放：当选择动作时该命令才可用，选择它即可以播放所选动作。
- 开始记录：选择该命令可以开始记录动作。
- 再次记录：选择该命令可以对一些需要进行再次设置的操作重新记录。
- 插入菜单项目：用户在录制一些命令时，常常会发现所执行的命令并没有被录制下来，这些命令包括绘画和上色工具、工具选项、视图命令和窗口命令等。此时可以选择插入菜单项目命令，弹出如图14-5所示的对话框，然后在菜单中选择所需的命令，如选择“亮度/对比度”命令，在“菜单项”栏中就会显示为“亮度/对比度”，如图14-6所示；单击“确定”按钮即可在动作中添加一个亮度/对比度。

图14-5 “插入菜单项目”对话框

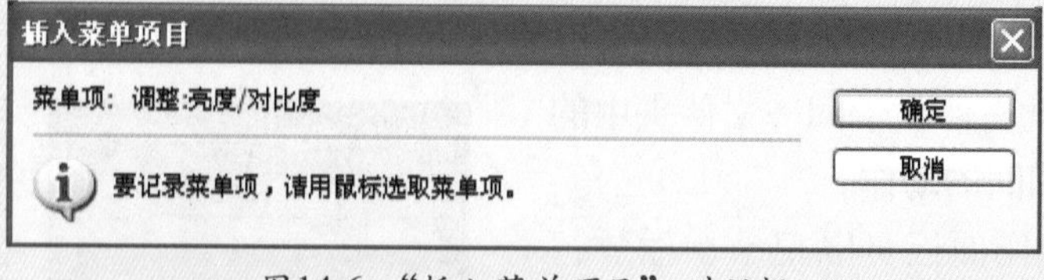

图14-6 “插入菜单项目”对话框

- 插入停止：如果在播放动作时，希望能够将其停止，以便可以执行不能被记录的操作（例如使用绘画工具），或希望查看当前的工作进度，此时可以选取插入停止命令，可以在弹出的如图14-7所示的对话框中输入动作停止时显示的提示信息，以及是否允许继续，设置好后单击“确定”按钮，即可完成停止命令的插入操作，并且在“动作”面板中添加了停止功能，如图14-8所示。

图14-7 “插入停止”对话框

图14-8 “动作”面板

- 插入路径：在动作录制过程中，如果需要绘制路径，可以执行“插入路径”命令。
- 动作选项：可以对动作名称、功能键和颜色进行重新命名或选取。
- 回放选项：如果一个长的、复杂的动作不能正常播放，又很难找出问题出现在哪里时，可以选择Photoshop提供的“回放选项”功能，其中提供了加速、逐步和暂停3种回放选项，如图14-9所示，可以根据需要设定速度来观察动作的执行。
- 清除全部动作：如果“动作”面板中的所有动作不再需要，可以执行“清除全部动作”命令将所有的动作清除。
- 复位动作：选择该命令可以将默认组开启到“动作”面板中，或只显示默认组。
- 替换动作：选择该选项可以用载入的动作组替代现在面板上的动作组。
- 载入动作/存储动作：可以将创建的动作存储在一个单独的动作文件中，以便在必要时恢复它们，也可以载入到与Photoshop一起提供的多个动作组里。
- 命令：如果选择“命令”，可在“动作”面板中显示如图14-10所示的命令，在其中选择相关的命令来显示相应的面板和执行相应的命令。

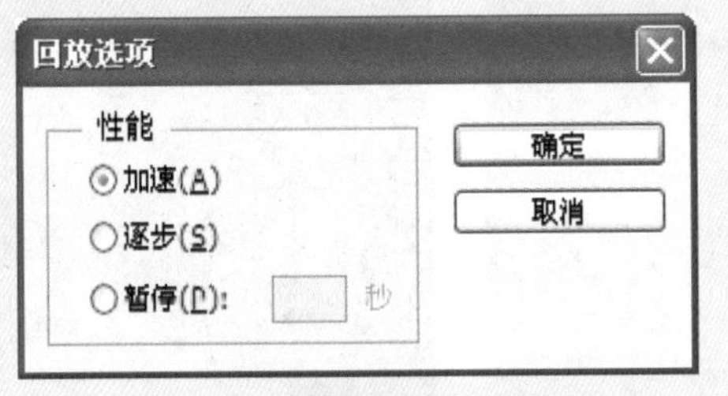


图14-9 “回放选项”对话框

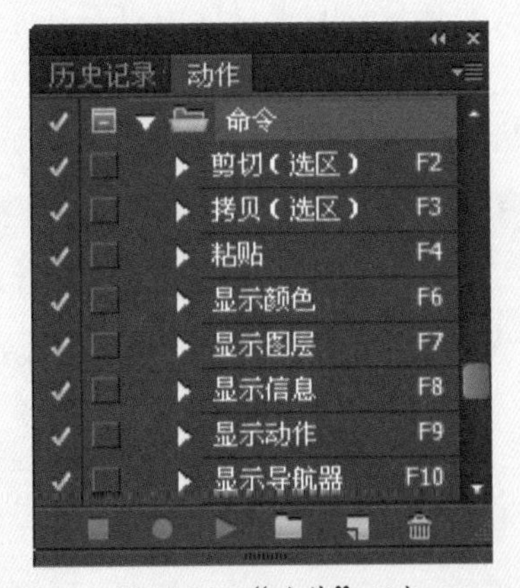


图14-10 “动作”面板

- 图像效果：给图像加上一些效果，这些效果一般是由一系列的操作和滤镜等组合而成，如果在非按钮模式打开这些动作，就可以学习各种工具参数设定的技巧，当然，这些只能通过实践熟练后才能做到。

## 上机实战 制作暴风雪效果

01 从配套光盘的素材库中打开一张图片，如图14-11所示，在“动作”面板中单击右上角的三角形，并在弹出的菜单中选择“图像效果”命令。

02 在“动作”面板中单击▶按钮展开“图像效果”动作组，单击“暴风雪”动作，如图14-12所示，再单击▶（播放选定的动作）按钮，可以得到如图14-13所示的效果。

图14-11 打开的图片

图14-12 “动作”面板

图14-13 暴风雪效果

## 上机实战 制作霓虹灯光效果

01 从配套光盘的素材库中打开一张图片，如图14-14所示。

02 在“动作”面板中单击“霓虹灯光”动作，再单击▶（播放选定的动作）按钮，如图14-15所示，得到如图14-16所示的效果。

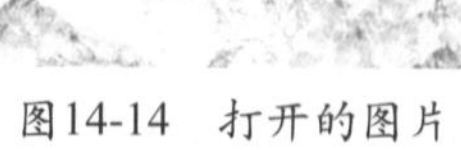

图14-14 打开的图片　　图14-15 “动作”面板　　图14-16 霓虹灯光效果

- 画框：可以给图像加上一些精美的边框。

## 上机实战 为图像添加精美画框

01 从配套光盘的素材库中打开一张如图14-17所示的图片，在“动作”面板中单击右上角的三角形，在弹出的菜单中选择“画框”命令，在“动作”面板中展开“画框”动作。

图14-17 打开的图片

02 单击“滴溅形画框”动作，再单击▶（播放选定的动作）按钮，如图14-18所示，播放完后得到如图14-19所示的效果。

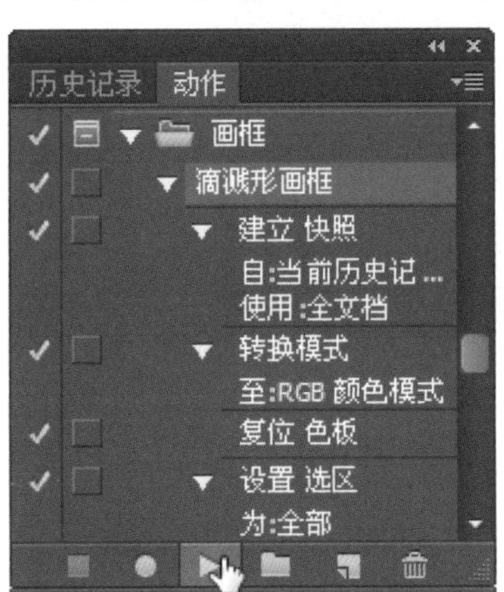


图14-18 “动作”面板

图14-19 滴溅形画框效果

- 纹理：可以制作出一些纹理。

## 上机实战 制作砖墙效果

01 新建一个文件，在“动作”面板中单击右上角的三角形，并在弹出的菜单中选择“纹理”命令。

02 在“动作”面板中单击▶按钮，展开纹理动作组，再在其中单击“砖墙”动作，然后单击▶按钮，如图14-20所示，播放完后得到如图14-21所示的效果。

- 文字效果：对文本进行一些编辑。

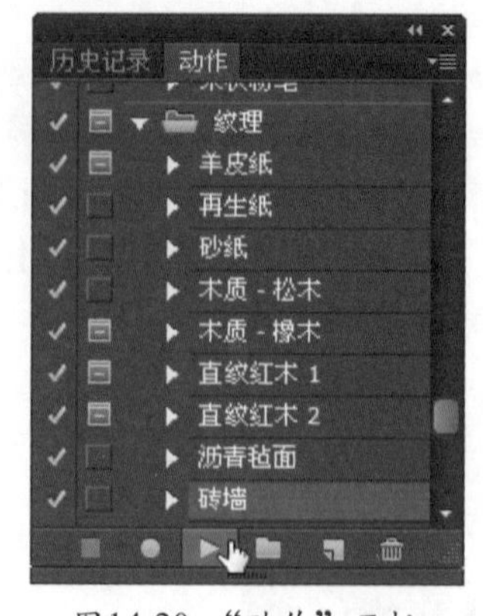


图14-20 “动作”面板

图14-21 砖墙效果

## 上机实战 使用文字效果中的动作制作一个立体特效字

01 打开如图14-21所示的文件，在工具箱中选择 T 横排文字工具，在选项栏中设置“字体”为文鼎CS魏碑，“字体大小”为221 点，“颜色”为白色，再在画面中单击并输入所需的文字，如图14-22所示。

图14-22 输入文字

02 按“Ctrl”+“J”键复制一个副本，如图14-23所示，在“动作”面板中单击右上角的三角形按钮，在弹出的菜单中选择“文字效果”命令，在“动作”面板中展开文字效果动作组，再单击“凹陷（文字）”动作，然后单击 ▶（播放选定的动作）按钮，如图14-24所示，即可得到如图14-25所示的效果。

图14-23 “图层”面板

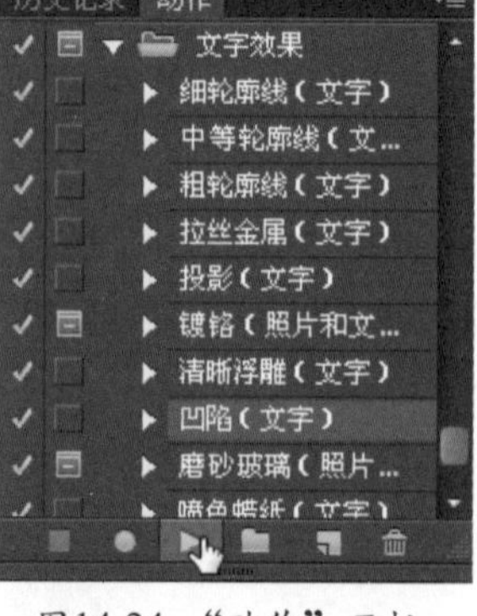


图14-24 “动作”面板

图14-25 凹陷（文字）效果

03 在“图层”面板中双击文字图层，如图14-26所示，弹出“图层样式”对话框，在其中选择“描边”、“内发光”、“投影”选项，再单击“光泽”选项，在其中设置光泽颜色为红色，“不透明度”为50%，“距离”为11像素，“大小”为14像素，如图14-27所示，单击“确定”按钮，得到如图14-28所示的效果。

图14-26 “图层”面板

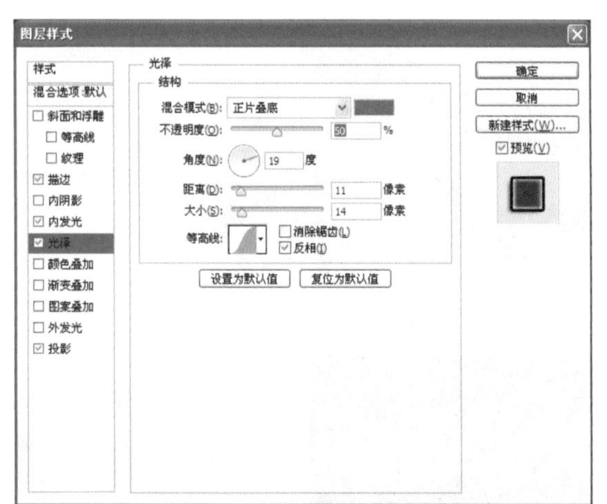

图14-27 “图层样式”对话框

图14-28 添加图层样式后的效果

# 14.2 创建动作

## 上机实战 创建动作

01 从配套光盘的素材库中打开一张如图14-29所示的图片，显示“动作”面板，在其底部单击（创建新组）按钮，弹出如图14-30所示的“新建组”对话框，在“名称”文本框中输入所需的名称，也可采用默认值，设置好后单击“确定”按钮新建一个组，如图14-31所示。

02 在“动作”面板中单击“创建新动作”按钮，弹出“新建动作”对话框，单击“记录”按钮，即可开始记录后面将进行的操作，如图14-32所示。

图14-29　打开的图片

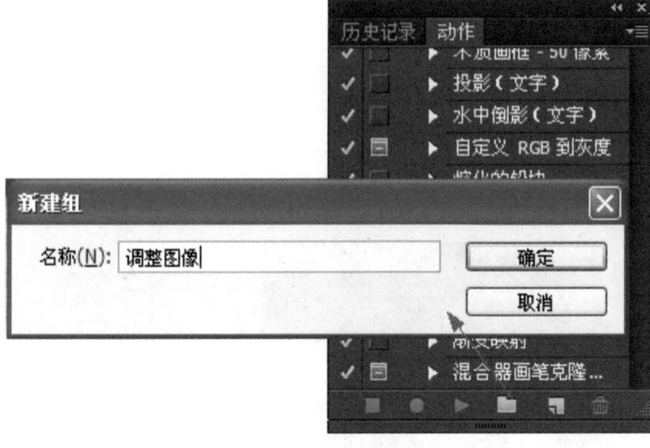

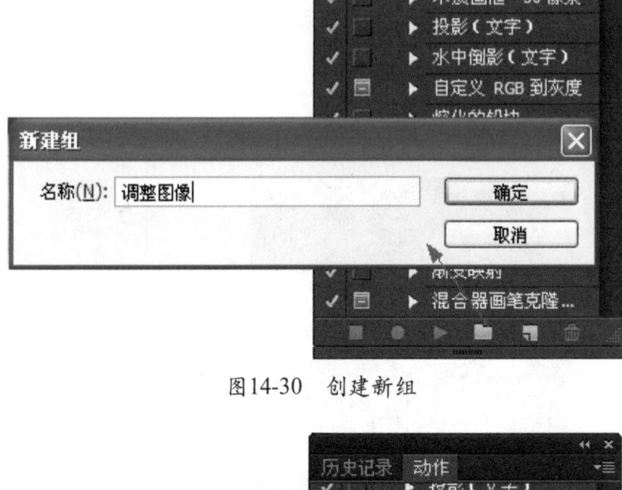


图14-30　创建新组

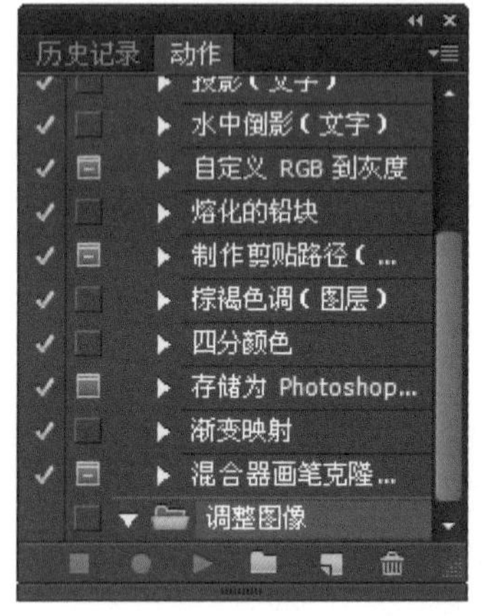


图14-31　“动作”面板

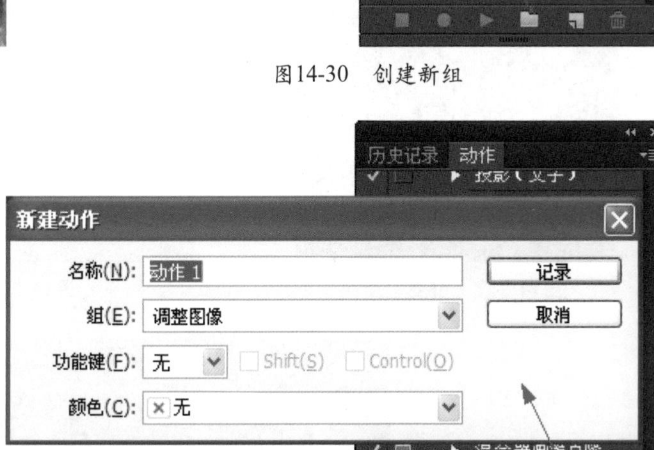


图14-32　创建新动作

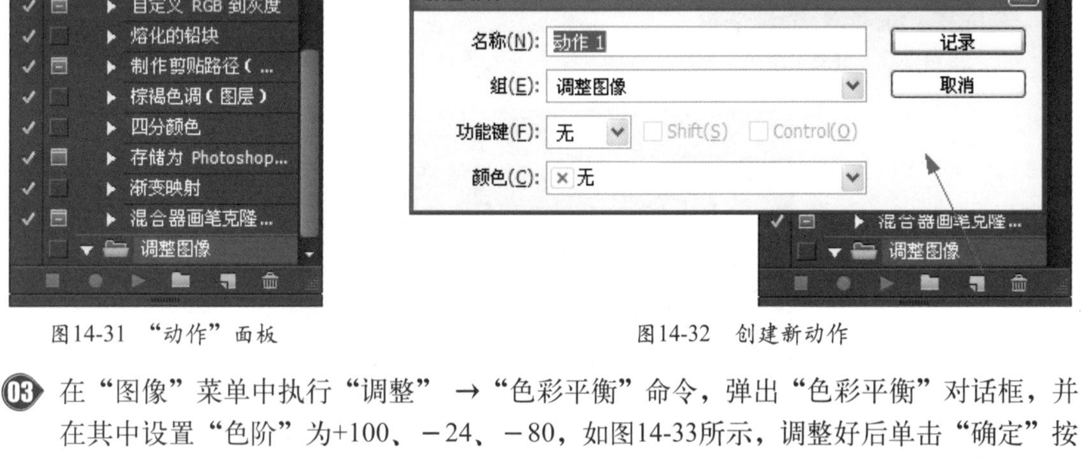

在“图像”菜单中执行“调整” →“色彩平衡”命令，弹出“色彩平衡”对话框，并在其中设置“色阶”为+100、－24、－80，如图14-33所示，调整好后单击“确定”按钮，得到如图14-34所示的效果。

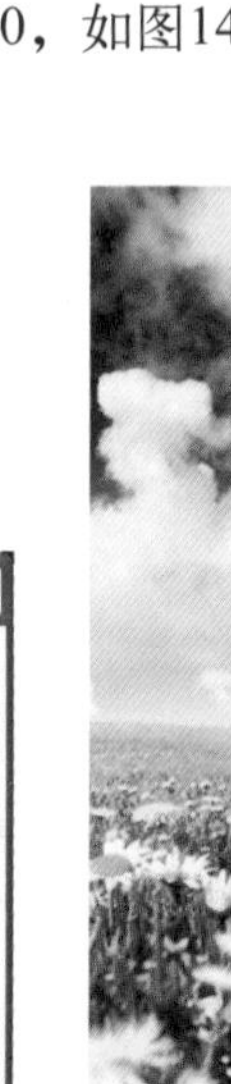



图14-33　“色彩平衡”对话框

图14-34　调整色彩平衡后的效果

04 在菜单中执行“文件”→“存储为”命令，弹出“存储为”对话框，如图14-35所示，在其中选择要保存的文件夹（如：14），也可以新建一个文件夹，单击“保存”按钮，弹出“JPEG选项”对话框，在其中设置所需的品质，其他不变，如图14-36所示，单击“确定”按钮，即可将打开的文件存在另一个文件夹中，同时“动作”面板中也就添加了一个“存储”操作，单击■（停止记录）按钮，停止动作的记录，如图14-37所示，动作就创建好了。

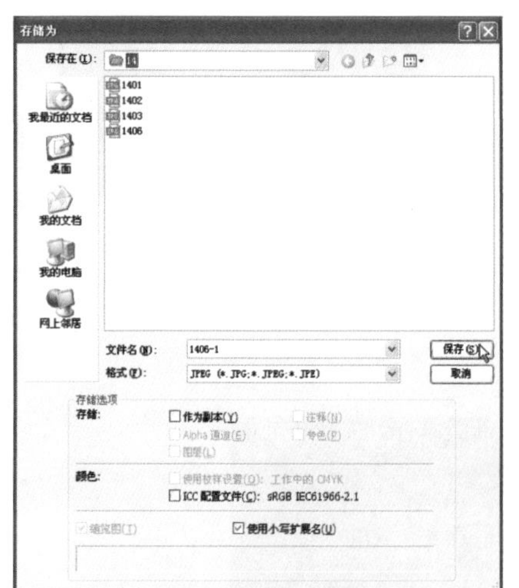


图14-35 “存储为”对话框

图14-36 “JPEG选项”对话框

图14-37 “动作”面板

## 14.3 管理动作

在Photoshop中提供了复制动作、对动作进行重命名、删除不需要的动作等功能来对动作进行编辑与修改。

### 14.3.1 复制动作/命令

可以在“动作”面板中复制动作或命令。

#### 1. 复制动作

在“动作”面板中拖动“调整色阶动作”到面板的▣（创建新动作）按钮上呈凹下状态时松开左键，即可复制一个动作，如图14-38所示，也可以在面板的弹出式菜单中选择“复制”命令来进行复制。

#### 2. 复制命令

在“动作”面板中“动作 1 副本”中单击“色彩平衡”操作，以选择它，然后在“动作”面板弹出菜单中选择“复制”命令，即可复制一个“色彩平衡”命令的操作，如图14-39所示。

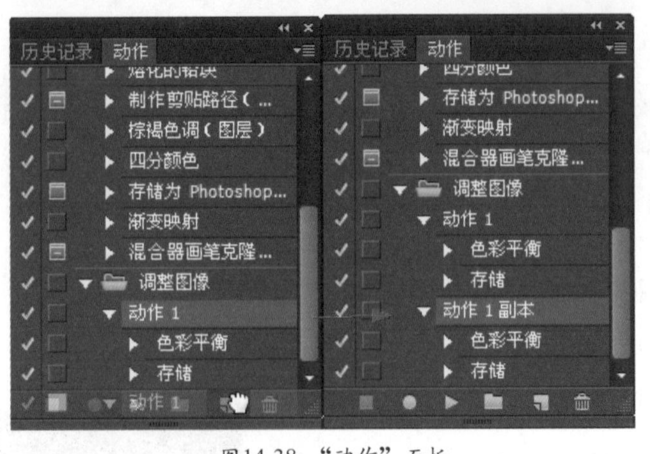


图14-38 “动作”面板

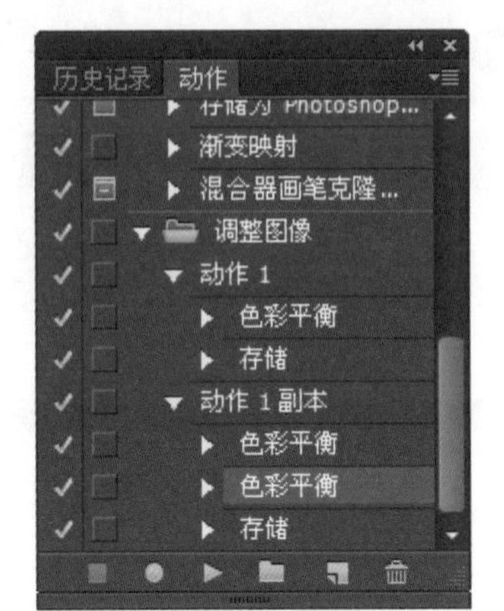


图14-39 “动作”面板

## 14.3.2 重命名

在“动作”面板中双击动作名称（如动作1副本），出现一个方框，其文字以高亮度显示，此时可以直接对其进行命名，如“调整图像”，如图14-40所示，输入好后按“Enter”键即可。

图14-40 “动作”面板

## 14.3.3 移动动作

在“动作”面板中拖动某个动作到所需的位置，当指针呈抓手状时松开左键，即可移动动作到指定的位置，如图14-41所示。

图14-41 “动作”面板

## 14.3.4 删除动作/命令

在“动作”面板中选择要删除的动作或命令，再将其拖动到面板的 （删除）按钮上，当按钮呈凹下状态时松开左键，即可直接将所选的动作删除，此操作方法与删除图层相同。

## 14.3.5 存储和载入动作

在Photoshop中可以将创建的动作存储起来以备后用，也可以将其他动作载入到“动作”面板。

在“动作”面板中选择要存储的动作组，再在面板的弹出式菜单中执行“存储动作”命令，如图14-42所示，接着弹出“存储”对话框，在其中为该动作命名，如图14-43所示，设置好后单击“保存”按钮，即可将动作存储起来。

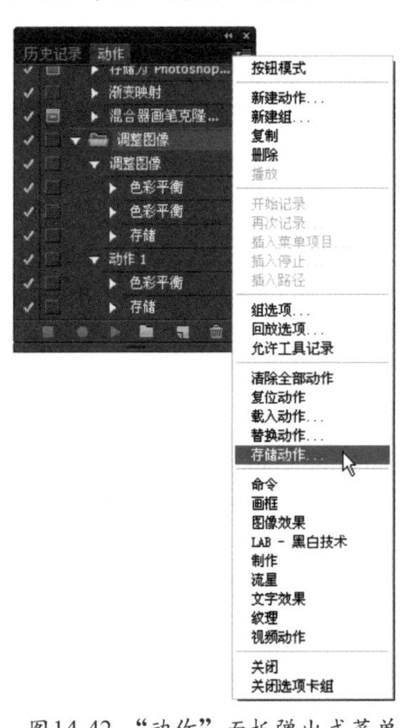

图14-42 “动作”面板弹出式菜单

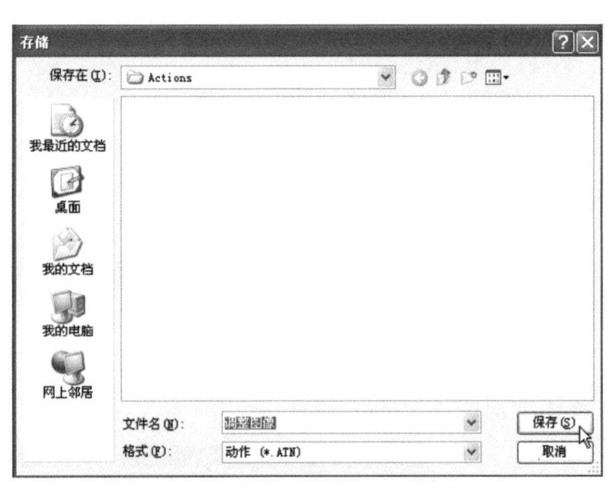

图14-43 “存储”对话框

**提 示**

如果要载入动作，可以在“动作”面板的弹出式菜单中执行“载入动作”命令。

## 14.3.6 更改动作选项

在“动作”面板的右上角单击 按钮，弹出面板菜单，在其中选择“动作选项”命令，弹出“动作选项”对话框，在其中的“功能键”下拉列表中选择F10，再勾选“Shift”选项，如图14-44所示，单击“确定”按钮，即可在“动作”面板的动作名称右边出现一个“Shift+F10”，如图14-45所示，然后可以按“Shift+F10”键播放动作。

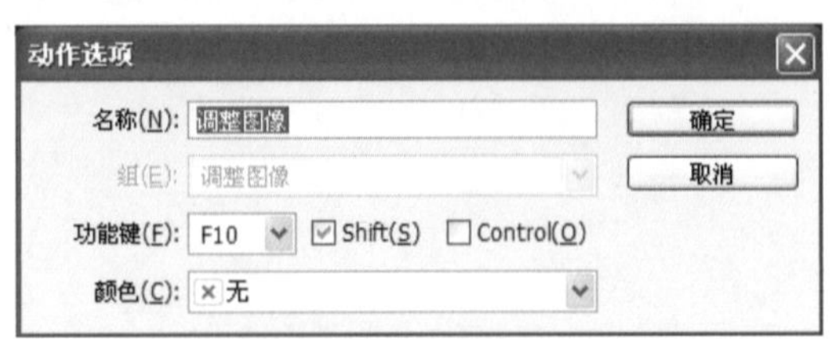


图14-44 “动作选项”对话框

图14-45 “动作”面板

# 14.4 自动化

使用“自动”命令可以将任务组合到一个或多个对话框中，简化复杂的任务，提高工作效率。在Photoshop中包括“批处理”、“创建快捷批处理”、“裁剪并修齐照片”、“Photomerge”、“合并到HDR Pro”、“镜头校正”、“条件模式更改”与“限制图像”命令。

## 14.4.1 批处理

使用“批处理”命令可以在包含多个文件和子文件夹的文件夹上播放动作，也可以对多个图像文件执行同一个动作的操作，从而实现操作的自动化。

当批处理文件时，可以打开、关闭所有文件并存储对原文件的更改，或将更改后的文件存储到新位置（原文件保持不变）。如果要将处理过的文件存储到新的位置，可以在批处理开始前，先为处理过的文件创建一个新文件夹。

在菜单中执行“文件”→“自动”→“批处理”命令，弹出如图14-46所示的对话框，其中各选项说明如下：

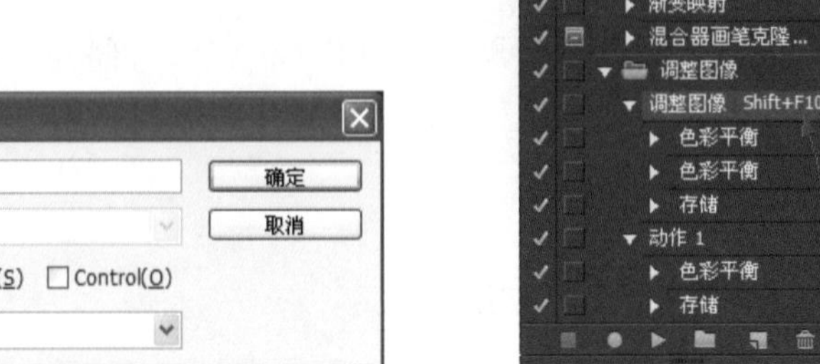

图14-46 “批处理”对话框

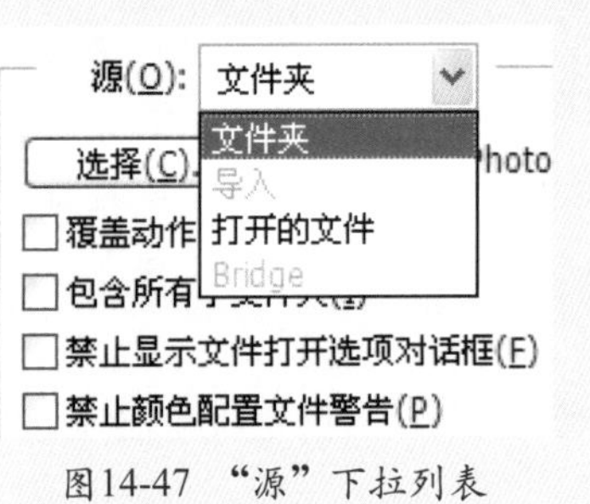


图14-47 “源”下拉列表

- 播放：在该栏的“组”下拉列表中选择要应用的组名称，然后在“动作”下拉列表中可以选择要应用的动作。
- 源：在“源”下拉列表中可以选取要处理的文件或文件所在的文件夹，如图14-47所示。
  - 文件夹：如果选择“文件夹”选项，可以对已存储在计算机中的文件播放动作。单击“选取”按钮弹出“浏览文件夹”对话框，在其中可以查找并选择文件夹。
  - 导入：如果选择“导入”选项，可以对来自数码相机或扫描仪的图像导入和播放动作。
  - 打开的文件：如果选择“打开的文件”选项，可以对所有已打开的文件播放动作。
  - Bridge：如果选择“Bridge”选项，可以对在“Bridge”中选定的文件播放动作。
- 覆盖动作中的“打开”命令：在指定的动作中，如果包含“打开”命令，批处理就会忽略该命令。
- 包含所有子文件夹：处理子文件夹中的文件。
- 禁止显示文件打开选项对话框：选择它时可以隐藏“文件打开选项”对话框。当对相机原始图像文件的动作进行批处理时很有用，将使用默认设置或以前指定的设置。
- 禁止颜色配置文件警告：选择该项时则关闭颜色方案信息的显示。
- 目标：在“目标”下拉列表中选取处理文件的目标，如图14-48所示。单击其下的“选择”按钮可以选择目标文件所在的文件夹。

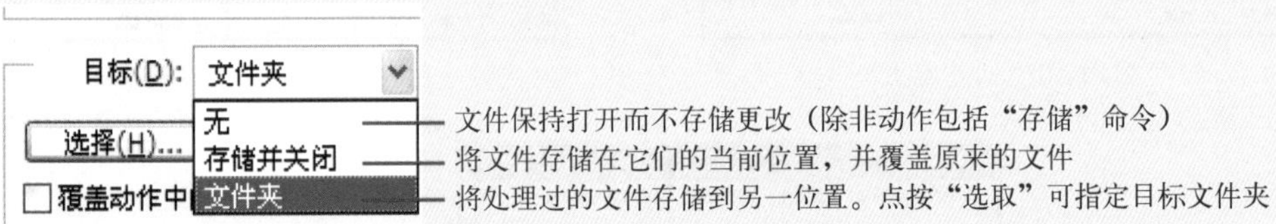

目标(D): 文件夹
选择(H)...
覆盖动作中
无 —— 文件保持打开而不存储更改（除非动作包括“存储”命令）
存储并关闭 —— 将文件存储在它们的当前位置，并覆盖原来的文件
文件夹 —— 将处理过的文件存储到另一位置。点按“选取”可指定目标文件夹

图14-48 “目标”下拉列表

- 覆盖动作中的“存储为”命令：如果在该栏中选择覆盖动作中的“存储为”命令选项，可以让动作中“存储为”命令引用批处理的文件，而不是动作中指定的文件名和位置。如果要选择此选项，动作必须包含一个“存储为”命令，因为“批处理”命令不会自动存储源文件。
- 文件命名：在“文件命名”栏中可以通过6个下拉列表指定目标文件生成的命名规则，也可指定文件名的兼容性，如Windows、Mac OS及Unix操作系统。

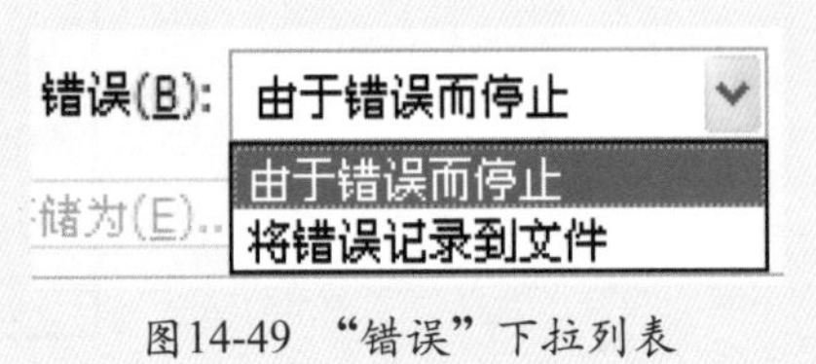


图14-49 “错误”下拉列表

- 错误：在“错误”下拉列表中可以选择处理错误的选项，如图14-49所示。
  - 由于错误而停止：由于错误而停止进

程，直到用户确认错误信息为止。

- 将错误记录到文件：将每个错误记录在文件中而不停止进程。如果有错误记录到文件中，则在处理完毕后将出现一条信息。如果要查看错误文件，请单击其下的“存储为”按钮并在弹出的对话框中命名错误文件。

## 14.4.2 创建快捷批处理

“快捷批处理”是一个小应用程序，它将动作应用于拖移到快捷批处理图标上的一个或多个图像。如果要高频率的对大量图像进行同样的动作处理，应用快捷批处理可以大幅度提高工作效率。快捷批处理可以存储在桌面上或磁盘上的某个位置。动作是创建快捷批处理的基础，在创建快捷批处理前，必须在“动作”面板中创建所需的动作。

### 上机实战 创建快捷批处理

01 新建(或选择)一个文件夹用于存储快捷批处理的图片，如“存储快捷批处理过的图片”文件夹，如图14-50所示。再选择一个存放生成的快捷批处理的文件夹，如02，如图14-51所示。该文件夹中还存放着一个有大量要处理的图片的子文件夹，如图14-52所示。

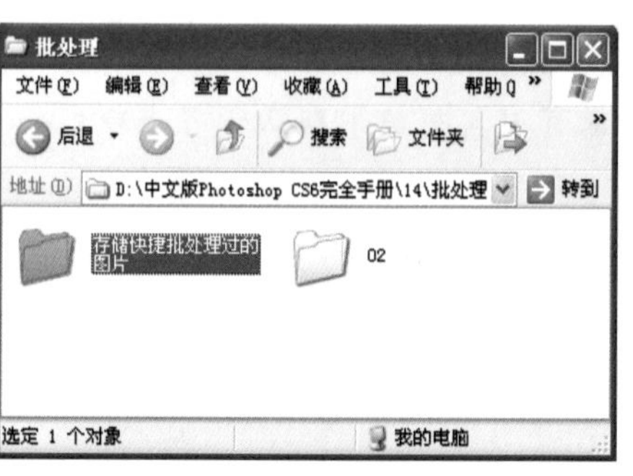


图14-50 批处理文件夹

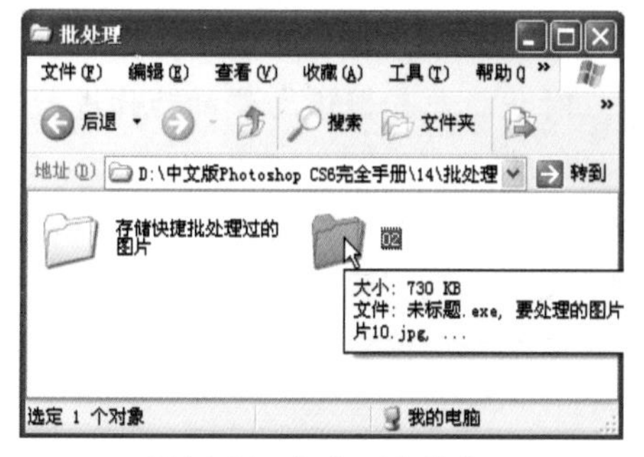


图14-51 批处理文件夹

图14-52 要处理的图片

02 在菜单中执行“文件”→“自动”→“创建快捷批处理”命令，弹出如图14-53所示的对话框，在“将快捷批处理存储为”栏中单击“选择”按钮，并在弹出的对话框中选择前面定义好的文件夹，如批处理，在“播放”栏中设置“组”为调理图像，“动作”为调理图像动作，该动作是前面创建的动作；在“目标”下拉列表中选择“文件夹”，单击其下的“选择”按钮，在弹出的对话框中选择前面定义好的用于存放快捷批处理过的图片的文件夹，其他为默认值，单击“确定”按钮，快捷批处理程序将被保存到指定文件夹中，如图14-54所示。

图14-53 “创建快捷批处理”对话框

图14-54 批处理文件夹

创建快捷批处理对话框中选项说明如下：

- 将快捷批处理存储于：选择一个地址或位置来保存生成的快捷批处理程序。
- 播放：选择所需的组或动作。
- 目标：在其下拉列表中选择以何种方式保存处理过的文件。



Photoshop CS6工具与功能的应用部分

03 应用快捷批处理的方法很简单，只要将准备处理的文件或文件夹拖动到快捷批处理图标上即可，如图14-55所示，松开左键后，即可在Photoshop中自动进行处理图片。

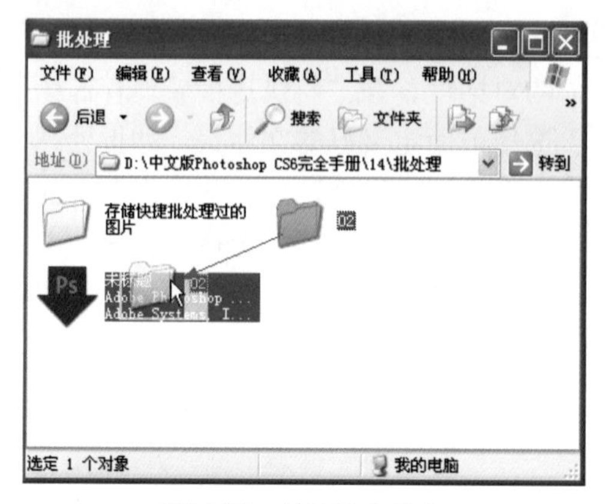


图14-55 批处理文件夹

04 处理完成后，打开用来存放处理过的图片文件夹（如存储快捷批处理过的图片），并在其中看到已经有了大量被处理过的图片，而且从状态栏中可以看出文件的个数没变，只是文件的大小变了，如图14-56所示。

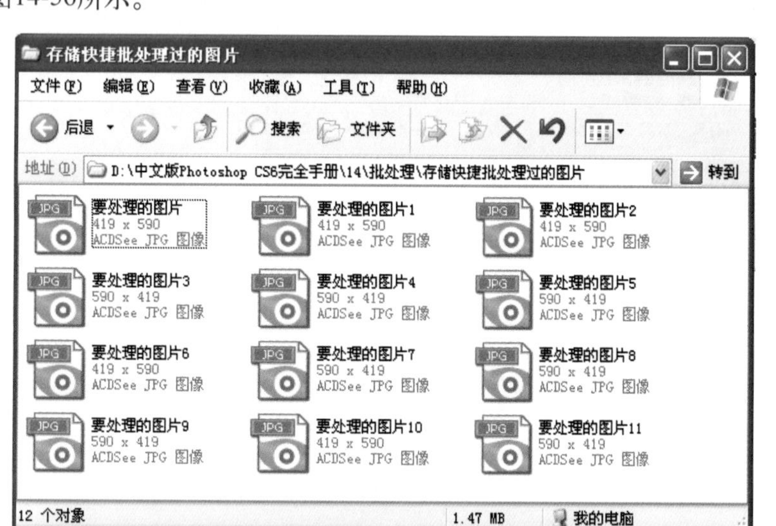


图14-56 存储快捷批处理过的图片文件夹

## 14.4.3 条件模式更改

可以根据图像原来的模式将图像的颜色模式更改为用户指定的模式，在菜单中执行“文件”→“自动”→“条件模式更改”命令，弹出如图14-57所示的对话框，其中各选项说明如下：

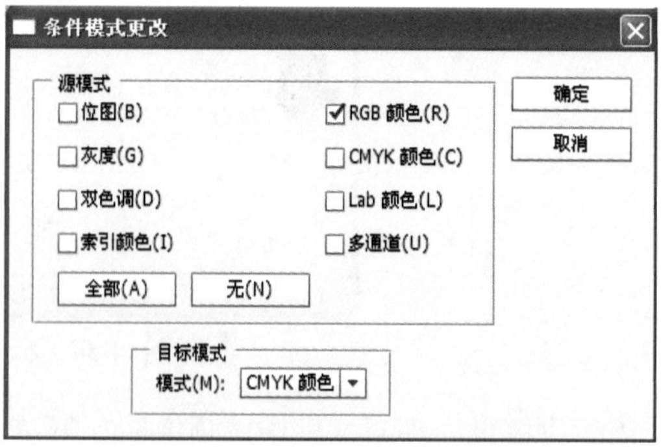

图14-57 “条件模式更改”对话框

- 源模式：选择与当前文件相匹配的源模式。
- 目标模式：在下拉列表中选择需要转换的目标模式。

## 14.4.4 合并到HDR Pro

使用“合并到HDR Pro”命令可以在一组曝光中选择两个或两个以上的文件以合并和创建高动态范围的图像。

### 上机实战 使用合并到HDR Pro命令创建动态图像

01 按“Ctrl”+“O”键从配套光盘的素材库中打开四张图片，如图14-58所示。

图14-58 打开的图片

02 在菜单中执行“文件”→“自动”→“HDR Pro”命令，弹出“合并到HDR Pro”对话框，在其中单击“添加打开的文件”按钮，将打开的文件添加到文件列表中，如图14-59所示。添加好文件后单击“确定”按钮，运行一段时间后，弹出一个“手动设置曝光值”对话框，在其中设置f-stop为5.6，其他不变，如图14-60所示，单击“确定”按钮。

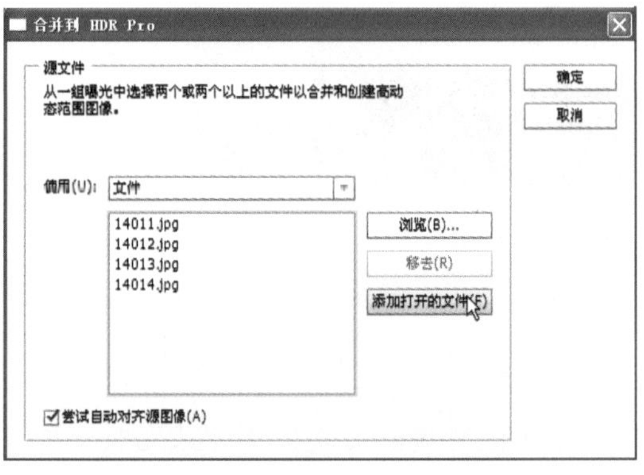


图14-59 “合并到HDR Pro”对话框

图14-60 “手动设置曝光值”对话框

03 此时将弹出一个有效果的“合并到HDR Pro”对话框，如图14-61所示，单击“确定”按钮，即可得到如图14-62所示的效果。

图14-61 “合并到HDR Pro”对话框

图14-62 合并到HDR Pro后的效果

## 14.4.5 限制图像

使用“限制图像”可以将当前图像限制为用户指定的宽度和高度，但不改变长宽比。在菜单中执行“文件”→“自动”→“限制图像”命令后弹出如图14-63所示的对话框。

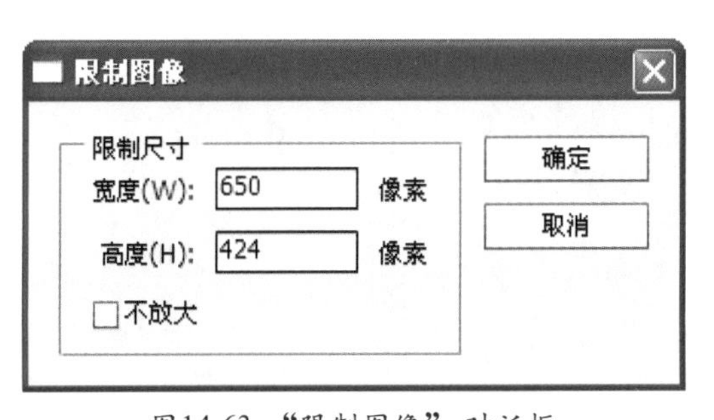


图14-63 “限制图像”对话框

# 14.5 本章小结

本章结合典型实例主要讲解了如何创建与管理动作、批处理、快捷批处理、合并到HDR Pro等内容，同时还对“动作”面板及其弹出式菜单中的各选项进行了说明与应用。其中重点讲解了动作的编辑与管理，熟练应用这些功能可以提高工作效率。

# 14.6 练习题

1. 以下哪项是快捷批处理的基础，而快捷批处理是小应用程序，可以自动处理拖移到其图标上的所有文件？（　　）

A. 自动　　B. 图层

C. 批处理　　D. 动作

2. 使用以下哪个命令可以将一组曝光中选择两个或两个以上的文件以合并和创建高动态范围的图像？（　　）

A. 合并到HDR Pro　　B. 条件模式更改

C. 创建快捷批处理　　D. 限制图像

3. 以下哪个命令使用户可以在包含多个文件和子文件夹的文件夹上播放动作？（　　）

A. 自动　　B. 动作

C. 图层　　D. 批处理

# 第15章 调整图像颜色和色调

本章主要介绍使用调整子菜单中的各种色彩与色调调整命令对图像进行色彩与色调调整的技巧。

## 15.1 颜色和色调校正

### 15.1.1 颜色调整命令

Photoshop CS6提供了以下12种用于颜色调整的命令：

- “自动颜色”命令：使用它可以快速校正图像中的色彩平衡。
- “色阶”命令：使用它可以通过为单个颜色通道设置像素分布来调整色彩平衡。
- “曲线”命令：对于单个通道，为高光、中间调和阴影调整最多提供14个控制点。
- “曝光度”命令：通过在线性颜色空间中执行计算来调整色调。曝光度主要用于HDR图像。
- “自然饱和度”命令：自动调整颜色的饱和度。
- “照片滤镜”命令：使用它可以通过模拟在相机镜头前安装Kodak Wratten或Fuji滤镜时所达到的摄影效果来调整颜色。
- “色彩平衡”命令：使用它可以更改图像中所有的颜色混合。
- “色相/饱和度”命令：使用它可以调整整个图像或单个颜色分量的色相、饱和度和亮度值。
- “匹配颜色”命令：使用它可以将一张照片中的颜色与另一张照片相匹配，将一个图层中的颜色与另一个图层相匹配，将一个图像中选区的颜色与同一图像或不同图像中的另一个选区相匹配。该命令还调整亮度和颜色范围，并中和图像中的色痕。
- “替换颜色”命令：使用它可以将图像中的指定颜色替换为新颜色值。
- “可选颜色”命令：使用它可以调整单个颜色分量的印刷色数量。
- “通道混合器”命令：使用它可以修改颜色通道并进行使用其他颜色调整工具不易实现的色彩调整。

### 15.1.2 色调调整方法

可以采用几种不同方式来设置图像的色调范围：

（1）在“色阶”对话框中沿直方图拖移滑块，如图15-1所示。

图15-1　用“色阶”命令调整图像的明暗度

（2）在“曲线”对话框中调整图形的形状。此方法允许用户在0～255色调范围中调整任何点，并可以最大限度地控制图像的色调品质，如图15-2所示。

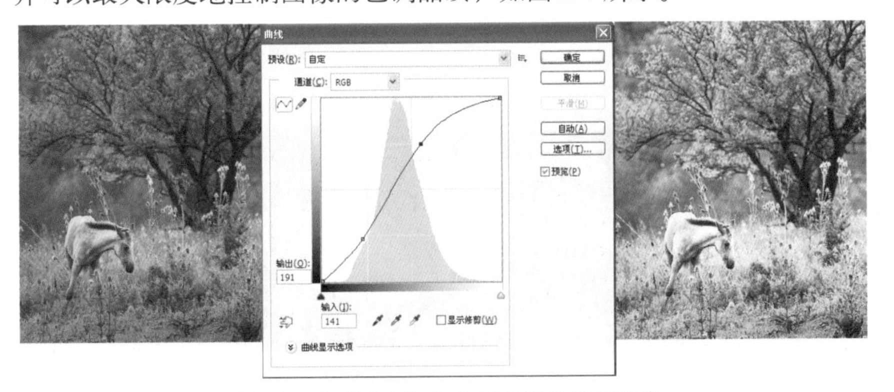


图15-2　用“曲线”命令调整图像的明暗度

（3）使用“色阶”或“曲线”对话框为高光和阴影像素指定目标值。对于正发送到印刷机或激光打印机的图像来说，这可以保留重要的高光和阴影细节。在锐化之后，可能还需要微调目标值。

（4）使用“阴影/高光”命令调整阴影和高光区域中的色调。它对于校正因强逆光使主体出现黑色影像，或者由于靠近照相机闪光灯，而导致主体曝光稍稍过度的图像特别有用，如图15-3所示。

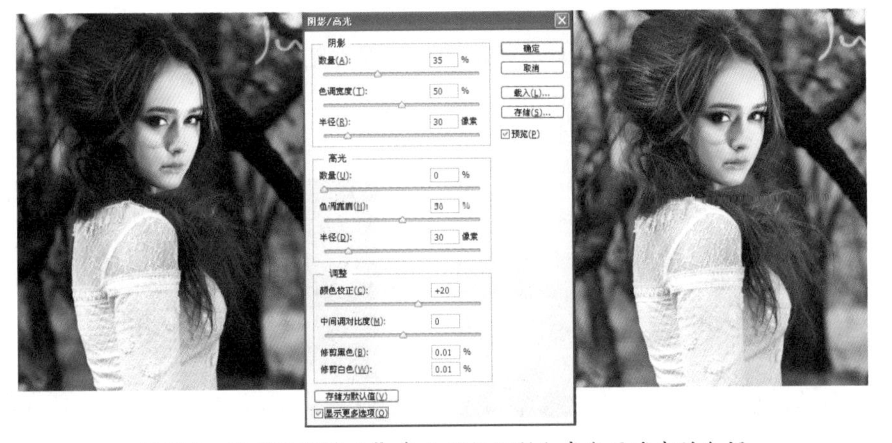


图15-3　用“阴影/高光”命令调整阴影和高光区域中的色调

# 15.2 直方图

## 15.2.1 关于直方图

“直方图”用图形显示了图像像素在各个色调区的分布情况，它向用户显示图像在暗调（显示在直方图的左边部分）、中间调（显示在中间）和高光（显示在右边部分）中是否包含足够的细节，以便进行更好的校正。

“直方图”也可快速浏览图像色调范围或图像基本色调类型。低色调图像的细节集中在暗调处，高色调图像的细节集中在高光处，而平均色调图像的细节集中在中间调处。全色调范围的图像在这些区域中都有大量的像素。识别色调范围有助于确定相应的色调校正，如图15-4所示。

曝光不足的照片

具有全色调的曝光正常照片

曝光过度的照片

图15-4 不同曝光度的对比图

## 15.2.2 直方图面板

“直方图”面板提供了许多选项，可以用来查看有关图像的色调和颜色信息。 在默认情况下，直方图显示整个图像的色调范围。 若要显示图像某一部分的直方图数据，需要先选择该部分。

在“窗口”菜单中执行“直方图”命令，可以显示或隐藏“直方图”面板，从配套光盘的素材库中打开一张图片，如图15-5所示，其“直方图”面板如图15-6所示。

图15-5 打开的图片

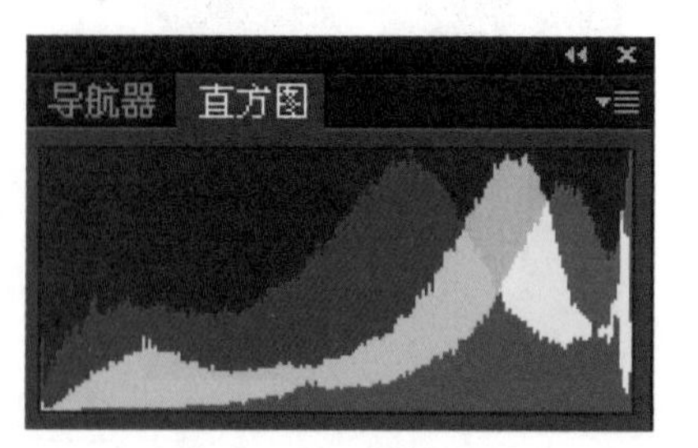


图15-6 “直方图”面板

“直方图”的弹出式菜单如图15-7所示，选择“扩展视图”命令，其“直方图”面板如图15-8所示；选择“全部通道视图”命令，其“直方图”面板如图15-9所示。

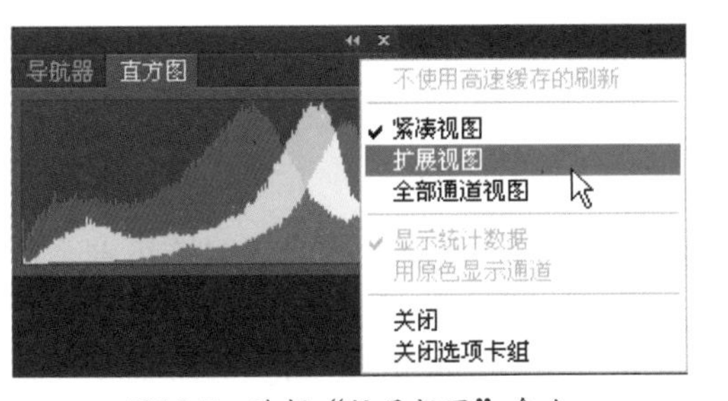

图15-7 选择“扩展视图”命令

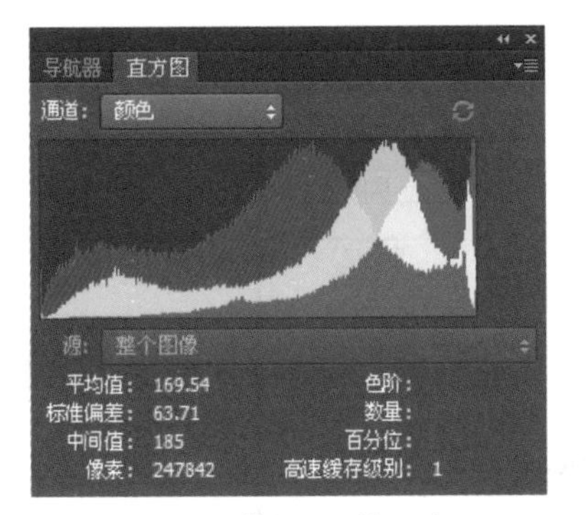

图15-8 “直方图”面板

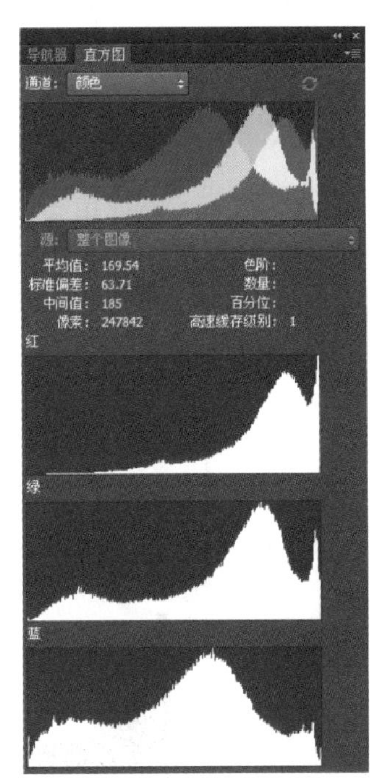

图15-9 “直方图”面板

在直方图中拖动鼠标选择一个区域，可以在其下方显示它的色阶值、数量、百分位，如图15-10所示。其中各选项说明如下：

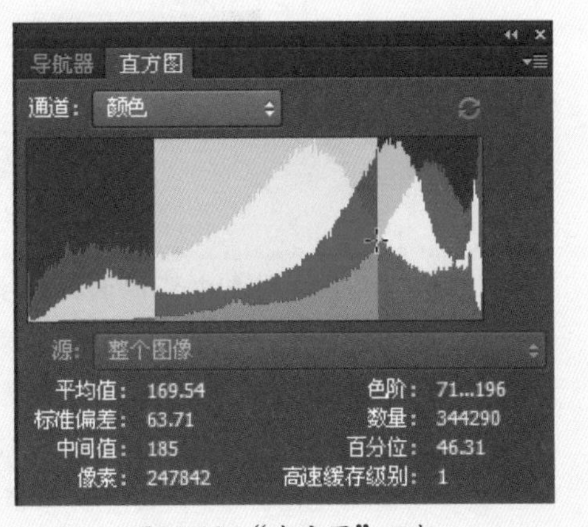

图15-10 “直方图”面板

- 通道：在此下拉列表中可以选择显示亮度分布的通道，“明度”表示复合通道的亮度，“红”、“绿”和“蓝”则表示单个通道的亮度，如果选择“颜色”则在直方图中以不同颜色显示。
- 平均值：显示图像像素的平均亮度值。
- 标准偏差：显示图像像素亮度值的变化范围。
- 中间值：显示亮度值范围内的中间值。
- 像素：显示用于计算直方图的像素总数。
- 色阶：显示指针下面的区域的亮度级别。
- 数量：显示指针下面的亮度级别的像素总数。
- 百分位：显示指针所指的级别或该级别以下的像素累计数。该值表示为图像中所有像素的百分数，从最左侧的0%到最右侧的100%。
- 高速缓存级别：显示图像高速缓存的设置。

# 15.3 使用色阶、曲线和曝光度来调整图像

## 15.3.1 色阶对话框

“色阶”调整命令允许用户通过调整图像的暗调、中间调和高光等强度级别，校正图像的色调范围和色彩平衡。“色阶”直方图用作调整图像基本色调的直观参考。

在菜单中执行“图像”→“调整”→“色阶”命令，弹出如图15-11所示的色阶对话框，其中各选项说明如下：

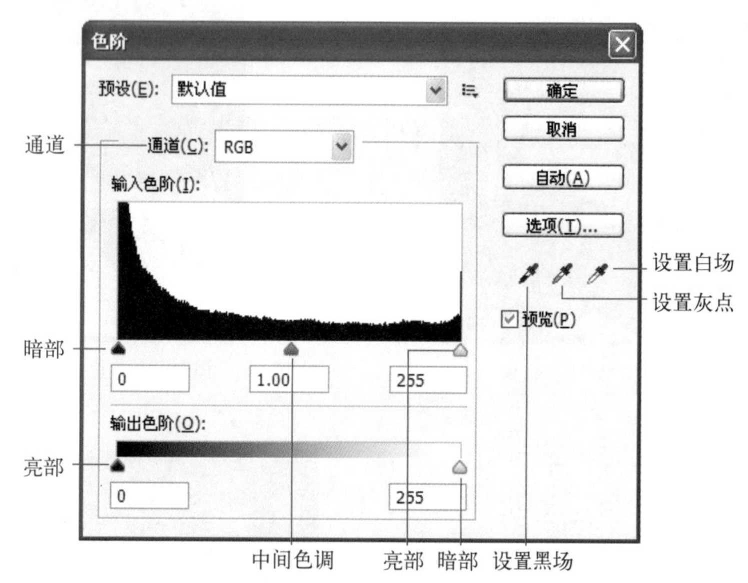


图15-11 “色阶”对话框

- 通道：在下拉列表中可以选择所要进行色调调整的颜色通道。
  - 输入色阶：在“输入色阶”的文本框中可以输入所需的数值或拖移直方图下方的滑块来分别设置图像的暗调、中间调和高光。将“输入色阶”的黑部和亮部滑块拖移到直方图的任意一端的第一组像素的边缘，或直接在第一个和第三个“输入色阶”文本框中输入值来调整暗调和高光。

### 上机实战 使用色阶命令调整图像亮度

01 在配套光盘的素材库中打开一张图片，如图15-12所示。

02 执行“色阶”命令，弹出如图15-13所示的对话框，在其中拖移中间调滑块向左至适当的位置或在输入色阶的第二个文本框中输入所需的数值，即可把图像调亮，如图15-14所示。

如果图像需要校正暗调与高光，可以将“输入色阶”的黑色调滑块向右拖移使图像变暗，将白色滑块向左拖移使图像变亮。

图15-12 打开的图片

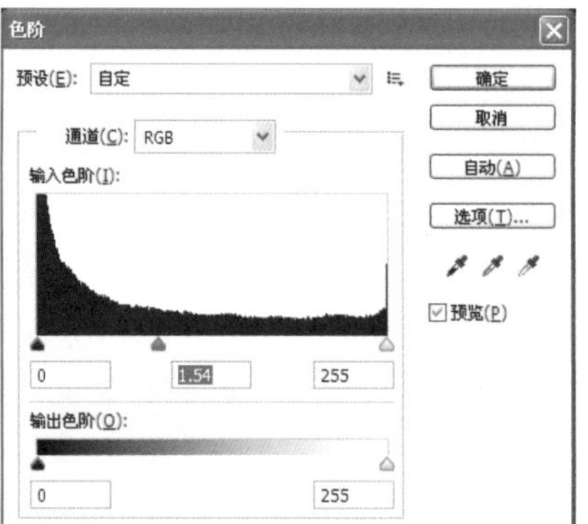


图15-13 “色阶”对话框

图15-14 调整色阶后的效果

- 输出色阶：拖移“输出色阶”的黑部和亮部滑块或在文本框中输入数值可以定义新的暗调和高光值。拖动“输出色阶”的暗部滑块向右到适当位置，如图15-15所示，即可把图像整体调亮，如图15-16所示。

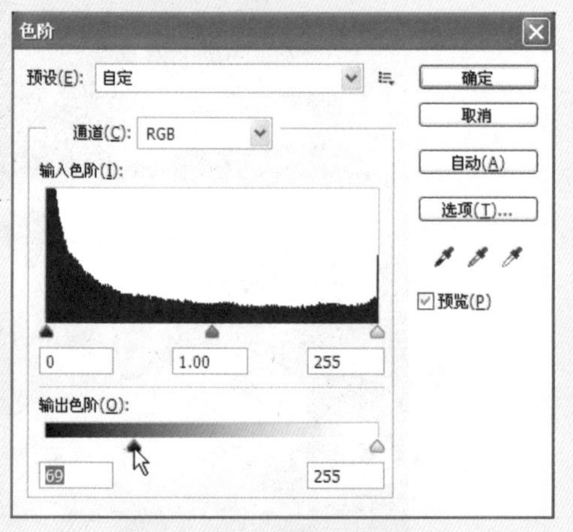


图15-15 “色阶”对话框

图15-16 色阶调整后的效果

- 自动：单击此按钮可对图形色阶做自动调整。
- 选项：单击此按钮可弹出如图15-17所示的“自动颜色校正选项”对话框。
  - 增强单色对比度：选择该项能统一剪切所有通道。这样可以在使高光显得更亮，而暗调显得更暗的同时保留整体色调关系。“自动对比度”命令使用此种算法。
  - 增强每通道的对比度：选择该项可最大化每个通道中的色调范围

自动颜色校正选项
算法
增强单色对比度(M)
增强每通道的对比度(E)
查找深色与浅色(F)
增强亮度和对比度(B)
对齐中性中间调(N)
目标颜色和修剪
阴影： 修剪(C): 0.10 %
中间调：
高光： 修剪(P): 0.10 %
存储为默认值(D)
确定
取消

图15-17 “自动颜色校正选项”对话框

以产生更显著的校正效果。因为各通道是单独调整的，所以“增强每通道的对比度”可能会消除或引入色偏。“自动色阶”命令使用此种算法。

> 查找深色与浅色：选择该项可查找图像中平均最亮和最暗的像素，并用它们在最小化剪切的同时最大化对比度。“自动颜色”命令使用此种算法。
> 对齐中性中间调：勾选该项可查找图像中平均接近的中性色，然后调整灰度系数值使颜色成为中性色。“自动颜色”命令使用此种算法。

- 目标颜色和修剪：为了防止某个区域颜色过暗或过亮，可以对图像的暗调、中间调和高光进行设置。在暗调和高光选项的最右边分别有一个剪贴栏，在文本框中可以输入0~0.9之间的数值，用来减少一部分的黑色和白色像素。在“目标颜色和修剪”栏中单击“高光”色块，在弹出的“拾色器”中选择所需的颜色，设置好后单击“确定”按钮，返回到“色阶”对话框中，如图15-18所示，单击“确定”按钮，弹出一个警告对话框，询问是否要将新目标颜色存储为默认值，如图15-19所示，单击“否”按钮，即可得到如图15-20所示的效果。

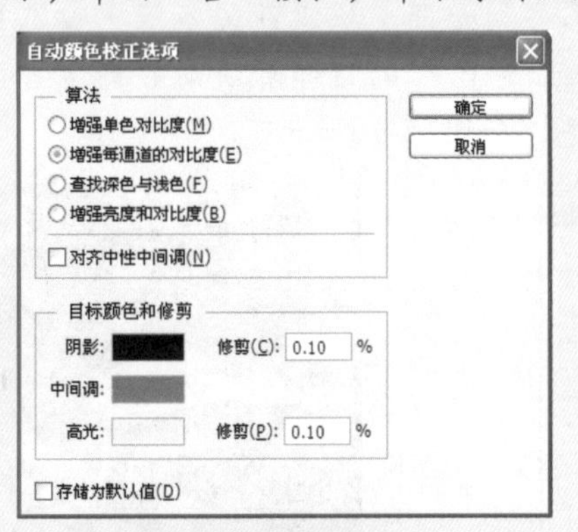


图15-18 “目标颜色和修剪”对话框

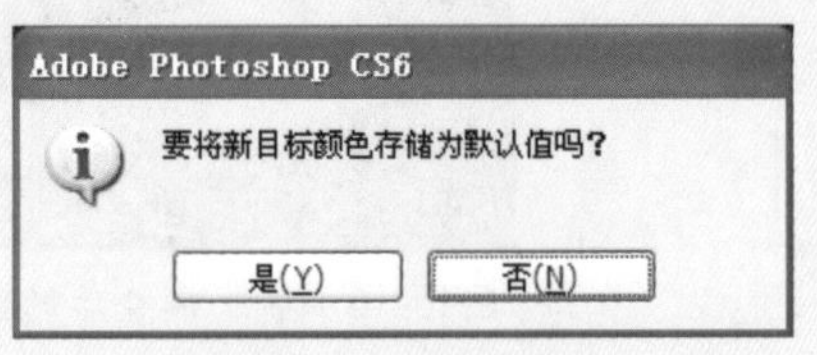


图15-19 警告对话框

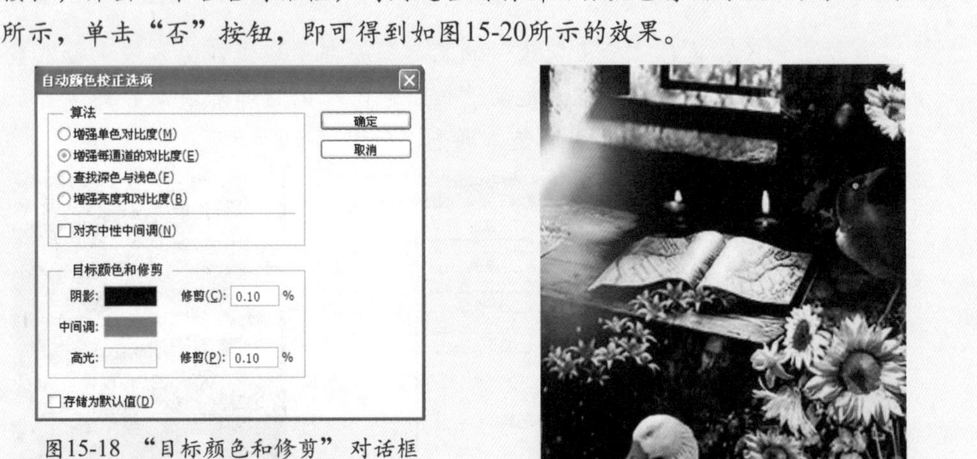

图15-20 校正颜色后的效果

- 设置黑场：选择它时在图像中单击一下，可以将图像中最暗处的色调值设置为单击处的色调值，所有比它更暗的像素都将成为黑色，如图15-21所示。
- 设置灰点：选择它时在图像中单击一下，单击处的颜色亮度将成为图像的中间色调范围的平均亮度，如图15-22所示。
- 设置白场：选择它时在图像中单击一下，可以将图像中最亮处的色调值设置为单击处的色调值，所有色调值比它大的像素都将成为白色，如图15-23所示。

**提 示**

双击对话框中各吸管工具，可以在弹出的“拾色器”中设置所需的最暗色调和最亮色调，其目的是可以使色调比较平均的图像颜色有较好的暗调和高光。

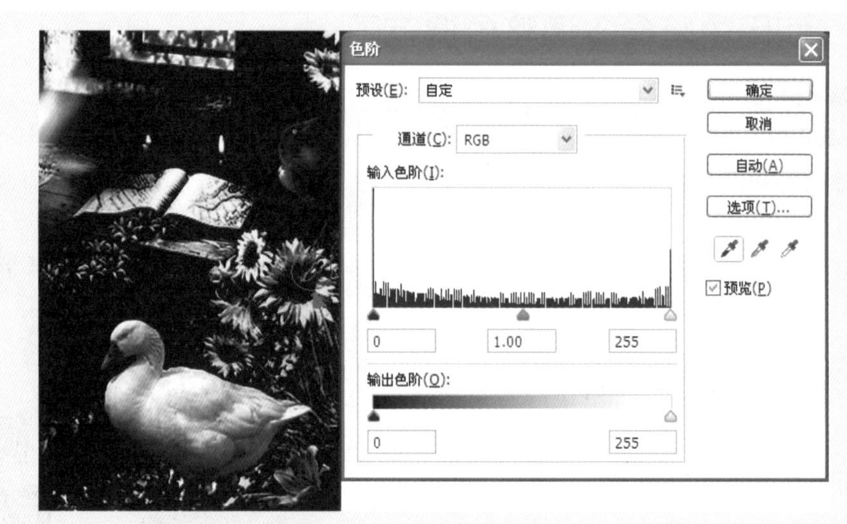


图15-21　设置黑场

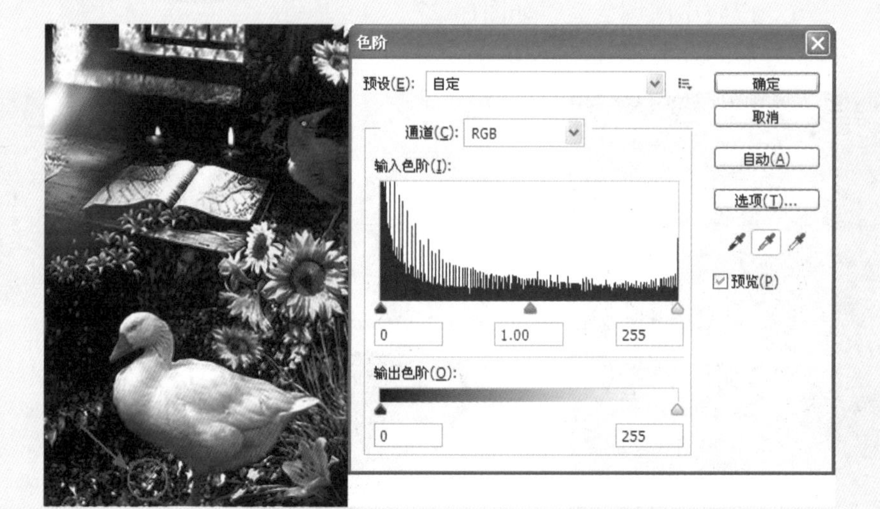


图15-22　设置灰点

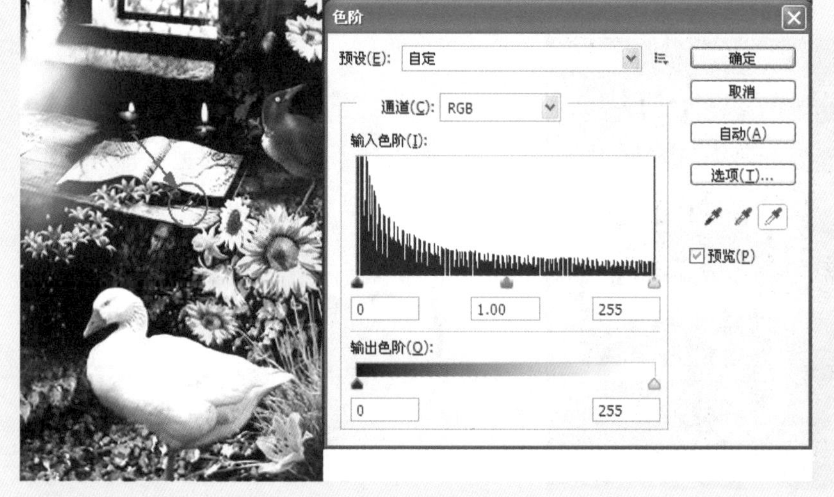


图15-23　设置白场

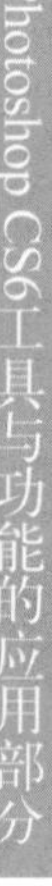

## 15.3.2 使用色阶命令调整色调范围

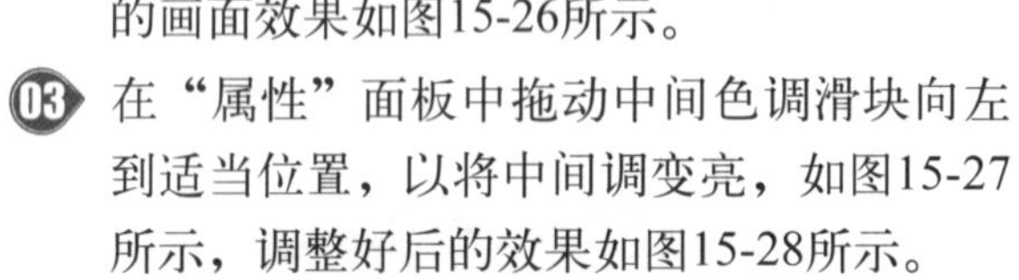

**上机实战 使用色阶命令调整色调范围**

01 从配套光盘的素材库中打开一张要调整色调的图片，如图15-24所示。

图15-24 打开的图片

02 在“图层”面板的底部单击 （创建新的填充或调整图层）按钮，并在弹出的菜单中选择“色阶”命令，接着显示“属性”面板，再在其中拖动暗部滑块向右至适当位置，如图15-25所示，以调暗图像，此时的画面效果如图15-26所示。

03 在“属性”面板中拖动中间色调滑块向左到适当位置，以将中间调变亮，如图15-27所示，调整好后的效果如图15-28所示。

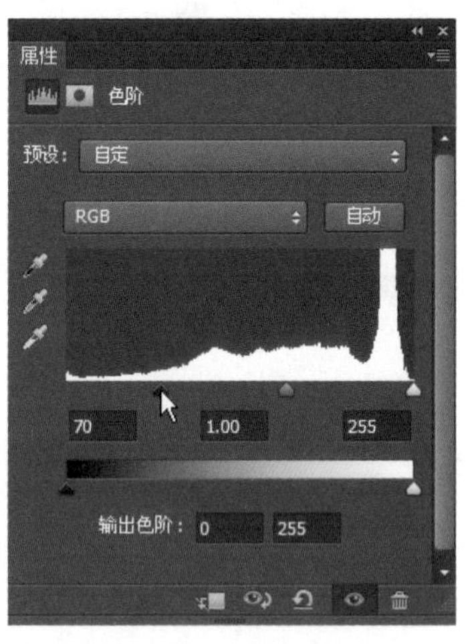


图15-25 “属性”面板

图15-26 调整后的效果

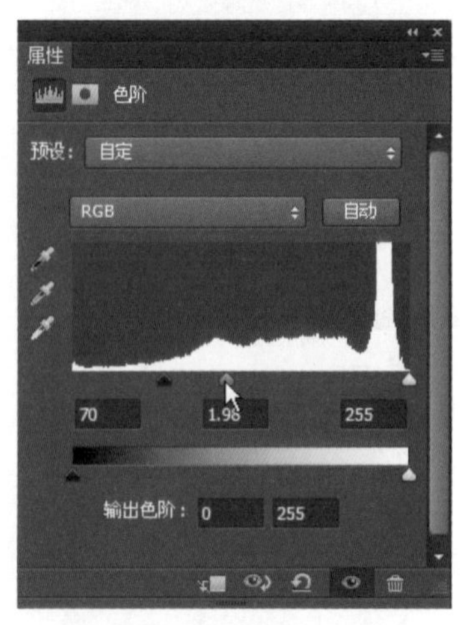


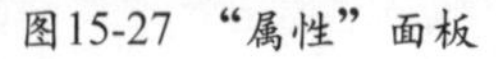

图15-27 “属性”面板

图15-28 调整后的效果

## 15.3.3 使用色阶命令校正色痕

### 上机实战 使用色阶命令校正色痕

01 在“图层”面板中双击调整图层的图层缩览图，显示“属性”面板，如图15-29所示。

02 先在“属性”面板中单击（设置灰点）按钮，再在画面中适当位置单击，如图15-30所示，即可将画面的颜色进行更改，如图15-31所示。

03 按“Ctrl”+“Z”键撤销前面一步操作，再在“属性”面板中双击（设置灰点）按钮，弹出“选择目标中间调颜色”对话框，并在其中选择所需的颜色，如图15-32所示，如果同样在画面中刚单击的地方单击，使此处的颜色为图像中中性灰色的部分，即可得到如图15-33所示的效果。

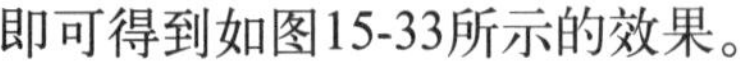

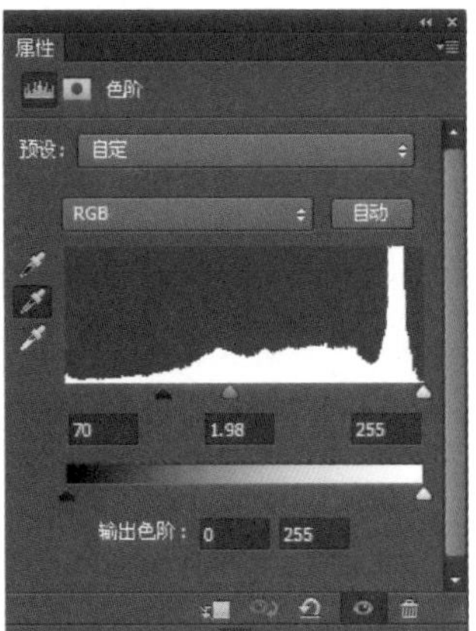

图15-29 “属性”面板

图15-30 设置灰点

图15-31 调整后的效果

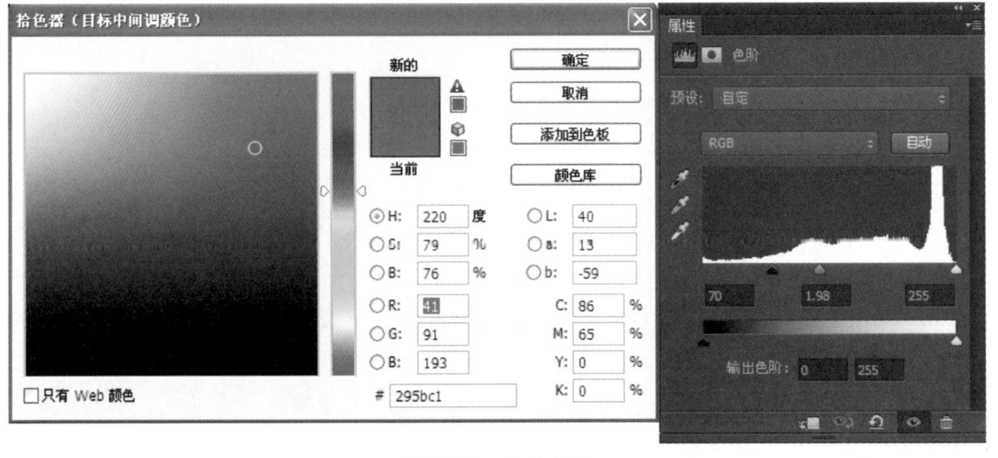

图15-32 设置颜色

图15-33　调整颜色后的效果

## 15.3.4　曲线对话框与选项说明

“曲线”命令与“色阶”命令类似，都可以调整图像的整个色调范围，是应用非常广泛的色调调整命令。不同的是“曲线”命令不仅仅使用3个变量（高光、暗调、中间调）进行调整，而且还可以调整0～255范围内的任意点，同时保持15个其他值不变。也可以使用“曲线”命令对图像中的个别颜色通道进行精确的调整。在实际运用中用得比较多。

在菜单中执行“图像”→“调整”→“曲线”命令，弹出如图15-34所示的对话框。

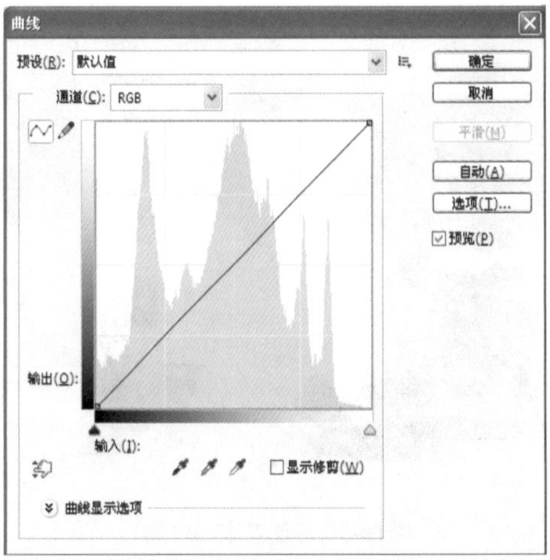

图15-34　“曲线”对话框

曲线对话框中各选项说明：

- 通道：在其下拉列表中可以选择需要调整色调的通道。如在处理某一通道色明显偏重的RGB 图像或CMYK图像时，就可以只选择这个通道进行调整，而不会影响到其他颜色通道的色调分布。
- 调整区：水平色带代表横坐标，表示原始图像中像素的亮度分布，也就是输入色阶。垂直色带代表纵坐标，表示调整后图像中像素亮度分布，也就是输出色阶，其变化范围均在0~255之间。对角线用来显示当前输入和输出数值之间的关系，调整前的曲线是一条角度为45度的直线，也就是说明所有的像素的输入与输出亮度相同。用曲线调整图像色阶的过程，也就是通过调整曲线的形状来改变输入输出亮度，从而达到更改整个图像的色阶。如果选择RGB复合通道，则对整个图像进行调整。

## 上机实战 使用曲线命令调整图像

01 从配套光盘的素材库中打开一张图片，如图15-35所示。

02 然后按“Ctrl”+“M”键执行“曲线”命令，在弹出的对话框的“通道”列表中选择RGB复合通道，在网格中的直线上单击添加一个点并向上拖到适当的位置，如图15-36所示，即可将图像调亮，如图15-37所示。

03 如果将中间添加的点向下拖则将图像调暗，如图15-38所示。

图15-35 打开的图片

图15-36 “曲线”对话框

图15-37 调整后的效果

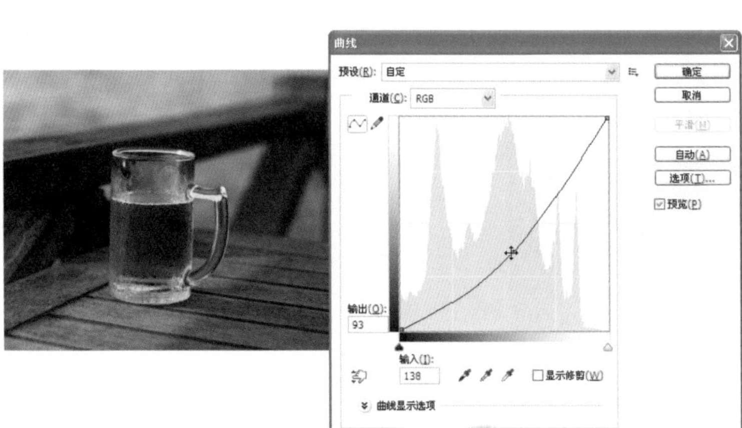


图15-38 将图像调暗

### 15.3.5 利用“曲线”命令纠正常见的色调问题

（1）如果要处理平均色调的图像，可以将曲线调为S型，使暗区更暗，亮区更亮，使图像明暗对比明显，如图15-39所示。

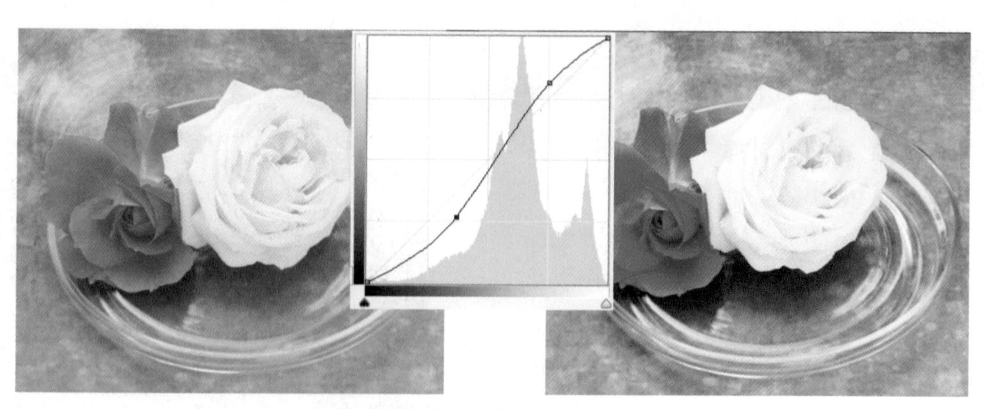

图15-39 “曲线”调整效果对比

（2）如果要处理低色调的图像，可以将曲线调为稍向上凸型，使图像各色调区按一定比例被加亮，如图15-40所示。

图15-40 “曲线”调整效果对比

（3）如果要处理高亮度的图像，可以将曲线调为稍向下凹型，使图像各色调区按一定比例被调暗，如图15-41所示。

图15-41 “曲线”调整效果对比

# 15.4 使用曝光度和HDR色调命令调整图像

## 15.4.1 使用曝光度命令调整图像

使用“曝光度”对话框可以调整 HDR 图像的色调，但它也可用于 8 位和 16 位图像。曝光度是通过在线性颜色空间（灰度系数 1.0）而不是图像的当前颜色空间执行计算而得出的。

### 上机实战　使用曝光度命令调整图像

01 从配套光盘的素材库中打开一张要处理的图片，如图15-42所示。

02 再在菜单中执行“图像”→“调整”→“曝光度”命令，弹出“曝光度”对话框，并在其中设定“曝光度”为+0.37，“灰度系数校正”为1.77，如图15-43所示，单击“确定”按钮，即可将图像的曝光度调好，效果如图15-44所示。

图15-42　打开的图片

图15-43　“曝光度”对话框

图15-44　调整曝光度后的效果

曝光度对话框中各选项说明：

- 曝光度：调整色调范围的高光端，对极限阴影的影响很轻微。
- 位移：使阴影和中间调变暗，对高光的影响很轻微。
- 灰度系数校正：使用简单的乘方函数调整图像灰度系数。负值会被视为它们的相应正值，也就是说这些值仍然保持为负，但仍然会被调整，就像它们是正值一样。
- 吸管工具：可以调整图像的亮度值（与影响所有颜色通道的“色阶”吸管工具不同）。
  - (设置黑场)吸管工具：设置“偏移量”，同时将用户单击的像素改变为零。
  - (设置白场)吸管工具：设置“曝光度”，同时将用户单击的点改变为白色（对于 HDR 图像为 1.0）。
  - (设置灰场)吸管工具：设置“曝光度”，同时将用户单击的值变为中度灰色。

**提 示**

Radiance (HDR) 是一种 32 位/通道文件格式，用于高动态范围的图像。HDR 图像的动态范围超出了标准计算机显示器的显示范围。在 Photoshop 中打开 HDR 图像时，图像可能会非常暗或出现褪色现象。Photoshop 提供了预览调整功能，可以使显示器显示的 HDR 图像的高光和阴影不会太暗或出现褪色现象。

## 15.4.2 使用HDR色调命令调整图像

使用“HDR 色调”命令可以将全范围的 HDR 对比度和曝光度设置应用于各个图像。

### 上机实战 使用HDR色调命令调整图像

01 从配套光盘的素材库中打开一张要处理的图片，如图15-45所示，在菜单中执行“图像”→“调整”→“HDR 色调”命令，弹出“HDR 色调”对话框，在其中的“预设”列表中选择饱和，如图15-46所示，此时画面已经发生了变化，图像中的颜色就变得更加饱和了，效果如图15-47所示。

02 在“HDR 色调”对话框的“预设”列表中选择超现实高对比度，画面就会显示超现实高对比度效果，如图15-48所示。

图15-45 打开的图片

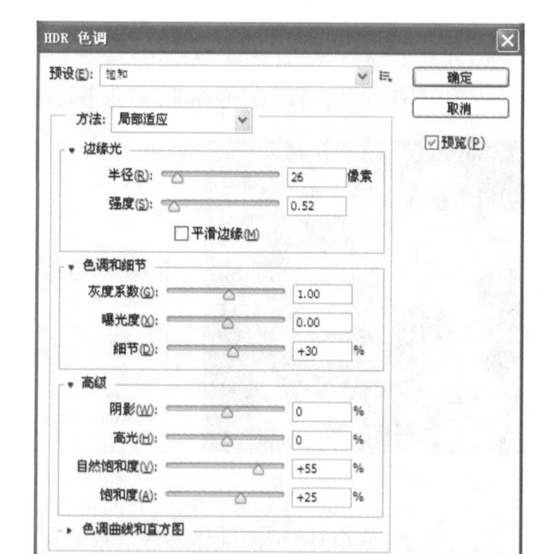


图15-46 “HDR 色调”对话框

图15-47 调整后的效果

图15-48 调整后的效果

03 在“HDR 色调”对话框的“预设”列表中选择超现实高对比度后，再设置“半径”为81像素，“强度”为1.40，“灰度系数”为1.02，“曝光度”为-0.59，“细节”为300%，“阴影”为-40%，“高光”为-78%，“饱和度”为15，其他不变，如图15-49所示，然后折叠“色调和细节”与“高级”选项，展开“色调曲线和直方图”选项，便可看到其中的曲线已经发生了变化，如图15-50所示，单击“确定”按钮得到如图15-51所示的效果。

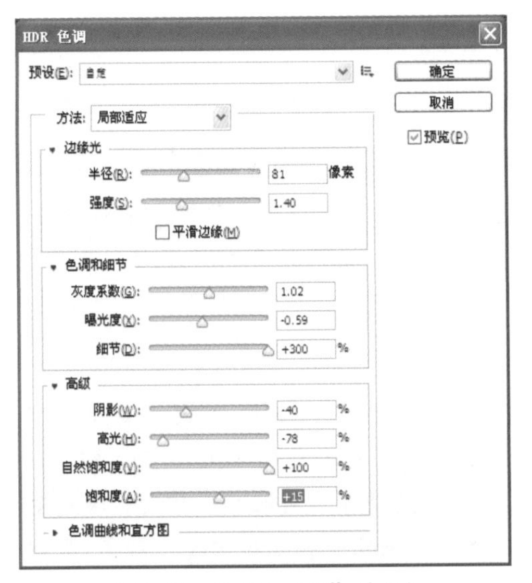


图15-49 “HDR 色调”对话框

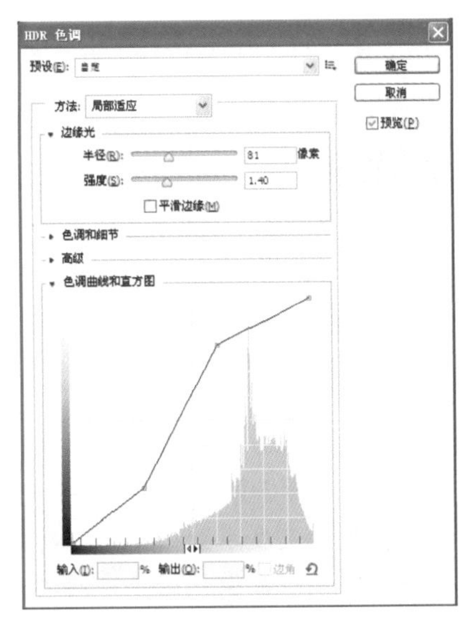


图15-50 “HDR 色调”对话框

图15-51 调整后的效果

在“HDR 色调”对话框中的“方法”下拉列表中可以选择局部适应、色调均化直方图、曝光度和灰度系数与高光压缩四种方法。

- 局部适应：通过调整图像中的局部亮度区域来调整 HDR 色调。如果选择局部适应，则其下方就会显示它的相关选项。
  - 边缘光：“半径”指定局部亮度区域的大小。“强度”指定两个像素的色调值相差多大时，它们属于不同的亮度区域。
  - 色调和细节：“灰度系数”设置为 1.0 时动态范围最大。较低的设置会加重中间调，而较高的设置会加重高光和阴影。曝光度值反映光圈大小。拖动“细节”滑块可以调整锐化程度，拖动“阴影”和“高光”滑块可以使这些区域变亮或变暗。
  - 颜色：“自然饱和度”可以调整细微颜色强度，同时尽量不剪切高度饱和的颜色。“饱和度”调整从－100（单色）～＋100（双饱和度）的所有颜色的强度。

➢ 色调曲线和直方图：在直方图上显示一条可调整的曲线（调整方法与“曲线”对话框相似），从而显示原始的32位HDR图像中的明亮度值。横轴的红色刻度线以一个EV（约为一级光圈）为增量。

**提 示**

在默认情况下，“色调曲线和直方图”可以从点到点限制所做的更改并进行色调均化。如果要移去该限制并应用更大的调整，需要在曲线上插入点之后选择“边角”选项。在插入并移动第二个点时，曲线会变为尖角。

- 色调均化直方图：自动调整压缩HDR图像动态范围的同时，它还会保留一部分对比度。对第3步调整后的图像进行色调均化直方图调整后的效果如图15-52所示。
- 曝光度和灰度系数：允许手动调整HDR图像的亮度和对比度。移动“曝光度”滑块可以调整图像明暗度，移动“灰度系数”滑块可以调整对比度。对第3步调整后的图像进行曝光度和灰度系数调整后的效果如图15-53所示。

图15-52 调整后的效果

图15-53 调整后的效果

- 高光压缩：自动调整压缩HDR图像中的高光值，使其位于8位/通道或16位/通道的图像文件的亮度值范围内。对第3步调整后的图像进行高光压缩调整后的效果如图15-54所示。

图15-54 调整后的效果

# 15.5 校正图像的色相/饱和度和颜色平衡

## 15.5.1 色相/饱和度对话框的选项说明

利用“色相/饱和度”命令可以调整整个图像或图像中单个颜色成分的色相、饱和度和明度。

在菜单中执行“图像”→“调整”→“色相/饱和度”命令，弹出如图15-55所示对话框，其中各选项说明如下：

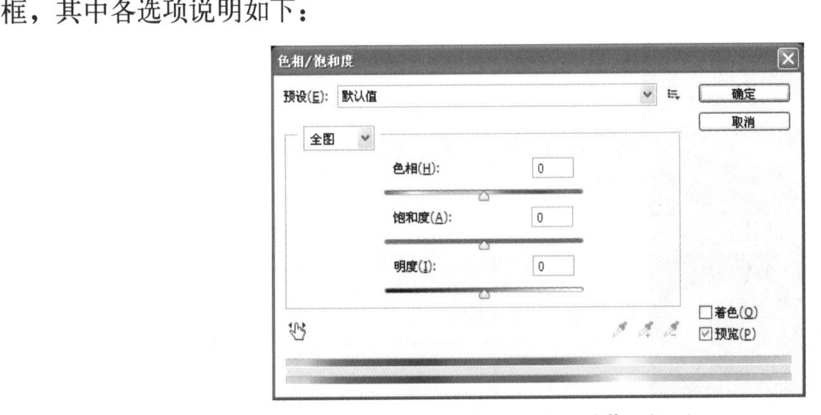


图15-55 “色相/饱和度”对话框

- 全图：在全图的下拉列表中可以选择要调整的颜色（如红色、黄色、绿色、青色、蓝色、洋红）或对全图进行调整。

  全图：选择全图可以一次性调整所有颜色。

  ➢ 如果选择其他的单色（如红色），则会在下方的两个颜色条之间出现几个滑块，同时吸管工具也成为活动显示，如图15-56所示。其中A表示调整衰减而不影响范围，B表示调整范围而不影响衰减，C表示移动整个滑块，D表示调整颜色成分的范围。

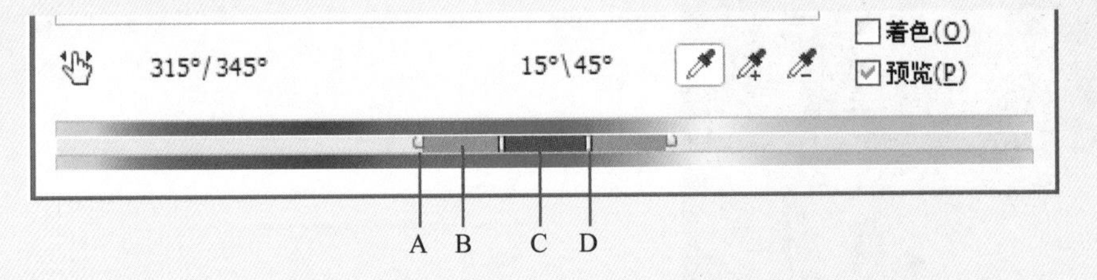


图15-56 “色相/饱和度”对话框

- 色相：是指常说的颜色，如红、橙、黄、绿、青、蓝、紫。在“色相”的文本框中输入一个数值（数值范围为－180～＋180），或拖移滑块，可以显示所需的颜色，如图15-57所示。
- 饱和度：是指一种颜色的纯度，颜色越纯，饱和度越大，否则相反，如图15-58所示。

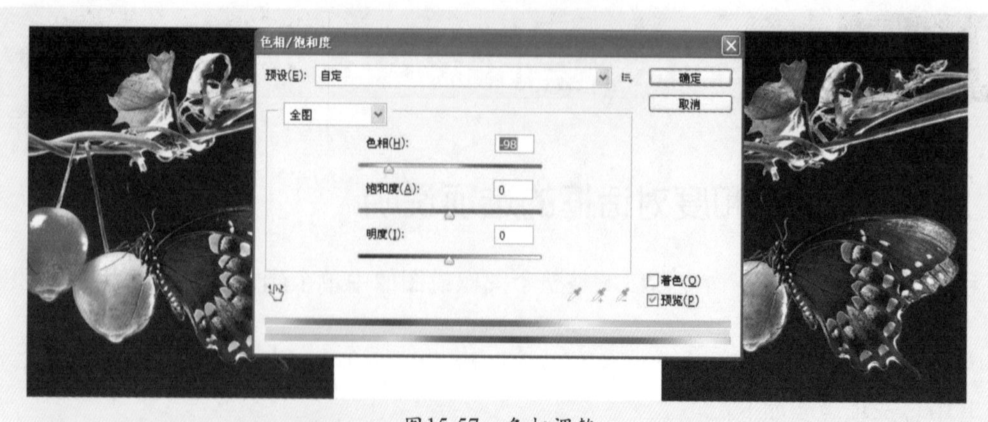

图15-57　色相调整

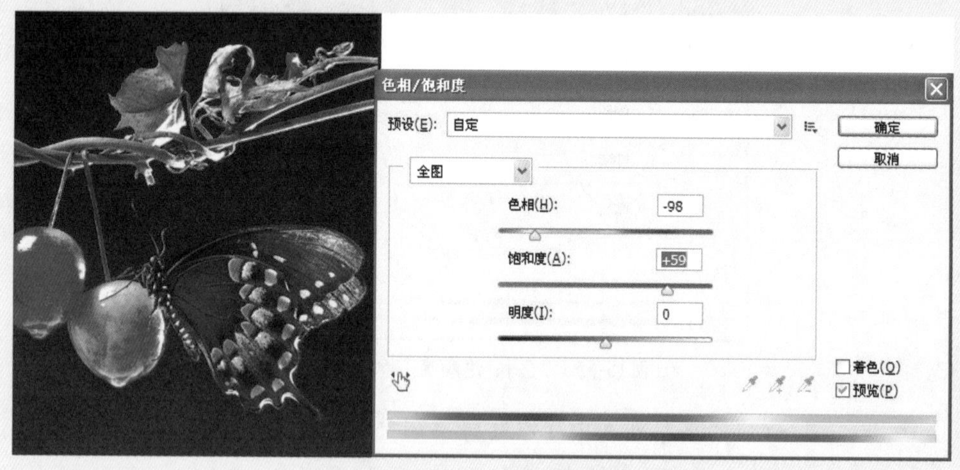

图15-58　饱和度调整

- 明度：是指色调，即图像的明暗度。将“明度”滑块向右拖移增加明度，向左拖移减少明度，也可以在文本框中输入－100～＋100之间的数值，如图15-59所示。

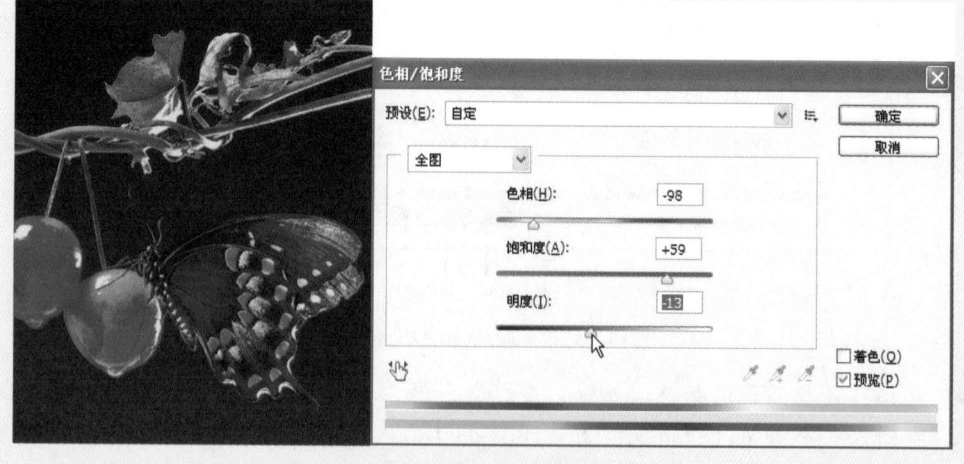

图15-59　明度调整

- 着色：如果勾选“着色”复选框，图像将被转换为当前前景色的色相，如果前景色不是黑色或白色，则每个像素的明度值不改变。

## 15.5.2 将彩色相片改为单色调相片

### 上机实战 将彩色相片改为单色调相片

01 从配套光盘的素材库中打开一张要处理的图片，如图15-60所示。

图15-60 打开的图片

02 设定前景色为#98cf78，在菜单中执行“图像”→“调整”→“色相/饱和度”命令，弹出“色相/饱和度”对话框，在其中勾选“着色”复选框，如图15-61所示，其他不变，单击“确定”按钮，即可得到如图15-62所示的效果。

图15-61 “色相/饱和度”对话框

图15-62 调整色相/饱和度后的效果

## 15.5.3 对灰度图像着色

### 上机实战 对灰度图像着色

01 从配套光盘的素材库中打开一张要处理的图片，如图15-63所示。

02 在菜单中执行“图像”→“调整”→“色相/饱和度”命令，弹出“色相/饱和度”对话框，在其中勾选“着色”复选框，再设定“色相”为17，饱和度为38，其他不变，如图15-64所示，单击“确定”按钮得到如图15-65所示的效果。

图15-63 打开的图片

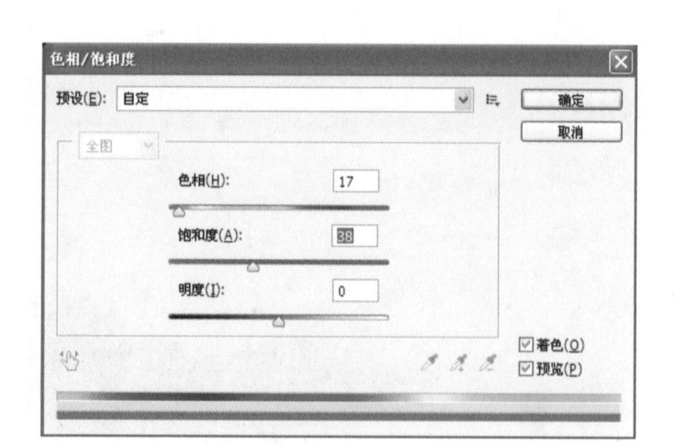


图15-64 “色相/饱和度”对话框

图15-65 调整色相/饱和度后的效果

## 15.5.4 自然饱和度

利用“自然饱和度”命令可以调整图像的颜色饱和度，可以在颜色接近最大饱和度时最大限度地减少不自然的颜色，还可以防止肤色过度饱和。

### 上机实战 调整图像的颜色饱和度

01 从配套光盘的素材库中打开一张要处理的图片，如图15-66所示。

02 在这里主要是降低图像的饱和度。在菜单中执行“图像”→“调整”→“自然饱和度”命令，弹出“自然饱和度”对话框，在其中设置“自然饱和度”为－75，“饱和度”为－8，其他不变，如图15-67所示，单击“确定”按钮，即可得到如图15-68所示的效果。

图15-66 打开的图片

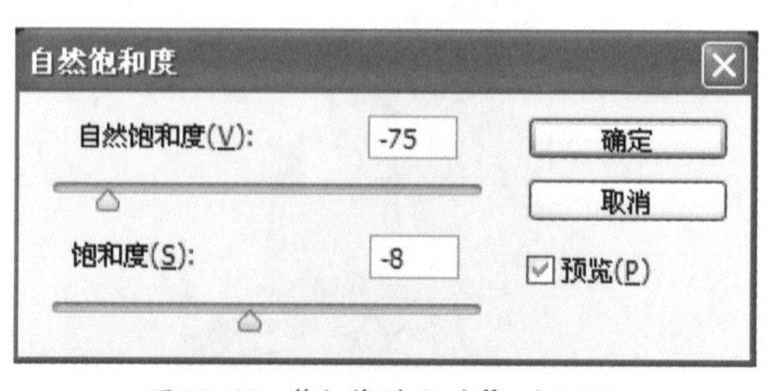


图15-67 “自然饱和度”对话框

图15-68 调整自然饱和度后的效果

"自然饱和度"对话框中选项说明：

- 自然饱和度：是指一种颜色的纯度，颜色越纯，饱和度越大，否则相反。

## 15.5.4 色彩平衡

利用"色彩平衡"命令可以更改图像的总体颜色混合，但它只适用于普通的色彩校正，而且要确保在"通道"面板中选中了复合通道，如图15-69所示。

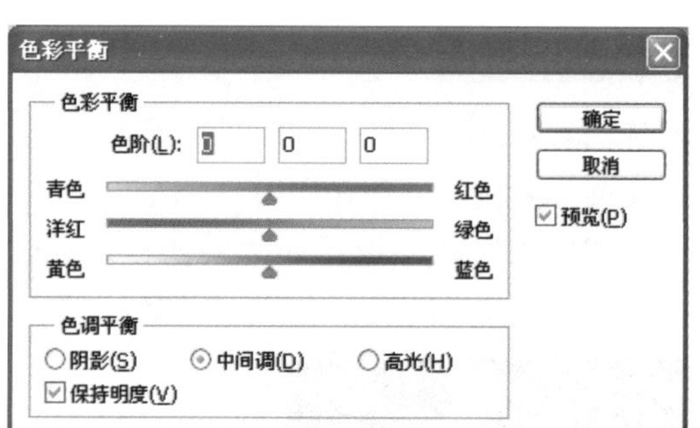
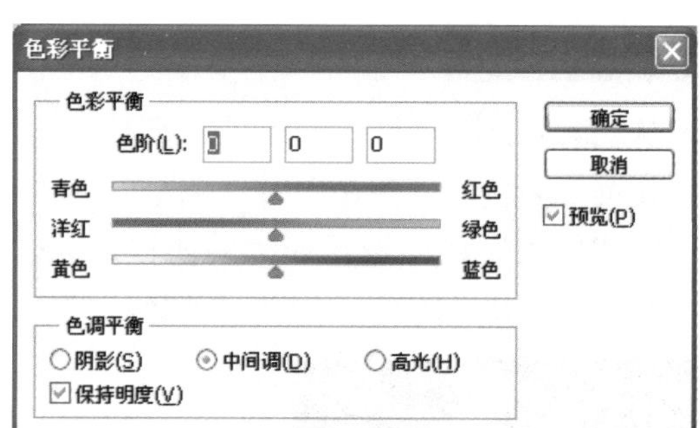


图15-69 "色彩平衡"对话框

### 上机实战 校正图像的色彩

01 从配套光盘的素材库中打开一张图片，如图15-70所示。

02 在菜单中执行"图像"→"调整"→"色彩平衡"命令，弹出"色彩平衡"对话框，在"色调平衡"栏中选择"中间调"，然后在"色彩平衡"栏中调整图像色彩平衡度，可以在"色阶"的文本框中输入所需的数值，也可以拖动下方的颜色滑块，勾选"保持明度"复选框，如图15-71所示，单击"确定"按钮，即可得到如图15-72所示的效果。

图15-70 打开的图片

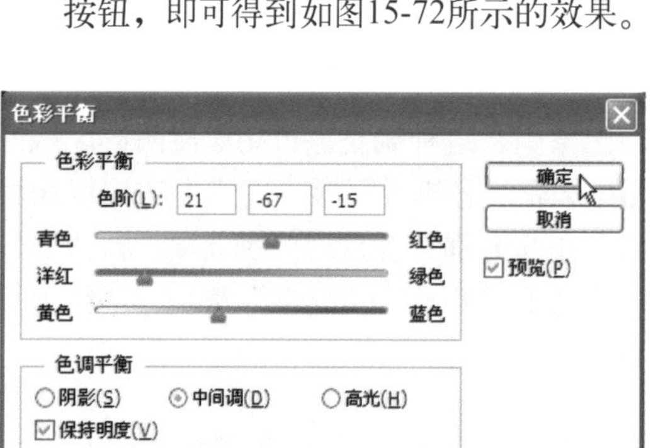


图15-71 "色彩平衡"对话框

图15-72 调整色彩平衡后的效果

**提 示**

勾选"保持明度"选项可以防止图像的亮度值随颜色的更改而改变。该选项可以保持图像的色调平衡。

### 15.5.5 照片滤镜

使用“照片滤镜”命令可以模仿在相机镜头前面加彩色滤镜，以便调整通过镜头传输光的色彩平衡和色温，使胶片曝光的现象。

**上机实战　使用照片滤镜调整图像**

01 从配套光盘的素材库中打开一张图片，如图15-73所示。

02 在菜单中执行“图像”→“调整”→“照片滤镜”命令，弹出“照片滤镜”对话框，在“使用”栏中选择所需的滤镜，如“冷却滤镜”，设定“浓度”为25%，其他不变，如图15-74所示，单击“确定”按钮，即可得到如图15-75示的效果。

图15-73　打开的图片

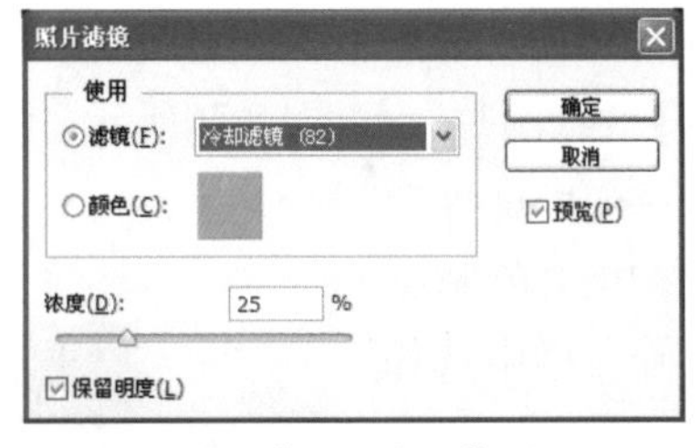


图15-74　“照片滤镜”对话框

图15-75　添加照片滤镜后的效果

## 15.6 调整图像的阴影/高光

“阴影/高光”命令适用于校正由强逆光而形成剪影的照片，或者校正由于太接近相机闪光灯而有些发白的焦点。在用其他方式采光的图像中，这种调整也可用于使阴影区域变亮。“阴影/高光”命令不是简单地使图像变亮或变暗，它基于阴影或高光中的周围像素（局部相邻像素）增亮或变暗。正因为如此，阴影和高光都有各自的控制选项。默认值设置为修复具有逆光问题的图像。“阴影/高光”命令还有“中间调对比度”滑块、“修剪黑色”选项和“修剪白色”选项，用于调整图像的整体对比度。

**上机实战　调整图像的阴影/高光**

01 从配套光盘的素材库中打开一张图片，如图15-76所示。

02 在菜单中执行“图像”→“调整”→“阴影/高光”命令，弹出“阴影/高光”对话框，在其中设定阴影的“数量”为89%，“色调宽度”为60%，在“调整”栏中设置“颜色校正”为+20，“中间调对比度”为0，如图15-77所示，单击“确定”按钮，即可将照片的色调与颜色校正好，效果如图15-78所示。

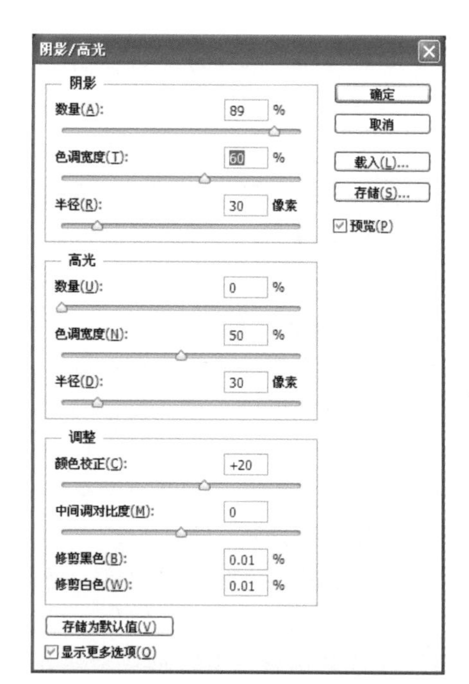

图15-76　打开的图片

图15-77　“阴影/高光”对话框

图15-78　调整阴影/高光后的效果

“阴影/高光”对话框中各选项说明：

- 色调宽度：控制阴影或高光中色调的修改范围。较小的值会限制只对较暗区域进行阴影校正的调整，并只对较亮区域进行“高光”校正的调整。较大的值会增大将进一步调整为中间调的色调范围。色调宽度因图像而异。值太大可能会导致非常暗或非常亮的边缘周围出现色晕。
- 半径：控制每个像素周围的局部相邻像素的大小。相邻像素用于确定像素是在阴影还是在高光中。向左移动滑块会指定较小的区域，向右移动滑块会指定较大的区域。局部相邻像素的最佳大小取决于图像，最好通过调整进行试验。如果“半径”太大，则调整倾向于使整个图像变亮（或变暗），而不是只使主体变亮。最好将半径设置为与图像中所关注主体的大小大致相等。
- 色彩校正：允许在图像的已更改区域中微调颜色，此调整仅适用于彩色图像。通常情况下，增大这些值倾向于产生饱和度较大的颜色，而减小这些值则会产生饱和度较小的颜色。

- 注意：由于“色彩校正”滑块只影响图像中发生更改的部分，因此颜色的变化量取决于应用了多少阴影或高光。阴影和高光的校正幅度越大，可用颜色校正的范围也就越大。“色彩校正”滑块对图像中变暗或变亮的颜色应用精细的控制。如果想要更改整个图像的色相或饱和度，可以在应用“阴影/高光”命令之后使用“色相/饱和度”命令。
- 亮度：当图像为灰度图像时，“色彩校正”选项就变为“亮度”选项，拖动“亮度”滑块可调整灰度图像的亮度。向左移动“亮度”滑块会使灰度图像变暗，向右移动该滑块会使灰度图像变亮。
- 中间调对比度：调整中间调中的对比度。向左移动滑块会降低对比度，向右移动会增加对比度。也可以在“中间调对比度”文本框中输入一个值。负值会降低对比度，正值会增加对比度。增大中间调对比度会在中间调中产生较强的对比度，同时倾向于使阴影变暗并使高光变亮。
- 修剪黑色和修剪白色：指定在图像中会将多少阴影和高光剪切到新的极端阴影（色阶为 0）和高光（色阶为 255）颜色。值越大，生成的图像的对比度越大。如果剪贴值太大就会减小阴影或高光的细节（强度值会被作为纯黑或纯白色剪切并渲染）。



# 15.7 匹配、替换和混合颜色

## 15.7.1 匹配颜色

使用“匹配颜色”命令可以匹配不同图像之间、多个图层之间或者多个颜色选区之间的颜色。它还允许用户通过更改亮度和色彩范围以及中和色痕来调整图像中的颜色。“匹配颜色”命令仅适用于RGB模式。当用户使用“匹配颜色”命令时，指针将变成吸管工具。在调整图像时，使用吸管工具可以在“信息”面板中查看颜色的像素值。此面板会在用户使用“匹配颜色”命令时向用户提供有关颜色值变化的反馈。

### 上机实战 匹配颜色

（1）在不同图像中匹配颜色

01 从配套光盘的素材库中打开两张照片，并以“022.psd”文件为当前可用文件，如图15-79所示。

02 在菜单中执行“图像”→“调整”→“匹配颜色”命令，弹出“匹配颜色”对话框，在其中的“源”下拉列表中选择“022-1.psd”，其他为默认值，如图15-80所示，单击

"确定"按钮，即可将"022-1.psd"文件与"022.psd"文件的颜色进行匹配，效果如图15-81所示。

图15-79 打开的照片

图15-80 "匹配颜色"对话框

图15-81 匹配颜色后的效果

(2) 在同一图像中匹配颜色

03 从配套光盘的素材库中打开一个要匹配颜色的文件，如图15-82所示，在"图层"面板中选择要改变颜色的图层，如图15-83所示。

04 在菜单中执行"图像"→"调整"→"匹配颜色"命令，弹出"匹配颜色"对话框，在其中的"源"下拉列表中选择"023.psd"，再在"图层"下拉列表中选择背景，如图15-84所示，单击"确定"按钮，即可将"图层2"与"背景"中的颜色进行匹配，匹配颜色后的效果如图15-85所示。

图15-82 打开的文件

图15-83 “图层”面板

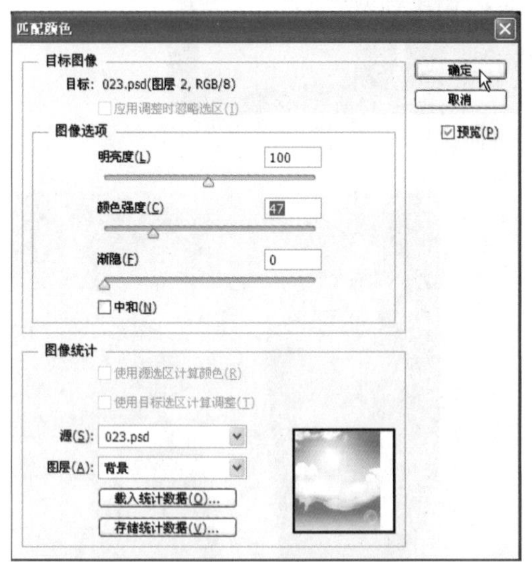


图15-84 “匹配颜色”对话框

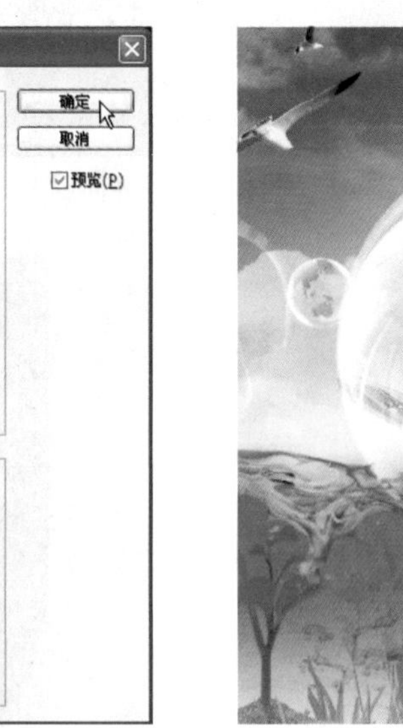

图15-85 匹配颜色后的效果

## 15.7.2 替换颜色

利用“替换颜色”命令可以在图像中基于特定颜色创建一个临时的蒙版，然后替换图像中的那些颜色。也可以设置由蒙版标识的区域的色相、饱和度和明度，如图15-86所示。其中各选项说明如下：

- 选区：在此栏中可以设置颜色容差、选区颜色和显示选项。
  - 吸管工具：选择一种吸管工具，在图像中单击，可以确定以何种颜色建立蒙版。吸管可以用于增大蒙版（即选区），也可用于去掉多余的蒙版区域。
  - 选区：选择“选区”单选框可以在预览框中显示蒙版。被蒙版区域是黑色，不被蒙版区域是白色。部分被蒙版区域（覆盖有半透明蒙版）会根据它的不透明度不同而显示不同的灰色色阶。

➢ 图像：选择“图像”单选框可以在预览框中显示图像，如图15-87所示。在处理放大的图像或屏幕空间不够时，该选项非常有用。

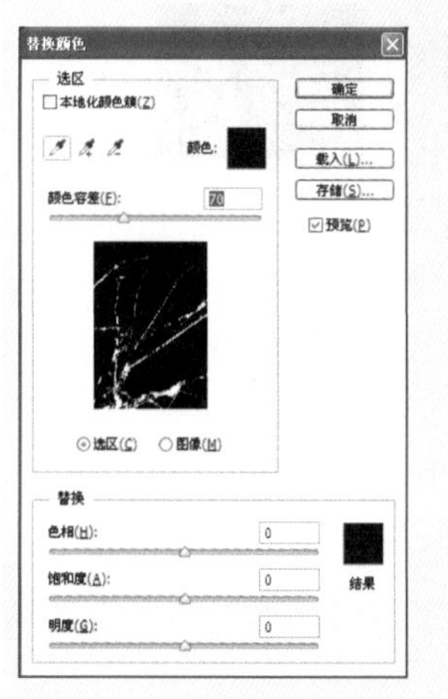

图15-86 “替换颜色”对话框

图15-87 “替换颜色”对话框

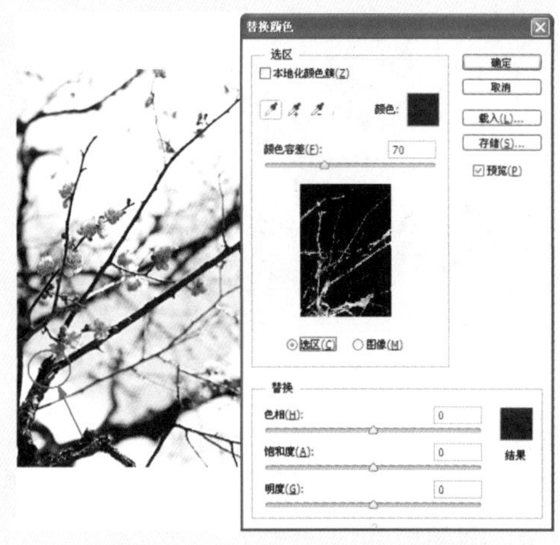

图15-88 吸取一种颜色以建立蒙版

➢ 颜色容差：通过拖移“颜色容差”滑块或在文本框中输入一个数值来调整蒙版的容差。使用吸管工具在图像中吸取一种颜色以建立蒙版，如图15-88所示，拖动颜色容差滑块向右添加蒙版区域，如图15-89所示，向左拖移滑块减少蒙版区域，如图15-90所示。

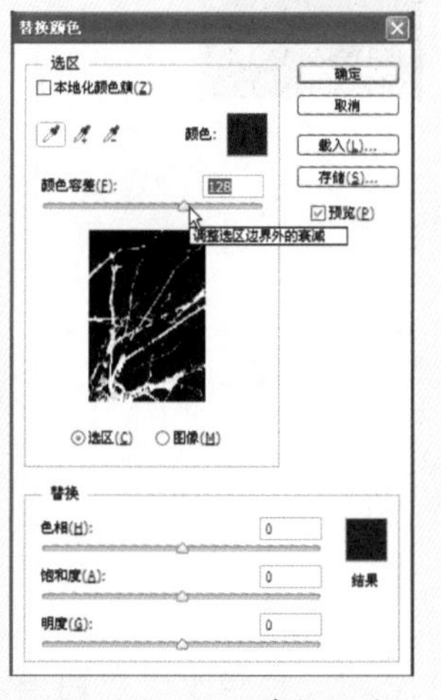

图15-89 添加蒙版区域

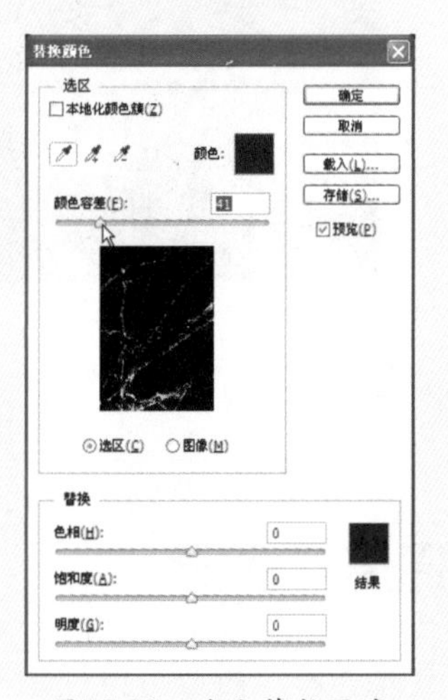

图15-90 减少蒙版区域

● 替换：通过拖移色相、饱和度和明度的滑块来变换图像中所选区域的颜色。

## 上机实战 为图像替换颜色

01 从配套光盘的素材库中打开一张图片，如图15-91所示，在菜单中执行“图像”→“调整”→“替换颜色”命令，弹出“替换颜色”对话框，然后在图像中吸取颜色，预览窗口中就显示出该颜色的蒙版区域，如图15-92所示。

图15-91　打开的图片

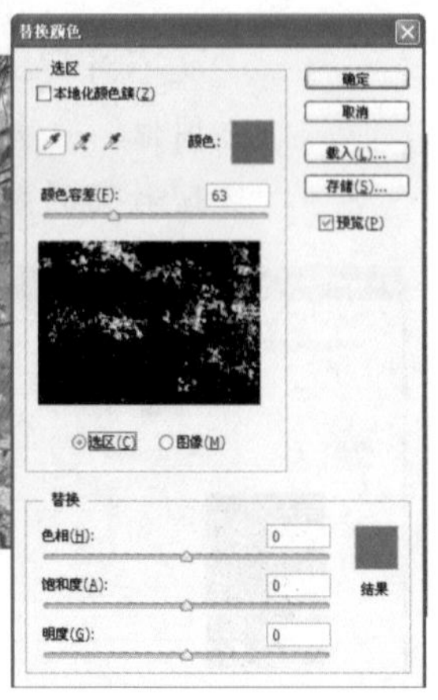


图15-92　在图像中吸取颜色

02 在“替换颜色”对话框中拖动“颜色容差”滑块到63处，在“替换”栏中设定“色相”为+54，“饱和度”为+9，如图15-93所示，单击“确定”按钮，即可将所选区域的颜色替换。

图15-93　替换颜色

## 15.7.3　通道混合器

利用“通道混合器”命令可以使用当前颜色通道的混合修改颜色通道。在使用该命令时要选择复合通道。使用该命令可以完成下列操作：

（1）进行富有创意的颜色调整，所得的效果是用其他颜色调整工具不易实现的。

（2）从每个颜色通道选取不同的百分比，来创建高品质的灰度图像。

（3）创建高品质的棕褐色调或其他彩色图像。

（4）在替代色彩空间（如数字视频中使用的YCbCr）中转换图像。

（5）交换或复制通道。

在菜单中执行“图像”→“调整”→“通道混和器”命令，弹出如图15-94所示的对话框，其中各选项说明如下：

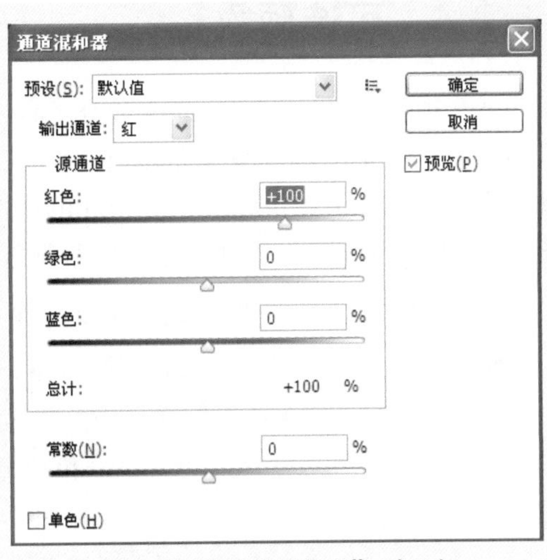


图15-94 “通道混和器”对话框

- 输出通道：在该下拉列表中可以选取要在其中混合一个或多个现有（或源）通道的通道。
- 源通道：向左或向右拖动任何源通道的滑块可以减小或增加该通道在输出通道中所占的百分比，或在文本框中输入一个介于－200%～＋200%之间的数值来达到同种效果。使用负值可以使源通道在被添加到输出通道之前反相。
- 常数：该选项可以添加具有各种不透明度的黑色或白色通道－，负值表示黑色通道，正值表示白色通道。可以通过拖移滑块或在“常数”文本框中输入数值来达到目的。
- 单色：勾选“单色”可以将相同的设置应用于所有输出通道，从而创建出只包含灰色值的图像。

**提 示**

如果先勾选“单色”复选框，然后再取消它的勾选，则可以单独修改每个通道的混合，这将创建一种手绘色调的外观。

在菜单中执行“图像”→“调整”→“通道混和器”命令，弹出“通道混和器”对话框，在“输出通道”下拉列表中选择“绿”通道，设置“源通道”的“红色”为+90，“绿色”为－75，“蓝色”为+85，其他为默认值，如图15-95所示单击“确定”按钮，得到如图15-96所示的效果。

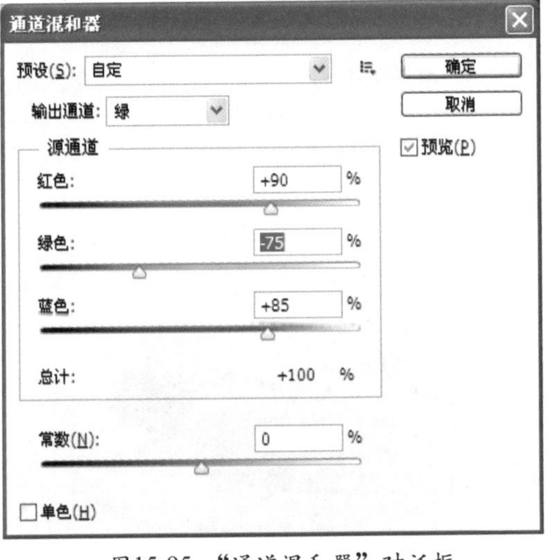


图15-95 “通道混和器”对话框

图15-96 调整颜色后的效果

## 15.7.4 可选颜色

可选颜色校正是高端扫描仪和分色程序使用的一项技术，它在图像中的每个加色和减色的原色图素中增加和减少印刷色的量。“可选颜色”使用 CMYK 颜色校正图像，也可以用于校正 RGB 图像以及将要打印的图像。在校正图像时需要确保选择了复合通道，如图15-97所示为可选颜色对话框，其中各选项说明如下：

- 颜色：在“颜色”下拉列表中选择要调整的颜色。
- 方法：在此选择调整颜色的方法，如相对或绝对。
  - ➢ 相对：按照总量的百分比更改现有的青色、洋红、黄色或黑色的量。例如，如果用户从 50% 洋红的像素开始添加 20%，则 10%（50%×20% = 10%）将添加到洋红，结果为 60% 的洋红。该选项不能调整纯反白光，因为它不包含颜色成分。
  - ➢ 绝对：按绝对值调整颜色。例如，如果从 50% 的洋红的像素开始添加 20%，则洋红油墨的总量将设置为 70%。

从配套光盘的素材库中打开一张图片，如图15-98所示，在菜单中执行“图像”→“调整”→“可选颜色”命令，弹出“可选颜色”对话框，在“颜色”下拉列表中选择黄色，然后拖动“青色”滑块至－100处，拖动“洋红”滑块到＋100处，拖动“黄色”滑块到＋100处，如图15-99所示，单击“确定”按钮，即可得到如图15-100所示的效果。

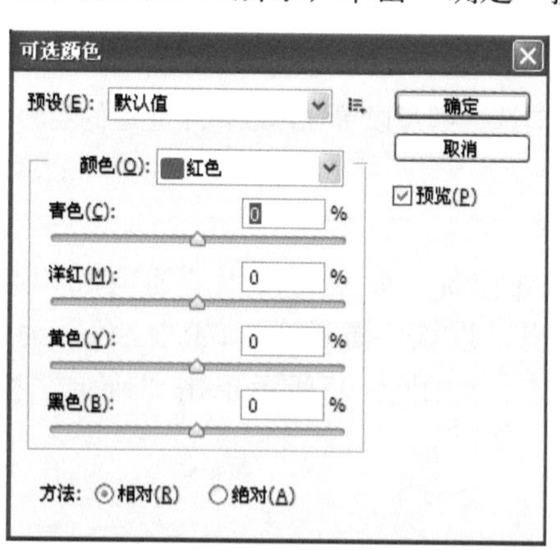


图15-97 “可选颜色”对话框

图15-98 打开的图片

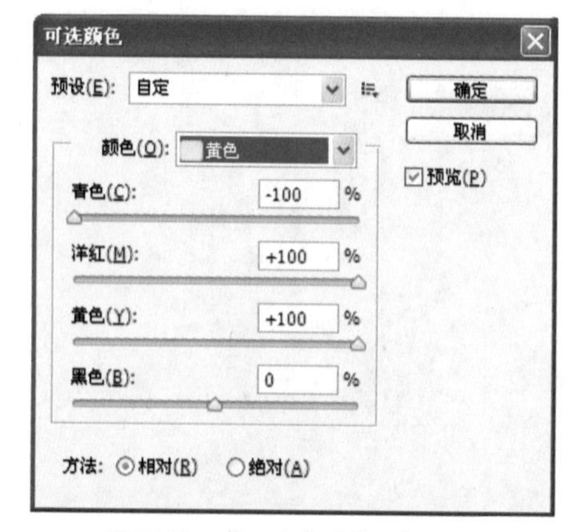


图15-99 “可选颜色”对话框

图15-100 调整颜色后的效果

# 15.8 快速调整图像

## 15.8.1 亮度/对比度

利用“亮度/对比度”命令可以对图像的色调范围进行简单的调整。它与“曲线”和“色阶”不同，它对图像中的每个像素进行同样的调整。“亮度/对比度”命令对单个通道不起作用，一般不用于高端输出，因为它会引起图像中细节的丢失。

### 上机实战 使用亮度/对比度调整图像

01 从配套光盘的素材库中打开一张图片，如图15-101所示。

图15-101 打开的图片

02 在菜单中执行“图像”→“调整”→“亮度/对比度”命令，弹出如图15-102所示的对话框，为了增加图像的亮度和对比度，设置“亮度”为36，“对比度”为−42，单击“确定”按钮得到如图15-103所示的效果。

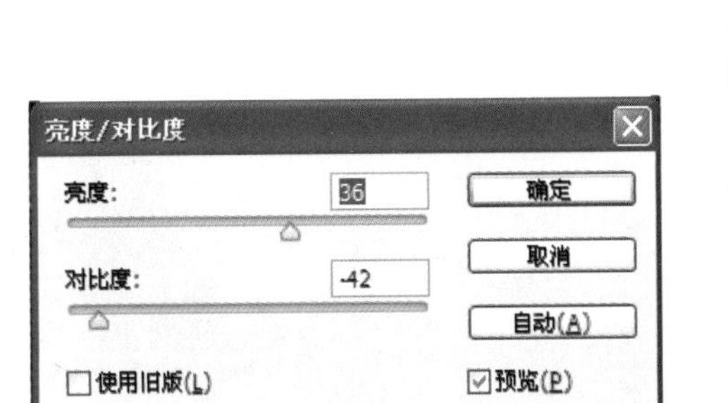


图15-102 “亮度/对比度”对话框

图15-103 调整后的效果

**提 示**

向左拖移降低亮度和对比度，也可在文本框中输入亮度或对比度值，数值范围可以从−100~+100。

## 15.8.2 自动色调

利用“自动色调”命令可以自动调整图像的明暗度。可以自定义每个通道中最亮和最暗的像素作为白和黑，然后按比例重新分布中间像素值。因为“自动色调”单独调整每个颜色通道，所以可能会消除或引入色偏。

在像素值平均分布的图像需要简单的对比度调整时或在图像有总体色偏时，“自动色调”会得到较好的效果。但是，手动调整“色阶”或“曲线”控制会更精确。

如图15-104、图15-105所示分别为原图像和通过自动色调调整后的图像。

图15-104　原图像

图15-105　自动色调调整后的效果

## 15.8.3　自动对比度

利用“自动对比度”命令可以自动调整 RGB 图像中颜色的总体对比度和混合。因为“自动对比度”不个别调整通道，所以不会引入或消除色偏。它将图像中的最亮和最暗像素映射为白色和黑色，使高光显得更亮而暗调显得更暗。如图15-106、图15-107所示分别为原图像和通过自动对比度调整后的图像。

图15-106　原图像

图15-107　通过自动对比度调整的效果

利用“自动对比度”命令还可以改进许多摄影或连续色调图像的外观，但不能改进单色图像。

## 15.8.4　自动颜色

利用“自动颜色”命令可以通过搜索实际图像来调整图像的对比度和颜色。如图15-108、

图15-109所示分别为原图像和通过自动颜色调整后的图像。

图15-108　原图像

图15-109　通过自动颜色调整的效果

## 15.8.5　变化

“变化”命令通过显示替代物的缩览图，使用户可以直观地对图像进行色彩平衡、对比度、饱和度调整。 该命令对于不需要精确色彩调整的平均色调图像最为适用，但不能用在索引颜色图像上。执行“变化”命令弹出如图15-110所示的对话框，其中各选项说明如下：

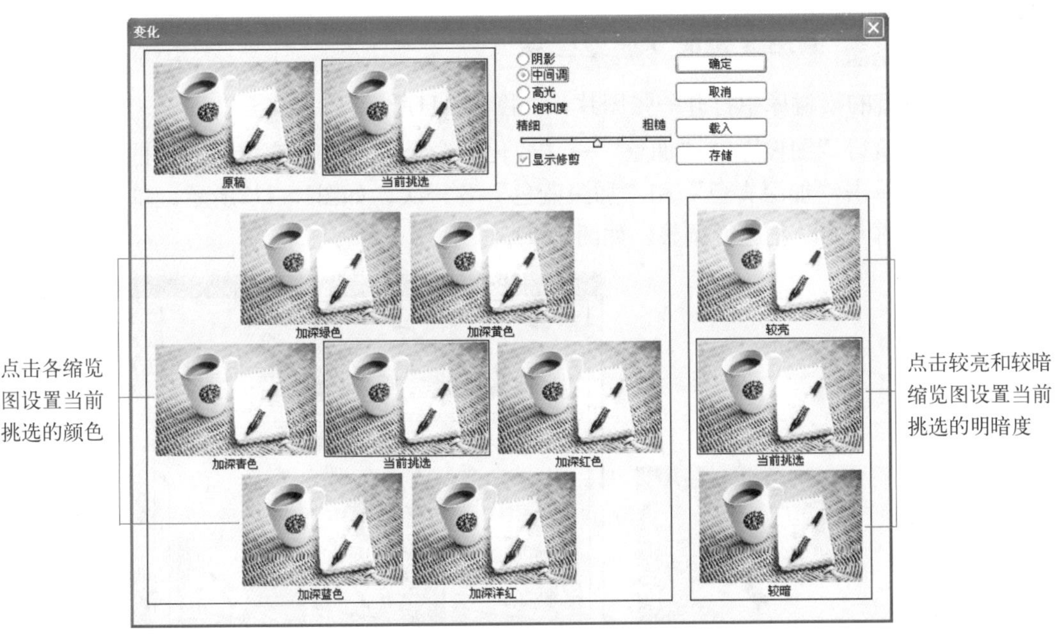


图15-110　“变化”对话框

- 原稿/当前挑选：对话框左上角的两个缩览图为“原稿”和“当前挑选”，显示原始图像或选区和当前所选图像调整后的图像。当第一次打开“变化”对话框时，这两个缩览图是一样的，进行调整时，“当前挑选”图像就会随着调整的进行发生变化。通过这两个缩览图可以直观地看到对比调整前与调整后的效果。如果在“原稿”缩览图上单击，则会把“当前挑选”——即调整后的缩览图，恢复为原图像一样的效果。

- 缩览图：在对话框的左下方有7个缩览图，中间的“当前挑选”与左上角的“当前挑选”的作用相同，用于显示调整后的效果。其周围的6个缩览图是分别用来改变图像的6种颜色，只要单击其中任意一个缩览图，即可将该颜色添加到当前挑选缩览图中，单击其相反的缩览图，则会减去一种颜色。对话框右下方的3个缩览图，主要用于调整图像的明暗度，调整后的效果显示在“当前挑选”缩览图中。
- 阴影/中间色调/高光：选择其中任一作为调整的色调区，它们分别调整较暗区域、中间区域、较亮区域。
- 饱和度：更改图像中的色相的饱和度数。如果超出了最大的颜色饱和度，则颜色可能被剪切。
- 精细/粗糙：拖移“精细/粗糙”滑块确定每次调整的量。将滑块移动一格可使调整量双倍增加。如果将滑块拖动到“精细”端点处，则每次单击缩览图调整时的变化很微妙。如果将滑块拖动到“粗糙”端点处，则每次单击缩览图调整时的变化很明显。
- “显示修剪”：选择该选项，可以在图像中显示由调整功能剪切（转换为纯白或纯黑）的区域的预览效果。剪贴会产生用户不想要的颜色变化，因为原图像中截然不同的颜色被映射为相同的颜色。调整中间调时不会发生剪贴。

## 上机实战 使用变化命令调整图像

01 从配套光盘的素材库中打开一张图片，如图15-111所示。

02 在菜单中执行“图像”→“调整”→“变化”命令，弹出“变化”对话框，在调整颜色区分别单击“加深青色”和“加深蓝色”各一次，如图15-112所示，单击“确定”按钮将原图像的颜色进行调整，如图15-113所示。

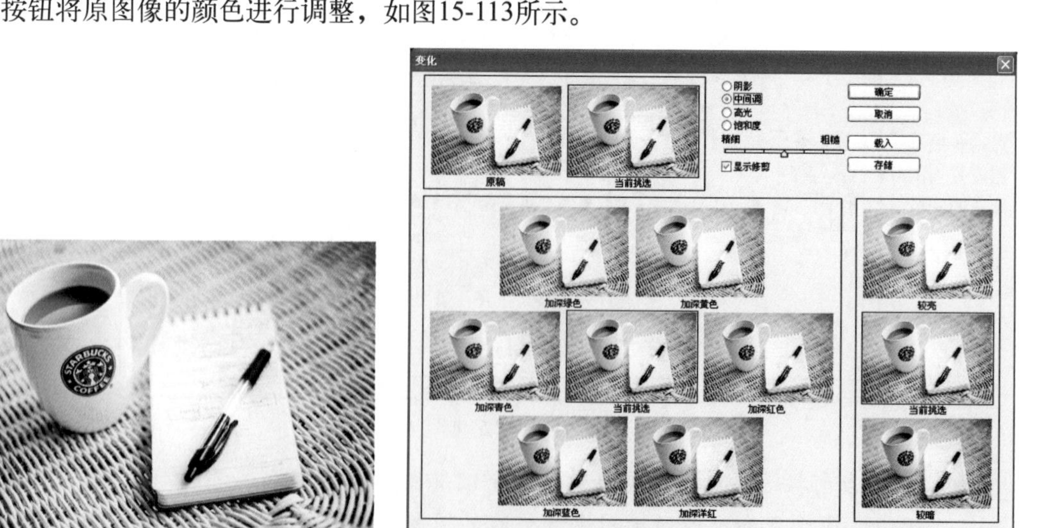

图15-111 打开的图片

图15-112 “变化”对话框

图15-113 调整颜色后的效果

### 15.8.6 色调均化

利用“色调均化”命令可以重新分布图像中像素的亮度值，以便使它们更均匀地呈现所有范围的亮度级。在应用此命令时，Photoshop会查找复合图像中最亮和最暗的值并重新映射这些值，以使最亮的值表示白色，最暗的值表示黑色，然后对亮度进行色调均化处理，即在整个灰度范围内均匀分布中间像素值。

当扫描的图像显得比原稿暗，并且用户想产生较亮的图像时，可以使用“色调均化”命令。配合使用“色调均化”命令和“直方图”命令，可以看到调整亮度后的前后比较。

如图15-114、图15-115所示分别为原图像与色调均化后的图像。

图15-114 原图像

图15-115 色调均化后的图像

## 15.9 对图像进行特殊颜色处理

### 15.9.1 去色

利用“去色”命令可以将彩色图像转换为相同颜色模式下的灰度图像，每个像素的明度值不改变。例如，它给 RGB 图像中的每个像素指定相等的红色、绿色和蓝色值，使图像表现为灰度，如图15-116、图15-117所示。在处理多图层图像时，“去色”命令只转换所选图层。

图15-116 原图像

图15-117 去色后的图像

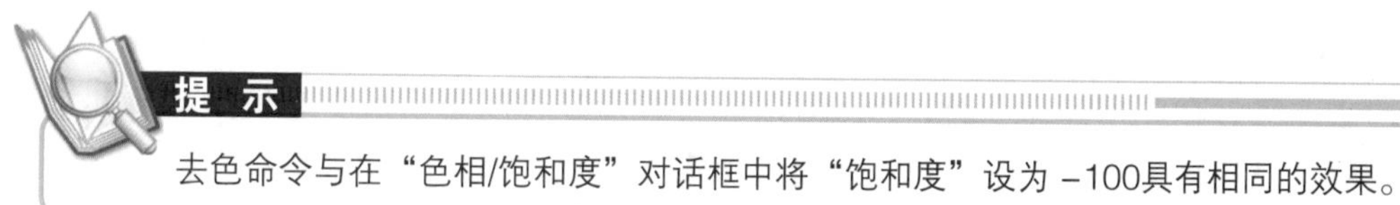

**提 示**

去色命令与在“色相/饱和度”对话框中将“饱和度”设为 –100具有相同的效果。

## 15.9.2 反相

利用“反相”命令可以反转图像中的颜色。在反相图像时，通道中每个像素的亮度值将转换为256级颜色值刻度上相反的值。可以使用此命令将一个正片图像变成负片，或从扫描的负片得到一个正片。

如图15-118、图15-119所示分别为原图像和反相后的效果。

图15-118 原图像

图15-119 反相后的效果

## 15.9.3 阈值

利用“阈值”命令可以将灰度或彩色图像转换为高对比度的黑白图像，可以指定某个色阶作为阈值，而所有比阈值亮的像素转换为白色，所有比阈值暗的像素转换为黑色。“阈值”命令对确定图像的最亮和最暗区域很有用，如图15-120所示。

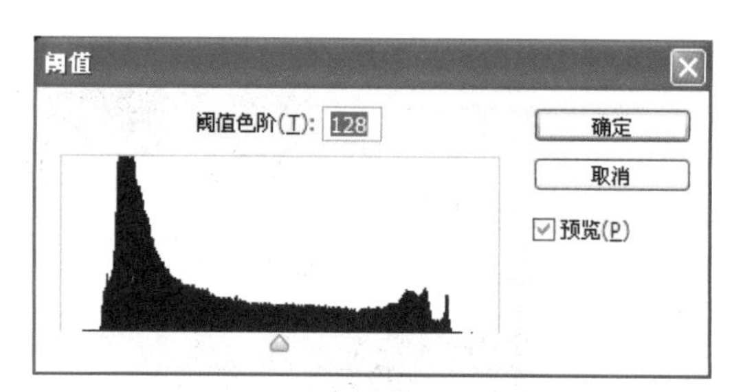


图15-120 “阈值”对话框

### 上机实战 使用阈值命令调整图像

01 从配套光盘的素材库中打开一张图片，如图15-121所示。

02 在菜单中执行“图像”→“调整”→“阈值”命令，弹出“阈值”对话框，可以在其中输入所需的阈值色阶，如图15-122所示，单击“确定”按钮即可得到一张黑白图像，如图15-123所示。

图15-121 打开的图片

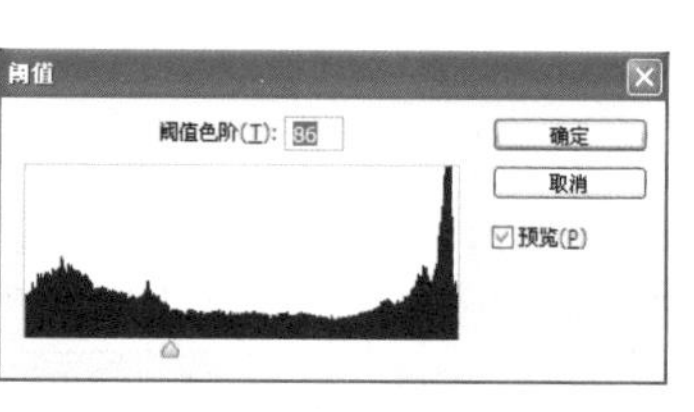


图15-122 “阈值”对话框

图15-123 调整后的效果

## 15.9.4 色调分离

利用“色调分离”命令可以指定图像中每个通道的色调级（或亮度值）的数目，然后将像素映射为最接近的匹配色调。如在RGB图像中指定两个色调级，就可以产生六种颜色，即两种红色、两种绿色、两种蓝色。在照片中创建特殊效果，如创建大的单调区域时，此命令非常有用。在减少灰度图像中的灰色色阶数时，它的效果最为明显，但它也可以在彩色图像中产生一些特殊效果。

执行“色调分离”命令后弹出如图15-124所示的“色调分离”对话框，在其中的“色阶”文本框中可以输入2~255之间的数值来指定图像中每个通道的色调级。

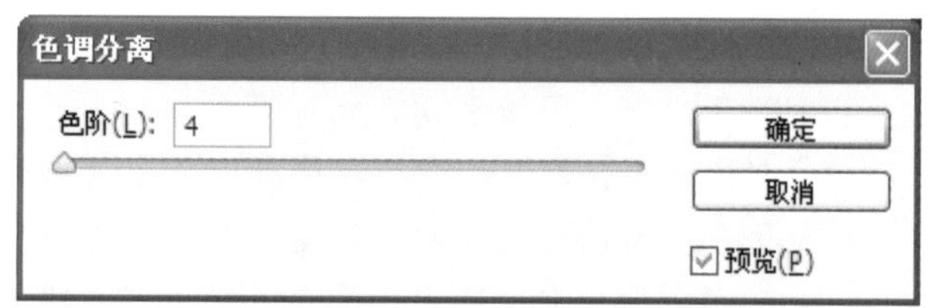


图15-124 “色调分离”对话框

如图15-125所示分别为对原图像进行“色调分离”，并在“色阶”文本框中输入不同数值的效果对比图。

图15-125　在“色阶”文本框中输入不同数值的效果对比图



## 15.9.5 渐变映射

利用“渐变映射”命令可以将相等的图像灰度范围映射到指定的渐变填充色。如果指定双色渐变填充，则图像中的暗调将被映射到渐变填充的一个端点颜色，高光映射到另一个端点颜色，中间调映射到两个端点间的层次。

执行“渐变映射”命令弹出如图15-126所示的对话框，如果单击其中的渐变条右边的下拉按钮会弹出渐变拾色器，其中各选项说明如下：

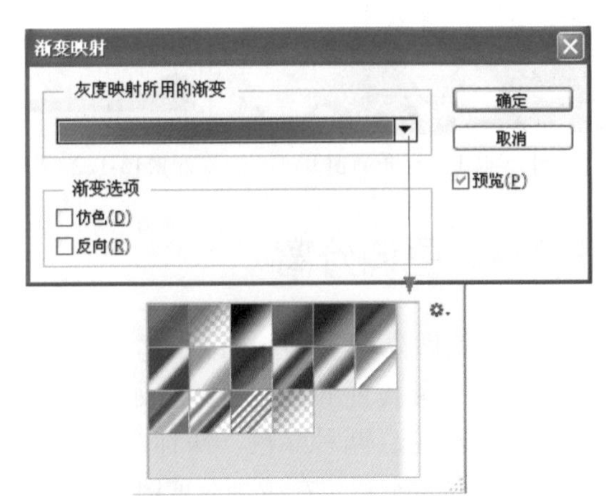


图15-126　“渐变映射”对话框

- 灰度映射所用的渐变：单击渐变色条并在弹出的渐变拾色器中选择所需的渐变。在默认情况下，图像的暗调、中间调和高光分别映射到渐变填充的起始（左端）颜色、中点和结束（右端）颜色。
- 渐变选项：在此栏中可以选择一个选项或两个选项或不选任何一个。
  仿色：勾选该项可以添加随机杂以平滑渐变填充的外观并减少带宽效果。
  反向：切换渐变填充的方向以反向渐变映射。

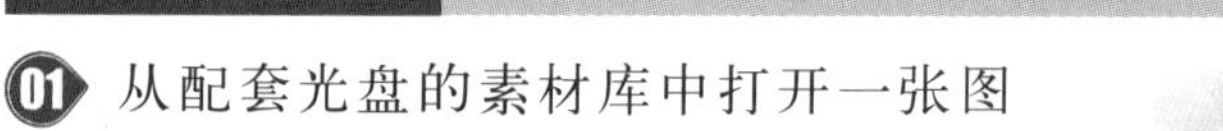

## 上机实战 使用渐变映射命令调整图像

01 从配套光盘的素材库中打开一张图片，如图15-127所示。

图15-127 打开的图片

02 设定前景色为#027fff，背景色为白色，在菜单中执行“图像”→“调整”→“渐变映射”命令，弹出“渐变映射”对话框，在其中选择所需的渐变，并勾选“反向”，如图15-128所示，单击“确定”按钮得到如图15-129所示的效果。

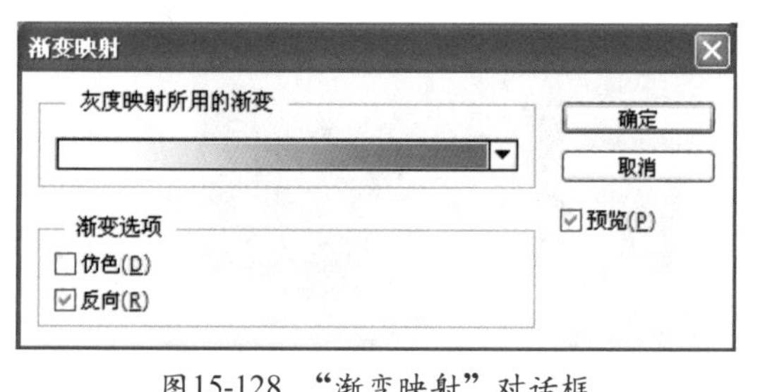


图15-128 “渐变映射”对话框

图15-129 调整后的效果

## 15.9.6 黑白

使用“黑白”命令可以将彩色图像转换为灰度图像，同时保持对各颜色的转换方式的完全控制，也可以通过对图像应用色调来为灰度着色，例如创建棕褐色效果。“黑白”命令与“通道混合器”的功能相似，也可以将彩色图像转换为单色图像，并允许用户调整颜色通道输入。

## 上机实战 使用黑白命令调整图像

01 从配套光盘的素材库中打开一张图片，如图15-130所示，在菜单中执行“图像”→“调整”→“黑白”命令，弹出“黑白”对话框，在其中设置“红色”为40%，“黄色”为60%，“绿色”为40%，“青色”为60%，“蓝色”为20%，“洋红”为80%，如图15-131所示，单击“确定”按钮即可将彩色图像改为黑白图像，画面效果如图15-132所示。

02 在菜单中执行“图像”→“调整”→“黑白”命令，弹出“黑白”对话框，在其中勾选“色调”选项，再设置“色相”为42，“饱和度”为34%，其他不变，如图15-133所示，单击“确定”按钮，即可将黑白图像改为双色调图像，画面效果如图15-134所示。

图15-130　打开的图片

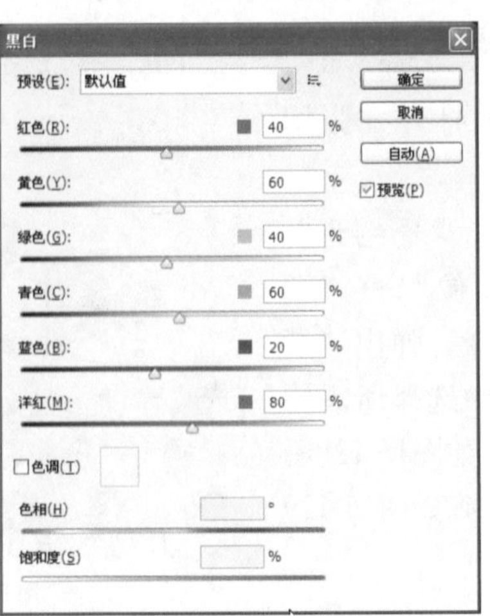


图15-131　“黑白”对话框

图15-132　调整后的效果

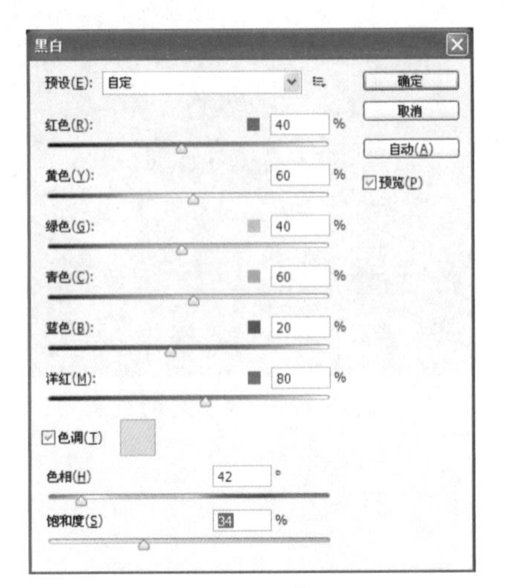


图15-133　“黑白”对话框

图15-134　调整后的效果

“黑白”对话框中选项说明如下：

- 预设：在该下拉列表中可以选择预定义的灰度混合或以前存储的混合。如果要存储混合，可以在“黑白”对话框中单击按钮，再在弹出的“调板”菜单中选择“存储预设”命令。
- 自动：单击该按钮可以设置基于图像的颜色值的灰度混合，并使灰度值的分布最大化。“自动”混合通常会产生极佳的效果，可以用作使用颜色滑块调整灰度值的起点。
- 颜色滑块：调整图像中特定颜色的灰色调。将滑块向左拖动或向右拖动分别可以使图像的原色的灰色调变暗或变亮。
- 预览：取消选择此选项可以在图像的原始颜色模式下查看图像。
- 色调：如果要对灰度应用色调，可以选择“色调”选项并根据需要调整“色相”滑块和“饱和度”滑块。“色相”滑块可以更改色调颜色，而“饱和度”滑块可以提高或降低颜色的集中度。单击色块可以打开拾色器并进一步微调色调颜色。

## 15.10 本章小结

本章结合典型实例、效果对比详细讲解了图像的颜色和色调调整，以及色彩的控制等内容，其中包括颜色和色调校正、直方图以及“调整”菜单中各命令的使用方法与应用。熟练掌握与应用它们可以提高处理图像的工作效率。

## 15.11 练习题

1. 以下哪项是用图形显示了图像像素在各个色调区的分布情况，它向用户显示图像在暗调、中间调和高光中是否包含足够的细节，以便进行更好的校正？（　　）

A. 信息　　B. 导航器

C. 直方图　　D. 图层

2. 利用以下哪个命令可以模仿在相机镜头前面加彩色滤镜，以便调整通过镜头传输光的色彩平衡和色温而使胶片曝光？（　　）

A. 阴影/高光　　B. 自动色阶

C. 照片滤镜　　D. 变化

3. 以下哪个调整命令允许用户通过调整图像的暗调、中间调和高光等强度级别，校正图像的色调范围和色彩平衡？（　　）

A. 曲线　　B. 变化

C. 自动色阶　　D. 色阶

4. 以下哪个命令命令匹配不同图像之间、多个图层之间或者多个颜色选区之间的颜色？（　　）

A. 色彩平衡　　B. 曲线

C. 匹配颜色　　D. 变化

5. 使用以下哪个命令可以将全范围的 HDR 对比度和曝光度设置应用于各个图像？（　　）

A. 混合通道　　B. HDR 色调

C. 黑白　　D. 自动色阶

# 第16章　使用内置滤镜处理图像

本章主要介绍各种内置滤镜的操作方法及其应用，包括应用“液化”命令对图像变形处理，应用“消失点”命令给图像贴图，应用“镜头校正”与“自适应广角” 命令校正图像，以及应用“风格化”、“ 画笔描边”、“ 模糊”、“ 扭曲”、“ 锐化”、“ 素描”、“ 纹理”、“ 像素化”、“ 渲染”、“ 艺术效果”、“ 杂色”、“ 其它”等滤镜对图像进行处理的技巧。



## 16.1 关于滤镜

“滤镜”功能是Photoshop中最奇妙的部分，它能够创建出各种各样精彩绝伦的图像，有的效果仿制现实中的事物，几乎可以以假乱真；有的效果可以作出虚幻的景象。滤镜的组合更是能产生出千变万化的图像，而且这些图像的产生方便快捷。

在菜单中单击“滤镜”菜单，弹出如图16-1所示的下拉菜单。

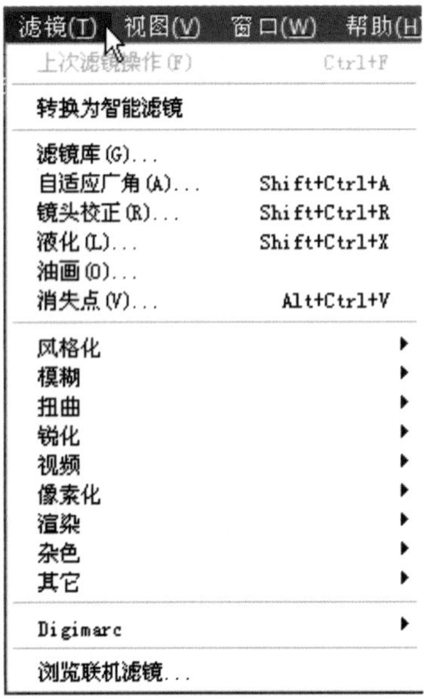

滤镜(T)　视图(V)　窗口(W)　帮助(H)
上次滤镜操作(F)　Ctrl+F
转换为智能滤镜
滤镜库(G)...
自适应广角(A)...　Shift+Ctrl+A
镜头校正(R)...　Shift+Ctrl+R
液化(L)...　Shift+Ctrl+X
油画(O)...
消失点(V)...　Alt+Ctrl+V
风格化
模糊
扭曲
锐化
视频
像素化
渲染
杂色
其它
Digimarc
浏览联机滤镜...

图16-1 “滤镜”菜单

如果要使用一种滤镜，从“滤镜”下拉菜单选取相应的命令或子菜单中的命令即可。具体方法如下：

（1）如果要在图层的某一个区域应用滤镜，可以选择该区域。对整个图层应用滤镜后，不对图像作任何选择。

（2）从“滤镜”下拉菜单中选取相应的滤镜后，如果滤镜名称后有小三角形，则表示其后有相关的子菜单命令。如果滤镜名称后有省略号，则会出现对话框，在其中输入数值或选择选项即可。如果对话框中包含预览窗口，可以按以下方法操作：

① 在图像窗口中单击，可以使图像的指定区域成为预览窗口的中心。

② 在预览窗口中拖移，可以使图像的指定区域成为预览窗口的中心。

③ 使用预览窗口下的“+” 或“－” 按钮可以放大或缩小预览图。

如图16-2所示为原图像及预览滤镜效果。

图16-2　原图像及预览滤镜效果

**提　示**

（1）最后一次选取的滤镜出现在“滤镜”菜单的顶部。

（2）滤镜应用于现用、可见图层。

（3）滤镜不能应用于位图模式、索引颜色的图像。

（4）一些滤镜只能用于RGB 图像。

（5）一些滤镜完全在RAM 中处理。

（6）应用滤镜，尤其对大图像应用滤镜非常耗时。为了在试用不同滤镜时节省时间，可以在图像上用小的、有代表性的部分或在一个分辨率低的备份上试用。

# 16.2 滤镜库

利用“滤镜库”命令可以一次性打开“风格化”、“画笔描边”、“扭曲”、“素描”、“纹理”和“艺术效果”滤镜，如图16-3所示，可以在其中的陈列室直接单击各“滤镜”下的命令（或图标），同时能在左边的预览框中预览效果，也可以在右边进行所需的参数设置。

在玻璃对话框中可以单击 按钮显示或隐藏陈列室。可以在对话框的右下角单击 （新建效果图层）按钮，新建一个效果层，以加强效果，如图16-4所示，再在陈列室中选择其他的效果，如图16-5所示；如果需要删除某效果也可以单击 （删除效果图层）按钮，将不需要的效果层删除，设置好后单击“确定”按钮，即可得到最后在预览框中预览的效果。

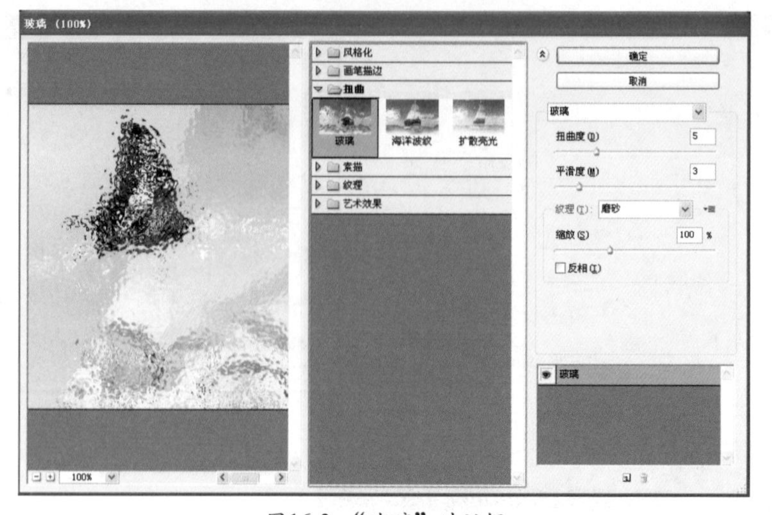


图16-3 “玻璃”对话框

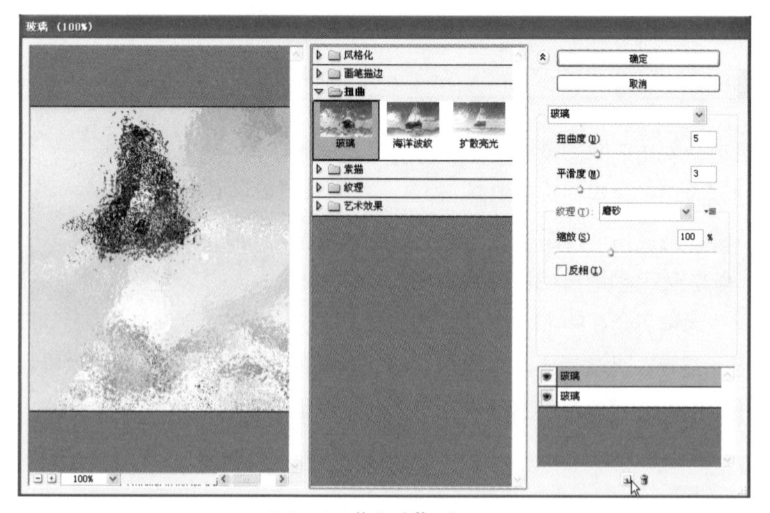


图16-4 “玻璃”对话框

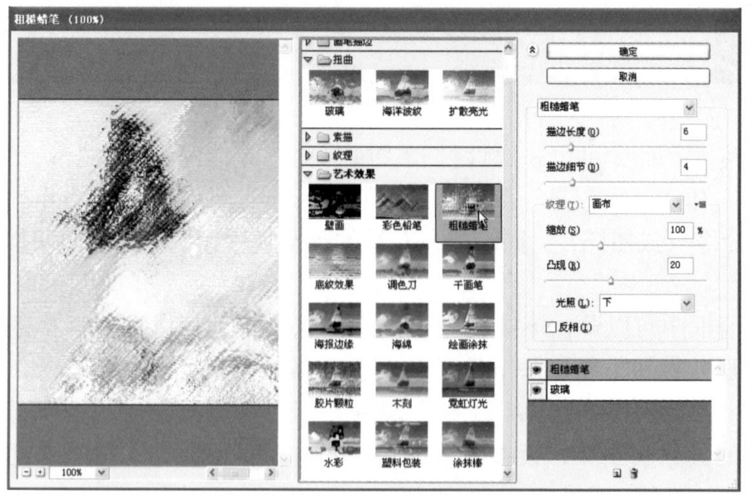


图16-5 “粗糙蜡笔”对话框

# 16.3 镜头校正

使用“镜头校正”滤镜可以修复常见的镜头瑕疵，如桶形和枕形失真、晕影和色差。该滤镜在 RGB 或灰度模式下只能用于 8 位/通道和 16 位/通道的图像。并且可以使用已安装的常见镜头的配置文件快速修复扭曲问题，或自定其他型号的配置文件，也可以使用该滤镜来旋转图像，或修复由于相机垂直或水平倾斜而导致的图像透视现象。相对于使用“变换”命令来说，镜头校对滤镜的图像网格使得这些调整可以更为轻松精确地进行。

## 上机实战 使用镜头校正滤镜修复图像

01 从配套光盘的素材库中打开一张图片，如图16-6所示。

02 在菜单中执行“滤镜”→“镜头校正”命令，弹出“镜头校正”对话框，可以在其中选择所需的相机型号、镜头型号以及其他选项，这里采用默认值，在左边的工具条中选择拉直工具，并在预览窗口中拖出一条直线作为垂直参考边，如图16-7所示，松开左键后即可将建筑物摆正。

图16-6 打开的图片

图16-7 “镜头校正”对话框

镜头校正对话框中选项说明：

- 校正：在该栏中可以选择要解决的问题。选择“自动缩放图像”可以将校正的图像按预期的方式扩展或收缩。
- 边缘：在该列表中可以指定如何处理由于枕形失真、旋转或透视校正而产生的空白区域。可以使用透明或某种颜色填充空白区域，也可以扩展图像的边缘像素。
- 搜索条件：对“镜头配置文件”列表进行过滤。在默认情况下，基于图像传感器大小的配置文件首先出现。如果要首先列出 RAW 配置文件，可以单击弹出菜单，然后选择“优先使用 RAW 配置文件”。
- 镜头配置文件：选择匹配的配置文件。在默认情况下，Photoshop 只显示与用来创建图像的相机和镜头匹配的配置文件，相机型号不必完全匹配。Photoshop 还会根据焦距、光圈大小和对焦距离自动为所选镜头选择匹配的子配置文件。

- 移去扭曲：可以校正镜头桶形或枕形失真。拖动滑块可以拉直从图像中心向外弯曲或朝图像中心弯曲的水平和垂直线条，也可以使用移去扭曲工具来校正。朝图像的中心拖动可校正枕形失真，而朝图像的边缘拖动可校正桶形失真。
- 修复一边：通过相对其中一个颜色通道调整另一个颜色通道的大小来补偿边缘。
- 晕影：在其中可以设置沿图像边缘变亮或变暗的程度。校正由于镜头缺陷或镜头遮光处理不正确而导致拐角较暗的图像，还可以应用晕影实现创意效果。
- 垂直透视：校正由于相机向上或向下倾斜而导致的图像透视。
- 角度：旋转图像以针对相机歪斜加以校正，或在校正透视后进行调整。也可以使用拉直工具来校正图像的歪斜，沿图像中想作为横轴或纵轴的直线拖动。

03 在“镜头校正”对话框中单击“自定”标签，显示“自定”面板，在其中设置晕影的“数量”为+8，变换的“垂直透视”为－3，“水平透视”为－13，“角度”为4度，其他不变，如图16-8所示，设置好后单击“确定”按钮，即可得到如图16-9所示的效果。

图16-8 “镜头校正”对话框

图16-9 应用“镜头校正”后的效果

# 16.4 自适应广角

使用“自适应广角”滤镜可以将全景图或使用鱼眼和广角镜头拍摄的照片中的弯曲线条迅速拉直，以移去扭曲。如果要使用自适应广角滤镜，需要图形处理器加速，在“编辑”菜单中执行“首选项”→“性能”命令，在弹出的对话框中选择“使用图形处理器”选项，就可以使用该功能了。

## 上机实战 使用自适应广角滤镜调整图像

01 按“Ctrl” + “O”键从配套光盘的素材库中打开一张图片，如图16-10所示。

02 在“滤镜”菜单中执行“自适应广角”命令，弹出“自适应广角”对话框，并用约束工具在画面中从下向上拖移，可以发现该线条是曲线，如图16-11所示，松开左键后就自动变成直线了，而且对画面进行了扭曲调整，如图16-12所示。

图16-10 打开的图片

图16-11 “自适应广角”对话框

图16-12 “自适应广角”对话框

03 使用约束工具在画面中上方从左向右拖移，可以发现该线条也有一点点弯曲，如图16-13所示，松开左键后就自动变成直线了，而且对画面进行了扭曲调整。

04 使用约束工具在画面中上方从上向下拖移，可以发现该线条是一条曲线，如图16-14所示，松开左键后就自动变成直线了，而且对画面进行了扭曲调整。

图16-13　对画面进行了扭曲调整

图16-14　“自适应广角”对话框

05 使用约束工具在画面中下方从右向左拖移，可以发现该线条是一条曲线，如图16-15所示，松开左键后就自动变成直线了，而且对画面进行了扭曲调整，如图16-16所示，单击“确定”按钮完成对图像的调整，调整后的效果如图16-17所示。

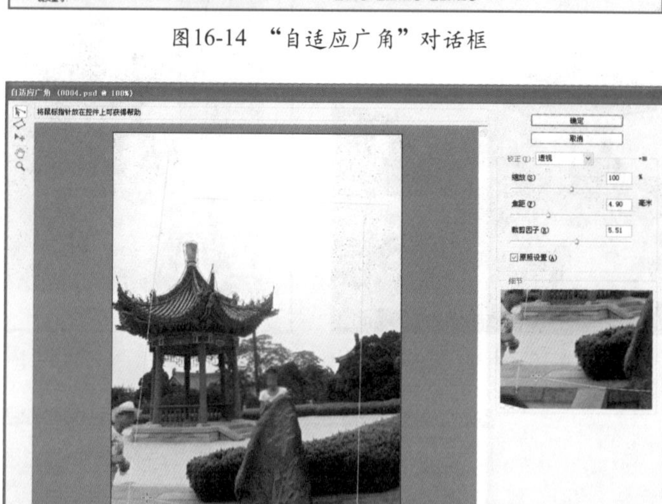

图16-15　“自适应广角”对话框

图16-16　“自适应广角”对话框

图16-17　应用“自适应广角”后的效果

# 16.5 液化

使用“液化”滤镜可以推、拉、旋转、反射、折叠和膨胀图像的任意区域。“液化”滤镜可以应用于8位/通道或16位/通道图像。

## 上机实战 使用“液化”命令给球体添加纹理

01 按“Ctrl”+“O”键从配套光盘的素材库中打开一张图片，如图16-18所示，再按“Ctrl”+“J”键通过拷贝新建图层1，如图16-19所示。

图16-18 打开的图片

图16-19 “图层”面板

02 在菜单中执行“滤镜”→“液化”命令，弹出如图16-20所示的“液化”对话框，可以在其中设置所需的画笔大小、密度、模式等，也可以在左侧的工具条中选择所需的工具进行操作。

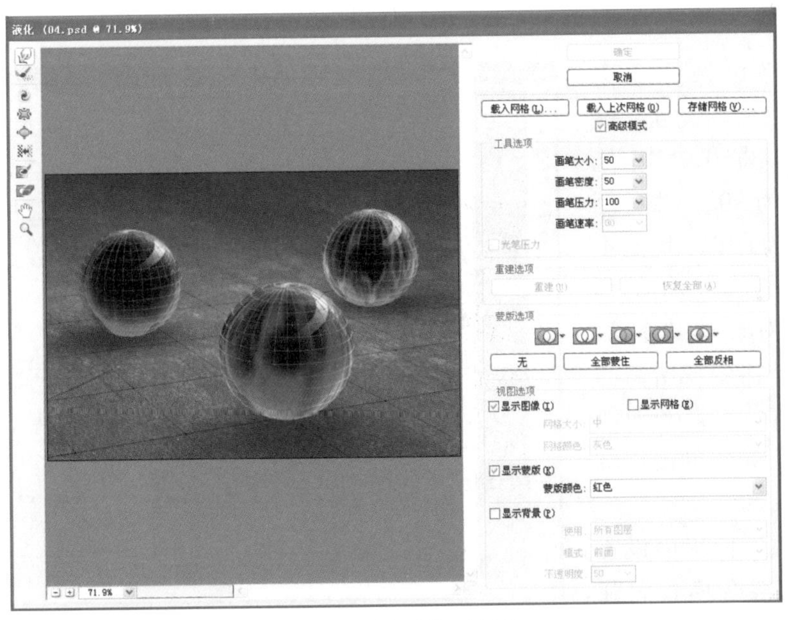


图16-20 “液化”对话框

“液化”对话框中选项说明：

- 向前变形工具：在用户拖移时向前推送像素。
- 重建工具：可以将变形后的图像恢复为原始状态。
- 顺时针旋转扭曲工具：使用该工具可以在用户按住鼠标左键或拖移时顺时针旋转像素，如果同时按下Alt键，则以逆时针旋转像素。
- 褶皱工具：使用该工具可以在按住鼠标左键或拖移时使像素靠近画笔区域的中心。
- 膨胀工具：使用该工具可以在按住鼠标左键或拖移时使像素远离画笔区域的中心。
- 左推工具：使用该工具可以移动与描边方向垂直的像素。拖移可以使像素左移，按住 Alt 键并拖移将使像素右移。
- 冻结蒙版工具：保护预览图像中的区域以免被进一步编辑，可以选择该工具并在区域中拖移。按住 Shift 键并点按，可以沿当前点和点按（或按住 Shift 键并点按）的前一点之间的成直线冻结。
- 解冻蒙版工具：可以解冻冻结区域，在被冻结处拖移鼠标，即可将要解冻的区域解冻。
- 缩放工具：在预览窗口中单击可以将视图放大，按下Alt键在视图中单击可以将视图缩小。
- 抓手工具：当视图超出预览窗口时，可以使用该工具拖移视图，以观看局部。
- 存储/载入网格：利用这两个功能可以将变形网格存储以便随时调出应用于其他图像。
- 重建选项：在此栏中可选择重建模式，也可以设置重建选项。单击“恢复”按钮，可以将前面的变形全部恢复，但是如果进行过冻结，冻结区域中的部分也被恢复，只是留下覆盖颜色。如果单击“重建”，则对图像进行再次变形处理。
- 蒙版选项：在此栏中可选择被冻结区域（也称为被蒙版区域）、全部冻结和不被冻结区域。
- 视图选项：在此栏中可对视图显示进行控制。

**03** 在工具条中选择向前变形工具，设置“画笔大小”为50，“画笔密度”为50，“画笔压力”为100，其他不变，然后在对话框的预览框中对球体进行涂抹，将球体变成所需的形状，结果如图16-21所示，调整好后单击“确定”按钮。

**04** 在“图层”面板中设置图层1的混合模式为强光，如图16-22所示，得

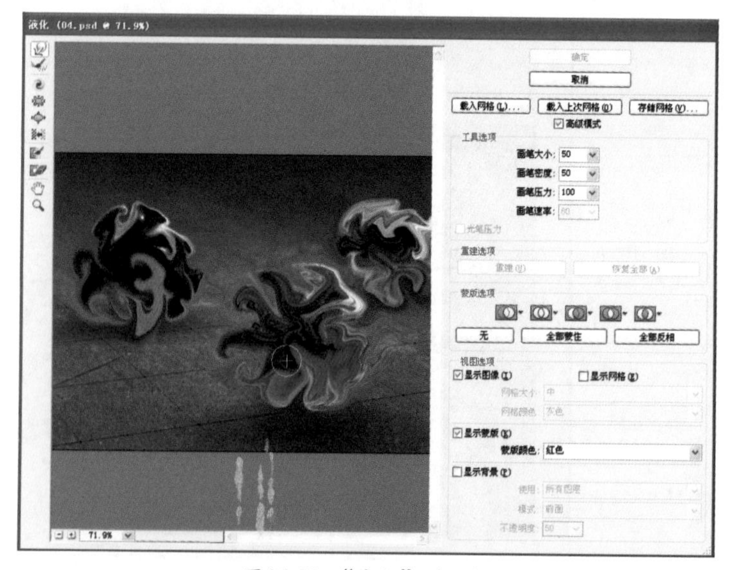


图16-21 “液化”对话框

到如图16-23所示的效果。

图16-22 “图层”面板

图16-23 设置混合模式后的效果

05 在工具箱中选择椭圆选框工具，在选项栏中选择按钮，然后在画面中拖出三个圆选框，将球体框住，如图16-24所示。

图16-24 拖出三个圆选框以将球体框住

06 在“图层”面板中单击“添加图层蒙版”按钮，如图16-25所示，由选区创建蒙版，从而得到如图16-26所示的效果。

图16-25 “图层”面板

图16-26 由选区创建蒙版后的效果

## 16.6 消失点

使用“消失点”滤镜可以在包含透视平面（如建筑物侧面或任何矩形对象）的图像中进行透视校正编辑。通过使用消失点滤镜，可以在图像中指定平面，然后应用诸如绘画、仿制、拷贝或粘贴以及变换等编辑操作，所有编辑操作都将采用用户所处理平面的透视。

使用“消失点”滤镜命令，用户将以立体方式在图像中的透视平面上工作。当用户使用消失点来修饰、添加或移去图像中的内容时，结果将更加逼真，因为系统可以正确确定这些编辑操作的方向，并且将它们缩放到透视平面。

## 上机实战 使用消失点滤镜调整图像

01 按“Ctrl”+“O”键从配套光盘的素材库中打开两张图片，将它们从文档标题栏中拖出成浮停状态，如图16-27、如图16-28所示。先激活有人物的文件，按“Ctrl”+“A”键全选，再按“Ctrl”+“C”键进行拷贝，将其拷贝到剪贴板中。

图16-27 打开的图片

图16-28 打开的图片

02 按“Ctrl”+“J”键复制一个图层，显示“图层”面板，结果如图16-29所示。在“滤镜”菜单中执行“消失点”命令，弹出如图16-30所示的“消失点”对话框。

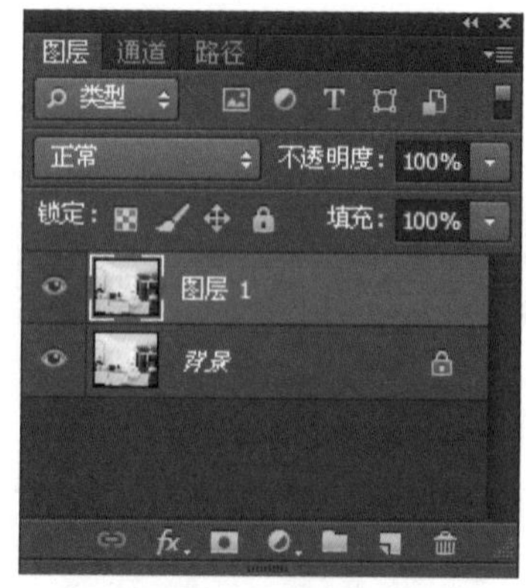


图16-29 “图层”面板

图16-30 “消失点”对话框

03 在左边的工具条中选择创建平面工具，然后在画面中绘制出一个网格，如图16-31所示。

图16-31 “消失点”对话框

04 绘制好网格后选择编辑平面工具，然后拖动四周的控制柄进行调整，调整后的网格如图16-32所示。

图16-32 “消失点”对话框

05 按“Ctrl”+“V”键将前面拷贝好的人物粘贴到消失点对话框中，如图16-33所示。

图16-33 “消失点”对话框

**06** 粘贴图片后自动选择了[选框工具图标]选框工具，将图片拖动到前面绘制好的网格中，如图16-34所示。

图16-34 “消失点”对话框

**07** 按“Ctrl”+“T”键将图片进行变换调整，调整到所需的大小，如图16-35、图16-36所示，调整好后单击“确定”按钮即可。

图16-35 “消失点”对话框

图16-36 “消失点”对话框

08 在工具箱中选择多边形套索工具，并在画面中勾选出人物图片，如图16-37所示，按“Ctrl”＋“J”键由选区建立一个图层，如图16-38所示。

图16-37　勾选出人物图片

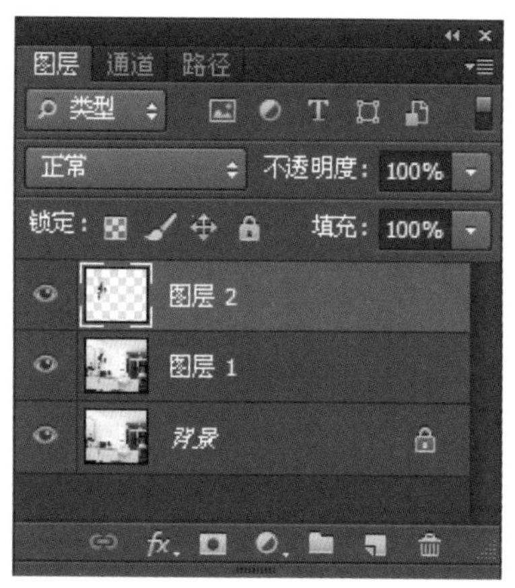


图16-38　“图层”面板

09 在“图层”面板中先关闭图层1的显示，再设置图层2的混合模式为正片叠底，如图16-39所示，得到如图16-40所示的效果。

图16-39　“图层”面板

图16-40　设置混合模式后的效果

## 16.7 风格化滤镜

“风格化”滤镜通过置换像素和通过查找并增加图像的对比度，在选区中生成绘画或印象派的效果。在使用“查找边缘”和“等高线”等突出显示边缘的滤镜后，可以应用“反相”命令使用彩色线条勾勒彩色图像的边缘或用白色线条勾勒灰度图像的边缘。风格化子菜单中各选项说明如下：

- 查找边缘：使用显著的转换标识图像的区域，并突出边缘。像“描画等高线”滤镜一样，“查找边缘”使用相对于白色背景的黑色线条勾勒图像的边缘，这对生成图像周围的边界非常有用。

- 等高线：查找主要亮度区域的转换并为每个颜色通道淡淡地勾勒主要亮度区域的转换，可以获得与等高线图中的线条类似的效果。
- 风：在图像中放置细小的水平线条来获得风吹的效果。方法包括“风”、“大风”（用于获得更生动的风效果）和“飓风”（使图像中的线条发生偏移）。
- 浮雕效果：通过将选区的填充色转换为灰色，并使用原填充色描画边缘，从而使选区显得凸起或压低。选项包括浮雕角度（－360度～＋360度，－360度使表面凹陷，＋360度使表面凸起）、高度和选区中颜色数量的百分比（1%～500%）。如果要在进行浮雕处理时保留颜色和细节，可以在应用“浮雕”滤镜之后使用“编辑”菜单中的“渐隐”命令。
- 扩散：根据选中选项搅乱选区中的像素以虚化焦点，其中“正常”使像素随机移动（忽略颜色值）；“变暗优先”使用较暗的像素替换亮的像素；“变亮优先”使用较亮的像素替换暗的像素。“各向异性”在颜色变化最小的方向上搅乱像素。
- 拼贴：将图像分解为一系列拼贴，使选区偏离其原来的位置。可以选取下列对象之一填充拼贴之间的区域：背景色、前景色、反向图像或未改变的图像，它们使拼贴的版本位于原版本之上并露出原图像中位于拼贴边缘下面的部分。
- 曝光过度：混合负片和正片图像，类似于显影过程中将摄影照片短暂曝光。
- 凸出：赋予选区或图层一种3D纹理效果。
- 照亮边缘：标识颜色的边缘，并向其添加类似霓虹灯的光亮。可以通过“滤镜库”将此滤镜与其他滤镜一起累积应用。

如图16-41所示为使用“风格化”子菜单中的滤镜，分别对原图像进行处理过的效果对比图。

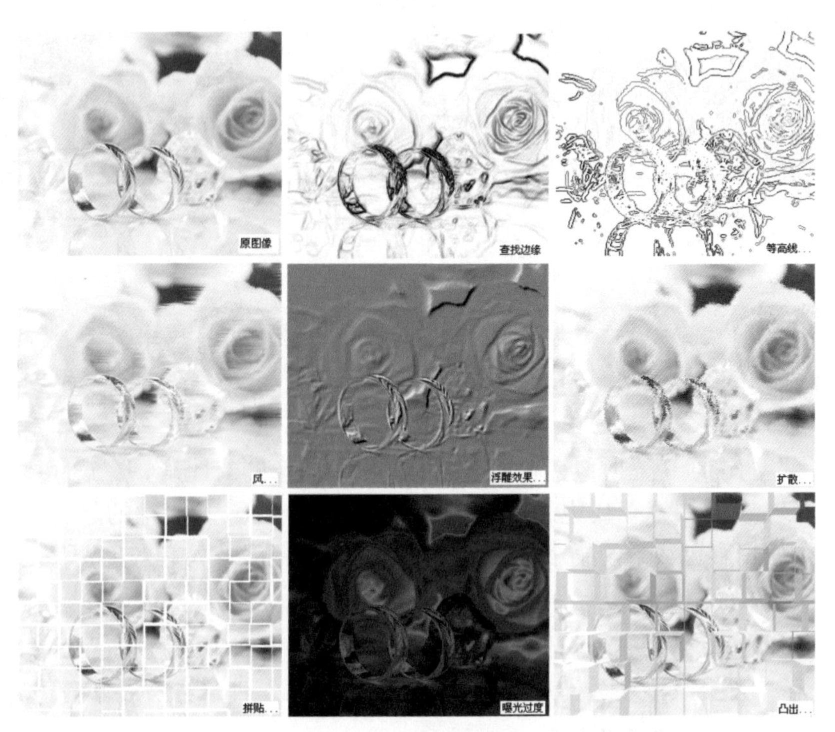


图16-41　分别对原图像进行处理过的效果对比图

# 16.8 模糊滤镜

使用“模糊”滤镜可以柔化选区或整个图像，这对于修饰图像非常有用。模糊滤镜通过平衡图像中已定义的线条和遮蔽区域的清晰边缘旁边的像素，使变化显得柔和。模糊滤镜中各子菜单说明如下：

- 场景模糊：使用场景模糊滤镜可以在画面中添加一些光圈点，从而可以设置光圈点的模糊程度，达到模糊图像中指定区域的目的。
- 光圈模糊：使用光圈模糊滤镜可以在画面中添加一个光圈或多个光圈，从而调整画面中哪些区域需要清晰显示，哪些区域需要模糊显示。
- 倾斜偏移：使用倾斜偏移滤镜可以在画面中添加几条平行线来调整图像的模糊程度。
- 表面模糊：在保留边缘的同时模糊图像。此滤镜用于创建特殊效果并消除杂色或粒度。其中“半径”选项指定模糊取样区域的大小，“阈值”选项控制相邻像素色调值与中心像素值相差多大时才能成为模糊的一部分。色调值差小于阈值的像素被排除在模糊之外。
- 动感模糊：沿指定方向（−360度～+360度）以指定强度（1～999）进行模糊。此滤镜的效果类似于以固定的曝光时间给一个移动的对象拍照。
- 方框模糊：基于相邻像素的平均颜色值来模糊图像。此滤镜用于创建特殊效果。
- 高斯模糊：使用可调整的量快速模糊选区。
- “模糊”和“进一步模糊”：在图像中有显著颜色变化的地方消除杂色。“模糊”滤镜通过平衡已定义的线条和遮蔽区域的清晰边缘旁边的像素，使变化显得柔和。“进一步模糊”滤镜的效果比“模糊”滤镜强3~4倍。
- 径向模糊：模拟缩放或旋转的相机所产生的模糊，产生一种柔化的模糊。选取“旋转”将沿同心圆环线模糊，然后指定旋转的度数。
- 镜头模糊：向图像中添加模糊以产生更窄的景深效果，以便使图像中的一些对象在焦点内，而使另一些区域变模糊。可以使用简单的选区来确定哪些区域变模糊。
- 平均：找出图像或选区的平均颜色，然后用该颜色填充图像或选区以创建平滑的外观。
- 特殊模糊：精确地模糊图像。可以指定半径、阈值和模糊品质。其中的半径值确定在其中搜索不同像素的区域大小，阈值确定像素具有多大差异后才会受到影响。
- 形状模糊：使用指定的内核来创建模糊。从自定形状预设列表中选取一种内核，并使用“半径”滑块来调整其大小。半径决定了内核的大小；内核越大，模糊效果越好。

如图16-42、图16-43所示为使用“模糊”子菜单中的滤镜，分别对原图像进行处理过的效果对比图。

图16-42 分别对原图像进行处理过的效果对比图

图16-43 分别对原图像进行处理过的效果对比图

**提 示**

如果要将“模糊”滤镜应用到图层的边缘，需要取消选择“图层”面板中的“保留透明区域”选项。

## 16.9 扭曲滤镜

使用“扭曲”滤镜可以将图像进行几何扭曲，创建3D 或其他整形效果，这些滤镜可能占用大量内存。扭曲滤镜中各子菜单说明如下：

- 波浪：其工作方式类似于“波纹”滤镜，但可进行进一步控制。
- 波纹：在选区上创建波状起伏的图案，像水池表面的波纹。
- 玻璃：使图像看起来像是透过不同类型的玻璃来观看的。用户可以选取一种玻璃效果，或者将自己的玻璃表面创建为Photoshop文件并应用它，也可以调整缩放、扭曲和平滑度设置。
- 海洋波纹：将随机分隔的波纹添加到图像表面，使图像看上去像是在水中。
- 极坐标：根据选中的选项，将选区从平面坐标转换到极坐标，或将选区从极坐标转换到平面坐标。
- 挤压：挤压选区。正值（最大值是100%）将选区向中心移动；负值（最小值是－100%）将选区向外移动。
- 扩散亮光：将图像渲染成像是透过一个柔和的扩散滤镜来观看的。此滤镜添加透明的白杂色，并从选区的中心向外渐隐亮光。
- 切变：沿一条曲线扭曲图像。通过拖移框中的线条来指定曲线。可以调整曲线上的任何一点，点按“默认”可将曲线恢复为直线。
- 球面化：通过将选区折成球形、扭曲图像以及伸展图像以适合选中的曲线，使对象具有3D效果。
- 水波：根据选区中像素的半径将选区径向扭曲。
- 旋转扭曲：旋转选区，中心的旋转程度比边缘的旋转程度大。指定角度时可生成旋转扭曲图案。
- 置换：使用名为置换图的图像确定如何扭曲选区。

如图16-44、图16-45所示为使用“扭曲”子菜单中的滤镜分别对原图像进行处理过的效果对比图。

图16-44　分别对原图像进行处理过的效果对比图

图16-45　分别对原图像进行处理过的效果对比图

# 16.10 锐化滤镜

“锐化”滤镜通过增加相邻像素的对比度来聚焦模糊的图像。其中各子菜单说明如下：

- USM 锐化和锐化边缘：查找图像中颜色发生显著变化的区域，然后将其锐化。“锐化边缘”滤镜只锐化图像的边缘，同时保留总体的平滑度。使用此滤镜在不指定数量的情况下锐化边缘。对于专业色彩校正，可使用“USM 锐化”滤镜调整边缘细节的对比度，并在边缘的每侧生成一条亮线和一条暗线。
- 锐化和进一步锐化：聚焦选区并提高其清晰度。“进一步锐化”滤镜比“锐化”滤镜应用更强的锐化效果。
- 智能锐化：通过设置锐化算法来锐化图像，或者控制阴影和高光中的锐化量。

如图16-46所示为使用“锐化”子菜单中的滤镜分别对原图像进行处理过的效果对比图。

图16-46　分别对原图像进行处理过的效果对比图

# 16.11 像素化滤镜

“像素化”滤镜通过使单元格中颜色值相近的像素结成块来清晰地定义一个选区。其中的子菜单说明如下：

- 彩块化：使纯色或相近颜色的像素结成相近颜色的像素块。可以使用此滤镜使扫描的图像看起来像手绘图像，或使现实主义图像类似抽象派绘画。
- 彩色半调：它模拟在图像的每个通道上使用放大的半调网屏的效果。对于每个通道，滤镜将图像划分为矩形，并用圆形替换每个矩形。圆形的大小与矩形的亮度成比例。
- 点状化：将图像中的颜色分解为随机分布的网点，如同点状化绘画一样，并使用背景色作为网点之间的画布区域。
- 晶格化：使像素结块形成多边形纯色。
- 马赛克：使像素结为方形块。给定块中的像素颜色相同，块颜色代表选区中的颜色。
- 碎片：创建选区中像素的四个副本，将它们平均，并使其相互偏移。
- 铜版雕刻：将图像转换为黑白区域的随机图案或彩色图像中完全饱和颜色的随机图案。

如图16-47所示为使用“像素化”子菜单中的滤镜分别对原图像进行处理后的效果对比图。

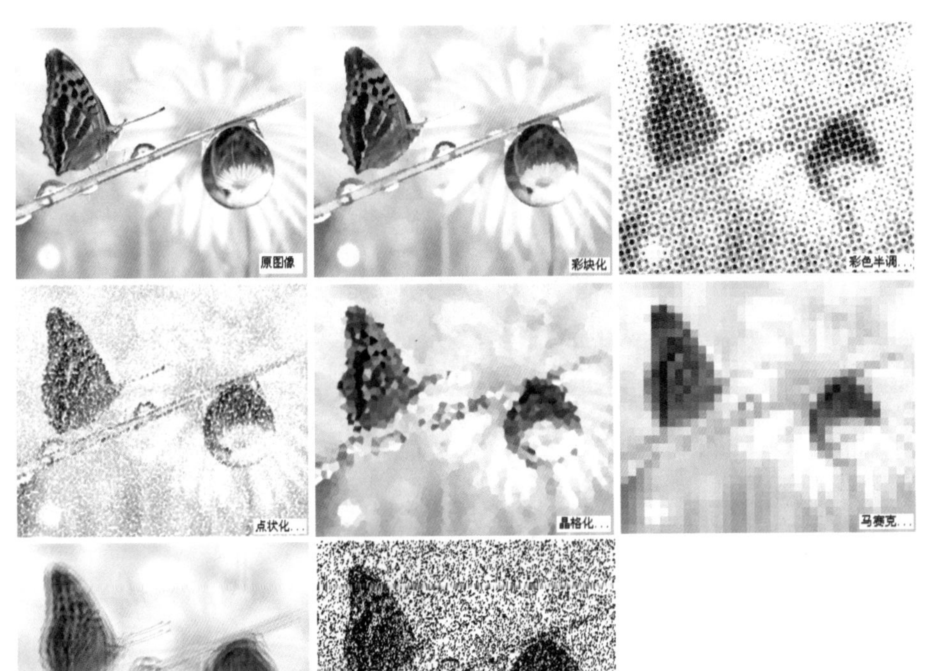


图16-47　分别对原图像进行处理过的效果对比图

# 16.12 渲染滤镜

使用“渲染”滤镜可以在图像中创建 3D 形状、云彩图案、折射图案和模拟的光反射效果，也可以从灰度文件创建纹理填充以产生类似 3D 的光照效果。其中各子菜单说明如下：

- 分层云彩：使用随机生成的介于前景色与背景色之间的值，生成云彩图案。此滤镜将云彩数据和现有的像素混合，其方式与“差值”模式混合颜色的方式相同。第一次选取此滤镜时，图像的某些部分被反相为云彩图案。应用此滤镜几次之后，将创建出与大理石的纹理相似的凸缘与叶脉图案。
- 镜头光晕：模拟亮光照射到相机镜头所产生的折射。通过点按图像缩览图的任一位置或拖移其十字线指定光晕中心的位置。
- 纤维：使用前景色和背景色创建编织纤维的外观。可以使用“差异”滑块来控制颜色的变化方式，较低的值会产生较长的颜色条纹，而较高的值会产生非常短且颜色分布变化更大的纤维。其中的“强度”滑块控制每根纤维的外观，低设置会产生松散的织物，而高设置会产生短的绳状纤维。点按“随机化”按钮可更改图案的外观，可多次点按该按钮，直到看到用户喜欢的图案。
- 云彩：使用介于前景色与背景色之间的随机值，生成柔和的云彩图案。如果要生成色彩较为分明的云彩图案，可以按住 Alt 键，然后在菜单中执行“滤镜”→“渲染”→“云彩”命令。

如图16-48所示为使用“渲染”子菜单中的滤镜分别对原图像进行处理过的效果对比图。

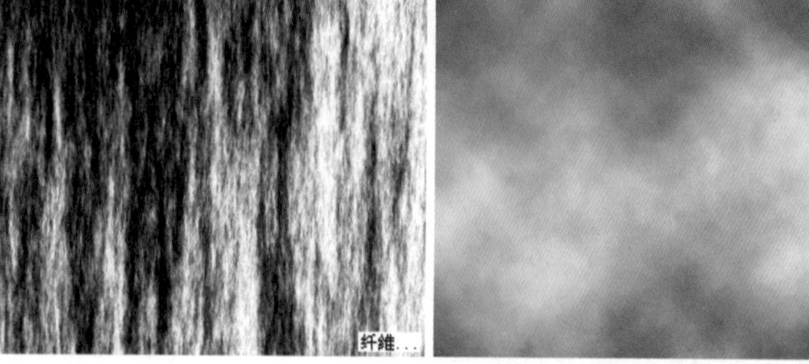

图16-48　分别对原图像进行处理过的效果对比图

# 16.13 杂色滤镜

使用“杂色”滤镜可以添加或移去杂色或带有随机分布色阶的像素，它有助于将选区混合到周围的像素中。“杂色”滤镜可创建与众不同的纹理或移去有问题的区域，如灰尘和划痕。杂色滤镜中各子菜单说明如下：

- 减少杂色：在基于影响整个图像或各个通道的用户设置保留边缘的同时减少杂色。
- 蒙尘与划痕：通过更改相异的像素减少杂色。
- 去斑：检测图像的边缘（发生显著颜色变化的区域）并模糊除那些边缘外的所有选区。该模糊操作会移去杂色，同时保留细节。
- 添加杂色：将随机像素应用于图像，模拟在高速胶片上拍照的效果。也可以使用“添加杂色”滤镜来减少羽化选区或渐进填充中的条纹，或使经过重大修饰的区域看起来更真实。
- 中间值：通过混合选区中像素的亮度来减少图像的杂色，此滤镜搜索像素选区的半径范围以查找亮度相近的像素，扔掉与相邻像素差异太大的像素，并用搜索到的像素的中间亮度值替换中心像素。中间值滤镜在消除或减少图像的动感效果时非常有用。

如图16-49所示为使用“杂色”子菜单中的滤镜分别对原图像进行处理过的效果对比图。

图16-49　分别对原图像进行处理过的效果对比图

# 16.14 使用其他滤镜处理图像

“其它”子菜单中的滤镜允许用户创建自己的滤镜，使用滤镜修改蒙版，在图像中使选区发生位移和快速调整颜色。其中各子菜单说明如下：

- 自定：使用户可以设计自己的滤镜效果。使用“自定”滤镜，根据预定义的数学运算（称为卷积），可以更改图像中每个像素的亮度值。可以根据周围的像素值为每个像素重新指定一个值，此操作与通道的加、减计算类似。用户可以存储创建的自定滤镜，并将它们用于其他Photoshop图像。
- 高反差保留：在有强烈颜色转变发生的地方按指定的半径保留边缘细节，并且不显示图像的其余部分。此滤镜移去图像中的低频细节，效果与“高斯模糊”滤镜相反。在使用“阈值”命令或将图像转换为位图模式之前，将“高反差”滤镜应用于连续色调的图像将很有帮助。此滤镜对于从扫描图像中取出的艺术线条和大的黑白区域非常有用。
- “最小值”和“最大值”：对于修改蒙版非常有用。“最大值”滤镜有应用阻塞的效果，即展开白色区域和阻塞黑色区域。“最小值”滤镜有应用伸展的效果，即展开黑色区域和收缩白色区域。与“中间值”滤镜一样，“最大值”和“最小值”滤镜针对选区中的单个像素。在指定半径内，“最大值”和“最小值”滤镜用周围像素的最高或最低亮度值替换当前像素的亮度值。
- 位移：将选区移动指定的水平量或垂直量，而选区的原位置变成空白区域。用户可以使用当前背景色、图像的另一部分填充这块区域，或者如果选区靠近图像边缘，也可以使用所选择的填充内容进行填充。

如图16-50所示为使用“其它”子菜单中的滤镜分别对原图像进行处理过的效果对比图。

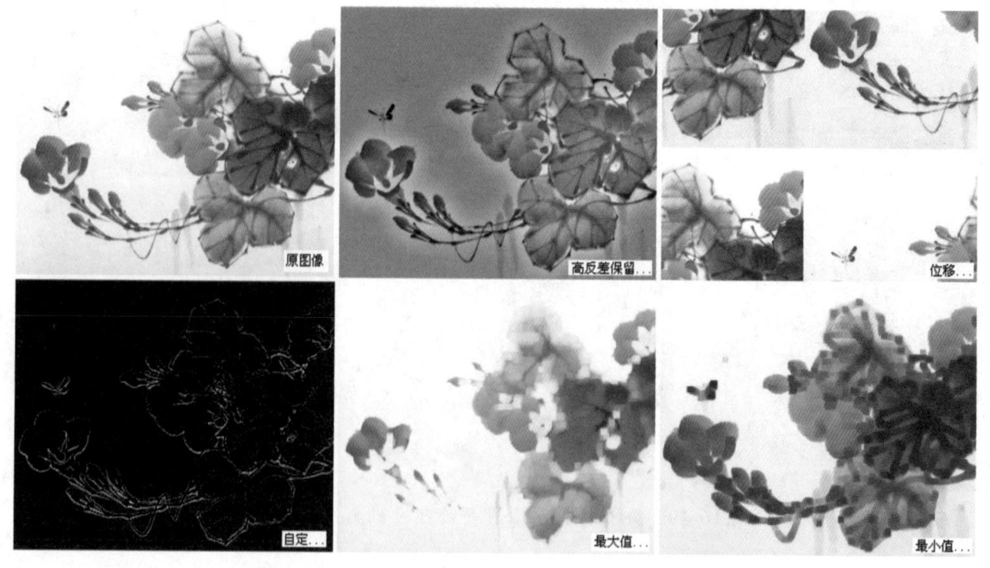


图16-50　分别对原图像进行处理过的效果对比图

## 16.15 Digimarc

使用“Digimarc”滤镜可以将数字水印嵌入到图像中以储存版权信息。

## 16.16 本章小结

本章结合典型实例、效果对比对内置滤镜的应用进行了全面讲解。应用“滤镜”菜单中的各命令可以创建出各种奇特的效果。应练习对各滤镜进行不同参数设置，观看其效果变化，从而掌握其规律，做到要制作哪种效果就能想到用哪个命令。

## 16.17 练习题

1. 以下哪个滤镜，使它可修复常见的镜头瑕疵，如桶形和枕形失真、晕影和色差？（　　）

A. 镜头校正　　B. 渲染

C. 扭曲　　D. 风格化

2. 使用以下哪个滤镜可用于推、拉、旋转、反射、折叠和膨胀图像的任意区域？（　　）

A. 风格化　　B. 液化

C. 扭曲　　D. 模糊

3. 以下哪个滤镜可将全景图或使用鱼眼和广角镜头拍摄的照片中的弯曲线条迅速拉直，以移去扭曲？（　　）

A. 液化　　B. 自适应广角滤镜

C. 分层云彩　　D. 镜头校正

4. 以下哪个滤镜能模拟亮光照射到相机镜头所产生的折射。通过点按图像缩览图的任一位置或拖移其十字线，指定光晕中心的位置？（　　）

A. 纤维　　B. 分层云彩

C. 云彩　　D. 镜头光晕

5. 以下哪个滤镜能在图像中放置细小的水平线条来获得风吹的效果？（　　）

A. 风　　B. 动感模糊

C. 添加杂色　　D. 杂色

# 第17章 动画制作与视频编辑

本章主要结合典型实例介绍动画的制作与预览、对视频的编辑与导出。

动画是指在一段时间内显示的一系列图像或帧，每一帧较前一帧有轻微的变化，当连续、快速地显示这些帧时会产生运动的错觉。

## 17.1 制作色谱流光效果

### 上机实战 制作色谱流光效果

01 在工具箱中设置背景色为黑色，再按“Ctrl”+“N”键新建一个大小为200×100像素，“分辨率”为96像素/英寸，“颜色模式”为RGB颜色，“背景内容”为背景色的文件。

02 在工具箱中选择矩形工具，并在选项栏中选择路径，在“路径”面板中单击“创建新路径”按钮，新建一个路径，如图17-1所示，然后在画面中绘制一个矩形路径，如图17-2所示。

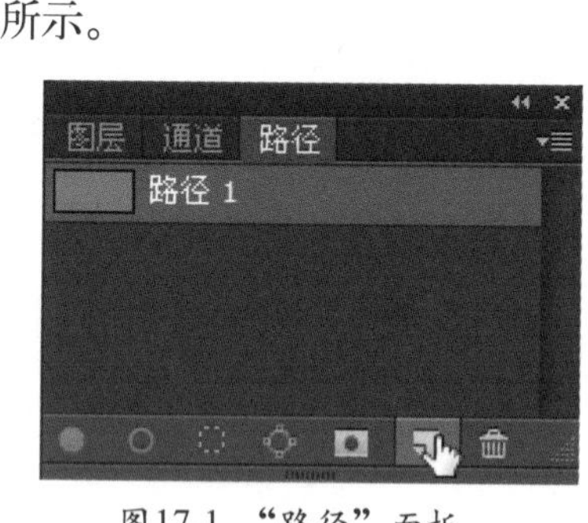


图17-1 “路径”面板

图17-2 绘制一个矩形路径

03 在工具箱中选择横排文字工具，并在画面中矩形路径上单击，如图17-3所示，显示光标后在“字符”面板中设置“字体”为文鼎CS中宋，“字体大小”为10点，“垂直缩放”为96%，“水平缩放”为96%，“颜色”为白色，如图17-4所示，然后在键盘上输入多个“－”号，得到如图17-5所示的效果，单击✓按钮确认文字输入，得到如图17-6所示的结果。

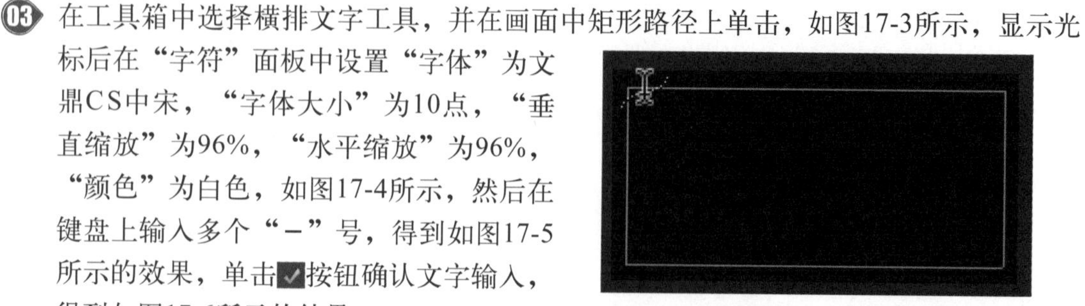

图17-3 用横排文字工具指向路径时的状态

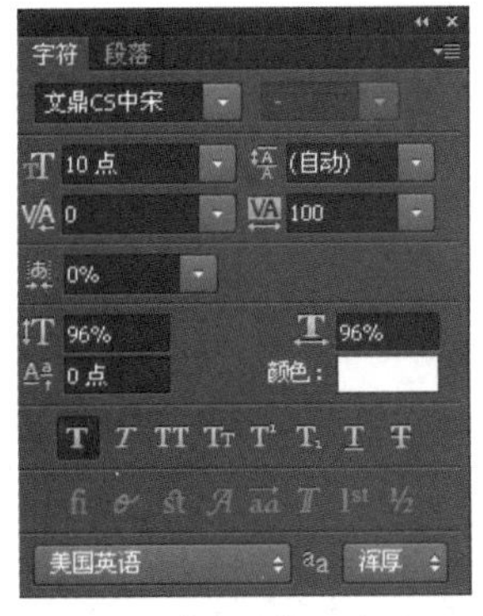


图17-4 “字符”面板中

图17-5 在键盘上输入多个“－”号

图17-6 输入文字符号

在“图层”面板中右击文字图层，并在弹出的快捷菜单中执行“栅格化文字”命令，如图17-7所示，将文字图层转换为普通图层，结果如图17-8所示。

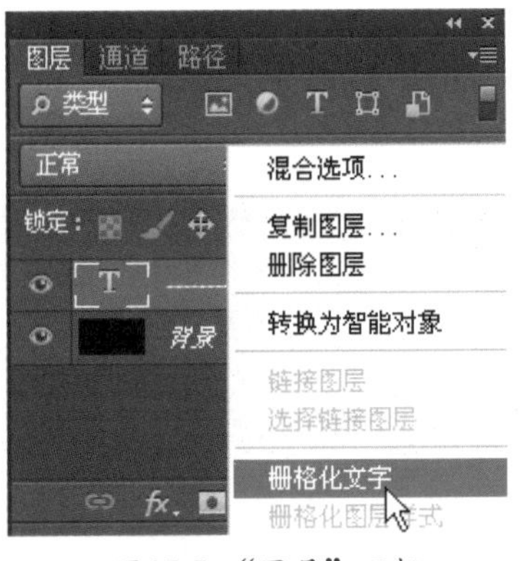


图17-7 “图层”面板

图17-8 “图层”面板

在“图层”菜单中执行“图层样式”→“渐变叠加”命令，弹出“图层样式”对话框，并在其中选择所需的渐变，如图17-9所示，单击“确定”按钮，得到如图17-10所示的效果。

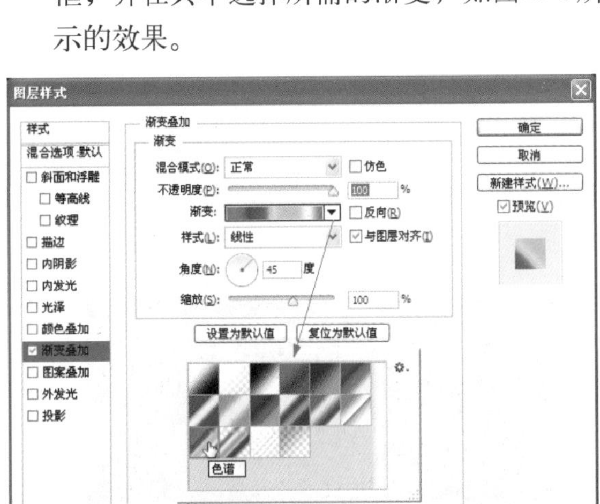


图17-9 “图层样式”对话框

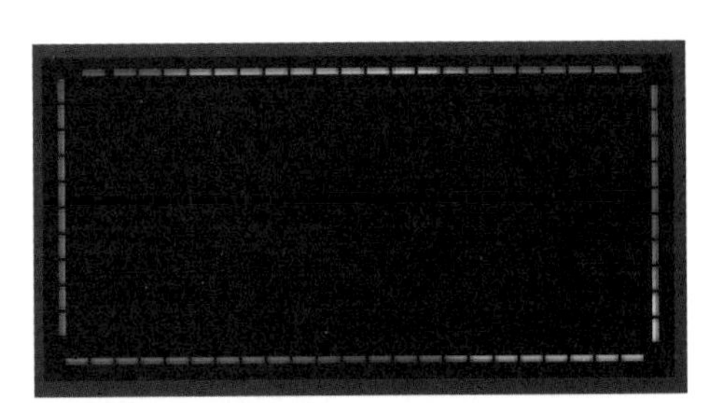

图17-10 应用图层样式后的效果

在工具箱中选择矩形选框工具，在画面中绘制一个矩形选框，如图17-11所示，再在“图层”面板中单击“创建新图层”按钮，新建一个图层，并填充白色，如图17-12所示。

图17-11　在画面中绘制一个矩形选框

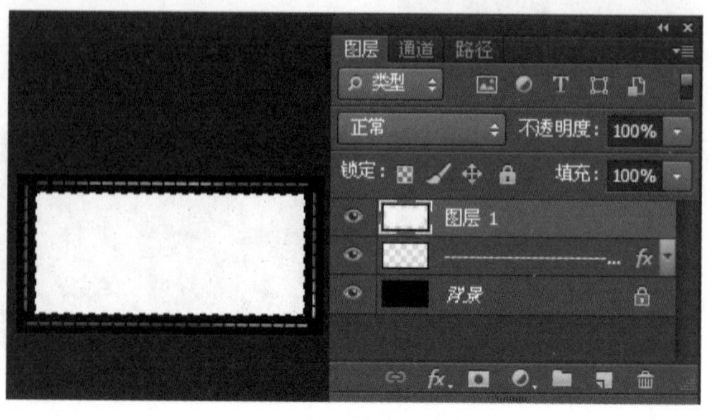

图17-12　填充白色

07 在“选择”菜单中执行“修改”→“收缩”命令，弹出“收缩选区”对话框，在其中设置“收缩量”为2像素，如图17-13所示，单击“确定”按钮将选区缩小，再在键盘上按“Delete”键将选区内容删除，得到如图17-14所示的效果，然后按“Ctrl”+“D”键取消选择。

图17-13　“收缩选区”对话框

图17-14　将选区内容删除

08 在“图层”菜单中执行“图层样式”→“渐变叠加”命令，弹出“图层样式”对话框，并在其中选择所需的渐变，如图17-15所示，单击“确定”按钮，得到如图17-16所示的效果。

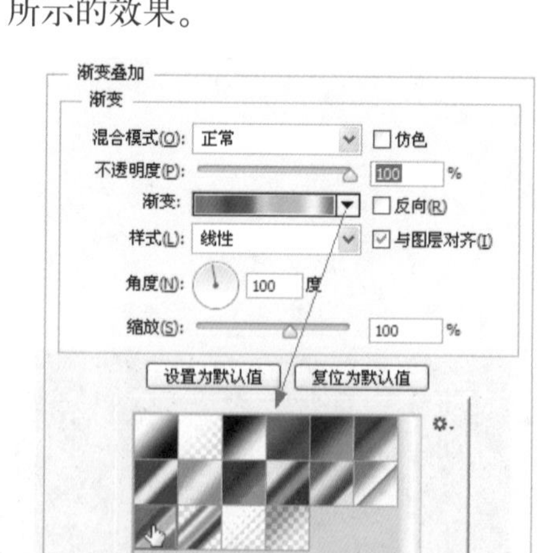

图17-15　“图层样式”对话框

图17-16　应用图层样式后的效果

09 在工具箱中选择横排文字工具，在选项栏中设置“字体”为文鼎CS中宋，“字体大小”为29点，“垂直缩放”为96%，“水平缩放”为98%，“颜色”为白色，“所选字符的字距调整”为300，然后在键盘上输入“PS 视频”文字，得到如图17-17所示的效果，单击✓按钮确认文字输入。

图17-17 输入文字

10 在“窗口”菜单中执行“时间轴”命令，显示“时间轴”面板，如图17-18所示，在其中单击“创建视频时间轴”按钮创建一个视频时间轴，如图17-19所示。

图17-18 “时间轴”面板

图17-19 “时间轴”面板

11 在“时间轴”面板中单击右上角的按钮，在弹出的菜单中选择“设置时间轴帧速率”命令，弹出“时间轴帧速率”对话框，并在其中设置“帧速率”为20fps，如图17-20所示，单击“确定”按钮。

12 在“时间轴”面板中双击设置当前时间，显示“设置当前时间”对话框，在其中设置所需的时间，如图17-21所示，单击“确定”按钮即可。

图17-20 “时间轴帧速率”对话框

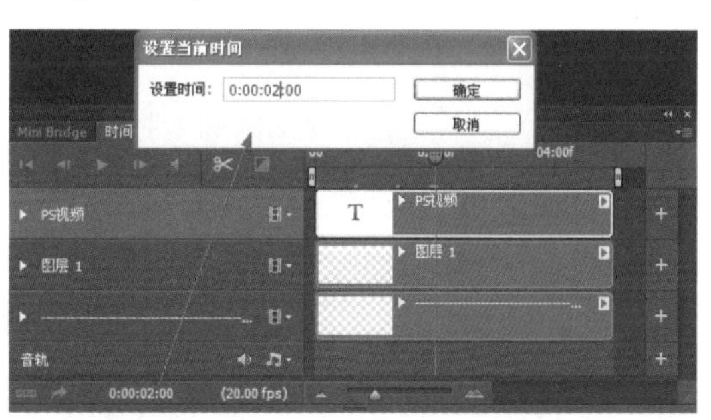


图17-2 编辑动画

13 在“时间轴”面板中将文字的时间从0.5拖动到0.2，如图17-22所示，然后将其他的也拖动到0.2处，如图17-23所示。

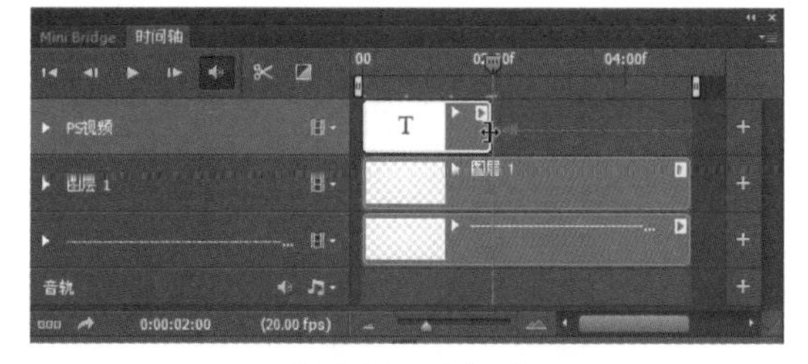


图17-22 编辑动画

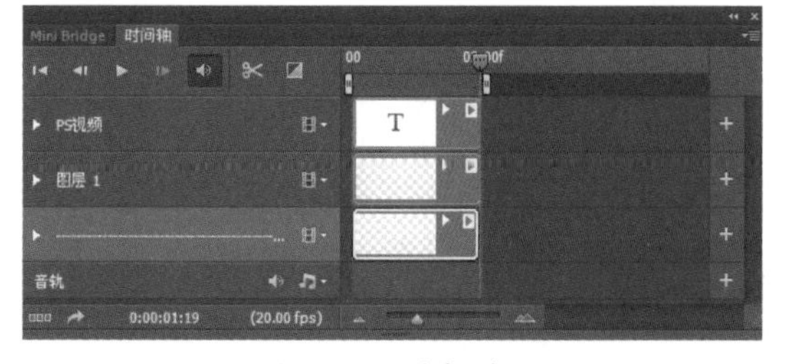


图17-23 编辑动画

14 在“时间轴”左边面板中单击▶按钮，展开“-----”所在图层，如图17-24所示，在其中单击（启用关键帧动画）按钮，启用关键帧动画，如图17-25所示。

图17-24　编辑动画

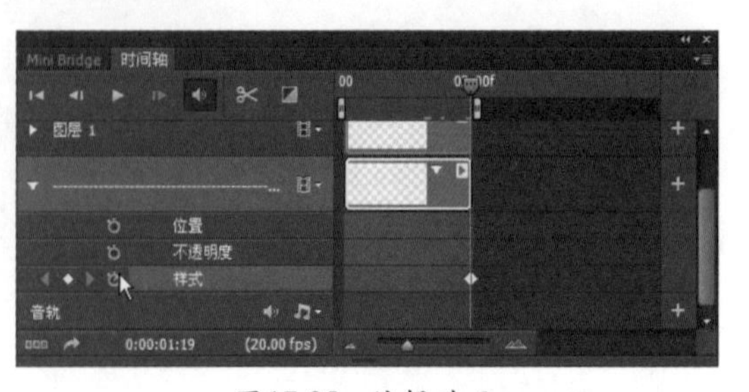


图17-25　编辑动画

15 将时间帧拖到起点处，再在“时间轴”面板中单击◆按钮，添加一个关键帧，如图17-26所示。

16 在“图层”面板中双击“渐变叠加”效果栏，弹出“图层样式”对话框，在其中将“角度”改为－128度，如图17-27所示，设置好后单击“确定”按钮即可。

图17-26　编辑动画

图17-27　“图层样式”对话框

17 在“时间轴”左边面板中单击图层1前面的▶按钮，展开图层1，在其中单击 （启用关键帧动画）按钮，启用关键帧动画，如图17-28所示，然后将时间帧拖动到0.2处，再单击◆按钮，添加一个关键帧，如图17-29所示。

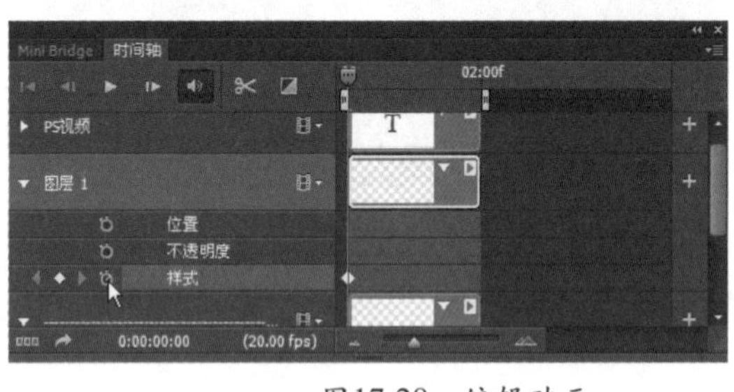


图17-28　编辑动画

图17-29　编辑动画

18 在“图层”面板中双击图层1的“渐变叠加”效果栏，弹出“图层样式”对话框，在其中将“角度”改为－45度，如图17-30所示，设置好后单击“确定”按钮即可。

19 在“时间轴”左边面板中单击PS视频前面的▶按钮，展开PS视频，在其中单击 （启用关键帧动画）按钮，启用关键帧动画，如图17-31所示。

图17-30　“图层样式”对话框

⑳ 将时间帧拖动到起点处，然后单击◆按钮，添加一个关键帧，再在“图层”面板中设置PS视频图层的“不透明度”为10%，如图17-32所示。

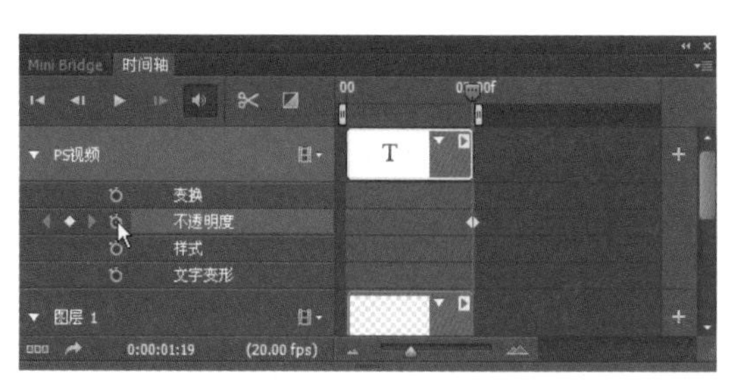


图17-31 编辑动画

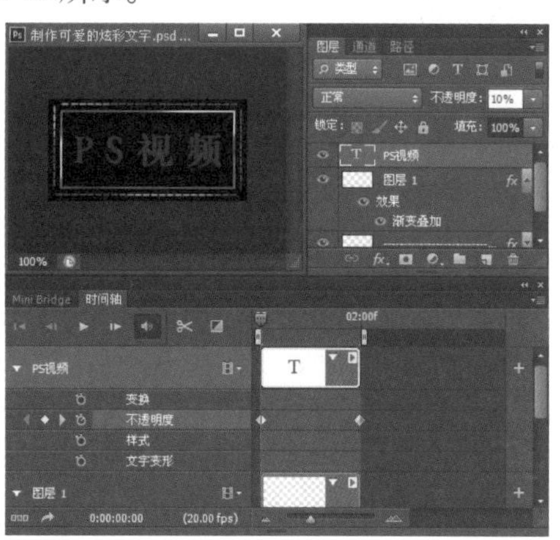


图17-32 编辑动画

㉑ 在“文件”菜单中执行“存储为Web所用格式” 命令，弹出“存储为Web所用格式”对话框并在其中设置所需的参数，具体参数如图17-33所示，设置好后单击“确定”按钮，弹出一个警告对话框，如图17-34所示，单击“确定”按钮即可将其保存为Web所用格式的动画文件。

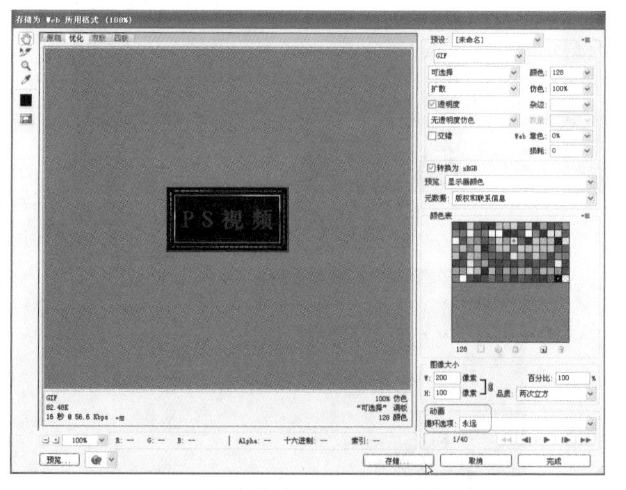

图17-33 “存储为Web所用格式”对话框

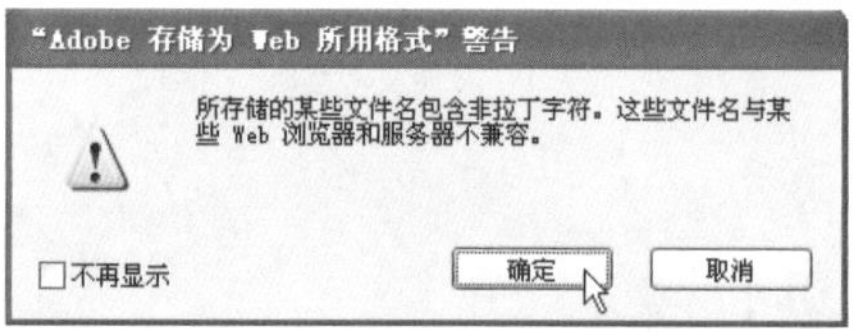

图17-34 警告对话框

㉒ 打开保存时选择的文件夹，然后在其中双击刚保存的动画文件，如图17-35所示，便可预览编辑的动画效果，如图17-36所示。

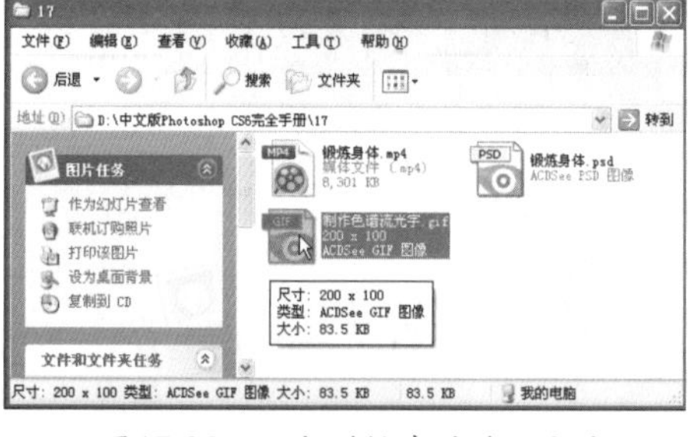

图17-35 双击刚保存的动画文件

图17-36 预览动画效果

# 17.2 制作流云飘动的动画

## 上机实战 制作流云飘动的动画

01 按“Ctrl”+“O”键从配套光盘的素材库中打开一张图片，如图17-37所示。

02 按“D”键，将前景色与背景色设为默认值，在“图层”面板中单击“创建新图层”按钮，新建图层1，如图17-38所示，再在“滤镜”菜单中执行“渲染”→“云彩”命令，得到如图17-39所示的效果。

03 在工具箱中选择魔棒工具，在选项栏中选择■按钮，设置“容差”为3，不勾选“连续”选项，勾选“消除锯齿”选项，然后在画面中一个灰色区域单击选择与所单击处相似的区域，如图17-40所示。

图17-37 打开的图片

图17-38 “图层”面板

图17-39 应用云彩后的效果

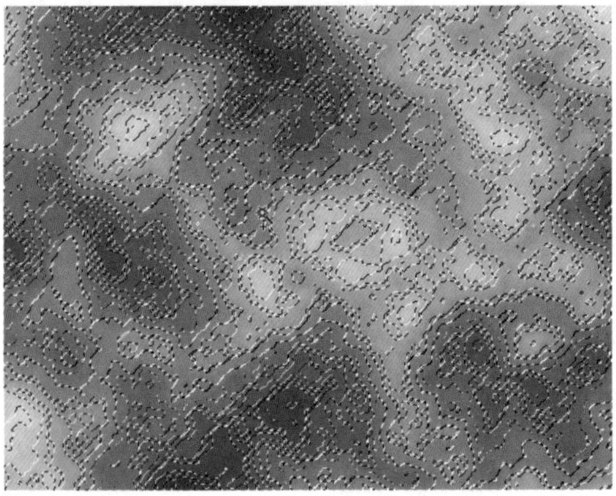

图17-40 选择与所单击处相似的区域

04 在“图层”面板中单击“创建新图层”按钮，新建图层2，再关闭图层1，如图17-41所示。

05 按“Ctrl”+“Delete”键填充背景色也就是白色，按“Ctrl”+“D”键取消选择，得到如图17-42所示的效果。

图17-41 “图层”面板

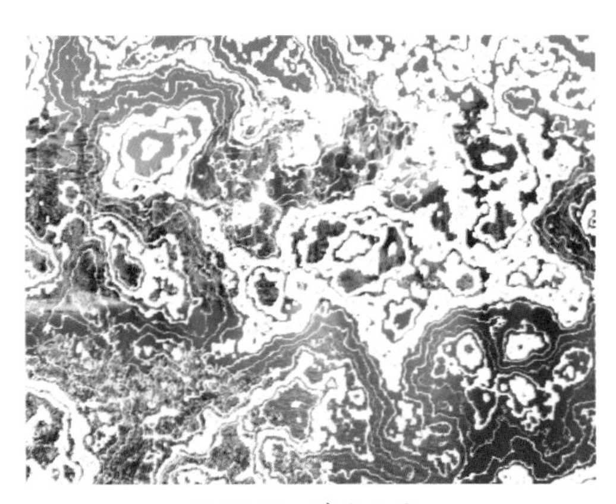

图17-42 填充白色

06 在“滤镜”菜单中执行“模糊”→“高斯模糊”命令，弹出“高斯模糊”对话框，在其中设置“半径”为6像素，如图17-43所示，单击“确定”按钮得到如图17-44所示的效果。

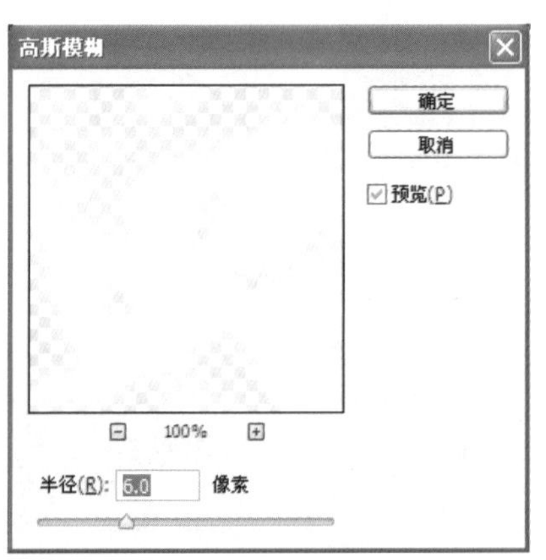


图17-43 “高斯模糊”对话框

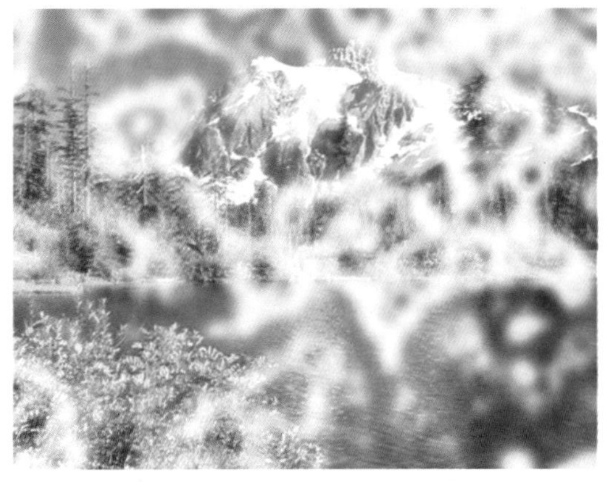

图17-44 高斯模糊后的效果

07 按“Ctrl”+“T”键执行“自由变换”命令，显示变换框，先将高度进行调整，如图17-45所示，再在选项栏的宽度文本框中输入200%，将宽度加宽，如图17-46所示，调整好后单击按钮确认变换。

图17-45 执行“自由变换”命令

图17-46 自由变换后的效果

08 在“图层”面板中单击“添加图层蒙版”按钮，给图层添加蒙版，如图17-47所示，再选择画笔工具，在选项栏中设置画笔为42像素柔边圆，“不透明度”为30%，然后在画面中进行涂抹，将一些不需要的部分隐藏或者渐隐，涂抹后的效果如图17-48所示。

09 按Ctrl+ J 键复制一个图层，如图17-49所示，再在“编辑”菜单中执行“变换”→“垂直翻转”命令，将前面绘制好表示云的对象进行垂直翻转，并将其向下拖至适当位置，同样按“Ctrl”+“T”键进行变换调整，如图17-50所示，调整好后在变换框中双击确认变换，结果如图17-51所示。

图17-47 “图层”面板

图17-48 将不需要的部分隐藏或者渐隐

图17-49 “图层”面板

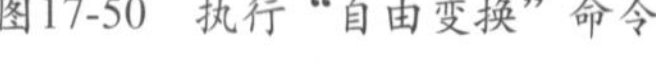

图17-50 执行“自由变换”命令

图17-51 自由变换后的效果

10 在“图层”面板中设置图层2副本的“不透明度”为40%，如图17-52所示，得到如图17-53所示的效果。

图17-52 “图层”面板

图17-53 设置不透明度后的效果

⑪ 按“Ctrl”+“E”键向下合并，由于应用了图层蒙版，因此弹出一个如图17-54所示的警告对话框，在其中单击“应用”按钮，在合并前将蒙版应用，结果如图17-55所示。

⑫ 在“图层”面板中单击“添加图层蒙版”按钮，如图17-56所示，接着在工具箱中选择画笔工具，在选项栏中设置画笔为42像素柔边圆，“不透明度”为30%，然后在画面中进行涂抹，将一部分隐藏，使其与画面融合，涂抹后的效果如图17-57所示。

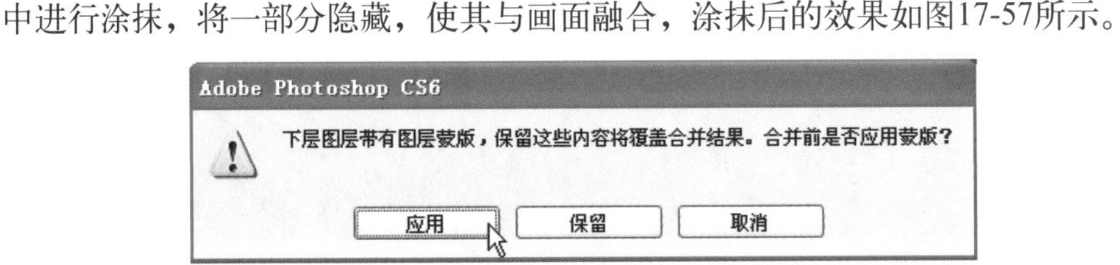


图17-54 警告对话框

图17-55 “图层”面板

图17-56 “图层”面板

图17-57 设置不透明度后的效果

⑬ 在“图层”面板中将背景层复制一个副本，将其拖动到顶层，如图17-58所示，然后在“图层”面板中单击“添加图层蒙版”按钮，给副本添加图层蒙版，结果如图17-59所示。同样使用画笔工具在画面中进行涂抹，将一部分区域隐藏，以显示出下层内容，涂抹后的效果如图17-60所示。

图17-58 “图层”面板

图17-59 “图层”面板

图17-60 将部分区域隐藏以显示出下层内容

⑭ 显示“时间轴”面板，单击“帧延迟时间”按钮，弹出“设置帧延迟”对话框，在其中设置“设置延迟”为0.3秒，如图17-61所示，单击“确定”按钮即可将帧延迟时间设为0.3秒，结果如图17-62所示。

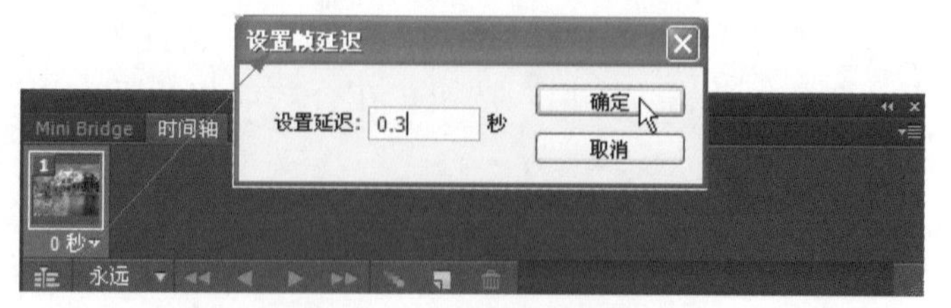


图17-61 “时间轴”面板

图17-62 “时间轴”面板

15 在“图层”面板中激活图层2 ，以图层 2 为当前图层，使用移动工具移动图层2的内容，将云彩左端对齐，如图17-63所示，

16 在“时间轴”面板中单击“复制所选帧”按钮，复制一帧，再使用移动工具将云彩右端对齐，如图17-64所示。

图17-63 编辑动画

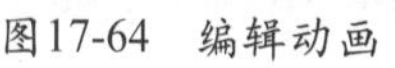

图17-64 编辑动画

17 在“时间轴”面板中单击 （过滤动画帧）按钮，弹出“过滤”对话框，在其中设置“要添加的帧数”为25，如图17-65所示，单击“确定”按钮添加25帧过滤帧，如图17-66所示。

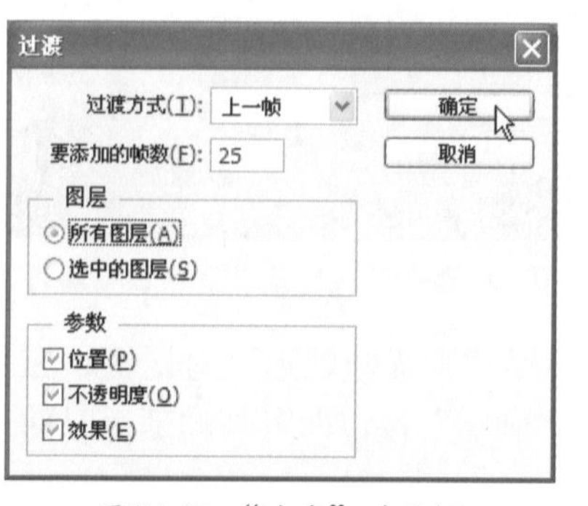


图17-65 “过滤”对话框

图17-66 编辑动画

过渡对话框中各选项说明如下：

- 过渡方式：在此下拉列表中选择在何处添加帧。
  - 下一帧：选择该选项可在所选的帧和下一帧之间添加帧。当在“动画”面板中选择最后一帧时，该选项不可用。
  - 第一帧：选择该选项可在最后一帧和第一帧之间添加帧。只有在“动画”面板中选择最后一帧时，该选项才可用。
  - 上一帧：选择该选项可在所选的帧和前一帧之间添加帧。当在“动画”面板中选择第一帧时，该选项不可用。
  - 最后一帧：选择该选项可在第一帧和最后一帧之间添加帧。只有在“动画”面板中选择最后一帧时，该选项不可用。
- 要添加的帧数：在此文本框中输入要添加的帧。
- 图层：在此栏中选择要改变的图层。
  - 所有图层：选择该选项可改变所选帧中的全部图层。
  - 选中的图层：选择该选项只改变所选帧中当前选中的图层。
- 参数：在此栏中指定要改变的图层属性。
  - 位置：选择该选项可在起始帧和结束帧之间均匀地改变图层内容在新帧中的位置。
  - 不透明度：选择该选项可在起始帧和结束帧之间均匀地改变新帧的不透明度。
  - 效果：选择该选项可在起始帧和结束帧之间均匀地改变图层效果的参数设置。

18 在“文件”菜单中执行“存储为Web所用格式” 命令，弹出“存储为Web所用格式”对话框并在其中设置所需的参数，具体参数如图17-67所示，设置好后单击“确定”按钮，弹出一个警告对话框，如图17-68所示，单击“确定”按钮即可将其保存为Web所用格式的动画文件。

图17-67 “存储为Web所用格式”对话框

图17-68 警告对话框

# 17.3 视频编辑

在Photoshop中可以对拍下的视频文件进行编辑，首先要将视频文件导入到Photoshop程序窗口中，形成许多个图层与动画帧，然后可以通过选择相应的动画帧对相应的图层进行编辑，达到编辑视频的目的。

可以将录制好的视频导入到Photoshop中，从而可以使用Photoshop中的功能对导入的视频进行编辑。

## 上机实战 导入视频帧到图层并编辑视频

（1）导入视频帧到图层

01 在菜单中执行“文件”→“导入”→“视频帧到图层”命令，弹出“打开”对话框，在其中选择要导入的视频文件，如图17-69所示，单击“打开”按钮，即可弹出“将视频导入图层”对话框，在其中可以根据需要选择与设置所需的参数，如图17-70所示，设置好后单击“确定”按钮，经过一段时间的运行后就将视频文件导入到Photoshop中了，结果如图17-71所示。

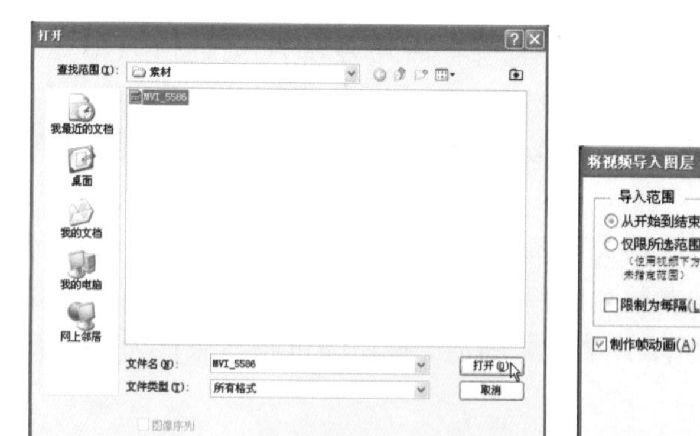

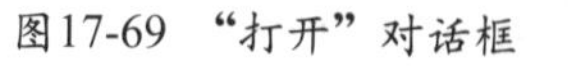

图17-69 “打开”对话框

图17-70 “将视频导入图层”对话框

图17-71 将视频文件导入到Photoshop中

02 在“动画”面板中单击▶按钮，即可在程序窗口中预览视频。

（2）编辑视频

03 在“图层”面板中选择最上面一层，如图17-72所示，

04 在工具箱中选择横排文字工具，在选项栏中设置“字体”为文鼎CS中宋，“字体大小”为48点，然后在画面的适当位置单击并输入所需的文字，如图17-73所示，输入好文字后单击✓按钮确认文字输入。

图17-72　在“图层”面板中选择最上面一层

图17-73　输入文字

05 在“图层”菜单中执行“图层样式”→“渐变叠加”命令，并在其中选择所需的渐变颜色，再勾选“描边”、“投影”选项，如图17-74所示，单击“确定”按钮得到如图17-75所示的效果。

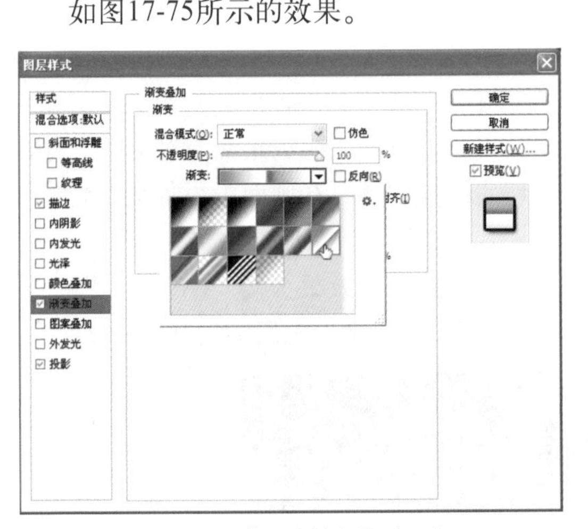

图17-74　“图层样式”对话框

图17-75　应用图层样式后的效果

06 由于创建的图层样式只在时间轴的第1帧应用，而其他图层并没有应用，如图17-76所示，因此需要将文字图层中的图层样式应用而不存在效果层，在“时间轴”面板中选择第1帧，接着在“图层”面板中单击“创建新图层”按钮，新建一个图层，如图17-77所示。

07 在按住“Shift”键的同时在“图层”面板中选择文字图层，同时选择刚新建的空白图层与文字图层，如图17-78所示。按“Ctrl”+“E”键将它们合并为一个图层，这时时间轴的每一帧上都有文字效果了，结果如17-79所示。

图17-76　编辑动画

图17-77　编辑动画

图17-78　同时选择刚新建的图层与文字图层

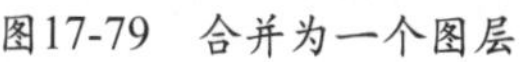

图17-79　合并为一个图层

08 在“动画”面板中单击第3帧，在“图层”面板中选择图层3，如图17-80所示，再在菜单中执行“滤镜”→“渲染”→“镜头光晕”命令，弹出“镜头光晕”对话框，并在其中的左上角点击，如图17-81所示，单击“确定”按钮即可在画面中添加镜头光晕效果，如图17-82所示。

09 在“时间轴”面板中单击▶（播放）按钮，预览编辑好的效果。按“Ctrl”+“S”键将其保存，如果需要将其保存为gif动画文件，可以根据需要设置所需的延迟时间。

图17-80　在“图层”面板中选择图层3

图17-81 “镜头光晕”对话框

图17-82 应用镜头光晕后的效果

(3) 导出视频文件

⑩ 以前面导入的视频并编辑过的文件为例，在“时间轴”面板中单击第1帧，接着在键盘上按着“Shift”键在“时间轴”面板中单击最后1帧，以选择所有帧，再单击 0.03▾（帧延迟时间）按钮，在弹出的菜单中选择0.2，将帧延迟时间改为0.2秒，结果如图17-83所示。

⑪ 在菜单中执行“文件”→“导出”→“渲染视频”命令，弹出“渲染视频”对话框，在其中设置所需的名称，如图17-84所示，单击“渲染”按钮，即可将编辑好的视频导出。

图17-83 编辑动画

图17-84 “渲染视频”对话框

⑫ 打开保存时选择的文件夹，然后在其中双击刚保存的视频文件，如图17-85所示，便可预览编辑的视频效果，如图17-86所示。

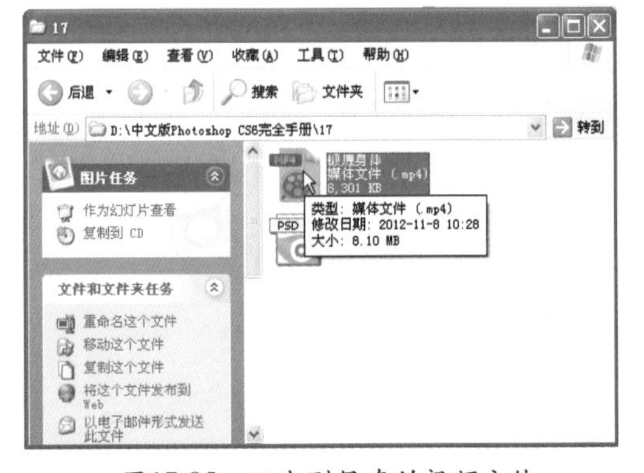


图17-85 双击刚保存的视频文件

图17-86 预览视频效果



# 17.4 本章小结

本章结合典型实例重点讲解了如何使用Photoshop CS6的动画与视频、图层面板、帧等功能来制作动画与对视频进行编辑。熟练掌握这些功能对设计网页、制作动画以及编辑视频提供了必备的条件。

# 17.5 练习题

1. 延迟时间以以下哪个单位显示？(　　　)

   A. 刻　　　　B. 分

   C. 小时　　　D. 秒

2. 以下哪项功能是在一段时间内显示的一系列图像或帧？(　　　)

   A. 切片　　　B. 图像映射

   C. 链接　　　D. 动画

# 第3部分

# Photoshop CS6 实战篇

# 第18章　综合应用

本章主要通过介绍15个综合实例的制作过程，全面掌握Photoshop CS6在图形图像处理方面的应用。

## 18.1 制作金色立体特效字



先使用横排文字工具、“渐变叠加”图层样式、组合键“Ctrl”+“Alt”+方向键等工具与命令制作出立体文字；再使用“投影”、“渐变叠加”、“斜面和浮雕”与“描边”图层样式，合并图层、“创建新图层”、渐变工具、“反向”等工具与命令为立体文字添加背景并改为金色立体效果，然后使用画笔工具、添加图层蒙版、混合模式等工具与命令为文字添加纹理。在制作这个金色立体特效字时，需要注意渐变颜色与按“Ctrl”+“Alt”与方向键时复制的个数。实例效果如下图所示。

### 上机实战　制作金色立体特效字

01 按“Ctrl”+“N”键新建一个大小为600×600像素，“分辨率”为96像素/英寸，“背景内容”为透明的图像文档。

02 在工具箱中选择T横排文字工具，并在选项栏中设置“字体”为文鼎CS中黑，“字体大小”为300 点，然后在画面中输入一个文字，如：“金”字，选择移动工具确认文字输入，结果如图18-1所示。

03 在“图层”面板的文字图层上双击弹出“图层样式”对话框，在其中选择“渐变叠加”选项，设置“角度”为127度，“缩放”为91%，再单击渐变后的渐变条，在弹出的“渐变编辑器”对话框中设置所需的渐变，具体参数设置如图18-2所示，设置好后单击“确定”按钮，返回到“图层样式”对话框中单击“确定”按钮，得到如图18-3所示的效果。

图18-1 输入文字

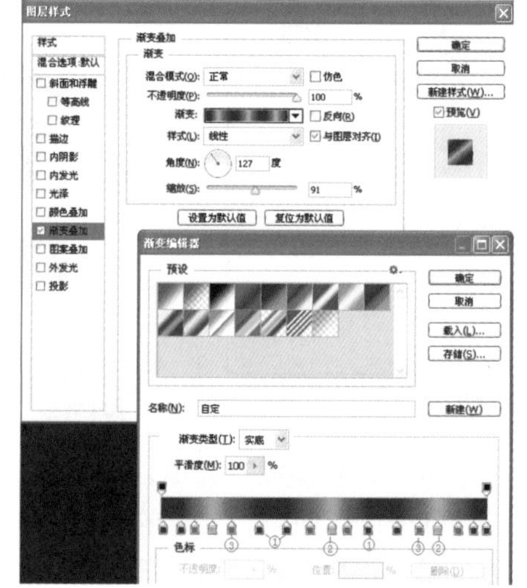

图18-2 “图层样式”对话框

图18-3 应用图层样式后的效果

**提 示**

色标①的颜色为# 5e0906，色标②的颜色为# ff9065，色标③的颜色为# c33215。

04 按住“Ctrl”+“Alt”键在键盘上击“↓”向下键与“→”向右键各20次，得到40个副本，如图18-4所示，画面效果如图18-5所示。

图18-4 “图层”面板

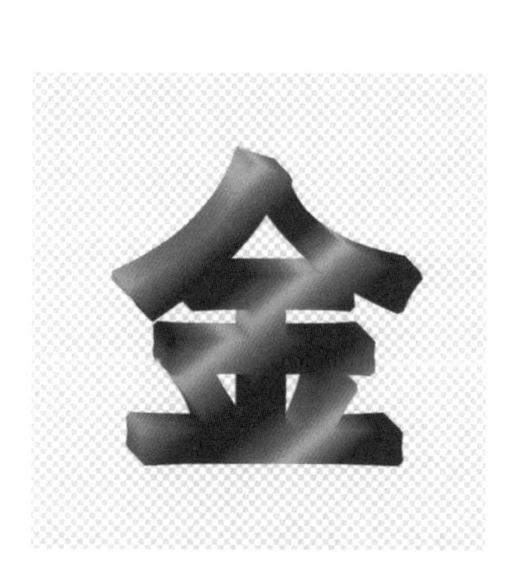


图18-5 复制后的画面效果

05 在“图层”面板中选择最顶层的图层，并双击它，弹出“图层样式”对话框，在其中单击“投影”选项，设置“不透明度”为80%，“角度”为－33度，“距离”为13像素，“扩展”为18%，“大小”为24像素，如图18-6所示，此时的画面效果如图18-7所示。

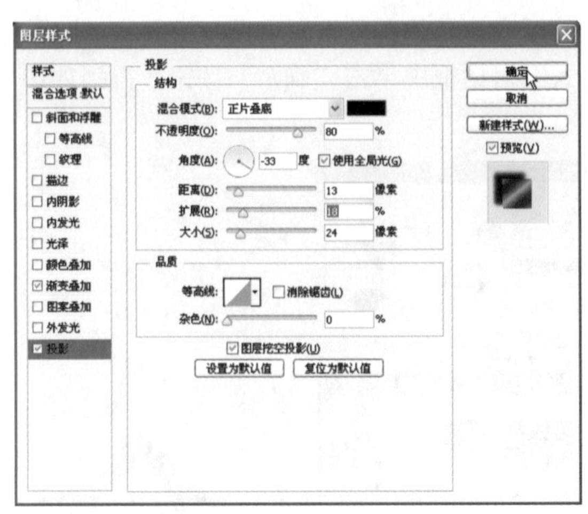


图18-6 “图层样式”对话框

图18-7 应用图层样式后的效果

06 在“图层样式”对话框中单击“渐变叠加”选项，并对渐变的颜色进行更改，在“渐变编辑器”对话框中， 将第1个色标保留，其他的色标全部删除，再添加一个色标，设置色标颜色为黄，然后再添加一个色标，并设置颜色为白色，如图18-8所示，单击“确定”按钮，返回到“图层样式”对话框中，其画面效果如图18-9所示。

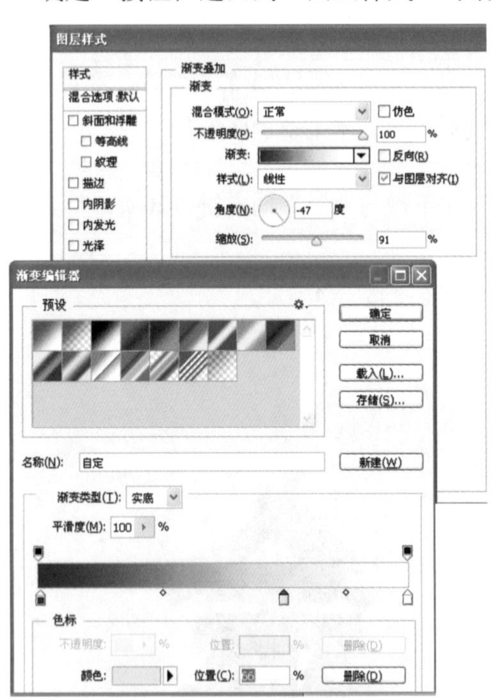


图18-8 “图层样式”对话框

图18-9 应用图层样式后的效果

07 在“图层样式”对话框中单击“斜面和浮雕”选项，设置其“深度”为1000%，“大小”为5像素，高光颜色为黄色，阴影颜色为#480303，高光的“不透明度”为93%，如图18-10所示，单击“确定”按钮得到如图18-11所示的效果。

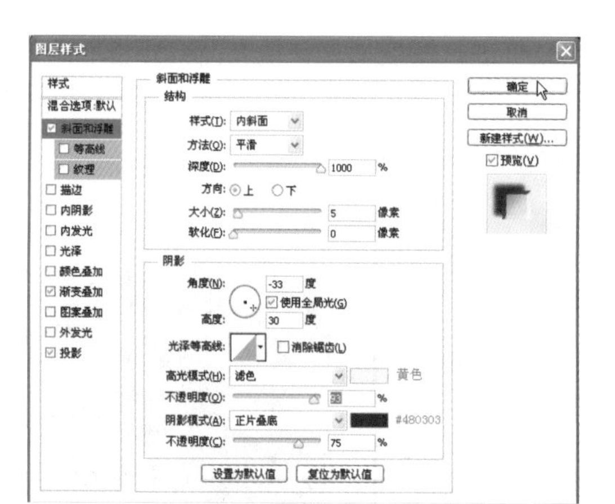

图18-10 “图层样式”对话框

图18-11 应用图层样式后的效果

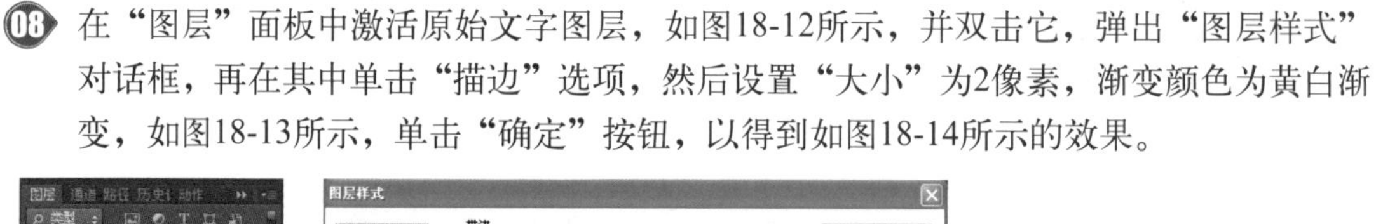

08 在“图层”面板中激活原始文字图层，如图18-12所示，并双击它，弹出“图层样式”对话框，再在其中单击“描边”选项，然后设置“大小”为2像素，渐变颜色为黄白渐变，如图18-13所示，单击“确定”按钮，以得到如图18-14所示的效果。

图18-12 “图层”面板

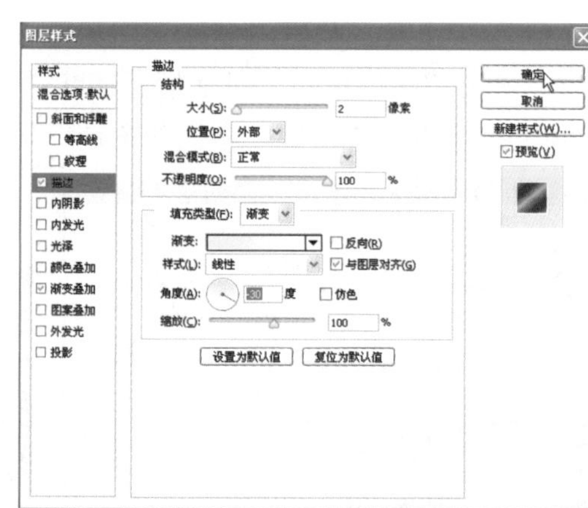

图18-13 “图层样式”对话框

图18-14 应用图层样式后的效果

09 按“Shift”键在“图层”面板中单击金副本39图层，以同时选择金副本40以下的所有图层，如图18-15所示，再按“Ctrl”+“E”键将所有选择图层合并为一个图层，如图18-16所示。

10 在“图层”面板中单击“创建新图层”按钮，新建一个图层，并将其拖动到金副本39图层的下方，如图18-17所示，再选择渐变工具，在选项栏中单击渐变条，在弹出的“渐变编辑器”对话框中编辑所需的渐变，左边色标颜色为#ff0000，右边色标颜色为#ffc000，如图18-18所示，单击“确

图18-15 “图层”面板

图18-16 “图层”面板

定”按钮，然后在画面中进行拖动，给图层1进行渐变填充，填充渐变颜色后的效果如图18-19所示。

图18-17 “图层”面板

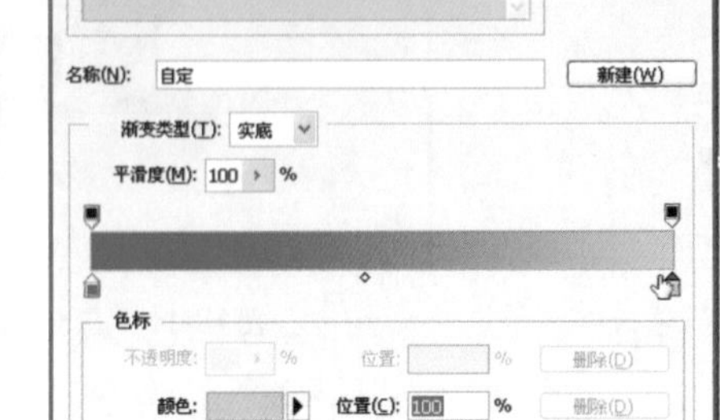

图18-18 “渐变编辑器”对话框

图18-19 填充渐变颜色后的效果

⑪ 在“图层”面板中激活金副本39图层，单击“创建新图层”按钮，新建图层2，如图18-20所示，双击图层2，弹出“图层样式”对话框，在其中选择“投影”选项，如图18-21所示，单击“确定”按钮，“图层”面板如图18-22所示。

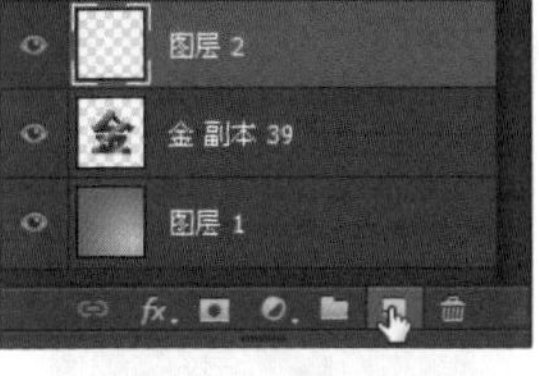

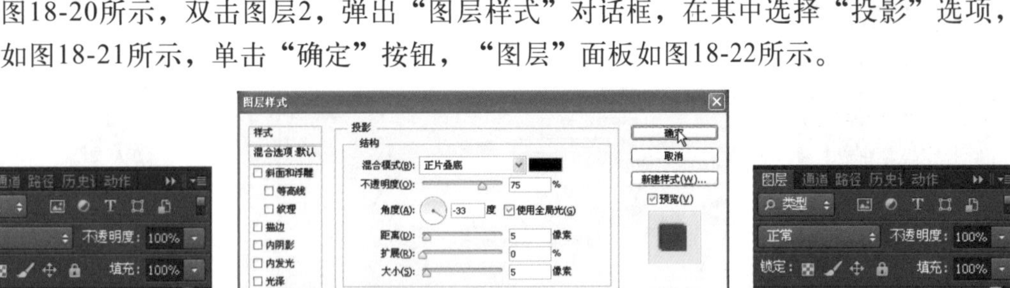

图18-20 “图层”面板 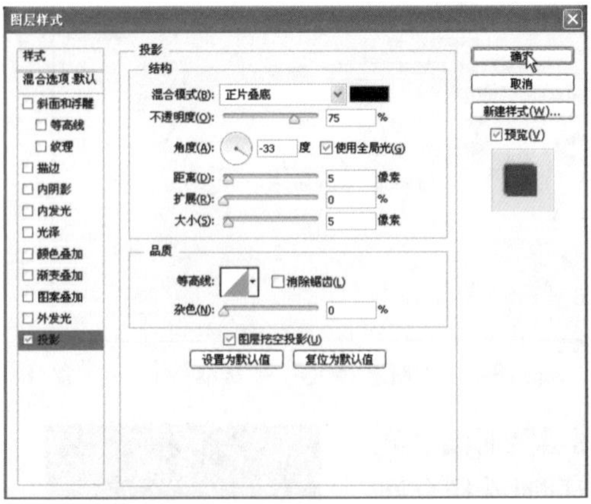　图18-21 “图层样式”对话框 　图18-22 “图层”面板

⑫ 在“图层”面板中激活金副本40图层，再按“Ctrl”+“E”键向下合并，将金副本40图层的效果栅格化，结果如图18-23所示。

⑬ 按“Ctrl”键在“图层”面板中单击金副本39的图层缩览图，如图18-24所示，使它载入选区后再按“Ctrl”+“Shift”+“I”键反选，如图18-25所示，在键盘上按“Delete”键删除选区中的阴影，删除后取消选择的效果如图18-26所示。

图18-23 “图层”面板

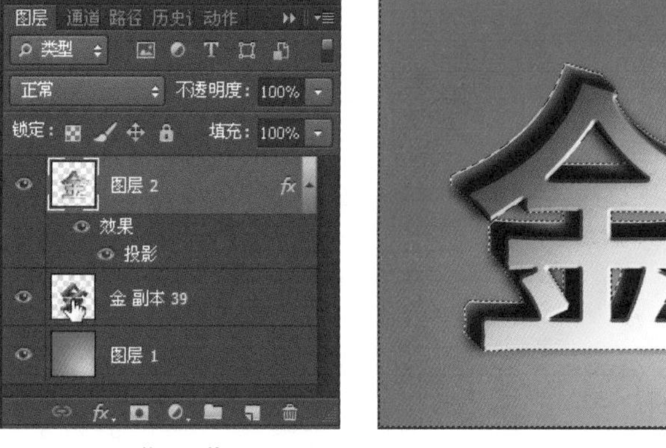

图18-24 “图层”面板

图18-25 反选选区

图18-26 删除选区中的阴影

⑭ 设置前景色为#f5f210，背景色为#ff0000，在“图层”面板中新建一个图层，再选择画笔工具，在选项栏中设置画笔为■，其他为默认值，然后在画面中进行绘制，绘制出如图18-27所示的效果，再按“Ctrl键”单击金副本39图层的图层缩览图，使金副本39图层的内容载入选区，如下图所示。

图18-27 绘制出所选的画笔

图18-28 将图层内容载入选区

⑮ 在“图层”面板中单击“添加图层蒙版”按钮，由选区建立图层蒙版，得到如图18-29所示的效果。

⑯ 在“图层”面板中设置它的混合模式为变暗，“不透明度”为50%，如图18-30所示，得到如图18-31所示的效果。特效字就制作完成了。

⑰ 使用的渐变颜色不同效果也不同，下面是用另一种渐变颜色的效果，最后添加的蒙版是反选的选区，所以效果也就不一样，如图18-32所示。

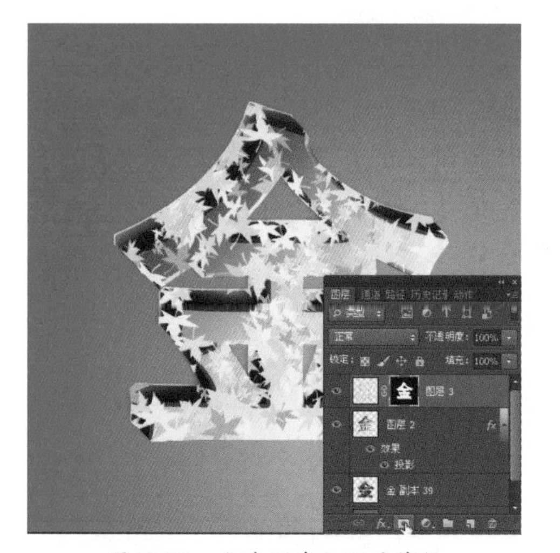
图18-29 由选区建立图层蒙版

图18-30 “图层”面板

图18-31 特效字效果图

图18-32 特效字效果图

## 18.2 制作特效立体字

先使用横排文字工具、“描边”、使图层载入选区、通过拷贝的图层、组合键“Ctrl”+“Alt”+方向键等工具与命令制作出立体文字；再使用“描边”、“色彩平衡”、“曲线”调整图层、图层样式、“镜头光晕”等命令为立体文字添加效果。在制作时需要注意调整文字与背景的对比度。实例效果如右图所示。

### 上机实战 制作特效立体字

01 按“Ctrl”+“O”键从配套光盘的素材库中打开一个图像文档，如图18-33所示。选择横排文字工具，在选项栏中设置“字体”为文鼎CS中黑，“字体大小”为100 点，然后在画面中单击并输入所需的文字，如图18-34所示。

图18-33 打开的图像文档

图18-34 输入文字

**02** 在“图层”菜单中执行“图层样式”→“描边”命令，弹出“图层样式”对话框，在其中再勾选“投影”选项，如图18-35所示，其他不变，单击“确定”按钮得到如图18-36所示的效果。

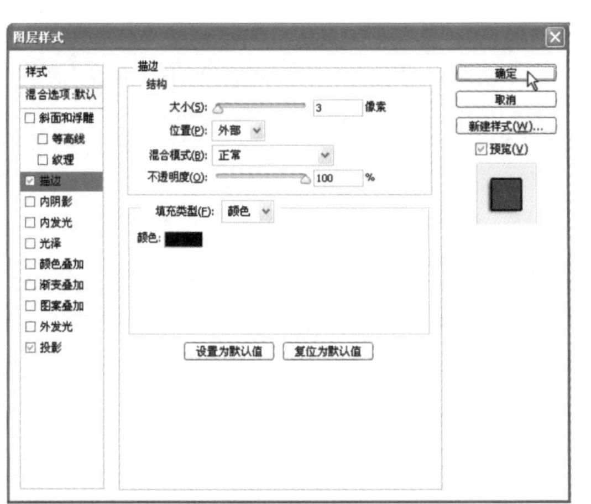


图18-35 “图层样式”对话框

图18-36 应用图层样式后的效果

**03** 按“Ctrl”键在“图层”面板中单击文字图层的缩览图，使文字载入选区，如图18-37所示。

**04** 在“图层”面板中激活背景层，如图18-38所示，再按“Ctrl”+“J”键由选区建立一个新图层，然后将新图层拖动到最顶层，如图18-39所示。

图18-37 使文字载入选区

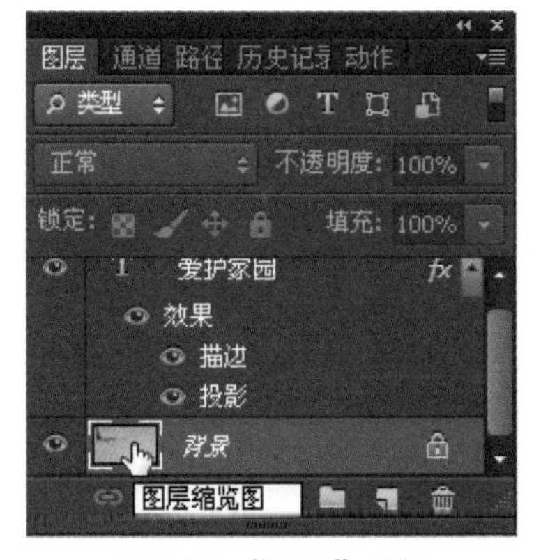


图18-38 “图层”面板

图18-39 “图层”面板

**05** 按“Ctrl”键在“图层”面板中单击图层1图层缩览图，使图层1载入选区，如图18-40所示。

**06** 按住“Alt”+“Ctrl”键在键盘上击“↑”向上键与“←”向左键各15次，得到如图18-41所示的效果。

图18-40 使图层载入选区

图18-41 移动并复制文字

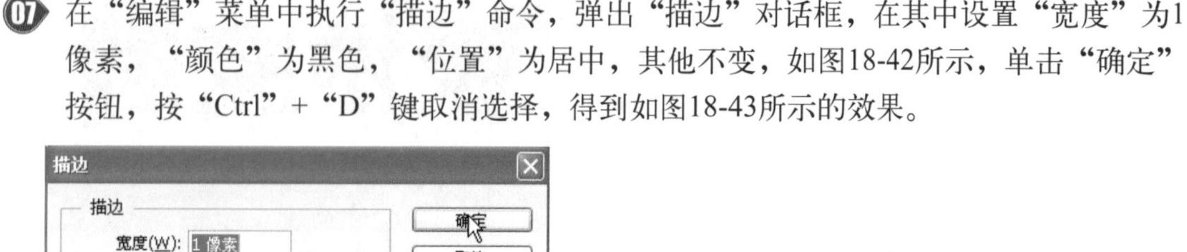

07 在“编辑”菜单中执行“描边”命令，弹出“描边”对话框，在其中设置“宽度”为1像素，“颜色”为黑色，“位置”为居中，其他不变，如图18-42所示，单击“确定”按钮，按“Ctrl”+“D”键取消选择，得到如图18-43所示的效果。

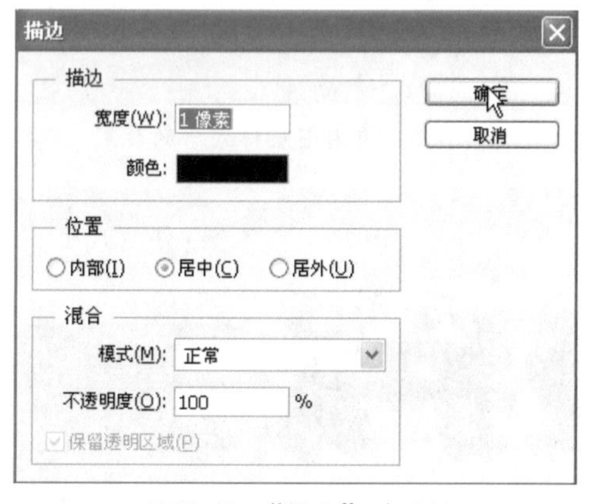


图18-42 “描边”对话框

图18-43 描边后的效果

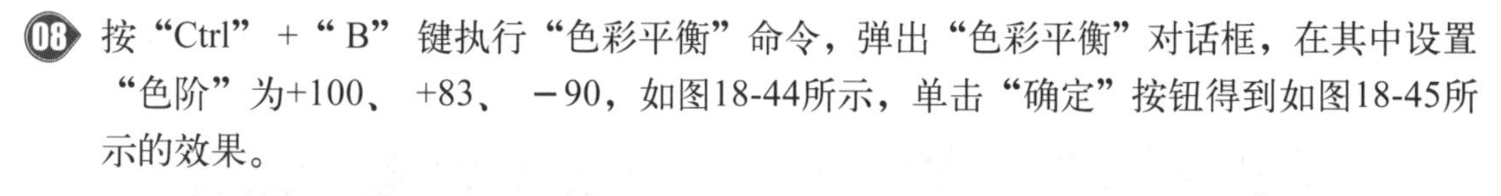

08 按“Ctrl”+“B”键执行“色彩平衡”命令，弹出“色彩平衡”对话框，在其中设置“色阶”为+100、+83、−90，如图18-44所示，单击“确定”按钮得到如图18-45所示的效果。

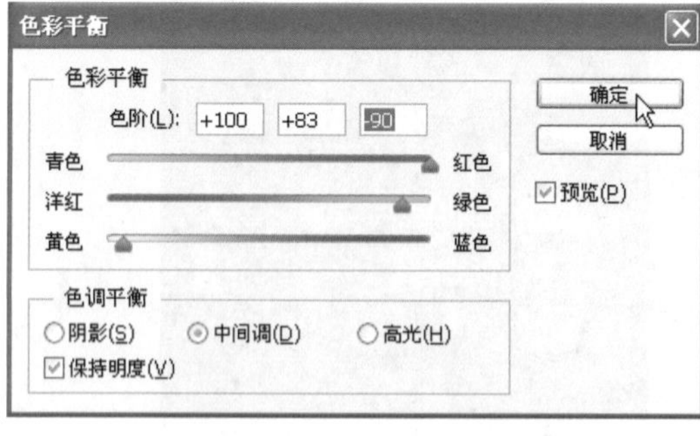


图18-44 “色彩平衡”对话框

图18-45 调整后的效果

09 在“图层”面板中先激活背景层，再单击（创建新的填充或调整图层）按钮，在弹出的菜单中执行“曲线”命令，如图18-46所示，显示“属性”面板，在其中将直线调为如图18-47所示的曲线，将背景调暗，画面效果如图18-48所示。

10 在“图层”面板中双击图层1，弹出“图层样式”对话框，在其中设置内阴影的颜色为红色，“距离”为0像素，“大小”为18像素，其他不变，如图18-49所示，单击“确定”按钮得到如图18-50所示的效果。

图18-46 “图层”面板

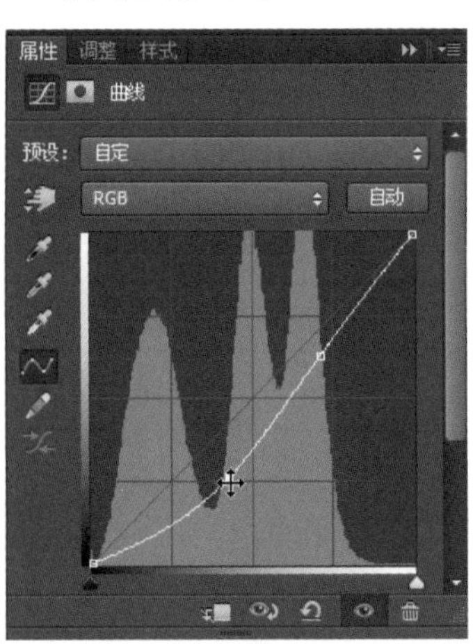

图18-47 “属性”面板

图18-48 调整后的效果

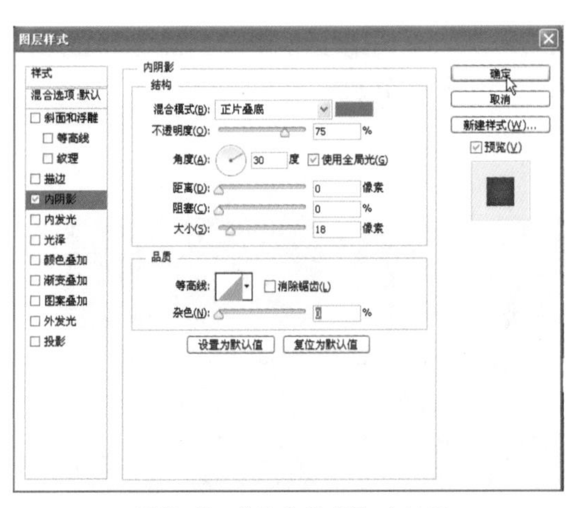

图18-49 “图层样式”对话框

图18-50 应用图层样式后的效果

⑪ 在“滤镜”菜单中执行“渲染”→“镜头光晕”命令，在其中选择“电影镜头”选项，设置“亮度”为44%，在预览框中单击确定中心点，如图18-51所示，单击“确定”按钮得到如图18-52所示的效果。

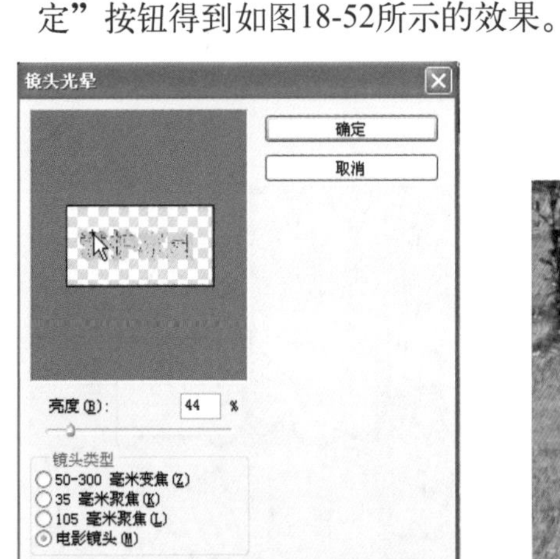

图18-51 “镜头光晕”对话框

图18-52 应用镜头光晕后的效果

⑫ 在“滤镜”菜单中执行“渲染”→“镜头光晕”命令，在预览框中单击确定中心点，如图18-53所示，单击“确定”按钮得到如图18-54所示的效果。

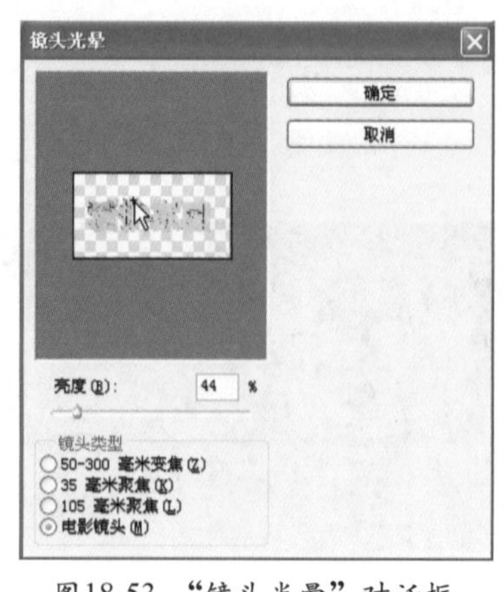


图18-53 “镜头光晕”对话框

图18-54 应用镜头光晕后的效果

⑬ 在“滤镜”菜单中执行“渲染”→“镜头光晕”命令，在预览框中单击确定中心点，如图18-55所示，单击“确定”按钮得到如图18-56所示的效果。

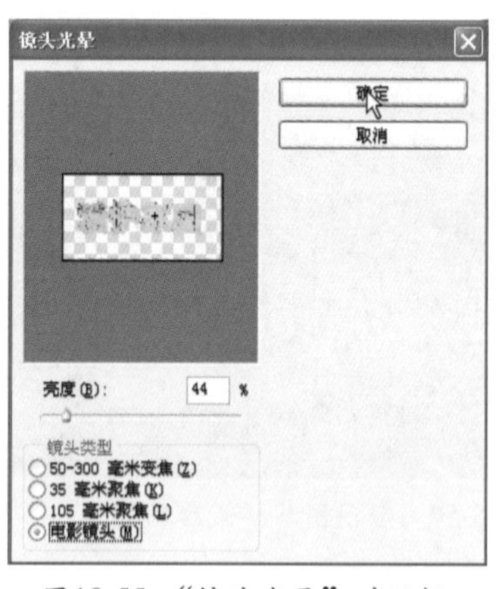


图18-55 “镜头光晕”对话框

图18-56 应用镜头光晕后的效果

⑭ 在“滤镜”菜单中执行“渲染”→“镜头光晕”命令，在预览框中单击确定中心点，如图18-57所示，单击确定按钮得到如图18-58所示的效果。特效字就制作完成了。

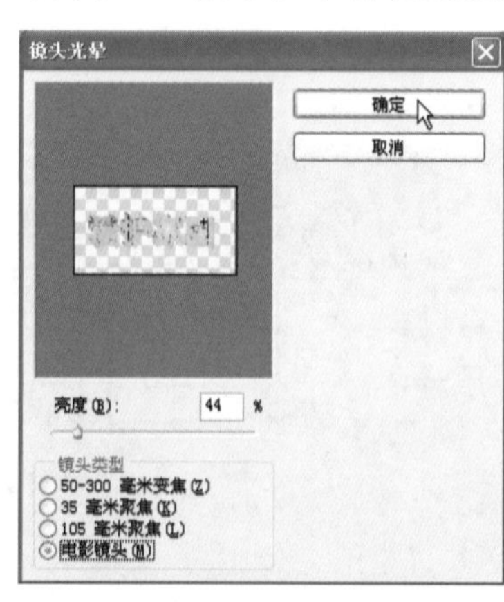


图18-57 “镜头光晕”对话框

图18-58 最终效果图

# 18.3 特效燃烧字

先使用横排文字工具、“内发光”、“光泽”、“外发光”等工具与命令先制作出光泽文字效果；再使用“打开”、拖动并复制、合并图层、混合模式、使文字载入选区、“羽化选区”、添加图层蒙版等工具与命令制作出燃烧效果。在制作时需要注意火焰的排放。实例效果如下图所示。

## 上机实战 制作特效燃烧字

01 在工具箱中设置前景色为#cd7e2e，背景色为黑色。按“Ctrl”+“N”键新建一个大小为735×250像素，“分辨率”为72像素/英寸，“背景内容”为背景色，“颜色模式”为RGB颜色的图像文档。

02 在工具箱中选择横排文字工具，在选项栏中设置“字体”为CS中黑，“字体大小”为160点，然后在画面中单击并输入所需的文字，如图18-59所示。

图18-59 输入文字

03 在“图层”菜单中执行“图层样式”→“内发光”命令，弹出“图层样式”对话框，在其中设置“混合模式”为颜色减淡，“不透明度”为100%，颜色为＃e5c23b，“大小”为9像素，如图18-60所示，此时的画面效果如图18-61所示。

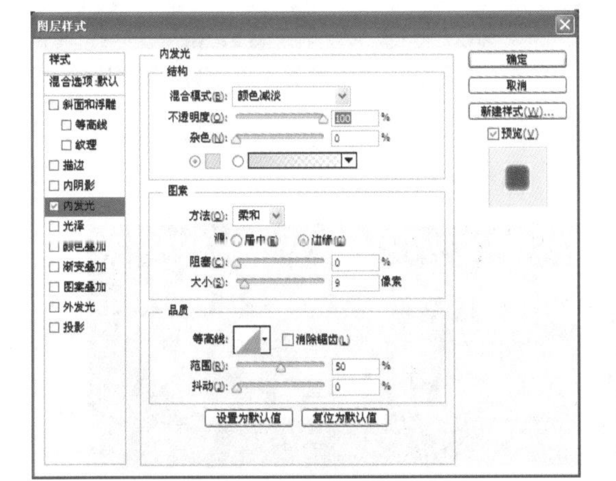

图18-60 “图层样式”对话框

图18-61 应用图层样式后的效果

**04** 在“图层样式”对话框的左边栏中选择“光泽”选项，在右边栏中设置颜色为红色，如图18-62所示，此时的画面效果如图18-63所示。

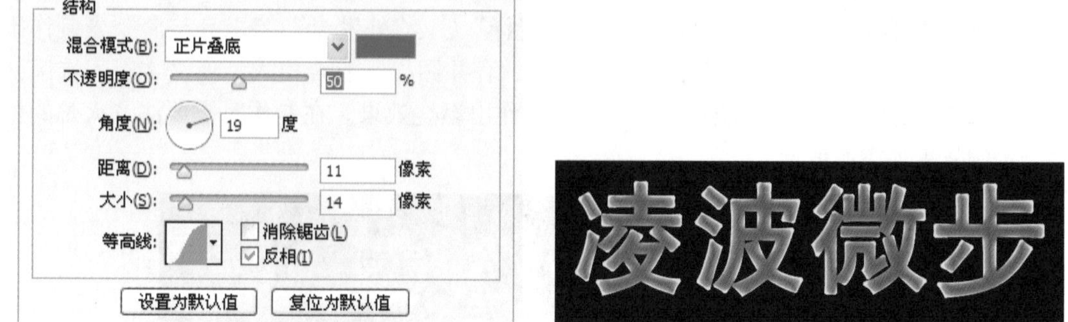


图18-62 “图层样式”对话框　　图18-63 应用图层样式后的效果

**05** 在“图层样式”对话框的左边栏中选择“外发光”选项，在右边栏中设置颜色为红色，“大小”为15像素，如图18-64所示，设置好后单击“确定”按钮得到如图18-65所示的效果。

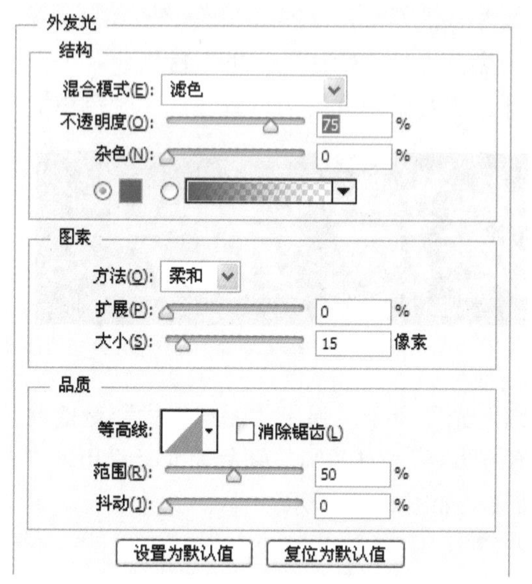

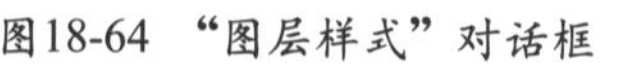

图18-64 “图层样式”对话框　　图18-65 应用图层样式后的效果

**06** 按“Ctrl”+“O”键从配套光盘的素材库中打开一个有火焰的文档，如图18-66所示，将火焰复制到画面中，再排放到所需的位置，如图18-67所示。

图18-66 打开的火焰文档

图18-67 将火焰复制到我们的画面中

07 按“Alt”+“Ctrl”键将火焰向右连续拖动两次，复制两个副本，如图18-68所示。

图18-68 复制火焰

08 按“Shift”键在“图层”面板中单击图层1，同时选择三个复制的火焰图层，如图18-69所示，按“Ctrl”+“E”键将选择的图层合并为一个图层，如图18-70所示。

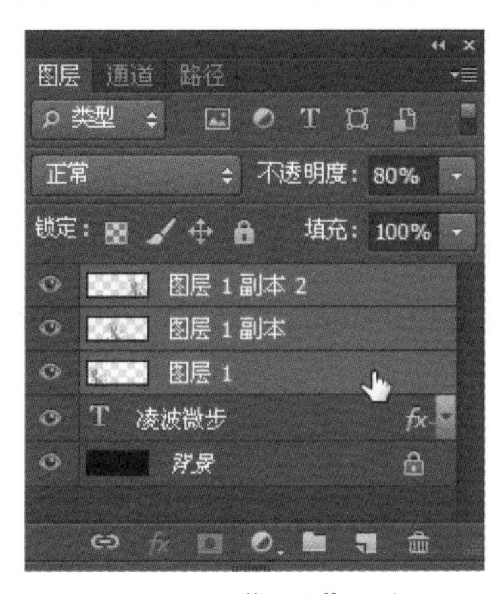


图18-69 “图层”面板

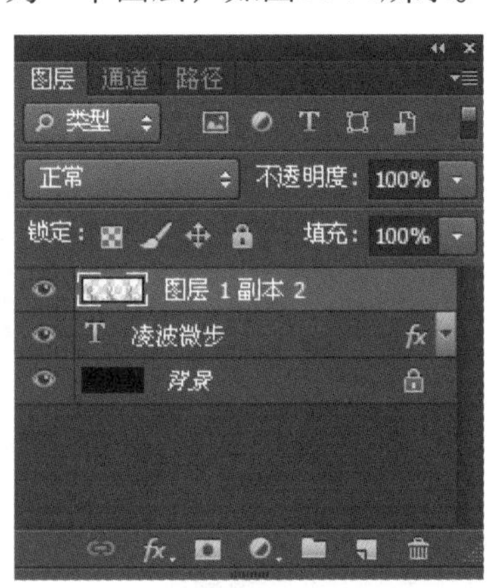


图18-70 “图层”面板

09 在“图层”面板中设置合并图层的混合模式为滤色，如图18-71所示，得到如图18-72所示的效果。

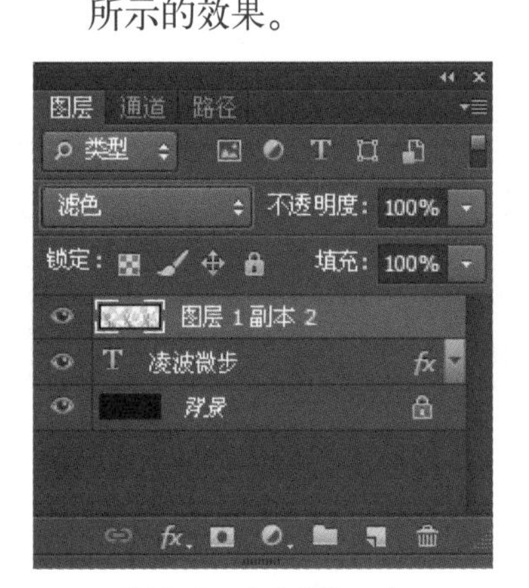


图18-71 “图层”面板

图18-72 设置混合模式后的效果

10 按“Ctrl”键在“图层”面板中单击文字图层的T图标，如图18-73所示，使文字载入选区，如图18-74所示。

11 在“选择”菜单中执行“修改”→“羽化选区”命令，弹出“羽化选区”对话框，在其中设置“羽化半径”为10像素，如图18-75所示，单击“确定”按钮得到如图18-76所示的选区。

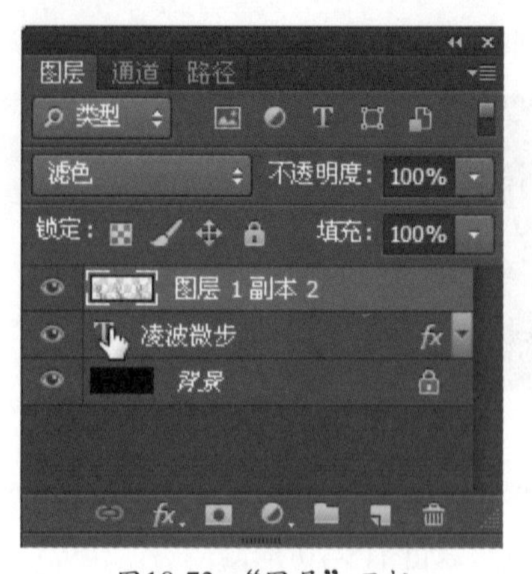

图18-73 “图层”面板

图18-74 使文字载入选区

图18-75 “羽化选区”对话框

图18-76 羽化后的选区

⑫ 在“图层”面板中单击“添加图层蒙版”按钮，如图18-77所示，由选区建立蒙版，从而将选区外的内容隐藏了，画面效果如图18-78所示。作品就制作完成了。

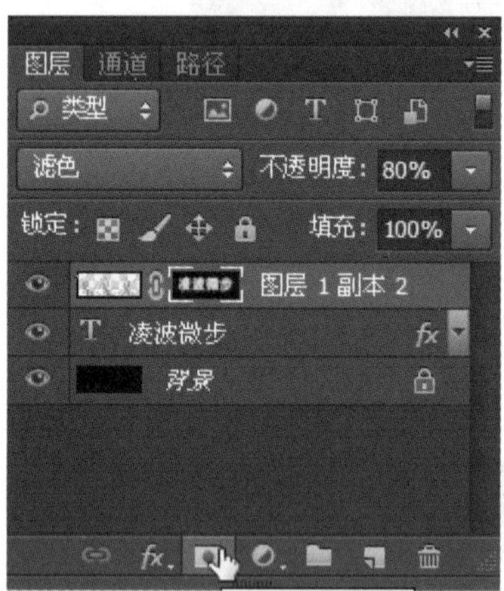

图18-77 “图层”面板

图18-78 最终效果图

## 18.4 制作玻璃闪光按钮

先使用参考线、椭圆工具、路径选择工具等工具与命令绘制出几个同心圆路径；再使用“将路径作为选区载入”、“创建新图层”、“填充”、“渐变叠加”、“描边”图层样式、路径选择工具等工具与命令制作出按钮形状，然后使用椭圆选框工具、“填充”路径选择工具、“将路径作为选区载入”、添加图层蒙版、“取消选择”、椭圆工具、不透明度、渐变工具、“反向”、画笔工具与横排文字工具等工具与命令为按钮添加光泽与文字。在使用椭圆工具绘制圆形路径时要是同一个圆心。实例效果如右图所示。

## 上机实战 制作玻璃闪光按钮

01 按“Ctrl”+“N”键新建一个大小为500×500像素、“分辨率”为72像素/英寸、“背景内容”为白色的文档。

02 按“Ctrl”+“R”键显示标尺栏，并从标尺栏中拖出两条参考线，使它们相交于画布的中心点，如图18-79所示。

03 在工具箱中选择椭圆工具，在选项栏中选择路径，在“路径”面板中单击“创建新路径”按钮，新建路径1，如图18-80所示，然后按下“Alt”+“Shift”键从参考线的交点上拖出一个圆形路径，如图18-81所示。

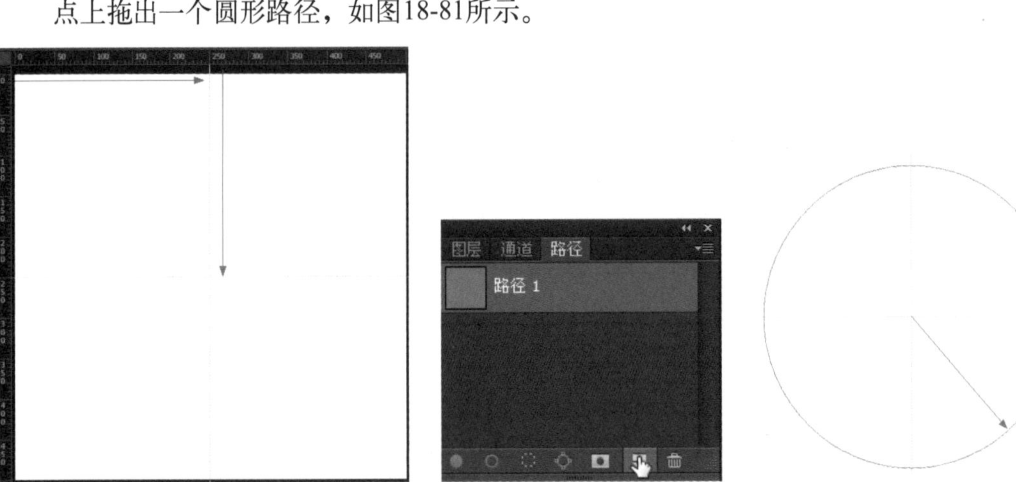


图18-79 从标尺栏中拖出两条参考线　　图18-80 “路径”面板　　图18-81 拖出一个圆形路径

04 使用同样的方法再绘制两个同心圆形路径，如图18-82所示。

05 在工具箱中选择路径选择工具，然后在画面中选择最外的圆形路径，如图18-83所示。

06 在“路径”面板中单击“将路径作为选区载入”按钮，如图18-84所示，将路径载入选区，按“Shift”键在路径上单击隐藏路径，画面中就只显示选区了，如图18-85所示。

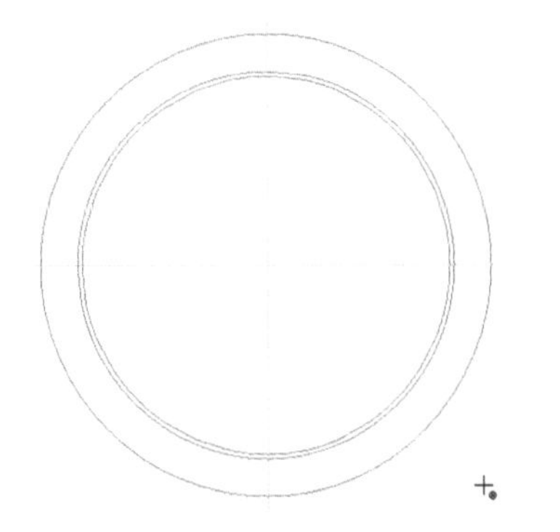

图18-82 绘制两个同心圆形路径

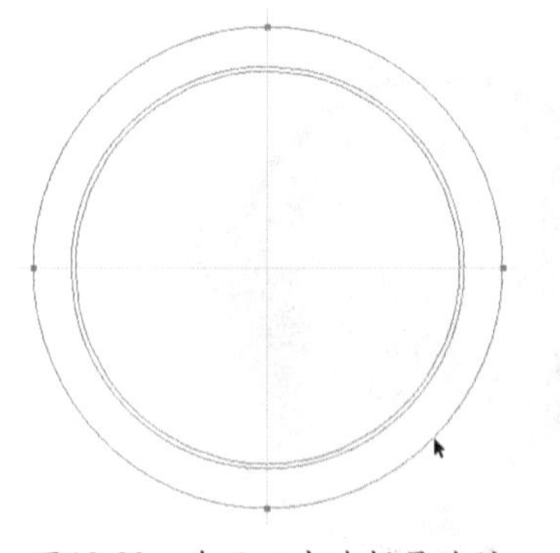
图18-83　在画面中选择最外的圆形路径

图18-84　“路径”面板

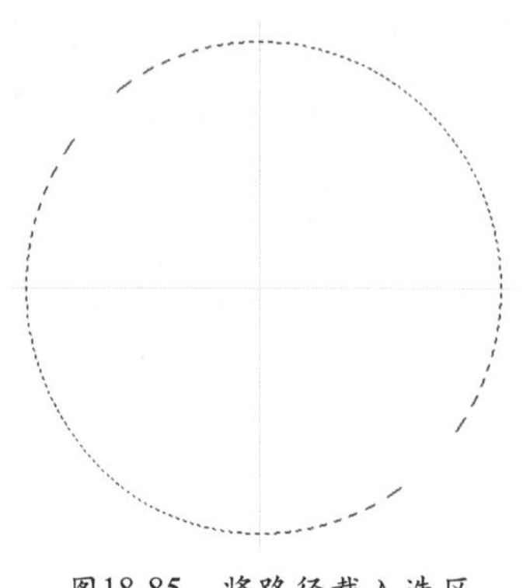
图18-85　将路径载入选区

07 显示“图层”面板，在其中单击“创建新图层”按钮，新建图层1，如图18-86所示，再设置前景色为灰色，并按“Alt ”＋“Delete ”键填充选区，填充好颜色后画面效果如图18-87所示，按“Ctrl ”＋“ D”键取消选择。

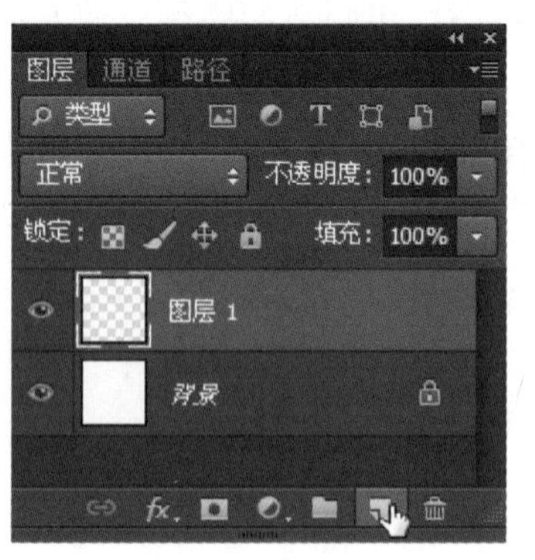

图18-86　“图层”面板

图18-87　填充好颜色后画面效果

08 在“图层”面板中双击图层1，弹出如图18-88所示的“图层样式”对话框，在其中选择“渐变叠加”选项，并在其中将“不透明度”设为92%，“角度”为140度，再单击渐变后的渐变条，弹出“渐变编辑器”对话框，在其中编辑所需的渐变，如图18-89所示，单击“确定”按钮，返回到“图层样式”对话框中，画面效果如图18-90所示。

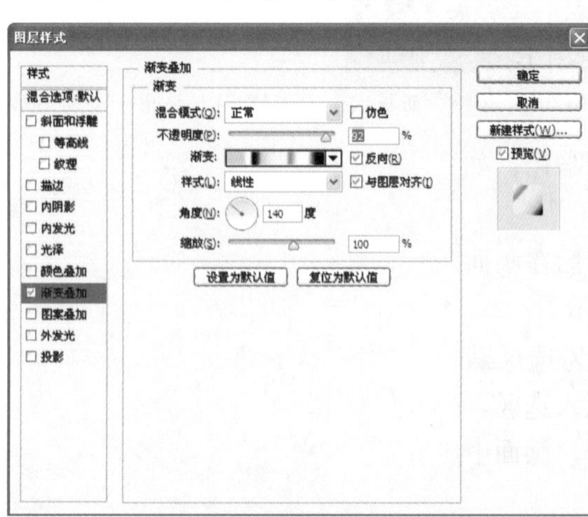

图18-88　“图层样式”对话框

图18-89　“渐变编辑器”对话框

**提 示**

色标①、⑦的颜色为黑色，色标②、⑧的颜色为#f7f3f3，色标③、⑤的颜色为#eeeded，色标④的颜色为#949292，色标⑥、⑨的颜色为#c3c1c3。

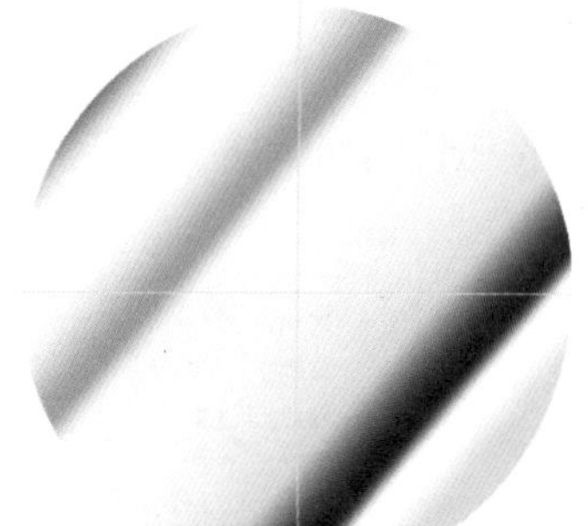
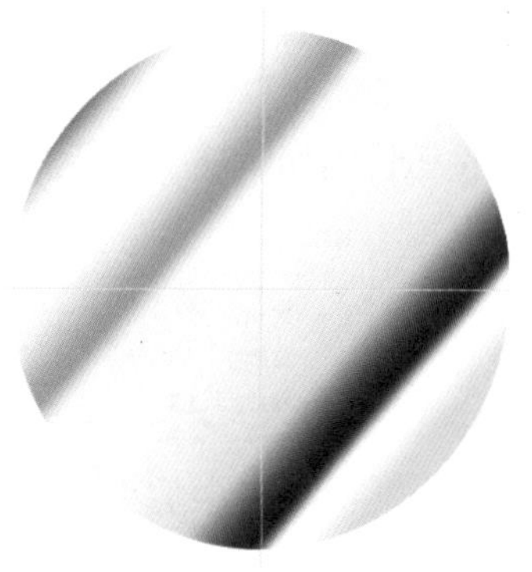

图18-90 应用图层样式后的效果

**09** 在“图层样式”对话框左边栏中选择“描边”选项，在其中设置“大小”为5像素，“填充类型”为渐变，“角度”为95度，其他不变，如图18-91所示，单击“确定”按钮得到如图18-92所示的效果。

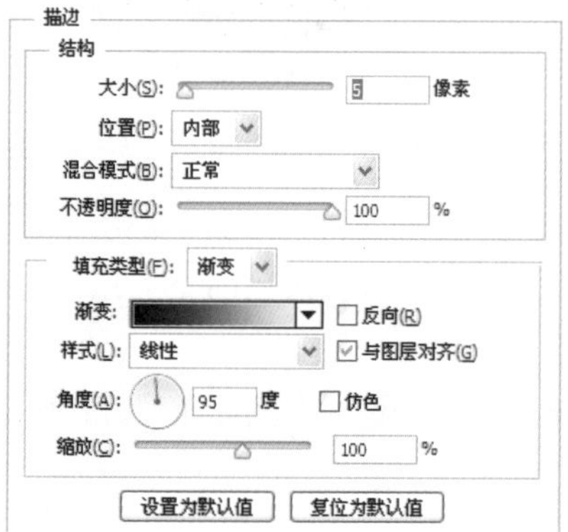


图18-91 “图层样式”对话框

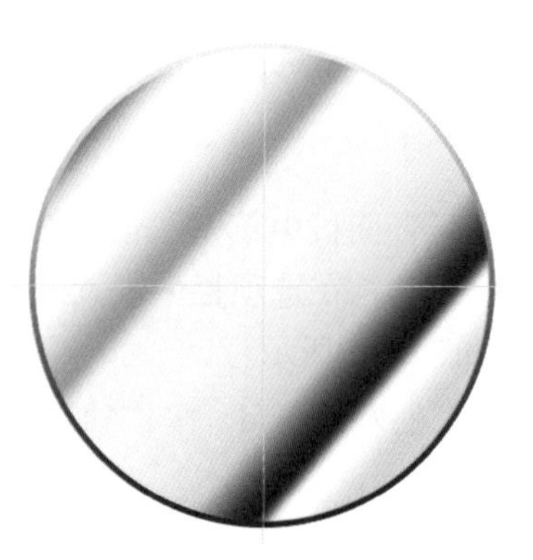

图18-92 应用图层样式后的效果

**10** 显示“路径”面板，在其中单击路径1，以显示路径；接着在工具箱中选择路径选择工具，然后在画面中选择中间的圆形路径，如图18-93所示。在“路径”面板中单击“将路径作为选区载入”按钮，将路径载入选区，按Shift键在路径上单击隐藏路径，画面中就只显示选区了。

**11** 显示“图层”面板，在其中单击“创建新图层”按钮，新建图层2，如图18-94所示，设置背景色为黑色，再按“Ctrl”+“Delete”键填充背景色，填充颜色后取消选择，画面效果如图18-95所示。

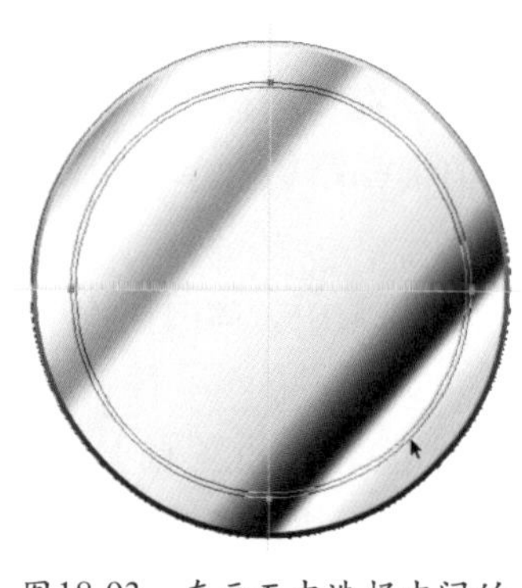

图18-93 在画面中选择中间的圆形路径

图18-94 “图层”面板

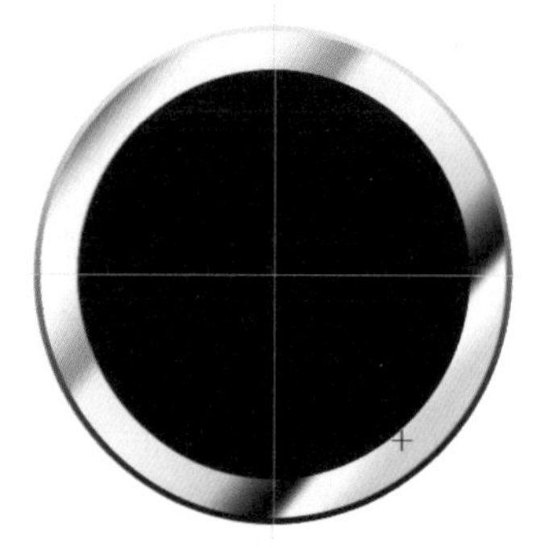

图18-95 填充颜色后的效果

12 在“图层样式”对话框左边栏中选择“描边”选项，在其中设置“大小”为4像素，“填充类型”为渐变，“角度”为-93度，其他不变，如图18-96所示，单击“确定”按钮得到如图18-97所示的效果。

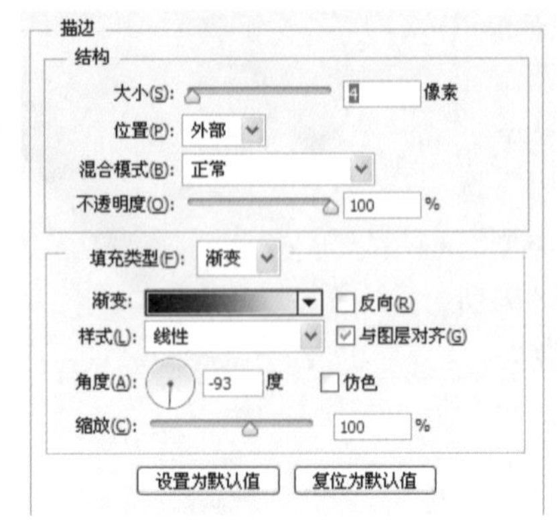


图18-96 “图层样式”对话框

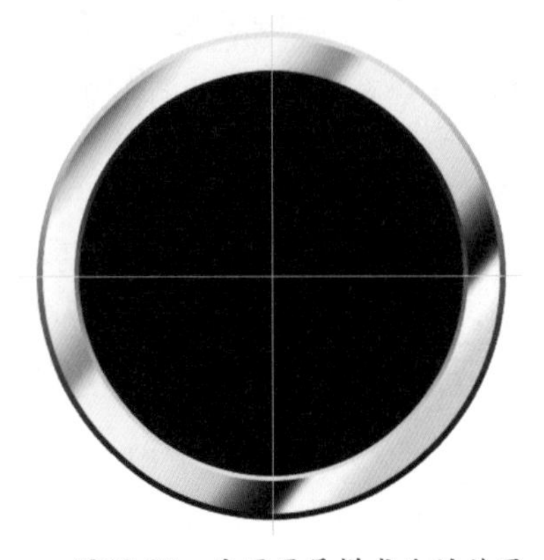

图18-97 应用图层样式后的效果

13 在“图层”面板中单击“创建新图层”按钮，新建图层3，如图18-98所示，再选择椭圆选框工具，在选项栏中设置“羽化”为25像素，然后在按钮的下方绘制一个椭圆选框，如图18-99所示。

14 设置前景色为#47b7fd，按“Alt”+“Delete”键填充前景色，取消选择后得到如图18-100所示的效果。

图18-98 “图层”面板

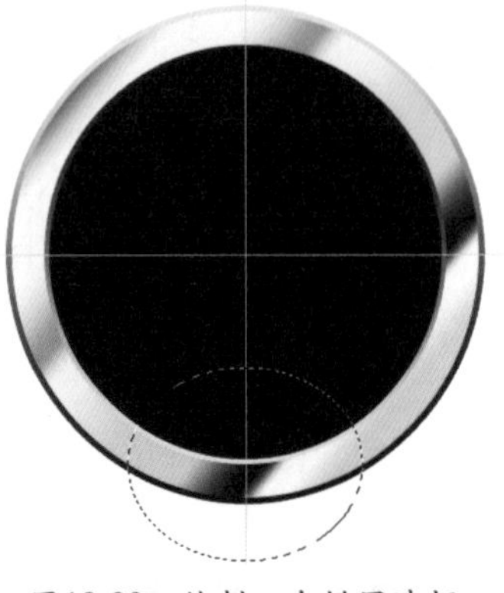

图18-99 绘制一个椭圆选框

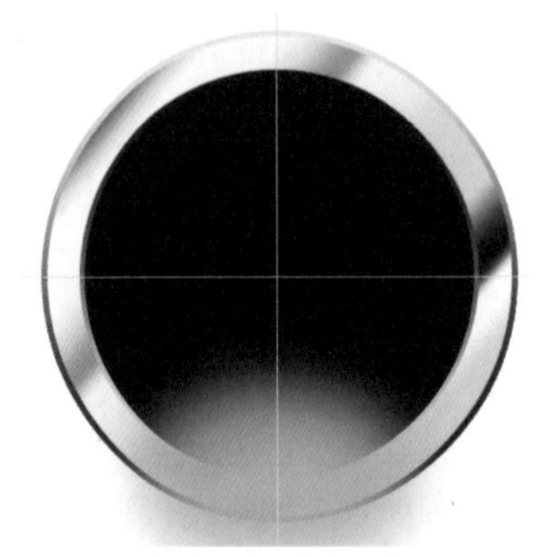

图18-100 填充前景色后的效果

15 显示“路径”面板，在其中单击路径1，以显示路径；接着在工具箱中选择路径选择工具，然后在画面中选择最内的圆形路径，如图18-101所示。在“路径”面板中单击“将路径作为选区载入”按钮，将路径载入选区，按Shift键在路径上单击隐藏路径，画面中就只显示选区了。

16 在“图层”面板中单击“添加图层蒙版”按钮，给图层3添加图层蒙版，如图18-102所示，由选区建立蒙版，从而得到如图18-103所示的效果。

17 同样用椭圆选框工具在画面中绘制一个羽化为25像素的选区，再设置前景色为#3588bb，然后按“Alt”+“Delete”键填充前景色，得到如图18-104所示的效果。

18 按“Ctrl”+“D”键取消选择，再在“路径”面板中新建一个路径，如图18-105所示，然后用钢笔工具在画面中绘制一个路径，如图18-106所示。

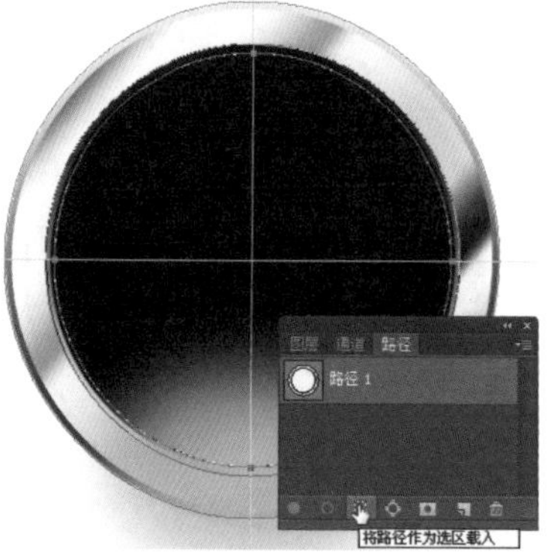

图18-101 将路径载入选区

图18-102 “图层”面板

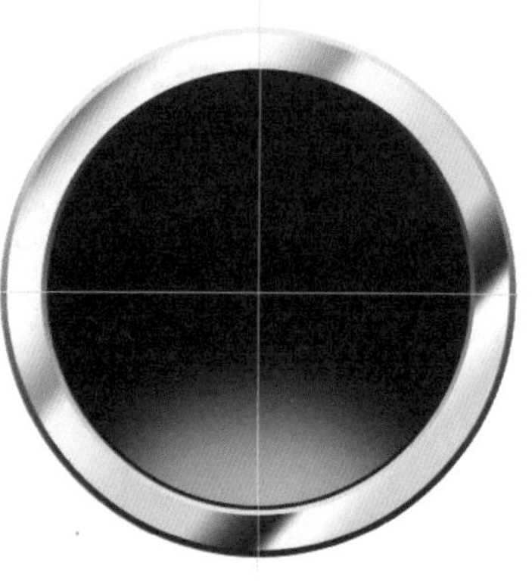
图18-103 添加图层蒙版后的效果

图18-104 填充前景色后的效果

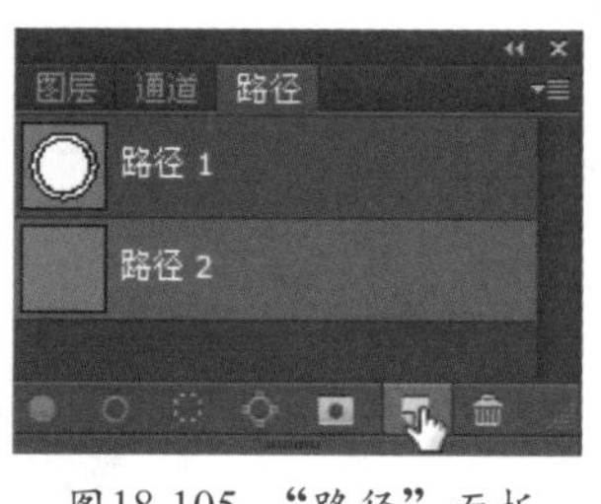

图18-105 “路径”面板

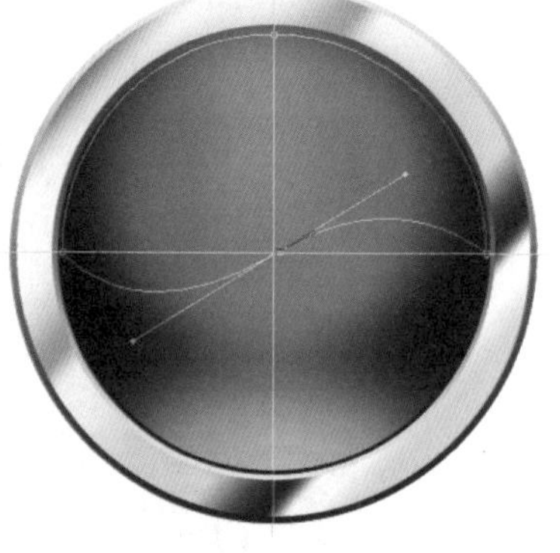
图18-106 在画面中绘制一个路径

19 在“路径”面板中单击“将路径作为选区载入”按钮，将路径载入选区后再隐藏路径；显示“图层”面板，并在其中单击“添加图层蒙版”按钮，如图18-107所示，将选区外的部分隐藏，得到如图18-108所示的效果。

20 设置前景色为#47b9ff，在“图层”面板中单击“创建新图层”按钮，新建一个图层，如图18-109所示。接着在工具箱中选择椭圆工具，在选项栏中选择像素，再按“Alt”+“Shift”键从参考线的交点处向外拖出一个椭圆，如图18-110所示。

21 在工具箱中设置“不透明度”为30%，如图18-111所示，将不透明度降低，画面效果如图18-112所示。

图18-107 “路径”面板

图18-108 添加图层蒙版后的效果

图18-109 “图层”面板

图18-110　绘制一个椭圆　　图18-111　“图层”面板

图18-112　降低不透明度后的效果

22 在“图层”面板中新建一个图层，如图18-113所示，用椭圆选框工具，并按着“Alt”+“Shift”键，从参考线的交点处向外拖出一个圆形选框，如图18-114所示。

图18-113　“图层”面板

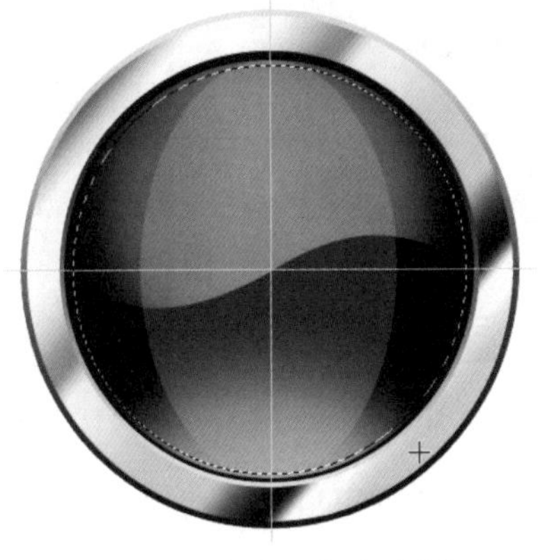

图18-114　拖出一个圆形选框

23 在工具箱中选择渐变工具，在选项栏中单击渐变条，弹出“渐变编辑器”对话框，在其中编辑所需的渐变，如图18-115所示，单击“确定”按钮，然后在画面中选区内拖动，给选区进行渐变填充，如图18-116所示。

图18-115　“渐变编辑器”对话框

图18-116　渐变填充后的效果

24 将选区向左下方移动一点，如图18-117所示，再按“Ctrl ”+ “Shift ”+“ I ”键反向选区，得到如图18-118所示的选区。

25 在“图层”面板中单击“添加图层蒙版”按钮，如图18-119所示，由选区建立蒙版，得到如图18-120所示的效果。

26 在“图层”面板中单击“创建新图层”按钮，新建一个图层，再在键盘上按Ctrl键单击图层5的图层缩览图，如图18-121所示，使图层5的内容载入选区，如图18-122所示。

图18-117 移动选区

图18-118 反向选区

图18-119 “图层”面板

图18-120 由选区建立蒙版后的效果

图18-121 “图层”面板

图18-122 使图层5的内容载入选区

27 设置前景色为白色，选择渐变工具，在选项栏的渐变拾色器中选择前景色到透明渐变，如图18-123所示，然后在画面中选区内进行拖动，给选区进行渐变填充，填充渐变颜色后的效果如图18-124所示。

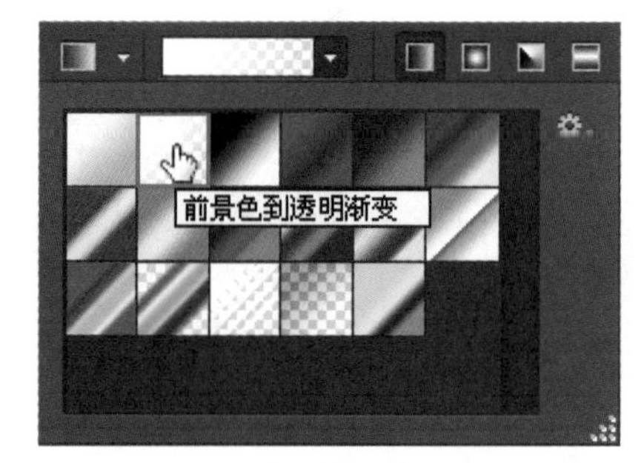


图18-123 选项栏的渐变拾色器

图18-124 给选区进行渐变填充

28 按“Ctrl”+“D”键取消选择，再在“图层”面板中设置“不透明度”为30%，如图18-125所示，以降低图层7的不透明度，画面效果如图18-126所示。

29 在“图层”面板中单击“创建新图层”按钮，新建一个图层，如图18-127所示。在工具箱中选择椭圆选框工具，同样保持羽化为25像素，然后在按钮的上方绘制一个椭圆选框，并填充白色，得到如图18-128所示的效果。

30 按“Ctrl”键在“图层”面板中单击图层5的图层缩览图，如图18-129所示，使图层5的内容载入选区，如图18-130所示。

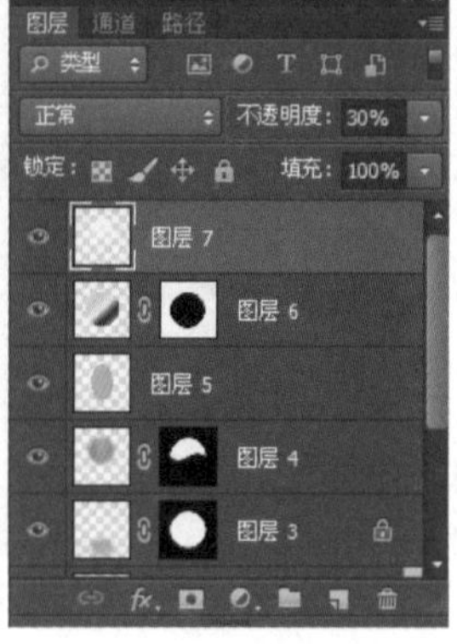


图18-125 “图层”面板

图18-126 降低不透明度后的效果

图18-127 “图层”面板

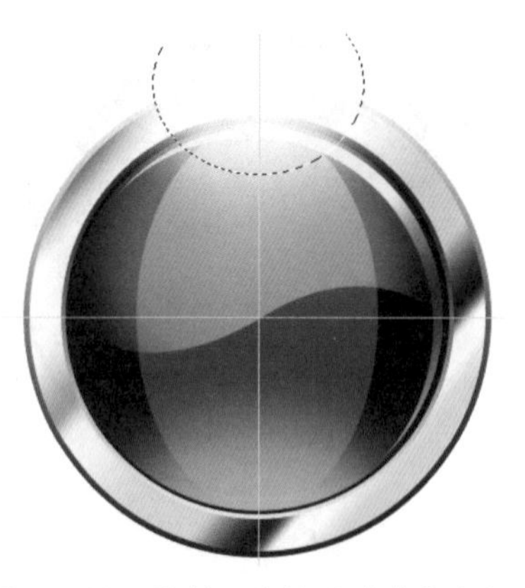

图18-128 绘制一个椭圆并填充白色

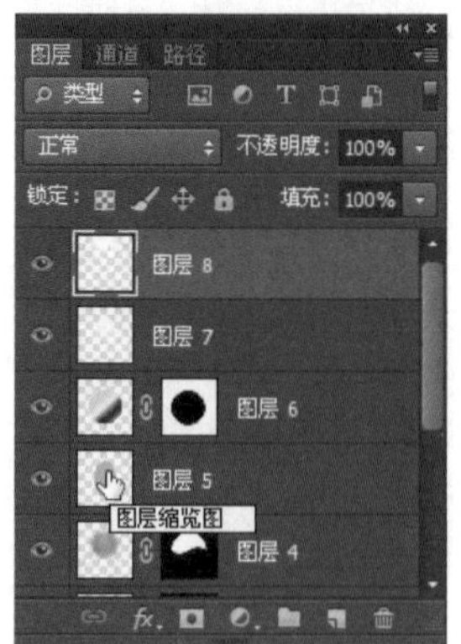


图18-129 “图层”面板

图18-130 将图层5的内容载入选区

31 在“图层”面板中单击“添加图层蒙版”按钮，如图18-131所示，由选区建立蒙版，得到如图18-132所示的效果。

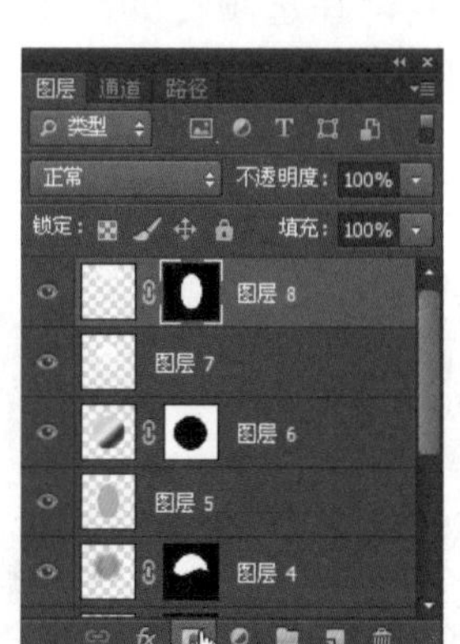

图18-131 “图层”面板

图18-132 由选区建立蒙版后的效果

32 在“图层”面板中单击“创建新图层”按钮，新建一个图层，再在工具箱中选择画笔工具，并在选项栏的画笔弹出式面板中选择交叉排线4（如果要在画笔弹出式面板中选择这个画笔，可以先将混合画笔追加到画笔面板中），设置“大小”为95像素，如图18-133所示，然后在画面中高光处单击添加闪光点，如图18-134所示。

33 使用横排文字工具在画面中单击并输入所需的文字，然后给文字进行黑色描边，输入好文字并添加描边后的效果如图18-135所示。按钮就制作完成了。

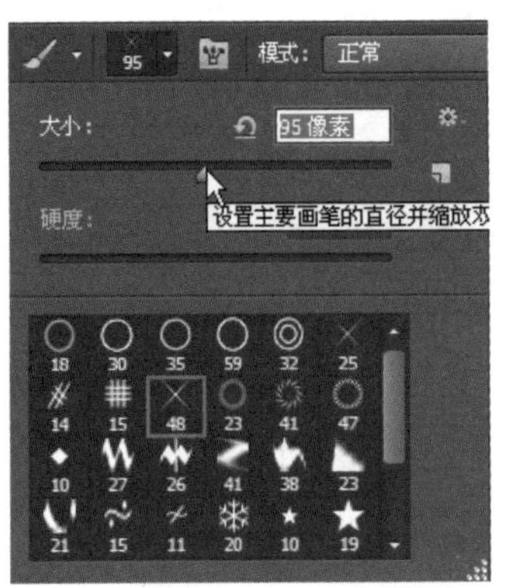

图18-133　画笔弹出式面板

图18-134　添加闪光点

图18-135　最终效果图

## 18.5 完美消除人物脸部的斑点

先使用复制通道、“高反差保留”、“计算”等工具与命令突出画面中的斑点；再使用“反向”、隐藏选区、“曲线”调整图层、套索工具、“羽化”、盖印图层、“通过拷贝的图层”、“应用图像”、“高反差保留”、混合模式等工具与命令消除斑点，然后使用盖印图层、“USM锐化”、修复画笔工具、“智能锐化”等工具与命令将画面处理清晰并修复斑点。在使用曲线调整时不要调得过亮或过暗。实例效果如下图所示。

## 上机实战 完美消除人物脸部的斑点

01 按“Ctrl”+“O”键从配套光盘的素材库中打开要处理的图像，如图18-136所示。

02 显示“通道”面板，在其中复制对比度较强的蓝通道，如图18-137所示。

图18-136　打开的人物图像

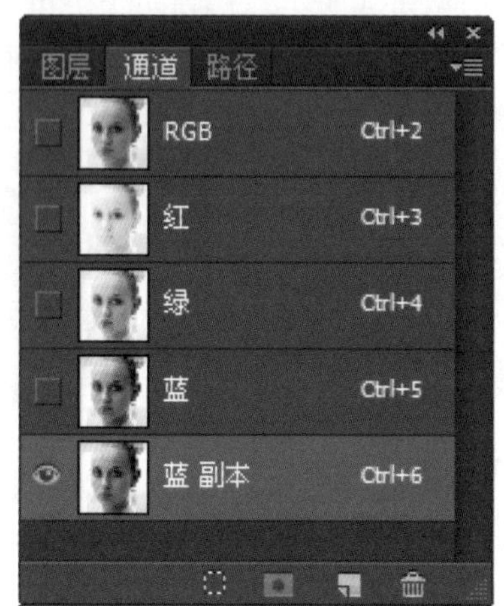


图18-137　“通道”面板

03 在“滤镜”菜单中执行“其它”→“高反差保留”命令，弹出“高反差保留”对话框，在其中设置“半径”为13像素，如图18-138所示，单击“确定”按钮，得到如图18-139所示的效果。

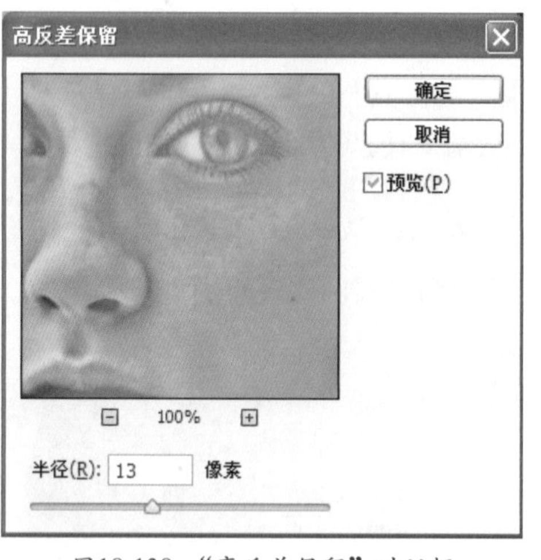


图18-138　“高反差保留”对话框

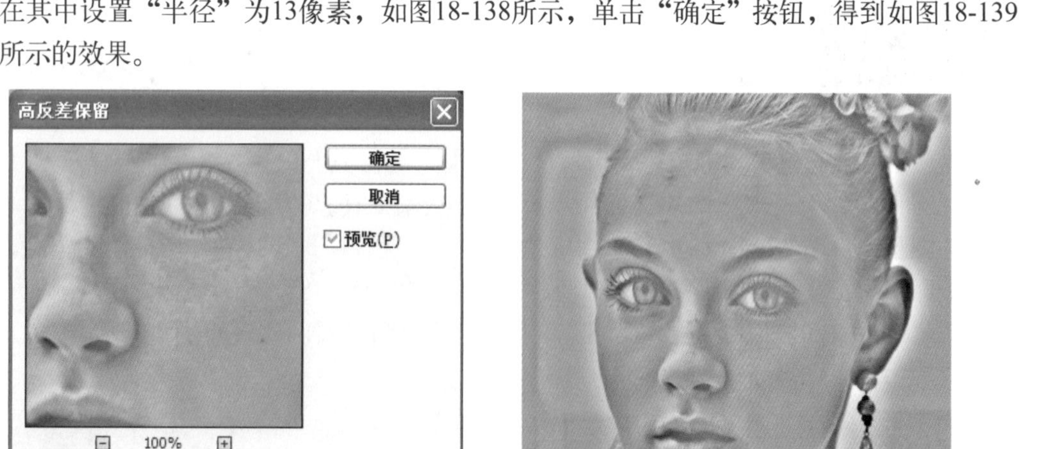

图18-139　应用高反差保留后的效果

04 在“图像”菜单中执行“计算”命令，弹出“计算”对话框，在其中设置“混合”为强光，如图18-140所示，单击“确定”按钮得到如图18-141所示的效果，同时在“通道”面板中新建一个通道。

05 在“图像”菜单中执行“计算”命令，弹出“计算”对话框，在其中设置“混合”为强光，如图18-142所示，单击“确定”按钮得到如图18-143所示的效果，同时在“通道”面板中再新建一个通道。

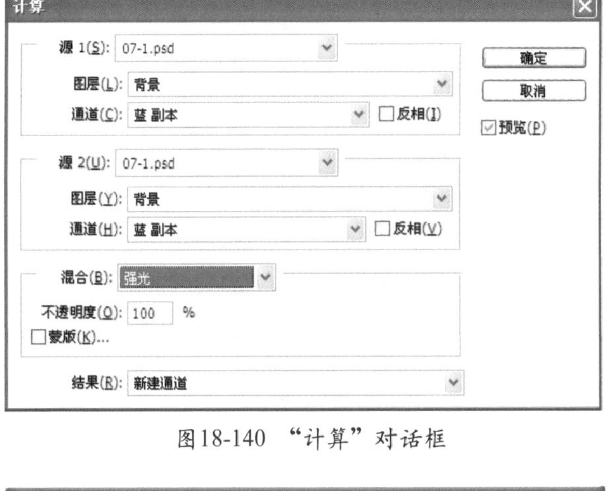
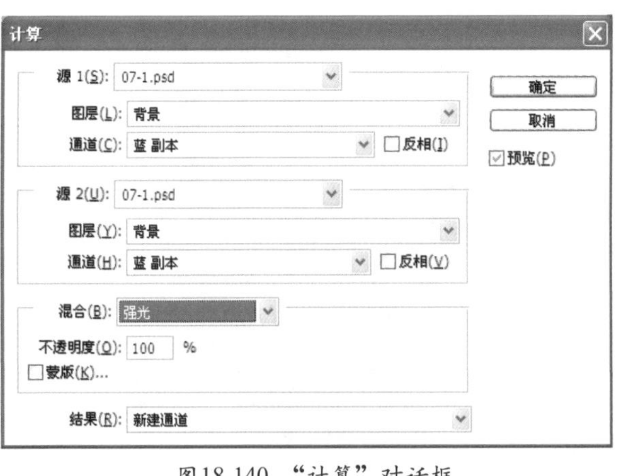


图18-140 “计算”对话框

图18-141 应用计算后的效果

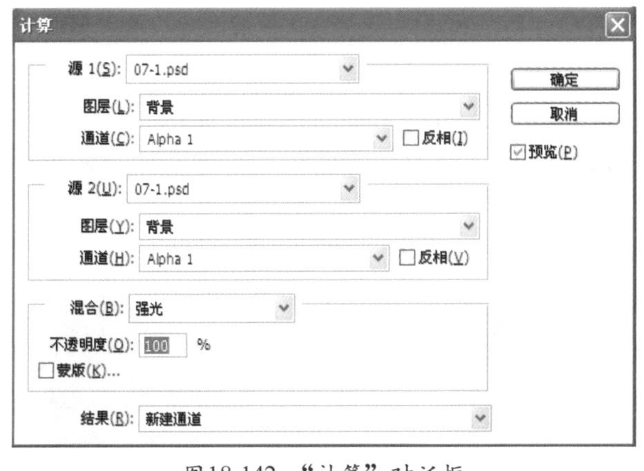
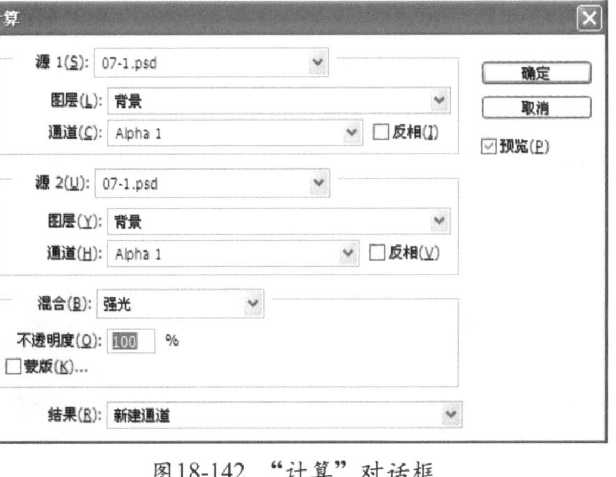


图18-142 “计算”对话框

图18-143 应用计算后的效果

06 在“图像”菜单中执行“计算”命令，弹出“计算”对话框，在其中设置“混合”为强光，如图18-144所示，单击“确定”按钮得到如图18-145所示的效果，同时在“通道”面板中再新建一个通道，如图18-146所示。

07 按住“Ctrl”键的同时点击Alpha 3通道，使Alpha 3通道载入选区，接着按“Ctrl”+“Shift”+“I”键将选区反向，得到如图18-147所示的选区。

图18-144 “计算”对话框

图18-145 应用“计算”后的效果

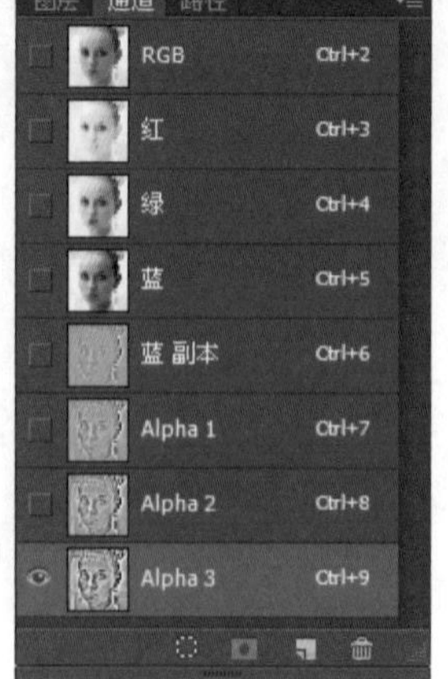

图18-146 “通道”面板

图18-147 将选区反向后的效果

08 返回到“图层”面板，并按“Ctrl ”+“H”键将选区隐藏，再在“图层”面板中单击（创建新的填充或调整图层）按钮，在弹出的菜单中执行“曲线”命令，显示“属性”面板，并在其中将直线调为如图18-148所示的曲线，将画面调亮，画面效果如图18-149所示。

09 使用套索工具在画面中勾选出要提亮的部分，如图18-150所示。

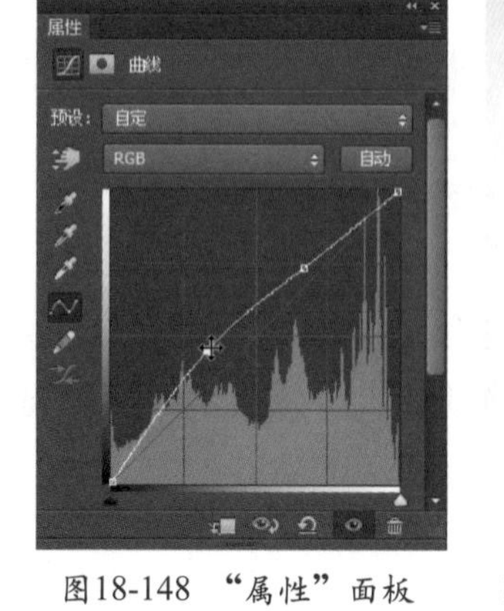

图18-148 “属性”面板

图18-149 应用“曲线”后的效果

图18-150 勾选出要提亮的部分

10 在“选择”菜单中执行“修改”→“羽化”命令，弹出“羽化选区”对话框，在其中设置“羽化半径”为150像素，如图18-151所示，单击“确定”按钮得到如图18-152所示的选区。

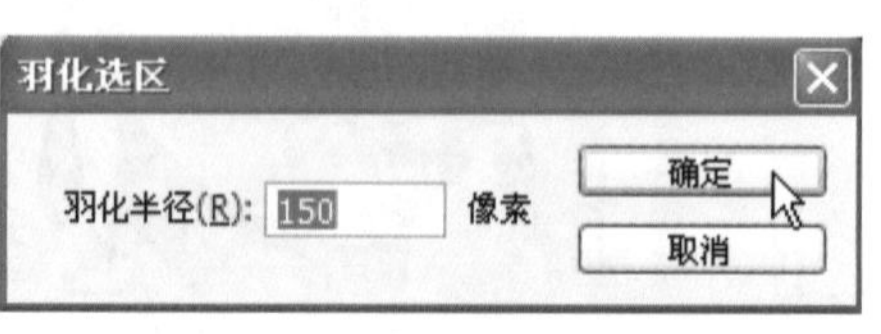

图18-151 “羽化选区”对话框

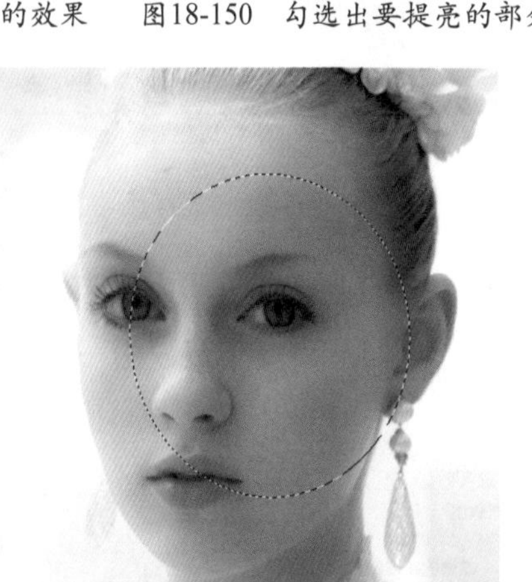

图18-152 羽化后的选区



第3部分

⑪ 在“图层”面板中单击 （创建新的填充或调整图层）按钮，并在弹出的菜单中执行曲线命令，显示“属性”面板，在其中将直线调为如图18-153所示的曲线，将画面调亮，按“Ctrl” +“D”键取消选择，画面效果如图18-154所示。

⑫ 按“Ctrl” + “Shift” + “Alt” + “E”键盖印图层，其“图层”面板如图18-155所示。

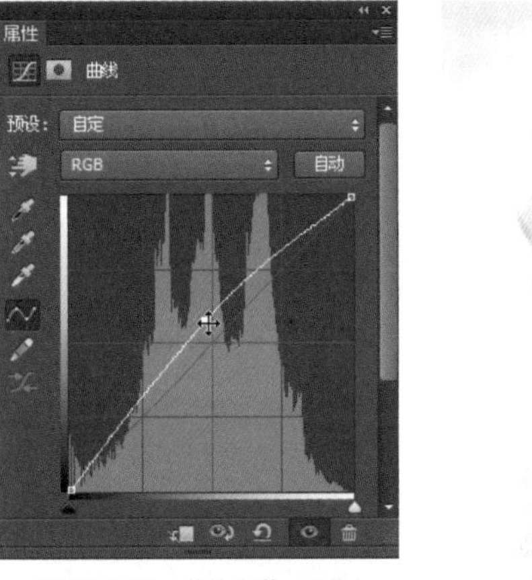

图18-153 “属性”面板

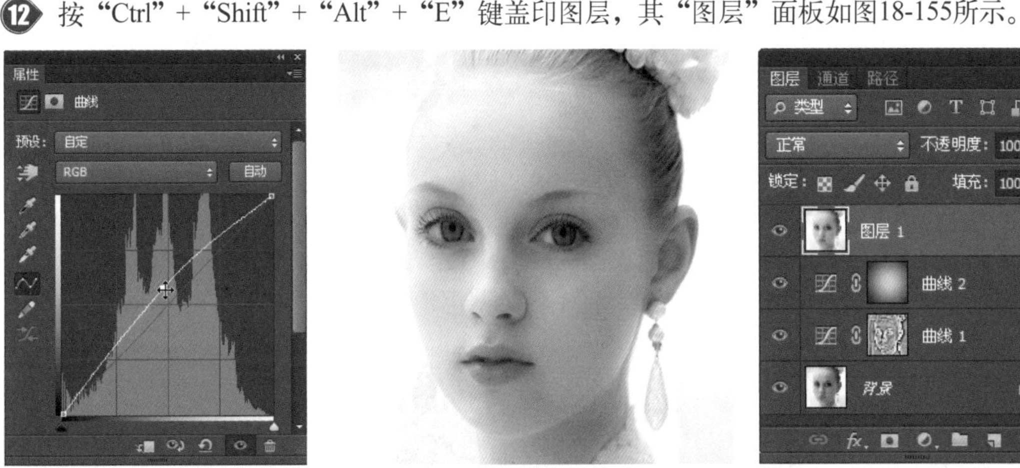
图18-154 调整后的效果

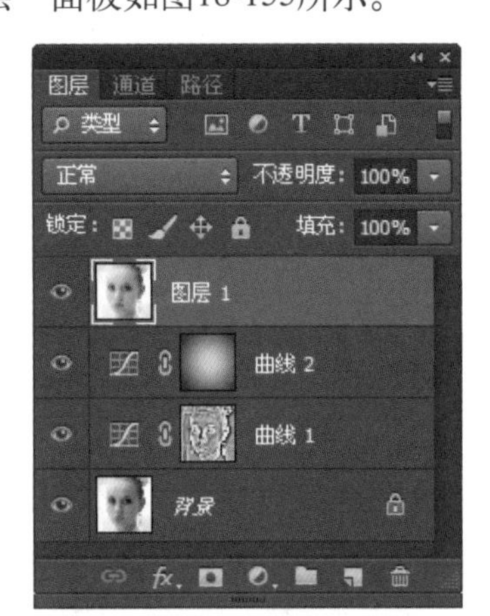

图18-155 “图层”面板

⑬ 在“图层”面板中激活背景层，按“Ctrl” + “J”键复制一个副本，并将背景副本图层移动到最上层，如图18-156所示。

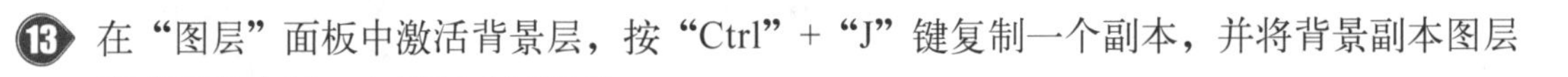

⑭ 激活背景副本图层，再在“图像”菜单中执行“应用图像”命令，弹出“应用图像”对话框，在其中选择红通道，“混合”为正常，如图18-157所示，单击“确定”按钮得到如图18-158所示的效果。

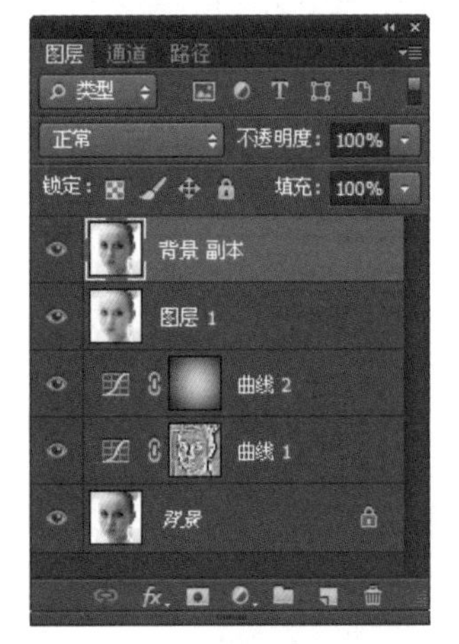

图18-156 “图层”面板

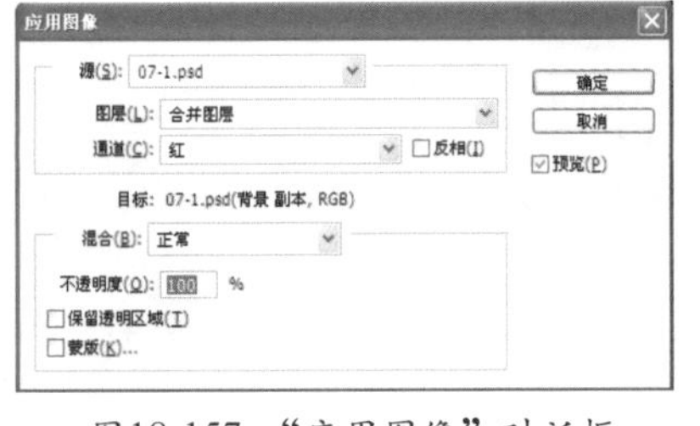

图18-157 “应用图像”对话框

图18-158 应用图像后的效果

⑮ 在“滤镜”菜单中执行“其它”→“高反差保留”命令，弹出“高反差保留”对话框，在其中设置“半径”为0.6像素，如图18-159所示，单击“确定”按钮得到如图18-160所示的效果。

⑯ 在“图层”面板中将背景副本的混合模式改为线性光，如图18-161所示，得到如图18-162所示的效果。

⑰ 按“Ctrl” + “Shift” + “Alt” + “E”键盖印图层，得到一个新图层，如图18-163所示。

高反差保留
确定
取消
预览(P)
100%
半径(R): 0.6 像素

图18-159 “高反差保留”对话框

图18-160 执行“高反差保留”命令后的效果

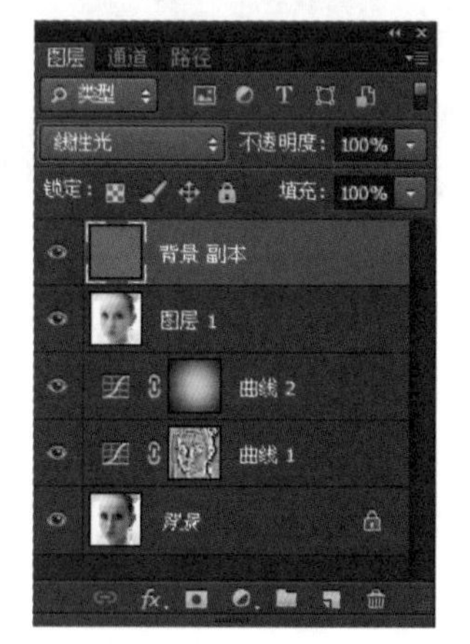


图18-161 “图层”面板

图18-162 设置混合模式后的效果

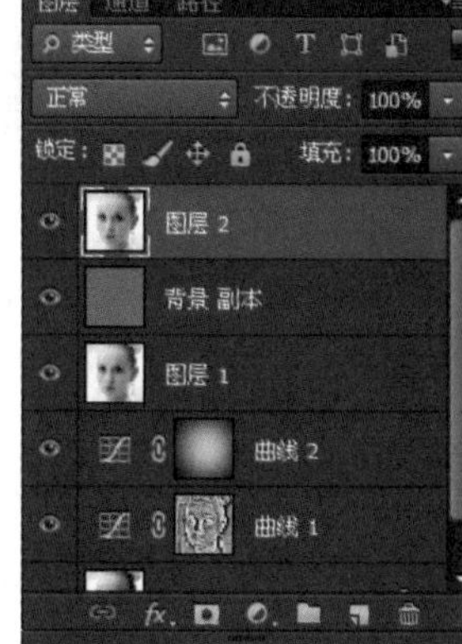


图18-163 “图层”面板

**18** 在“滤镜”菜单中执行“锐化”→“USM锐化”命令，弹出“USM锐化”对话框，在其中设置“数量”为59%，“半径”为1.4像素，如图18-164所示，单击“确定”按钮得到如图18-165所示的效果。

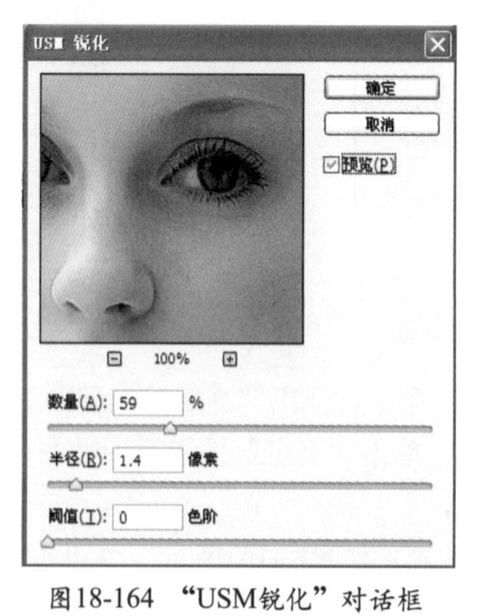


图18-164 “USM锐化”对话框

图18-165 执行“USM锐化”命令后的效果

**19** 在工具箱中选择修复画笔工具，移动指针到人物的额头有斑点的附近按下“Alt”键取样，如图18-166所示，然后在斑点上进行涂抹将其清除，如图18-167所示。

20 使用同样的方法将脸部的大斑点清除，清除后的效果如图18-168所示。

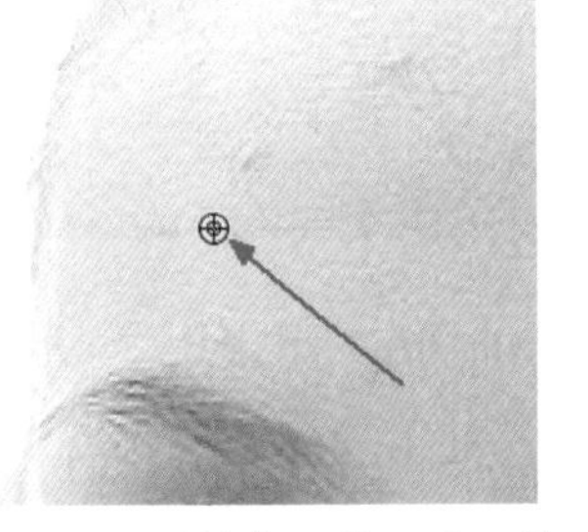

图18-166 用修复画笔工具取样

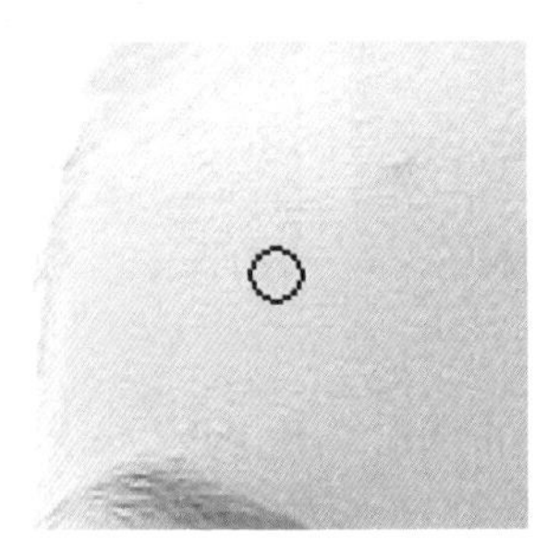

图18-167 修复后的效果

图18-168 将脸部的大斑点清除

21 在“滤镜”菜单中执行“锐化”→“智能锐化”命令，弹出“智能锐化”对话框，在其中设置“数量”为30%，“半径”为1像素，“移去”为高斯模糊，如图18-169所示，单击“确定”按钮得到如图18-170所示的效果。图像就处理好了。

图18-169 “智能锐化”对话框

图18-170 最终效果图

# 18.6 将图像调整为暖黄色调的图像

先使用“可选颜色”、“通道混合器”、“纯色”等调整图层命令来调整图像的颜色；再使用“云彩”、混合模式、“色阶”调整图层、“填充”、“曲线”调整图层等工具与命令为图像添加云彩与调整颜色，然后使用“填充”、矩形选框工具、“羽化”、“清除”、“取消选择”等工具与命令来绘制虚幻的边框。在制作时需要注意调整图像的颜色。原图像与处理后的图像对比如下图所示。

## 上机实战 将图像调整为暖黄色调的图像

01 按“Ctrl”+“O”键从配套光盘的素材库中打开一个要处理的图像，如图18-171所示。

02 在“图层”面板中单击（创建新的填充或调整图层）按钮，在弹出的菜单中执行“可选颜色”命令，如图18-172所示，显示“属性”面板，在其中对黄色进行调整，具体参数如图18-173所示，调整好黄色后再对绿色进行调整，具体参数如图18-174所示，调整后的画面效果如图18-175所示。

图18-171　打开的图像文件

图18-172　“图层”面板

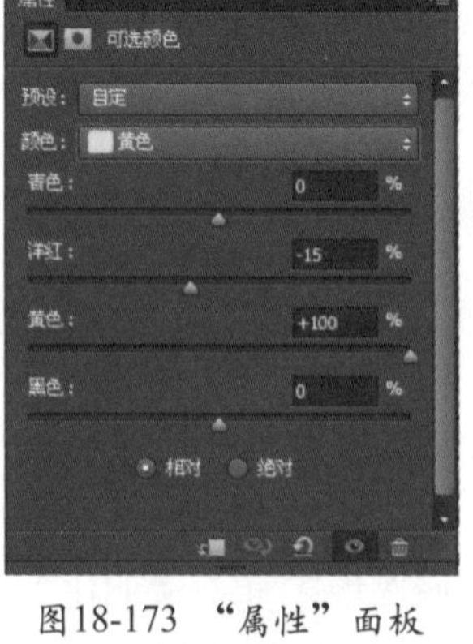

图18-173　“属性”面板

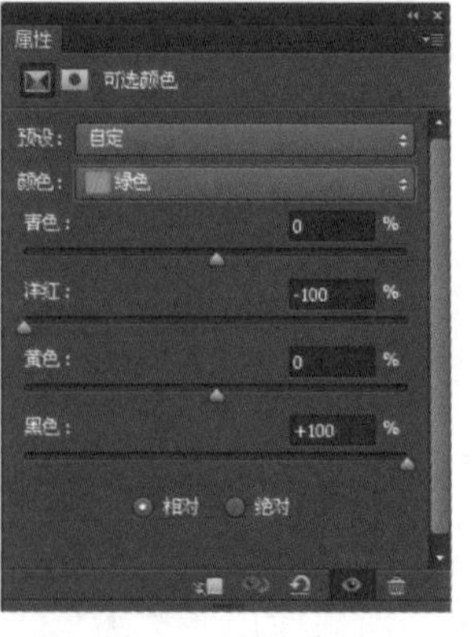

图18-174　“属性”面板

图18-175　调整后的效果

03 在“图层”面板中单击（创建新的填充或调整图层）按钮，在弹出的菜单中执行“通道混合器”命令，显示“属性”面板，在其中对红色、绿色、蓝色进行调整，具体参数设置如图18-176、图18-177、图18-178所示，调整后的画面效果如图18-179所示。

**04** 在“图层”面板中单击（创建新的填充或调整图层）按钮，在弹出的菜单中执行“纯色”命令，弹出“拾色器”对话框，在其中设置所需的颜色，具体参数设置如图18-180所示，单击“确定”按钮，再在“图层”面板中设置混合模式为柔光，“不透明度”为80%，如图18-181所示。

图18-176 “属性”面板

图18-177 “属性”面板

图18-178 “属性”面板

图18-179 调整后的效果

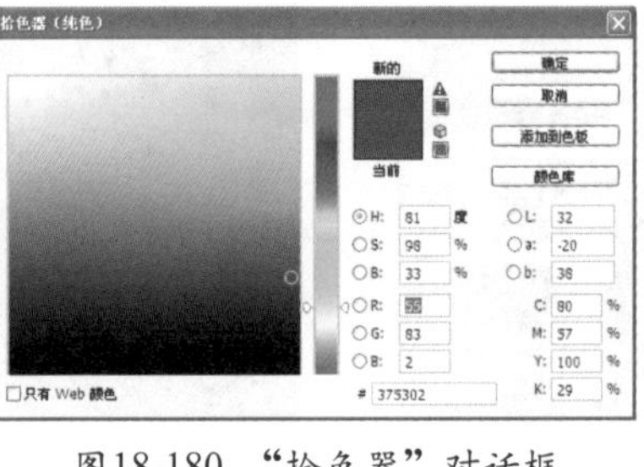


图18-180 “拾色器”对话框

图18-181 “图层”面板

**05** 按“D”键将前景色与背景色设为默认值，在“图层”面板中新建一个图层，如图18-182所示；接着在菜单中执行“滤镜”→“渲染”→“云彩”命令，得到如图18-183所示的效果。

图18-182 “图层”面板

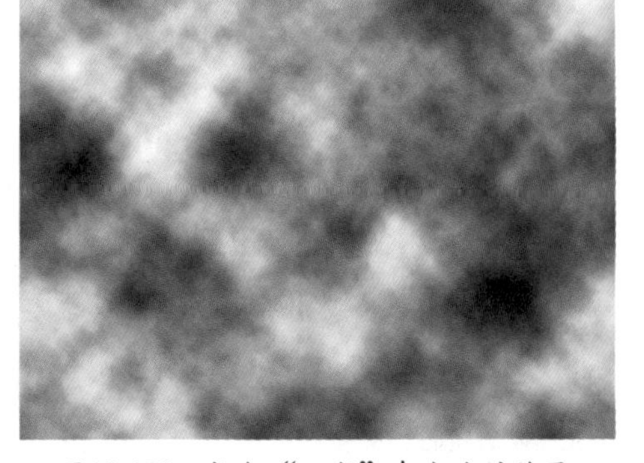

图18-183 执行“云彩”命令后的效果

**06** 在“图层”面板中将它的混合模式改为柔光，如图18-184所示，向画面添加云雾效果，如图18-185所示。

图18-184 “图层”面板

图18-185 设置混合模式后的效果

**07** 在“图层”面板中单击 （创建新的填充或调整图层）按钮，在弹出的菜单中执行“色阶”命令，显示“属性”面板，在其中对色阶进行调整，具体参数如图18-186所示，调整后的画面效果如图18-187所示。

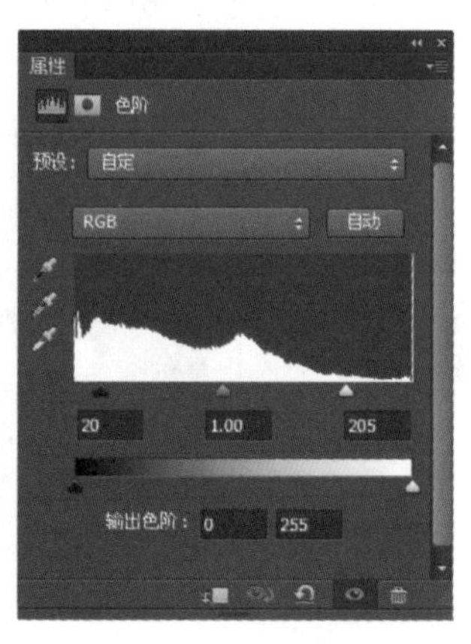

图18-186 “属性”面板

图18-187 调整后的效果

**08** 设置前景色为#009944，在“图层”面板中新建一个图层，并按“Alt”＋“Delete”键填充前景色，再设置混合模式为柔光，如图18-188所示，得到如图18-189所示的效果。

图18-188 “图层”面板

图18-189 设置混合模式后的效果

09 在“图层”面板中单击 （创建新的填充或调整图层）按钮，在弹出的菜单中执行“曲线”命令，显示“属性”面板，并在其中将直线调为如图18-190所示的曲线，将画面调亮，画面效果如图18-191所示。

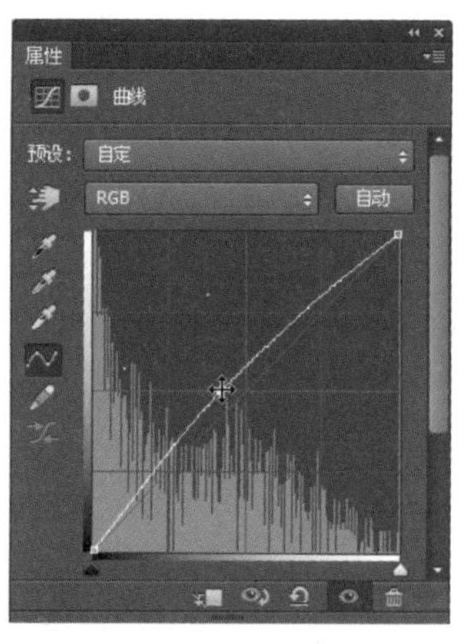

图18-190 “属性”面板

图18-191 调整后的效果

10 设置前景色为黑色，在“图层”面板中新建一个图层，如图18-192所示，并按“Alt”+“Delete”键填充前景色，再用矩形选框工具在画面中框选中间的部分，如图18-193所示。

图18-192 “图层”面板

图18-193 在画面中框选中间的部分

11 在“选择”菜单中执行“修改”→“羽化”命令，弹出“羽化选区”对话框，在其中设置“羽化半径”为50像素，如图18-194所示，单击“确定”按钮，即可将选区进行羽化，结果如图18-195所示。

12 在键盘上按“Delete”键2次，将选区内容删除，按“Ctrl”+“D”键取消选择后的画面效果如图18-196所示。作品就制作完成了。

羽化选区
羽化半径(R): 50 像素
确定
取消

图18-194 “羽化选区”对话框

图18-195　羽化后的选区

图18-196　最终效果图

## 18.7 使用钢笔工具与通道替换图像的背景

先使用钢笔工具、“创建新路径”、“将路径作为选区载入”、“通过拷贝的图层”、“清除”、“色阶”、“将通道作为选区载入”、“通过拷贝的图层”工具与命令勾画出蜻蜓；再使用“打开”、“复制图层”、“添加图层蒙版”、画笔工具等工具与命令来替换图像背景。在使用钢笔工具勾选蜻蜓的轮廓时要仔细。原图像与处理后的图像对比如下图所示。

### 上机实战　使用钢笔工具与通道替换图像的背景

01 从配套光盘的素材库中打开一个要替换背景的图像文件，如图18-197所示。

02 在工具箱中选择钢笔工具，在选项栏中选择路径，在“路径”面板中单击“创建新路径”按钮，新建一个路径，如图18-198所示，然后用钢笔工具在画面中勾画出所需的部分，如图18-199所示。

03 在“路径”面板中单击“将路径作为选区载入”按钮，如图18-200所示，将路径载入选区，如图18-201所示。

04 按“Ctrl”+“J”键由选区建立一个新图层，显示“图层”面板，即可看到已经自动生成了一个图层，如图18-202所示。

图18-197 打开的图像文件

图18-198 “路径”面板

图18-199 在画面中勾画出所需的部分

图18-200 “路径”面板

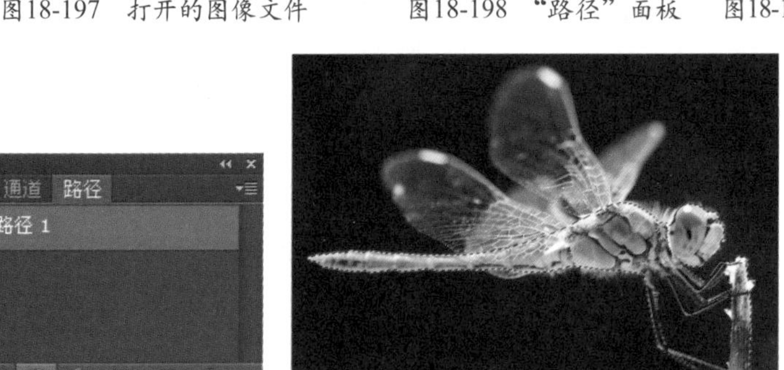

图18-201 将路径作为选区载入

图18-202 “图层”面板

05 显示“路径”面板，在其中单击“创建新路径”按钮，新建一个路径，如图18-203所示，使用钢笔工具勾画出脚部中间空隙区域，如图18-204所示。

06 将路径载入选区，再按“Delete”键将选区内容删除，如图18-205所示。

图18-203 “路径”面板

图18-204 用钢笔工具勾画出脚部中间空隙区域

图18-205 将选区内容删除

07 在“图层”面板中将背景层关闭，如图18-206所示，再取消选择，即可看到已经勾出蜻蜓的身体与脚了，如图18-207所示。

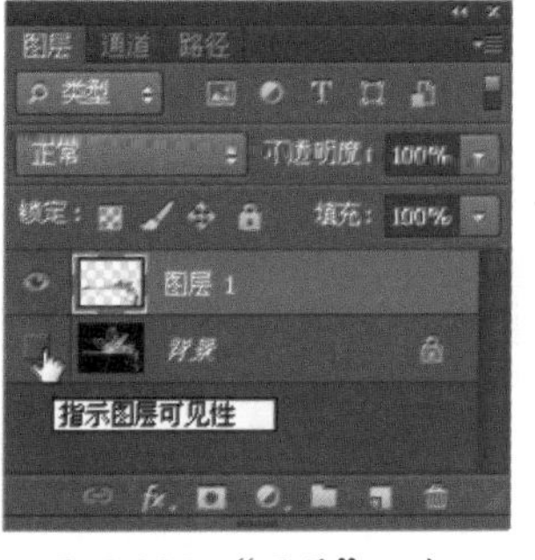


图18-206 “图层”面板

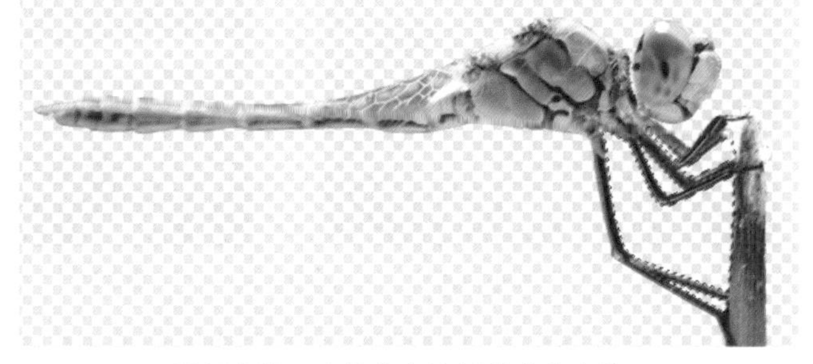

图18-207 已经勾出蜻蜓的身体与脚

**08** 在“图层”面板中将背景层打开，如图18-208所示，再显示“通道”面板，并在其中复制对比强烈的通道——红通道，如图18-209所示。

图18-208 “图层”面板

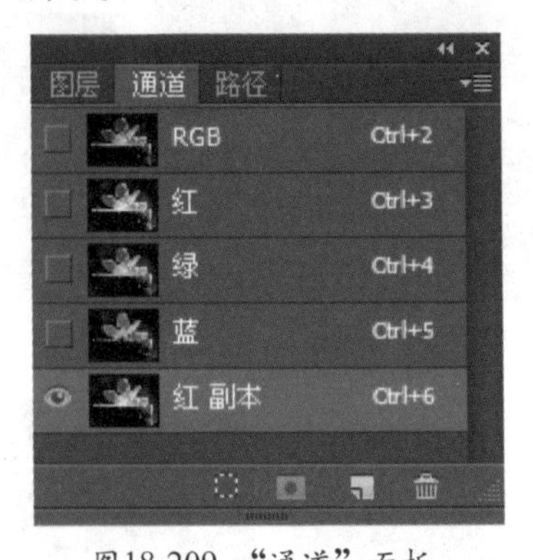


图18-209 “通道”面板

**09** 按“Ctrl”+“L”键执行“色阶”命令，弹出“色阶”对话框，在其中拖黑色滑块与白色滑块，如图18-210所示，调整图像的对比度，单击“确定”按钮将图像的对比度加强，画面效果如图18-211所示。

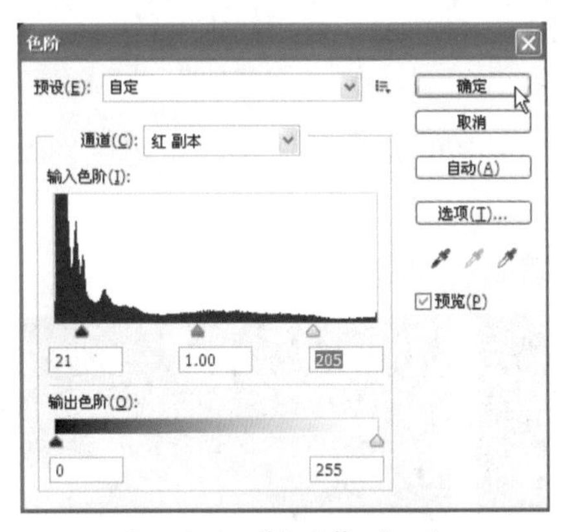


图18-210 “色阶”对话框

图18-211 调整后的效果

**10** 在“通道”面板中单击“将通道作为选区载入”按钮，如图18-212所示，将红副本通道载入选区，如图18-213所示。

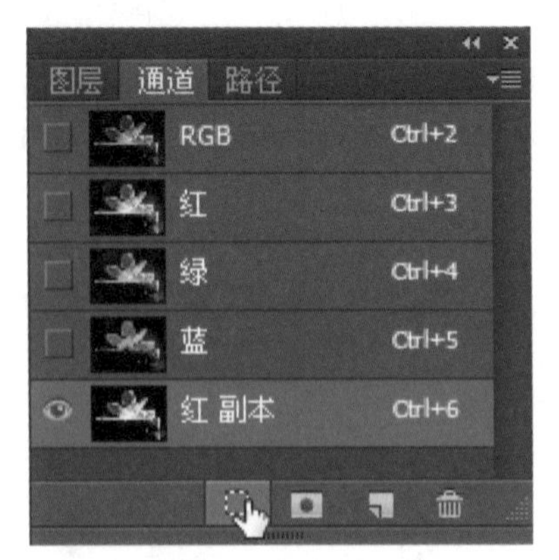


图18-212 “通道”面板

图18-213 将红副本通道载入选区

**11** 显示“图层”面板，并激活背景层，如图18-214所示，按“Ctrl”+“J”键由选区建立一个副本，如图18-215所示。

图18-214 “图层”面板

图18-215 “图层”面板

⑫ 在“图层”面板中关闭背景层，即可看到勾画出的图像，画面效果如图18-216所示。

⑬ 从配套光盘的素材库中打开一个背景图像，如图18-217所示。

图18-216 勾画出的图像

图18-217 打开的背景图像

⑭ 将刚打开的背景图像复制到图像中，并排放到图层2的下层，如图18-218所示，得到如图18-219所示的效果。



图18-218 “图层”面板

图18-219 复制图像

⑮ 在“图层”面板中单击“添加图层蒙版”按钮，给图层2添加图层蒙版，如图18-220所示，再选择画笔工具，在选项栏中设置画笔为23像素柔角画笔，“不透明度”为

50%，“模式”为正常，然后在画面中不需要的地方进行涂抹将其隐藏，涂抹后的效果如图18-221所示。作品就制作完成了。

图18-220 “图层”面板

图18-221 最终效果图



# 18.8 将图像处理为工笔画效果

先使用“通过拷贝的图层”、“创建新图层”、“创建新路径”、钢笔工具、“将路径作为选区载入”、“清除”、“取消选择”、盖印图层、“去色”、“通过拷贝的图层”、“反相”、“最小值”、“混合选项”图层样式、画笔工具等工具与命令制作出黑白线描画效果；再使用“创建新图层”、“填充”、混合模式、盖印图层、“纹理化”滤镜、“复制图层”等工具与命令将黑白线描画处理为彩色工笔画，然后用“打开”、“自由变换”、“投影”图层样式、“创建新图层”、多边形套索工具、“复制图层”等工具与命令来装饰工笔画。为勾画出的图像添加的轮廓线不能太粗，也不能太细。实例效果如右图所示。

## 上机实战 将图像处理为工笔画效果

01 按“Ctrl”+“O”键从配套光盘的素材库中打开一张图片，如图18-222所示。

02 按“Ctrl”+“J”键复制一个副本图层，如图18-223所示，再在“图层”面板中激活背景层，在底部单击“创建新图层”按钮，新建图层2，使它位于图层1和背景层之间，并填充白色，如图18-224所示。

图18-222 打开的图片

图18-223 “图层”面板

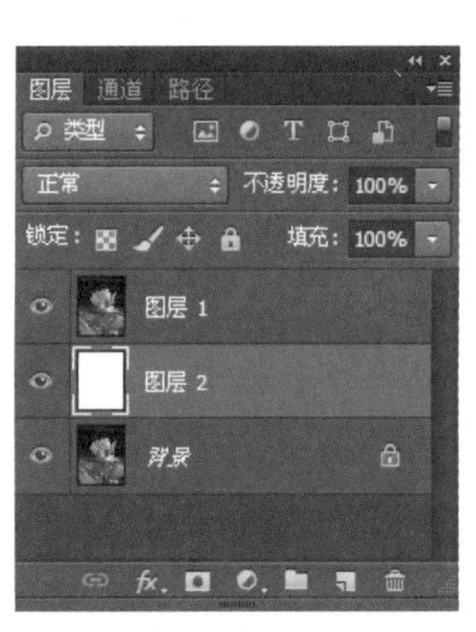

图18-224 “图层”面板

03 显示“路径”面板，在其中单击“创建新路径”按钮，新建一个路径，如图18-225所示。接着在工具箱中选择钢笔工具，在选项栏中选择路径，然后在画面中勾画出荷花的背景区域，如图18-226所示。

04 在“路径”面板中单击“将路径作为选区载入”按钮，如图18-227所示，将路径载入选区，显示“图层”面板，并在其中选择图层1，按“Delete”键将选区内容删除，删除后的结果如图18-228所示。

05 按“Ctrl”+“D”键取消选择，按“Ctrl”+“Shift”+“Alt”+“E”键盖印图层得到图层3，如图18-229所示，按“Ctrl”+“Shift”+“U”键去色，按“Ctrl”+“J”键复制一个副本，如图18-230所示。

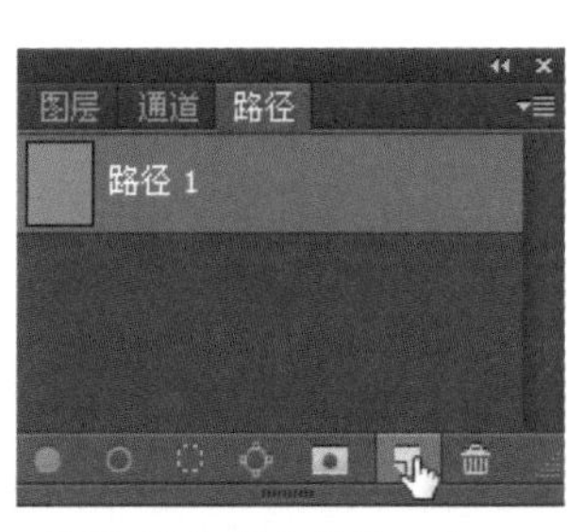

图18-225 “路径”面板

图18-226 勾画出荷花的背景区域


图18-227 “路径”面板

图18-228 将选区内容删除后的效果

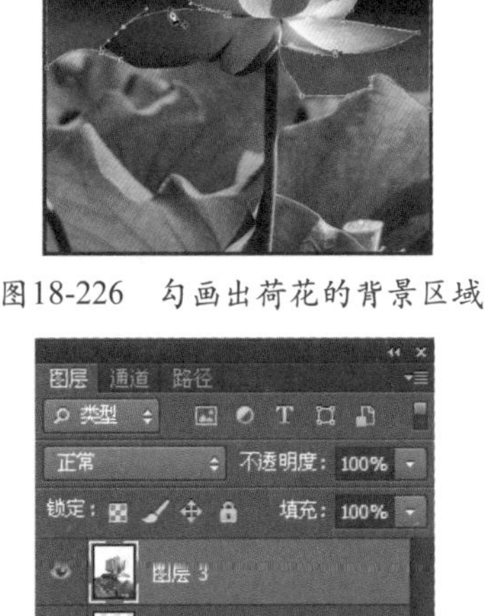

图18-229 “图层”面板

图18-230 去色后的效果



Photoshop CS6实战篇

06 按“Ctrl”+“I”键反相，在“图层”面板中设置图层的混合模式为颜色减淡，再在“滤镜”菜单中执行“其它”→“最小值”命令，弹出“最小值”对话框，在其中设置“半径”为1，如图18-231所示，单击“确定”按钮得到如图18-232所示的效果。

07 在“图层”面板中单击fx按钮，在弹出的菜单中选择“混合选项”命令，如图18-233所示，弹出“图层样式”对话框，在其中设置混合颜色带，如图18-234所示，设置好后单击“确定”按钮得到如图18-235所示的效果。

图18-231 “最小值”对话框 图18-232 执行“最小值”命令后的效果

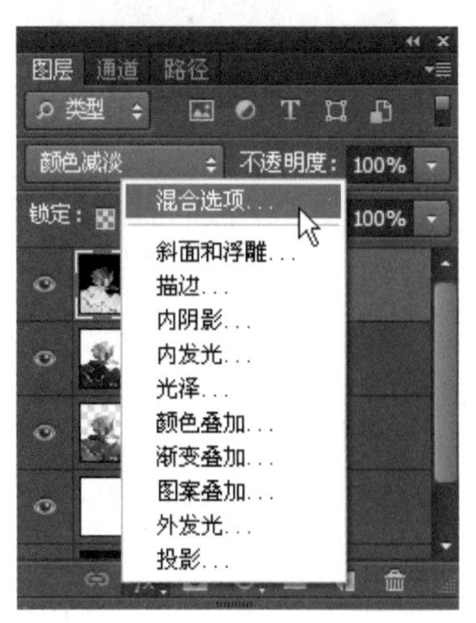


图18-233 “图层”面板

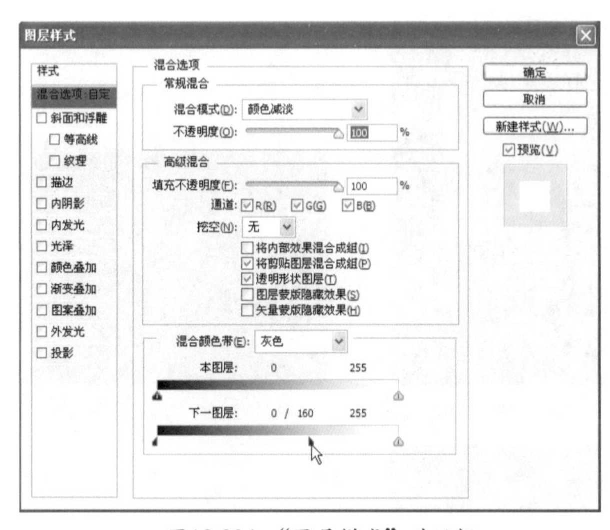


图18-234 “图层样式”对话框

图18-235 应用图层样式后的效果

08 在“图层”面板中单击“创建新图层”按钮新建一个图层，如图18-236所示。

09 在“路径”面板中新建一个路径，如图18-237所示。在工具箱中选择钢笔工具，在选项栏中选择路径，然后在画面中勾画出所需的部分，如图18-238所示。

10 在工具箱中选择画笔工具，在选项栏中设置画笔的“硬度”为100%，“大小”为1像素，设置前景色为黑色，再在“路径”面板中单击按钮，使用画笔描边路径，如图18-239所示，隐藏路径后的效果如图18-240所示。

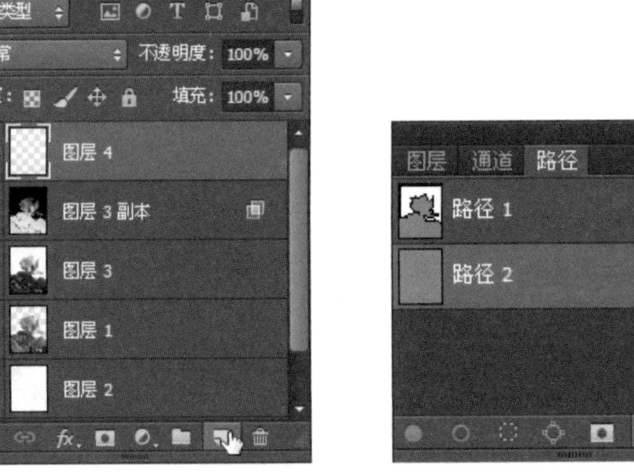


图18-236 “图层”面板

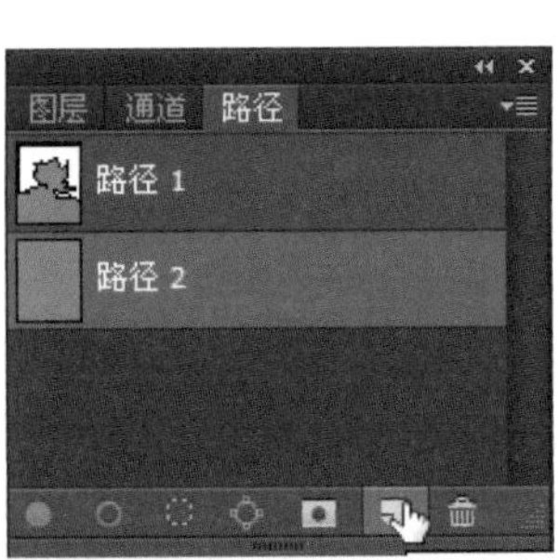


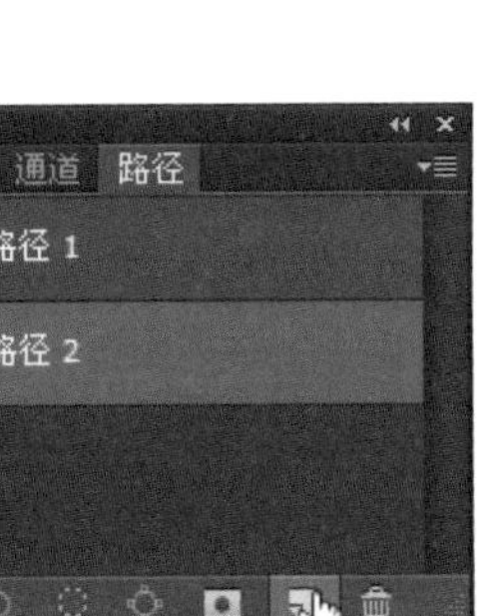

图18-237 “路径”面板

图18-238 在画面中勾画出所需的部分

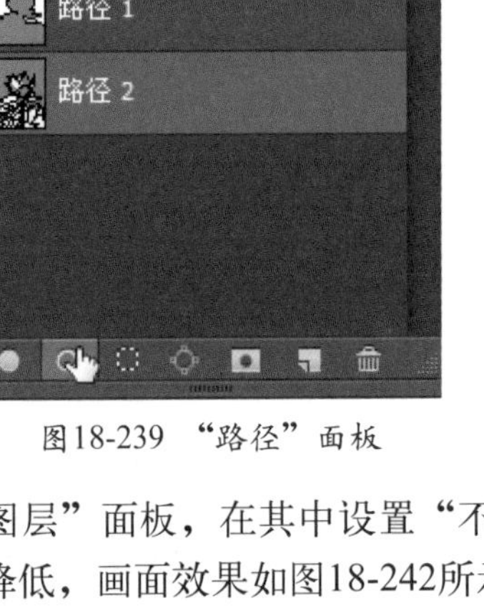


图18-239 “路径”面板

图18-240 用画笔描边路径

⑪ 显示“图层”面板，在其中设置“不透明度”为55%，如图18-241所示，将描边的不透明度降低，画面效果如图18-242所示。

图18-241 “图层”面板

图18-242 将描边的不透明度降低后的效果

⑫ 设置前景色为#eddbc2，在“图层”面板中新建一个图层，并按“Alt”＋“Delete”键填充该图层，再将它的混合模式改为正片叠底，如图18-243所示，得到如图18-244所示的效果。

⑬ 按“Ctrl”＋“Shift”＋“Alt”＋“E”键盖印图层，得到图层6，如图18-245所示。

图18-243 “图层”面板

图18-244 设置混合模式后的效果

图18-245 “图层”面板

⑭ 在菜单中执行“滤镜”→“滤镜库”命令，在滤镜库的陈列室中选择“纹理”下的“纹理化”滤镜，在其中设置“缩放”为100%，“凸现”为2，“光照”为右下，如图18-246所示，单击“确定”按钮得到如图18-247所示的效果。

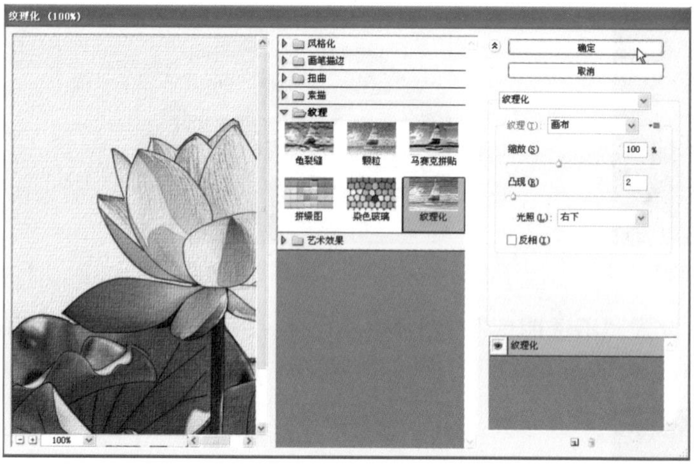

图18-246 “纹理化”对话框

图18-247 执行“纹理化”命令后的效果

⑮ 在“图层”面板中复制背景层得到背景副本，再将该背景副本图层拖动到图层6的上层，然后将图层的混合模式改为颜色，如图18-248所示，得到如图18-249所示的效果。

图18-248 “图层”面板

图18-249 设置混合模式后的效果

⑯ 在“图层”面板中激活图层1，按“Ctrl”+“J”键复制一个副本，然后将其拖动到最顶层，设置其混合模式为正片叠底，“不透明度”为10%，如图18-250所示，得到如图18-251所示的效果，再按“Ctrl”+“Shift”+“Alt”+“E”键盖印图层。

图18-250 “图层”面板

图18-251 设置混合模式后的效果

⑰ 按“Ctrl”+“O”键打开一个有相框的图像文档，如图18-252所示，拖出文档标题栏，其相框单独在一层，如图18-253所示。

⑱ 将前面最后盖印的图层拖动到相框文件中来，排放到相框的下层，再按“Ctrl”+“T”键执行“自由变换”命令，按Shift键将图像缩小到所需的大小，如图18-254所示。

图18-252 打开的相框文档

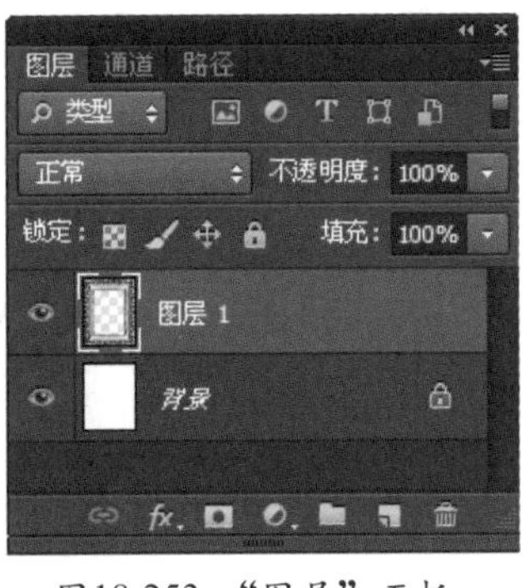


图18-253 “图层”面板

图18-254 将图像缩小到所需的大小

⑲ 在“图层”面板中激活相框所在图层，并双击它，弹出“图层样式”对话框，在其中选择“投影”选项，再设置“不透明度”为51%，“距离”为4像素，“大小”为4像素，如图18-255所示，单击“确定”按钮得到如图18-256所示的效果。

⑳ 在“图层”面板中新建一个图层，设置“不透明度”为20%，如图18-257所示。接着在工具箱中设置前景色为白色，选择多边形套索工具，在选项栏中选择（添加到选区）按钮，然后在画面中勾画几个长条选框，按“Alt”+“Delete”键填充白色，得到如图18-258所示的效果，再按“Ctrl”+“D”键取消选择。

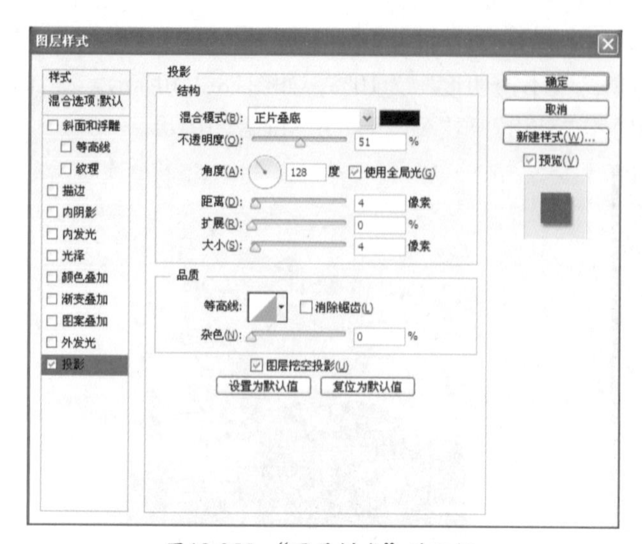


图18-255 “图层样式”对话框

图18-256 应用图层样式后的效果

图18-257 “图层”面板

图18-258 填充白色后的效果

21 按“Ctrl”+“O”键从配套光盘的素材库中打开一个有艺术字的文档，如图18-259所示，然后将其拖动到相框文档中并排放到所需的位置，如图18-260所示。作品就制作完成了。

图18-259 打开的艺术字的文档

图18-260 最终效果图

# 18.9 让喷泉的水花动起来

先使用复制图层、以快速蒙版模式编辑、画笔工具、以标准模式编辑、“反向”、“羽化”等工具与命令将喷泉的水勾选出来；再分别对各图层进行“海洋波纹”滤镜处理，然后使用“从图层建立帧”、“选择帧延迟时间”等工具与命令将喷泉中的水动起来并保存为GIF动画文件。在制作时需要注意用“海洋波纹”滤镜对每个图层进行不同参数设置。

## 上机实战 让喷泉的水花动起来

01 按“Ctrl”+“O”键从配套光盘的素材库中打开一张图片，如图18-261所示。

02 按“Ctrl”+“J”键7次复制7个副本，如图18-262所示。

图18-261 打开的图片

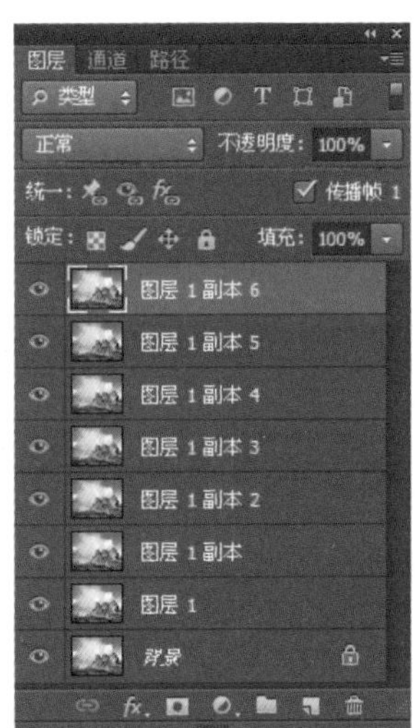


图18-262 “图层”面板

03 在工具箱中单击（以快速蒙版模式编辑）按钮，进入蒙版编辑，再选择画笔工具，在选项栏中设置画笔为柔角23像素，然后在画面中喷泉上进行绘制，如图18-263所示，在工具箱中单击（以标准模式编辑）按钮，退出快速蒙版，得到如图18-264所示的选区。

图18-263 以快速蒙版模式编辑

图18-264 退出快速蒙版后的选区

04 按“Ctrl”+“Shift”+“I”键反向选区，在菜单中执行“选择”→“修改”→“羽化”命令，弹出“羽化选区”对话框，在其中设置“羽化半径”为2像素，如图18-265所示，单击“确定”按钮将选区进行羽化，结果如图18-266所示。

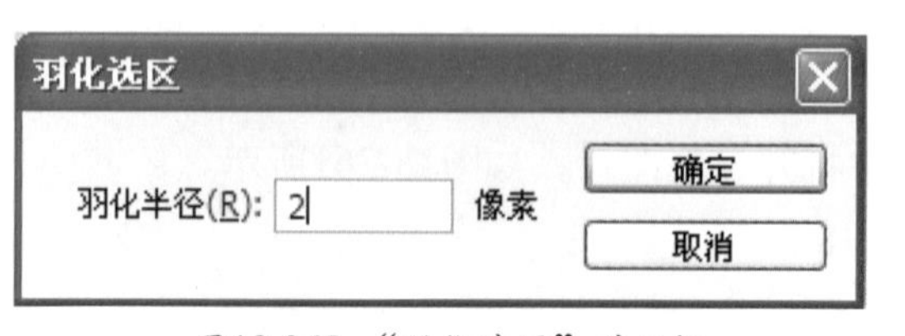


图18-265 “羽化选区”对话框

图18-266 羽化后的选区

05 在菜单中执行“滤镜”→“滤镜库”命令，弹出“滤镜库”对话框，在其中选择“扭曲”下的“海洋波纹”滤镜，再设置“波纹大小”为2，“波纹幅度”为2，如图18-267所示，单击“确定”按钮，对图层1副本6进行海洋波纹处理。

图18-267 “海洋波纹”对话框

06 在“图层”面板中将图层1副本6关闭，再激活图层1副本5，以它为当前图层，如图18-268所示。在菜单中执行“滤镜”→“滤镜库”命令，弹出“滤镜库”对话框，在其中选择“扭曲”下的“海洋波纹”滤镜，再设置“波纹大小”为3，“波纹幅度”为2，如图18-269所示，单击“确定”按钮对图层1副本5进行海洋波纹处理。

07 在“图层”面板中将图层1副本5关闭，再激活图层1副本4，以它为当前图层，如图18-270所示。在菜单中执行“滤镜”→“滤镜库”命令，弹出“滤镜库”对话框，在其中选择“扭曲”下的“海洋波纹”滤镜，再设置“波纹大小”为4，“波纹幅度”为2，如图18-271所示，单击“确定”按钮对图层1副本4进行海洋波纹处理。

图18-268 “图层”面板

图18-269 “海洋波纹”对话框

图18-270 “图层”面板

图18-271 “海洋波纹”对话框

**08** 使用同样的方法依次对图层1副本3执行“海洋波纹”命令，“波纹大小”5，“波纹幅度”2；图层1副本2执行“海洋波纹”命令，“波纹大小”6，“波纹幅度”2；图层1副本执行“海洋波纹”命令，“波纹大小”7，“波纹幅度”2；图层1 执行“海洋波纹”命令，“波纹大小”2，“波纹幅度”2；背景执行“海洋波纹”命令，“波纹大小”2，“波纹幅度”2。

**09** 按“Ctrl”+“D”键取消选择，显示“时间轴”面板，在其中单击右上角的按钮，在弹出的菜单中选择“从图层建立帧”命令，如图18-272所示，便会在“时间轴”面板中自动生成多帧，如图18-273所示。

图18-272 “时间轴”面板

图18-273 “时间轴”面板

⑩ 按“Shift”键在“时间轴”面板中单击第1帧，同时选择这些帧，单击第1帧的“选择帧延迟时间”按钮，在弹出菜单中选择0.1秒，以将帧延迟时间改为0.1秒，如图18-274所示。

图18-274 “时间轴”面板

⑪ 在“文件”菜单中执行“存储为Web所用格式”命令，弹出“存储为Web所用格式”对话框，在其中选择“GIF”格式，其他不变，如图18-275所示，单击“存储”按钮即可将制作的动画保存起来。

图18-275 “存储为Web所用格式”对话框

#  18.10 将多个图像合成梦幻的海景图

先使用“创建新图层”、吸管工具、画笔工具、“色相/饱和度”调整图层等工具与命令来绘制背景；再使用“新建”、矩形选框工具、“羽化”、渐变工具、“极坐标”、“复制图层”、混合模式、“不透明度”、“添加图层蒙版”等工具与命令来制作彩虹；然后用“打开”、“添加图层蒙版”、渐变工具等工具将需要的素材一一复制到画面中并进行适当处理以适合画面。实例效果如右图所示。

## 上机实战 将多个图像合成梦幻的海景图

01 按“Ctrl”+“O”键从配套光盘的素材库中打开一个背景图像，如图18-276所示。

02 在“图层”面板中单击“创建新图层”按钮，新建一个图层，如图18-277所示。

图18-276 打开的背景图像

图18-277 “图层”面板

03 使用吸管工具在画面中吸取所需的颜色，如图18-278所示；接着在工具箱中选择画笔工具，在选项栏中设置画笔为柔角33像素，“不透明度”为50%，然后在画面中进行绘制，将绿色的山涂掉，绘制好后的效果如图18-279所示。

04 在“图层”面板中单击（创建新的填充或调整图层）按钮，在弹出的菜单中执行“色相/饱和度”命令，如图18-280所示，显示“属性”面板，在其中选择青色，再设置“色相”为−21，“饱和度”为−45，“明度”为0，如图18-281所示，得到如图18-282所示的效果。

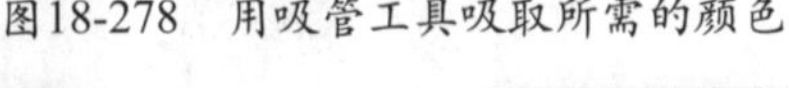

图18-278　用吸管工具吸取所需的颜色

图18-279　用画笔工具在画面中进行绘制

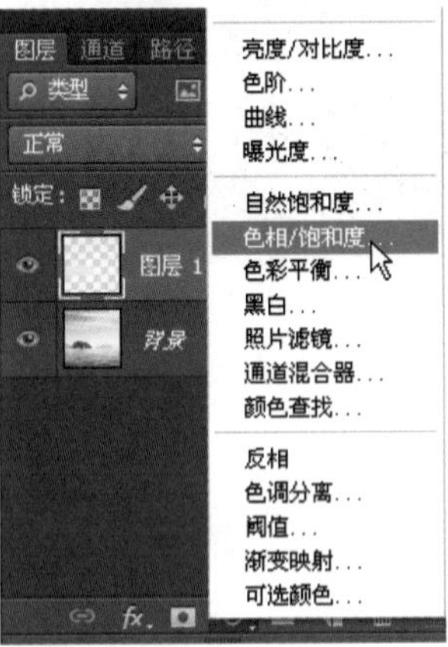


图18-280　“图层”面板

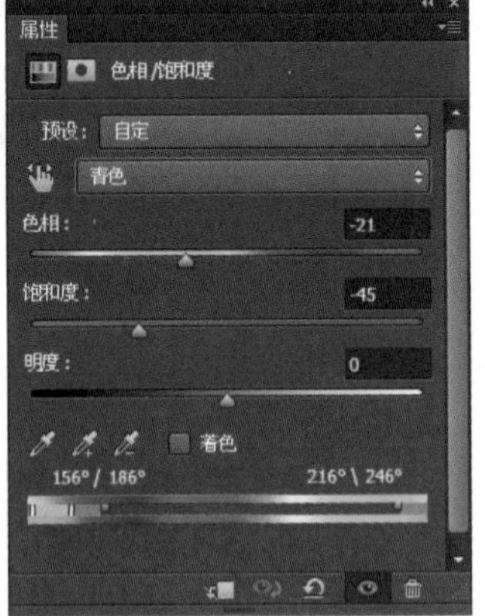


图18-281　“属性”面板

图18-282　调整后的效果

05 按“Ctrl”+“N”键新建一个大小为1000×1000像素，“分辨率”为96.012像素/英寸，“背景内容”为白色的图像文档，再使用矩形选框工具在画面中绘制一个矩形选框，然后在“图层”面板中新建一个图层，如图18-283所示。

06 在“选择”菜单中执行“修改”→“羽化”命令，弹出“羽化选区”对话框，在其中设置“羽化半径”为20像素，如图18-284所示，单击“确定”按钮将选区进行羽化。

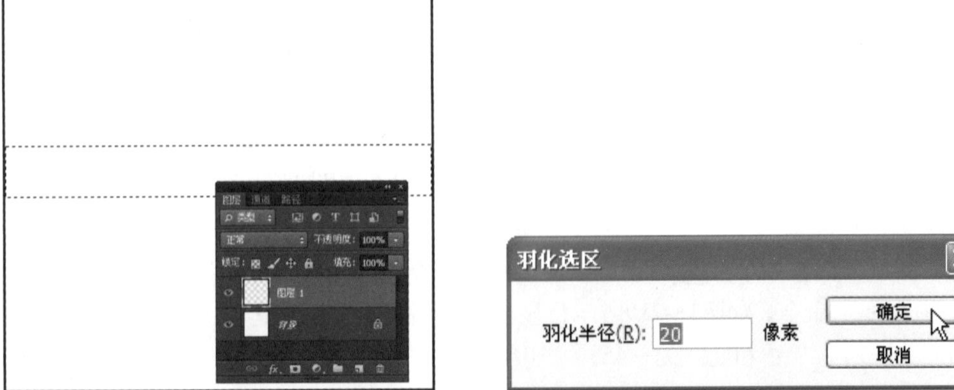

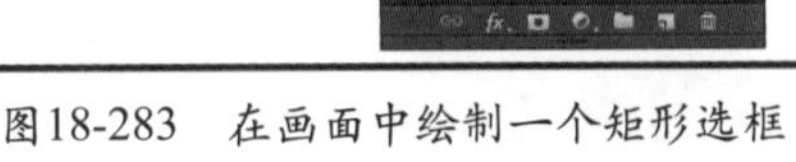

图18-283　在画面中绘制一个矩形选框

图18-284　“羽化选区”对话框

07 在工具箱中选择渐变工具，在选项栏的渐变拾色器中选择色谱渐变，如图18-285所示，然后在画面中选区内进行拖动，给选区进行渐变填充，填充渐变颜色后的效果如图18-286所示。

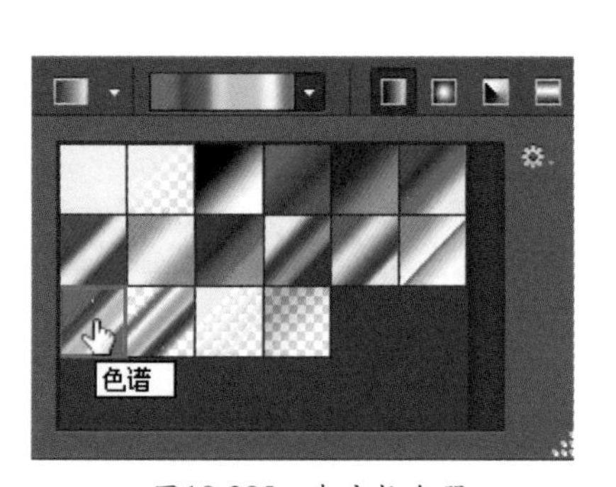


图18-285 渐变拾色器

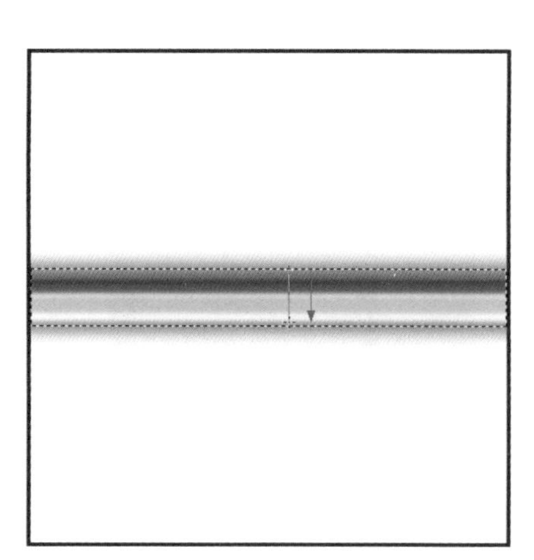

图18-286 给选区进行渐变填充

08 按“Ctrl”+“D”键取消选择，在“滤镜”菜单中执行“扭曲”→“极坐标”命令，弹出“极坐标”对话框，在其中选择“平面坐标到极坐标”选项，如图18-287所示，选择好后单击“确定”按钮得到如图18-288所示的效果。

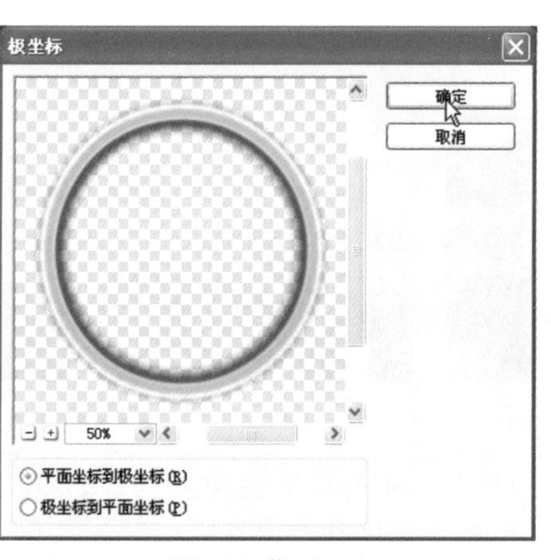


图18-287 “极坐标”对话框

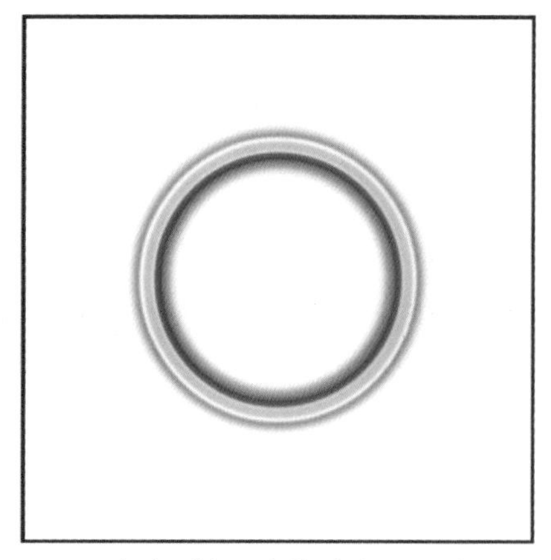

图18-288 执行“极坐标”命令后的效果

09 将制作好的色谱圈复制到画面中，并排放到所需的位置，如图18-289所示。

10 在“图层”面板中设置它的混合模式为滤色，“不透明度”为50%，如图18-290所示，得到如图18 291所示的效果。

图18-289 将色谱圈复制到画面中来

图18-290 “图层”面板

图18-291 设置混合模式后的效果

⓫ 在“图层”面板中单击“添加图层蒙版”按钮，给图层2添加图层蒙版，如图18-292所示，选择渐变工具，在选项栏的渐变拾色器中选择“黑，白渐变”，如图18-293所示，然后在画面中进行拖动，将一些不需要的部分隐藏，隐藏后的效果如图18-294所示。

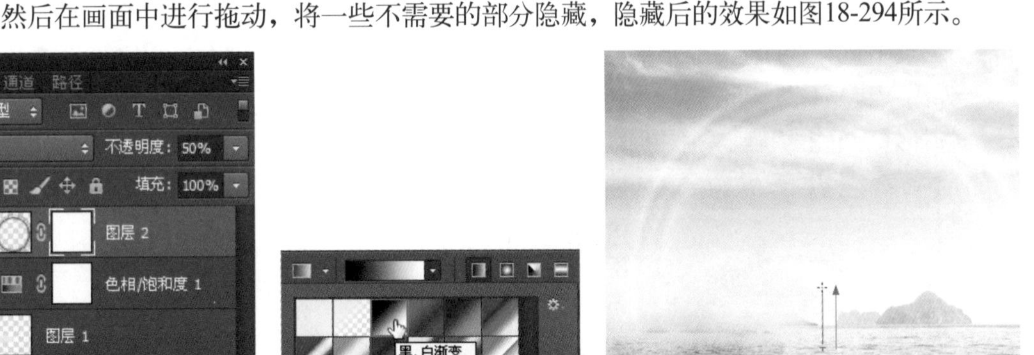


图18-292 “图层”面板

图18-293 渐变拾色器

图18-294 将一些不需要的部分隐藏

⓬ 按“Ctrl”+“O”键从配套光盘的素材库中打开一个有山的图像文档，如图18-295所示，再将山复制到画面中，并排放到所需的位置，如图18-296所示。

图18-295 打开的图像文档

图18-296 将山复制到画面中来

⑬ 在“图层”面板中单击“添加图层蒙版”按钮，给图层3添加图层蒙版，如图18-297所示，使用渐变工具在画面中进行拖动，将一些不需要的部分隐藏，隐藏后的效果如图18-298所示。

⑭ 按“Ctrl”+“O”键从配套光盘的素材库中打开一个有瀑布的图像文档，如图18-299所示，再将瀑布复制到画面中，并排放到所需的位置，如图18-300所示。

⑮ 在“图层”面板中单击“添加图层蒙版”按钮，给图层4添加图层蒙版，如图18-301所示；在工具箱中选择画笔工具，并在选项栏中设置画笔为柔角29像素，“不透明度”为50%，然后在画面中进行绘制，将一些不需要的部分隐藏，隐藏后的效果如图18-302所示。

图18-297 “图层”面板

图18-298 将一些不需要的部分隐藏

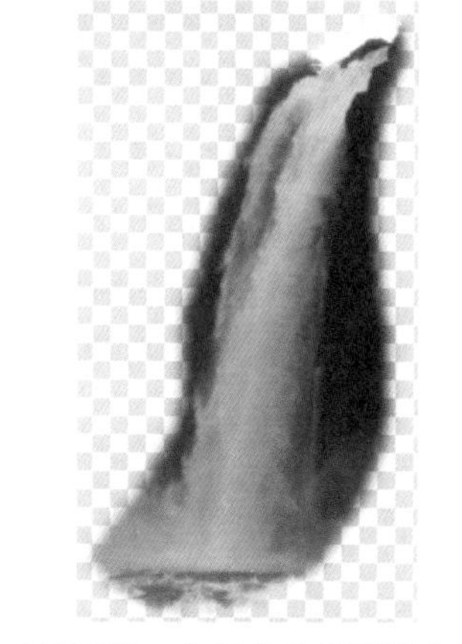

图18-299 打开的瀑布图像文档

图18-300 将瀑布复制到画面中来

图18-301 “图层”面板

图18-302 将一些不需要的部分隐藏

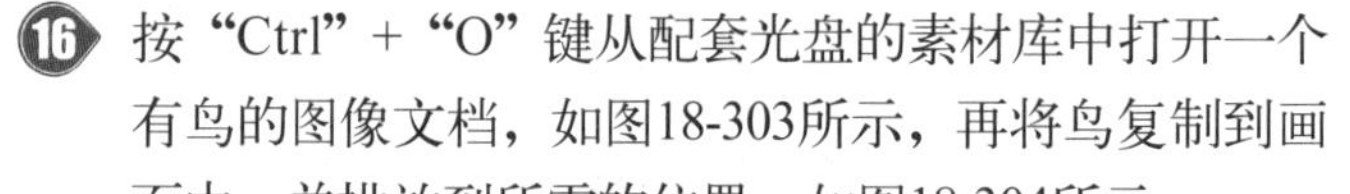

⑯ 按“Ctrl”+“O”键从配套光盘的素材库中打开一个有鸟的图像文档，如图18-303所示，再将鸟复制到画面中，并排放到所需的位置，如图18-304所示。

⑰ 在“图层”面板中单击“添加图层蒙版”按钮，给图层5添加图层蒙版，如图18-305所示；在工具箱中选择画笔工具，并在选项栏中设置画笔为柔角65像素，其“不透明度”为30%，然后在画面中进行绘制，将一些不需要的部分隐藏，隐藏后的效果如图18-306所示。

图18-303 中打有鸟的图像文档

图18-304　将鸟复制到画面中来

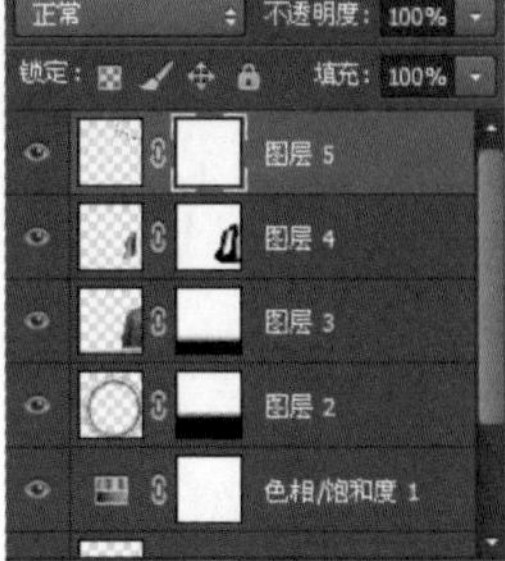
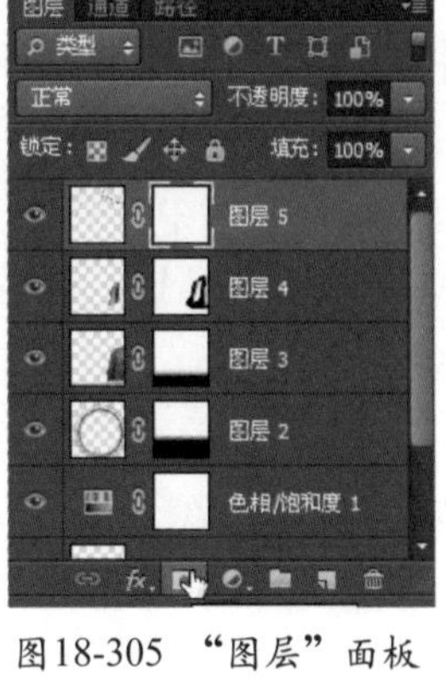

图18-305　“图层”面板

图18-306　将一些不需要的部分隐藏

18 从配套光盘的素材库中打开一个有鱼的图像文档，再将鱼复制到画面中，并排放到所需的位置，如图18-307所示。

19 从配套光盘的素材库中打开一个有人物与一个有花的图像文档，如图18-308、图18-309所示，再将人与花分别复制到画面中，并排放到所需的位置，如图18-310所示。作品就制作完成了。

图18-307　将鱼复制到画面中来

图18-308　打开的人物图像

图18-309　打开有花的图像

图18-310　最终效果图

# 18.11 将美女图像处理为唯美蝴蝶仙子

先使用“打开”、复制图层、使图层载入选区、“曲线”调整图层、“色相/饱和度”等工具与命令将人物复制到风景图像中并为人物添加翅膀；再使用“创建新图层”、画笔工具、“打开”、“填充”、“羽化选区”等工具与命令为图像添加装饰对象，以使画面完美。使用画笔工具绘制装饰对象时不用太多。实例效果如右图所示。

## 上机实战 将美女图像处理为唯美蝴蝶仙子

01 按“Ctrl”+“O”键从配套光盘的素材库中打开两个图像文件，如图18-311、图18-312所示，再将人物图像复制到风景图像中，并排放到中间位置，如图18-313所示。

图18-311 打开的图像文件

图18-312 打开的图像文件

图18-313 将人物复制到风景图像中

02 按“Ctrl”键单击图层1的图层缩览图，如图18-314所示，使图层1载入选区，得到如图18-315所示的选区。

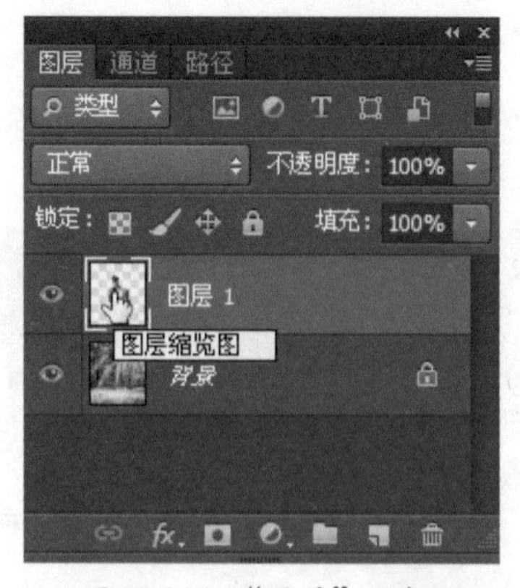


图18-314 “图层”面板

图18-315 将图层1载入选区

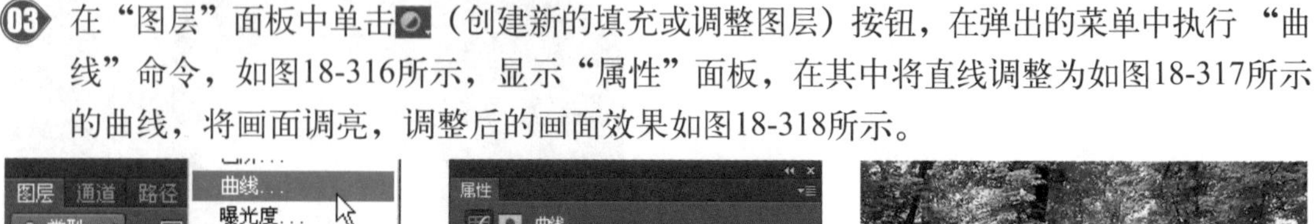

03 在“图层”面板中单击 （创建新的填充或调整图层）按钮，在弹出的菜单中执行“曲线”命令，如图18-316所示，显示“属性”面板，在其中将直线调整为如图18-317所示的曲线，将画面调亮，调整后的画面效果如图18-318所示。

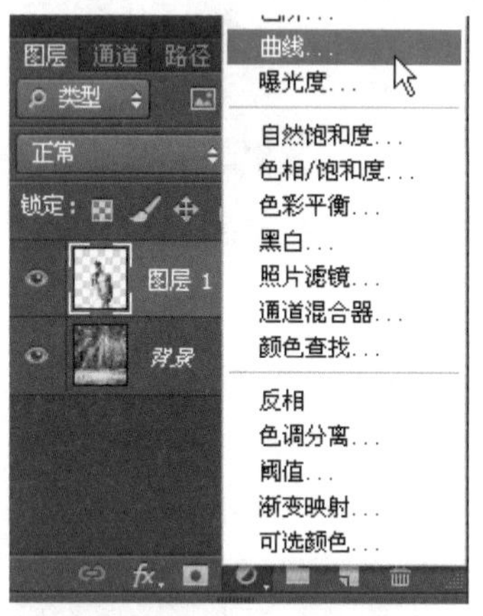


图18-316 “图层”面板

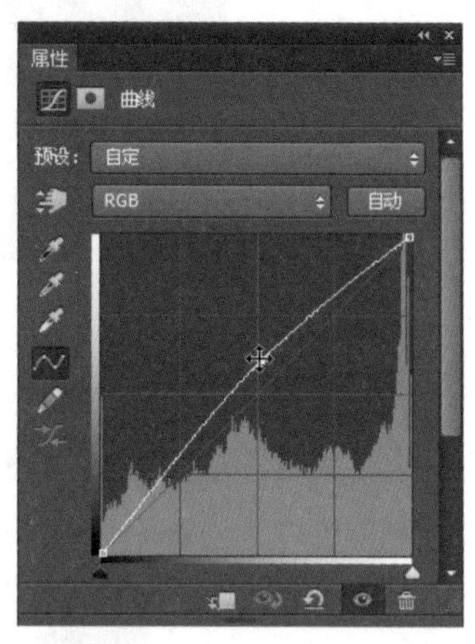


图18-317 “属性”面板

图18-318 调整后的效果

04 从配套光盘的素材库中打开一个有蝴蝶的图片，如图18-319所示。

05 将蝴蝶复制到画面中，并在“图层”面板中拖动到人物的下层，如图18-320所示，然后将蝴蝶拖动到所需的位置，作为人物的翅膀，如图18-321所示。

图18-319 打开有蝴蝶的图片

图18-320 “图层”面板

图18-321 将蝴蝶拖动所需的位置以作人物的翅膀

06 按“Ctrl ”+“U”键执行“色相/饱和度”命令，弹出“色相/饱和度”对话框，在其中勾选“着色”选项，再设置“色相”为196，“饱和度”为25，其他不变，如图18-322所示，单击“确定”按钮得到如图18-323所示的效果。

图18-322 “色相/饱和度”对话框

图18-323 调整后的效果

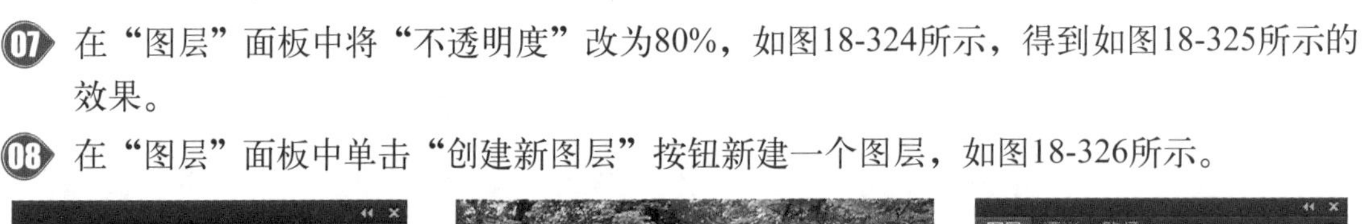

07 在“图层”面板中将“不透明度”改为80%，如图18-324所示，得到如图18-325所示的效果。

08 在“图层”面板中单击“创建新图层”按钮新建一个图层，如图18-326所示。

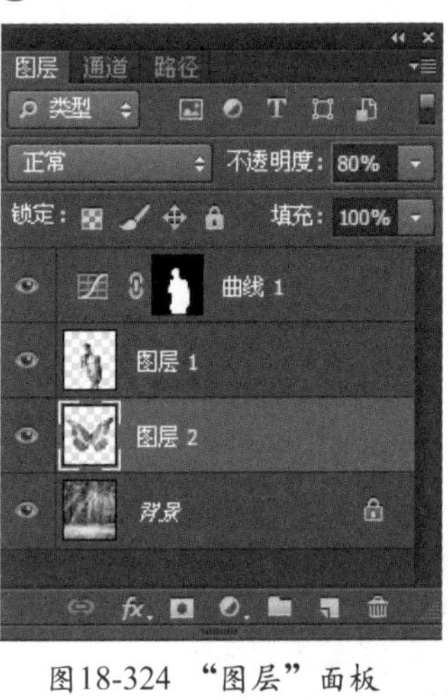

图18-324 “图层”面板

图18-325 设置不透明度后的效果

图18-326 “图层”面板

09 显示“画笔”面板，在其中选择柔角30像素画笔，并设置“大小”为14像素，“间距”为184%，如图18-327所示，再单击“形状动态”选项，在其中设置“最小直径”为0%，“角度抖动”为0%，“圆度抖动”为0%，如图18-328所示，然后使用画笔工具在画面中进行绘制，绘制出一些白色不规则的小点，如图18-329所示。

10 从配套光盘的素材库中打开一个有蝴蝶的图片，如图18-330所示，同样将其复制到画面中，并排放到所需的位置，如图18-331所示。

11 按“Ctrl”+“Alt”键将蝴蝶复制到另一个位置，如图18-332所示。

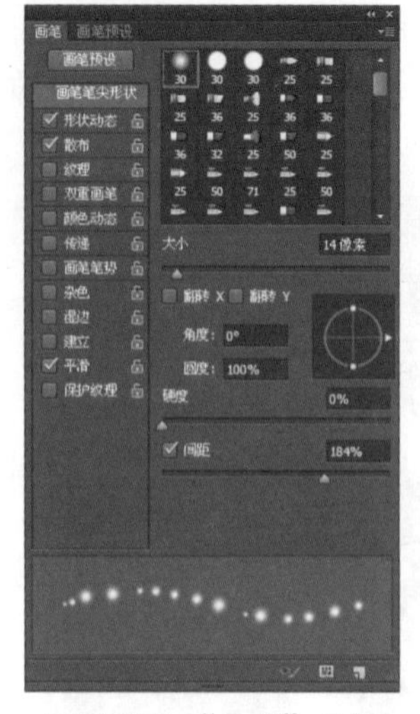

图18-327 “画笔”面板

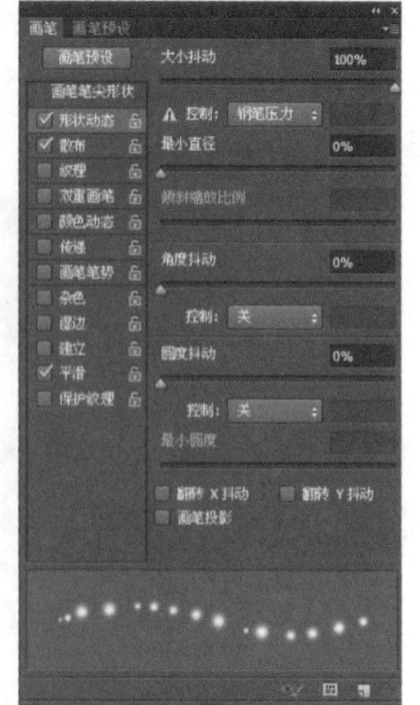

图18-328 “画笔”面板

图18-329 用画笔工具在画面中进行绘制

图18-330 打开有蝴蝶的图片

图18-331 将蝴蝶复制到画面中

图18-332 将蝴蝶复制到另一个位置

⑫ 设置背景色为黑色，在“图层”面板中单击“创建新图层”按钮，新建图层5，按“Ctrl”+“Delete”键填充背景色，如图18-333所示，再使用矩形选框工具在画面中框选出一个矩形选框，如图18-334所示。

图18-333 “图层”面板

图18-334 在画面中框选出一个矩形选框

⑬ 在“选择”菜单中执行“修改”→“羽化选区”命令，弹出“羽化选区”对话框，在其中设置“羽化半径”为50像素，如图18-335所示，单击“确定”按钮将选区羽化，再在键盘上按“Delete”键删除2次，将选区内容删除，删除后的效果如图18-336所示，再按“Ctrl”+“D”键取消选择。

图18-335 “羽化选区”对话框

图18-336 羽化后的选区

⑭ 在“图层”面板中将“不透明度”改为50%，如图18-337所示，得到如图18-338所示的效果。

图18-337 “图层”面板

图18-338 最终效果图

# 18.12 将多图融合成一幅完美图像

先使用“打开”、复制图层、“添加图层蒙版”等工具与命令将人物复制到背景中；再使用画笔工具、“打开”、混合模式、“添加图层蒙版”、画笔工具、套索工具、“羽化”、“通过拷贝的图层”、“投影”图层样式等工具与命令为画面添加装饰对象，以丰富画面。制作时需要注意使画面色调统一。实例效果如右图所示。

## 上机实战 将多图融合成一幅完美图像

01 按“Ctrl”+“O”键从配套光盘的素材库中打开一个背景图像与一个人物的图像，如图18-339、图18-340所示。

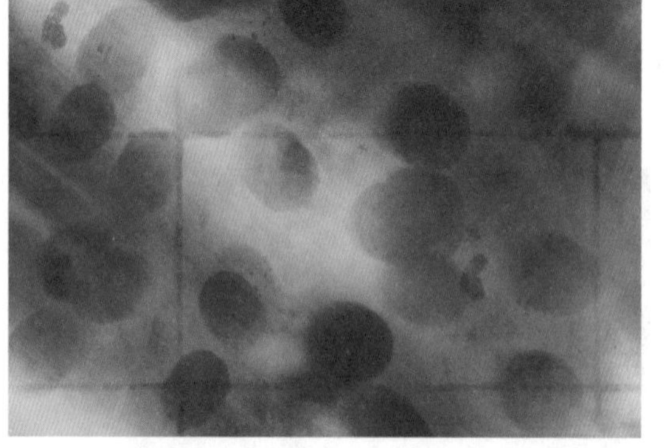

图18-339 打开的背景图像

图18-340 打开的人物图像

02 将人物图像复制到背景图像中，并排放到适当位置，在“图层”面板中单击“添加图层蒙版”按钮，给图层1添加图层蒙版，如图18-341所示，使用渐变工具，并设置渐变为黑白渐变，然后从画面的底部向上拖动一点点，显示出下层内容，如图18-342所示。

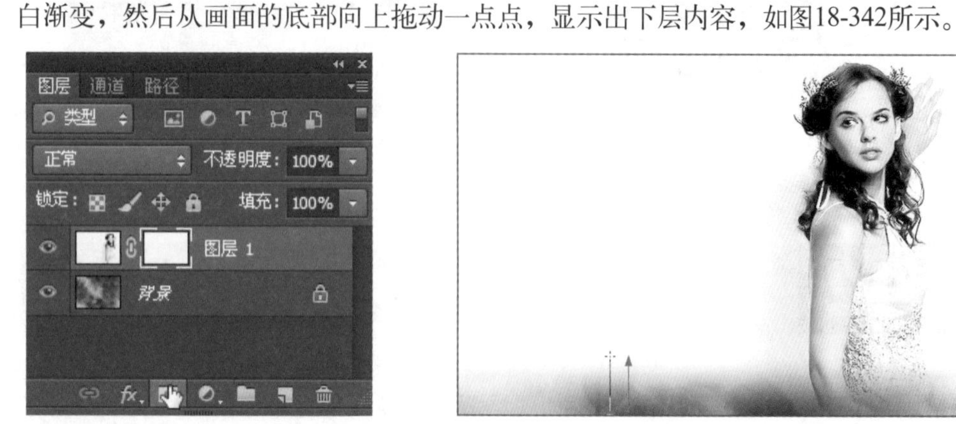


图18-341 “图层”面板

图18-342 进行渐变填充

03 从配套光盘的素材库中打开一个人物图像，如图18-343所示，同样将其复制到画面中来，并排放到所需的位置，如图18-344所示。

图18-343　打开的人物图像

图18-344　将人物复制到画面中来

04 在“图层”面板中单击“添加图层蒙版”按钮，给图层2添加图层蒙版按钮，如图18-345所示；接着在工具箱中选择画笔工具，在选项栏中设置所需的画笔，如图18-346所示，然后在画面中刚复制图像的边缘进行绘制，将其与下层内容融合，如图18-347所示。

05 从配套光盘的素材库中打开一个图像，如图18-348所示，同样将其复制到画面中，并充满画布。

图18-345　“图层”面板

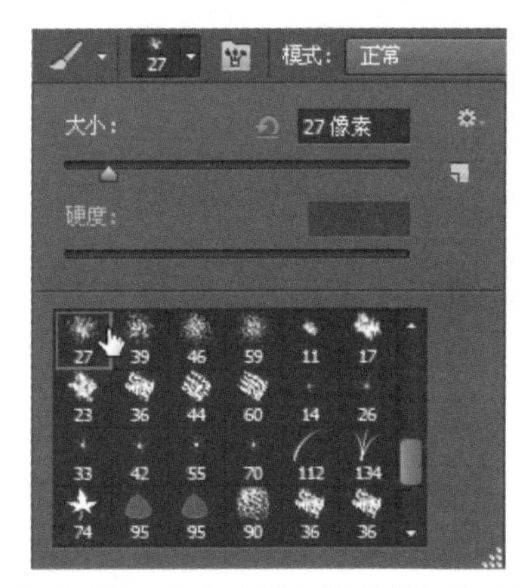


图18-346　在选项栏中设置所需的画笔

图18-347　在画面中图像的边缘进行绘制

图18-348　打开的图像

**06** 在“图层”面板中设置它的混合模式为正片叠底，如图18-349所示，得到如图18-350所示的效果。

图18-349 “图层”面板

图18-350 设置混合模式后的效果

**07** 在“图层”面板中单击“添加图层蒙版”按钮，给图层3添加图层蒙版，如图18-351所示；选择画笔工具，在选项栏中设置画笔为柔角27像素画笔，然后在画面中进行绘制，将不需要的部分隐藏，绘制后的效果如图18-352所示。

图18-351 “图层”面板

图18-352 将不需要的部分隐藏

**08** 在“图层”面板中单击图层缩览图，如图18-353所示，进入标准编辑，使用套索工具在画面中勾选出所需的选区，如图18-354所示。

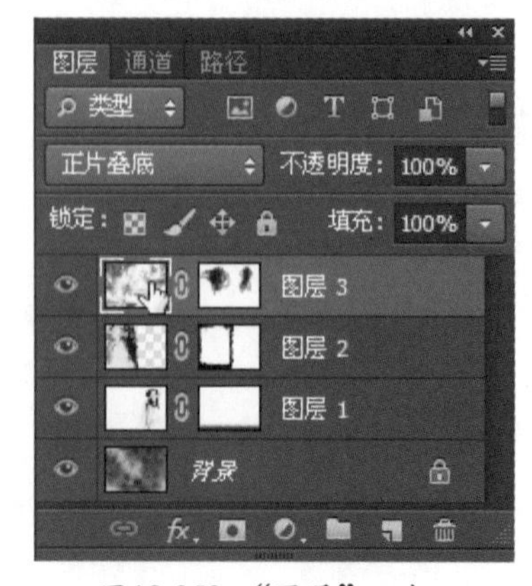


图18-353 “图层”面板

图18-354 在画面中勾选出所需的选区

09 在“选择”菜单中执行“修改”→“羽化”命令，弹出“羽化选区”对话框，在其中设置“羽化半径”为20像素，如图18-355所示，单击“确定”按钮将选区进行羽化，结果如图18-356所示。

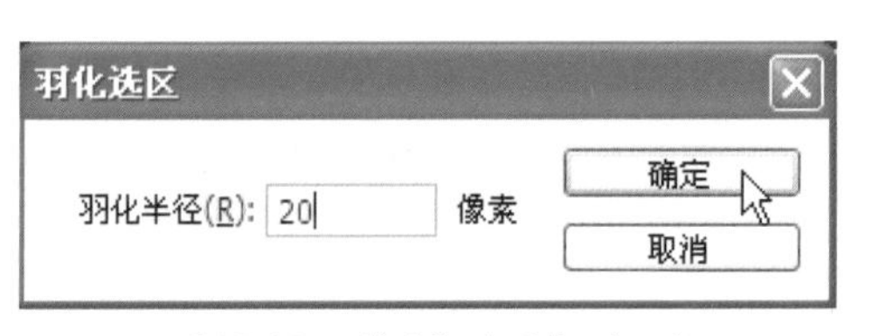


图18-355 “羽化选区”对话框

图18-356 羽化后的选区

10 按“Ctrl”+“J”键复制一个图层，如图18-357所示，以加强效果。在“图层”面板中单击“添加图层蒙版”按钮，给图层4添加图层蒙版，如图18-358所示。使用柔角27像素的画笔工具在画面中进行绘制，将不需要的部分隐藏，绘制后的效果如图18-359所示。

图18-357 “图层”面板

图18-358 “图层”面板

图18-359 将不需要的部分隐藏

⑪ 在“图层”面板中单击图层3的图层缩览图，如图18-360所示，进入标准编辑，再使用套索工具在画面中勾选出所需的选区，在“选择”菜单中执行“修改”→“羽化”命令，弹出“羽化选区”对话框，在其中设置“羽化半径”为20像素，如图18-361所示，单击“确定”按钮将选区进行羽化，结果如图18-362所示。

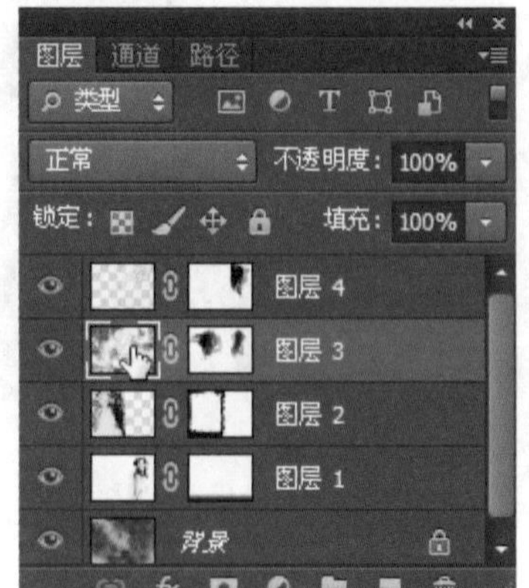

图18-360 “图层”面板

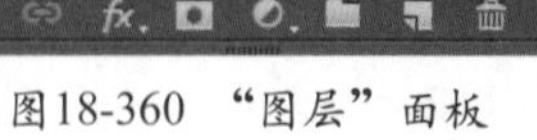


图18-361 “羽化选区”对话框

图18-362 羽化后的选区

⑫ 按“Ctrl”+“J”键由选区建立一个新图层，在“图层”面板中设置该图层的“不透明度”为80%，如图18-363所示，得到如图18-364所示的效果。

图18-363 “图层”面板

图18-364 设置不透明度后的效果

⑬ 从配套光盘的素材库中打开一个艺术字文档，如图18-365所示，同样将其复制到画面中，并排放到所需的位置，如图18-366所示。

图18-365 打开的艺术字文档

图18-366 将艺术字复制到画面中来

⑭ 在“图层”面板中双击刚复制的艺术字图层，弹出“图层样式”对话框，在其中选择“投影”选项，然后在其中设置“距离”为1像素，大小为1像素，如图18-367所示，设置好后单击“确定”按钮，得到如图18-368所示的效果。

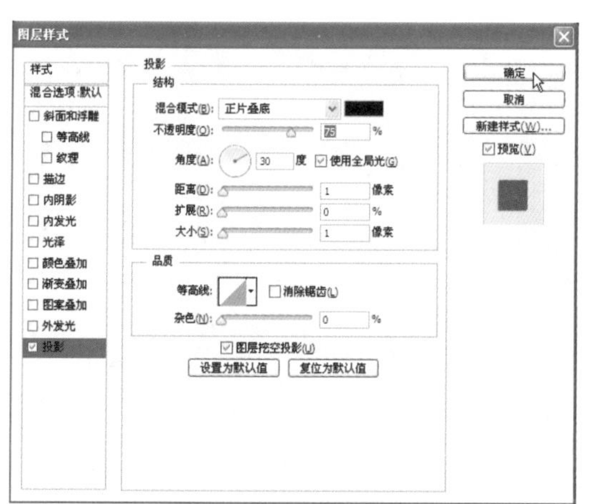


图18-367 “图层样式”对话框

图18-368 最终效果图

## 18.13 制作漂亮的个人签名图

先使用“打开”、复制图层、混合模式、“不透明度”等工具与命令绘制签名图的背景；再使用“打开”、“添加图层蒙版”、画笔工具、“曲线”等工具与命令为签名图添加主题人物并进行处理；然后使用“新建”、“放大”、直线工具、“定义图案”、“创建新图层”、“填充”、混合模式、“添加图层蒙版”、“打开”、“投影”图层样式等工具与命令为图像添加装饰对象，以丰富画面。在制作时应注意使调整人物的色调与画面协调。实例效果如下图所示。

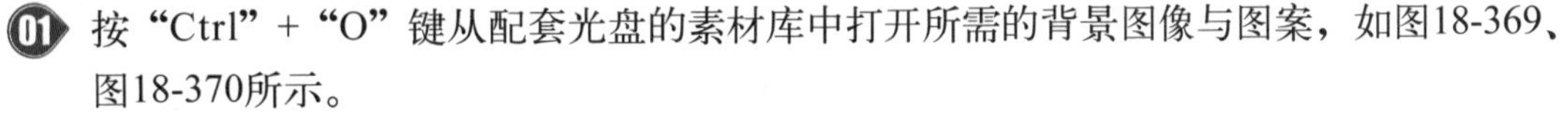
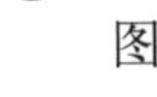

## 上机实战 制作漂亮的个人签名图

01 按“Ctrl”＋“O”键从配套光盘的素材库中打开所需的背景图像与图案，如图18-369、图18-370所示。

图18-369　打开的背景图像

图18-370　打开的图案

02 将图案复制到背景图像中，并排放到所需的位置，如图18-371所示。

图18-371　将图案复制到背景图像中

03 在“图层”面板中设置刚复制图案所在的图层的混合模式为滤色，“不透明度”为30%，如图18-372所示，得到如图18-373所示的效果。

图18-372 “图层”面板　　图18-373 设置混合模式、不透明度后的效果

**04** 打开一个图案，如图18-374所示，同样将其复制到画面中，并排放到所需的位置，如图18-375所示。

图18-374 打开的图案　　图18-375 将图案复制到画面中来

**05** 在“图层”面板中设置刚复制图层的混合模式为滤色，“不透明度”为50%，如图18-376所示，得到如图18-377所示的效果。

图18-376 “图层”面板　　图18-377 设置混合模式、不透明度后的效果

**06** 从配套光盘的素材库中打开主题人物图片，并将其复制到画面中，如图18-378所示。

**07** 在“图层”面板中单击“添加图层蒙版”按钮，给人物图层添加图层蒙版，如图18-379所示，设置前景色为黑色，使用画笔工具将人物的背景隐藏，隐藏后的画面效果如图18-380所示。

图18-378　将主题人物图片复制到画面中来

图18-379　“图层”面板

图18-380　用画笔工具将人物的背景隐藏

08 在“图层”面板中单击图层缩览图，进入标准模式编辑，如图18-381所示。

09 按“Ctrl”+“M”键执行“曲线”命令，显示“曲线”对话框，在其中将网格中的直线向左上方拖动成曲线，将画面调亮，如图18-382所示，单击“确定”按钮得到如图18-383所示的效果。

图18-381　“图层”面板

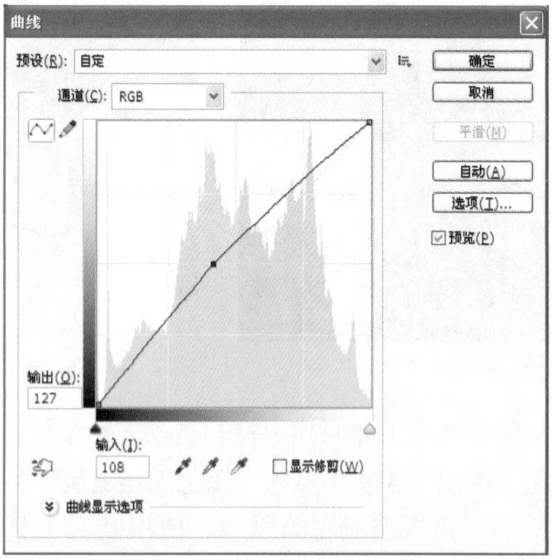

图18-382　“曲线”对话框

图18-383　调整后的效果

⑩ 在“图层”面板中单击“创建新图层”按钮，新建一个图层，如图18-384所示，接着在工具箱中选择画笔工具，并在选项栏中选择所需的画笔，如图18-385所示，然后设置前景色为白色，在画面的边缘进行绘制，将边缘模糊并显示出虚幻效果，如图18-386所示。

图18-384　“图层”面板

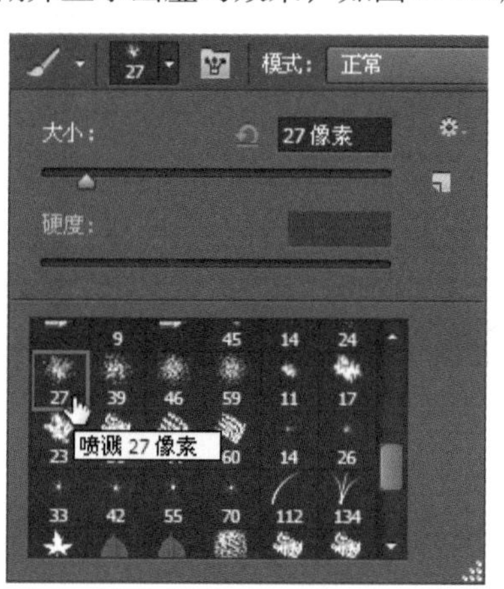


图18-385　在选项栏中选择所需的画笔

图18-386　用画笔工具在画面的边缘进行绘制

⑪ 按“Ctrl”+“N”键新建一个对话框，在其中设置“宽度”与“高度”均为4像素，“分辨率”为96像素/英寸，“背景内容”为透明，其他不变，如图18-387所示，单击“确定”按钮得到一个空白文档。

⑫ 按“Ctrl”+“+”键将画面放到最大也就是3200%，在工具箱中选择直线工具，并在选项栏中选择像素，设置“粗细”为1像素，然后在画面的左边绘制一个像素宽的直线，如图18-388所示。按“Ctrl”+“T”键执行“自由变换”命令，将直线进行调整，如图18-389所示，调整好后在变换框中双击确认变换。

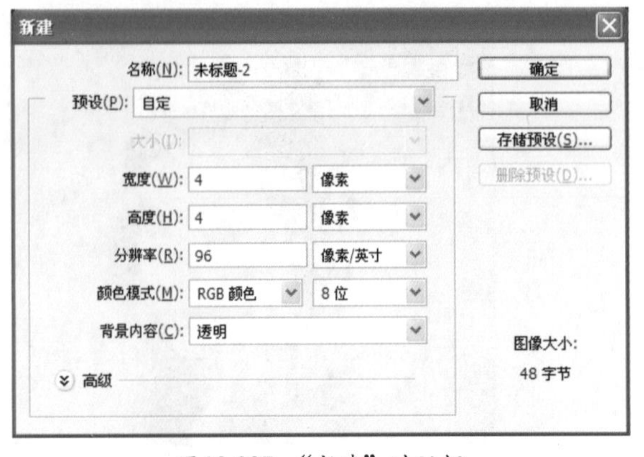

图18-387 “新建”对话框

图18-388 绘制一个像素宽的直线

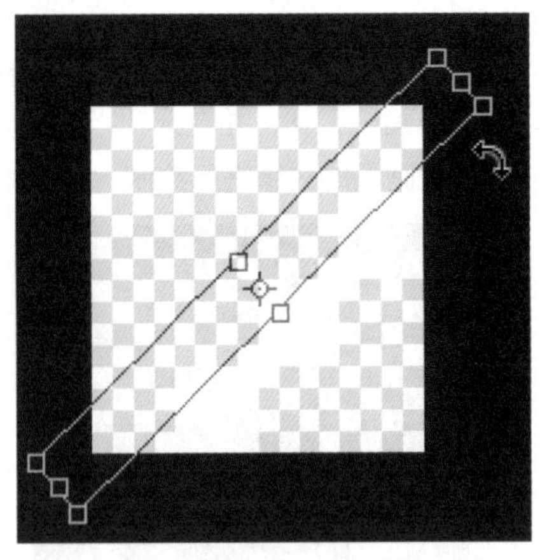
图18-389 执行“自由变换”命令

⑬ 在“编辑”菜单中执行“定义图案”命令，弹出“图案名称”对话框，可以在“名称”文本框中给图案命名，也可以采用默认名称，如图18-390所示，单击“确定”按钮将刚绘制的直线定义为图案。

⑭ 切换到前面的文件中，在“图层”面板中单击“创建新图层”按钮，新建一个图层，如图18-391所示。

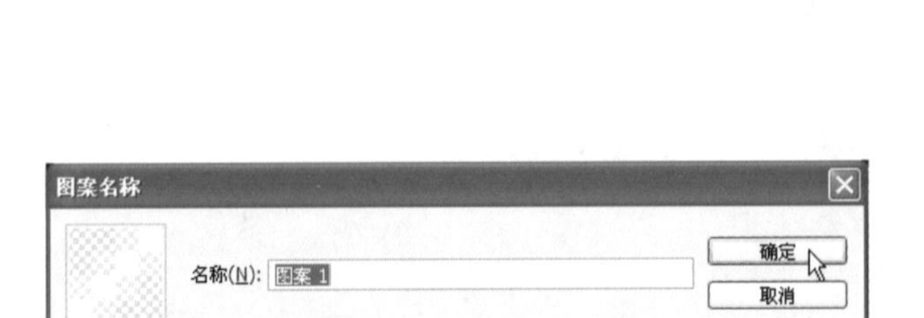

图18-390 “图案名称”对话框

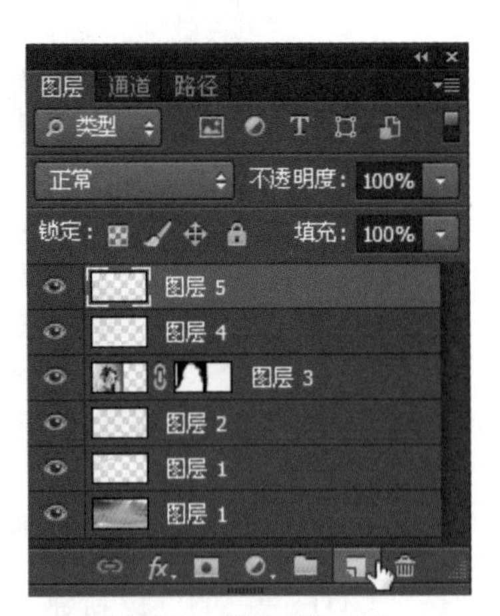

图18-391 “图层”面板

⑮ 在“编辑”菜单中执行“填充”命令，弹出“填充”对话框，在其中设置“使用”为

图案，然后在自定图案面板中选择刚自定的图案，如图18-392所示，其他不变，单击“确定”按钮得到如图18-393所示的效果。

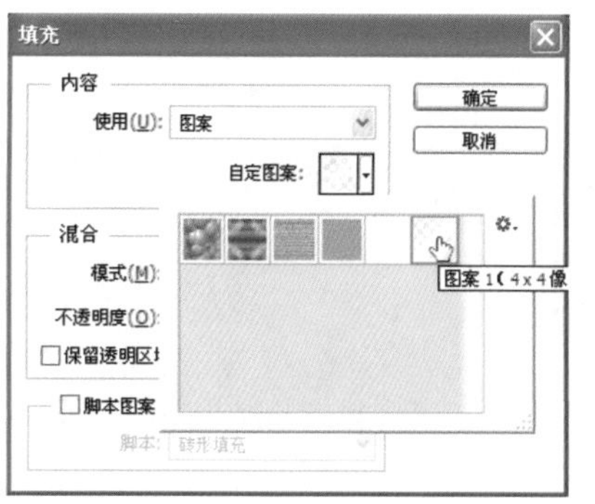


图18-392 “填充”对话框

图18-393 填充图案后的效果

16 在“图层”面板中设置刚填充图案图层的混合模式为叠加，如图18-394所示，得到如图18-395所示的效果。

图18-394 “图层”面板

图18-395 设置混合模式后的效果

17 在“图层”面板中单击“添加图层蒙版”按钮，给图层5添加图层蒙版，如图18-396所示，再设置前景色为黑色，选择画笔工具，在选项栏中设置画笔为柔角27像素，然后在画面中人物的脸部与稍前方的手上进行涂抹，将直线图案隐藏，涂抹后的效果如图18-397所示。

图18-396 “图层”面板

图18-397 在人物的脸部与稍前方的手上进行涂抹

⑱ 从配套光盘的素材库中打开一个有艺术字的文档，如图18-398所示，并将其复制到画面中，再排放到右上角的适当位置，如图18-399所示。

图18-398　打开有艺术字的文档

图18-399　将艺术字复制到画面中来

⑲ 在刚复制图层上双击，弹出“图层样式”对话框，在其中选择“投影”选项，设置“距离”为1像素，“大小”为1像素，其他不变，如图18-400所示，单击“确定”按钮得到如图18-401所示的效果。

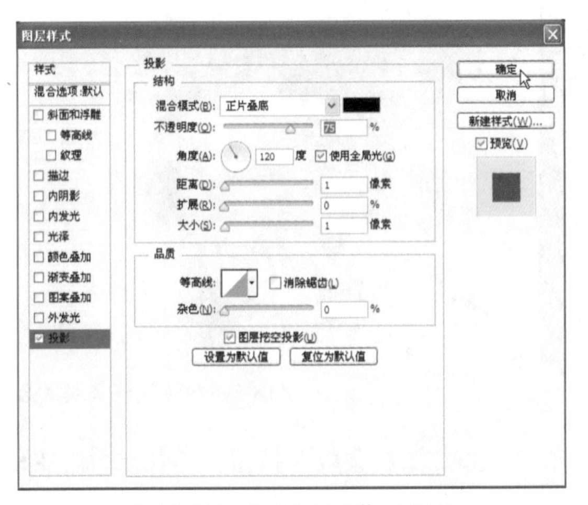


图18-400　“图层样式”对话框

图18-401　最终效果图

# 18.14 店铺招牌广告

先使用“打开”、复制图层、钢笔工具、使路径载入选区、“创建新图层”、渐变工具、“取消选择”、“不透明度”等工具与命令制作店铺招牌广告的背景；再使用“创建新组”、画笔工具、“创建新图层”等工具与命令分别在不同的图层中绘制要闪动的闪光点；然后使用“打开”、横排文字工具、“描边”等工具与命令输入店铺名称并添加装饰对象；最后用“时间轴”面板、“选择帧延迟时间”、“图层”面板中显示或关闭图层、复制所选帧等工具与命令将绘制的图像制作成动画。实例效果如下图所示。

## 上机实战 制作店铺招牌广告

**01** 按“Ctrl”+“O”键从配套光盘的素材库中打开一个背景图像、一个有树的文档与一个有花的文档，如图18-402～图18-404所示。

图18-402　打开的背景图像

图18-403　打开有树的文档

图18-404　打开有花的文档

02 将3个文档拖出文档标题栏，再使用移动工具将树拖动到背景图像中，并排放到左边，将花拖动到背景图像中并排放到右边，如图18-405所示。

图18-405　将树和花拖动到背景图像中

03 在工具箱中选择钢笔工具，在选项栏中选择路径，在“路径”面板中单击“创建新路径”按钮新建一个路径，如图18-406所示，然后使用钢笔工具在画面中绘制出两个封闭的路径，如图18-407所示。

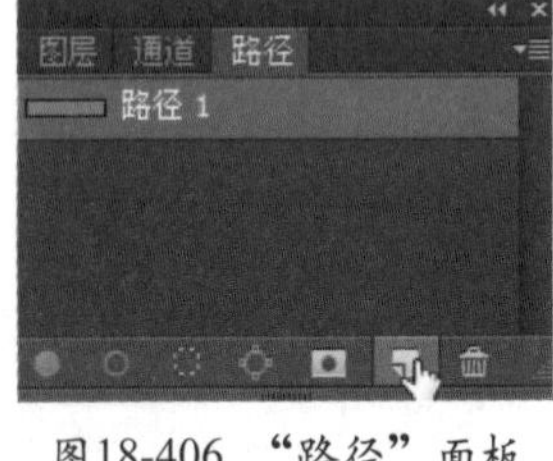


图18-406　“路径”面板

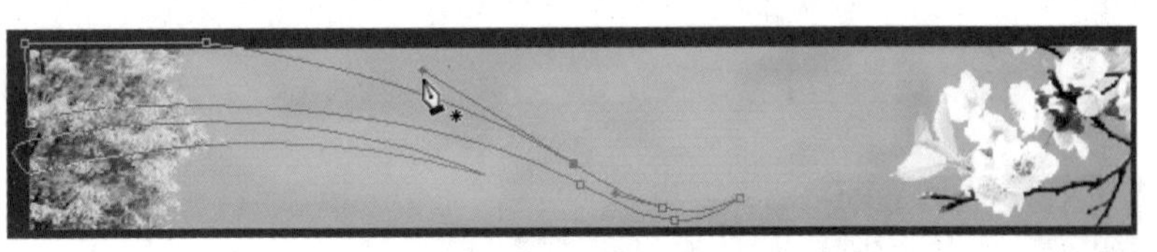

图18-407　在画面中绘制出两个封闭的路径

04 按“Ctrl”键单击路径缩览图，如图18-408所示，使路径载入选区，得到如图18-409所示的选区。

图18-408　“路径”面板

图18-409　使路径载入选区

05 在“图层”面板中单击“创建新图层”按钮新建一个图层，如图18-410所示。

06 在工具箱中设置前景色为白色，选择渐变工具，在选项栏的渐变拾色器中选择前景色到透明渐变，如图18-411所示，然后在画面同中进行拖动，给选区进行渐变填充，填充渐变颜色后的效果如图18-412所示。

图18-410　“图层”面板

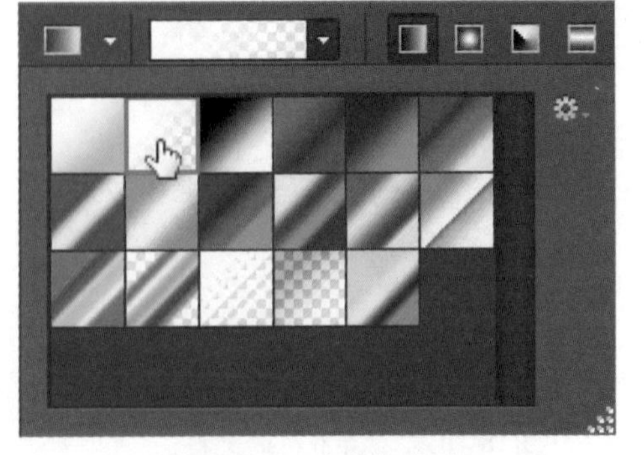

图18-411　渐变拾色器

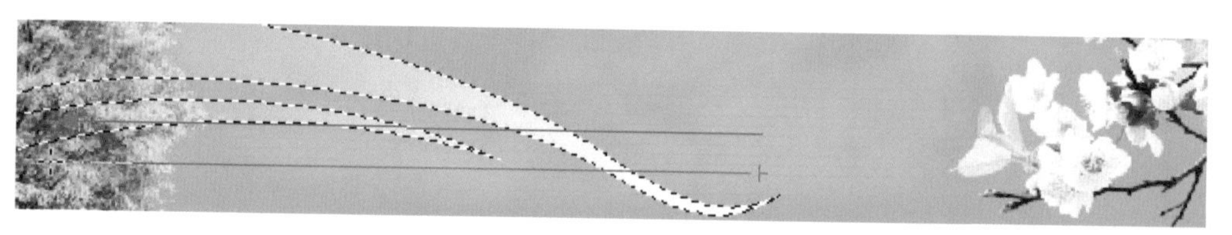

图18-412　给选区进行渐变填充

**07** 按“Ctrl”+“D”键取消选择，在“图层”面板中设置“不透明度”为50%，如图18-413所示，降低渐变图形的不透明度，画面效果如图18-414所示。

图18-413　“图层”面板

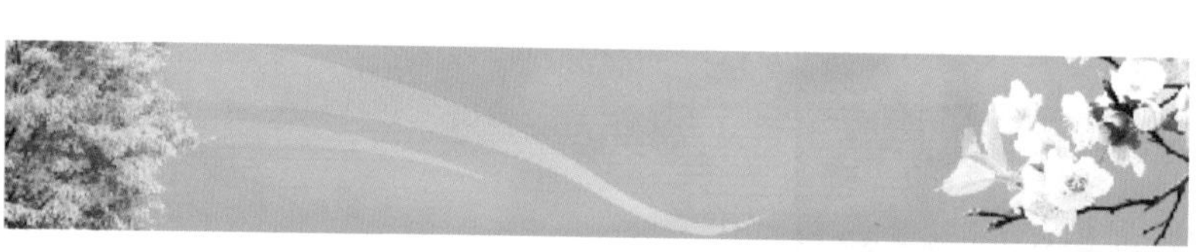

图18-414　设置不透明度后的效果

**08** 在“图层”面板中单击“创建新组”按钮新建一个组，如图18-415所示，再单击“创建新图层”按钮在组中新建一个图层，如图18-416所示。

**09** 设置前景色为白色，选择画笔工具，在选项栏的画笔弹出式面板中选择交叉排线4画笔，如图18-417所示，然后在画面中单击一下绘制一个十字闪光点，如图18-418所示。

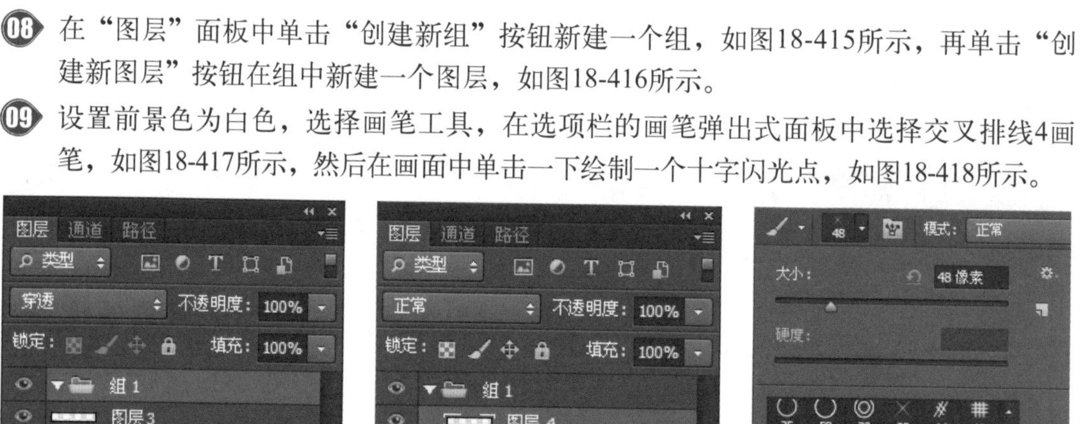

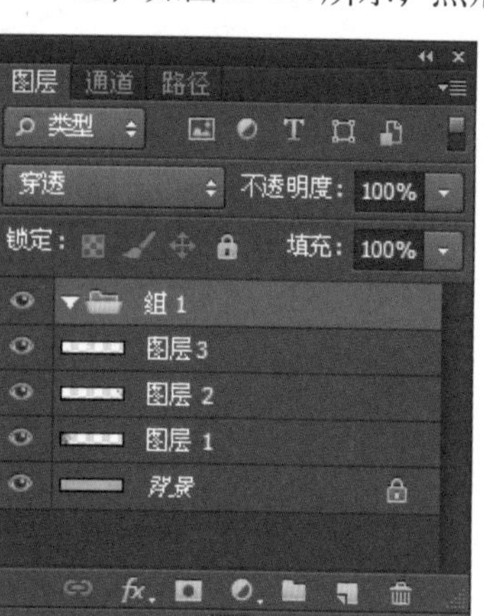

图18-415　“图层”面板

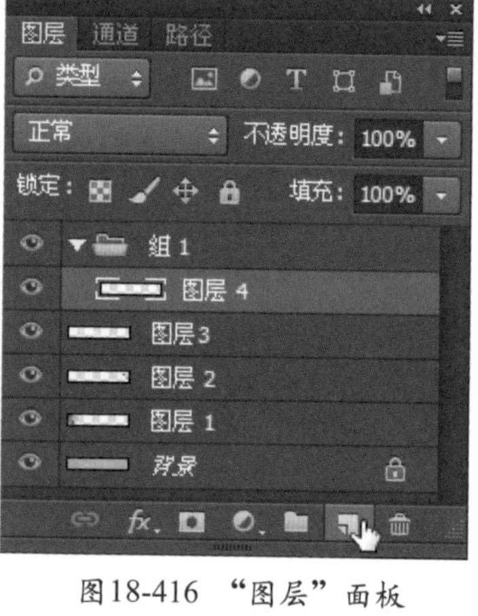

图18-416　“图层”面板

图18-417　画笔弹出式面板

图18-418　绘制一个十字闪光点

**10** 在画笔工具的选项栏中设置画笔为柔角35像素，如图18-419所示，然后在画面中十字闪光点上单击添加亮度，如图18-420所示。

图18-419　画笔弹出式面板

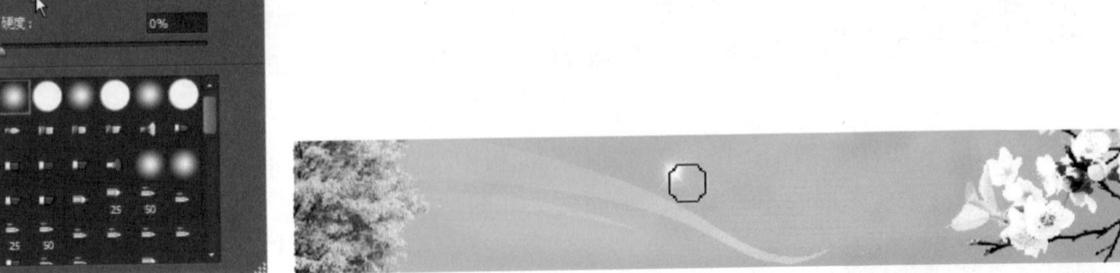

图18-420　在画面中十字闪光点上单击以添加亮度

⑪ 在“图层”面板中新建一个图层，如图18-421所示，使用同样的方法绘制一个闪光点(只是大小有点不同)，如图18-422所示。

图18-421　“图层”面板

图18-422　绘制一个闪光点

⑫ 在“图层”面板中依次新建图层，如图18-423所示，使用同样的方法在每一个图层上都绘制一个闪光点，绘制好后的效果如图18-424所示。

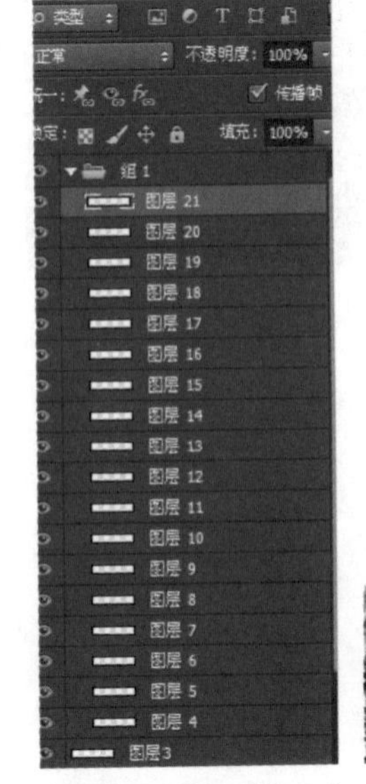


图18-423　“图层”面板

图18-424　绘制多个闪光点

**13** 将组1折叠起来，如图18-425所示，再新建一个组，如图18-426所示。

**14** 从配套光盘的素材库中打开一个有蝴蝶的文档，如图18-427所示，并将其复制到画面中，再排放到右边，如图18-428所示。

图18-425 “图层”面板

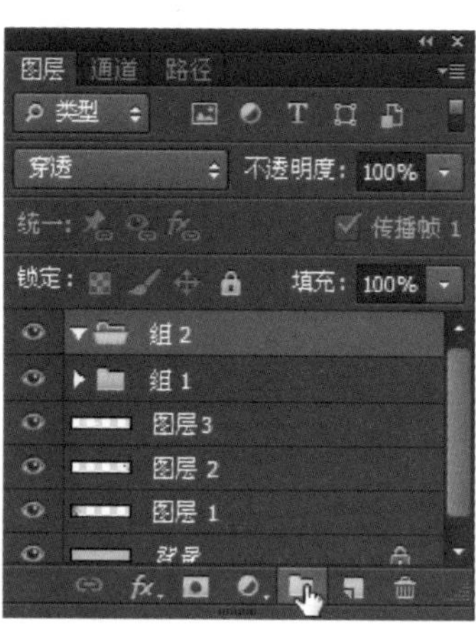

图18-426 “图层”面板

图18-427 打开有蝴蝶的文档

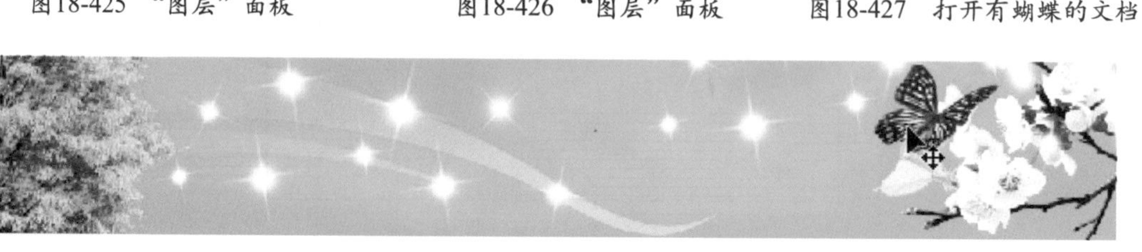
图18-428 将蝴蝶复制到画面中来

**15** 从配套光盘的素材库中打开一个有小白点的文档，如图18-429所示，“图层”面板如图18-430所示，并将其复制到画面中，如图18-431所示。

图18-429 打开有小白点的文档

图18-430 “图层”面板

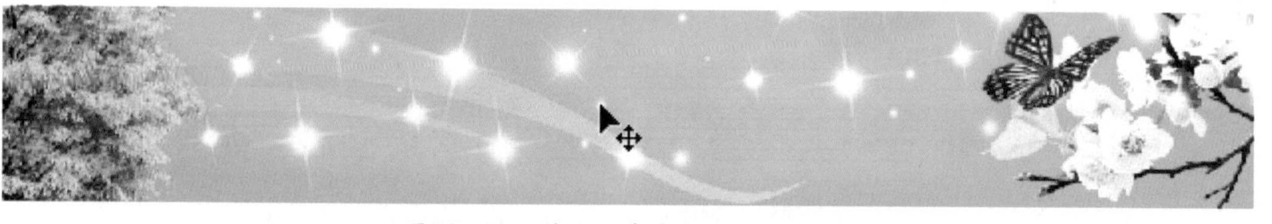
图18-431 将小白点复制到画面中来

**16** 在工具箱中选择横排文字工具，在选项栏中设置“字体”为文鼎CS魏碑，“字体大小”为61点，在画面中单击并输入所需的文字，如图18-432所示。

图18-432　输入所需的文字

17 在"图层"菜单中执行"图层样式"→"描边"命令，弹出如图18-433所示的"图层样式"对话框，在其中直接"确定"按钮给文字描好边，画面效果如图18-434所示。

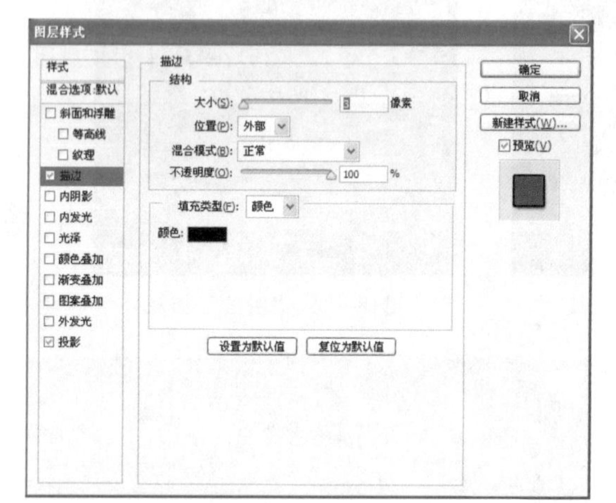


图18-433　"图层样式"对话框

图18-434　应用"图层样式"后的效果

18 使用同样的方法再输入所需的文字，如图18-435所示。

图18-435　输入所需的文字

19 显示"时间轴"面板，在其中单击"创建视频时间轴"按钮，如图18-436所示，创建视频时间轴，如图18-437所示。

图18-436　"时间轴"面板

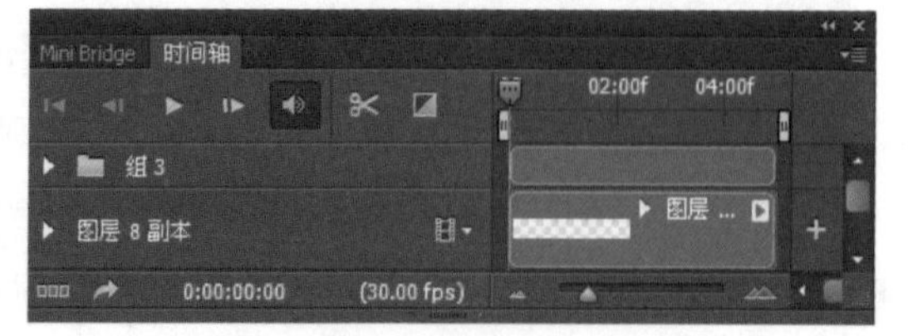


图18-437　"时间轴"面板

⑳ 在“时间轴”面板的左下方单击▭（转换为帧动画）按钮，转换到帧动画时间轴面板，再单击“选择帧延迟时间”按钮，在弹出的菜单中选择0.5，如图18-438所示，即可将帧延迟时间改为0.5秒。

图18-438 “时间轴”面板

㉑ 在“图层”面板中关闭相应的图层，如图18-439所示。

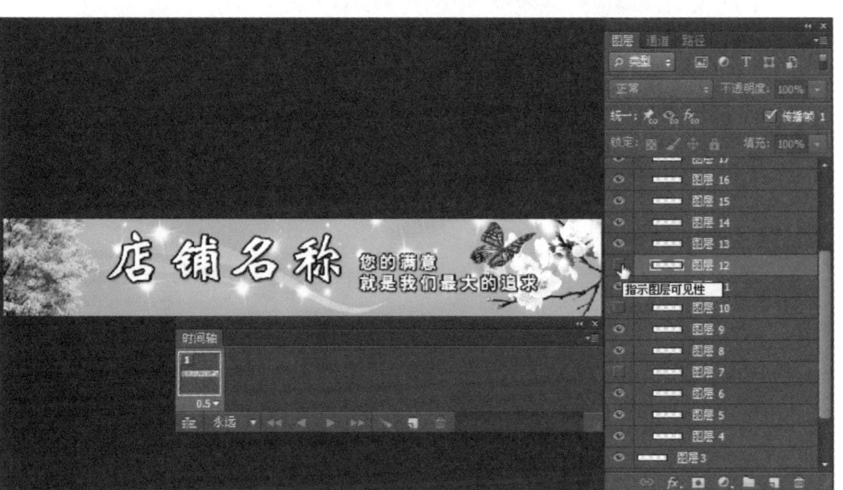

图18-439 编辑动画

㉒ 在“时间轴”面板中单击▭按钮，复制一帧，同样在“图层”面板中显示相应的图层，关闭相应的图层，如图18-440所示。

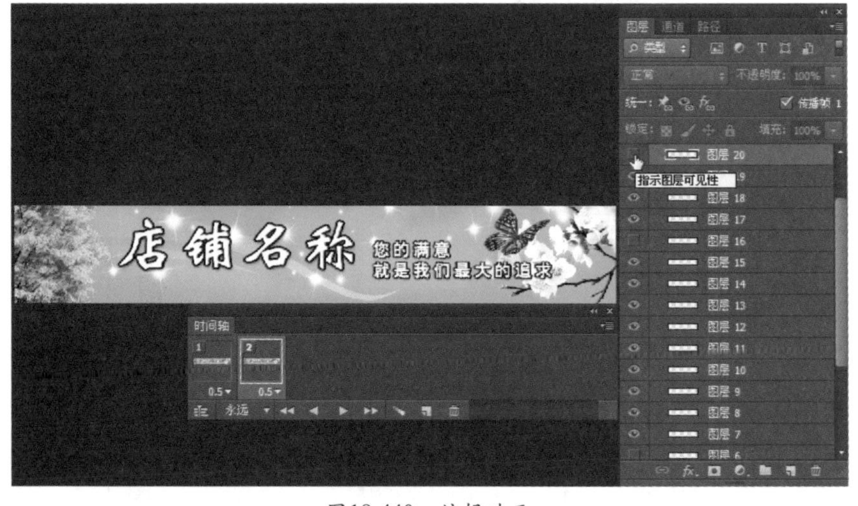

图18-440 编辑动画

㉓ 在“时间轴”面板中单击▭按钮，复制一帧，同样在“图层”面板中显示相应的图层，关闭相应的图层，如图18-441所示。

图18-441　编辑动画

24 在“文件”菜单中执行“存储为Web所用格式”命令，弹出如图18-442所示的“存储为Web所用格式”对话框，在其中直接单击“存储”按钮，弹出如图18-443所示的“将优化结果存储为”对话框，在其中给文档命名，单击“保存”按钮，弹出一个如图18-444所示的警告对话框，直接单击“确定”按钮即可。

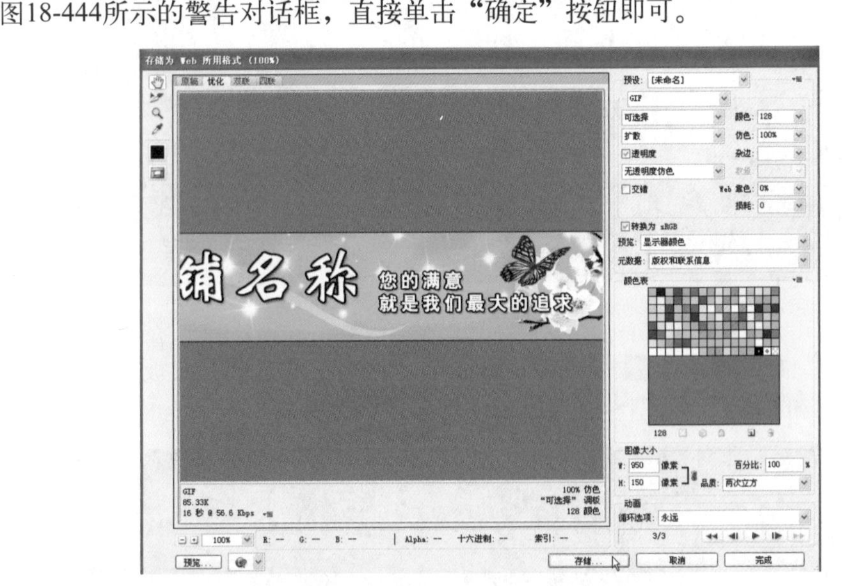


图18-442　“存储为Web所用格式”对话框

图18-443　“将优化结果存储为”对话框

“Adobe 存储为 Web 所用格式”警告

所存储的某些文件名包含非拉丁字符。这些文件名与某些 Web 浏览器和服务器不兼容。

不再显示　确定　取消

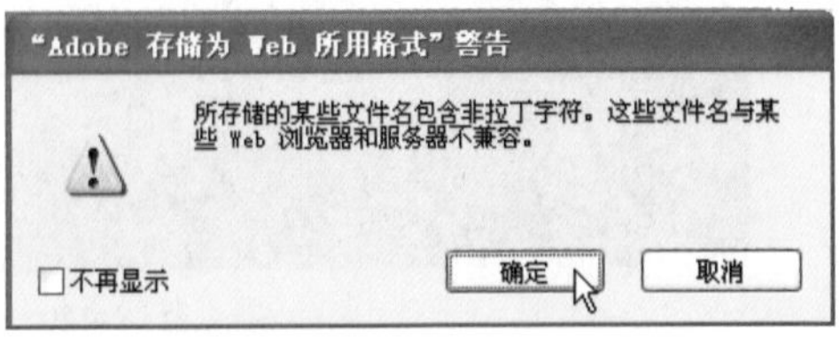

图18-444　警告对话框

25 打开保存时选择的文件夹，可以看到保存的GIF文件，如图18-445所示，双击刚保存所得的文件，可以使用看图片软件来查看效果了，如图18-446所示。

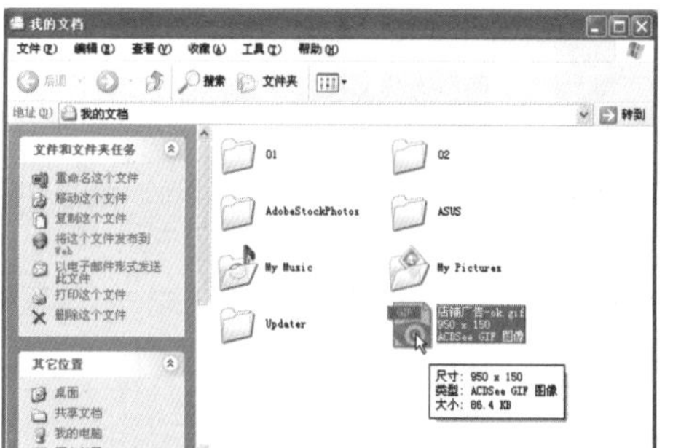

图18-445 保存时选择的文件夹

图18-446 查看动画效果

# 18.15 洗发水宣传海报

先使用“新建”、“打开”、复制图层、混合模式、椭圆工具等工具与命令绘制海报的背景；再使用“打开”、复制图层、“外发光”、“描边”图层样式等工具与命令绘制要宣传的主题对象；然后使用“打开”、复制图层、混合模式、“不透明度”、“添加图层蒙版”、画笔工具、“创建新图层”等工具与命令绘制一些对象来装饰画面；最后使用横排文字工具、“不透明度”、“描边”图层样式为画面输入主题宣传文字并添加效果。实例效果如右图所示。

## 上机实战 制作洗发水宣传海报

01 设置背景色为#1f2c4c，再按“Ctrl”+“N”键新建一个大小为400×570像素、“背景内容”为背景色的文件。

02 按“Ctrl”+“O”键从配套光盘的素材库中打开一张有火焰发光的图片，如图18-447所示，并将其复制到新建的文件中，再排放到所需的位置，如图18-448所示。

03 在“图层”面板中设置刚复制图片的混合模式为滤色，如图18-449所示，画面效果如图18-450所示。

04 从配套光盘的素材库中打开一张图片，如图18-451所示，然后将其复制到画面中并排放到所需的位置，如图18-452所示。

图18-447　打开有发光的图片

图18-448　将发光图片复制到新建的文件中

图18-449　“图层”面板

图18-450　设置混合模式后的效果

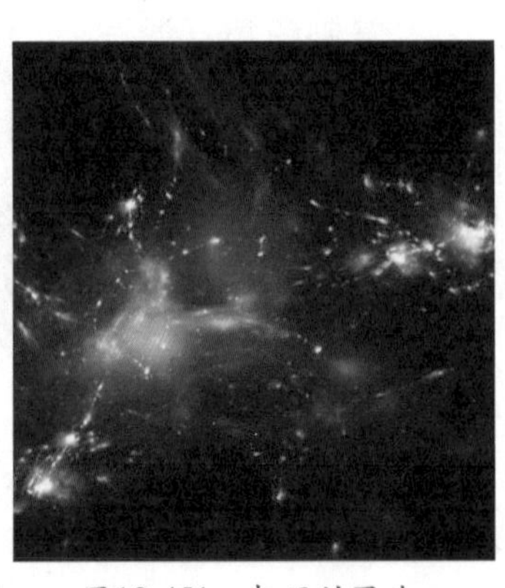

图18-451　打开的图片

图18-452　将其复制到画面中

05 在“图层”面板中设置刚复制图片的混合模式为滤色，如图18-453所示，画面效果如图18-454所示。

图18-453　“图层”面板

图18-454　设置混合模式后的效果

06 从配套光盘的素材库中打开一张图片，如图18-455所示，然后将其复制到画面中并排放到所需的位置，如图18-456所示。

07 在“图层”面板中设置刚复制图片的混合模式为滤色，如图18-457所示，画面效果如图18-458所示。

08 在“图层”面板中新建一个图层，如图18-459所示，选择椭圆工具，在选项栏中选择像素，然后在画面的底部绘制一个椭圆，只露出上小半圆，如图18-460所示。

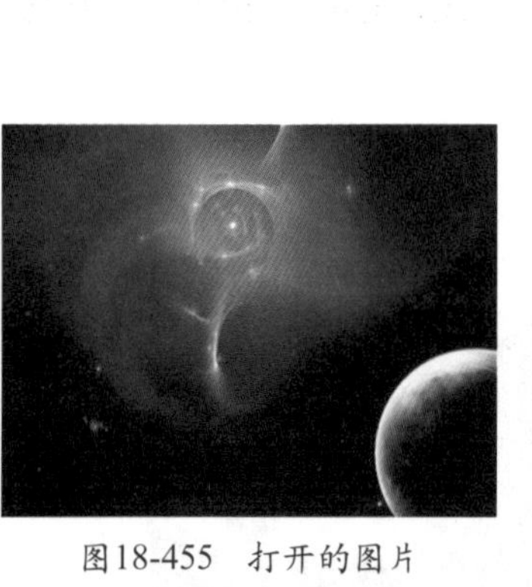

图18-455 打开的图片

图18-456 将其复制到画面中

图18-457 “图层”面板

图18-458 设置混合模式后的效果

图18-459 “图层”面板

图18-460 在画面的底部绘制一个椭圆

09 从配套光盘的素材库中打开一张图片，如图18-461所示，然后将其复制到画面中并排放到所需的位置，如图18-462所示。

10 从配套光盘的素材库中打开主题图片，将其复制到画面中并排放到所需的位置，如图18-463所示。

图18-461　打开的图片

图18-462　将其复制到画面中

图18-463　将主题图片复制到画面中

⓫ 在“图层”面板中双击主题图片所在图层，弹出“图层样式”对话框，在其中选择“外发光”选项，在其中设置外发光颜色为白色，“扩展”为5%，“大小”为20像素，“不透明度”为50%，其他不变，如图18-464所示，其画面效果如图18-465所示。

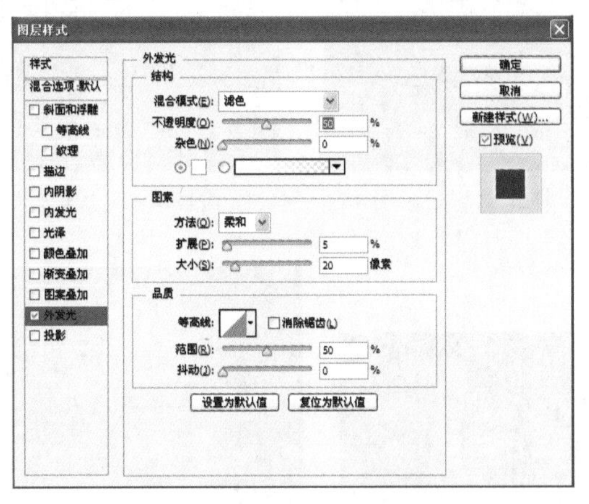


图18-464　“图层样式”对话框

图18-465　应用图层样式后的效果

⓬ 在“图层样式”对话框中选择“描边”选项，设置描边“大小”为1像素，“颜色”为#6d6d6d，其他不变，如图18-466所示，单击“确定”按钮得到如图18-467所示的效果。

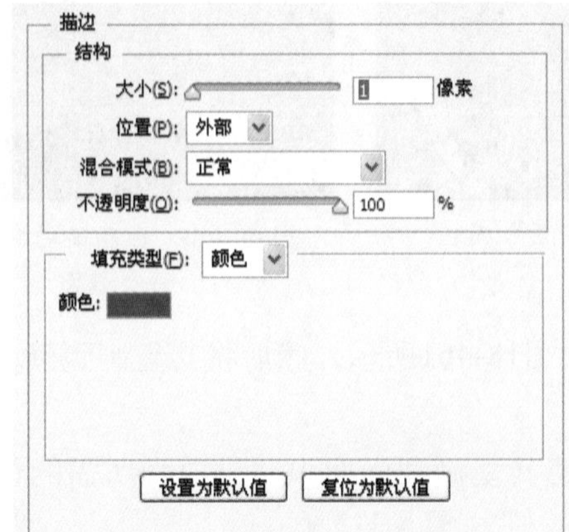


图18-466　“图层样式”对话框

图18-467　应用图层样式后的效果

⑬ 从配套光盘的素材库中打开一张图片，如图18-468所示，在“滤镜”菜单中执行“风格化”→“查找边缘”命令，得到如图18-469所示的效果。

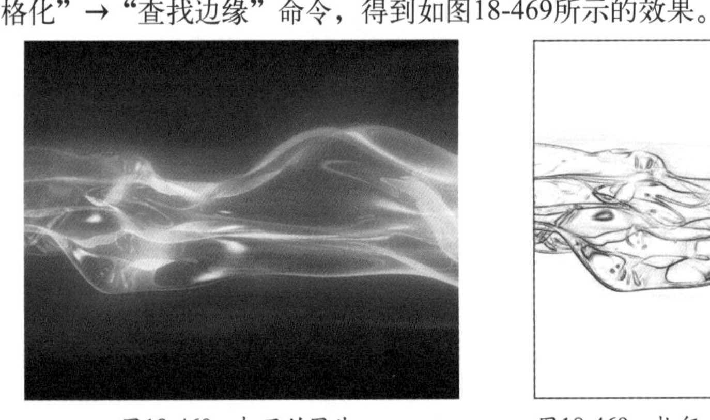

图18-468　打开的图片

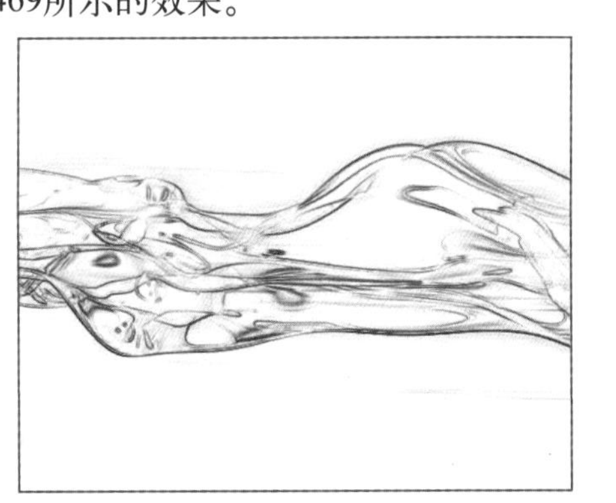

图18-469　执行“查找边缘”命令后的效果

⑭ 将使用滤镜处理过的图片复制到画面中，然后按“Ctrl”+“T”键执行“自由变换”命令，将其进行适当旋转，如图18-470所示。

⑮ 在变换框中双击确认变换，在“图层”面板中设置它的混合模式为变暗，“不透明度”为50%，如图18-471所示，得到如图18-472所示的效果。

⑯ 在“图层”面板中单击“添加图层蒙版”按钮，给刚复制的图层添加蒙版，如图18-473所示，在工具箱中选择画笔工具，设置画笔为27像素柔角画笔，“不透明度”为50%，“模式”为正常，然后在画面中不需要的地方进行涂抹将其隐藏，涂抹后的效果如图18-474所示。

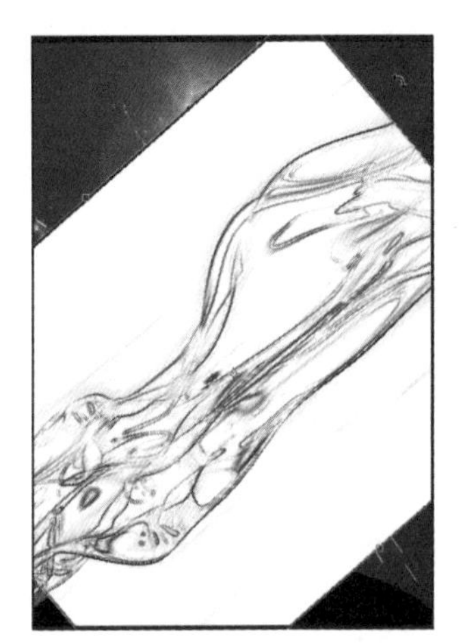

图18-470　执行“自由变换”命令

⑰ 在“图层”面板中新建一个图层为图层8，显示“画笔”面板，在其中选择柔角30像素画笔，将“大小”改为10像素，如图18-475所示，再单击“形状动态”选项，在其中设置“大小抖动”为80%，如图18-476所示。

图18-471　“图层”面板

图18-472　设置混合模式、不透明度后的效果

图18-473　“图层”面板

图18-474 在画面中不需要的地方隐藏

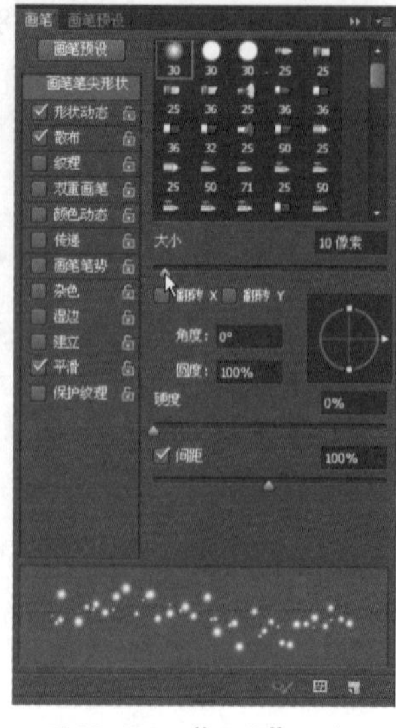

图18-475 “画笔”面板

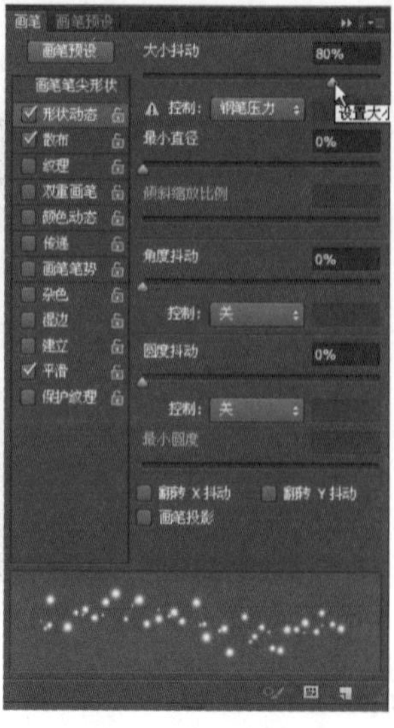

图18-476 “画笔”面板

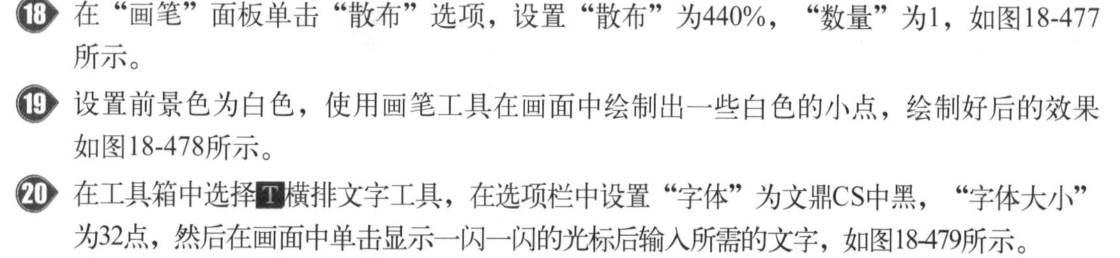

18 在“画笔”面板单击“散布”选项，设置“散布”为440%，“数量”为1，如图18-477所示。

19 设置前景色为白色，使用画笔工具在画面中绘制出一些白色的小点，绘制好后的效果如图18-478所示。

20 在工具箱中选择T横排文字工具，在选项栏中设置“字体”为文鼎CS中黑，“字体大小”为32点，然后在画面中单击显示一闪一闪的光标后输入所需的文字，如图18-479所示。

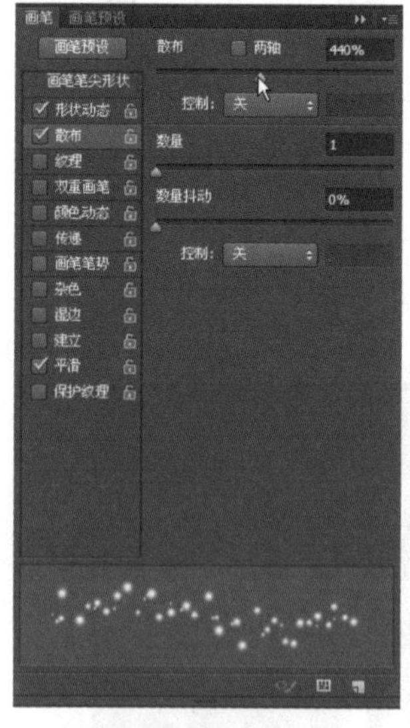

图18-477 “画笔”面板

图18-478 在画面中绘制一些白色的小点

图18-479 输入所需的文字

21 使用同样的方法输入所需的文字，根据需要调整字符间距，输入好文字后的效果如图18-480所示。

22 在“图层”面板中选择要改变不透明度的图层，设置“不透明度”为50%，如图18-481所示，将文字的不透明度降低，画面效果如图18-482所示。

图18-480　输入所需的文字

图18-481　“图层”面板

图18-482　设置不透明度后的效果

**23** 在“图层”面板中双击“纯天然植物洗发水”文字图层，弹出如图18-483所示的“图层样式”对话框，在其中选择“描边”选项，设置“大小”为2像素，“颜色”为黑色，单击“确定”按钮给文字进行黑色描边，描边后的效果如图18-484所示。

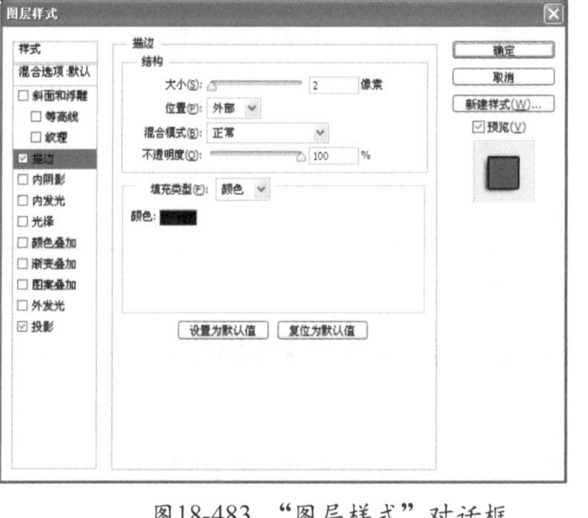


图18-483　“图层样式”对话框

图18-484　应用图层样式后的效果

**24** 在添加了图层样式的文字图层上右击，弹出一个快捷菜单，在其中选择“拷贝图层样式”命令，然后在另一个需要同样图层样式的文字图层上右击，在弹出的菜单中执行“粘贴图层样式”命令，得到如图18-485所示的效果。作品就制作完成了。

图18-485　最终效果图

# 参考答案

## 第2章　图像处理基础

一、填空题：

1. 千字节 (K) 、千兆字节 (GB) 、图像的像素尺寸
2. 矢量图形

二、选择题：

1. B　　2. AD

## 第3章　与Photoshop CS5初次见面

一、填空题

1. 编辑 、 图层 、 文字 、 滤镜
2. 名称 、 显示比例 、 色彩模式

二、选择题

1. D　　2. D　　3. B C

## 第4章　文件基本操作

1. C　　2. D　　3. D
4. A　　5. B

## 第5章　辅助功能与颜色设置

1. D　　2. B　　3. B
4. D　　5. D

## 第6章　选择功能

6.11　练习题

一、填空题

1. 椭圆选框工具、单行选框工具、单列选框工具
2. 变换 、 修改、反向 、 存储选区

二、选择题

1. D　　2. B　　3. C　　4. D

## 第7章　绘画

1. B　　2. C　　3. A
4. D　　5. C

## 第8章　修饰和修复图像

1. D　　2. D　　3. C　　4. A

## 第9章　裁剪、调整与变形图像

1. B　　2. C　　3. B
4. C　　5. D

## 第10章　绘图与路径

1. D　　2. D　　3. C　　4. A

## 第11章　文字处理

1. D　　2. D　　3. D　　4. A

## 第12章　图层

1. C　　2. B　　3. B

## 第13章　蒙版、通道与专色

一、填空题

1. 位图图像 、分辨率 、分辨率
2. 应用图像 、计算

二、选择题

1. B　　2. A

## 第14章　执行任务自动化

1. D　　2. A　　3. D

## 第15章　调整图像颜色和色调

1. C　　2. C　　3. D
4. C　　5. B

## 第16章　使用内置滤镜处理图像

1. A　　2. B　　3. B
4. D　　5. A

## 第17章　动画制作与视频编辑

一、选择题

1. D　　2. D